Studia Fribergensia

Beiträge zur Alexander-von-Humboldt-Forschung

Schriftenreihe
der Alexander-von-Humboldt-Forschungsstelle
der Berlin-Brandenburgischen Akademie der Wissenschaften

Herausgegeben von
Kurt-R. Biermann, Conrad Grau,
Christian Suckow (Redaktor)

18

Studia Fribergensia

Vorträge des Alexander-von-Humboldt-Kolloquiums
in Freiberg vom 8. bis 10. November 1991
aus Anlaß des 200. Jahrestages
von A.v. Humboldts Studienbeginn
an der Bergakademie Freiberg

Akademie Verlag

Bandredaktion: Ulrike Leitner, Regina Mikosch, Ingo Schwarz, Christian Suckow

Die Deutsche Bibliothek – CIP-Einheitsaufnahme

Studia Fribergensia : Vorträge des Alexander-von-Humboldt-Kolloquiums in Freiberg vom 8. bis 10. November 1991 aus Anlass des 200. Jahrestages von A. v. Humboldts Studienbeginn an der Bergakademie Freiberg / [Bd.-Red.: Ulrike Leitner ...]. – Berlin : Akad. Verl., 1994

(Beiträge zur Alexander-von-Humboldt-Forschung ; 18)

ISBN 3-05-002417-8

NE: Leitner, Ulrike [Red.]; Alexander-von-Humboldt-Kolloquium <1991, Freiberg, Sachsen>; GT

ISSN 0232-1556

Der Akademie Verlag ist ein Unternehmen der VCH-Verlagsgruppe.

Gedruckt auf chlorfrei gebleichtem Papier.
Das eingesetzte Papier entspricht der amerikanischen Norm ANSI Z.39.48 – 1984 bzw. der europäischen Norm ISO TC 46.

Satz : Hagedornsatz, Berlin
Druck: GAM Media GmbH, Berlin
Bindung: Dieter Mikolai, Berlin

Printed in the Federal Republic of Germany

„Ich kann alle die wissenschaftlichen Zwekke
erfüllen, die mich herzogen.“

Alexander von Humboldt in einem Brief aus
Freiberg vom 23. 6. 1791 an Johann Leopold Neumann

Inhalt

Vorwort

Viele Orte dieser Erde berufen sich auf Alexander von Humboldt – Orte, an denen Humboldt lebte, die er auf seinen Reisen besuchte oder die er in seinen Werken erwähnte. An die drei Dutzend Ortschaften in aller Welt sind nach Alexander von Humboldt benannt.

Eine besondere Bindung zwischen Person, Ort und Sachverhalten entstand, wenn es sich um Studienorte handelte: Frankfurt (Oder), Göttingen, Hamburg und Freiberg in Sachsen. An der Bergakademie Freiberg, der ältesten montanwissenschaftlichen Hochschule der Welt und seit Bestehen der neuen Bundesländer zugleich jüngsten Universität des Freistaates Sachsen, studierte Alexander von Humboldt vom Juni 1791 bis zum Februar 1792, und dieses Studium gab seinem Leben und Werk sehr wesentlich die Richtung. Auch nach 1792 stattete Humboldt der Bergstadt Freiberg und ihrer Umgebung noch mehrfach Besuche ab.

Das 200. Jubiläum der Humboldtschen Studien an der alma mater Fribergensis war Anlaß, vom 8. bis 10. November 1991 zu einem Alexander-von-Humboldt-Kolloquium nach Freiberg (Sachsen) einzuladen. Zu den Zielen dieser Veranstaltung gehörte es, Humboldt zu ehren, der Humboldtforschung neue Impulse zu verleihen und den universitären Charakter der Bergakademie Freiberg zu unterstreichen.

Die Idee, zu einem Humboldt-Kolloquium nach Freiberg einzuladen, wurde 1984/85 geboren. Wir arbeiteten an der Realisierung dieses Gedankens im Geiste Alexander von Humboldts weiter – bis der Plan schließlich unter den neuen Bedingungen des vereinigten Deutschlands zu verwirklichen war. Im Frühjahr 1991 fanden sich als Veranstalter des Alexander-von-Humboldt-Kolloquiums zusammen: die Bergakademie Freiberg, die Alexander-von-Humboldt-Forschungsstelle Berlin, der Arbeitskreis Geschichte der Geowissenschaften der Gesellschaft für Geowissenschaften e.V., das Stadt- und Bergbaumuseum Freiberg sowie der Freiberger Altertumsverein. Interessenkoinzidenz bei jeweiliger Spezialisierung und Tradition hatte die Veranstalter zusammengeführt.

Der Einladung nach Freiberg folgten etwa 50 Wissenschaftler, ungefähr zwei Drittel von ihnen kamen aus den neuen Bundesländern, ein Drittel aus den alten sowie einige Teilnehmer aus Norwegen, Polen und der Tschechoslowakei. Alles in allem war es eine erfreuliche Begegnung von an der Humboldtforschung im weitestens Sinne interessierten Wissenschaftlern und das erste solche Treffen über Ost-West-Grenzen hinweg seit Jahrzehnten. Vergleichbare Veranstaltungen vor der „Wende" von 1989, so beispielsweise das Alexander von Humboldt gewidmete Bayreuther Historische Kolloquium im Jahre 1989, konnten zu gesamtdeutschen Begegnungen nicht werden, da sie von interessierten Wissenschaftlern der damaligen DDR im allgemeinen nicht besucht werden konnten.

Die Vorträge des Freiberger Alexander-von-Humboldt-Kolloquiums werden nun mit diesem Band in für den Druck überarbeiteter und teils erweiterter Fassung einer breiten Öffentlichkeit vorgelegt. Das Inhaltsverzeichnis läßt die reichhaltige Thematik dieser Tagung erkennen. Das wissenschaftliche Programm ging von Freiberg aus, verband lokale

Sichten mit globalen Fragen und universellen Perspektiven. Zugleich leistete das Kolloquium manches, was es verdient, im Vorwort wenigstens erwähnt zu werden. Dazu zählen beispielsweise: eine Humboldt-Ausstellung, ein Reprint des 1790 in Braunschweig erschienenen Humboldtschen Büchleins „Mineralogische Beobachtungen über einige Basalte am Rhein", eine Porträtmedaille Alexander von Humboldts, Übertage-Exkursionen in und um Freiberg, die Befahrung der Himmelfahrt–Fundgrube mit Enthüllung einer Humboldt-Gedenktafel, ein geselliges Beisammensein in der Betstube der Alten Elisabeth, ein Aufruf zur Errichtung eines Alexander-von-Humboldt-Denkmals in Freiberg, eine Verkaufsausstellung von Humboldtiana.[1]

Ursprünglich hatten die Herausgeber des vorliegenden Bandes erwogen, diesem eine thematische Gliederung zu geben. Das erwies sich aber dann angesichts der inhaltlichen Vielfalt doch nicht als ratsam. Bei versuchter annähernd systematischer Einordnung hätten viele Beiträge über ihre jeweilige Gliederungsrubrik hinausgewiesen, und wenigstens einem halben Dutzend spezialisierter – und gerade dadurch reizvoll-interessanter – Beiträge wäre mit keiner Rubrizierung entsprochen worden. Blieb also die Reihenfolge nach dem Alphabet der Verfassernamen.

Es sei dennoch, oder besser: gerade deshalb, gestattet, im Vorwort einige thematische Aspekte hervorzuheben.

Mehrere Beiträge befassen sich mit Freiberg und dessen Berg- und Hüttenwesen als dem Mutterboden der Humboldtschen Freiberger Studien (P. Kühn, H. Pforr, R. Sennewald, U. Thiel, O. Wagenbreth); R. Endres widmet sich der an das Freiberger Studium anschließenden Tätigkeit Humboldts in Franken.

Dieser Gruppe von Beiträgen lassen sich solche anschließen, die geowissenschaftliche Fragen allgemeiner und prinzipieller – wenn auch immer von Alexander von Humboldt ausgehend oder auf ihn bezogen – behandeln (H. Hölder, G. Hoppe, F. Krafft). Anderen geowissenschaftlichen Themen sind – unter disziplingeschichtlichem Aspekt – Untersuchungen von G. Buntebarth, B. Fritscher, P. Schmidt, H. Schulz und Ch. Suckow gewidmet; U. Leitner versucht, sich der Thematik bevorzugt bibliographisch zu nähern.

Die Humboldtschen Reisen thematisieren die Beiträge von M. Faak, C. Lüdecke, I. Schwarz, U. Thiemer-Sachse und K. Zielnica. Im Mittelpunkt stehen von Fall zu Fall Reiseverlauf, Landeskunde, Entdeckungsgeschichte, ethnohistorische Erforschung und Nationalökonomie, die montanistische Erschließung und die geologischen und geophysikalischen Interessen Alexander von Humboldts.

Nicht zu trennen von der wissenschaftlichen Biographie sind die persönlichen Beziehungen, die sich zwischen Humboldt und seinen Zeitgenossen während des Freiberger Studiums, von diesem ausgehend oder auch in entfernterem Zusammenhang im späteren Leben gestaltet haben, die kollegialen Lehrer-Schüler-Beziehungen, die persönlichen Freundschaften, die Bekanntschaften auf Reisen und die vermittelten Kontakte zu Gelehrten, Beamten und Politikern im weiteren oder biographisch späteren Umfeld. Mehrere Beiträge sind vorwiegend solchen Beziehungen gewidmet (G. Buntebarth, F. Krause, K. Schleucher, P. Schmidt, H. Schulz), andere nehmen sie jeweils im Sachbezug auf.

Einige Autoren widmen sich der Untersuchung des wissenschaftstheoretischen Grundansatzes und des naturphilosophischen Standorts Alexander von Humboldts (F. Richter insbesondere unter Fragestellungen, die sich aus der jüngsten Zeit ergeben), seinen Grundhaltungen gegenüber ökonomisch-gesellschaftlichen und ideengeschichtlichen Prozessen zwischen Französischer Revolution und Industrieller Revolution, Aufklärung und Romantik (S. Schetelich, R. Sennewald, E. Wächtler).

Mit botanikgeschichtlicher Problematik beschäftigt sich B. Hoppe. Musealen, ikonographischen und philatelistischen Aspekten gehen F. Jentsch bzw. H. Pätz nach. Bibliotheksgeschichtliche Fragen stehen im Mittelpunkt des Beitrages von F. Krause.

Schon der hier unternommene Versuch einer knappen thematischen Übersicht über das auf dem Alexander-von-Humboldt-Kolloquium Gebotene läßt erkennen, daß diese Tagung weit mehr als eine lokal- oder disziplinspezifische Veranstaltung war.

Die Vortragenden waren um detaillierte, die Quellen akribisch erschließende Darstellung bemüht. Auch dort, wo man sich mit von der Forschung schon behandelten Gegenständen befaßte, erhielten die Beiträge durch resümierende Einordnung und Bewertung, durch neue Aufsichten oder synthetische Zusammenschau eine besondere Qualität. In nicht wenigen Arbeiten wird der Bogen von der quellennahen wissenschaftshistorischen Materialaufarbeitung und Analyse zur theoriengeschichtlichen Übersicht und zu philosophisch-theoretischen Wertungen geschlagen. Diesen Relationen entspricht die disziplinäre Vielfalt der Beiträge und häufig die interdisziplinäre Fragestellung. So kommt insgesamt ein Instrumentarium in Anwendung, das Alexander von Humboldt angemessen ist und nach dem die Beschäftigung mit ihm und seinem Werk stets verlangt.

Methodisch so erarbeitet, mögen die Ergebnisse der in diesem Band vereinigten Studien für sich sprechen. Vieles Neue und manches Fundamentale, so meinen die Herausgeber des Bandes, ist in der durch den Tagungsrahmen gebotenen Kürze und Konzentration geleistet worden für die Biographik, die Disziplin-, Ideen- und Theoriengeschichte, die Kulturgeschichte und – als immer gegenwärtigem Aspekt in allen diesen und anderen Verzweigungen – eben die Alexander-von-Humboldt-Forschung.

Redaktionell ist anzumerken, daß die Standards der Schriftenreihe bzw. des Gesamtbandes einige Konsequenzen für Anlage und Gestaltung des Textes, für Apparat, Namensschreibung usw. im Sinne einer einheitlichen Handhabung mit sich brachten. Andererseits ist individuellen Wünschen der Autoren von Fall zu Fall Rechnung getragen und ein schematisierender Kanon in allen Einzelheiten nicht angestrebt.

Ein besonderes Problem ergab sich aus der noch immer im Fluß befindlichen Umbenennung von Institutionen namentlich der neuen Bundesländer. Es wurde versucht, Namensänderungen nach neuestem Stand zu berücksichtigen bzw. aus ihnen resultierende Vorläufigkeiten und Überschneidungen kenntlich zu machen. Für Fälle, in denen dies während der Drucklegung nicht mehr möglich war, wird um Verständnis gebeten.

Zu danken ist abschließend den Autoren für die freundliche Bereitschaft, ihre Arbeiten dem Band 18 der „Beiträge zur Alexander-von-Humboldt-Forschung" anzuvertrauen, sowie für die Mitwirkung bei Redaktion und Drucklegung. Besonderer Dank gilt Herrn von Heinz, Schloß Tegel, sowie der TU Bergakademie Freiberg für die Beteiligung an der Druckkostenfinanzierung.

Berlin und Freiberg
im Juli 1992

Peter Schmidt, Christian Suckow
im Namen aller Veranstalter

1 Einzelheiten über die Vorgeschichte, den Verlauf und die Ergebnisse etc. des Alexander-von-Humboldt-Kolloquiums wurden nach unserer bisherigen Kenntnis veröffentlicht in: Freiberger Land 4 (1991), Fundgrube 28 (1992), Nachrichten der Deutschen Geologischen Gesellschaft 47 (1992), Nachrichtenblatt zur Geschichte der Geowissenschaften 2 (1992), Mitteilungen des Humboldt-Zentrums Berlin 35 (1992) und Zeitschrift für Freunde und Förderer der Bergakademie Freiberg [im Druck].

Grußworte

Meine Damen und Herren!

Es ist mir eine große Ehre, das Freiberger Alexander-von-Humboldt-Kolloquium zu eröffnen. Die Bergakademie ist stolz, eine solche bedeutende Konferenz durchführen zu können und so angesehene Gäste hier begrüßen zu dürfen.

Ohne Zweifel ist es gerechtfertigt, in Freiberg Alexander von Humboldts zu gedenken, war er doch für $8^1/_2$ Monate Student an der alma mater Fribergensis. Hier empfing er entscheidende Impulse für seine späteren Reisen und sein Werk zur physischen Weltbeschreibung.

Aus heutiger Sicht empfinde ich nicht nur Stolz bei dem Gedanken, daß Humboldt unser Student war. Vielmehr ergibt sich nach meiner Meinung auch die Pflicht, danach zu streben, in Zukunft wieder einmal für einen Studenten wie Humboldt attraktiv zu sein.

Unsere Vergangenheit verschaffte uns eine gute Startposition im endlich wiedervereinigten Deutschland. Wir wurden sehr schnell Mitglied der Hochschulrektorenkonferenz, haben neben der Mitgliedschaft einen Senator in der Deutsche Forschungsgemeinschaft, und einer unserer Professoren ist im Vorstand des Deutschen Akademischen Austauschdienstes. Auch beim Einwerben von Drittmitteln waren wir sehr erfolgreich. Dennoch – unsere geographische Lage zwischen den beiden Groß-Universitäten in Dresden und Chemnitz ist kompliziert. Bei einer anderen Hochschulpolitik hätten wir ein Tübingen des Ostens werden können, tatsächlich aber wurde seit den siebziger Jahren nur noch relativ wenig an der Bergakademie investiert ...

Wenn wir uns darauf besinnen, was seinerzeit Alexander von Humboldt anzog, so erkennen wir, worauf wir vor allem achten müssen: Humboldt zog die damals moderne Lehrkonzeption an und die Persönlichkeit A. G. Werners. Dem entspricht es, daß wir bei den zu erwartenden vielen Neu- und Wiederberufungen ganz wesentlich auf Qualität achten müssen. Das ist wegen Geldmangels und des Sogs nach dem Westen nicht immer einfach. Wir werden uns intensiv darum bemühen, überproportional viele Drittmittel einzuwerben, um eine erstklassige technische Ausrüstung zu bekommen und modernste Technologien und Verfahren zu beherrschen. Schließlich werden wir anstreben, unseren Studenten nach wie vor besonders angenehme Studienbedingungen zu sichern, die ein wirklich wissenschaftliches Studium und intensive Kontakte zwischen Hochschullehrern und Studenten ermöglichen.

Natürlich wiederholt sich die Geschichte nicht, aber offenbar das, was die Menschen über ihre Zeit sagen. In der Revolutionszeit von 1848/49 sagte Humboldt: „Frische, neue, wohlgerichtete Kräfte sind in der Zeit, in die wir getreten, die ich herbeigewünscht und an der ich nicht verzweifle, mehr denn je nötig.“ Seine Hoffnungen erfüllten sich damals nicht; möge uns das Schicksal heute gnädiger sein. Im übrigen habe ich persönlich bis 1989 kaum noch mit einer Veränderung der Verhältnisse gerechnet, obwohl ich immer die deutsche Einheit herbeigesehnt habe.

Ich wünsche Ihrer Tagung viel Erfolg, insbesondere neue, fruchtbare Ideen und gute Gespräche und Diskussionen.

Glück auf!
Prof. Dr. Dietrich Stoyan
Rektor der Technischen Universität Bergakademie Freiberg

Meine Damen und Herren!

Namens der Stadtverordnetenversammlung und der Stadtverwaltung darf ich Ihnen mit dem Bergmannsgruß „Glück auf!“ ein herzliches Willkommen zurufen.

Alexander von Humboldt hat in Freiberg einen Namen, z. B. durch die Humboldtstraße, das Humboldthaus, den Humboldtbau; und ich glaube auch, Freiberg als ein Zentrum der Humboldt-Forschung bezeichnen zu können. Dafür stehen Namen wie W. Schellhas, E. Wächtler, G. Wagenbreth, A. Watznauer.

Alexander von Humboldt hat in unserer Stadt seine Spuren hinterlassen, und Freiberg hat Humboldt entscheidend geprägt.

Um so mehr freue ich mich, daß mit dem dreitägigen Kolloquium nun wieder ein Meilenstein am Wege der Humboldt-Forschung hier in Freiberg gesetzt wird. So dürfen wir mit großem Interesse auf die Vorträge und Diskussionen warten.

Humboldts erste Begegnung mit unserer Stadt vor 200 Jahren zum Studium an der Bergakademie dauerte zunächst nur $8^1/_2$ Monate, aber diesen rastlosen Geist zog es immer wieder nach Freiberg – in die Bergwerke und Hüttenbetriebe. So kam er auch mit bekannten Persönlichkeiten in Konakt wie A. G. Werner, W. A. Lampadius, J. A. F. Breithaupt, A. S.W. v. Herder und vielen anderen. Wenn wir heute verfolgen, mit wem Humboldt Verbindungen hatte, dan entsteht vor uns ein Abriß der Geistesgeschichte des späten 18. und frühen bis mittleren 19. Jahrhunderts.

Humboldt war einer, der in der Talenteschmiede der Klassik – der Bergakademie Freiberg – sich nötiges naturwissenschaftliches Rüstzeug für sein späteres Wirken holte.

„Humanität und innere Verbundenheit mit allem, was lebt – das ist der Mensch in ihm; das unbedingte Streben nach Erkenntnis und Wahrheit – das ist der Gelehrte“, so kennzeichnete Prof. Adolf Watznauer Alexander von Humboldt im Jahre 1958 anläßlich der Eröffnung des Geologischen Institutes der Bergakademie, das seitdem Humboldts Namen trägt. Das heute beginnende Kolloquium, dessen bin ich gewiß, wird uns die Verbindungen Humboldts zu Freiberg und zur Bergakademie verdeutlichen und uns den Menschen und den Gelehrten ein Stück näherbringen.

In einer Schrift bereits zum 100jährigen Bestehen der Bergakademie im Jahre 1866 lesen wir: „Da ist ein Alexander v. Humboldt, der auf seiner bergmännischen Fahrt aus den Tiefen der Erde zum Kosmos aufstieg und mit seinem Grubenlicht gar manche dunkle Stelle in der Natur beleuchtete. Groß im Geiste, mächtig im Gedächtnis, unermüdlich in der Arbeit – das non plus ultra eines umfassenden Forschers!

Wir sind stolz darauf, diesen kosmischen Helden den Unsrigen nennen zu dürfen.“

Ich wünsche dem Kolloquium einen erfolgreichen Verlauf und Ihnen, den Teilnehmern, einen angenehmen Aufenthalt in der Stadt.

Glück auf!
Konrad Heinze
Bürgermeister der Stadt Freiberg

Sehr geehrte Veranstalter des Alexander-von-Humboldt-Kolloquiums,
meine Damen und Herren!

Im Namen des Humboldt-Zentrums Berlin, das seinen Sitz im Westteil der Stadt hat, möchte ich Ihnen herzliche Grußworte übermitteln. Mit Frau Wolf, unserer Geschäftsführerin, die unserem Verein seit 1968 als Gründungsmitglied angehört, bin ich als derzeitiger Mitvorsitzender Ihrer Einladung sehr gern gefolgt. Wie Sie aus dem Programm ersehen, habe ich dieser Veranstaltung im vorab „freundlicherweise meine Unterstützung zugesagt". Das ist – da wir kein sponsorkräftiger Verein sind – leider nur im ideellen Sinne zu verstehen. Aber vielleicht kann das auch wünschenswert und hilfreich sein.

Ich möchte noch folgendes anmerken.

Wie bekannt, lebten wir in West-Berlin fast 30 Jahre auf einer Insel eingemauert, und zu Ihnen gab es so gut wie keine Verbindung und noch viel weniger eine persönliche Beziehung, um der großen Leistungen der Brüder Humboldt gemeinsam zu gedenken. Heute können wir nun zusammen das kulturhistorische Erbe weiterpflegen und die wissenschaftlichen Erkenntnisse vertiefen bzw. neu interpretieren. Für ein solches Anliegen benötigen wir einen regen Gedanken- und Erfahrungsaustausch, wozu ein solches Kolloquium beste Voraussetzungen bietet.

Vor mehr als zwei Jahren habe ich zum 220. Geburtstag Alexander von Humboldts im September 1989 in Goldkronach, als wir von dort ein Signal zur Durchführung einer gemeinsamen Gedenkveranstaltung erhielten, folgendes gesagt: „Laßt uns Brücken bauen, wir wollen ‚pontifices' sein, um Entfernungen und politische Hindernisse zu überbrücken." Den Freunden im Frankenwald, die im „Zonenrandgebiet" große wirtschaftliche Schwierigkeiten hatten, konnten wir aus West-Berlin nicht materiell helfen, aber eine ideelle Brücke ließ sich bauen. In der Folgezeit hat sie sich als sehr tragfähig erwiesen und hat zu einem weiteren Brückenschlag zwischen West-Berlin und Bad Steben geführt. Als dann die Mauer in Berlin fiel, brauchten wir keine Brücke mehr, um zu unseren Ost-Berliner Freunden von der Alexander-von-Humboldt-Forschungsstelle schnell Kontakt aufzunehmen und zu einer engen Zusammenarbeit zu kommen. Von Gesamt-Berlin aus gesehen, stellten sich nun auch einer Verbindung zur Bergakademie Freiberg, der Ausbildungsstätte Alexander von Humboldts, keine Barrieren mehr in den Weg, so daß wir gemeinsam in vielfältiger Weise das Erbe der Humboldts pflegen und bewahren können.

Zu den Vortragsthemen der Tagung möchte ich noch folgendes anmerken. „Wer vieles bringt, wird jedem etwas bringen." Noch immer ergeben sich aus den Reiseberichten und den Forschungsarbeiten Alexander von Humboldts neue Erkenntnisse. Wir sollten aber stets kritisch hinterfragen, wie die Details in eine Gesamtbetrachtung eingefügt werden können, die die Lebenshaltung Humboldts als Repräsentanten einer holistischen Weltanschauung widerspiegelt. Ich glaube, dann finden wir auch den richtigen, unverfälschten politischen Rahmen, in dem Humboldt als „zoon politikon" tätig war. Diesen Rahmen haben wir zu beachten, aber gleichzeitig stellt sich die Rückfrage: Können wir unter den heutigen politischen Bedingungen Humboldts Lebenshaltung und Handlungsweisen akzeptieren und ihn als Vorbild für unser Tun und Handeln ansehen? Auf unsere Zeit bezogen möchte ich statt einer ausführlichen Antwort den Kantschen Imperativ in den Raum stellen: „Und handeln sollst Du so, als hinge ab von Dir und Deinem Tun allein das Schicksal aller Dinge und die Verantwortung sei Dein." Wir sollten ermessen, was sich für uns gegenwärtig bei der Auseinandersetzung mit unseren politischen Tagesfragen ableiten läßt, um eine friedvolle Entwicklung zum Wohle aller Menschen zu erreichen. Vielleicht hat uns Humboldt hierzu noch manches zu sagen.

In diesem Sinne wünsche ich der Tagung mit „Glück auf!“ einen erfolgreichen Verlauf.

Prof. em. Dr. Werner Plarre
Humboldt-Zentrum Berlin

Ihnen allen, meine Damen und Herren, die sich in Freiberg versammelten, hätten wir, Herr Dr. Detlef Haberland (stellvertretender Leiter des Amtes für Forschung der Humboldt-Gesellschaft) und ich, gern zugehört und mit Ihnen diskutiert. Da wir beide wegen nicht zu ändernden Terminen an der Teilnahme gehindert waren, half uns nur noch ein Telegramm, in dem wir Ihnen namens der Humboldt-Gesellschaft vollen Erfolg wünschten. Dennoch bitten wir Sie herzlich um Entschuldigung wegen unseres Fernbleibens.

Nachdem ich Ihre Beiträge lesen durfte, weiß ich, wie sehr sich das Freiberger Kolloquium gelohnt hat; denn Sie alle haben zur Alexander-von-Humboldt-Forschung beigetragen.

Diese Forschung ist sehr jung. Während meines Marburger Studiums, seit 1946/47, hatte ich systematische Untersuchungen schon begonnen, als mir die Deutsche Forschungsgemeinschaft 1956 für sechs Jahre ein Forschungsstipendium zur Anfertigung einer A. v. Humboldt-Biographie gewährte.

Einige Monate später gründete der international führende Meteorologe und Geophysiker Prof. Dr. Hans Ertel die Alexander-von-Humboldt-Kommission der Deutschen Akademie der Wissenschaften zu Berlin, deren Mitglied ich noch im selben Jahr wurde. In Berlin lernte ich Hans Ertel, Kurt-R. Biermann, Fritz G. Lange (Sekretär der Kommission), Frau Ilse Theurich und Dr. Johannes Eichhorn kennen. Prof. Dr. Rudoph Zaunick hatte mich mit seiner Frau schon früher in Eschwege aufgesucht. Es begann eine herrliche, arbeitsintensive Zeit, die der Vorbereitung des Gedenkjahres 1959 galt. Kurt-R. Biermann und ich haben vor allem kooperiert und wurden Freunde. 1959 konnte ich meine Ausgabe der „Gespräche Alexander von Humboldts“ herausbringen und mit persönlicher Zustimmung des hessischen Kultusministers die Festrede vor dem Plenum der Berliner Akademie halten.

Der nächste große Schritt war die gemeinsame Planung der internationalen Ausgabe der Humboldt-Briefe in der Alexander-von-Humboldt-Kommission. Leider wurde nach dem Bau der Berliner Mauer die Zusammenarbeit zwischen Ost und West zunehmend erschwert und die Kommission 1972 von ostdeutscher Seite aufgelöst.

Damals entstand die Alexander-von-Humboldt-Forschungsstelle, die tüchtige Arbeit geleiset hat.

Jetzt beginnt eine neue Phase der Forschung: Sie sei durch Zusammenarbeit, Vertrauen und offenes Gespräch gekennzeichnet. Die Ausbeute des Freiberger Alexander-von-Humboldt-Kolloquiums zeigt, daß der richtige Weg eingeschlagen wurde.

Prof. Dr. Hanno Beck
Vizepräsident und
Leiter des Amtes für Forschung
der Humboldt-Gesellschaft
für Wissenschaft, Kunst und Bildung

Bonn, 28. Juli 1992

Alexander von Humboldt hat der Bergakademie Freiberg in Sachsen viel zu verdanken. Er erhielt hier nach seinen eigenen Worten einen wichtigen Teil seiner Bildung und die Richtung seiner Bestrebungen. Freiberg war für ihn also mehr als ein Ausbildungs- oder Studienplatz im heutigen Sinne. Dieser Ort formte seine Persönlichkeit als Wissenschaftler und Mensch. Den vielfältigen Spuren und fruchtbaren Leistungen, die sich daraus ergeben haben, ist die Tagung nachgegangen, über die dieser Band Rechenschaft ablegt.

Nachdem Alexander von Humboldt von Freiberg so viel empfangen hat, wäre ihm der Gedanke, Freiberg in schwieriger Zeit etwas helfen zu können, ganz besonders lieb gewesen. Mehr als alles andere ehrt eine akademische Einrichtung und noch dazu eine so verdienstvolle wie die Bergakademie Freiberg eine wissenschaftliche Veranstaltung. Über den eigentlichen wissenschaftlichen Zweck hinaus wurde hier am Beginn der wiedergewonnenen deutschen Einheit Begegnung und Gespräch ermöglicht. Auch daran hätte Alexander von Humboldt seine Freude gehabt.

Möge Freiberg in Sachsen mit seiner Bergakademie durch diese Veranstaltung über die bisherigen Grenzen hinaus Aufmerksamkeit erlangt und damit eine neue Zukunft gewonnen haben.

Ulrich von Heinz

Schloß Tegel, im März 1992

Vorträge des Kolloquiums

(Druckfassungen)

Alexander von Humboldts Interesse an Julius Fröbels geographischen Arbeiten

Von Günter Buntebarth

Zu Beginn des 19. Jahrhunderts legte Carl Ritter die Grundlagen zu einer Auffassung der Geographie mit einer anthropozentrischen Struktur, die alles ihr Zugeordnete unter die leitende Idee der Kultur konzentrierte, was ganz im Sinne Kantscher Gedanken war: „Die Idee ist architektonisch; sie schafft die Wissenschaften."[1] Ritters Wissenschaft war eine historische, eine Beschreibung des Zustandes der Erde in allen ihren Verhältnissen. Die Geographie war für ihn das Band zwischen Natur und Menschenwelt, wie Lüdde (1842) zitiert. Diese nicht klar definierbare Geographie mit ihren teleologischen Prinzipien entsprach in der Form einer Sammelwissenschaft, die so sehr von jeweils neuen Fakten überflutet wurde, daß die Verleger kaum nachkamen, eine „neueste Erdbeschreibung" nach der anderen herauszugeben.

Parallel zu dieser Entwicklung wuchsen die naturwissenschaftlichen Erkenntnisse auch von der Erde, und dazu hat A. v. Humboldt wesentlich beigetragen. Durch seine Beobachtungen auf Reisen in Europa, Amerika und Asien in Verbindung mit Ergebnissen anderer Forschungsreisender hat er nicht nur Probleme gelöst, sondern auch ganz neue Wissenschaftsgebiete erschlossen, wie die Pflanzengeographie und die Klimatologie. Es entstanden ferner eine zoologische, anthropologische, mineralogische etc. Geographie.

Neben diesem neuen naturwissenschaftlichen Zweig der Geographie stand die Auffassung der Geographie als historische Wissenschaft, woraus sich ein Gegensatz entwickelte, der zur Kritik herausfordern mußte. Zunächst war die Kritik an Ritters Geographie sehr verhalten, was mit der unbestrittenen Autorität von Carl Ritter zusammenhing, denn auch A. v. Humboldt würdigt ihn öffentlich, indem er ihm, „seinem alten und berühmten Freund", für Anregungen im Werk „Central Asien" dankt und indem er dem König Ritters Neuauflage des 1. Asienbandes seiner „Erdkunde" als wichtigste Neuerscheinung der letzten 30 Jahre rühmt.[2] Obwohl auch Ritter A. v. Humboldt in seiner „Allgemeinen Erdkunde" als „Begründer einer wissenschaftlichen vergleichenden Geographie"[3] würdigt, muß sich zwangsläufig ein Gegensatz herausbilden, der schon in den unterschiedlichen Standpunkten – Historie oder Naturwissenschaft? – begründet liegt.

In diese, sozusagen in der Luft liegende Auseinandersetzung, brach ein junger Mann Namens Julius Fröbel hinein, nichtsahnend, was er damit in Bewegung setzte. Er war eigentlich kein studierter Geograph. Ersten Kontakt zur Geographie bekam er als Gehilfe von E. H. Michaelis bei den topographischen Aufnahmen des Schwarzwaldes, im Breisgau und Elsaß. Aufgrund seiner Grundkenntnisse in der Geographie und seiner Fertigkeiten als Kartograph und Lithograph fand er eine Beschäftigung in dem für geographische Literatur bekannten Weimarer „Landes-Industrie-Comptoir". Hier arbeitete er sich mit großem Vergnügen richtig in die Geographie ein.

Er übersetzte Literatur aus dem Englischen (z. B. Ure 1830) und teilte seinem ehemaligen hochverehrten Lehrer Schönbein, der inzwischen Professor für Chemie in Basel war, enthusiastisch mit, „daß alles, was ich bisher getrieben habe, Mittel für die Geographie ist, und daß ich mir vorgenommen habe, auf diese Wissenschaft alle meine Kräfte zu konzentrieren. Es schwebt mir dabei eine Gestalt derselben vor, welche von ihrer jetzigen [...] durchaus verschieden ist – sie ist mir eine Naturwissenschaft."[4] Neben seiner Tätigkeit in Weimar studierte er noch in Jena hauptsächlich Chemie und promovierte 1832.

Das im Brief an Schönbein 1830 vage angedeutete System der Geographie als einer Naturwissenschaft hatte Fröbel 1831 zum ersten Mal formuliert. Er war sich bewußt, daß er damit die vorherrschende Methodik und speziell Carl Ritter herausforderte. Beck (1961a, b) berichtete ausführlich über diesen Gelehrtenstreit, auch Müller (1908) untersuchte die durch Fröbel entfachte Diskussion um die Geographie.

Wie stellte sich nun Fröbel die Geographie vor? Ein Grundprinzip war die Betrachtung der Erde als Ganzes, als ein Individuum im Raum. Im Gegensatz zu Ritter, der die einzelnen Länder individualisierte, wollte Fröbel für alle Elemente der Geographie den Bezug zum Erdganzen stets hergestellt wissen. Der Bezug aller Elemente auf das Erdganze war für ihn die leitende Idee, die architektonisch eine reine Erdkunde als Naturwissenschaft schaffen sollte, architektonisch im Sinne Kantscher Gedanken. „Rein" sollte sozusagen ein verbales Gütezeichen einer Naturwissenschaft Erdkunde sein, so wie reine Mathematik, reine Physik. Bei einer solchen Auffassung der Geographie war das teleologische Prinzip, das Ritter so erfolgreich eingesetzt hatte, im Wege; denn nach dem Zweck zu fragen, konnte in einer Naturwissenschaft nicht geduldet werden. Fröbel gliederte auch seine reine Erdkunde in klar definierte Teilgebiete, die zum einen eine beschreibende Abteilung und zum anderen eine theoretische Abteilung bildeten.

Klare Definitionen und Abgrenzungen von Gebieten mied Ritter, was ebenfalls ein Ansatzpunkt zur Kritik war. Das System von Fröbel war gut konzipiert und stand in seinem Grundaufbau in Einklang mit Ansichten A. v. Humboldts (Beck 1961a, b).

Obwohl Ritter den jungen Kritiker ernst nahm, indem er seinen Angriff sogleich mit einer Antwort parierte (Ritter 1831), war sich Fröbel wohl im klaren, daß er ihm unterliegen würde. Zu groß war die Zahl der Anhänger von Ritter, die die Kritik allein durch Passivität abwehren konnten.

Fröbel ging 1832 nach Berlin, nachdem er beim Weimarer Verlag seine Mitarbeit aufgekündigt hatte, und wollte A. v. Humboldt kennenlernen, aber auch mit der Hoffnung, bei der Fertigstellung des Atlas zu Ritters Erdkunde eine Beschäftigung zu finden. Fröbel hatte aber als einzige Verbindung nach Berlin nur ein Empfehlungsschreiben an Wilhelm v. Humboldt von einer Bekanntschaft aus Jena. Er schickte deshalb seine geographische Abhandlung an A. v. Humboldt, der umgehend antwortete: „Soeben habe ich von Ihnen einen sehr talentvollen Aufsatz gelesen",[5] und um baldigen Besuch bat.

Humboldt legte bereits bei vielen seiner Arbeiten eine Systematik zugrunde, indem er einzelne Klassen von Naturerscheinungen, wie die klimatischen, pflanzengeographischen, aber auch die erdmagnetischen Phänomene in ihrer Verteilung über die gesamte Erde zu verfolgen suchte, um so die Gesetze ihres räumlichen Zusammenwirkens zu erhalten – eine Vorgehensweise, genau wie sie Fröbel für die Geographie insgesamt wünschte, die aber im Widerspruch zu Ritters Begriff der geographischen Individuen stand.

Fröbel gesteht in seiner Autobiographie: „Mir war bei meiner Abhandlung nicht in den Sinn gekommen, daß ich mich durch dieselbe mit einem berühmten Manne [...] in einen sehr anmaßenden Gegensatz stellte. In Berlin aber war ich dadurch eine beachtete Person geworden."[6]

Als nun Fröbel A. v. Humboldt besuchte, sagte er zu ihm, er sei Ritter gegenüber in gedankenloser Weise vorwitzig gewesen, aber Humboldt verneinte: Er habe recht und hätte viel mehr sagen können. Er machte Fröbel auf verschiedene wissenschaftliche Schwächen bei Ritter aufmerksam, und Fröbel gibt an, daß es ihm schien, als ob Humboldt es nicht ungern gesehen hätte, wenn er sich weiter als Ritters wissenschaftlicher Gegner hervortun wollte. Fröbel hatte jedoch eine zu große Hochachtung vor den Leistungen von Ritter, und zudem war ihm seine wissenschaftliche Unbedeutendheit klar. Außerdem war er doch nach Berlin gekommen, um sich an der Fertigstellung des Atlasbandes von Ritters Erdkunde zu beteiligen. Er war ja schon in Weimar als Kartograph und Lithograph tätig gewesen.

Offenbar kam es zu keinen weiteren Begegnungen mit Humboldt zu jener Zeit. Alexander und Wilhelm von Humboldt hatten ihm noch gesagt, sich bei Aussicht auf eine geeignete Stelle auf sie zu berufen, und bald darauf, nämlich 1833, erhielt Fröbel mit Hilfe von Empfehlungsschreiben von A. v. Humboldt die Lehrerstelle für Geographie an der Züricher Industrieschule. Dort gab er 1834 zusammen mit Oswald Heer die Zeitschrift: „Mitteilungen aus dem Gebiete der theoretischen Erdkunde" heraus, wo er sein System einer naturwissenschaftlichen Erdkunde weiter vertiefte. A. v. Humboldt schrieb ihm daraufhin: „Ich hätte Ihnen vor Monaten schon [...] für ein Heft danken sollen, welches [...] der Erkenntnis des Zusammenhanges der Erscheinungen im Erdenleben die wichtigsten Erweiterungen verspricht. Sie werden in meinem Kosmos sehen, wie gern ich sie benutze und wie gern ich es öffentlich anerkenne."[7] Fröbel fand diese Anerkennung im Kosmos nicht wieder und meinte, daß Humboldt offensichtlich „einige Urteile über die Negerrasse, über die Orographie Nordamerikas und über einige andere Dinge in späteren Schriften verdrossen zu haben scheinen"[8]. Ein letzter Brief von A. v. Humboldt an Fröbel vom 11. 1. 1858 bestärkt jedoch diesen Eindruck nicht, den Fröbel in seinen Erinnerungen wiedergab.[9]

1843, als sich Fröbel längst von der Wissenschaft losgesagt und der Politik zugewandt hatte, besuchte er wieder Berlin und schrieb an A. v. Humboldt, daß er nicht wisse, ob er noch die frühere Gunst von seiner Seite voraussetzen dürfte, daß Humboldt ihm aber einen Wunsch erfülle, wenn er seinen Besuch erlaube. A. v. Humboldt antwortete daraufhin: „Wie können Sie glauben, mein teurer Fröbel, daß politische Gründe mich abhalten werden, einen Mann zu empfangen, dessen Talente und Charakter mir immer wert waren. Ich habe Ihnen ohnedies für eine kleine kristallographische Schrift [Grundzüge eines Systems der Krystallologie] zu danken [...] Mit alter Anhänglichkeit Ihr A. v. Humboldt."[10] Fröbel gibt von seinem letzten Besuch bei Humboldt nur politische Gespräche wieder. In seinem Brief vom 11. 1. 1858 an Fröbel beteuerte Humboldt ausdrücklich die vieljährige Freundschaft.[11]

Wenn man das Verhältnis der beiden Männer insgesamt vor Augen hat, so war ihnen gemeinsam die Suche nach einer allgemeinen Naturlehre der Erde, die alle Naturerscheinungen in bezug auf die Gesamterde darzustellen vermochte, etwa so wie A. v. Humboldt es für die Klimatologie und Pflanzengeographie tat.

Ganz nebenbei schlägt Fröbel (1834) für diese naturwissenschaftliche Erdkunde auch die Namen: Physik der Erde, Geophysik und theoretische Erdkunde vor. Es ist dies die erste Namengebung der Fachdisziplin Geophysik.

Anmerkungen

1 Kant 1923, S. 158.
2 Beck 1961 b, S. 176.
3 Ritter 1862, S. 26.
4 Fröbel an Schönbein, Weimar, 19. 8. 1830. UB Basel.
5 A. v. Humboldt an Fröbel, Berlin, 3. 10. 1834, zit. nach Fröbel 1890, Bd. 1, S. 67.
6 Fröbel 1890, Bd. 1, S. 66.
7 A. v. Humboldt an Fröbel, zit. nach: Fröbel 1890, Bd. 1, S. 78.
8 Fröbel 1890, S. 66.
9 A. v. Humboldt an Fröbel, zit. nach: The Tribune, New York, June 5, 1858.
10 A. v. Humboldt an Fröbel, Berlin, 24. 5. 1843, zit. nach: Fröbel 1890, Bd. 1, S. 132–133.
11 Siehe Anm. 9.

Quellen und Literatur

Basel, UB
Öffentliche Bibliothek der Universität Basel. Nachlaß Schönbein.

Beck 1961 a
Beck, Hanno: Die Streitfälle Fröbel-Ritter und Peschel-Klöden. In: Petermanns Geographische Mitteilungen. 105. 1961, S. 105–118.

Beck 1961 b
Beck, Hanno: Alexander von Humboldt. Bd. 2: Vom Reisewerk zum Kosmos 1804–1859. Wiesbaden 1961.

Fröbel 1831
Fröbel, Julius: Einige Blicke auf den jetzigen formellen Zustand der Erdkunde. In: Annalen für Erd-, Völker- und Staatenkunde. Hrsg. von H. Berghaus. 4. 1831, S. 493–506.

Fröbel 1834
Fröbel, Julius: Entwurf eines Systems der geographischen Wissenschaften I. In: Mitteilungen aus dem Gebiete der Theoretischen Erdkunde. 1. 1834, S. 1–5.

Fröbel 1890
Fröbel, Julius: Ein Lebenslauf – Aufzeichnungen, Erinnerungen und Bekenntnisse. Bd. 1. 2. Stuttgart 1890 und 1891.

Kant 1923
Kants Gesammelte Schriften. Hrsg. von der Königlich Preußischen Akademie der Wissenschaften. Bd. 9. Berlin und Leipzig 1923.

Lüdde 1842
Lüdde, Johann Gottfried: Die Methodik der Erdkunde oder Anleitung, die Fortschritte der Wissenschaft der Erdkunde in den Schul- und akademischen Unterricht leichter und wirklich einzuführen. Nebst Bemerkungen über die Wissenschaft der Erdkunde und Kritiken über deren neueste didactische Literatur. Magdeburg 1842.

Müller 1908
Müller, Georg: Die Untersuchungen Julius Fröbels über die Methoden und die Systematik der Erdkunde und ihre Stellung im Entwicklungsgange der Geographie als Wissenschaft. Diss. Phil. Fak. Univ. Halle. Halle 1908.

Ritter 1831
Ritter, Carl: Schreiben an H. Berghaus in Beziehung auf den vorstehenden Aufsatz des Herrn Julius Fröbel. In: Annalen für Erd-, Völker- und Staatenkunde. Hrsg. von Heinrich Berghaus. 4. 1831, S. 506–520.
Ritter 1862
Ritter, Carl: Allgemeine Erdkunde. Hrsg. von H. A. Daniel. Berlin 1862.
Ure 1830
Ure, Andrew: Neues System der Geologie. Weimar 1830.

Anschrift d. Verf.: *Dr. Günter Buntebarth, Institut für Geophysik der Technischen Universität Clausthal, Postfach 1253, D 38678 Clausthal-Zellerfeld*

Alexander von Humboldt und Franken

Von Rudolf Endres

Am 28. Januar 1792 nahm Karl August Freiherr von Hardenberg die beiden zollerischen Fürstentümer Ansbach und Bayreuth für den König von Preußen in Besitz. Er vollzog damit die Bestimmungen des geheimen Hausvertrages der Hohenzollern von 1752, des sog. „Pactum Fridericianum", in dem die Vereinigung der fränkischen Fürstentümer Ansbach und Bayreuth mit der Krone Preußen für den Fall festgelegt wurde, daß die fränkischen Linien im Mannesstamme abgehen sollten, was abzusehen war.

Markgraf Alexander, der kinderlos war, nahm also den unvermeidbaren Heimfall an Preußen nur vorweg, als er gegen eine Leibrente von jährlich 300 000 Gulden am 16. Januar 1791 in einem Geheimvertrag die Regierung an Preußen abtrat. Doch erst im Januar 1792 wurde das Abdankungspatent, zugleich mit dem preußischen Besitzergreifungspatent, der völlig überraschten Bevölkerung in Franken bekannt gemacht, die nun plötzlich zu preußischen Untertanen geworden war.

Für Hardenberg stellten sich in Ansbach und Bayreuth vordringlich zwei große Aufgaben:

1. die Schaffung eines geschlossenen Staatsgebietes;
2. eine durchgreifende Neuorganisation der völlig veralteten Landesverwaltung.

Die erste Aufgabe löste Hardenberg brutal mit militärischer Gewalt durch die sogenannten „Revindikationen", indem er alle Einsprengsel und „Fremdkörper" beseitigte. Nachdem Hardenberg den geschlossenen Flächenstaat geschaffen und die „mittelalterlichen Zustände" beseitigt hatte, konnte er an die durchgreifende Neuorganisation des Behördenaufbaus gehen. Hierfür waren wiederum zwei Punkte grundlegend notwendig:

1. eine gründliche Bestandsaufnahme der Verhältnisse und Gegebenheiten in beiden Fürstentümern, und
2. ein Stab von Mitarbeitern, der willens und fähig war, die Reformpolitik Hardenbergs mitzutragen und durchzuführen.

Diese Beamtenschaft mußte sich Hardenberg aber erst schaffen oder formen, denn nach seinem rüden Vorgehen gegen die alteingesessene Ritterschaft quittierten die meisten Mitglieder vom Adel in der markgräflichen Oberbeamtenschaft ihren Dienst. Einzelnen Spitzenbeamten legte Hardenberg auch rücksichtslos ihren Rücktritt nahe oder schickte sie einfach auf ihre Güter. Die neuen Spitzenbeamten holte sich Hardenberg vorerst aus der preußischen Staatsverwaltung, wie etwa den Präsidenten der Kriegs- und Domänenkammer Friedrich von Schuckmann, ehe er sich im Laufe der Zeit einen Kreis von jungen, gut ausgebildeten, ehrgeizigen und ihm treu ergebenen Beamten formte, die später als „Fränkische Clique" oder „Fränkische Schule" in Berlin zu den Hauptträgern des großen Reformwerkes in Preußen wurden, wie etwa Kircheisen, von Bülow, Nagler, Ladenburg oder Freiherr vom Stein zum Altenstein.

Vorerst aber war Hardenberg noch auf die Hilfe und Unterstützung von Berlin angewiesen. So wandte er sich im Februar 1782 an Minister von Heinitz, den Leiter des Kgl. Berg-

und Hüttendepartements, und bat, ihm einen „Kunstsachverständigen" nach Ansbach zu schicken, der ihn bei der Reform der in Verfall geratenen Porzellanmanufaktur Bruckberg bei Ansbach beraten könne. Heinitz aber trug sich mit dem Plan, selbst in die fränkischen Fürstentümer zu reisen, um sich vor Ort über die Lage des Berg- und Hüttenwesens in den nun preußischen Provinzen kundig zu machen und auch um Hardenberg kennenzulernen. Zur Vorbereitung dieser Reise beauftragte er den gerade 22 Jahre alten Bergassessor Alexander von Humboldt aus seinem Departement, nach Ansbach und Bayreuth vorauszureisen und eine Bestandsaufnahme des Berg- und Hüttenwesens und der verwandten Industrien vorzunehmen.

Sein Auftrag lautete präzise: die in den „fränkischen Fürstentümern Bayreuth und Ansbach belegenen Berg-, Hütten- und Hammerwerke, das Salzwerk zu Gerabronn und die Porzellan-Manufaktur in Bruckberg zu bereisen und deren gegenwärtigen Zustand zu untersuchen, um darüber dem Etats-Minister Frh. von Heinitz, welcher zu Anfang des Monats Augusti dahin kommen wird, Bericht zu erstatten".[1]

Die Route von Humboldts Reise nach und durch Franken im Sommer 1792 ist nicht einfach zu rekonstruieren. Zunächst war er in Gräfenthal an der Zopte, wo er sofort Gruben befuhr, und dann in Ludwigstadt. Mitte Juli hielt er sich in der Umgebung von Naila und Steben auf und ging von dort weiter in die Reviere um Goldkronach und Wunsiedel im Fichtelgebirge. Ende des Monats Juli war er aber schon in Schwäbisch-Hall, um die dortigen Salinen zu besichtigen und anschließend in Crailsheim die Vitriol- und Alaunwerke sowie die Porzellanmanufaktur in Bruckberg bei Ansbach, die er in erschreckendem Verfall fand.

Als Minister Heinitz Ende August in Bayreuth eintraf, erstattete ihm Humboldt zunächst mündlich einen ausführlichen Bericht über seine dreiwöchigen Befahrungen und Betriebsbesichtigungen, und anschließend schrieb er diesen Bericht nieder. Der Bericht, 150 Bogen stark, galt bald als Vorbild für alle preußischen Behörden. Zwar ist dieser umfangreiche Bericht über den Zustand des Bergbaus und Hüttenwesens in den Fürstentümern Bayreuth und Ansbach verschollen, doch sind drei Abschriften in Merseburg, München und Nürnberg erhalten. Auf dieser Grundlage haben die Freiberger Wissenschaftler Oelsner und Kühnert 1959 eine vorbildliche Edition vorgelegt, die wiederum die Basis für unser Wissen von der Tätigkeit Humboldts in Franken darstellt, aber auch für unser Wissen von den Lagerstätten, von dem Stand der Bergbau- und Hüttentechnik in den Fürstentümern Ansbach und vor allem Bayreuth.

Heinitz und vor allem Hardenberg waren von diesem Bericht äußerst angetan, insbesondere von dem jungen Verfasser und Wissenschaftler, der tatsächlich in bewundernswerter, ja genialer Weise die Ergebnisse seiner nur dreiwöchigen Befahrungen in geologischer, bergmännischer, technischer und wirtschaftlicher Hinsicht zusammengefaßt hat. Hardenberg forderte sogleich von Heinitz für die Leitung des Berg- und Hüttenwesens in Bayreuth einen „völlig sachkundigen Mann" an und erklärte Humboldt hierfür als „vorzüglich geschickt". Tatsächlich wurde Humboldt zum „Kgl. Ober-Bergmeister" für das Fürstentum Bayreuth ernannt. Aber dieser war schon wieder einmal auf Reisen oder besser auf einer wissenschaftlichen Exkursion, die ihn von Berchtesgaden über Wien nach Krakau führte. Auf der Heimreise wurde er in Breslau zum Mitglied der „Kaiserlichen Leopoldinisch-Karolinischen Akademie der Naturforscher" gewählt.

Am 26. August 1792 war Humboldt durch Minister von Heinitz zum Königlichen Oberbergmeister in den beiden fränkischen Fürstentümern ernannt worden. Voll Stolz schrieb er seinem Freunde Freiesleben in Freiberg: „Ich habe mit meinen Grubenberichten so viel

Ehre eingelegt, daß ich die alleinige direction des praktischen Bergbaus in den 3 Bergämtern Naila, Wunsiedel und Goldcronach erhalten habe."[2] Später berichtete er aber auch: „Das Vertrauen der Menschen habe ich, man glaubt, daß ich 8 Beine und 4 Hände habe, und das ist bei meiner Lage unter so faulen Officianten schon sehr gut."[3]

Einen festen Wohnsitz hatte Humboldt nicht, er reiste vielmehr in dem Fürstentum umher und fuhr, wie er schrieb, beinahe täglich von 4.30 Uhr bis 10 Uhr in irgendwelche Gruben ein.

Bald aber ließ er sich von der Plassenburg drei Koffer mit dort aufbewahrten Archivalien zum Berg- und Hüttenwesen im Fürstentum Bayreuth kommen, um sich ein zuverlässiges Bild über den früheren Zustand des Bergbaus in Franken zu verschaffen und so die gegenwärtigen Verhältnisse besser verstehen zu können. Denn der Bergbau hat eine lange und traditionsreiche Geschichte in Franken, vor allem im Fichtelgebirge.

Erste sichere Nachweise für den Goldbergbau im Fichtelgebirge reichen bis in das 12. Jahrhundert zurück. Um 1400 soll Goldkronach der Ort gewesen sein, an dem in Deutschland das meiste Gold und Silber gewonnen wurde. 900 Bergleute sollen in den Gruben tätig gewesen sein, insbesondere in der Fürstenzeche bei Brandholz. Doch bald waren die reichsten und wichtigsten Vorkommen erschöpft; 1669 wurde die Fürstenzeche geschlossen.

Besser als der Goldbergbau in Goldkronach war, wie Humboldt bald herausfand, die Lage der Kupfer- und Eisenbergwerke um Naila, wo bis ins 18. Jahrhundert noch mit Gewinn ausgebeutet wurde, und zwar bis zu 22 000 fl jährlich an Reingewinn. Im Jahre 1740 gab es um Naila immerhin noch 40 Bergwerke, und im gesamten Nailaer Revier waren es sogar 233 Kupfer- und Eisenerzgruben.

Ein drittes Zentrum des fränkischen Bergbaues war neben Goldkronach und Naila die Fichtelgebirgsstadt Wunsiedel. Hier soll bereits 1282 nach Zinn gegraben worden sein. Tatsächlich war Wunsiedel im späten Mittelalter neben Nürnberg die einzige Stätte, an der die Schwarzbleche aus der Oberpfalz zu Weißblechen verzinnt wurden.

Alexander von Humboldt konnte bei seinen Studien der Archivalien von der Plassenburg nicht nur die Geschichte des Bergbaus im Fürstentum Bayreuth zurückverfolgen, er konnte auch die noch immer in Geltung befindlichen Bergordnungen auffinden. Die erste Bayreuther Bergordnung war 1506 erlassen und in erweiterter Fassung 1520 publiziert worden, wobei als Vorbilder offenkundig die Bergordnungen von Freiberg und Annaberg und später auch die von Joachimsthal dienten. Die letzte Bergordnung stammte aus dem Jahre 1619 und sie blieb auch unter preußischer Verwaltung in Geltung.

Faßt man die Ergebnisse von Humboldts historischen Studien und vor allem die vielfältigen Ergebnisse und Einsichten seiner „Generalbefahrungen", die er in dem „Bericht über den Zustand des Bergbaus und Hütten-Wesens der Fürstenthümer Bayreuth und Ansbach" niederschrieb, zusammen, so stand es gar nicht so schlecht und hoffnungslos um den Bergbau und die Montanindustrie in Franken.

So kam Humboldt bezüglich der Eisenerz-Fördererträge in den Bergamtsrevieren zu folgender Übersicht für das Jahr 1790:

Wunsiedel	13 586 Seidel (1 Seidel = 0,13 cbm);
Naila	10 664 Seidel;
zusammen	24 250 Seidel oder 3 150 cbm.

Dazu kamen noch die Ergebnisse einzelner verstreuter Gruben und die Zehnten, die an Adelige abgegeben werden mußten, was er jedoch abstellte. Den Wert eines Seidels veranschlagte Humboldt auf $^1/_2$ Taler, so daß er bei einer Gesamtförderung von rund 28 000 Seidel einen Ertrag von rund 14 000 Talern erwartete. Durch die Weiterverarbeitung der Erze erhoffte er sich sogar eine Ertragssteigerung auf das 6–7fache.

Der frühere Niedergang und die augenblickliche Stagnation im Berg- und Hüttenwesen hatten sich besonders auf dem Arbeitsmarkt bemerkbar gemacht, wie Humboldt bald feststellen konnte. Insgesamt gab es nur noch 355 Bergleute, die das ganze Jahr hindurch in Gruben einfuhren, und zwar 164 im Revier von Naila, 140 in Wunsiedel und nur noch 51 in Goldkronach. Dazu kamen noch annähernd ebenso viele Hütten- und Hammerleute, so daß genau 666 Personen im Bergbau, in Hütten und auf Hämmern ganzjährig beschäftigt waren.

Eingehend beschreibt Humboldt die Verhältnisse in den einzelnen Revieren. Bezüglich des Amtes Lauenstein, das eine zollerische Enklave im Herzogtum Sachsen war, empfahl Humboldt die Wiederaufnahme mehrerer alter Stollen für Eisenerz und die Wiedereröffnung eines alten Kupferkiesvorkommens am Sommerberg. In Ludwigstadt fand er drei Hammerwerke vor, die ihren Bedarf von 4 000 Seidel Eisenerz aus dem sächsischen Kamsdorf deckten. Um sie von den Importen aus Sachsen unabhängig zu machen und um durch „die Gewinnung des inländischen Eisensteins“ vielen Menschen Arbeit zu geben, sollte nach Meinung Humboldts der Bergbau im Amt Lauenstein unbedingt wieder aufgenommen werden.

Seinen Bericht über das Bergamtsrevier Naila schloß er mit der harten Feststellung: „Der Bergbau bei der Stadt Naila ist jetzt ganz darnieder“. Weiter konstatierte er: „Der bergmännische Betrieb bedarf hier einer gänzlichen Reform“. Denn er fand eigentlich nur aufgelassene, erschöpfte oder kurz vor dem Erliegen stehende Gruben vor. Gut stand es eigentlich nur um vier Gruben bei Geroldsgrün für Roteisenstein, der auch problemlos Absatz fand.

Außer den Bergwerken im Revier Naila fand Humboldt noch fünf Hochöfen vor, von denen er den Ofen des Kommerzienrats Löwel in Marxgün eingehender beschrieb. Löwel hatte Schmelzexperten aus dem Elsaß ins Fichtelgebirge geholt, die die Roheisenproduktion beträchtlich steigern konnten. Alle 5 Öfen lieferten zusammen maximal 3 000 bis 4 000 Zentner, doch wurden die einzelnen Öfen oft nur alle zwei Jahre angeblasen, wie Humboldt herausfand. Ein weiterer Hochofen stand in Berneck, der mit einer Drahtzieherei, die 20 Mann beschäftigte, verbunden war. Der Besitzer ließ als Rohstoff Brauneisenerz aus Pegnitz kommen, schmelzen und im Zainhammer zu Zaineisen verarbeiten, das dann in den mit Wasserkraft betriebenen Drahtzügen zum Endprodukt gezogen wurde. Dieser Draht wurde über Frankfurt ins Ausland exportiert und brachte gute Gewinne.[4]

Goldkronach war das kleinste Revier, aber es hatte die größten Schwierigkeiten. Als Humboldt dort eintraf, war der Betrieb in der traditionsreichen Fürstenzeche ein Vierteljahr vorher wieder einmal eingestellt worden. Doch Humboldt hielt drei Gänge wegen ihres Gold-Silber-Gehalts für bemerkenswert und schlug vor, sie abzubauen. So schrieb er seinem Freund Freiesleben in Freiberg: „Die neuaufgefundenen Akten aus dem 16ten Jahrhundert, die ich mit der größten Mühe studire, haben mich ganz orientirt. Alle, die vor mir die Direktion des dasigen Grubenbaus hatten, waren irre, weil ihnen diese Quellen fehlten.“[5]

Das Wunsiedler Revier bezeichnete Humboldt als das wichtigste. Doch begnügte er sich nicht mit der Bestandsaufnahme der Gruben und Hütten, sondern er stellte auch Überlegungen an, wie die Betriebsergebnisse verbessert und mehr Gewinn erzielt werden könnten. So suchte er in einer vergleichenden Betriebsanalyse herauszufinden, warum im sächsischen Kamsdorf der Eisenstein so viel billiger ausgebracht werden konnte als im Wunsiedler Revier, obwohl die geologischen Voraussetzungen praktisch gleich waren. Als

Ursachen erkannte er einmal die Preisgestaltung durch die Gewerkschaften und zum anderen technische Mängel, wodurch eine Steigerung der Fördermengen verhindert wurde. Zur Abstellung der technischen Mängel schlug er eine effektivere Verwendung von Holz bei der Zimmerung in den Schächten vor, dann die Verwendung kleiner Tonnen statt der üblichen Kübel in den Schächten, ferner das Anlegen eines Hundegestänges in den Stollen anstelle der von Menschen bewegten Laufkarren und schließlich eine günstigere Schichtbelegung mit 8 statt mit 12stündiger Schicht. Bereits 3 Jahre später konnte Humboldt tatsächlich beachtliche Erfolge konstatieren: sowohl die Zimmerung als auch die Förderanlagen und der Wetterwechsel waren deutlich verbessert worden, und statt der Talglichter verwendete man nun Unschlittlampen.

Sorge bereitete Humboldt der hohe Holzverbrauch in den Schmelzöfen. Immerhin fand er insgesamt 11 Hochöfen, 5 Blauöfen, 28 Frischfeuer und 21 Kalköfen vor; dazu kamen noch 7 Zainhämmer, 1 Blechhammer, 6 Drahtzüge, 2 Kupferhämmer, 2 Vitriolhütten und 2 Alaunhütten. Humboldt schlug vor, die Öfen mit Torf zu beheizen, was sich aber offensichtlich nicht bewährte.

Überhaupt bleibt nun zu fragen, was hat Alexander von Humboldt über seine vorbildliche Bestandsaufnahme im „Bericht“ hinaus für den Bergbau und das Hüttenwesen tatsächlich bewirkt? Er selbst zog 1799, kurz vor seiner Abreise in die Spanischen Kolonien, folgende knappe Bilanz: „Ich blieb drei Jahre mit der Bergwerkspraxis befaßt, und der Zufall begünstigte meine Unternehmungen dermaßen, daß die Alaunwerke, die Kobaltgruben und sogar die Goldmine von Goldkronach bald begannen, Gewinn für die Kassen des Königs abzuwerfen.“[6] Diese allein etatistische Wertung wird seinem Wirken jedoch nicht völlig gerecht, denn seine Tätigkeit war vielschichtiger und auch nachhaltiger.

Der Dirigierende Minister Hardenberg lobte in seinem Generalbericht von 1797, den er anläßlich seines Abschieds aus Franken verfaßte, die Verdienste des Oberbergmeisters Alexander von Humboldt in hohen Tönen: „Die Einleitung ist gemacht, um den Bergbau im Bayreuthischen emporzubringen“.[7]

Wie sah nun die von Humboldt initiierte „Einleitung für den Aufschwung im Bayreuther Bergbau“ konkret aus? Dem Goldbergbau in Goldkronach verhalf er tatsächlich zu einem Neubeginn. Bezeichnenderweise wurde der Goldbergbau in Goldkronach in bayerischer Zeit weiter betrieben und erst im Jahre 1861 eingestellt.

Ein ähnlicher Erfolg gelang Humboldt mit dem Friedrich-Wilhelm-Stollen bei Steben, wodurch der Kupferbergbau im heruntergekommenen Bergrevier Naila einen neuen Aufschwung erlebte.

Auch die Eisenproduktion konnte gesteigert werden und erreichte 1796 einen Wert von 45 000 fl. Außerdem wurden Vitriol im Wert von 21 500 fl und Alaun hergestellt sowie für 20 500 fl sogenannte „Patterle“, also Perlen, Knöpfe oder Paternosterkugeln aus Grünstein, von denen rund 800 000 Dutzend jährlich in 5 manufakturmäßig betriebenen Knopfhütten produziert wurden. Die „Patterle“ wurden nach England und Frankreich exportiert und kamen von dort in den afrikanischen Sklavenhandel.

Humboldt beschäftigte sich aber auch mit zahlreichen technischen Verbesserungen, vor allem mit den Grubenwettern und der Belüftung der Gruben, denn die Wettermaschinen waren im Fichtelgebirgs-Bergbau noch sehr unvollkommen. Seine vielfältigen Beobachtungen und Überlegungen schrieb er später in einem umfangreichen Werk nieder.

An praktischen Verbesserungen entwickelte er u. a. einen sog. „Licht-Erhalter“, also eine Wetterlampe, die auch bei matten Wettern, bei denen eine normale Grubenlampe erlosch, noch brannte. Hierzu wurde ein Vorrat an Frischluft mitgeführt, der immerhin für eine zusätzliche Brenndauer von rund 40 Minuten sorgte. Als zweiten Apparat entwarf er eine Atmungs- oder Rettungsmaschine, eine Atemmaske mit einem „Respirationsrohr". Mit Hilfe dieser Maschine, bei der wiederum in einem Ledersack Frischluft mitgeführt wurde, sollten Bergleute aus matten Wettern gerettet werden können. Ein riskanter Selbstversuch hätte dabei Humboldt fast das Leben gekostet. Beide Apparate aber konnten sich offensichtlich nicht durchsetzen. Im Herbst 1796 entdeckte Humboldt bei Gefrees einen großen Magnetberg, was ihn zu einer intensiven Beschäftigung mit Erdmagnetismus anregte. Seine zahlreichen Abhandlungen zu diesem Thema riefen unter Physikern eine lebhafte wissenschaftliche Diskussion hervor.

Neben den wissenschaftlichen und wirtschaftlichen Interessen standen bei dem noch jungen Alexander von Humboldt aber immer die Menschen im Vordergrund seiner Überlegungen. Dabei bewies er ein ausgesprochen feines Gespür für die Bergarbeiter und ihre sozialen Belange und Probleme. So sorgte er sich etwa besonders um „den traurigen Zustand des Amtes Lauenstein". Er schrieb: „Von der Natur stiefmütterlich behandelt, unfähig sein eigenes Bedürfnis an Korn und Fleisch zu befriedigen, kann es sich durch die Industrie seiner Bewohner doch kaum vor der Furcht einer allmählichen Verarmung sichern [...] Bei solchen Verhältnissen habe ich es mir zur Pflicht gemacht, solange mir die Direktion des Bergbaus in hiesigen Fürstentümern anvertraut ist, wenigstens von meiner Seite alle Mittel aufzubieten, welche den Wohlstand der dürftigen, aber arbeitsamen hiesigen Volksklasse vermehren kann".[8] Das ausgeprägte soziale Verständnis Alexander von Humboldts ist ein bemerkenswerter Charakterzug des noch jungen Oberbergrats. Aber er beließ es nicht nur bei Beobachtungen und Feststellungen, sondern er versuchte konkret im Rahmen seiner Möglichkeiten die Situation der Bergleute im Fürstentum Bayreuth zu verbessern.

Vor allem aber widmete sich Alexander von Humboldt der besseren bergmännischen Ausbildung der „gemeinen Bergleute" im „obergebürgischen Bergbau". Denn auf seiner „Befahrung" im Sommer 1792 hatte er rasch erkannt, daß auf diesem Gebiet vieles im argen lag und daß es vordringlich notwendig war, die bergmännischen Kenntnisse grundlegend zu verbessern, vor allem wenn es langfristig zu einem Aufschwung im Bayreuther Berg- und Hüttenwesen kommen sollte. Deshalb ordnete er auch bei der Neubelebung der „Bergbau-Hülfskasse" an, daß deren Einkünfte vorrangig dafür verwendet werden sollten, „junge Leute zu unterstützen, die in Freiberg die Bergwerkswissenschaften erlernten, und den gemeinen Bergmann selbst mehr auszubilden".

Auf zwei Ebenen wollte also Humboldt eine Verbesserung der bergmännischen Ausbildung erzielen: einmal wollte er eine bergmännische Elite durch das Studium an der führenden Bergbau-Hochschule in Freiberg, wo er selbst seine Ausbildung erhalten hatte, heranziehen, und zum anderen sollte auch der einfache Bergmann eine intensive und umfassende Ausbildung erfahren.

Hierzu gründete Alexander von Humboldt im November 1793 in Steben eine „freie königliche Bergschule", um vor allem im Revier von Naila „das junge Bergvolk" zu „verständigen und brauchbare Bergleuten" heranzubilden. Denn in dem erzreichen Gebirge würden Dummheit, Unwissenheit und vor allem Aberglaube den „Wohlstand untergraben". So glaube man an den „goldenen Hirsch", einen vierfüßigen Berggeist, und noch im vergangenen Herbst habe man Schwefelkies als Golderz abgebaut und Eisenglimmer für Bleiglanz gehalten. Es sei dringend notwendig – so Humboldt – die Bergleute vernünftig aufzuklären und wissenschaftlich auszubilden. Dies sollte in der Schule von Steben erfolgen.[9]

Von vielen war Humboldt von diesem schulischen Vorhaben abgeraten worden, unter Hinweis auf die fehlende Lernbegierde der abergläubischen Bergleute und auf die Schwierigkeiten, einen geeigneten Lehrer zu finden, den die Kinder aus dem Fichtelgebirge auch verstehen würden, der also ihren Dialekt sprechen könne. Doch Humboldt scheute keine Mühe und auch keine Kosten, um sein Projekt zu verwirklichen.

Als Lehrer fand er den jungen und eifrigen Schichtmeister Georg Heinrich Spörl, der sehr gute Fachkenntnisse und vor allem hervorragende Lokalkenntnisse besaß. Ihm bot Humboldt ein Gehalt von 30 Gulden und dazu 1 Simmer Korn sowie freies Holz und Licht. Außerdem stellte Humboldt selbst Literatur zur Verfügung und arbeitete sogar Handreichungen und Modelle für den Unterricht aus. Die Bergschule, die nur eine Winterschule war, wurde bereits im 2. Jahr von mehr als 40 Schülern besucht. Diese mußten mindestens 12 Jahre alt sein und mußten zuvor die Dorfschule besucht haben, denn es sollte hier kein Elementarunterricht erteilt und der Dorfschule keine Konkurrenz gemacht werden. Doch stand die Schule jedem Knecht und Lehrhäuer offen. Selbst Männer bis zu 26 Jahren nahmen mit Eifer am Unterricht teil. Der Unterricht fand stets Mittwoch- und Samstagnachmittag statt.

Im Sommer 1795 berichtete Humboldt nochmals ausführlich über diese Schule, die ihm ganz offensichtlich sehr am Herzen lag. Er verwies auf die bereits erzielten Erfolge bei den Bergleuten, was von jedermann anerkannt wurde. Auch sei schon eine Sammlung von Erzen und Gesteinen angelegt worden, wie auch eine kleine Bibliothek zum Fichtelgebirgsbergbau bereits entstanden sei. Vor allem aber wären kurze Berichte oder Abhandlungen über Geologie, Heimatkunde, Rechnen oder Geschichte des Bergrechts auf Kartons aufgeklebt worden, die die Bergschüler stets vor Augen hätten. Er selbst hatte kleine Lehrbücher und Kompendien über Gebirgskunde, Bergrecht und Physik sowie verschiedene Skizzen entworfen, die der Lehrer Spörl für die Tafel übernahm.

Voll Stolz berichtete Humboldt, daß man jetzt schon einen zweiten Lehrer an der Bergschule zu Steben einstellen müßte, und daß die Bergleute selbst sogar vorgeschlagen hätten, eine zweite Bergschule in Issigau zu errichten, während anfangs die Bergschule von den meisten als überflüssig angesehen worden wäre. Auch im Arzberger Revier sollte eine Bergschule eingerichtet werden, die Humboldt für sehr wichtig hielt, da man dort besonders rückständig sei.

Tatsächlich wurden nach 1795 noch Bergschulen in Arzberg und in Goldkronach eröffnet. Die Zuschüsse für diese Bergschulen wurden von 129 fl auf 1 000 fl erhöht, was vor allem ermöglichte, mehrere Lehrer neu einzustellen und aufsteigende Klassen einzurichten. Am längsten hielt sich die Bergschule in Steben, die bis nach 1850 Bestand hatte.

Die Bergschulen und die Wiederaufnahme der Goldförderung in Goldkronach waren wohl Humboldts nachhaltigste Erfolge, wie er selbst im „General-Recherchierungsbericht“ vom Frühjahr 1795 meint. Dabei war Humboldt nur 5 Jahre im Fichtelgebirge tätig gewesen, die zudem immer wieder von längeren, meist mehrmonatelangen Dienstreisen unterbrochen wurden. Doch seine kurze Tätigkeit brachte für den Bergbau im Fichtelgebirge einen beachtlichen Aufschwung, der zum Teil bis in die Mitte des 19. Jahrhunderts anhielt, so daß das junge Königreich Bayern hauptsächlich von Humboldts Wirken profitierte.

Anmerkungen

1 Humboldt 1959, S. 28.
2 Humboldt an Carl Freiesleben, Bayreuth, 27. 8. 1792. In: Humboldt 1973, S. 209.
3 Humboldt an C. Freiesleben, Steben, 19. 7. 1793, In: Humboldt 1973, S. 257.

4 Vgl. Humboldt 1959, S. 101–123.
5 Humboldt an C. Freiesleben, Bayreuth, 20. 1. 1794. In: Humboldt 1973, S. 310.
6 Humboldt 1987, S. 26.
7 Vgl. Hardenberg 1797, § 173.
8 Schleucher 1988, S. 44.
9 Vgl. Bruhns 1872, 1, S. 292–298.

Literatur

Bruhns 1872
Alexander von Humboldt. Eine wissenschaftliche Biographie. Bearb. und hrsg. von Karl Bruhns. Bd. 1–3. Leipzig 1872.

Burisch 1959
Burisch, Erich: Alexander von Humboldt und das Bergwesen. Zu seinem 100. Todestage. In: Archiv für Geschichte von Oberfranken. 39. 1959, S. 245–291.

Endres 1990
Endres, Rudolf: Alexander von Humboldt und Franken. In: Alexander von Humboldt. Weltbild und Wirkung auf die Wissenschaften. Hrsg. von Uta Lindgren. Köln–Wien 1990. (Bayreuther Historische Kolloquien. 4.), S. 39–60.

Endres 1992
Endres, Rudolf: Die „Ära Hardenberg" in Franken. In: Bayreuth und die Hohenzollern vom ausgehenden Mittelalter bis zum Ende des Alten Reiches. Hrsg. von Roderich Schmidt. Ebsdorfergrund 1992, S. 177–200.

Hardenberg 1797
Hardenberg, Karl August Graf von: Generalbericht von 1797. In: Meyer, Christian: Hardenberg und seine Verwaltung der Fürstentümer Ansbach und Bayreuth. Breslau 1892. (Hohenzollersche Forschungen. Bd. 1.)

Humboldt 1959
Alexander von Humboldt. Über den Zustand des Bergbaus und Hütten-Wesens in den Fürstentümern Bayreuth und Ansbach im Jahre 1792. Eingeleitet und bearb. von Herbert Kühnert und O[scar] Oelsner. Berlin 1959. (Freiberger Forschungshefte. D 23.)

Humboldt 1973
Die Jugendbriefe Alexander von Humboldts 1787–1799. Hrsg. und erl. von Ilse Jahn und Fritz G. Lange. Berlin 1973. (Beiträge zur Alexander-von-Humboldt-Forschung. 2.)

Humboldt 1987
Alexander von Humboldt. Aus meinem Leben. Autobiographische Bekenntnisse. Zusammengest. und erl. von Kurt-R. Biermann. Leipzig, Jena, Berlin 1987.

Schleucher 1988
Schleucher, Kurt: Alexander von Humboldt. Berlin 1988. (Preußische Köpfe. Bd. 20.)

Anschrift d. Verf.: *Prof. Dr. Rudolf Endres, Universität Bayreuth, Lehrstuhl für Bayerische Geschichte, Geschwister-Scholl-Platz, PF 101251, D 95440 Bayreuth*

Alexander von Humboldt als Bergmann in Süd- und Mittelamerika

Von Margot Faak

Es ist mehrfach versucht worden, den Polyhistor Alexander von Humboldt auf ein Gebiet der Naturwissenschaften besonders festzulegen. So wird mit Recht darauf hingewiesen, daß seine früheste naturwissenschaftliche Betätigung auf dem Gebiet der Botanik lag und ihr zeitlebens sein Interesse galt, vor allem natürlich in Südamerika, wo sich ihm eine neue Pflanzenwelt erschloß. Hanno Beck sieht mit begründetem Anspruch Humboldt in erster Linie als Geographen. Es fehlt aber auch nicht an Beweismitteln, Humboldt zumindestens während der Südamerikareise, vordergründig als Bergmann zu sehen. Ausgerüstet mit dem in Freiberg erworbenen theoretischen Wissen und den Erfahrungen aus seiner praktischen Tätigkeit als Oberbergrat in Steben segelte Humboldt über den Atlantik, mit einer bergmännischen Paradeuniform im Gepäck. Zweimal wurde er in diesem Anzug gemalt, um dies vorwegzunehmen, einmal in der ekuadorianischen Hauptstadt Quito und einmal in Mexico-Stadt.[1] Es scheint, daß er Wert auf das Kleidungsstück gelegt hat.

Als er vom spanischen König Karl IV. die Erlaubnis erwirkte, die spanischen Kolonien zu bereisen, spielte seine bergmännische Ausbildung eine große Rolle. Sie war für den König eine Garantie, daß Humboldts Reise nicht nur seinen wissenschaftlichen Zwecken zur Vertiefung seiner Kenntnisse von dem amerikanischen Kontinent und deren Verbreitung in Europa dienen, sondern durch Humboldts Inspektion des kolonialen Bergbaus auch der spanischen Wirtschaft Nutzen bringen würde. In seinem Reisepaß hieß es (in der deutschen Übersetzung von Bruhns): „[...] gemäß dem Entschlusse des Königs [...], dem Herrn Alexander Friedrich Freiherrn von Humboldt, Oberbergrath Sr. Majestät des Königs von Preußen, zu gestatten, in Begleitung seines Gehülfen oder Sekretärs Alexander Bonpland nach Amerika und andern überseeischen Besitzungen seines Reichs zu gehen, um seine bergmännischen Studien fortzusetzen und für den Fortschritt der Naturwissenschaften wissenschaftlich werthvolle Sammlungen, Beobachtungen und Entdeckungen zu machen [...]"[2]

Wie es in dem Paß weiter heißt, übernahm Humboldt auch den *Auftrag*, Pflanzen, Tiere und Minerale zu sammeln und an das Königliche Kabinett und die Königlichen Gärten in Madrid zu senden.[3] Daß Humboldt in Madrid noch weitergehende Versprechungen gemacht hatte scheint aus einer Stelle seiner Tagebücher hervorzugehen. Als er nach seiner Ankunft auf dem südamerikanischen Festland in Venezuela von Cumaná aus eine Reise zu einem Kapuzinerkloster in Caripe unternahm, wurde er gebeten, auf dem Wege eine Goldmine zu untersuchen. Es waren schon Venetianer dagewesen und nicht wiedergekommen. Humboldt stellte fest, daß das Gold Schwefelkies war. Er bedauerte die Kapuzinermönche, die diesen Schwefelkies schon seit Jahren mit Quecksilber quälten. Er schreibt: „Wie die armen Menschen erstaunten, als ich, statt die Goldmine anzustaunen, von Vitriolen und Alaun redete. Meinem Auftrage gemäß, die Produkte zu untersuchen und nützliche Kenntnisse zu verbreiten, erklärte ich, daß solcher Goldminen gar viele in dieser Provinz wären, daß das Fossil allerdings auf Vitriol und Alaun, wenn man es röstete, benuzt werden könne [...] Diese Rede misfiel sehr sichtlich und mit geheimnisvollen Blikken fuhren die Indianer fort, jedem Steinchen nachzuspäen, das in dem Bache ihnen entgegen leuchtete."[4]

Offenbar hat Humboldt im Gespräch mit Karl IV. diesen *Auftrag* noch viel weiter gefaßt. Wo immer er Bergbau antraf, setzte er sich mit den lokalen Bergbaubehörden in Verbindung, seine Legitimation zur Besichtigung durch den König nachweisend; er suchte die leitenden Bergbeamten auf, erhielt von ihnen Berichte über den Stand der Arbeiten, er fuhr selbst ein, untersuchte Gänge, Stollen und Schächte, sprach mit den Bergarbeitern und schrieb abschließend eigene Gutachten, in denen er das Gesehene darstellte, auf Mängel hinwies und Vorschläge zu notwendigen Verbesserungen aller Arbeitsstadien machte. Seine Tagebücher enthalten diese Gutachten in Konzeptform. Ein Teil ihres Inhalts ist – natürlich in veränderter Fassung – in das gedruckte Reisewerk eingegangen. So ist es im Fall Mexicos, über das Humboldt ein vierbändiges geographisches Werk veröffentlichte, das neben der Darstellung der Geologie des Landes und seiner Bodenschätze auch den Bergbau und dessen Erträge behandelt.[5] Mancher Seitenblick wird dabei auf die Verhältnisse auf dem Subkontinent geworfen. Im Fall Kolumbiens, damals das Vizekönigreich Neu-Granada, ist ein solches Gutachten im Archiv erhalten geblieben und wurde vor erst 40 Jahren publiziert, weil es nach Aussage der Editoren an Aktualität nicht viel eingebüßt hat.[6] Die übrigen Gutachten blieben unpubliziert. Da sie manche sozialkritischen Passagen über Gesetzgebung, Eigentumsfragen und die Lage der Bergarbeiter enthalten, wurden so geartete Ausführungen in die 1982 von der Alexander-von-Humboldt-Forschungsstelle herausgegebene Anthologie der Humboldtschen Tagebücher aufgenommen.[7] Ihre geologischen Bezüge, Humboldts Rückgriffe auf die Geschichte der einzelnen Bergwerke, mit der er sich wie in Steben so auch in Südamerika immer vertraut machte, die Wiedergabe von Gesprächen mit den Bergbeamten lassen sie zu großen Teilen zu Bestandteilen der Reiseschilderung werden, so daß sie in die 1986 von der Humboldt-Forschungsstelle aus den Tagebüchern herausgegebene Reiseerzählung mit dem Titel „Reise auf dem Río Magdalena, durch die Anden und Mexico" mitaufgenommen wurden.[8] In keinem Fall sind sie aber vollständig von uns ediert worden. Dazu enthalten sie zu vieles, was nur noch einen Fachmann interessieren würde. Passagen dieser Art wurden ohne besondere Kennzeichnung weggelassen. Erschwerend kommt auch noch die sprachliche Form hinzu. Sie sind im Deutsch des 18. Jhs. geschrieben und darüber hinaus in der Bergmannssprache. Gerade letztere war der Grund, weshalb Humboldt sie deutsch schrieb, auch wenn er im allgemeinen bei seinen Tagebucheintragungen seit seinem Aufenthalt in Ecuador zur französischen Sprache übergegangen war. Auf dem Gebiet des Bergbaus war Deutschland im 18. Jh. führend. Montanwissenschaftler vieler Länder studierten in Deutschland, jeder Deutsche galt in Südamerika für einen Bergmann,[9] und so hielt Humboldt die Sprache, die zahlreiche bergbauliche Begriffe geprägt hatte, für die geeignetste, um seine Gutachten zu schreiben. Es wäre denkbar, daß einmal ein historisch interessierter Montanwissenschaftler Zeit für eine vollständige Veröffentlichung dieser Gutachten findet.

Es sei mir nun gestattet, hier einen kurzen Überblick über die Bergwerke zu geben, die Humboldt während seiner Reise aufgesucht hat. Venezuela war das Land, das er zuerst bereiste. Er hielt sich dort ein und ein Vierteljahr auf, länger als in allen übrigen Ländern. Die lange Orinocoreise fällt in diese Zeit. Dennoch bot sich in diesem Land nur wenig Gelegenheit zu Bergwerksbesuchen. Am Anfang des Aufenthalts, nach der Landung in

Cumaná an der venezolanischen Küste, konnte Humboldt aus seinem auf mehreren halurgischen Reisen in Deutschland, Österreich und Polen erworbenen Wissen auf dem Gebiet der Salzgewinnung Nutzen ziehen. Er besuchte von Cumaná aus die vorgelagerte Halbinsel Araya, auf der sich eine Saline befand.[10] Wie immer interessieren Humboldt das geologische Umfeld, die Entstehung der Salzlager, die Geschichte der Saline und Arbeitsmethoden und Ausbeute in Vergangenheit und Gegenwart. Vor seiner Abreise im darauffolgenden Jahr besuchte er die Halbinsel noch einmal, um Alaunvorkommen zu besichtigen. Bei dieser Gelegenheit untersuchte er nochmals die Geologie der Salzvorkommen. Er stellte fest, daß das Salz mit Ton vermischt war und im Gips und Muschelkalk vorkam, wie es nicht nur am Meer der Fall war. Humboldt hatte Steinsalz auch im Alpenkalkstein angetroffen und fand es später in den Kordilleren bei Bogotá. Er hielt diese Lager für Meeresablagerungen, die aber verschiedenen Erdzeitaltern angehörten. Auf der Halbinsel Araya kam das Salz im 16. und 17. Jh. in großen Salzsümpfen oder Lagunen vor, 1726 brach das Meer durch eine große Flutwelle in das Land ein. Seitdem hatten die Indios an der Küste Kästen bzw. Faschinendämme angelegt, um ihre Salzgewinnung zu schützen. Mit Regenwasser wurde der Boden ausgelaugt, nach großer Trockenheit bildeten sich Klumpen sehr reinen salzsauren Natrons. Während Humboldts Anwesenheit leitete man zusätzlich Meerwasser in die Kästen ein. Die Produktion war gegenüber anderen Salzwerken nicht so erheblich; erst seit 1792 war sie verstaatlicht. Das gewonnene Salz war nun reiner, aber zweimal teurer. Viel Salz wurde für das Einsalzen von Fleisch und Fisch gebraucht, die gewinnbringende Handelsartikel waren. Bis 1622 hatten sich die Holländer Salz von der damals kaum bewohnten Halbinsel Araya geholt, das sie für ein Gemeingut aller Völker ansahen.

Von Cumaná brach Humboldt im November 1799 zu seiner Orinoco-Reise auf. Südlich der Hauptstadt Caracas mußte er die Gebirge von Aragua durchqueren. Bei Aroa lernte er den Besitzer einer Kupfermine kennen, der ihm erzählte, daß 20 Jahre zuvor ein Intendant von Caracas den Sagen der Indianer von Goldvorkommen nachgegangen sei und bei Gelegenheit um Bergleute aus Mexico gebeten hatte. Man sandte zwei Spanier mit sechs Bergarbeitern, die auch auf Gold und Silber gestoßen zu sein scheinen. Humboldt nennt sie „alle gleich unwissend".[11]

Von der Küste bei Cumaná segelte Humboldt nach Cuba, wo kaum Bergbau betrieben wurde, und nach zweieinhalb Monaten von der kubanischen Südküste nach Cartagena in Kolumbien. Von dort wollte er Lima erreichen, um sich der Weltreise des französischen Kapitäns Baudin anzuschließen. Den ersten Teil der Wegstrecke legte er in einem Champán auf dem Río Magdalena zurück, von Barranca Nueva bis Honda. In Honda verließ er das Schiff für einen Abstecher in das westlich gelegene Städtchen Mariquita. Im Süden Mariquitas besuchte er Santa Ana, das „durch seinen uralten Bergbau" bekannt war.[12] In der Umgebung, in El Sapo, hatte um 1770 der aus Spanien nach Südamerika gesandte Geistliche Mutis ein silberarmes Schwefelkieslager und Schwefelvorkommen abgebaut. Da er begeistert über den Reichtum nach Madrid schrieb, kam Juan d'Elhuyar als sein Nachfolger nach Santa Ana. Dieser fand in der Grube stark silberhaltigen Schwefelkies und verschiedene andere Erze in Quarz. Die Ausbeute war sehr groß. Doch nach Humboldts Urteil wurden die Gewinne durch übertriebene Ausgaben beim Festungsbau wieder aufgebraucht. Mit d'Elhuyars Tod kam der Bergbau zum Erliegen. Humboldt fuhr unter Lebensgefahr in die verlassene Grube ein. Er stellte fest, daß das Vorkommen aus zwei Lagern bestand, die eigentlich nur eines seien, das wie in Kamsdorf nur zeitweise eine Schicht Quergestein in der Mitte habe. Zu seiner Überraschung wuchsen hier unter Tage die gleichen Pflanzen wie in Freiberg.

Der Bruder Juan d'Elhuyars, Fausto d'Elhuyar, hatte auf Bitten der spanischen Regierung 1778 in Freiberg studiert, um den deutschen Bergbau zu erlernen. 1788 kam er deren Wunsch nach, eine Expedition deutscher Bergleute nach Südamerika zu bringen, um dort den Bergbau nach deutschem bzw. Freiberger Muster zu modernisieren. Er teilte die von ihm angeworbenen Bergingenieure und etwa 30 Freiberger Steiger und Bergknappen in vier, dann in drei Gruppen, von denen eine für Mexico, eine für Peru und eine für das Vizekönigreich Neu-Granada bestimmt war. Von den beiden ersten Gruppen wird noch die Rede sein. Zu der neugranadinischen Gruppe hatten außer d'Elhuyar auch sechs Bergarbeiter gehört, die Humboldt wohl nicht persönlich kennengelernt hat. Nach Schumacher, „Südamerikanische Studien", saßen sie zu Humboldts Zeit beschäftigungslos in Honda.[13] Humboldt schreibt, sie seien kaum zu Steigern tauglich gewesen, er erfuhr den Namen des Jacob Wiesner (Wissener), der gut habe zeichnen können, und daß Manuel Dietrich sogleich in Honda verstorben sei.[14] Über ihre Namen und ihr Schicksal gibt das Buch der Österreicherin Renée Gicklhorn Auskunft, die für Dietrich das Sterbedatum Bogotá 1789 angibt.[15]

Nach kurzer Weiterfahrt auf dem Río Magdalena verließ Humboldt das Schiff und zog auf dem Landweg in die Landeshauptstadt Bogotá ein. Von hier aus unternahm er auf Bitten des Vizekönigs Mendinueta eine Exkursion in nördlicher Richtung, die ihn fast wieder auf den Breitengrad von Honda führte, um das neugranadinische Salzbergwerk von Zipaquirá zu besichtigen. Er beschreibt[16] zunächst die Schichtung des Gebirges, in dem das Steinsalz in Gips, Kalkstein und Sandstein ruht, teilweise schneeweißes reines Steinsalz, teilweise grauweißes, mit Salzton vermischtes. Der Umfang des Flözes war nicht bekannt. Er verglich es mit deutschen und europäischen Vorkommen. Vor allem verglich er aber die Art des Abbaus mit dem in Europa. Er bemängelte das vermeidbare Nachstürzen des Gebirges, das Versäumnis, das reine Steinsalz, das man fälschlich für giftig hielt, zu fördern, das Salzsieden oben auf dem Gebirge, wohin man das Brennholz erst hinauftransportieren mußte, obwohl sich in der Stadt ein Sudwerk befand, das Hinableiten des Süßwassers in den Ort durch Röhren, um die Salzsole anzureichern, während man diese Arbeit bequemer oben an den Süßwasserquellen hätte ausführen können. Das Salzsieden geschah nach indianischem Muster in Tongefäßen; gegen eine verbilligte Herstellung dieser Gefäße protestierten die ihre Privilegien verteidigenden Indios. Humboldt lobte ihre Sudöfen, aber er schlug vor, wie in Reichenhall eiserne Pfannen zu benutzen und wunderte sich über das Vorurteil, daß in kupfernen Pfannen gesottenes Salz giftig sei. Das produzierte Salz war sehr unrein, man verlor Salz beim Sieden, das Holz wurde durch zu viele kleine Öfen verschwendet. Falls sein Vorschlag, Pfannen zum Sieden zu benutzen, durchdringen würde, empfahl er statt der Herstellung fester Salzstöcke es als gekörntes Salz zum Verkauf anzubieten. Die Herstellung von Säcken aus Agavehanf werde die Einbußen bei der Einstellung der Töpferei ausgleichen. Schließlich macht er rechnerische Vorschläge zur Bestimmung der Produktionskosten und der Verbesserung der Gewinnchancen für den König. Er fügt hinzu, daß die von ihm genannten Zahlen sicher seien, obwohl er die Saline nur fünf Stunden lang besucht habe. In ausgearbeiteter Form hat er dieses Gutachten dem Vizekönig Mendinueta überreicht, 1952 wurde es von dem „Archivo de la economía nacional" herausgegeben und auf Kosten der Banco de la República in Bogotá gedruckt.[17]

Nach dem Aufenthalt in Bogotá kehrte Humboldt noch einmal an den Río Magdalena zurück und überquerte dann die Anden von Norden nach Süden. Ihre Geologie, ihr Verlauf, vor allem ihre tätigen und erloschenen Vulkane standen im Mittelpunkt seines Interesses. Einige von ihnen hat er bestiegen, bei anderen schlug der Versuch aus äußeren Gründen fehl. Er bestieg die Vulkane Puracé, Pichincha, Antisana, Chimborazo, er kam nicht auf die Höhe des Vulkans von Pasto und den Tungurahua. Die Chinarindenbäume von Loja in Ecuador und die Flußfahrt zum Río Marañón, einem der Quellflüsse des Amazonas, waren wichtige Etappen der Reise, bevor Humboldt das Bergwerk von Hualgayoc in den peruanischen Anden besuchte. Obwohl dieses Silberbergwerk nicht so reich war wie der Cerro de Potosí im damaligen Vizekönigreich Río de la Plata, heute Bolivien, war es doch von großer Bedeutung für den spanischen Finanzhaushalt. Humboldt wurde ehrfurchtsvoll und glänzend empfangen, der Subdelegado Mariano Castro versäumte keine Gelegenheit, ihn zu feiern, wie Humboldt im Tagebuch notiert.[18] Vier Tage hielt er sich bei der Besichtigung auf. Diese Tage gehörten nach seiner Aussage zu den anstrengendsten der ganzen Reise. Er wollte alles sehen und prüfen, man erbat in allen Dingen seinen Rat. Humboldt fuhr in die Stollen ein, dabei offenbarte sich ihm die Geschichte der Anlage. Man hatte erst 1771 die Silbererze entdeckt, die in großer Menge unter den Wurzeln der Grashalme lagen, und hatte ohne bergmännische Fachkenntnisse einfach abgebaut, was zu Tage anstand. Nachdem dieser Reichtum erschöpft war, hatte man begonnen, in den Berg einzudringen, indem man immer den Gängen folgte, so daß nur „krüppligte" Strecken und Stollen entstanden, wie es in der Fachsprache hieß. Sie glichen Kaninchenbauen, spanisch „cuevas del zorro". Später wurde man einsichtiger und legte bessere Stollen an, die aber nun übertrieben hoch gerieten und dadurch unnötige Kosten verursachten. Die Schächte waren entsprechend unsachgemäß angelegt. Die Zimmerung, die häufig durch festes Gestein überflüssig war, wurde nachlässig betrieben. Durch faulendes Holz, Wasser, menschliche Exkremente und Tabakrauch entstand Wettermangel.

Durch eindringendes Wasser kam es häufig zu Einbrüchen. Einer der größten Mängel bestand in der schlechten Wasserlösung. Man füllte Lederschläuche, die zudem nur eine begrenzte Haltbarkeitsdauer hatten, oder Eimer mit Wasser und zog sie hinaus. Humboldt vergleicht mehrmals damit die viel vorteilhafteren Tonnen, die in der Freiberger Grube Neu Beschert Glück über Rollen gezogen wurden. Er erklärte den Bergarbeitern die bequemere Förderung durch Pferdegöpel oder durch Wasserhebungsmaschinen, bemerkte jedoch, daß ihnen diese so fremdartig vorkamen, wie den Europäern jener Zeit ein Heißluftballon.

Der Gesteinsabbau erfolgte mit dreißigpfündigen Fäusteln, Cumbas genannt, mit denen die Häuer ächzend nur zwei bis drei langsame Schläge tun konnten, statt mehrerer schneller mit leichteren Schlägeln. Es gab für die Förderung keine Huntsläufe, die in den „krüppligen" Stollen auch nicht hätten laufen können. Das Gestein wurde von den Bergarbeitern herausgetragen. Humboldt bemängelte, daß man wegen der Reichhaltigkeit der Erze im Gegensatz zum Bergwerksbetrieb in Potosí nur das sehr ergiebige Gestein der Amalgamation zuführte, alles andere auf Halde warf. Ausführlich beschreibt er die Amalgamiermethoden, wobei er ebenfalls mit den europäischen Verfahren vergleicht. Er war der Ansicht, daß man in Peru bei Vermeidung der zahlreichen Fehler statt 4 Millionen Piaster jährlich 24 Millionen hätte prägen können, daß jährlich 300 bis 400 000 Mark Feinsilber zu gewinnen gewesen wären, während man sich in Spanien schon über die Erschöpfung der peruanischen Gruben beklagt hatte.

Zu den technischen Mängeln kamen die sozialen. Zwischen den wenigen, sehr reichen Besitzern der Bergwerke und der Amalgamierwerke bestand ein heftiger Konkurrenzkampf, statt daß sie sich zu Gewerken oder Gewerkschaften zusammengeschlossen hätten, wie man damals die Interessengemeinschaft der Bergwerksunternehmer nannte. Auch eine Verstaatlichung hält Humboldt für vorteilhafter. Viele unbemittelte Leute liehen Geld und mieteten Bergwerke, machten dann aber aufgrund des Zinswuchers bankrott oder wurden durch Betrug reich, indem sie das geliehene Geld nicht zurückzahlten. Humboldt nennt drei Familien mit Namen, denen allein die Gruben in Hualgayoc gehörten. Die Bergarbeiter halfen sich mit Diebstahl. Humboldt schreibt: „[...] während sich in Sachsen ein Bergmann durch seine moralischen Qualitäten auszeichnet, ist dies hier die verdorbenste, verkommenste Klasse".[19]

Ein weiterer Hemmschuh für die Silberproduktion in Hualgayoc war die oberste Bergbaubehörde in der Hauptstadt Lima, das „Tribunal de Minería" (Bergamt). Humboldt verspottete es als „Siechenhaus".[20] Es war erst 1789 nach dem Vorbild des 1777 in Mexico-Stadt gegründeten „Tribunal de Minería" von dem peruanischen Vizekönig Gil y Lemus ins Leben gerufen worden. Die in ihm vertretenen korrumpierten, auf den eigenen Vorteil bedachten Beamten behinderten in jeder Weise die ebenfalls 1789 in Peru eintreffende deutsche Bergwerkskommission. Unter Leitung des Generalbergwerksdirektors Fausto d'Elhuyar waren die deutschen Bergleute, Berg- und Hüttendirektoren, Steiger und Bergknappen von La Coruña in Spanien nach Buenos Aires gesegelt. Von dort reiste die mexikanische Gruppe unter Fausto d'Elhuyar nach Mexico, die neugranadinische unter Juan d'Elhuyar nach Bogotá, die peruanische unter dem Schweden Fürchtegott Leberecht Freiherr von Nordenflycht nach Potosí, und von dort weiter nach Lima, Hualgayoc, Cerro de Pasco. Mit Nordenflycht fuhren u. a. der Berg- und Hüttendirektor Anton Zacharias Helms und der Markscheider Gottlieb Friedrich Mothes. Die Österreicherin Renée Gicklhorn hat in ihrem Buch über „Die Bergexpedition des Freiherrn von Nordenflycht" nach eingehenden Studien in allen einschlägigen deutschen, österreichischen, spanischen und südamerikanischen Archiven die Geschichte dieser Bergexpedition von ihren ersten Anfängen bis zu ihrem Scheitern vollständig dargestellt.[21] Sie hat auch den damals in Marburg liegenden Nachlaß Humboldts sowie seine Tagebücher in der Deutschen Staatsbibliothek mit herangezogen.[22] Ihr Buch ist als Quelle für die Begegnung Humboldts mit den deutschen Bergleuten in Südamerika anzusehen.

Mit dem Freiherrn von Nordenflycht muß Humboldt in Lima zusammengetroffen sein. Dieser hat ihm seine Mineraliensammlungen und seine Pläne vom Bergwerk von Pasco gezeigt. Er gab Humboldt sicher auch das Gutachten des Anton Zacharias Helms, das dieser über das Bergwerk von Pasco und seine Pacos genannten Silbererze verfaßt hatte. Humboldt schrieb es sich ab und fügte hin und wieder eigene Bemerkungen hinzu. Renée Gicklhorn hat es in ihrem Buch als Facsimile im Anhang gedruckt.[23] Helms hatte Peru zur Zeit von Humboldts Anwesenheit schon verlassen. In allen Bergwerken, in denen er tätig geworden war, hatte man ihm die gleichen Schwierigkeiten gemacht, unter Einbuße von Geld und Gesundheit kehrte er nach Spanien und nach Wien zurück. Friedrich Mothes ging es nicht besser als Helms. Humboldt muß lange Gespräche mit Mothes in Hualgayoc geführt haben, wo dieser als Markscheider tätig war. Er hatte Schwierigkeiten mit Miguel Juaquín Espinachi, einem Bergwerksunternehmer oder Bergingenieur, dessen Stollenbau Humboldt in seinem Gutachten lobt. Espinachi widersprach Mothes, der den betreffenden Stollen in eine andere Richtung lenkte. Man behauptete in Hualgayoc, Mothes habe den Gang dabei verloren.[24] Humboldt dagegen schreibt, daß Espinachi den Gang verloren und Mothes ihn wiedergefunden habe.[25] Im übrigen hält sich Humboldt mit der Nennung der Namen der deutschen Bergleute zurück. Ihr Verhältnis zu den kreolischen Behörden mit Ausnahme des Vizekönigs war ein äußerst gespanntes. Als Humboldt ankam, hatte Nordenflycht bereits ein Entlassungsgesuch gestellt, dem aber erst Jahre später stattgegeben wurde. Innerhalb von 20 Jahren mußten die deutschen Bergleute jeden Ranges ihre Tätigkeit einstellen, ohne wesentliches erreicht zu haben. Es ist nicht bekannt, daß Humboldt ein Gutachten in Lima übergeben hätte.

Die Hoffnung, in Lima auf die Weltumseglungsexpedition des Kapitäns Baudin zu treffen, hatte Humboldt schon in Quito aufgeben müssen. Jetzt konnte er aber doch noch den Plan, nach Mexico zu reisen, in die Tat umsetzen, den er schon bei seinem ersten Aufenthalt auf Cuba gehabt, dann aber zugunsten Limas aufgegeben hatte. Um in Lima ein Schiff nach Acapulco zu bekommen, mußte er zunächst die peruanische Küste hinaufsegeln bis Guayaquil. Bei Guayaquil besichtigte er auf der Halbinsel Santa Elena Asphaltminen. Der Asphalt schwamm auf salzhaltigen Quellen; er wurde abgeschöpft, getrocknet und nach Lima geliefert. Die Bevölkerung benutzte ihn zum Abdichten von Tongefäßen, besonders von Weinkrügen aus Chile.[26]

Nach der Überfahrt von Guayaquil nach Acapulco stieg Humboldt mit seiner nun um den jungen Carlos Montúfar vermehrten Reisegesellschaft auf die Hochebene von Mexico-Stadt. Er passierte dabei den Bergwerksbezirk von Taxco, dessen Silberbergbau er an zwei Tagen gründlich kennenlernte.[27] Der Bergwerksunternehmer Vicente de Ansa, der in Taxco einen großen Stollen, Los Reyes genannt, ausgebaut und einen neuen Stollen in San Ignacio angelegt hatte, war Humboldts Gastgeber in Tehuilotepec. Sein Stollenbau fand Humboldts Anerkennung. Obwohl die großen Reichtümer in Taxco schon in der Mitte des 18. Jhs. von Josef de la Borda ausgebeutet worden waren – Humboldt erzählt seine wechselvolle Geschichte – gewann Ansa noch 40–50 000 Mark Silber jährlich. Die Erzadern waren aber erschöpft, das Silber kam nur noch nesterweise oder kurznierig vor. Humboldt glaubte, daß die Erträge von Jahr zu Jahr weniger werden würden, zumal eine Quelle im Kalkstein, die einen Bach gespeist hatte, plötzlich versiegt, und in 5 Meilen Entfernung wieder zum Vorschein gekommen war. Dem Amalgamationswerk fehlte es daher an Wasser. Dazu kam, daß auch Mangel an Quecksilber herrschte. Den Einkauf billigen Quecksilbers aus China, den das mexikanische Tribunal de Minería vorgeschlagen hatte, lehnte die spanische Regierung ab. Humboldt urteilt darüber, es könne dem König von Spanien gleichgültig sein, ob er das Quecksilber beim Kaiser von Deutschland oder beim Kaiser von China kaufe.

In Mexico-Stadt und im Land Mexico bot sich dem Oberbergrat Humboldt das reichste Betätigungsfeld. Hier traf er auf die Gruppe der deutschen Bergleute, die von Buenos Aires nach Mexico weitergereist war. Der Generalbergwerksdirektor Fausto d'Elhuyar, der nach seinem Studium in Freiberg zunächst Professor für Mineralogie in Vergara in Spanien geworden, dann aber von der spanischen Regierung mit der Bildung einer deutschen Bergexpedition nach Südamerika beauftragt worden war, hatte in Mexico-Stadt gleich nach der Ankunft 1788 eine Berghochschule nach Freiberger Vorbild gegründet, das Colegio de Minería. Mit d'Elhuyar muß Humboldt oft zusammengetroffen sein und viele Gespräche geführt haben. Doch notiert er nichts Zusammenhängendes darüber in seinen Tagebüchern. Dagegen wird d'Elhuyar hin und wieder in den Betrachtungen über Geologie und Bergbau erwähnt.

Die gleiche Bedeutung wie d'Elhuyar hatte der Montanwissenschaftler Andrés del Río, der mit d'Elhuyar gekommen war und seit 1795 als Professor für Geologie an der Berghochschule wirkte. Er war Humboldts Kommilitone in Freiberg gewesen, mit ihm konnte er nun Erinnerungen austauschen. Del Río wird in Humboldts Tagebüchern häufig, besonders im Zusammenhang mit der von ihm erprobten Wassersäulenmaschine erwähnt. Er schrieb ein Handbuch über Oryktognosie[28], in das er auch Humboldts Vorlesungen über Pasigraphie (eine Art geologischer Symbol- oder Zeichensprache) aufnahm, die dieser an der Bergakademie hielt. Seinen Studenten stellte Del Río die Reisenden Humboldt und Bonpland in seinen Vorlesungen als Vorbild hin und empfahl ihnen, wenn sie auch nicht deren Kenntnisse erwerben konnten, so doch ihren Eifer für die Wissenschaften nachzuahmen. Bei der Abreise nahm Humboldt ein Manuskript Del Ríos mit nach Europa, das dessen Entdekkung des Vanadiums betraf. Humboldts Rolle in der Entdeckungsgeschichte dieses Minerals hat Günter Hoppe jetzt in einer eigenen Untersuchung dargestellt.[29]

Humboldt muß sich in Mexico-Stadt heimisch gefühlt haben. Er arbeitete häufig in der Bergakademie mit Professoren und Studenten zusammen, er unternahm Laborversuche und unterrichtete einige Studenten im Kartenzeichnen. Im Oktober 1803 beteiligte er sich an den jährlich um diese Zeit an der Berghochschule stattfindenden Prüfungen der Studenten. Zum Abschluß der Prüfungen wurde ihm die anläßlich der Gründung der Hochschule geprägte Medaille verliehen,[30] und man bat ihn um die Erlaubnis, sein Porträt malen und in der Hochschule aufhängen zu dürfen.[31]

Zu weiteren Mitgliedern der deutschen Bergkommission, denen Humboldt in Mexico begegnete, gehörte Franz Fischer, der auch unmittelbar nach der Ankunft tätig wurde. Er stellte Nachforschungen über den 1759 im südlichen Mexico entstandenen Vulkan Jorullo an und schrieb darüber einen Brief nach Freiberg, der dort während Humboldts Studienaufenthalt 1789 im Bergmännischen Journal erschien.[32] Humboldt hat ihn später im „Kosmos" veröffentlicht.[33] Die Reise zum Jorullo hat Humboldt auch selbst unternommen und seine ausgedehnten Untersuchungen ebenfalls in den „Kosmos" aufgenommen.[34] Fischer arbeitete in Santa Mónica als Leiter eines Laboratoriums für Kupferraffinerie.

Luis Lindner war Assistent für Metallurgie an der Bergakademie in Schemnitz, als d'Elhuyar ihn für die deutsche Bergexpedition warb. Seit 1798 war er Professor für Chemie und Metallurgie in Mexico-Stadt. Humboldt erwähnt ihn im Tagebuch.[35] Friedrich Traugott (Federico) Sonnenschmidt wirkte als Mineraloge an der Hochschule und als Bergmann in Mexico. Er kehrte aber im Jahr 1800 schon wieder nach Deutschland zurück, so daß Humboldt ihn nicht mehr antreffen konnte. Er ist nicht immer gut auf Sonnenschmidt zu sprechen. So kritisiert er eine Reihe von Unzulänglichkeiten an den Erzhämmern in Mexico und ist erstaunt, daß Sonnenschmidt und andere die Meinung verbreitet hatten, diese seien ganz vorzüglich.[36] Ein andermal schreibt er im Tagebuch: „Mr. Sonnenschmidt pouvait avoir pris cette Syenite et le Hornblendschiefer pour du Grünstein et du Trapp. J'ai montré ce Mss. et les fossiles à Mr. del Rio et il a tout approuvé ce qve j'ai dit."[37] (Herr Sonnenschmidt kann diesen Syenit und Hornblendschiefer für Grünstein und Trapp gehalten haben. Ich habe dieses Manuskript und die Stufen Herrn Del Rio gezeigt, und er hat alles gebilligt, was ich gesagt habe.)

Der Standort der Berghochschule in Mexico-Stadt schien manchem unzweckmäßig zu sein, da die Studenten ihr Praktikum in den meilenweit von der Hauptstadt entfernten Bergwerken absolvieren mußten. In Guanajuato, der zweitgrößten Stadt Mexicos mit dem größten Silberreichtum, wäre sie auch nach Humboldts Meinung besser aufgehoben gewesen. Er mochte dabei an die Bergakademien von Berlin und Freiberg denken. Er schreibt wörtlich: „Guanajuato ist das Freiberg Mexicos. Wie soll man Markscheidekunde, die Natur der Erzadern, die praktischen Arbeiten entfernt von den Bergwerken lehren [...] Es ist nötig, daß Praxis und Theorie verbunden werden. Heute machen die jungen Leute, die von der Hochschule kommen, ihr Praktikum in den Gruben [...] Dazu kommt die Einförmigkeit der Gebirgsmassen. Guanajuato hat den Vorzug einer großen Vielseitigkeit von Gestein, von Gängen; [...] Die Professoren wären in engerer Verbindung mit den Bergleuten, der Verhüttung, den Maschinen gewesen. Sie hätten mehr Vertrauen eingeflößt, die

Feindseligkeit gegen die Berghochschule hätte abgenommen [...]"[38] So unternahm Humboldt nun auch zwei ausgedehnte Exkursionen zu den Bergwerken des Landes. Die erste vom 13. bis 27. Mai 1803 führte ihn in den Bergwerksbezirk von Real del Monte und Pachuca nordöstlich von Mexico-Stadt, die zweite vom 1. August bis zum 20. September 1803, also fast zwei Monate lang, in das doppelt so weit entfernte, nordwestlich gelegene Guanajuato.

Pachuca sollte das älteste Bergwerk Mexicos sein. Trotz großen Silberreichtums hatte der Ort zu Humboldts Zeit nicht mehr die einstige Bedeutung.[39] Pachuca, Real del Monte und Morán zusammen brachten 50–60 000 Mark Silber im Jahr. Das Bergwerk von Pachuca war abgebrannt, die Kosten für die schlecht gebauten Pferdegöpel zu hoch. Es bestand aber berechtigte Hoffnung auf einen Neubeginn. Romero de Terreros, Erster Graf von Regla, hatte neue Schächte anlegen lassen, und nach den Berechnungen Del Ríos war von Pedro Lachaussée eine Wassersäulenmaschine gebaut worden. Humboldt beschreibt die Funktionen dieser ersten außerhalb Europas gebauten Wassersäulenmaschine, die von Del Río noch vervollkommnet worden war. Die gesamte mexikanische Öffentlichkeit wartete gespannt auf ihre Wirkung. Es gab große Schwierigkeiten, besonders was die Wasserzufuhr in regenarmen Jahren und die Verstopfung der Kanäle mit Sand bei Überschwemmungen betraf. Doch Del Río hatte sein Ziel erreicht, den Bergwerksbesitzern die Vorteile zu zeigen, die eine solche Maschine bringen konnte.

Humboldt wohnte vom 16. bis 19. Mai mit großer Wahrscheinlichkeit bei Pedro Lachaussée in Morán. Am 18. Mai fuhr er in das Bergwerk von Cabrera ein, das d'Elhuyar selbst neu in Betrieb genommen hatte. Humboldt glaubte, daß dies in der irrigen Annahme geschehen sei, die Silberader setze sich dort fort, die dem Grafen Regla soviel Gewinn gebracht hatte. Er selbst bezweifelte dies. Er kritisierte außerdem die Leitern im Schacht aus runden Baumstämmen, auf denen man Gefahr lief, abzustürzen. Er maß die Temperatur im Stollen, die erstaunlich hoch war. Auch fand er hier seine unterirdische Pflanzenwelt wieder, besonders Byssus speciosa. Am folgenden Tag besuchte er die Gruben des Grafen von Regla in Real del Monte. Das Silbervorkommen war eines der reichsten in ganz Mexico. Humboldt notierte sich genau die Lage der Gänge zwischen den Schächten. Er bemerkte, daß in diesem Bergwerksbezirk wie in Clausthal im Harz, aber im Gegensatz zu Freiberg, nur wenige Erzadern vorhanden, aber diese von großer Länge und Mächtigkeit waren. Er schilderte dann die Geschichte der Entdeckung des Vizcaína-Gangs und seiner Ausbeutung. Es waren 28 Pferdegöpel im Einsatz, die Betriebskosten beliefen sich jährlich auf eine halbe Million Pesos, der Zweite Graf von Regla, mit dem Humboldt sprach, sandte alle 14 Tage 14 Silberbarren im Wert von insgesamt 15 400 Pesos nach Mexico-Stadt in die Münze. Die Art der Förderung ließ nach Humboldt zu wünschen übrig, die Amalgamation fand seine volle Zustimmung, nur die Pochwerke schienen ihm schlecht konstruiert. Es wurde viel Staub erzeugt, das wegspringende Gestein mußte von Hand aufgelesen werden, statt es in Kästen aufzufangen. Die mexikanischen Erzmühlen zog Humboldt dagegen den deutschen Mühlsteinen vor. Auf der Weiterreise entdeckte Humboldt auf dem Cerro de las Navajas Spuren indianischen Bergbaus, die er im Tagebuch beschreibt.[40]

Anfang August bis Mitte September unternahm Humboldt seine ausgedehnteste Exkursion in Mexico, in das reichste Bergwerk der Erde, in die Silberstadt Guanajuato.[41] Humboldt stellte fest, daß diese in bestimmten Jahren soviel Erträge gebracht hatte wie das berühmte Silberbergwerk von Potosí in dem Zeitraum seiner größten Ausbeute, von 1578 bis 1736, also in 148 Jahren, zusammen. Diese Ausbeute von Guanajuato, in 30 Jahren 90 Millionen Pesos, war in den Händen von nur zwei Familien, der Familie des Grafen von

Valenciana, mit bürgerlichem Namen Obregón, und den Nachkommen des Lebensmittelhändlers Otero. Der alte Obregón hatte den Bergbau bei Guanajuato lange erfolglos betrieben, er gewann den Kramladenbesitzer Otero, der ihm Geld vorstreckte, bis er endlich auf einen unglaublich ergiebigen Silbergang stieß. Seiner Beharrlichkeit waren die Entdeckung und der Reichtum zu verdanken. Ihn und La Borda bezeichnet Humboldt als die Pioniere des Bergbaus in Mexico. Humboldt lernte den Zweiten Grafen von Valenciana und die Familie Oteros selbst kennen, zu der auch Diego Rul, der Graf Pérez Gálvez und seine liebenswürdige Gemahlin gehörten. Er wohnte in dem luxuriösen Hause des Diego Rul, das er einen Palast nennt. Die Baukosten hatten 160 000 Pesos betragen. Er wird noch heute in den Reisehandbüchern als Sehenswürdigkeit verzeichnet. Humboldt stieß sich an dem Gegensatz zu den armseligen Hütten der indianischen Bergarbeiter ringsum. Die Wochen, die er in Guanajuato zubrachte, gehörten wie die Tage in Hualgayoc zu den anstrengendsten seines Lebens. Er schrieb ein ausführliches Fachgutachten für den Grafen von Valenciana, dessen Inhalt aber auch nur aus den Aufzeichnungen in den Tagebüchern erschlossen werden kann. Zu allem Überfluß zog sich Humboldt auch noch durch einen Sturz im Bergwerk von Fraustros langanhaltende starke Schmerzen zu.

Der erfolgreiche Bergbau hatte sehr zur Vergrößerung der Stadt Guanajuato beigetragen, die nun 55 000 Einwohner zählte; um die anderen Gruben, bei denen vorher nur ein bis zwei Indianerhütten gestanden hatten, bildeten sich kleine Städte mit Handel, Gewerbe und Vergnügungsstätten. Auch die Landwirtschaft der Umgebung profitierte davon. In Guanajuato war vor Humboldts Ankunft gerade ein Lehrstuhl für Mathematik gegründet worden. Der Mathematiker José Rojas, der ihn übernahm, beeindruckte Humboldt sehr durch sein Wissen und durch seine guten Grubenrisse, ebenso sein Schüler José Bustamante. Bald nach Humboldts Abreise sollte Rojas jedoch von der Inquisition als Häretiker angeklagt werden. Mit Diego Ruls Hilfe, dem Erbauer des palastartigen Hauses, gelang es Rojas, in die Vereinigten Staaten zu entkommen. Die Rückkehr ist ihm nicht gelungen. Über seinen Tod ist nichts bekannt.

In seinem Gutachten ging Humboldt auf die unterschiedlichsten Fragen ein.[42] Kritik übte er vor allem an der Schachtabteufung. Er betonte, noch nie so einen großen Schacht wie den Tiro general in Valenciana gesehen zu haben. Er war 200 Meter tief und auf eine Teufe von 550 Meter geplant. Sein achteckiger Umfang betrug 28 Meter. Humboldt bewunderte die Weite, in der vier bis acht Göpel gleichzeitig in Betrieb sein konnten. Die riesigen Erzvorkommen bedingten diese Ausmaße der Förderung. Aber die Gefahr bestand, daß die Göpel sich gegenseitig behinderten, die Pendelbewegung wurde mit zunehmender Tiefe größer. Die Seile aus Pita oder Agavehanf waren schwer und weniger haltbar als solche aus Hanf. Sie konnten sich leicht ineinander verschlingen. Er war der Ansicht, daß man statt dessen im Innern des Berges mehrere Schächte hätte anlegen müssen, auch um leichter von einem Stollen zum andern zu kommen. Huntsläufe waren unmöglich. Hier wie überall wies Humboldt auf die Tonnenförderung mit Rollen hin, die er aus Deutschland kannte. Die übrigen Schächte hatte man als Treppenschächte angelegt und war dabei auf Prachtentfaltung bedacht gewesen. In den Steinstufen blinkte hier und da etwas Erz, Besucher wurden angezogen, und sogar der Vizekönig Iturrigaray hatte das Bergwerk Valenciana schon einmal besucht. Größte Zustimmung fand die Art der Mauerung bei Humboldt, die alle europäische seiner Ansicht nach übertraf.

Die Aufzeichnungen in den Tagebüchern waren vor allem als Arbeitsgrundlage für seine späteren Veröffentlichungen gedacht. So hat er sich wie überall auch hier einen Überblick über die wirtschaftliche Bedeutung der Bergwerke verschafft. Er gibt einen Überblick über die Höhe der Einkünfte der reichen Bergwerksbesitzer, er erwähnt aber auch einige zu seiner Zeit nicht oder wenig betriebene Gruben in den Händen mittelloser Unternehmer. Große Aufmerksamkeit widmet er den sozialen Verhältnissen. 900 Träger waren täglich beschäftigt, auch Kinder, die aber alle nur drei Tage in der Woche arbeiteten; andere Berufsgruppen wie Bohr- und Sprengmeister, die die ganze Woche einfuhren, hatten eine niedrigere Lebenserwartung. Das von einem Tenatero transportierte Gewicht betrug bis zu 1½ Zentner. Humboldt schildert sehr malerisch das Hin- und Hereilen der vielen Menschen auf den donlegigen Treppenschächten, auf denen sie sich noch zu überholen suchten, ihr Stöhnen und manchmal lustiges Schimpfen. Er selbst war nur mit größter Anstrengung imstande, unbelastet sein eigenes Körpergewicht auf den ungangbaren Treppen vorwärtszubringen. Er stellte fest, daß er im seigeren Kühschacht in Freiberg nie so ermüdet gewesen sei, wie er vermutet, wegen andersartiger Muskelanstrengung. Er zählt alle Berufsgruppen der Bergarbeiter auf, nennt den Umfang ihrer Arbeitsleistung, ihren Lohn. Außerhalb der Gruben waren bis zu 1 500 Personen bei der Verhüttung beschäftigt, darunter Hunderte von Frauen, die Erze ausklaubten und dabei im Chor sangen. Die anfallenden Haldenstürze kamen ihm wie Kordilleren vor gegenüber pygmäenartigen europäischen. Ein allgemeiner Mangel der südamerikanischen Bergwerke schien ihm darin zu liegen, daß es viel mehr Interessenten für die Verhüttung, die Silberamalgamation über Tage gab, als mutige Unternehmer für den Bergbau.

Außer den umfangreichen, zusammenhängenden Berichten seiner Tagebücher über den lateinamerikanischen Bergbau hat Humboldt auch gelegentlich, besonders in geologischen Abhandlungen, den Freiberger Bergbau, die Bergakademie und ihre Wissenschaftler erwähnt. Solche Erwähnungen zu bewerten, muß einem Bergbauhistoriker vorbehalten bleiben. Dieser kurze Überblick wird hoffentlich ausreichend beweisen, daß Humboldt seinem Beruf als Bergmann auf der großen Reise in Süd- und Mittelamerika treu geblieben und wo er Gelegenheit dazu hatte, in ihm tätig geworden ist.

Anmerkungen

1 Abbildungen bei: Nelken 1980, S. 53 f.
2 Bruhns 1872, Bd. 1, S. 457 f.
3 Ebd., S. 458.
4 Humboldt 1982, S. 300.
5 Humboldt 1825–27.
6 Humboldt 1952.
7 Humboldt 1982.
8 Humboldt 1986–90.
9 Bruhns 1872, Bd. 2, S. 86.
10 Humboldt 1861–62, Bd. 2, S. 7–19; Bd. 6, S. 329–331, 338 f.
11 Humboldt 1982, S. 320 f.
12 Humboldt 1986–90, Teil I, S. 81 f.
13 Schumacher 1884, S. 451.
14 Humboldt 1986–90, Teil I, S. 81.
15 Gicklhorn 1963, S. 64–69.
16 Humboldt 1986–90, Teil I, S. 97–104, Anmerkungen Teil II, S. 318.
17 Vgl. Humboldt 1952.

18 Humboldt 1986–90, Teil I, S. 259; der ganze Abschnitt ebd., S. 258–266; Teil II, S. 149–156.
19 Ebd., Teil I, S. 265; Teil II, S. 155.
20 Ebd.
21 Gicklhorn 1963.
22 Ebd., S. 96 f.
23 Ebd., S. 185–188.
24 Ebd., S. 96.
25 Humboldt 1986–90, Teil I, S. 154; Teil II, S. 264.
26 Ebd., Teil I, S. 289; Teil II, S. 181.
27 Ebd., Teil I, S. 318–321; Teil II, S. 212–215.
28 Del Río 1795–1805.
29 Hoppe 1990.
30 Die gedruckte „Explicación", die Humboldt mit der Medaille überreicht wurde, hat er in sein Tagebuch VIII eingelegt (SB Berlin b, Tageb. VIII, Bl. 231–234).
31 Mitteilungen der „Gaceta de México" vom 11. 11. 1803, Tom. XI, Núm. 47, S. 384 f.; benutzt in SB Berlin a, Großer Kasten 4, Nr. 32.
32 Ein Referat des Briefes erschien in Journal 1791, S. 326, der ganze Brief bei Born/Trebra 1789–90, Bd. 2, S. 441–444.
33 Humboldt 1845–62, Bd. 4, S. 563.
34 Ebd., Bd. 4, S. 334–348, 562–565; auch in Humboldt 1986–90; Teil I, S. 374–382; Teil II, S. 276–284.
35 Ebd., Teil I, S. 364; Teil II, S. 264.
36 Ebd., Teil I, S. 350; Teil II, S. 249.
37 SB Berlin b, Tagebuch IX, Bl. 37 V.
38 Humboldt 1986–90, Teil I, S. 364; Teil II, S. 264.
39 Ebd., Teil I, S. 345–350; Teil II, S. 243–248.
40 Ebd., Teil I, S. 351 f.; Teil II, S. 250.
41 Ebd., Teil I, S. 363–371; Teil II, S. 263–271.
42 Ebd., Teil I, S. 366; Teil II, S. 267, 377.

Quellen und Literatur

Berlin, SB
Staatsbibliothek zu Berlin. Preußischer Kulturbesitz. Handschriftenabteilung.
a Nachlaß Alexander von Humboldts.
b Tagebücher Alexander von Humboldts.

Born/Trebra 1789–90
Born, Ignaz von und Friedrich von Trebra: Bergbaukunde. 2 Bde. Leipzig 1789–90.

Bruhns 1872
Alexander von Humboldt. Eine wissenschaftliche Biographie. Bearb. und hrsg. von Karl Bruhns. Bd. 1–3. Leipzig 1872.

Del Río 1795–1805
Del Río, Andrés Manuel: Elementos de orictognosia o del conocimiento de los fosiles dispuestos segun los principios de A. G. Werner ... Primera parte. Mexico 1795; Segunda parte que comprende combustibles, metales y rocas. Seguidos de la introducción a la Pasigrafía geológica del Señor b[on] de Humboldt. Mexico 1805.

Gicklhorn 1963
Gicklhorn, Renée: Die Bergexpedition des Freiherrn von Nordenflycht und die deutschen Bergleute in Peru. Leipzig 1963. (Freiberger Forschungshefte. Kultur und Technik. D 40.)
Hoppe 1990
Hoppe, Günter, J. Siemroth und F. Damaschun: Alexander von Humboldt und die Entdeckung des Vanadiums. In: Chemie der Erde. Jena. 50. 1990, S. 81–94.
Humboldt 1825–27
Humboldt, Alexandre de: Essai politique sur le Royaume de la Nouvelle-Espagne. 2me éd. T. 1–4. Paris 1825–27.
Humboldt 1845–62
Humboldt, Alexander von: Kosmos. Entwurf einer physischen Weltbeschreibung. Bd. 1–5. Stuttgart und Tübingen 1845–62.
Humboldt 1861–62
Humboldt, Alexander von: Reise in die Äquinoktial-Gegenden des Neuen Continents. In deutscher Bearbeitung von Hermann Hauff. Bd. 1–6 (in 3 Bdn.). Stuttgart 1861–62.
Humboldt 1952
Humboldt, F. E. A.: Memoria raciocinada de las salinas de Zipaquirá. (1801). Bogotá 1952. (Archivo de la economía nacional. 1.) (Publicaciones del Banco de la República.)
Humboldt 1982
Alexander von Humboldt. Lateinamerika am Vorabend der Unabhängigkeitsrevolution. Eine Anthologie von Impressionen und Urteilen, aus seinen Reisetagebüchern zusammengestellt und erläutert durch Margot Faak. Mit einer einleitenden Studie von Manfred Kossok. Berlin 1982. (Beiträge zur Alexander-von-Humboldt-Forschung. 5.)
Humboldt 1986–90
Alexander von Humboldt. Reise auf dem Río Magdalena, durch die Anden und Mexico. Aus seinen Reisetagebüchern zusammengestellt und erläutert durch Margot Faak. Mit einer einleitenden Studie von Kurt-R. Biermann. Teil I: Texte. Teil II: Übersetzung, Anmerkungen, Register. Übersetzt u. bearbeitet von Margot Faak. 2 Bde. Berlin 1986–90. (Beiträge zur Alexander-von-Humboldt-Forschung. 8.9.)
Journal 1791
Bergmännisches Journal. Freiberg. 4 (1791).
Nelken 1980
Nelken, Halina: Alexander von Humboldt. Bildnisse und Künstler. Eine dokumentierte Ikonographie. Berlin 1980.
Schumacher 1884
Schumacher, Hermann A.: Südamerikanische Studien. Drei Lebens- und Cultur-Bilder. Mútis. Cáldas. Codazzi. 1760–1860. Berlin 1884.

Anschrift d. Verf.: *Dr. Margot Faak, Ehm-Welk-Str. 32, D 12619 Berlin*

Zwischen Werner und Kant
Physische Geographie bei Alexander von Humboldt

Von Bernhard Fritscher

1793 erschien Alexander von Humboldts „Florae Fribergensis specimen", ein Werk über unterirdische Pflanzen im Freiberger Revier. Darin finden sich einige Überlegungen zum Verhältnis von Geographie, Naturbeschreibung und Erdgeschichte, die heute vielfach im Sinne einer methodischen Definition der Geographie verstanden werden, d. h. als ein Versuch, die Geographie von der Geschichte und den Einzelwissenschaften abzugrenzen und sie als eine eigenständige Wissenschaft, als Raumwissenschaft, zu begründen. Bei der Frage nach möglichen Vorläufern dieser *Methodik* Humboldts, wie sie im folgenden kurz genannt werden soll, wurde zunächst Humboldts damaliger Lehrer Abraham Gottlob Werner (1749–1817) genannt, heute wird hierzu jedoch vor allem auf Immanuel Kant verwiesen.[1]

Die Frage nach der Rolle Kants und Werners bei der Entwicklung der methodischen Aspekte im Werk Humboldts wird hier im Mittelpunkt stehen. Es soll gezeigt werden, daß der vielfach angenommene maßgebliche Einfluß Kants auf die Methodik von 1793 wenig wahrscheinlich erscheint, daß aber ein Einfluß Kants auf das Gesamtwerk Humboldts durchaus gegeben war, und zwar insofern, als Humboldt später bei Kant wesentliche Gedanken seiner naturwissenschaftlichen Lehrer bestätigt gefunden hat, was seiner methodischen Position eigentlich erst die endgültige Form gab.

Humboldts Gedanken über die Aufgaben und das Verhältnis von Geographie, Naturbeschreibung und Erdgeschichte finden sich, wie gesagt, erstmals 1793 in dem „Florae Fribergensis specimen". In nur unwesentlich veränderter Form hat er sie dann 1817 in „De distributione geographica plantarum" sowie 1845 im ersten Band des „Kosmos" noch einmal abgedruckt.[2]

Ausgangspunkt war dabei die *Geognosia* (synonym mit *Erdkunde, Théorie de la Terre* und *Géographie physique*). Sie wurde als eine Wissenschaft definiert, die Betrachtungen über die belebte und unbelebte Natur anstellt und aus den Teilgebieten *Geographia oryctologica, Geographia zoologica* und *Geographia plantarum* besteht. Nur die letztere wurde auch inhaltlich bestimmt: Sie habe die Verwandtschaftsbeziehungen zu untersuchen, durch die alle pflanzlichen Organismen untereinander verbunden sind („quibus omnia vegetabilia inter se connexa sint"), ihre geographische Verbreitung bzw. die Regionen, wo sie vorkommen, die klimatischen Verhältnisse, an die sie gebunden sind, und durch welche Wurzeln und Gräser Gesteine und Felsen zersetzt werden und wie auf der Oberfläche der Erde Ackerboden entsteht.

Der *Geognosia* wurde die *Physiographia (Naturbeschreibung, Histoire naturelle descriptive)* – die fälschlicherweise auch *Naturgeschichte* genannt werde („historia naturalis perperam nuncupatam") – mit ihren Teilgebieten *Zoognosia, Phytognosia* und *Oryctognosia* gegenübergestellt. Sie untersuche nur die einzelnen Lebewesen, Pflanzen und Gesteine, ihre Formen, ihren Körperbau und ihre Kräfte („vires").

Die *Historia Telluris (Erdgeschichte, Histoire du globe)* schließlich (mit den Teilgebieten *Historia plantarum, Historia zoologica* und *Historia oryctologica*) habe vor allem die Arten der

Pflanzen und Tiere zu beschreiben, welche die Urwelt bewohnten, deren Wanderungen und deren Verschwinden, den Ursprung der Gebirge, der Gesteinsschichten und der Erzgänge („venae metalliferae“); ferner habe sie zu untersuchen, wie sich auf der Oberfläche der Erde allmählich eine Humusschicht und eine Pflanzendecke gebildet habe und wie jene dann durch die Gewalt der über die Ufer tretenden Ströme wiederum entblößt wurde. Die *Historia Telluris* beschreibe also vornehmlich den früheren Zustand der Erde („pristinum orbis terrae statum“), und deshalb müsse sie von der *Geognosia,* der sie gleichwohl näherstehe als der *Physiographia,* unterschieden werden.

Methodisch hat Humboldt also drei Fragen getrennt: die nach der Beschaffenheit der einzelnen Naturdinge, die nach ihrer Verwandtschaft untereinander (bzw. nach ihrem wechselseitigen Zusammenhang) und die Frage nach ihrem früheren Zustand. Inhaltlich standen dabei botanische Fragen im Vordergrund. Dies deutet auf Humboldts damaligen Plan einer *Geschichte der Pflanzen* als den wesentlichen gedanklichen Hintergrund der Methodik, und er selbst sagte später im „Kosmos“, daß er mit der Methodik von 1793 in erster Linie die Pflanzengeographie von der Geschichte der Pflanzen habe abgrenzen wollen.[3]

Den Entwurf der *Geschichte der Pflanzen,* gewissermaßen ein früher Versuch zur Begründung einer Paläobotanik, hat Humboldt vor allem 1794 in einem Brief an Friedrich Schiller näher erläutert. Im Gegensatz zur Pflanzengeographie, die in erster Linie die „Verteilung“ der Pflanzenformen „über den Erdboden“, aber auch „die verschiedenen Eindrücke der Fröhlichkeit und Melancholie, welche die Pflanzenwelt im sinnlichen Menschen hervorbringt“, untersuche, sollte sich die Geschichte der Pflanzen mit der „Aufsuchung der ältesten Vegetation in ihren Grabmälern (Versteinerungen, Steinkohlen, Torf etc.)“ und mit der „allmählichen Bewohnbarkeit des Erdbodens“ beschäftigen, ferner mit dem „Ursprung“ der „cultivierten Pflanzen“ und der „Haustiere“ sowie mit dem „Problem, ob es eine ursprüngliche Pflanzenform gibt“.[4]

Die Geschichte der Pflanzen verweist zugleich auf einen möglichen Anreger der Methodik, den Berliner Botaniker Carl Ludwig Willdenow (1765–1812). Willdenow war einer der frühesten naturwissenschaftlichen Lehrer Humboldts gewesen, und er hatte 1792 ebenfalls eine *Geschichte der Pflanzen* umrissen. Diese sollte „den Einfluß des Klimas auf die Vegetation“ untersuchen, „die Veränderungen, welche die Gewächse wahrscheinlich erlitten haben, wie die Natur für die Erhaltung derselben sorgt, die Wanderungen der Gewächse, und endlich ihre Verbreitung über den Erdball“. Damit unterschied sie sich von der *Kräuterkunde* (oder Botanik), welche uns lehre, „jedes einzelne Gewächs von allen bekannten des Erdballs“ zu unterscheiden. Beide, Kräuterkunde und Geschichte der Pflanzen, seien Teil der *Naturgeschichte (Historia naturalis, Scientia naturalis),* der Wissenschaft, „durch die wir mit der äußern Gestalt der Naturalien bekannt“ würden. (Deren Gegenstück wäre die *Naturlehre* oder *Physik,* welche die „Eigenschaften der Urstoffe auszuspähen sucht“.)[5]

Willdenows Geschichte der Pflanzen umfaßte also sowohl Fragen der *Geographia plantarum* als auch der *Historia plantarum,* zwischen denen Humboldt eine deutliche methodische Grenze gezogen hatte. Und diese methodische Trennung von *Geographie* und *Geschichte* ist es, die heute überwiegend dem Einfluß Kants zugeschrieben wird. Humboldt habe hier dessen Dreiteilung der Wissenschaften in *Natursystem, Geographie* und *Geschichte* aus der *Physischen Geographie* auf die Erdwissenschaften übertragen. Und zudem verweise Humboldts Bemerkung, daß die *Physiographia* fälschlicherweise *Historia naturalis* genannt werde, auf Kants bekannte Unterscheidung von *Naturbeschreibung* und *Naturgeschichte.*[6]

Gegen eine solche Annahme sprechen allerdings eine Reihe von Gründen, wovon hier nur die wichtigsten genannt seien.

Wenn Humboldt die Kantsche Unterscheidung von Naturbeschreibung und Naturgeschichte gekannt hätte, so wäre es nur schwer verständlich, warum bei ihm gerade deren wesentliche Aspekte fehlten. Es fehlte insbesondere die für Kant entscheidende Trennung zwischen der *Naturbeschreibung* als „Beobachtung" und der *Naturgeschichte* als „anzunehmender Theorie".[7] Und dessen ursprünglicher Ausgangspunkt, die Kritik an der Naturbeschreibung als einer bloß künstlichen Klassifikation der Naturdinge nach äußeren Merkmalen bzw. die Forderung nach einer Naturgeschichte, die die natürliche Verwandtschaft – den physischen oder inneren Zusammenhang – der Naturdinge darstellen sollte,[8] ist bei Humboldt (in der Trennung von *Physiographia* und *Geognosia*) zwar implizit vorhanden,[9] aber die „Verwandtschaftsbeziehungen der Pflanzen" gehörten bei ihm zur Pflanzengeographie, während sie bei Kant der eigentliche Gegenstand der Naturgeschichte waren.

Ein zweiter Einwand ist, daß sich in den Schriften Humboldts vor 1793, nach bisheriger Kenntnis, nur ein einziger expliziter Hinweis auf Kant findet. In einer Arbeit aus dem Jahr 1792 verwies Humboldt (in einer Fußnote) auf „Kants Naturlehre",[10] womit die „Metaphysischen Anfangsgründe der Naturwissenschaft" gemeint sind. In der Vorrede zu diesem Werk wird tatsächlich eine kurze Definition von Naturbeschreibung und Naturgeschichte gegeben. Aber letztere ist hier nicht mit der eben genannten Geschichte der Natur, wie Kant sie selbst gefordert hatte, identisch, sondern die Naturgeschichte der „Metaphysischen Anfangsgründe der Naturwissenschaft" war, entsprechend der traditionellen Bedeutung des Begriffes, in erster Linie Beschreibung: die *Naturbeschreibung* liefere ein „Klassensystem" der Naturdinge „nach Ähnlichkeiten", die *Naturgeschichte* dagegen „eine systematische Darstellung derselben in verschiedenen Zeiten und Örtern".[11] Es wird auch nicht zwischen „Zeit" und „Ort", zwischen Geschichte und Geographie unterschieden. Das Verhältnis von Naturbeschreibung und Naturgeschichte in den „Metaphysischen Anfangsgründen der Naturwissenschaft" entspricht also eher dem von *Kräuterkunde* und *Geschichte der Pflanzen* bei Willdenow als Humboldts Trennung von *Geognosia* und *Historia Telluris.*

Sinngemäß gilt dies auch für Kants Dreiteilung der Wissenschaften in der *Physischen Geographie.* Die *Geschichte der Natur* bzw. die *Historia Telluris* war dort ebenfalls nicht mit enthalten. Kant war, ausgehend von den Möglichkeiten der Einteilung der „Erfahrungs-Erkenntnisse" – „logisch nach Begriffen" und „physisch" nach „Zeit und Raum" – zur Unterscheidung von *Natursystem, Geographie* und *Geschichte* gelangt. Dabei wurde die Geschichte mit der Geographie zur „geographischen Naturbeschreibung" zusammengefaßt, d. h. auch die Geschichte blieb wesentlich „Beschreibung". Als solche wurde sie explizit von der *Geschichte der Natur* abgetrennt, die, weil sie weitgehend hypothetisch sei, nicht zur Physischen Geographie (die nur Erfahrungserkenntnisse enthält) gerechnet werden dürfe.[12] Und dies wäre ein weiteres Argument gegen einen Einfluß Kants auf Humboldts Methodik von 1793.

Gegen einen solchen Einfluß spricht ferner, daß gerade die als Belege hierfür angeführten Aspekte – die Unterscheidung zwischen dem „jetzigen" und dem „ehemaligem Zustand der Naturdinge" sowie die Dreiteilung in Naturbeschreibung, Geographie und Geschichte – in der zeitgenössischen Naturwissenschaft mehr oder weniger vorgezeichnet waren.[13] Schon Voltaire etwa hatte, ganz ähnlich wie Humboldt, kritisiert, daß die *Naturgeschichte* fälschlicherweise Geschichte genannt würde („l'Histoire naturelle, improprement dite histoire"). Als Verzeichnis und Beschreibung der Naturdinge müsse sie vielmehr zur *Physique* gerechnet und von der *Geschichte der Natur (Histoire de la nature)* abgetrennt werden.[14] Und vor allem finden sich diese Aspekte dann bei den beiden Autoren, die Humboldt in der Methodik selbst genannt hat: A. G. Werner und Eberhard August Wilhelm Zimmermann (1743–1815).

Zimmermanns „Geographische Geschichte des Menschen und der allgemein verbreiteten vierfüßigen Tiere", ein weit verbreitetes Werk dieser Zeit, sollte eine „geographische Zoologie" begründen, als deren Hauptaufgabe Zimmermann die Untersuchung der jetzigen Verteilung der Tiere über die Erde bestimmte. Davon ausgehend müsse aber auch gefragt werden, „ob eine solche Verteilung gleich anfangs statt gefunden habe, oder ob es möglich sei, sich alle Quadrupeden, wie aus einem Mittelpunkt, aus irgend einem Flecke der Erde ausgegangen, und von dort aus verbreitet, zu denken". Es sei also zu unterscheiden zwischen dem „jetzigen" und dem „ehemaligen Vaterland der Tiergattung", d. h. zwischen dem jetzigen und dem ehemaligen Zustand der Naturdinge.[15]

Werners Einfluß auf die Methodik zeigt sich allein schon in den Begriffen *Geognosie* und *Oryctognosie* und in einzelnen Fragen, etwa der nach dem Ursprung der Gebirge und Gesteinsschichten. Werner dürfte aber vor allem der eigentliche Urheber der Dreiteilung der Erdwissenschaften bei Humboldt gewesen sein. Seine bekannte Einteilung der *Mineralogie* in *Oryktognosie, Mineralogische Chemie, Geognosie, Mineralogische Geographie* und *Ökonomische Mineralogie* stellt nämlich eine solche Dreiteilung dar; sie trennt zwischen der Beschreibung der einzelnen Mineralien und Gesteine (in der *Oryktognosie* und der *Mineralogischen Chemie*), der Frage nach ihrer räumlichen Verteilung (in der *Mineralogischen Geographie*) und der nach ihrer Entstehung bzw. ihrem früheren Zustand (in der *Geognosie*).[16]

Die wesentlichen Anregungen und Anstöße zu Humboldts Methodik von 1793 sind also sicher bei seinen naturwissenschaftlichen Lehrern zu suchen. Allerdings zeigte sich nur wenige Jahre später auch ein Einfluß Kants im Werk Humboldts. In den 1797 erschienenen „Versuchen über die gereizte Muskel- und Nervenfaser" wird an mehreren Stellen auf Kants „Metaphysische Anfangsgründe der Naturwissenschaft" und auf die „Kritik der reinen Vernunft" verwiesen.[17] Humboldt hat sich also offensichtlich in dieser Zeit näher mit Kant befaßt, und dabei muß ihm jetzt auch dessen Unterscheidung von *Naturbeschreibung* und *Naturgeschichte* bekannt geworden sein. 1799 unternahm er in einem Aufsatz über „Die Entbindung des Wärmestoffs als geognostisches Phänomen betrachtet" den Versuch, innerhalb der *Geognosie* zwischen Fragen der *Naturbeschreibung* und der *Naturgeschichte* zu unterscheiden. Zwar wird Kant dort nicht explizit genannt, aber von der Diktion her und vor allem in der Betonung der Unterscheidung von Naturbeschreibung und Naturgeschichte als „Beobachtung" und „anzunehmender Theorie" erinnert der Versuch ganz an Kant.[18]

„In neueren Zeiten", so Humboldt, „seit der wissenschaftlichen Ausbildung der mineralogischen Disziplinen", sei die *Geognosie* zwar „von der Erkennungslehre einfacher Fossilien (Oryktognosie) getrennt" worden, aber sie scheine „doch noch immer zwei Objekte zu behandeln, die, ihrer Natur nach, eben so heterogen, als eines verschiedenen Grades von Zuverlässigkeit fähig sind". Es sei ein grundsätzlicher Unterschied, ob gefragt werde: „wie ist der feste Erdkörper beschaffen? wie sind die Gebirgsmassen verbreitet? zu welcher Höhe erheben sie sich in den verschiedenen Zonen?", oder ob untersucht werde: „wie hat der Erdkörper seine gegenwärtige Gestalt gewonnen? wann sind die Gebirgsmassen erhärtet? waren ihre Grundstoffe in tropfbare Flüssigkeiten aufgelöst, oder waren sie diesen nur (mechanisch) eingemengt" usw. Nur die *Naturbeschreibung,* die erste Gruppe dieser Fragen, als „derjenige Teil der Gebirgskunde, welcher sich auf die dermaligen Verhältnisse unseres festen Erdkörpers bezieht," sei „eine empirische Wissenschaft, welche eines hohen Grades der Zuverlässigkeit fähig ist". Diese Bestimmtheit falle allerdings weg, „so bald man jenen Fragen historische Probleme einmengt". In der *Naturgeschichte,* der zweiten Fragengruppe, sei „der Phantasie ein weites Feld der Vermutungen“ eröffnet. Aber wenn sie auch weitgehend hypothetisch bleiben müsse, so sei eine solche Naturgeschichte gleichwohl möglich, sofern man sie nur nicht als Frage nach der „ersten Entstehung, oder Schöpfung eines Dinges“ betrachte.[19]

In diesen Überlegungen kommt jetzt bei Humboldt erstmals deutlich die Skepsis gegenüber der – zum Verständnis der Natur zwar notwendigen, aber letztlich doch hypothetischen – Naturgeschichte zum Ausdruck, die seine gesamten späteren Werke prägen sollte. Sie zeigte sich am auffälligsten darin, daß er seinen frühen Plan einer *Geschichte der Pflanzen* nie ausgeführt hat, sondern sich auf die *Geographie der Pflanzen* beschränkte. Und sie zeigte sich im „Kosmos“, wenn Humboldt schrieb, daß das „Seiende“ zwar „von dem Werdenden nicht absolut zu scheiden“ sei (mahne doch das „ganze Erdenleben“ in „jedem Stadium seiner Existenz, an die früher durchlaufenen Zustände“), daß aber die „geheimnisvollen und ungelösten Probleme des Werdens“ letztlich nicht in die „Schilderung des Gewordenen, des dermaligen Zustandes unsres Planeten“ gehörten.[20]

Die für Humboldt charakteristische Beschränkung auf die Beschreibung und Erklärung des jetzigen Zustandes der Natur bzw. der weitgehende Verzicht auf erdgeschichtliche Fragestellungen dürfte demnach zu einem nicht geringen Teil von Kant herrühren. Allerdings war er auch in diesem Punkt nicht allein von Kant abhängig. Bereits 1757 hatte beispielsweise Nicolas Desmarest (1725–1815) zwischen der *Géographie physique* als einer beschreibenden Wissenschaft und der nach den Ursachen bzw. nach dem früheren Zustand der Erde fragenden *Théorie de la Terre* unterschieden.[21] Wieder scheint es aber in erster Linie sein Freiberger Lehrer Abraham Gottlob Werner gewesen zu sein, der die kritische Haltung gegenüber Fragen der Naturgeschichte bei Humboldt vorbereitet hat. Werner hatte seine *Geognosie* bekanntlich nachdrücklich von der, wie er meinte, spekulativen Geschichte der Natur seiner Zeit, er nannte sie *Geogonie,* abgegrenzt.[22] Und seine Bestimmung des Verhältnisses von *Mineralogischer Geographie* und *Geognosie* zeigt deutliche Parallelen zu Kants Trennung von *Naturbeschreibung* und *Naturgeschichte* als „Beobachtung“ und „Hypothese“: Die *Mineralogische Geographie* sei derjenige Teil der *Mineralogie,* welcher „die Facta [enthält], mit welchen [d]ie [Geognosie] ihre Sätze belegt“; sie suche die Beweise für geognostische Lehrsätze. Umgekehrt gebe die *Geognosie* gewissermaßen den „Leitfaden“ ab, nach welchem die „mineralogische Geographie [...] ihre Betrachtungen anstellt“.[23]

Auch Humboldt selbst wollte sich in dieser Hinsicht vor allem als Schüler Werners sehen. 1817 schrieb er in einem Nachruf auf seinen ehemaligen Lehrer, daß es insbesondere Werner gewesen sei, der die Beschreibung des gegenwärtigen Zustandes der Natur, der Lagerungsverhältnisse der Gesteine im Gelände („la manière selon laquelle les roches sont superposées les unes aux autres“), vor die Frage nach den Ursachen bzw. nach der Entstehung dieser Ordnung der Dinge („les causes qui ont amené cet ordre de choses“) gestellt habe.[24]

Die abschließende Antwort auf die Frage, ob nun Kant oder Werner der wesentliche Anreger der methodischen Grundposition Humboldts bzw. seiner Konzeption der Physischen Geographie gewesen war, muß also lauten: Weder – noch! Keiner von beiden kann hier das alleinige Verdienst beanspruchen. Humboldts methodische Position stellt vielmehr eine Synthese der Gedanken Kants und Werners dar, und diese Synthese war geeignet, die Physische Geographie in Deutschland bis weit ins 19. Jahrhundert zu bestimmen.

Anmerkungen

1 Zur Diskussion um die Konzeption der Geographie bei Humboldt und Kant sowie zur möglichen Abhängigkeit Humboldts von Kant vgl. vor allem Döring 1931, S. 46–51; Beck 1959, S. 61; Beck 1982, S. 90; Büttner/Hoheisel 1980, S. 62; Hartshorne 1958, S. 100 f.; Adickes 1924–25, 2, S. 395. Vgl. ferner Bowen 1970; Bowen 1981; May 1970; Hoheisel 1979; Hoheisel 1980; Brenner 1991; Fritscher 1984.

2 Vgl. Humboldt 1793, S. IX f.; Humboldt 1817, S. 24 f.; Humboldt 1845–62, 1, S. 486 f., Anm. 90.

3 Humboldt 1845–62, 1, S. 486, Anm. 90.

4 Humboldt 1794, S. 615.

5 Willdenow 1792, S. 1, 3 und 345.

6 Siehe Anm. 1.

7 Vgl. Kant 1788, S. 168. Zu Kants Unterscheidung von Naturbeschreibung und Naturgeschichte vgl. auch Fritscher 1992 a.

8 „Die Schuleinteilung gehet auf Klassen, welche nach Ähnlichkeiten, die Natureinteilung aber auf Stämme, welche die Tiere nach Verwandtschaften in Ansehung der Erzeugung einteilt". Kant 1775, S. 429; vgl. auch S. 443.

9 Auch Humboldt wandte sich mehrfach gegen die „künstlichen" Natursysteme (wie etwa das Linnésche) bzw. gegen die „elenden Registratoren der Natur". Vgl. Humboldt 1794, S. 615.

10 Humboldt 1792, S. 22.

11 Kant 1786, S. 468.

12 Vgl. Kant 1802, S. 159–62.

13 Vgl. vor allem Fritscher 1992 b.

14 Vgl. Voltaire 1765, S. 220f. und 228 f.

15 Zimmermann 1778–83, 3, S. 216 und 188 f.

16 Vgl. hierzu vor allem Guntau 1969, S. 532 f. Vgl. auch Werner 1774, S. 32 f. Ein Widerspruch könnte hier insofern gesehen werden, als Humboldt den Begriff „Geognosie" ja synonym mit „Erdkunde" gebraucht hat, während er bei Werner vor allem dessen „Historia Telluris" bezeichnete. Dieser Widerspruch resultiert allerdings in erster Linie daraus, daß der Begriff Geognosie bei Werner selbst nicht eindeutig war. Er umfaßte nämlich sowohl Fragen der Naturgeschichte als auch der Naturbeschreibung. Humboldt selbst hat dies später deutlich gemacht (s. u.).

17 Vgl. Humboldt 1797, 1, S. 377, 410, 422, 429 u. ö. Vgl. hierzu auch Snelders 1969.

18 Vgl. Anm. 7.

19 Humboldt 1799, S. 177–80 und 184. Vgl. hierzu noch einmal Kant 1788, S. 161 f. Vgl. ferner Humboldt an Freiesleben, 1799; Beck 1957, S. 70.

20 Humboldt 1845–62, 1, S. 63 und 367. Vgl. auch Schipperges 1959, S. 76.

21 Vgl. Desmarest 1757, S. 613 und 626. Vgl. auch Fritscher 1992 b.

22 Die „Geogonie" sei „größtenteils hypothetisch" und liege „außer den Grenzen", in „welchen unsere Nachforschungen einen glücklichen Erfolg haben". UB Edinburgh, Ms. „Geognosie", fol. 1v. Vgl. hierzu auch Humboldt 1799, S. 184.

23 UB Edinburgh, Ms. „Geognosie", fol. 1v.

24 Zit. nach Coleman 1963, S. 473.

Quellen und Literatur

Edinburgh, UB
Universitätsbibliothek Edinburgh, Handschriftenabteilung. (A. G.Werner): Ms. „Geognosie". Signatur: Dc. 1.28.

Adickes 1924–25
Adickes, Erich: Kant als Naturforscher. Bd. 1. 2. Berlin 1924–1925.

Beck 1957
Beck, Hanno: Das literarische Testament Alexanders von Humboldt 1799. In: Forschungen und Fortschritte. 31. 1957. H. 3, S. 65–70.

Beck 1959–61
Beck, Hanno: Alexander von Humboldt. Bd. 1. 2. Wiesbaden 1959–1961.

Beck 1982
Beck, Hanno: Große Geographen. Pioniere – Außenseiter – Gelehrte. Berlin 1982.

Bowen 1970
Bowen, M. J.: Mind and nature. The physical geography of A. v. Humboldt. In: Scottish Geographical Magazine. 86. 1970. H. 3, S. 222–233.

Bowen 1981
Bowen, M. J.: Empiricism and Geographical Thought from Francis Bacon to Alexander von Humboldt. Cambridge 1981.

Brenner 1991
Brenner, Peter J.: Gefühl und Sachlichkeit. Humboldts Reisewerk zwischen Naturwissenschaft und Naturphilosophie. In: Archiv für Kulturgeschichte. 73. 1991, S. 135–168.

Büttner/Hoheisel 1980
Büttner, M. und Hoheisel, K.: Immanuel Kant. 1724–1804. In: Geographers. Biobibliographical Studies. Hrsg. von T.W. Freemann. Bd. 4. London 1980, S. 55–67.

Coleman 1963
Coleman, William: Abraham Gottlob Werner vu par Alexander von Humboldt avec des notes de Georges Cuvier. In: Sudhoffs Archiv. 47. 1963, S. 465–478.

Desmarest 1757
Desmarest, Nicolas: Art. „Géographie physique". In: Encyclopédie ou Dictionnaire raisonné des Sciences, des Arts et des Metiers. Bd. 8. Paris 1757.

Döring 1931
Döring, Lothar: Wesen und Aufgabe der Geographie bei Alexander von Humboldt. Frankfurter Geographische Hefte. 5. Jg. H. 1. Frankfurt a. M. 1931.

Fritscher 1984
Fritscher, Bernhard: Zur Konzeption der Geographie bei Immanuel Kant und Alexander von Humboldt. Unveröff. Dipl.-Arbeit. München 1984.

Fritscher 1992 a
Fritscher, Bernhard: Kant und Werner. Zum Problem einer Geschichte der Natur und zum Verhältnis von Philosophie und Geologie um 1800. In: Kant-Studien. 83. 1992. H. 4, S. 417–435.

Fritscher 1992 b
Fritscher, Bernhard: Die Konzeptionen der Geschichte der Natur bei Kant und Werner. Ihre Parallelen und ihre Beziehungen zur Aufklärung. In: Wissenschaften und Musik unter dem Einfluß einer sich ändernden Geisteshaltung. Hrsg. von M. Büttner. Bochum

1992, S. 27–46. (Abhandlungen zur Geschichte der Geowissenschaften und Religion/Umweltforschung. Bd. 7.)
Guntau 1969
Guntau, Martin: Die Entwicklung der Vorstellungen von der Mineralogie in der Wissenschaftsgeschichte. In: Geologie. 18. 1969. H. 5, S. 526–537.
Hartshorne 1958
Hartshorne, Richard: The Concept of Geography as a Science of Space, from Kant and Humboldt to Hettner. In: Annals of the Association of American Geographers. 48. 1958. H. 2, S. 97–108.
Hoheisel 1979
Hoheisel, Karl: Immanuel Kant und die Konzeption der Geographie am Ende des 18. Jahrhunderts. In: Wandlungen im geographischen Denken von Aristoteles bis Kant. Hrsg. von M. Büttner. Paderborn 1979, S. 263–276. (Abhandlungen und Quellen zur Geschichte der Geographie und Kosmologie. Bd. 1.)
Hoheisel 1980
Hoheisel, Karl: Kant – Herder – Ritter. In: Carl Ritter: Zur europäisch-amerikanischen Geographie an der Wende vom 18. zum 19. Jahrhundert. Hrsg. von M. Büttner. Paderborn 1980, S. 65–81. (Abhandlungen und Quellen zur Geschichte der Geographie und Kosmologie. Bd. 2.)
Humboldt 1792
Humboldt, Alexander von: Versuch über einige physikalische und chemische Grundsätze der Salzwerkskunde. In: Bergmännisches Journal. 5. 1792. H. 1, S. 1–45.
Humboldt 1793
Humboldt, Alexander von: Florae Fribergensis specimen plantas cryptogamicas praesertim subterraneas exhibens; accedunt Aphorismi ex doctrina Physiologiae chemicae plantarum. Berlin 1793.
Humboldt 1794
Humboldt, Alexander von: Brief an Schiller, 6. 8. 1794. In: Preußische Jahrbücher. 3. Berlin 1859, S. 614f.
Humboldt 1797
Humboldt, Alexander von: Versuche über die gereizte Muskel- und Nervenfaser nebst Vermuthungen über den chemischen Process des Lebens in der Thier- und Pflanzenwelt. Bd. 1. 2. Posen und Berlin 1797.
Humboldt 1799
Humboldt, Alexander von: Die Entbindung des Wärmestoffs als geognostisches Phänomen betrachtet. In: Ders.: Versuche über die chemische Zerlegung des Luftkreises und über einige andere Gegenstände der Naturlehre. Braunschweig 1799, S. 177–192.
Humboldt 1817
Humboldt, Alexander von: De distributione geographica plantarum, secundum coeli temperiem et altitudinem montium. Paris 1817.
Humboldt 1845–62
Humboldt, Alexander von: Kosmos. Entwurf einer physischen Weltbeschreibung. Bd. 1–5. Stuttgart und Tübingen 1845–1862.
Kant 1775
Kant, Immanuel: Von den verschiedenen Rassen der Menschen. [1775]. In: Kants Werke. Hrsg. von der Preußischen Akademie der Wissenschaften. Berlin 1902 ff. Bd. 2, S. 427–443.

Kant 1786
Kant, Immanuel: Metaphysische Anfangsgründe der Naturwissenschaft. [1786]. In: Kants Werke. Bd. 4, S. 465–565.
Kant 1787
Kant, Immanuel: Kritik der reinen Vernunft. 2. Aufl. [1787]. In: Kants Werke. Bd. 3.
Kant 1788
Kant, Immanuel: Über den Gebrauch teleologischer Prinzipien in der Philosophie. [1788]. In: Kants Werke. Bd. 8, S. 157–84.
Kant 1790
Kant, Immanuel: Kritik der Urteilskraft. [1790]. In: Kants Werke. Bd. 5.
Kant 1802
Kant, Immanuel: Physische Geographie. Hrsg. von F. T. Rink. [1802]. In: Kants Werke. Bd. 9, S. 151–436.
May 1970
May, J. A.: Kant's concept of geography and its relation to recent geographical thought. Toronto 1970.
Schipperges 1959
Schipperges, Heinrich: Alexander von Humboldt zur Geschichte der Natur. In: Janus. 48. 1959. H. 4, S. 264–278.
Snelders 1969
Snelders, Henricus A. M.: De houding van A. v. Humboldt tegenover de filosofie van Kant en Schelling. In: Scientiarum historia. 11. 1969, S. 17–37.
Voltaire 1765
Voltaire: Art. „Histoire". In: Encyclopédie ou Dictionnaire raisonné des Sciences, des Arts et des Metiers. Bd. 8. Paris 1765.
Werner 1774
Werner, Abraham Gottlob: Von den äußerlichen Kennzeichen der Fossilien. Leipzig 1774.
Willdenow 1792
Willdenow, Carl L.: Grundriß der Kräuterkunde. Berlin 1792.
Zimmermann 1778–83
Zimmermann, Eberhard A.W.: Geographische Geschichte des Menschen und der allgemein verbreiteten vierfüßigen Tiere, nebst einer hieher gehörigen Zoologischen Weltkarte. Bd. 1–3. Leipzig 1778–1783.

Anschrift d. Verf.: *Dr. Bernhard Fritscher, Institut für Geschichte der Naturwissenschaften der Universität München, Museumsinsel 1, 80538 München*

Ansätze großtektonischer Theorien des 20. Jahrhunderts bei Alexander von Humboldt

Von Helmut Hölder

Zur Formulierung des Themas „Ansätze ...": Es könnte auch lauten: Gedanken und Beziehungen, die einem heutigen Geologen bei der Lektüre von Alexander von Humboldts Werk in den Sinn kommen. Humboldt selbst schrieb einmal, alles Fortschreiten der Wissenschaften sei Ergebnis „früherer Gedankenentwicklung"[1]. In der heutigen Geographie ist der Brückenschlag zu seiner Gedankenwelt laut Hanno Beck schon erfolgt, in der Geologie, soweit mir bekannt ist, noch nicht so deutlich.[2]

In Humboldts „Kosmos", der ja den Inhalt auch eigener früherer Arbeiten zusammenfaßt, lesen wir: „Unser atlantischer Ozean trägt alle Spuren einer Thalbildung. Es ist als hätten fluthende Wasser den Stoß erst gegen Nordost, dann gegen Nordwest, und dann wiederum nordöstlich gerichtet"[3] – eine uns fremdartig anmutende Vorstellung. Das konjunktivische „Es ist als hätten ..." läßt freilich daran zweifeln, ob Humboldt es mit der „Thalbildung" so ernst gemeint hat oder ob er damit eine nur mehr gedankliche Analogie und Veranschaulichung herbeiführen wollte. Doch auch Analogien haben ja ihre Bezüge zu älterem oder zeitgenössischem Denken. In einer solch unregelmäßig stoßenden Flut klingen katastrophische Vorstellungen, gewaltsame Strömungen, klingt noch Denken von Humboldts berühmtem Freiberger Lehrer Abraham Gottlob Werner an, der dem anfangs stillen Urmeer in der Spätzeit seines Ablaufens von den auftauchenden Ländern auch durchaus gewaltsame Fluten zugeschrieben hatte. Gehen wir noch etwas weiter zurück, so finden wir auch bei G. Leclerc de Buffon die großen Landschaftsformen auf die Strömungen des abziehenden Urmeeres zurückgeführt.[4]

Das erwähnte Zitat setzt sich, der darin postulierten Zickzackströmung der flutenden Wasser entsprechend, mit den Worten fort: „Der Parallelismus der Küsten [Afrikas und des südlichen Amerika] nördlich von 10° südlicher Breite an, die vor- und einspringenden Winkel [...] sprechen für diese gewagt scheinende Ansicht." Also (auf den Parallelismus komme ich später zurück) noch einmal scheinbare Bestätigung dieser keineswegs nur gewagten, sondern für Humboldt 1845 eigentlich längst überholten fluviatil-exogenen Deutung, die er denn auch zwei Seiten später durch eine modernere endogene ersetzt: daß nämlich „die wirkende Ursach" der Länderbildung „unterirdisch ist" und sie nicht auf einmal zustande kam, sondern sich nach dem Zeugnis der geschichteten Formationen seit der Silurzeit „über mannigfaltig oszillierende Hebungen und Senkungen des Bodens" allmählich vollzog.

Es ist höchst interessant, wie sich hier in einer und derselben Textpartie altes mit neuem Gedankengut mischt – so wie sich, könnte man hinzufügen, am Meeresstrand rezente und fossile Muscheln mischen. Es ist eine Stelle in Humboldts weithin so abgewogenem „Kosmos", wo sich die Flut der Gedanken noch nicht geglättet hat, sondern in brandender Bewegung ist.

Im Grunde hängt er längst dem neuen Gedankengut an, ist mit den endogenen Kräften der Tiefe rechnender Vulkanist, abgewandt von Werners exogenem Denken, das nur dem

Geschehen auf und nahe der Oberfläche gegolten hatte (die Termini endo- und exogen wurden von Humboldt in die damalige Geognosie eingeführt). Vulkanismus war für ihn in allerweitestem Sinne „Reaction des Inneren eines [unseres] Planeten gegen seine Rinde und Oberfläche".[5] Aus dieser Reaktion resultieren Erdbeben – die Erde bebt, so schreibt er, „fast immerdar, an irgend einem Punkte" ihrer Oberfläche[6] – ebenso wie vulkanische Hebungen und Eruptionen, Landhebung wie bei Skandinavien und heiße Quellen. Auch alles, was für uns unter den damals ebenfalls schon existierenden Begriff „Plutonismus"[7] fällt, ist in diesen in weitem Sinne gefaßten Vulkanismus eingeschlossen.

Es ist bekannt, wie einseitig das vulkanistisch-plutonistische Theoriengebäude bei Werners Schülern werden konnte, die sich vom Neptunismus ihres Lehrers abwandten, ganz besonders bei Humboldts Freund Leopold von Buch, ohne daß aber diese und andere abtrünnige Schüler es je an bleibender Dankbarkeit und Verehrung Werners hätten fehlen lassen; wie umgekehrt auch Werner, laut Humboldts Bericht, die alte Freundschaft ihm entgegengesetzter Ansichten wegen niemals gekündigt hat.[8]

Humboldts, des ebenfalls abtrünnigen Schülers, Blick dringt nicht nur früh schon durch die Oberfläche in die Tiefe, sondern sucht auch – seiner Überzeugung von einer gesetzlich geordneten Natur entsprechend – nach der Ursache des endogenen (vulkanischen) Geschehens und zwar nach einer *Form*ursache, die auch noch die Formen der Erdoberfläche bestimmt. Andere Ursachen wie die Herkunft der Erdwärme erwähnt er nur vage und am Rande. Er führt sie teils auf die heißen Gase zurück, aus denen die Erde sich einst kondensierte, teils auf spätere chemische Prozesse im Erdinnern, was ja beides zur Oberflächen*formung* in keiner bestimmenden Beziehung stehen konnte.[9]

In der Tat meinte Humboldt vom Beginn seiner geognostischen Studien an ein solches formbildendes Gesetz aus dem von ihm beobachteten parallelen SW-NO-Streichen einiger europäischer Gebirgsrümpfe ableiten zu können. Diese Richtung, so stellte er sich vor, hatte mit den zur Zeit der Zusammenballung der Erde in ihrer Urzeit gegebenen und wirksamen Gestaltungskräften (Attraktion und Erdrotation) zu tun: eine äußerst hypothetische Vorstellung, die sich wohl nur aus dem inneren Trieb nach Gesetzessuche begreifen läßt.[10] In einem vor Reiseantritt 1799 für den Fall seines Todes in offensichtlicher Eile niedergeschriebenen wissenschaftlichen Testament,[11] mit dessen eventuellem Vollzug er den Geognosten J. K. Freiesleben zu betrauen gedachte, erwähnte er freilich auch für Europa schon zahlreiche Abweichungen des Streichens im einzelnen und betonte, daß sich das Streichungsgesetz nur dem „Blick aufs Ganze" erschließe. Nach eigener Aussage waren diesbezügliche Studien das Hauptmotiv seiner Reise in die Neue Welt, bei der sich dann aber ergab, daß sich Streichen und auch Fallen nur regional gleichsinnig, also geordnet, verhielten, aber keineswegs nach einem Gesetz erdweiter Gleichsinnigkeit.[12]

Dennoch blieben ihm regional gültige Ordnungen solcher Art auch später stets wichtig, wenngleich er nun nur noch sehr eingeschränkt von Gesetzen, statt dessen aber mehr von Ähnlichkeiten und „Analogien der Formen in entfernten Erdstrichen" sprach, so im „Essai géognostique [...]" (1823) und im „Kosmos" 1845.[13] Auch in seinem Werk über die Asienreise (1844) scheint ihm das Streichen dortiger Gebirge noch immer mit einer der ältesten Revolutionen der Erde zusammenzuhängen, vielleicht mit Vorgängen, die den Kontinenten ihre Form gaben.[14]

Nur noch auf Ähnlichkeiten, nicht mehr auf eine anfangs auch hier vermutete Übereinstimmung (Identität)[15] in beiden Hemisphären pochte Humboldt auch bei der sedimentären Schichtenfolge vom Silur bis zum Tertiär. Im „Kosmos" wußte er dabei selbstverständlich auch schon um die Veränderungen der fossilen Organismen in der Schichtenfolge und ihrer der Datierung der Sedimentgesteine dienenden Bedeutung.[16] Dabei dachte er sich die Ablösung sich folgender Floren und Faunen im Sinne der Katastrophentheorie, spricht angesichts der Kohlenlager von „waldzerstörenden Revolutionen“[17], blieb aber bei dem Begriff „neuer Schöpfungen“ im Anschluß an solche Revolutionen zurückhaltend, indem er ihnen eine „Bildersprache“ zuweist, also einen Notbehelf „in der Eingeschränktheit unsres Wissens vom Werden“[18], und vermied so die Vermengung wissenschaftlichen und metaphysischen Begriffsguts.

In einem ersten Rückblick können wir sagen, daß Humboldts geistiger Weg von dem ihm gemäßen Gedanken der grundsätzlichen Ordnung der Natur zu der Einsicht von Lücken in dieser Ordnung führte, womit ein mindestens vorläufiger Verzicht auf umfassende Ursachenforschung verbunden war. Es galt für Humboldt, sich mit den Phänomenen zu bescheiden.

Humboldts wissenschaftliches Verfahren vollzog sich dabei im Zusammenspiel von Deduktion und Induktion, wie es bis zu K. R. Popper[19] allgemein als gültig galt, wobei der induzierenden Beobachtung die jeweilige Entscheidung, also das Übergewicht zukam – in Befolgung von Buffons Ruf: „Sammelt Tatsachen, aus diesen entsteht der Gedanke!“[20]

Eine der sich abzeichnenden negativen Tatsachen war, wie wir sahen, daß auf die Ableitung der irdischen Streichrichtungen aus einer Anfangsursache Verzicht zu leisten sei. Im „Kosmos“ ging Humboldt aber noch weiter und räumte, seinem früheren gedanklichen Ansatz schroff entgegen, sogar dem Zufall Platz ein. Denn wie sich im kleinen im Umkreis tätiger Vulkane Schollen zufälligen Umrisses heben, „eben so“, schreibt er, „verhält es sich mit den großen Begebenheiten der Länderbildung“, über die „empirisch wenig zu ergründen“ sei. Und weiter – wie bereits erwähnt –: „Wir erkennen nur das Eine: daß die wirkende Ursach unterirdisch ist [, . . .] eine unterirdische Kraftäußerung, deren Maaß und Richtung wir zufällig nennen, weil wir sie nicht zu bestimmen vermögen, weil sie sich für unsern Verstand dem Kreise der Nothwendigkeit entziehen.“[21]

Das Begriffspaar „Zufall und Notwendigkeit“ findet sich wiederholt bei Goethe[22] und wurde in unserer Zeit zum Titel des berühmten Buches von Jacques Monod „Le hasard et la nécessité“ (1970). Bei Goethe und Monod meint es offenbar einen komplementären Tatbestand, der „das Gewebe der Welt“ (Goethe) ausmacht. Zufall ist hier Postulat des Verstandes und Faktum zugleich. Etwas anders bei Humboldt, wo sich der Zufall der Notwendigkeit und damit dem Verstande entzieht. Für ihn bedeutet, vielleicht kantischer gedacht, Notwendigkeit Verstehbarkeit, die er gemäß seinem „philosophischen“, d. h. auf Kausalitäten ausgerichteten Denken[23] stets voraussetzte, an der er aber immer wieder straucheln sollte.

Humboldts ganzer „Kosmos“, dessen Titel ja Ordnung bedeutet, gilt der Darstellung der Notwendigkeit der Natur. Daneben erscheint auch das sekundär erkannte Zufällige, aber nur am Rande, nur – um mit einem Wort der modernen Physik zu sprechen – gleichsam als „Hintergrundsrauschen“ der geordneten, erkennbaren Welt bzw. als deren „Chaos“.

Zittel nannte das von Humboldt für uranfänglich gehaltene Richtungsgesetz mit Recht „unhaltbar und heute völlig vergessen“[24]. Aber wenn die Geologie nach Humboldt auch nicht mehr nach einheitlicher Streichrichtung suchte, so doch ganz wie er nach dessen Mosaik und den seiner Geometrie zugrunde liegenden Ursachen.

Dabei spielt die Parallelität der atlantischen Küsten eine weiterhin wichtige Rolle, auf die schon Humboldt mit den anfangs zitierten Worten hingewiesen hat. Von ihrer Wahrnehmung im Atlasbild nahm bekanntlich Alfred Wegeners Kontinentalverschiebungstheorie 1912 ihren Ausgang.[25] Ihre Geschichte, ihre scheinbare Widerlegung in den dreißiger und ihre Renaissance als Plattentektonik in den fünfziger Jahren[26] braucht uns hier nicht näher zu beschäftigen, weil es für solchen „Mobilismus" der Erdrindenplatten bei Humboldt noch keinerlei Ansätze gibt. Für ihn waren die Kontinentalränder zwar nicht unveränderlich. Fluten oder Hebungen und Sekungen konnten die Küstenlage verändern. Ihr steinernes Gerüst aber galt als in der Horizontalen unbeweglich. Auf dieses alte „fixistische" Prinzip stützten sich auch noch alle Versuche, die Wegenersche Theorie zu widerlegen.[27]

Um die paläontologisch belegten floristischen und faunistischen Beziehungen heute weit getrennter Kontinente erklären zu können, mußten Wegeners fixistische Gegner das vertikale Absinken einstiger Zwischenkontinente annehmen. Hans Stille, der große Geotektoniker, meinte sogar, das solchem Absinken entgegenstehende Isostasie-Argument durch die Annahme der Aufzehrung leichten (sialischen) Materials an der Basis der Kontinente entkräften und die Absenkung an Küsten vorgegebener Parallelität auf diese Weise zwanglos erklären zu können.[28] Im „atlantischen Destruktionsfeld" mit vulkanischer Mittelschwelle sieht Stille „Auftriebskräfte des subkrustalen Magmas im Spiele", das bald nur hebend-tektonisch, bald eruptiv-vulkanisch wirkt. Es entspricht das durchaus einem Vulkanismus in Humboldts weitem Sinne als Triebkraft des Geschehens in der Erdrinde.[29]

Hans Cloos, Anhänger des Fixismus wie Stille, von sprühender Darstellungskunst, schreibt von „großen, die ganze Erde umfassenden Ordnungen" und Grundrichtungen der irdischen Strukturen, „die meist schon sehr früh in der Erdgeschichte ausgebildet waren und für alle jüngere Zerlegung bahnbrechend gewirkt haben".[30] Auch er sieht Tektonik und Vulkanismus in engem Zusammenhang und nennt Vulkanismus „Tektonik mit hochmobilem Material".[31] Es ist die Vorstellung einer uralten Architektur oder Felderteilung der Erdkruste, die sich auf die früheste Geschichte der Erde zurückführen lasse.[32] Dem Sinne nach ganz Ähnliches hat auch Humboldt 1799, 1823 und 1845 schon gesagt.

Ein letztes und intensivstes Mal hat der österreichische Geologe Ludwig Kober – zugleich als einer der letzten Vertreter der Kontraktionstheorie – einer von ihrem Uranfang her verstehbaren Theorie der Erdgeschichte das Wort geredet. Er schreibt in seiner „Tektonischen Geologie" (1942): „Sicher ist, daß der Tektonismus der Atome und der Tektonismus des ganzen Gestirns Erde in unmittelbarem Zusammenhang steht."[33]

Heute betont man mehr das anfängliche Chaos, so in dem der Konzentration der Urnebelgase folgenden Wirrwarr der Planetenbahnen vor ihrer Einregelung in eine Ebene.

Als Triebkraft seines „Vulkanismus" galt Humboldt die uranfängliche innere Wärme, die nach Elie de Beaumonts, des französischen Geologen, Kontraktionstheorie (1829) abnehmen und dadurch zur Zerbrechung und Runzelung der Rinde über dem schrumpfenden Kern führen mußte.[34] Auch Humboldt sprach von der so verursachten Faltung (Runzelung) der Gebirge, der er allerdings – als einem für die Formung mehr zufälligen Geschehen – wenig Aufmerksamkeit schenkte.[35]

Für die Kontraktionstheorie stand vertikale Absenkung einbrechender Rindenpartien im Vordergrund, gemäß dem Wort des großen Österreichers Eduard Sueß in seinem „Antlitz der Erde": „Der Zusammenbruch des Erdballs ist es, dem wir beiwohnen."[36] Die Kontraktionstheorie stand also ganz auf seiten des Fixismus.[37] Faltungen und horizontale Überschiebungen sowie Magmenaufstieg sind für sie erst sekundäre Folgen von Druckspannungen der zusammenbrechenden Erdrinde. Bei den Kontraktionstheoretikern unseres Jahrhunderts (Albert Heim[38], H. Stille, L. Kober) spielen im Rahmen und z.T. im Gegenzug zur Kontraktion aber auch aktive vulkanische Hebungskräfte und radioaktive Prozesse im Erdinneren eine Rolle, im Prinzip wie bei Humboldt. Auch Erich Haarmanns Oszillationstheorie[39] durch Untergrundskräfte sich hebender Tumore und der Schwerkraft zufolge von ihnen abgleitender Erdrindenpartien (Faltengebirge) läßt sich als Weiterentwicklung Humboldtscher Vorstellungen ansehen.

Die Kontraktionstheorie rechnete mit gleichmäßig fortschreitender Abkühlung, aber – unter der Annahme immer neu erforderlicher Summierung der Spannungskräfte – mit phasenhafter Auswirkung auf das gebirgsbildende Geschehen. Schon E. de Beaumont hatte die Phasenhaftigkeit aus den Diskordanzen zwischen gefalteten und sie überlagernden ungefalteten Gebirgsformationen abgeleitet. Humboldt schloß sich dem unter Bezug auf einen Briefwechsel mit de Beaumont mit den Worten an: „Alle geognostischen Phänomene deuten auf periodische Wechsel von Tätigkeit und Ruhe."[40] Auch unser Denken war lange Zeit von gebirgsbildenden Phasen bestimmt.[41] In das plattentektonische Konzept läßt sich solche Phasenhaftigkeit schwerer einordnen, und auch in diesem Punkt hat sich die Geologie unserer zweiten Jahrhunderthälfte deshalb stärker als die der ersten von Humboldts Denken entfernt.

Heute ist die Kontraktionstheorie weithin aufgegeben. Die Astronomen nehmen nun statt des heißen Ursprungs der Erde gemäß der Planetesimaltheorie eine kalte Agglomeration aus Einzelpartikeln und eine erst spätere Erwärmung des Erdinneren durch radioaktive Vorgänge an.[42]

Ein Wort noch zu jenen Urstrukturen der Erde, die sich nach Humboldt und Hans Cloos bis heute durchgepaust haben sollen: Auch für sie gibt es in der Plattentektonik mit den sich verzehrenden Ozeanböden und den sich unterwandernden Kontinenten wohl keinen Platz mehr. Anstelle vorgegebener Strukturen tritt das alte παντα ῥεῖ (panta rhei – alles fließt). Das zufallsgeprägte Hintergrundrauschen hinter, oder sagen wir unter, der Formbildung der Erdrinde hat sich verstärkt.

Und noch etwas: Humboldt deutete naheliegenderweise auch die Morphologie der Mondoberfläche als Reaktion des Inneren, also vulkanisch wie meistens auch wir vor noch wenigen Jahrzehnten.[43] Erst die junge kosmische Forschung hat uns über die Einschlagsnatur der Mondkraterlandschaft aufgeklärt, zu ungeheurer Stärkung der exogenen Geschehensseite auch für die Erde mit ihren nun auch erkannten zahlreichen Meteoritenkratern.

Zusammenfassend: Es zeigt sich tatsächlich ein großer, mehr als ein Jahrhundert überspannender Bogen von den geologischen Ansätzen Alexander von Humboldts bis an unsere Zeit heran. Ich möchte allerdings offenlassen, ob hier eine reale Verknüpfung sich entwickelnder Ideen vorliegt, eine ideengeschichtliche Kausalität also, oder eher das In-Erscheinung-Treten im Grunde schon apriorischer Axiome.

Seit der Mitte unseres Jahrhunderts aber entstand, dank fortgeschrittener Technik vor allem in der Meeres-, aber auch der kosmischen Forschung ein neues geologisches Weltbild, von dem sich Humboldt und bis vor wenigen Jahrzehnten auch wir noch nichts träumen lassen konnten. Eines aber bleibt auch in diesem neuen Weltbild: das schon von Humboldt – wenngleich nicht ohne Widerstreben – auch für die Geschichte der Erde als gültig erkannte Gewebe von Zufall und Notwendigkeit.

Frau Dr. M. Faak danke ich dafür, daß sie mich auf A. v. Humboldts Testament von 1799 (Beck 1957) aufmerksam gemacht hat, und Herrn Professor A. Seilacher (Tübingen) für die Vermittlung von St. J. Goulds Aufsatz über Goethes Naturforschung (Gould 1991).

Anmerkungen

1 Biermann 1982, S. 74.

2 Beck 1959–61, 2, S. 169. I. P. Gerasimov nennt A. v. Humboldt, in freilich ziemlich allgemeiner Formulierung, den Begründer der modernen Geowissenschaften (Gerasimov 1971, S. 13). Bis heute nachwirkende Förderung der Geowissenschaften ergibt sich auch aus Humboldts Rolle als Mitbegründer der Deutschen Geologischen Gesellschaft (1848) sowie aus seinen Bemühungen um die Berliner Sammlungen. Bleibt doch laut „Kosmos", Bd. 4, S. 467 „dem materiell Gesammelten und geographisch Geordneten fast allein ein langdauernder Werth". (Vgl. Hoppe 1989.)

3 Humboldt 1845, S. 309.

4 Zu A. G. Werner siehe Hölder 1960, S. 434, und 1989, S. 40; Buffon 1778. Siehe hierzu auch Ellenberger 1983.

5 Humboldt 1845, S. 209. Zu endogen und exogen: S. 457.

6 Humboldt 1845, S. 218 f.

7 Der Begriff Plutonismus findet sich erstmals in des Dubliner Mineralogen R. Kirwan „Geological Essays" (1799).

8 Humboldt 1823 a, S. 65 (Übers. ins Deutsche von C. v. Leonhard 1823). Von L. v. Buch sind allerdings auch diesbezüglich schroffere Äußerungen bekannt.

9 Humboldt 1845, S. 210 (Wärme aus glühenden Gasen). – Humboldt 1849, S. 175 (chemische Prozesse).

10 Es gilt hier das gleiche wie für Humboldts Suche nach dem Wesen der Lebenskraft (tierische Elektrizität, Galvanismus), über die Rothschuh schreibt: „Dabei hatte er mitunter Glück und Erfolg, mitunter trieb ihn seine Begeisterung zu vorschnellen Antworten und Mißgeschick, vielleicht aus dem Zwiespalt seines Wesens, welches stets auf der Suche nach der Einheit in der Fülle des einzelnen war." (Rothschuh 1971, S. 45.)

11 H. Beck entdeckte das Testament 1953 in der Westdeutschen Bibliothek in Marburg und veröffentlichte seinen Wortlaut (Beck 1957). Hier auch Hinweis auf Schuster 1927. Vgl. auch Beck 1959–61, S. 59. Humboldts Plan eines Buches über den Bau der Erde kam nicht zur Ausführung. – Die Suche nach der Einheit der Natur war auch ein Goethesches Prinzip (Suche nach der Urpflanze, nach dem Zwischenkieferknochen im Menschen). Jüngst wies der amerikanische Paläontologe und Wissenschaftshistoriker St. J. Gould sowohl hierauf als auch auf andere Prinzipien der Goetheschen Naturforschung hin, von denen sich – wie bei A. v. Humboldt – Fäden bis in unsere Zeit knüpfen lassen (Gould 1991, 2, S. 16–33).

12 Beck 1959–61, 1, S. 169 ff. mit Bezug auf Humboldt 1802. Humboldt 1823 a, S. 56. Humboldt 1845, S. 310. Über Humboldts frühe Geognosie siehe auch Hoffmann 1838, S. 156 ff., und Schuster 1927.

13 Humboldt 1823 a, S. 2 f., 17 ff., und Humboldt 1845, S. 310; Hölder 1960, S. 358. Humboldts „Einerleiheit [...] aus der Zusammenschau möglichst vieler, unter sich mehr oder weniger verschiedener Einzelfälle" (Hölder 1960). Dazu auch Watznauer 1971. Watznauer zeichnet hier ein vielseitiges Bild des Geowissenschaftlers Humboldt zwischen deutschem Idealismus und (damals englisch-französischem) Materialismus, Freiberg und Paris, Beobachtung und Idee, Schiller und Goethe.

14 Humboldt 1844, S. 60. Beck 1959–1961, 2, S. 30. Humboldts Hinwendung zum Vulkanismus und zur Deutung der Gebirge als vulkanische Hebungszonen im Sinne Leopold

von Buchs mußte freilich auch ihre Unabhängigkeit von uranfänglich angelegten Richtungen mehr und mehr nahelegen (Humboldt 1923 b). Hoppe 1989.

15 Beck 1959–61, 1, S. 59 und Anm. 87 (S. 254 „Gesetz der Identität").

16 „Die Wissenschaft hat [...] durch das vollkommenere Studium der organischen Überreste, die in den Felsschichten liegen, neue Wege gebahnt, um in die Tiefen des Raums und der Zeit einzudringen. Dies ist einer der größten Triumphe des menschlichen Geistes, eine Offenbarung seiner Macht." (Humboldt 1844, S. 26 f.)

17 Humboldt 1845, S. 209.

18 Humboldt 1845, S. 284.

19 Popper 1969. Nach Popper vollzieht sich die Forschung nur deduktiv nach vorgefaßten Theorien.

20 Wiederholt zitiertes, auf Buffon bezogenes Wort aus dem 18. Jh.

21 Humboldt 1845, S. 310 f., auch S. 120. Noch L. Kober (1942, S. 436) vergleicht lokale Hebungen und Senkungen an der neapolitanischen Küste mit großräumigen Bewegungen der Ozeanböden.

22 „Die vernünftige Welt ist als ein großes unsterbliches Individuum zu betrachten, welches unaufhaltsam das Notwendige bewirkt und dadurch sich sogar über das Zufällige zum Herrn erhebt." (Goethe nach Karl Augusts Tod an dessen Sohn. In: Grimm 1915, 2, S. 182). Man vergleiche auch Goethes „Urworte. Orphisch" (1817). Dämon (δαίμων) bedeutet nach Goethes eigener Erläuterung (1820) „hier die notwendige, bei der Geburt unmittelbar ausgesprochene, begrenzte Individualität der Person, Tyche (τύχη) dagegen das im Gang des Lebens sich ereignende Zufällige". (Goethe 1820, 19, S. 43 f.)

23 „Der philosophische Forscher", Humboldt 1845, S. 268. Philosophie ist schon nach Aristoteles die Untersuchung der Ursachen und Prinzipien der Dinge. Bei Georg Büchner (Naturwissenschaftler, Mediziner, Dichter, 1813–1837) findet sich der Gegensatz zwischen teleologischer und philosophischer Ansicht der Natur. „Alles, was für jene Zweck ist, wird für diese Wirkung." (Aus Büchners Probevorlesung „Über Schädelnerven", Zürich 1836, auszugsweise wiedergegeben in Büchner 1958, S. 2.)

24 Zittel 1899, S. 97. Beck 1959–61, S. 59. Streichrichtung in bestimmtem Winkel zu den Meridianen, von Humboldt „Loxodromismus" genannt (λοξός – schief, δρόμος – Lauf).

25 Wegener 1980.

26 Eine knappe Darstellung über „Plattentektonik und Wegeners Kontinentalverschiebungstheorie" findet sich in Schwarzbach 1980.

27 Die Termini Fixismus und Mobilismus stammen von dem Neuchâteler Alpengeologen Emile Argand (1879–1940).

28 Stille 1949, S. 18–22: Annahme des Abwanderns leichten sialischen Materials in die Tiefe. Auch die heutige Geologie rechnet unter neuen Vorzeichen wieder mit großen Versenkungstiefen mächtiger Gesteinspakete durch den Vorgang der Subsidenz, d. h. das Abtauchen bzw. Hinabgezogenwerden an Plattengrenzen über thermisch verursachten Tiefenströmungen. Dazu Schreyer 1985. Die hier genannten 90 km Versenkungstiefe haben sich inzwischen auf 150 km erhöht (Schreyer 1991).

29 Stille 1937, S. 138.

30 Cloos 1939. Ähnlich in Cloos 1925, S. 134 f. Zur Felderteilung siehe auch Kober 1942, Abb. 193 f.

31 Cloos 1918 und Cloos 1936, S. 476.

32 Bederke 1955, S. 310–320.

33 Kober 1942.

34 Beaumont 1829–30.
35 Humboldt 1845, S. 312. Siehe auch Anm. 9.
36 Sueß 1892, S. 777.
37 Cloos 1936, S. 466: „In den Mittelpunkt der ‚am-Ort-Hypothesen' stellt sich die Kontraktionslehre."
38 Albert Heim (1849–1937), der große schweizer Alpengeologe, gab die Kontraktionstheorie an seinem 80. Geburtstag auf.
39 Haarmann 1930.
40 Humboldt 1845, S. 320.
41 Stille 1922 und 1924.
42 Unsöld/Baschek 1988, S. 384 f.
43 Humboldt 1845, S. 237.

Literatur

Beaumont 1829–30
Beaumont, Elie de: Extrait d'une série des recherches quelques-unes des révolutions de la surface du globe. In: Annales de Sciences naturelles. 19. Paris 1829–30.
Beck 1957
Beck, Hanno: Das literarische Testament Alexander von Humboldts 1799. In: Forschungen und Fortschritte. 31. 1957, S. 65–70.
Beck 1959–61
Beck, Hanno: Alexander von Humboldt. Bd. 1: Von der Bildungsreise zur Forschungsreise 1769–1804. Wiesbaden 1959. Bd. 2: Vom Reisewerk zum „Kosmos" 1804–1859. Wiesbaden 1961.
Bederke 1955
Bederke, E.: Hans Cloos. In: Forscher und Wissen im heutigen Europa. 1955.
Biermann 1982
Biermann, Kurt-R.: Alexander von Humboldt. 2., durchges. Aufl. Leipzig 1982. (Biographien hervorragender Naturwissenschaftler, Techniker und Mediziner. Bd. 47.)
Büchner 1958
Büchner, Georg: Teleologisches und philosophisches Denken. In: Gießener Hochschulblätter. Jg. 6. Nr. 2. 1958.
Buffon 1778
Buffon, Georg Louis Leclerc de: Epoques de la nature. Paris 1778 (deutsch 1781).
Cloos 1918
Cloos, Hans: Über die Raumbildung plutonischer Massen. In: Zeitschrift der Deutschen geologischen Gesellschaft. 70. 1918, S. 3–6.
Cloos 1925
Cloos, Hans: Das Riesengebirge. 1. 1925.
Cloos 1936
Cloos, Hans: Einführung in die Geologie. Ein Lehrbuch der inneren Dynamik. Berlin 1936.
Cloos 1939
Cloos, Hans: Hebung – Spaltung – Vulkanismus. In: Geologische Rundschau. 30. 1939, S. 490 f.

Ellenberger 1983
Ellenberger, François: Der landschaftliche Einfluß auf die geodynamischen Theorien der französischen Naturforscher im 18. Jahrhundert: die südfranzösische und die Pariser Schule. In: Regionale Einflüsse auf Ursprung und Entwicklung geologischer Theorien. Münstersche Forschungen zur Geologie und Paläontologie. 58. Münster 1983, S. 11–32.

Gerasimov 1971
Gerasimov, Innokenti P.: Der Einfluß Alexander von Humboldts auf die russische Wissenschaft und die moderne Welt-Wissenschaft. In: Acta historica Leopoldina. Nr. 6. Leipzig 1971, S. 11–16.

Goethe 1820
Goethe, Johann Wolfgang von: Urworte. Orphisch. In: Über Kunst und Altertum. Neue Cotta-Ausgabe. Bd. 18. Stuttgart 1820.

Goethe 1960
Goethe, Johann Wolfgang von: Gesamtausgabe der Werke in zweiundzwanzig Bänden. Bd. 18: Schriften zur Morphologie. – Bd. 20: Schriften zur Geologie und Mineralogie. Schriften zur Meteorologie. Stuttgart [1960].

Gould 1991
Gould, Stephan Jay: Natural History. 1991.

Grimm 1915
Grimm, Herman: Goethe-Vorlesungen. 9. und 10. Aufl. Stuttgart und Berlin 1915.

Haarmann 1930
Haarmann, Erich: Die Oszillationstheorie. Stuttgart 1930.

Hölder 1960
Hölder, Helmut: Geologie und Paläontologie in Texten und ihrer Geschichte. Freiburg i. Br. und München 1960. (Orbis academicus. II/11.)

Hölder 1989
Hölder, Helmut: Kurze Geschichte der Geologie und Paläontologie. Ein Lesebuch. Berlin 1989.

Hoffmann 1838
Hoffmann, Friedrich: Geschichte der Geologie, und Schilderung der vulkanischen Erscheinungen. Hinterlassene Werke, Bd. 2. Berlin 1838.

Hoppe 1989
Hoppe, Günter: Alexander von Humboldt und die Berliner Mineralogie. In: Wissenschaftliche Zeitschrift der Humboldt-Universität Berlin. Mathematisch-Naturwissenschaftliche Reihe. Bd. 38. 1989. H. 4, S. 308–318.

Humboldt 1802
Humboldt, Alexander von: Skizze einer geologischen Schilderung des südlichen Amerikas. In: Allgemeine Geographische Ephemeriden. 9. 1802. St. 4, Apr., S. 310–329. St. 5, Mai, S. 389–420.

Humboldt 1823 a
Humboldt, Alexander von: Essai géognostique sur le gisement des roches dans les deux hémisphères. Strasbourg 1823.

Humboldt 1823 b
Humboldt, Alexander von: Ueber den Bau und die Wirkungsart der Vulkane in verschiedenen Erdstrichen. Gelesen in der öffentlichen Versammlung der Königl. Akademie der Wissenschaften zu Berlin am 24. Jan. 1823. Berlin 1823.

Humboldt 1844
Humboldt, Alexander von: Central-Asien. Untersuchungen über die Gebirgsketten und die vergleichende Klimatologie. Aus dem Französischen übers. und durch Zusätze vermehrt hrsg. von Dr. Wilhelm Mahlmann. Bd. 1.2. Berlin 1844.
Humboldt 1845
Humboldt, Alexander von: Kosmos. Entwurf einer physischen Weltbeschreibung. Bd. 1. Stuttgart und Tübingen 1845.
Humboldt 1849
Humboldt, Alexander von: Ansichten der Natur. Dritte verbesserte und vermehrte Ausgabe. Bd. 1.2. Stuttgart und Tübingen 1849.
Kober 1942
Kober, Ludwig: Tektonische Geologie. Berlin 1942.
Popper 1969
Popper, Sir Karl Raimund: Die Logik der Forschung. 3. Aufl. Tübingen 1969.
Rothschuh 1971
Rothschuh, Karl E.: Der junge Alexander von Humboldt (1792–1798) – physiologisches und medizinisches Geschick und Mißgeschick. In: Acta historica Leopoldina. Nr. 6. Leipzig 1971, S. 43–59.
Schreyer 1985
Schreyer, W.: Metamorphism of chrystal rocks at mantle depths: High pressure minerals and mineral assemblages in metapelites. In: Fortschritte der Mineralogie. 63. 1985, S. 227–261.
Schreyer 1992
Schreyer, Werner: Ultra-Hochdruckmetamorphose von Gesteinen als Resultat von tiefer Versenkung kontinentaler Erdkruste. In: Rheinisch-westfälische Akademie der Wissenschaften. Vorträge. N. 395. Bochum 1992, S. 43–72.
Schuster 1927
Schuster, Julius: Alexander von Humboldts wissenschaftliche Anfänge. In: Archiv für die Geschichte der Mathematik, der Naturwissenschaften und der Technik. 10. 1927, S. 313 ff.
Schwarzbach 1980
Schwarzbach, Martin: Alfred Wegener und die Drift der Kontinente. Stuttgart 1980. (Große Naturforscher. 42.)
Stille 1922
Stille, Hans: Die Schrumpfung der Erde. Berlin 1922.
Stille 1924
Stille, Hans: Grundfragen der vergleichenden Tektonik. Berlin 1924.
Stille 1937
Stille, Hans: Geotektonische Probleme im atlantischen Raume. In: Deutsche Akademie der Naturforscher Lepoldina. Halle 1937, S. 138.
Stille 1949
Stille, Hans: Das Leitmotiv der geotektonischen Erdentwicklung. In: Deutsche Akademie der Wissenschaften zu Berlin, Vorträge und Schriften. H. 3. 1949, S. 18–22.
Sueß 1892
Sueß, Eduard: Antlitz der Erde. Bd. 1. 2. Aufl. Wien 1892.
Unsöld/Baschek 1988
Unsöld, Albrecht und Bodo Baschek: Der neue Kosmos. 4. Aufl. Berlin 1988.

Watznauer 1971
Watznauer, Adolf: Der Einfluß Alexander von Humboldts auf das geologische Weltbild seiner Zeit. In: Acta historica Leopoldina. Nr. 6. Leipzig 1971, S. 31–42.
Werner 1787
Werner, Abraham Gottlob: Kurze Klassifikation und Beschreibung der verschiedenen Gebirgsarten. Freiberg 1787.
Wegener 1980
Wegener, Alfred: Die Entstehung der Kontinente und Ozeane. Nachdruck der 1. und 4. Aufl. (1915 und 1929) mit Einleitung und Vorwort von Andreas Vogel. Braunschweig 1980.
Zittel 1899
Zittel, Alfred von: Geschichte der Geologie und Paläontologie. München und Leipzig 1899.

Anschrift d. Verf.: *Prof. em. Dr. Helmut Hölder, Florentiner Str. 20, D 70619 Stuttgart*

Plantae subterraneae zur Zeit von Alexander von Humboldt

Von Brigitte Hoppe

Während den Reisewerken von Alexander von Humboldt und einigen davon abgeleiteten Studien wie denen zur Pflanzengeographie in der Wissenschaftsgeschichtsschreibung eine besondere Bedeutung zuerkannt wird, werden die früheren naturkundlichen Arbeiten, darunter sogar die „Versuche über die gereizte Muskel- und Nervenfaser" (1797), oft als unselbständige, nur vorangegangene Erkenntnisse bestätigende Ausarbeitungen abgetan[1] oder übergangen[2] und nur selten gewürdigt[3]. Manche Jugendarbeiten wie die pflanzensystematischen Kryptogamenforschungen von Freiberg schienen lange keiner eingehenden Analyse wert zu sein; denn in der früheren Literatur über das wissenschaftliche Werk Humboldts,[4] in den Darstellungen zur Botanikgeschichte[5] und in den neueren Veröffentlichungen[6] über die biologischen Forschungen Humboldts wird wenig mehr als der Titel der immerhin 132 Seiten umfassenden pflanzensystematischen Monographie „Florae Fribergensis specimen Plantas Cryptogamicas praesertim Subterraneas exhibens" genannt. Das Ende 1791 in den floristischen Teilen weitgehend bearbeitete,[7] 1793 erschienene Werk war von zusätzlichen kürzeren Schriften von 1792 und 1794 begleitet,[8] die nur teilweise veröffentlicht wurden. Außerdem berichtete Humboldt in Briefen seit 1790 an den Berliner Mineralogen und Bergrat Dietrich Ludwig Gustaf Karsten (1768–1810) darüber, wie sehr ihn diese Gegenstände neben geologischen Erscheinungen fesselten.[9] Die speläobotanischen Studien wurden erst neuerdings von botanischer Seite her ausführlicher betrachtet.[10]

Den Aufenthalt in dem Bergwerksgebiet von Freiberg von Juni 1791 bis Februar 1792 nutzte Alexander von Humboldt zu eingehenden Studien auf dem Spezialgebiet der Pflanzenkunde, bei dessen Bearbeitung sich die Kenntnisse in mehreren Zweigen der Naturhistorie vereinigen ließen: zur Erforschung der blütenlosen und besonders der unter Tage zu beobachtenden Pflanzen der Lokalflora. In den unmittelbar vorangegangenen Jahren hatte er sich ausgiebig vorbereitet: hauptsächlich bei den botanischen Studien mit Carl Ludwig Willdenow in Berlin 1788–89,[11] anschließend 1789–91 in Göttingen und zusätzlich während seiner Reise in Europa, bei denen er unterschiedliche Floren, aus denen er viele vergleichende Beobachtungen in der „Flora Fribergensis" erwähnte, zwischen Helgoland und England und dem österreichischen Alpenraum kennenlernen konnte. Denn schon damals hatte er sein Augenmerk vorzugsweise auf die unscheinbaren, noch kaum erforschten, sogenannten niederen Pflänzchen gerichtet. Da erst im 18. Jahrhundert einige Naturforscher, wobei viele von ihnen noch nicht einmal Wert und Bedeutung des Mikroskops erkannt hatten, die höheren Kryptogamen zu erforschen begonnen hatten, war das Feld noch weitgehend unbestellt, auch durch Linné selbst (außer in der „Flora Lapponica") kaum gefördert worden. Außerdem war das bereits gesammelte Material nicht gleichmäßig gründlich bearbeitet und nicht einheitlich geordnet worden. Daher wurde das Sammeln, Vergleichen und Bestimmen dieser Gewächse noch durch das Fehlen von literarischen Hilfsmitteln erschwert. Da es an umfangreichen, besonderen, einheitlichen Nachschlage-

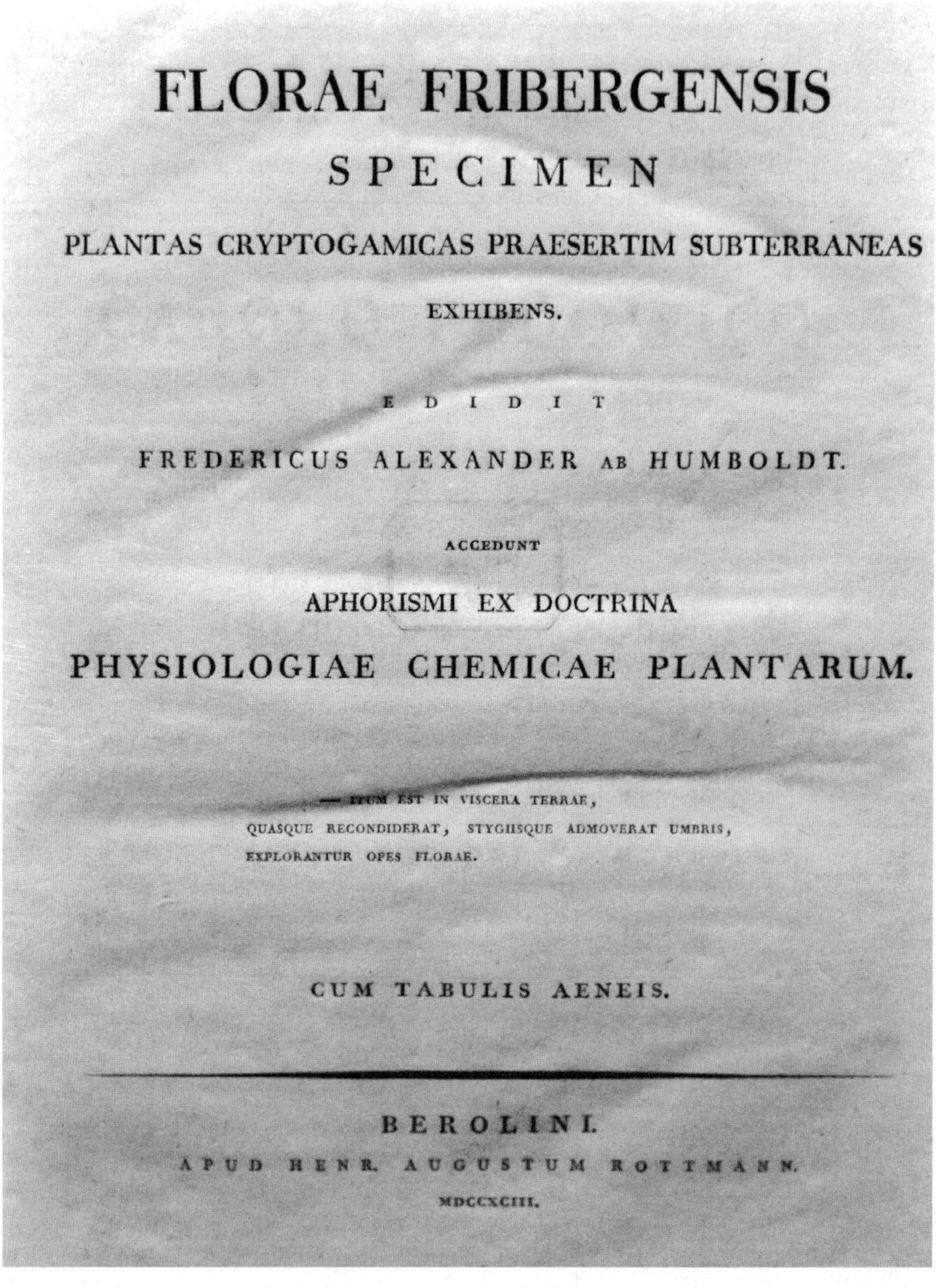

FLORAE FRIBERGENSIS
SPECIMEN
PLANTAS CRYPTOGAMICAS PRAESERTIM SUBTERRANEAS
EXHIBENS.

EDIDIT
FREDERICUS ALEXANDER AB HUMBOLDT.

ACCEDUNT
APHORISMI EX DOCTRINA
PHYSIOLOGIAE CHEMICAE PLANTARUM.

— ITUM EST IN VISCERA TERRAE,
QUASQUE RECONDIDERAT, STYGIISQUE ADMOVERAT UMBRIS,
EXPLORANTUR OPES FLORAE.

CUM TABULIS AENEIS.

BEROLINI.
APUD HENR. AUGUSTUM ROTTMANN.
MDCCXCIII.

Abb. 1 Titelseite der durch Alexander von Humboldt in Freiberg erarbeiteten Flora der Kryptogamen, besonders der unter Tage in Bergwerken vorkommenden, die in Berlin 1793 erschien werken mangelte und da die systematischen Werke von Linné fortlaufend durch die Einzelforschungen über Kryptogamen überholt wurden, war es nötig, eine große Anzahl von Originalschriften heranzuziehen. Das galt vor allem dann, wenn man in Neuland vordringen wollte.

Ein Überblick über die hauptsächlichen Werke des 18. Jahrhunderts (etwa die Hälfte der von Humboldt ausgewerteten), in denen Beobachtungen über Kryptogamen niedergelegt wurden, lehrt, daß letztere verschiedenen Gattungen der pflanzensystematischen Literatur angehörten und daß sich auf dem Feld der niederen Kryptogamenforschung eine Spezialisierung anzubahnen begann (vgl. Anlage). Zuerst wurden die blütenlosen Pflanzen, die Linné als Gruppe der *Cryptogamia* (seit 1735) abgrenzte, in den pflanzensystematischen Sammelwerken und in den Floren über kleinere und größere Gebiete Europas als eigene Abteilung aufgeführt. Zusätzlich entstanden einige Arbeiten, die nur den Kryptogamen, deren systematische Zuordnung und Gliederung keineswegs im einzelnen geklärt war, gewidmet waren. Vor allem mit den höheren Pilzen, an denen erstmalig einige Reproduktionsorgane und -weisen erkannt wurden, beschäftigten sich mehrere Naturforscher. Auch in den ersten Monographien über Moose und Flechten wurden entsprechende Beobachtungen veröffentlicht, die durch „Entdeckung des Geheimnisses der Kryptogamie", um mit J. G. Koelreuter (1777) zu sprechen, eine Überwindung des Standpunktes von Linné anbahnten. Besondere Studien über die kryptogamen Wassergewächse oder Algen, von denen einer der hervorragendsten Botaniker, Johannes Hedwig, 1784 feststellen mußte, daß ihm nur von wenigen Arten die „generationis partes" bekannt seien,[12] wurden erst seit Ausgang des Jahrhunderts erstellt. Auf die in natürlichen und künstlichen unterirdischen Höhlen ausgebildete eigentümliche Flora hatte erst ein Botaniker, der hauptsächlich im österreichischen Krain botanisierende Giovanni Antonio Scopoli, in einer nur 35 Seiten und hauptsächlich Pilze umfassenden Schrift von 1772 aufmerksam gemacht. Dieses Spezialgebietes nahm sich 20 Jahre nach Humboldt wieder der in Göttingen und Moskau wirkende Kryptogamenforscher Georg Franz Hoffmann 1811 an. Die systematische Erforschung unter Berücksichtigung physiologischer und ökologischer Gesichtspunkte setzte erst in der 2. Hälfte des 19. Jahrhunderts ein. In das also weithin unbekannte Gelände der niederen Kryptogamen, hauptsächlich der Pilze und Flechten und besonders ihrer unterirdischen Vertreter, drang Humboldt vor, ansetzend mit vergleichend floristischen Studien nach der Arbeitsweise der damaligen Botanik.

Welche Ergebnisse veröffentlichte er in seiner „Flora Fribergensis"? Der Inhalt des eine Fülle von Einzelbeobachtungen bergenden Werkes kann nur durch die Analyse der Einzelheiten erschlossen werden, mit welcher der Botaniker K. Dobat begonnen hat. Hiermit sollen zusätzlich botanikgeschichtliche Gesichtspunkte dargestellt werden, die bisher noch nicht oder kaum beachtet wurden. Zunächst seien die Beiträge Humboldts zur damaligen Kryptogamensystematik dargelegt und dann die Kritik seiner Pflanzenbestimmungen vom modernen Standpunkt aus angefügt. Die durch Humboldt vorgenommenen systematischen Zuordnungen seiner Funde zu bestimmten Pflanzengattungen sind in der folgenden Übersicht zusammengestellt worden. Die Anzahlen der Spezies, die Humboldt in der Freiberger Flora jeder Gattung zuwies, deuten auf den Umfang seiner beschreibenden Arbeit hin. Die aufgeführten Autoren der Gattung zeigen an, daß sich Humboldt darum bemühte, dem neuesten Stand der damaligen Pflanzensystematik zu folgen. Auf die geschichtliche Entwicklung der systematischen Einheiten sei mit der vierten Spalte der Übersicht hingewiesen: viele, wenn auch nicht alle der Gattungsbezeichnungen haben sich erhalten und sind in bestimmten Familien und Klassen vertreten. Einzelne Gattungsvertreter sind jedoch unterschiedlichen und andern Klassen des gegenwärtigen Pflanzensystems zuzuordnen.

Humboldts Kryptogamensystem mit den Genera

Alexander von Humboldt: *Florae Fribergensis Specimen plantas Cryptogamicas praesertim subterraneas exhibens.* Berlin 1793.

Genera Plantarum

GENERA	*NUMERUS SPECIERUM*	*AUCTORES*	*PRAESENTIA TAXA*
		ALGAE (Ordo Linnaei emendatus)	124 species: (Familia, Classis)
Peltigera	5	Willdenow	Peltigerac., Lichenophyta
Lichen	53	Linné	Lichenophyta
Verrucaria	33	Willdenow	Verrucariac., Ascolichenes
Opegrapha	3	Willdenow	Graphidaceae, Ascolichenes
Lepra	11	Wiggers	Lichenophyta
Byssus	19	Linné	Lichenophyta, Fungi, Chlorophyceae
		FUNGI (Ordo Linnaei emendatus)	134 species: (Familia, Classis)
		A. *Cryptocibotiphori.* Cothenius	
Agaricus	54	Linné	Agaricac., Basidiomycetes
Boletus	24	Linné	Boletac., Basidiomycetes
Hydnum	4	Linné	Hymenomycet., Basidiomyc.
Thelephora	4	Willdenow	Thelephorac., Basidiomyc.
Gymnoderma	1	Humboldt	(cfr. Fungi)
Octospora	3	Hedwig	Humariac., Ascomycetes
Ceratophora	1	Humboldt	(?Fungi, ?Lichenophyta)
Clavaria	10	Linné	Hymenomycet., Basidiomyc.,
Aphotistus	1	Humboldt	(cfr. Fungi)
Sphaeria	11	Schrank, Scopoli	(Spaeriales, Ascomyc., et Lichenophyta)
Tremella	3	J. G. Gmelin	Tremellales, Basidiomycetes
		B. *Phaenocibotiphori.* Cothenius	
Peziza	4	Linné	Pezizaceae, Ascomycetes
Aecidium	5	Persoon	(Uredinales, Basidiomycetes)
		C. *Somaspori.* Cothenius	
Stemonitis	2	Gleditsch	Stemonitales, Myxomycetes
Lycoperdon	7	Linné	Gastromycetales, Basidiomycetes

Die im Freiberger Gebiet von Humboldt größtenteils erstmalig nachgewiesenen Pflanzenarten ordnete er zwei der von Linné unterschiedenen Abteilungen der Kryptogamen zu, den *Algae,* die aber nicht der späteren Gruppe der Algen, sondern weitgehend der modernen Gruppe der Flechten – in diesem Werk Humboldts auch den Pilzen – entsprachen, und den *Fungi,* die sämtliche Gruppen der Pilze umfaßten. In die beiden traditionellen

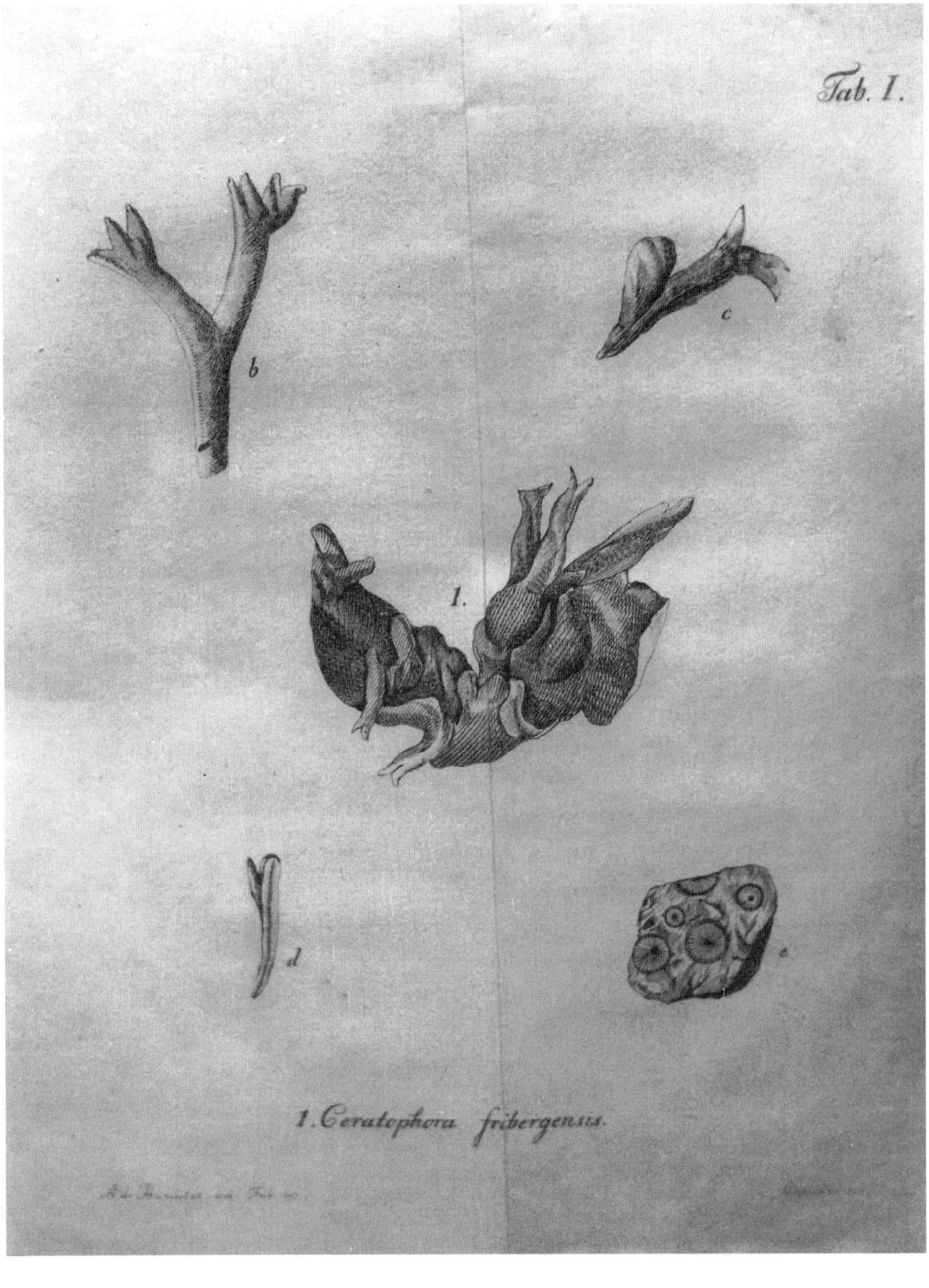

Abb. 2 Die nach Freiberg durch A. v. Humboldt benannte Pflanze „Ceratophora fribergensis", eine Pilz-Mycelbildung von Osmoporus odoratus Sing. (nach Dobat 1973); die Originalvorlage zur Tafel 1 wurde durch Humboldt eigenhändig gezeichnet.

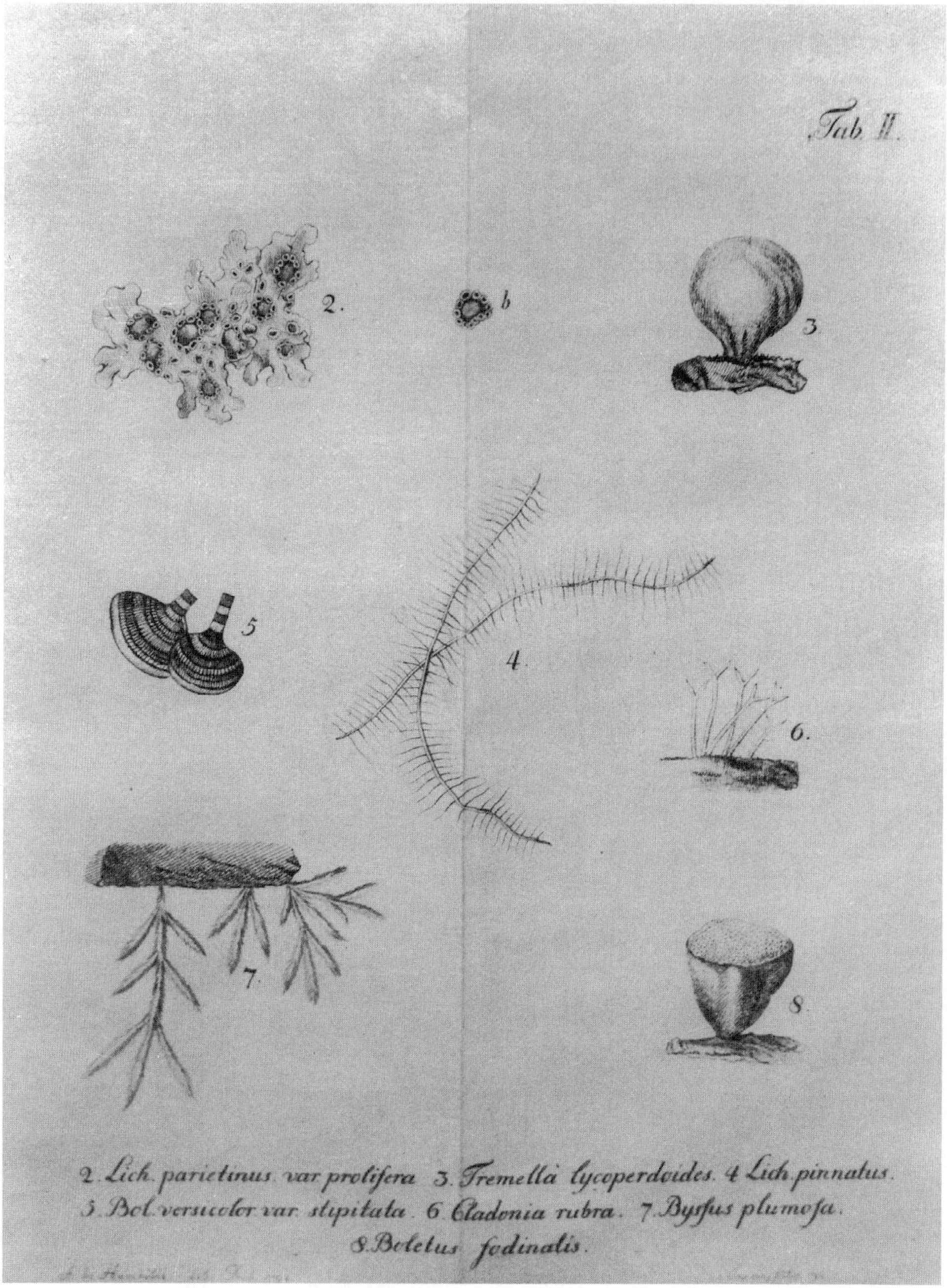

Abb. 3 Tafel 2 aus „Florae Fribergensis specimen“ von 1793. Fig. 4 „Lichen pinnatus“ entspricht einer Mycelbildung des Hallimasch (Armillariella mellaea P. Karst.), Fig. 5 stellt den sogen. Schmetterlingsporling dar, Trametes versicolor Plat. (nach Dobat 1973)

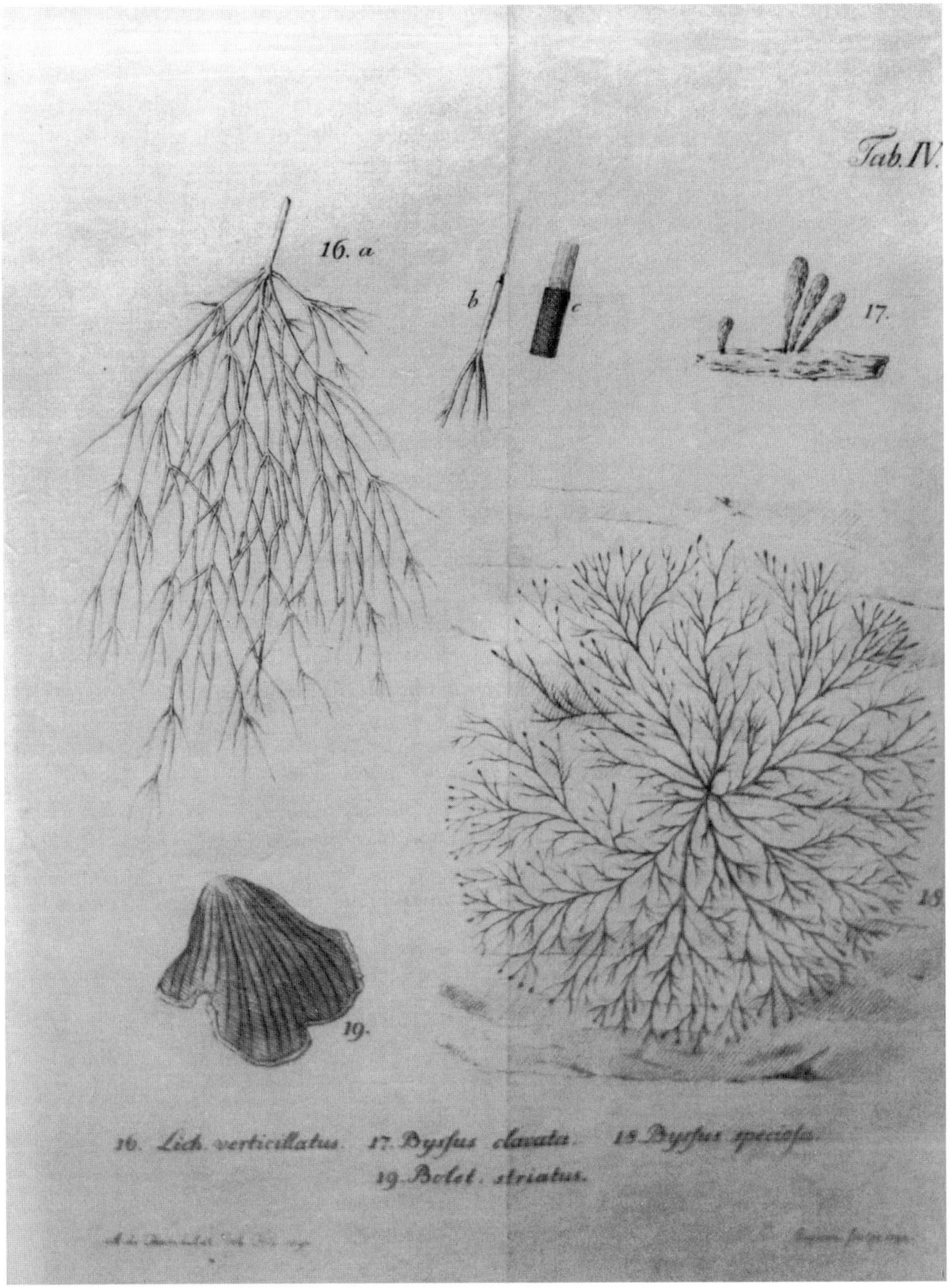

Abb. 4 Tafel 4 aus „Florae Fribergensis specimen" von 1793. Die Figuren 16 und 18 sind unterschiedlich gestaltete Mycelbildungen wahrscheinlich des Hallimasch, Armillariella mellaea P. Karst. (nach Dobat 1973)

Hauptgruppen Linnés wurden auch die durch zeitgenössische Autoren begründeten Genera eingeordnet. Die Pilze wurden nach einer gerade erst 1790 veröffentlichten Methode des Berliner Arztbotanikers Christian Andreas von Cothenius aufgrund der unterschiedlichen Morphologie der Fruktifikationsorgane unterteilt. Die Reihenfolge der Gattungen war nach dem üblichen Maßstab, aber selbständig entwickelt worden: sie waren in absteigenden Reihen von den Formen mit den am deutlichsten gegliederten Vegetationskörpern ausgehend bis zu den Vertretern mit den einfachsten Gestalten angeordnet. In derselben Weise diente die morphologische Ähnlichkeit als Richtschnur für die Anordnung der durch Humboldt unterschiedenen Arten. Vor allem den traditionellen, auch durch Linné unterschiedenen Genera, von denen in der Literatur schon die meisten europäischen Vertreter beschrieben worden waren, wurden wie üblich die meisten Spezies zugeordnet. Zusätzlich überprüfte Humboldt die Diagnose sorgfältig, verwendete auch Genera der neueren Autoren, wie Scopoli, Franz v. Paula von Schrank und Johann Gottlieb Gleditsch, schuf selbst drei neue Gattungen der Pilze mit je einer Spezies und veränderte manche Abgrenzungen der Spezies in Auseinandersetzung mit sämtlichen zeitgenössischen Veröffentlichungen bis zu Zeitschriftenartikeln über einzelne Pflanzen. Die Anzahl der beschriebenen sogenannten „Flechten“ entsprach mit 124 Spezies nahezu derjenigen der Pilze mit 134 Spezies. Die Mehrzahl der Genera und Spezies wird gegenwärtig noch, einige jedoch nur der Bezeichnung nach, unterschieden. Die mit ungebräuchlich gewordenen Namen bezeichneten Spezies sind kaum eindeutig und mit Sicherheit zu bestimmen, da die heute maßgebenden Bestimmungsmerkmale der Reproduktionsorgane kaum oder nur undeutlich erwähnt wurden. Humboldt gelang es, eine stattliche Anzahl von seinerzeit unbeschriebenen Formen aufzufinden, die er mit Diagnosen versah. Von den meisten derselben veröffentlichte er Abbildungen. Deren Deutung als „Arten“ und die Bestimmungen Humboldts unterzog K. Dobat 1973 einer kritischen Betrachtung. Sie ergab, daß die meisten „Arten“ der unterirdischen Pflanzen Humboldts sich nicht bestimmten Spezies zuordnen lassen, sondern typische Lichtmangelformen von Pilz-Mycelbildungen darstellen. Die den Rhizomorphen zuzuordnenden, wurzelartig aussehenden, verzweigten Fäden und Büschel, die Humboldt als *Lichen pinnatus* (Nr. 53, Tab. II fig. 4) und *Lichen verticillatus* (Nr. 56, Tab. IV fig. 16) bezeichnete und abbildete, sind beide als Mycelbildungen des Holzschädlings Hallimasch (*Armillariella mellaea* P. Karst.) aufzufassen. Humboldts *Boletus paradoxus* (Nr. 197)

Erstmalig beschriebene Pflanzenformen

A. v. Humboldt: *Novae species plantarum cryptogamicarum Florae Fribergensis*
/st: *planta subterranea*

1792 NR.	1793 NR.			1973 DOBAT
	53	Lichen pinnatus/st	Tab. II fig. 4	Armill. mell. K
1	56	Lichen verticill./st	Tab. IV fig. 16 a–c	„ „ „
2	57	Lichen palmatus/st		
	65	Verrucaria rubra/st	Tab. II fig. 6	?Verrucaria; oder Mycel
	110	Byssus quernea	(auch im Bergwerksgelände)	
	113	Byssus plumosa/st	Tab. II fig. 7	Mycel (= Hypha)
3	117	Byssus clavata/st	Tab. IV fig. 17	Mycel (= Hypha)

4	118	Byssus digitata/st	Tab. III fig. 10	Mycel (= Hypha)
	123	Byssus speciosa/st	Tab. IV fig. 18 und Tab. III fig. 10	Mycel (= Hypha)
	129	Agaricus acheruntius/st		
	147	Agaricus Goettingensis		
	183	Boletus filament./st	Tab. III fig. 14	Mycel
	187	Boletus patella/st		
	189	Boletus corallin./st	Tab. III fig. 11	Pilzform (= Polyporus cor. Persoon)
	191	Boletus fodinalis/st	Tab. II fig. 8	Polyporales
7	193	Boletus venosus/st	Tab. III fig. 12 a.b.	Polyporales
	194	Boletus Browni/st		
	196	Boletus striatus/st	Tab. IV fig. 19	Polyporales
	197	Boletus paradoxus/st	Tab. III fig. 15 a.b.	Osmoporus odoratus Sing.
	198	Bolet. botryoeides/st	Tab. III fig. 9	?Polyporales
	211	Gymnoderma sinuata/st		
	212	Octospora nemorosa		
9	213	Octospora cryptophila/st	Tab. III fig. 13	Mycel
	215	Ceratophora Fribergensis/st	Tab. I fig 1 a–e	Osmoporus odoratus Sing. [?]
	226	Aphotistus fuscus/st		
	240	Tremella lycoperdoides	(im Bergwerksgelände) Tab. II fig. 3	
	258	Lycoperdon betulinum		

und *Ceratophora Fribergensis* (Nr. 215) sind wahrscheinlich beide als unterschiedlich gestaltete Bildungen des Pilzes *Osmoporus odoratus* Sing. zu deuten. Außerdem wurden wohl auch einige Fruchtkörper von *Polyporales* durch Humboldt beobachtet.

Die durch Humboldt erstmals unterschiedenen „Arten" waren bis auf sechs Spezies unterirdische Formen, von denen Humboldt sechs Vertreter bereits in einem „Probestück" seiner Forschungsergebnisse 1792 veröffentlicht hatte. (Die restlichen drei 1792 mit Diagnosen versehenen Gewächse hatte schon Scopoli in Höhlen nachgewiesen, Nr. 5, 6, 8; aber Humboldt hatte teilweise die Abgrenzung der Arten verändert.) Den neu entdeckten unterirdischen Pflanzen sind die meisten Abbildungen der vier Tafeln des Werkes gewidmet; da sie fast ausschließlich Ansichten des Gesamthabitus der Pflanzen wiedergeben, bieten sie wenige einzelne Bestimmungsmerkmale dar, die jetzt hauptsächlich Teile der Fruchtkörper liefern oder die erst durch Kulturversuche zu erschließen sind. Weitere unterirdische Pflanzen, die 1793 nicht aufgeführt wurden, sind unter den elf Kryptogamen zu finden, die in dem Manuskriptfragment von 1794 aufgezählt sind.[13]

Betrachtet man die Zuordnung der Pflanzen von 1792 und 1793 zu den hauptsächlichen Standorttypen, so ergibt sich, daß über drei Viertel (= 210) der 258 von Humboldt unterschiedenen Kryptogamenspezies an mehreren Standorten oberirdisch in der Gegend von Freiberg nachgewiesen wurden; von 27 der selteneren oberirdischen Pilze und „Flechten" nannte Humboldt zusätzlich von ihm selbst beobachtete Vorkommen in auswärtigen Gebieten von England (Nr. 52) über Norddeutschland (Nr. 55 im Wandsbecker Hain bei Hamburg 1791 gefunden) und Holland bis zu den österreichischen Alpen und bis Polen (Nr. 5) und Böhmen. Von 23 oberirdischen Pflanzen wurden zusätzlich ausdrücklich Standorte im Gelände der Bergwerke und an Stolleneingängen angegeben. Die als erste beschriebene oberirdische Pflanze („Peltigera aphtosa"), „geschwürartig" lappig ausgebreitet, oberseits warzig grünlich, unterseits weiß und rauh, mit der eine Flechte gemeint gewesen sein

Verteilung der „Arten“ Humboldts auf die hauptsächlichen Standorttypen

	oberirdisch bei Freiberg im Gelände der Bergwerke: 23 Spezies	 außerhalb des Gebiets selbst beobachtet: 27 Spezies	*unterirdisch* in künstl. und natürl. Höhlen in Freiberg: 26 ALGAE 26 FUNGI (22 novae spec.)	 auswärts: 12 Spezies
gesamte Anzahl				
210	1, 3	13, 19	53, 54, 55	55
	6, 10	20, 27	56, 57, 65	56
	16, 18	30, 33	95, 98, 102	109
	19, 35	40, 47	103, 106, 109	112
	59, 60	52, 55	111, 112, 113	113
	61, 79	58, 68	114, 115, 116	117
	83, 87	73, 82	117, 118, 119	120
	96, 110	86, 131	120, 121, 122	123
	177, 205	139, 147	123, 124, 128	129
	220, 239	158, 181	129, 163, 164	187
	240, 247	210, 217	165, 168, 172	198
	254	220, 223	178, 181, 183	215
		228, 235	185, 186, 187	
		243	189, 190, 191	
			193, 194, 195	
			196, 197, 198	
			211, 213, 215	
			226	

[In der Liste sind die Nummern der Formen in der *Flora Fribergensis* von 1793 aufgeführt.]

könnte, fand Humboldt im Freiberger Revier „auf feuchten Steinen an der Pulvermühle, an der Altväter-Wasserleitung, am Mundloch des Thelersberger Stollen verbreitet“ (Nr. 1, 1793, S. 1). Als beinahe ausschließlich unterirdisch vorkommende „Flechten“ und Pilze wurden 52 „Arten“ aufgezählt, von denen 22 „Spezies“ der *Plantae subterraneae* durch Humboldt neu beschrieben und mit Diagnosen versehen wurden. Bei 12 seiner Arten erwähnte er zudem Beobachtungen in Bergwerken und Höhlen außerhalb des Freiberger Gebiets (Nr. 55 bei Chemnitz, im deutschen Mittelgebirge/Hercynia), die darauf hinweisen, daß Humboldt sich mit den unterirdischen Pflanzen nachhaltig beschäftigte.

Daher übertraf schließlich die wissenschaftliche Ausbeute Humboldts auf diesem Gebiet die einzelnen Beobachtungen früherer Floristen über unterirdische Kryptogamen und auch die einzige Spezialarbeit von Scopoli von 1772. Dessen 75 Nummern verteilten sich auf nur 10 wahrscheinlich zu den Flechten zu zählende, auf 15 unbestimmbare „Plantae subterraneae obscuri generis“ und 50 als Vertreter von 13 Pilzgattungen bestimmte Kryptogamen. Von den 52 durch Humboldt im Freiberger Revier neu aufgefundenen Höhlenpflanzen stellte dieser 26 zur damaligen Gruppe der Flechten (genannt *Algae*), worunter die meisten Pilze waren, aber einzelne, die er an feuchten Orten und „in ersoffenen Schächten“ fand und an denen er zeitweilig grüne Färbungen beobachtete, auch Algen gewesen sein könnten. Weitere 26 Gewächse waren auch nach seiner Auffassung Pilze. Insgesamt fand Humboldt nur wenig mehr unterirdische Gewächse als sein Vorgänger Scopoli, aber darunter waren ungefähr die Hälfte von ihm erstmalig entdeckte Formen. Wenn man auch annehmen darf, daß unter den von ihm als Spezies angesehenen Pflanzen sich Varietäten oder Standortmodifikationen befanden, spricht doch die ziemlich große Anzahl unbekannter Formen für den sorgfältigen Beobachter, der entgegen den Behauptungen in der Biologiegeschichtsschreibung[14] nach den Zielen der damaligen Systematik strebte und neue Spezies aufzufinden und zu beschreiben trachtete.

Der hervorragend beobachtende und zudem abwägend urteilende Naturforscher Humboldt teilte Beobachtungsergebnisse und Überlegungen mit, durch die seine Pflanzenkapitel im Vergleich zu den in entsprechenden Werken wie den Lokalfloren und der Studie von Scopoli enthaltenen ausführlicher und inhaltsreicher wurden. Der Inhalt der einzelnen Pflanzenkapitel läßt sich wie in der folgenden Übersicht charakterisieren.

Inhalt der Kapitel des „Florae Fribergensis specimen" (1793) über einzelne „Arten"

Name der Spezies. Diagnose (von Humboldt oder nach Literaturstellen)
Synonyme mit Diagnosen und Literaturstellen
HAB. = *habitat/habitatio:* Standort nach Humboldt, vereinzelt nach der Literatur: ausführliche Angaben über physische und geologische Beschaffenheit, geographische Lage des Standorts, Verbreitung und Häufigkeit des Vorkommens.
OBS. = *observatio* (auch mehrere *observationes* oder fehlend): Probleme und Begründung der systematischen Bestimmung, Unterscheidungsmerkmale gegenüber ähnlichen Arten, hervorzuhebende Eigenschaften der „Art" wie Fruktifikationsorgane und ihre Produkte, Zeit der Reife, länger dauernde Beobachtungen, auch an verpflanzten Exemplaren, Eigentümlichkeiten der Verbreitung im Gebiet und auswärts, Hinweise auf bereits publizierte Beobachtungen über Fruktifikation, Anatomie u. a., Hinweise auf Abbildungen in eigenen und fremden Werken.

Die umfangreiche Vergleichsarbeit Humboldts wird durch eine bei unbekannteren Arten möglichst vollständige Aufzählung von Synonymen mit Diagnosen und Literaturstellen belegt. Die Angaben über Vorkommen und Standorte waren viel eingehender als bei Scopoli und zeitgenössischen Floristen. Vor allem bei selteneren und bei den unterirdischen Gewächsen beschrieb Humboldt die genaue geographische Lage und physische Beschaffenheit des Ortes im Gelände. Häufig bestimmte er den Untergrund und die bewachsenen Gesteine näher. Bei der unterirdischen, dichotom verzweigten Pflanzenform, die Humboldt „Lichen aïdaelus" nannte (Nr. 54) und mit einer wurzelähnlichen Art „Lichen" bei Willdenow verglich, so daß ein Pilzmycel in Form von einer *Rhizomorpha*, evtl. ebenfalls von Hallimasch (*Armillariella mellaea* P. Karst.), vermutet werden darf, beschrieb er das Freiberger Vorkommen folgendermaßen (1793, S. 33): „im Eselsstollen zwischen dem Wiesen und Familienschachte" (besonders „wo der Jonas-Spat übersezt) auf Neu Beschert Glück. Erbst. vor der Stadt" in Fülle auf Gestein, Balken, hölzernen Pfählen „(Thürstökke, Kappen, Stege etc.)". Ferner wurde das Auftreten von Pflanzen und ihren Fruktifikationsorganen während bestimmter Jahreszeiten und Witterungsbedingungen vermerkt (vgl. Nr. 52: im Oktober bis Dezember zu finden).

Unter dem Stichwort *observatio* wurden viele zusätzliche, nicht nur floristische Ergebnisse mitgeteilt. Ausführlich beschrieb Humboldt die morphologischen Eigentümlichkeiten, zu denen er auch Färbungen zählte, der Vegetationskörper und wies auf Varietäten hin, die besonders an unterirdischen Gewächsen und unter dem Einfluß von verschiedenen Standorten auftraten. Dabei erwähnte er öfter die Größenverhältnisse der einzelnen Teile und des gesamten Gewächses. Auf dieselben Eigenschaften achtete er bei den Fruktifikationsorganen, nach denen er in der Natur und in der Literatur fahndete, da ihre biologische Bedeutung wohl erkannt worden war. Aber bei den meisten Kryptogamen blieben sie, vor allem ihre feineren Strukturen und erst recht ihre Wirkungsweisen, noch verborgen. Ähnlich mangelhaft blieben die anatomischen Beobachtungen, zu deren Ausführung und Interpretation die Hilfsmittel der Mikroskopie und das Vergleichsmaterial ungenügend waren. Da die biologische Bedeutung der zellulären Strukturen noch nicht erwiesen war, begnügte sich Humboldt in dieser Arbeit wie viele seiner Zeitgenossen damit, bis zu den „Fasern" oder *fibrae* vorzudringen, obwohl er die trefflichen Arbeiten des Moosforschers J. Hedwig rühmte und ihnen in seinen Studien über *Stomata* nacheiferte. Zu eigenen planvollen langwierigen entwicklungsgeschichtlichen Untersuchungen scheint Humboldts Zeit nicht ausgereicht zu haben; denn er wies mehr auf fremde Veröffentlichungen über die Erforschung „sämtlicher Lebensstadien" einzelner Pflanzen hin. Nur an einigen Stellen berichtete er über eigene Beobachtungen an einzelnen oberirdischen Gewächsen während mehrerer Monate. Ein bestimmtes jahreszeitliches Auftreten der Gewächse oder ihrer Reproduktionsorgane merkte er an. Obwohl er sich wie die bedeutenderen Naturforscher seiner Zeit die Lücke im Wissen eingestand, betrachtete er die Kryptogamen grundsätzlich als vollwertige Gewächse. Indem er mehrmals die Formbeständigkeit von Exemplaren an verschiedenen Standorten hervorhob, bekräftigte er die Auffassung, daß die niederen Pflanzen selbständig und grundsätzlich den Blütenpflanzen ebenbürtig seien. Daher trat er der besonders für die Pilze vielfach bis weit ins 19. Jahrhundert hinein behaupteten Artumwandlung und Entstehung durch *generatio aequivoca* entgegen. Er folgte mehr den Ansichten von Hedwig und Koelreuter, die auch die Kryptogamen Linnés als den höheren Pflanzen gleichwertige Organismen zu betrachten begannen.

Diese Auffassung stützte Humboldt, wobei er besonders hierin über die Bestrebungen der zeitgenössischen Floristen und damit der meisten Botaniker hinausging, durch eine große Anzahl von pflanzensoziologischen und ökologischen Beobachtungen sowie durch seine physiologischen Experimente. Diese Fragestellungen wurden vor allem durch die unterirdischen Pflanzen angeregt und gefördert. Indem seine ganzheitliche Naturbetrachtung damals schon wirksam wurde, verknüpfte er die floristisch-systematischen Beobachtungen mit ökologischen und den damals neuesten physiologischen Erkenntnissen. Die Ergebnisse der Forschungen auf diesem Gebiet ergaben außer einem Zeitschriftenartikel[15] und häufigen Anmerkungen den umfangreichen (50 Seiten) zweiten Teil der „Flora Fribergensis", die „Aphorismen aus der chemischen Physiologie der Pflanzen". Da die physiologischen Experimente, die hauptsächlich dem Einfluß des Lichts und verschiedener Gasarten auf die Vegetation nachgingen, schon historisch gewürdigt wurden,[16] seien jetzt noch die damit teilweise verknüpften ökologischen Beobachtungen hervorgehoben. Humboldt beschrieb kleine Pflanzengesellschaften etwa von mehreren Pilzformen, von Pilzen und vielleicht Moosen und die häufige Vergesellschaftung von Pilzen mit Kryptogamen und Phanerogamen. Er beachtete Einflüsse des Standorts und des Höhlenklimas auf die vegetative Gestalt, den Verlauf der Vegetationsperiode und auf die Reproduktionszeit. Als Faktoren des Klimas erfaßte er die wesentlichen, die erst seit der Mitte des 19. Jahrhunderts planmäßig erforscht wurden: neben der Bodenbeschaffenheit Licht, Feuchtigkeit, Temperatur und veränderte oder fehlende jahreszeitliche Schwankungen. Um die Umweltbedingungen für wahrnehmbare morphologische und physiologische Veränderungen, die bei Wachstum, Färbung, Größe von Laubblättern und Thallusteilen, ferner bei der Entfaltung von Knospen und der Bildung von Reproduktionsorganen auftraten, ermitteln zu können, stellte Humboldt eine große Anzahl von Experimenten unter Tage und mittels Verpflanzung von unterirdischen Gewächsen an.

Hiermit verließ er trotz der historisch bedingten Mängel seiner Ergebnisse und ihrer Deutungen[17] mit seinen Fragestellungen und Methoden den Boden der Floristik. Humboldt erzielte indessen auf dem traditionellen und dem damals modernen Feld der Pflanzenkunde neue Einzelergebnisse und eröffnete neue Betrachtungsweisen. Sie verfehlten ihre Wirkung auf zeitgenössische und nachfolgende Botaniker nicht. Daher sollten Humboldts im Bergwerksgelände durchgeführte und durch die Beschäftigung mit dem Bergbau geförderte botanische Studien und biologische Forschungen nicht als unbedeutende Jugendarbeiten abgetan werden. Ihnen gebührt ein achtenswerter Platz in der Wissenschaftsgeschichtsschreibung.

Anlage

Hauptsächliche Veröffentlichungen der Kryptogamenforschung im 18. Jahrhundert

Mehrere Klassen der Kryptogamen

1700	J. P. de Tournefort: Institutiones rei herbariae. Ed. 2. Vol. 1–3. Paris.
1728–40	J. C. Buxbaum: Plantarum minus cognitarum centuriae. Petersburg.
1729	P. A. Micheli: Nova plantarum genera ... observationibus praecipue fungorum, mucorum, ..., Florenz.
1751	J. Hill: A History of plants (A general natural history, Vol. 2). London.
1753	C. Linné: Species plantarum. Vol. 1–2. Stockholm.
1767	Idem: Mantissa plantarum. Stockholm.
1786–87	Idem: Systema plantarum, scdm. ed. lat. 14 ed. germ., Vol. 13. Nürnberg.
1763	M. Adanson: Familles des plantes. Vol. 1–2. Paris.
1777	J. G. Koelreuter: Das entdeckte Geheimnis der Kryptogamie. Karlsruhe.
1784	J. Hedwig: Theoria generationis et fructificationis plantarum cryptogamicarum. Petersburg.
1787–97	Idem: Descriptio et adumbratio microscopico – analytica ... vegetantium e classe cryptogamica Linnaei ..., Vol. 1–4. Leipzig.
1787–90	G. F. Hoffmann: Vegetabilia cryptogama. Fasc. 1–2. Erlangen.
1789	A. L. de Jussieu: Genera plantarum. Paris.
1790	C. A. Cothenius: Dispositio vegetabilium methodica. Berlin.
1796–97	H. A. Schrader: Systematische Sammlung kryptogamischer Gewächse. Göttingen.

Kryptogamen in europäischen Floren

1703 J. Loesel: Flora prussica. Königsberg.
1719 J.J. Dillenius: Catalogus plantarum. Frankfurt a.M.
1721 J.C. Buxbaum: Enumeratio plantarum ..., Halle a.S.
1723 et 1727 S. Vaillant: Botanicon Parisiense. Leiden/Paris/Amsterdam.
1744 J.C. Wulff: Specimen inaugurale plantas XXIII in Borussia repertas ..., Königsberg.
1765 Idem: Flora borussica. Königsberg/Leipzig.
1742 A. v. Haller: Enumeratio methodica stirpium Helvetiae indigenarum. Vol. 1–2. Göttingen.
1768 Idem: Historia stirpium indigen. Helvetiae inchoata. Vol. 1–3. Bern.
1750 G.R. Boehmer: Flora Lipsiae indigena. Leipzig.
1760 J.A. Scopoli: Flora carniolica. Wien.
1760 J. Hill: Flora britannica. London.
1761 F.W. Leysser: Flora Halensis. Halle a.S.
1783 Idem: Editio altera. Ibidem.
1762 W. Hudson: Flora anglica. London.
1778 et 1798 Idem: Editio II et III. Ibidem.
1770 F.W. Weiss: Plantae cryptogamicae Florae Gottingensis. Göttingen.
1770 G.C. Oeder: Enumeratio plantarum Florae danicae. Kopenhagen.
1771 J.C.D. Schreber: Spicilegium Florae Lipsicae. Leipzig.
1776–77 J.A. Pollich: Historia plantarum in Palatinatu electorali sponte nascentium ..., Mannheim.
1778 G.H. Weber: Spicilegium Florae Gottingensis. Gotha.
1780–87 Idem: Primitiae Florae holsaticae. – Supplementum. Kiel.
1779 A.J. Retzius: Florae Scandinaviae Prodromus. Stockholm.
1785–1801 J. Dickson: Fasciculi (IV) plantarum cryptogamicarum Britanniae. London.
1787 C.L. Willdenow: Florae Berolinensis Prodromus. Berlin.
1788 A.W. Roth: Tentamen Florae Germanicae. Tom. 1. Leipzig.
1789 F.v.P.v. Schrank: Baierische Flora. Bd. 1–2. München.
1790 J.C.G. Baumgarten: Flora Lipsiensis. Leipzig.
1790–91 H.J. Tode: Fungi Mecklenburgenses selecti. Fasc. 1–2. Lüneburg.
1794 G.B. Rutström: Spicilegium plantarum cryptogamicarum Sueciae. Åbo.
1795 K.S.H. Kunze: Deutschlands kryptogamische Gewächse. Hamburg.
1795 G.F. Hoffmann: Deutschlands Flora, 2. Theil für das Jahr 1795, Kryptogamie. Erlangen.
1798–1839 J. Sturm: Deutschlands Flora, Nürnberg. 2. Abth. Kryptogamen.
1813–53 Idem: 3. Abth. Pilze.

Moose, Bryophyta, z.T. mit Flechten, Algen, u.a.

1741 J.J. Dillenius: Historia muscorum. Oxford.
1751 J. Hill: A history of plants (A general natural history, Vol. 2). London.
1771 N.J. Necker: Methodus muscorum. Mannheim.
1774 Idem: Physiologia muscorum. Mannheim.
1776 W. Curtis: Explanation of the plate containing the fructification ... of the mosses. London.
1777 C.F. Ludwig: Epistola de sexu Muscorum detecto. Leipzig.

1781 O. Swartz: Methodus muscorum illustrata. Uppsala.
1799 Idem: Dispositio systematica muscorum frondosorum Sueciae. Erlangen.
1782 J. Hedwig: Fundamentum historiae naturalis muscorum frondosorum. Thl. 1–2. Leipzig 1782.
1787–97 Idem: Descriptio et adumbratio microscopico – analytica muscorum frondosorum ..., Vol. 1–4. Leipzig.

Pilze, Eumycophyta, Fungi
1714 L. F. Marsigli et J. M. Lancisi: Dissertatio de generatione fungorum. Rom.
1728 A. Jussieu: De necessitate constituendorum generum in Fungis. (Paris).
1744 J. C. Seyffert: De Fungis. Jena.
1753 J. G. Gleditsch: Methodus Fungorum. Berlin.
1755 M. Tillet: Dissertation sur la cause, qui corrompt ... les grains de bled ..., Bordeaux.
1759 J. C. Schaeffer: Vorläufige Beobachtungen der Schwämme um Regensburg. Regensburg.
1762–74 Idem: Fungorum qui in Bavaria et Palatinatu circa Ratisbonam nascuntur icones. Vol. 1–4. Regensburg.
1783 N. J. Necker: Traité sur la Mycitologie. Mannheim.
1783–89 A. Batsch. Elenchus Fungorum. Vol. 1–2. Halle a. S.
1788–91 J. Bolton: A history of fungusses. Vol. 1–3. Huddersfield.
1789–90 G. F. Hoffmann: Nomenclator Fungorum. Thl. 1–2. Berlin.
1790–93 J. J. Paulet: Traité des champignons. Vol. 1–2, Atlas. Paris.
1791–1812 P. Bulliard: Histoire des champignons de la France. Paris (an VI).
1793 C. H. Persoon: Was sind eigentlich die Schwämme? In: Voigts Magazin für das Neueste aus der Physik und Naturgeschichte 8 (1793), H. 4, S. 76–85.
1794 Idem: Einige Bemerkungen über die Flechten, ... Aftermoose. Zürich.
1796–99 Idem: Observationes mycologicae. Vol. 1–2. Leipzig.
1797 Idem: Commentatio de Fungis clavaeformibus ..., Leipzig.
1797 Idem: Tentamen dispositionis methodicae fungorum. Leipzig.
1798–1800 Idem: Icones et descriptiones fungorum. Fasc. 1–2. Leipzig.
1801 Idem: Synopsis methodica fungorum. Vol. 1–2. Göttingen.
1797–1815 J. Sowerby: Coloured figures of English Fungi or Mushrooms. Vol. 1–4, Suppl., London.

Flechten, Lichenophyta, z. T. mit Algen
1729 P. A. Micheli: Nova plantarum genera. Florenz.
1782 K. G. Hagen: Tentamen historiae Lichenum. Königsberg.
1784 G. F. Hoffmann: Enumeratio Lichenum. Erlangen.
1789–1801 Idem: Plantae lichenosae. Vol. 1–3. Leipzig.
1787 P. J. Amoreux: Recherches et expériences sur les divers lichens d'usage. Lyon.
1798 E. Acharius: Lichenographiae Suecicae Prodromus.
1810 Idem: Lichenographia universalis. Göttingen.
1814 Idem: Synopsis methodica Lichenum. Lund.

Algen, Phycophyta

1750	V. Donati: Della storia naturale marina dell' adriatico. Venedig.
1755	G. Ginnani: Opere postume nel quale si contengono 114 piante (Algae et Zoophyta) ... nel mare adriatico. Venedig.
1762–65	J. Baster: Opuscula ... de ... plantis quibusdam marinis. Vol. 1–2. Haarlem.
1768	S. G. Gmelin: Historia Fucorum. Petersburg.
1797	A. W. Roth: Bemerkungen über das Studium der kryptogamischen Wassergewächse. Hannover.
1797–1806	Idem: Catalecta botanica. Fasc. 1–3. Leipzig.
1797–1802	E. J. C. Esper: Icones Fucorum ..., Vol. 1–2. Nürnberg.
1797	J. B. M. Bory de Saint-Vincent: Mémoire sur les genres Conferva et Byssus de Chevalier C. Linné. Bordeaux.

Plantae subterraneae

1772	J. A. Scopoli: Plantae subterraneae. In: Dissertationes ad scientiam naturalem pertinentes. Pars I, pp. 84–120, tab. 1–46. Prag.
1792 und 1793 (1794)	A. v. Humboldt: Florae Fribergensis specimen Plantas Cryptogamicas praesertim Subterraneas exhibens. Berlin.
1811	G. F. Hoffmann: Vegetabilia in Hercyniae subterraneis collecta ..., Nürnberg/London s. a. [1811].

Anmerkungen

1 Rothschuh 1953, S. 88; Hüffmeier-Von Hagen 1964, S. 54 f.

2 Nur beiläufig erwähnt bei Beck 1959–61, 1. – Obwohl die Thematik des Werks unmittelbar betreffend, übergangen bei Hall 1969.

3 Rothschuh 1959, S. 99–102, 109–111; Wenzel 1962, S. 1147; Jahn 1969, S. 51 f., 65 f., 70 f.

4 Beck 1959–61, 1, S. 37: In einem Nebensatz wurde festgestellt, daß Humboldt „das Pflanzenleben in den Gruben" untersuchte; S. 41 wurde nur erwähnt, daß er „methodisch angelegte Studien zur Theorie des Chlorophylls" mit unterirdischen Pflanzen anstellte.

5 Mägdefrau 1992, S. 118. (1. Aufl. 1973, S. 95).

6 Jahn 1969, S. 22–25; hierin wird S. 25 mehr vom modernen Standpunkt als vom wissenschaftlichen Stand der zeitgenössischen Botanik aus geurteilt: „Der zweite Teil der Freiberger Flora trägt den Titel ‚Aphorismen aus der chemischen Physiologie der Pflanzen' und lag Humboldt offensichtlich noch mehr am Herzen als jener erste beschreibende Teil".

7 Schuster 1927/28, S. 303–327, 314: Humboldt in einem Brief vom 26. November 1791 an D. L. G. Karsten; vgl. Humboldt 1791, S. 193.

8 Humboldt 1792 a, S. 53–58: Beschreibung von 9 unterirdisch vorkommenden Pflanzenformen; Dobat 1967, S. 95–119.

9 Schuster 1927/28, S. 313 f.: A. v. Humboldt in Briefen an D. L. G. Karsten.

10 Dobat 1973, S. 13–26; Dobat 1985, S. 169–175 Über die botanischen Forschungen in Freiberg.

11 Hein 1959, S. 467–472.

12 Hedwig 1784, S. 108.
13 Dobat 1967 und Dobat 1973, S. 24, 26 setzte sich mit dem Fragment aus botanischer Sicht auseinander.
14 Jahn 1969, S. 25.
15 Humboldt 1792 b, S. 195 f.
16 Jahn 1969, S. 25–29, 39–41; Dobat 1973, S. 21–23.
17 Dobat 1973, S. 22–24 wies auf fehlgehende Interpretationen Humboldts hin.

Quellen und Literatur

Beck 1959–61
Beck, Hanno: Alexander von Humboldt. Bd. 1.2. Wiesbaden 1959–1961.
Dobat 1967
Dobat, Klaus: Ein bisher unveröffentlichtes botanisches Manuskript Alexander von Humboldts: Über „Ausdünstungs-Gefäße" (= Spaltöffnungen) und „Pflanzenanatomie" sowie „Plantae subterraneae Europ. 1794. cum Iconibus". In: Abhandlungen der Akademie der Wissenschaften und der Literatur. Mathematisch-naturwissenschaftliche Klasse. 6. Wiesbaden 1967, S. 95–119.
Dobat 1973
Dobat, Klaus: Alexander von Humboldt – ein Bergmann als Botaniker. In: Anschnitt. 25. 1973. H. 5, S. 13–26.
Dobat 1985
Dobat, Klaus: Alexander von Humboldt als Botaniker. In: Alexander von Humboldt. Leben und Werk. Hrsg. von Wolfgang-Hagen Hein. Frankfurt a. M. 1985, S. 167–194.
Hall 1969
Hall, Thomas S.: Ideas of Life and Matter. Bd. 2. Chicago/London 1969.
Hedwig 1784
Hedwig, Johannes: Theoria generationis et fructificationis plantarum cryptogamicarum. Petersburg 1784.
Hein 1959
Hein, Wolfgang-Hagen: Alexander von Humboldt und Carl Ludwig Willdenow. In: Pharmazeutische Zeitung. 104. 1959, S. 467–472.
Hoffmann 1811
Hoffmann, Georg Franz: Vegetabilia in Hercyniae subterraneis collecta [...]. Nürnberg/London [1811].
Hüffmeier-Von Hagen 1964
Hüffmeier-Von Hagen, Dorothee: J.W. Ritter und die Anfänge der Elektrophysiologie. In: Von Boerhaave bis Berger. Hrsg. von Karl Eduard Rothschuh. Stuttgart 1964. (Medizin in Geschichte und Kultur. Bd. 5.), S. 48–61.
Humboldt 1791
Humboldt, Alexander von: Brief an Paul Usteri, 22. September 1791. In: Annalen der Botanik. Hrsg. von Paul Usteri. 1791. 2. St., S. 193.
Humboldt 1792 a
Humboldt, Alexander von: Plantas subterraneas descripsit Fr. A. ab Humboldt. In: Annalen der Botanik. Hrsg. von Paul Usteri. 1792. 3. St., S. 53–58.

Humboldt 1792 b
Humboldt, Alexander von: Versuche und Beobachtungen über die grüne Farbe unterirdischer Vegetabilien. In: Journal der Physik. Hrsg. von D. F. A. G. Gren. 5. 1792. H. 2, S. 195 f.

Humboldt 1793
Humboldt, Alexander von: Florae Fribergensis specimen plantas cryptogamicas praesertim subterraneas exhibens. Berlin 1793.

Jahn 1969
Jahn, Ilse: Dem Leben auf der Spur. Die biologischen Forschungen Alexander von Humboldts. Leipzig u. a. 1969.

Mägdefrau 1992
Mägdefrau, Karl: Geschichte der Botanik. 2. Aufl. Stuttgart 1992. [1. Aufl.: Stuttgart 1973.]

Rothschuh 1953
Rothschuh, Karl Eduard: Geschichte der Physiologie. Berlin u. a. 1953. (Lehrbuch der Physiologie in [. . .] Einzeldarstellungen.)

Rothschuh 1959
Rothschuh, Karl Eduard: Alexander von Humboldt und die Physiologie seiner Zeit. In: Sudhoffs Archiv. 43. 1959, S. 97–113.

Schuster 1927/28
Schuster, Julius: Alexander von Humboldts wissenschaftliche Anfänge. In: Archiv für die Geschichte der Mathematik, Naturwissenschaft und Technik. 10. N. F. 1. 1927/28, S. 303–327.

Scopoli 1772
Scopoli, Johann Anton: Plantae subterraneae. In: Dissertationes ad scientiam naturalem pertinentes. Pars 1. Prag 1772, S. 84–120, Tab. 1–46.

Wagenbreth/Wächtler 1986
Wagenbreth, Otfried und Eberhard Wächtler [Hrsg.]: Der Freiberger Bergbau. Technische Denkmale und Geschichte. Leipzig 1986.

Wenzel 1962
Wenzel, Eduard: Luigi Galvani, Alexander von Humboldt, Hans Berger. In: Münchener medizinische Wochenschrift. 104. 1962, S. 1146–1150.

Anschrift d. Verf.: *Prof. Dr. Brigitte Hoppe, Institut für Geschichte der Naturwissenschaften der Universität München, Museumsinsel 1, Postfach 26 01 02, D 80538 München*

Die Entwicklung der Ansichten Alexander von Humboldts über den Vulkanismus und die Meteorite

Von Günter Hoppe

Mit den Problemkreisen des Vulkanismus und der Meteorite hat sich Alexander von Humboldt zeit seines Lebens beschäftigt. Zu beiden Gebieten trug er eigene Beobachtungen bei und war wesentlich an der Durchsetzung moderner Ansichten beteiligt. Dabei fügten sich die Vorstellungen über die beiden Problemkreise zu einem geologisch-kosmologischen Gesamtbild zusammen. Jedoch ist es von Interesse, daß Humboldt bei der Verarbeitung seiner Beobachtungen von unterschiedlichen Positionen ausging. Hinsichtlich des Vulkanismus war er durch die neptunistische Lehre seines Lehrers Abraham Gottlob Werner voreingenommen, urteilte viele Jahre in ihrem Sinne und verteidigte sie. Dagegen verhielt er sich zur Meteoritentheorie von Ernst Florens Friedrich Chladni kritisch. Später kehrte sich sein Urteil um. Er erkannte Chladnis Theorie an und verwarf die neptunistischen Vulkanismus-Anschauungen Werners.

Zu Humboldts Ansichten über den Vulkanismus

Durch eigene Beobachtungen kam Humboldt mit dem Vulkanismusthema zuerst bei einer Reise an den Rhein in Berührung, die er während seines Studiums in Göttingen im Herbst 1789 zusammen mit dem botanisch interessierten Steven Jan van Geuns machte. Hierüber berichtete er 1790 in einem kleinen Buch[1] und in einem weiteren Artikel[2]. Als wichtigste Beobachtung erschien ihm, daß er im Basalt des Steinbruchs bei Unkel am Rhein Hohlräume fand, die im Innern der Basaltsäulen lagen und sich nach Auskunft der Steinbrucharbeiter beim Zerschlagen mit Wasser gefüllt zeigten. Obwohl er bis dahin keinen mineralogischen Unterricht erhalten hatte, wie er später mitteilte,[3] sah er sich doch in der Lage, offenbar nach Ermunterung durch Georg Forster und andere,[4] mit seiner Beobachtung während des heftig gewordenen Vulkanisten-Neptunisten-Streites[5] an die Öffentlichkeit zu treten. Er begründete es damit, daß seine Beobachtung neu sei und von früheren Untersuchern des Unkeler Basaltes, den vulkanistisch eingestellten Jean-André Deluc[6] und Cosimo Alessandro Collini[7], nicht bemerkt[8] oder, wie er sogar vermutet,[9] „aus Systemgeist falsch beschrieben" worden wäre. Er entscheidet sich jedenfalls für die Bildung des Basaltes auf neptunistischem Wege. Auch als Lorenz von Crell, der Herausgeber seines Zeitschriftenartikels,[10] anmerkt, die wassergefüllten Höhlungen wären mit vulkanischer Entstehung vereinbar, zieht er sich auf eine andere, seiner Meinung nach neptunistische Erscheinung zurück („metallische" Streifen im Basalt) und versichert, daß es seine Absicht sei, „nur Tatsachen zu sammeln, wo die Natur sich nicht ganz nach unseren jetzigen Hypothesen erklären läßt".[11] Humboldt fand auch beim nochmaligen Besuch des Basaltes von Unkel und weiterer Basaltvorkommen in verschiedenen Gegenden Deutschlands und Englands nichts

Gegenteiliges zu seinem neptunistischen Urteil, was er ausführlich in einem Brief darstellt, den er an den Berliner Mineralogen Dietrich Ludwig Gustav Karsten[12] zusammen mit seiner Basaltschrift[13] sandte.

Die volle Festigung seiner neptunistischen Einstellung erfuhr Humboldt durch Abraham Gottlob Werner, bei dem er sich auch mit seiner Basaltschrift bekannt gemacht hatte,[14] als er 1791/92 für 8 Monate die Bergakademie in Freiberg besuchte. Werner vermochte es, durch außergewöhnliche Überzeugungskraft fast allen Schülern seine Lehre fest einzuprägen. Humboldt bildete dabei keine Ausnahme, zumal er sich schon zuvor für diese Richtung entschieden hatte.

In Werners Lehre galten Basalt, auch Porphyrschiefer, Porphyr und Mandelstein sowie auch Obsidian als Ausscheidungen aus dem frühen Ozean, im Gegensatz zu den Ansichten italienischer, französischer, deutscher und englischer Mineralogen, die sie als vulkanische Gesteine deuteten.[15] Werner ordnete die Vulkane, wie aus einem von ihm nicht veröffentlichten Konzept[16] hervorgeht, in die jüngere Erdgeschichte ein, als nach Trockenlaufen des Festlandes Holz entstehen und sich in mechanischen Sedimenten als Brennstoff ansammeln konnte, und stellte sich „das Vorkommen des vulkanischen Feuers und das der eigentlichen Vulkane nur als sehr einzeln und selten und auch nur bloß in der Oberfläche des festen Erdkörpers vorkommend, und die eigentlichen vulkanischen Erzeugnisse nur als wenig verbreitet" vor.

Als Beweis für seine in Freiberg gewonnene neptunistische Überzeugung können Briefe Humboldts an Karsten[17] und an Crell[18] angeführt werden. In ihnen berichtete er von dem „für die Basalttheorie wichtigen und neuen" Fund eines Pflanzenabdruckes in Mergel, den sein Studienfreund auf gemeinsamer Exkursion in einem Basalt gemacht hat. Dazu äußert er: „Unparteiischen Mineralogen, die ihr System der Natur, nicht die Natur ihrem System anpassen wollen, muß [...] dies Vorkommen eines Petrefakts in einer in Basalt enthaltenen Masse sehr wichtig sein. Unsere Geognosie kann nur das Resultat vorher entdeckter Tatsachen sein. Jede neue Tatsache muß ihr zum Prüfstein dienen, sie bestätigen, anders modifizieren oder gar umstürzen." Seine Überzeugung war nun so gefestigt, daß eine andere Deutung für ihn undiskutabel war, und er spricht von der „vortrefflichen Theorie des Herrn Werner."

Wenn es immer noch eines Beweises der Autorität Werners bedarf, so findet man ihn in einem Brief Humboldts im Jahre 1797, den er schrieb, als er zur Vorbereitung seiner großen Forschungsreise nach Dresden und Freiberg ging, um sich in die Messungen mit seinem Sextanten einzuarbeiten und „um von Werner zu lernen, wie die Vulkane entstanden sind."[19]

Humboldts Forschungsreise führte ihn von 1799 bis 1804 nach Amerika und brachte ihm viele Eindrücke und Beobachtungen zum Vulkanismusthema, die im folgenden anhand des unmittelbaren Niederschlages in Tagebüchern und zeitgleichen Briefen, vorrangig vor späteren Ausarbeitungen, verfolgt werden.

Bereits vor Erreichen Amerikas kann Humboldt seinen ersten Vulkan auf den Kanarischen Inseln, den Pico de Teide auf Teneriffa, besteigen. Europäische Vulkane hatte er bis dahin noch nicht kennengelernt. Die Besteigung war deshalb für ihn ein besonders wichtiges Ereignis. Leider ist sein Reisetagebuch an dieser Stelle nur sehr lückenhaft überliefert, es liegen aber Briefe vor. An seinen Bruder Wilhelm schreibt Humboldt:[20] „Ich habe hier sehr wichtige mineralogische Beobachtungen gemacht. Der Pik ist ein Basaltberg, auf welchem Porphyrschiefer und Obsidianporphyr aufgesetzt ist. In ihm wüten Feuer und Wasser. [...] Fast alle Laven sind geschmolzener Basalt. Der Bimsstein ist aus dem Obsidianporphyr entstanden; ich habe Stücke, die beides noch halb sind." In anderen Briefen äußert er sich ähnlich und im Brief an den Rektor Suchfort bringt er noch eine interessante Passage vorweg: „Namentlich scheinen mir alle Ideen, welche man je über die Ursachen der Vulkane, über die Quellen ihrer Produkte aufgestellt hat, falsch und unhaltbar."[21] Dies klingt bereits wie ein Sinneswandel, ist es aber nicht, auch wenn es schon mehrfach als solcher gedeutet wurde. Humboldts Worte richten sich keineswegs gegen die neptunistische Deutung der Gesteine, aus denen der Berg besteht, Basalt, Porphyrschiefer und Obsidianporphyr. Als Produkte des Vulkans erkennt er nur die Laven und den Bimsstein an, die er als aufgeschmolzenen Basalt und Obsidianporphyr ansieht. Damit hält er die neptunistische Vulkanvorstellung für betätigt und lehnt darüber hinausgehende Ansichten der Vulkanisten in Richtung vulkanischer Entstehung aller Gesteine des Piks ab.

In Amerika hatte Humboldt zunächst keine Berührung mit Vulkanen. Die Schlammvulkane von Turbaco im Norden Kolumbiens, die er im April 1801 besuchte, sind keine Vulkane im eigentlichen Sinn. Humboldt beschreibt sie als Gasquellen, die in Ton austreten. Auch hier denkt er an Werners Lehre und notiert, daß die Umgebung der Quellen aus Ton besteht, „der überall (nach Werners Basalttheorie!) in 5–6seitige Figuren zersprengt ist"[22]. Mit den Schlammvulkanen nicht zu verwechseln ist übrigens der Schlammauswurf eines Andenvulkans im Jahre 1797, den Humboldt 1799 in einem Brief aus Cumaná in Venezuela mit den Worten erwähnt hatte, es sei ein Vulkan, „durch welchen die Natur die Neptunisten mit den Vulkanisten aussöhnen und vereinigen will!"[23]

Als Humboldt dann aufgebrochen war, um die Anden mit ihren Vulkanen zu erreichen, trifft er im Tal des Rio Magdalena auf Steinkohlen und fossiles Holz wie in Thüringen. Im Tagebuch notiert er:[24] „Und welche Rolle mögen diese Steinkohlenflöze nicht in den vulkanischen Eruptionen, Erdbeben und heißen Quellen spielen, welche diesen Weltteil verwüsten?" Ebenso unmißverständlich ist die Notiz, als er in der Nähe des Vulkans Puracé bei Popayan zum ersten Mal in Amerika Basalt mit typischen Säulen erblickt, der in Europa unbekannt war: „In den Basaltstreitigkeiten hätte man gewiß gern wiedergekäut, daß auch in den Anden der Basalt die Vulkane begleitet."[25] Als er dann am Vulkan Puracé statt eigentlicher Lava nur „verbrannten Porphyr" findet, vermutet er, daß es sich um eine „Folge des Erdbrandes" handelt,[26] und bei Betrachtungen über die Prozesse und Erscheinungen an diesem Vulkan, bei denen er sich auch über die großen Mengen an Schwefel verwundert, erinnert er sich an Experimente an Tonen, die er in Europa gemacht und dabei gefunden hatte, daß sie Sauerstoff aus der Luft anziehen,[27] und notiert: „Vielleicht [besteht] darin der geheime Prozeß der Vulkane."[28] Dort bringt ihn auch der auffällige Wechsel von Perioden der Ruhe und der Aktivität zu der Überlegung: Die Vulkane „sind Ungeheuer, die ein- und ausatmen. In der scheinbaren Ruhe atmen sie eine große Menge atmosphärischer Luft ein, deren Sauerstoff die unterirdische Verbrennung in Gang hält."[29] Obwohl dies ein Versuch ist, die neptunistische Vulkanvorstellung der antiphlogistischen Chemie von A.-L. Lavoisier anzupassen,[30] kommt Humboldt später nicht wieder darauf zurück.

Humboldt bestieg mehrere Vulkane, um die Krater zu besichtigen, und spätestens im Gebiet von Quito in Ecuador, wohin er 1802 kam, wurde ihm das ungeheure Ausmaß des dortigen Vulkanismus klar. Von Don José Ascásobi erfuhr er, daß der Vulkanismus in der Provinz von Quito, historisch gesehen, von Nord nach Süd gewandert ist.[31] Zwischen den Vulkanen scheint es demnach unterirdische Verbindungen zu geben. In Quito teilte ihm der Chemiker Don Juan Larrea mit, daß er bei den vulkanischen Produken der Gegend nie Laven mit ehemals flüssigem Zustand gefunden hat, wozu Humboldt neptunistisch notiert: „Denn wer würde den Obsidian dafür halten?"[32] Larrea macht mit Humboldt

Erhitzungsversuche an Obsidianen, die z.T. das Aufblähen bis zum fünffachen Volumen ergeben, womit Larrea die Explosionen in Vulkanen in Verbindung bringen zu können glaubt.[33] Als Humboldt bald danach ausgedehnte Bimssteinbrüche besucht, macht ihm als „Geologen“ die Erklärung dieses Vorkommens, das als „anstehend“ angesehen wird, Schwierigkeiten, da anstehendes Auftreten für ein vulkanisches Produkt (nach neptunistischer Auffassung) nicht vorstellbar ist.[34] Dabei standen ihm neben der Lehrmeinung Werners auch seine Erfahrung in Quito vor Augen.

Gegen Ende seiner Amerikareise hielt sich Humboldt von Januar 1803 bis März 1804 in Mexico auf. Hier traf er mit zwei Wernerschülern, Fausto de Elhuyar und Andrés Manuel Del Río, zusammen, die an der Berghochschule als Direktor bzw. Lehrer tätig waren. Der letztere hatte 1800 in einer Abhandlung über Vulkane die Lehre Werners verteidigt und war heftig eifernd gegen andere europäische Ansichten aufgetreten.[35] Der Gedankenaustausch kann Humboldt in seinen Auffassungen nur bestärkt haben. Und als er bei Elhuyar Kohleproben aus Mexico sieht, notiert er entsprechend: „Entdeckt man nicht [...] Kohleformationen, die Basalt begleiten?“[36]

Es ist nach alledem nicht überraschend, in einem Begleitbrief Humboldts zu einer Sendung, die auch Obsidian enthielt, an das Pariser National-Institut vom 21. Juni 1803[37] zu lesen: „Einige achtungswerte Mineralogen betrachten noch immer Basalt, basaltischen Porphyr und Obsidian als vulkanische Produkte. Wie sollte aber ein Fossil, das sich gleich den Obsidianen der Anden und aus Mexico bei geringen Graden unserer Ofenhitze schon entfärbt, aufschwillt und faserig wird, ein Produkt des vulkanischen Feuers sein?“

Vier Monate später, noch in Mexico, fügt er eine für ihn wohl wichtige Randnotiz an der Stelle seines Tagebuchs ein, wo von „anstehendem“ Bimsstein die Rede war, den er sich als „Geologe“ nicht erklären kann.[38] Er vermerkt eine Nachricht aus dem Freiberger Bergmännischen Journal von 1799 (die er offenbar in Mexico zu Gesicht bekam) über anstehenden Bimsstein in Ungarn, der „ganze Gebirge“ bildet und nicht vulkanisch sein soll, wie der Verfasser Jens Esmark, ein Wernerschüler, urteilt.[39] Humboldt fügt hinzu, daß er „auch mehr und mehr zu der gleichen Ansicht kommt“,[40] was aber die Klärung des Obsidian-Bimsstein-Problems für ihn noch verstärkt haben muß. Diese Randnotiz markiert übrigens das Ende von Humboldts Abgeschlossenheit vom europäischen Wissenschaftsfortgang während seiner Reise.

Nach der Amerikareise beginnt Humboldt mit deren Auswertung, die ihn, von 1805 bis 1807 abgesehen, bis 1827 in Paris, der wissenschaftlichen Welt-Metropole, festhält. Anfangs bevorzugt er auch das Vulkanismusthema. Mit dem Physiker und Chemiker Joseph Louis Gay-Lussac wiederholt er seine Versuche über die Sauerstoffaufnahme von Tonen. Darüber schreibt er an Karsten am 22. 6. 1805: „Ich glaube, daß in dem Rotten ein großes Geheimnis liegt und daß in den Vulkanen Luft, Wasser und Erden brennen. Ich weiß wohl, daß eine solche Meinung nicht durch genaue Versuche bisher bestätigt worden ist. Aber ich gebe es auch nur als eine meiner Träumereien aus, denn ich glaube nicht, daß Schwefel oder Steinkohlen die Vulkane unterhalten.“[41] Dies ist zwar ein Abrücken von Werners Ansichten, aber doch nur eine Variante im Rahmen der neptunistischen Auffassung, indem eine andere Energiequelle für die Vulkane anstelle der Kohleverbrennung gesucht wird.

Im gleichen Brief gilt Humboldts Sorge dem aus Amerika mitgebrachten Sammlungsmaterial, das er nach Berlin an Karsten für das Königliche Mineralienkabinett sendet, und er macht lange Ausführungen, besonders zu den Obsidianen, deren Unterschiede beim Erhitzen „unbegreiflich“ sind, weshalb er weitere chemische Untersuchungen anstrebt und die Ergebnisse des Pariser Chemikers Nicolas Louis Vauquelin mitteilt. Aus diesem Brief, der nur als Teildruck publiziert ist, werden aus dem Original[42] noch folgende zwei Passagen zitiert. Erstens heißt es dort: „Die Obsidiane vom Quincha bei Quito blähen sich im Feuer zu dreifachem Volumen auf. Entbindet sich eine gasförmige Flüssigkeit, die während der Eruption Erdbeben verursacht, wenn ganze Obsidiangebirge im Schoß der Erde sich erhitzen?" Humboldt wiederholt also den Gedanken von Larrea. Außerdem weist er auch auf einen unschmelzbaren Obsidian hin. Wichtiger noch ist folgende Stelle: „Aber über die Vulkanität des Obsidians, der in Mexico Lager bald im Perlstein, bald im Hornsteinporphyr bildet, [...] über Vulkanität des Bimssteins, des Basaltes etc. wage ich Ihnen nicht eher zu sprechen, als bis ich mich mit [Leopold von] Buch ausdisputiert habe, der ja die Auvergne und Rom jetzt für vulkanisch hält.[43] Bei mir liegt alles zum Spruch fertig, aber der Geist schwebt noch über dem Wasser." Und schließlich steht noch an einer weiteren Stelle dieses in Rom geschriebenen Briefes: „Buch erwarte ich hier. Er hat Riesenschritte vorwärts getan."

Letzteres trifft zu. Schon 1799 in Rom und am Vesuv stellte Buch die Vulkanität dortiger Leucit-führender Gesteine fest und zwar u. a. daran, daß die Leucite zum Teil Lavagrundmasse umschließen.[44] Und im Jahre 1802 erkannte er an den erloschenen Vulkanen der Auvergne, daß sie im Granit sitzen und Kohlelager als Energiequellen fehlen.[45] Aber noch hatte Buch seinen Lehrer Werner geschont, indem er die neptunistische Ansicht der Basaltentstehung nicht generell verwarf. Dadurch führte die Aussprache mit Werner im Mai 1804, wie Buch an Karsten schrieb,[46] nicht zum Bruch und zum Aufleben des Neptunisten-Vulkanisten-Streites.

Dagegen hing Humboldt auch nach dem Erlebnis der großen Dimensionen der Vulkane Amerikas noch der neptunistischen Vulkanvorstellung an, obwohl ihm die Energiefrage der Vulkane ungeklärt erschien. Er suchte dem Vulkanproblem vor allem über die Aufklärung der Obsidian-Bimsstein-Beziehung und der Variabilität des Obsidians näher zu kommen. Aber auch dies war durch die Voraussetzung der neptunistischen Entstehung des Obsidians belastet, wodurch ihm noch entging, daß die Lösung der Rätsel des Obsidians in der Aufschmelzung verschiedener Ausgangsgesteine sowie in Modalitäten des Abkühlungsvorganges zu suchen sind.

Nachdem Buch am 5. 7. 1805 in Rom eingetroffen war, ist es gewiß zu intensiven Gedankenaustausch gekommen, zumal das Zusammensein Humboldts mit Buch und Gay-Lussac 4 Monate währte. Mehrmals wurde der Vesuv bestiegen, Gesteinssammlungen wurden besichtigt und auch die anschließende Reise nach Berlin wurde gemeinsam ausgeführt. Über das unmittelbare Ergebnis der Aussprachen ist nichts bekannt, von einer Andeutung im Brief an Marc-Auguste Pictet vom 1. 8. 1805 abgesehen: „Ich habe angefangen, über einige Gegenstände klarer zu sehen, besonders über die Vulkane".[47] Vielleicht ist aber Humboldts Schweigen über den Vulkanismus in seinen „Ansichten der Natur",[48] die er bei seinem bis 1807 währenden Aufenthalt in Berlin niederschrieb, als Signal seiner Unentschlossenheit über das Für und Wider der Anerkennung des Vulkanismus anzusehen.

Buchs wichtige Publikation über die Vulkane der Auvergne (auf die Humboldt eventuell wartete) verzögerte sich erheblich. Sie war als Briefe an Karsten eingekleidet und sollte in der Zeitschrift der Gesellschaft naturforschender Freunde in Berlin erscheinen. Erste Teile davon trug Buch der Gesellschaft im Dezember 1803 vor. Weitere Lieferungen zogen sich hin, bis der Schluß mit den entscheidenden und zugleich beschränkenden Folgerungen im Februar eintraf.[49] Inzwischen hatte die Gesellschaft Schwierigkeiten mit dem Verleger ihrer Zeitschrift bekommen, so daß Buch das Material als „Anhang" dem 2. Band seiner „Geognostischen Beobachtungen auf Reisen" beigab.[50] Dieser wurde zwar 1806 gedruckt, aber erst 1809 ausgeliefert, da Buch eine Tafel erst nach seiner großen Skandinavienreise lieferte.

Ebenfalls 1809 erschien ein Artikel von Buch über Obsidiane von den Liparischen Inseln.[51] Die Proben hatte Humboldt beim Besuch der Sammlung von William Thomson in Neapel erhalten. An den Gesteins- und Blaseneinschlüssen der Obsidiane fand Buch eindeutige Anzeichen für die Bildung als vulkanische Schmelze, ein wichtiges Ergebnis für Humboldts Obsidianproblem. Im Jahre 1815 schließlich besuchte Buch die Kanarischen Inseln, deren Untersuchung ihm weitere Erkenntnisse über die Kräfte der Erdtiefe brachte und ihn zu der Vorstellung von den sogenannten Erhebungskratern führte.[52]

Humboldt machte, wohl bald nach seiner Amerikareise, eine überraschende Feststellung, als er die von ihm ermittelten Ortsbestimmungen in Karten übertrug. Er fand dabei die höchsten Vulkane Mexicos nahezu genau auf einer Geraden parallel zum Äquator, quer durch Mexico von Meer zum Meer, liegen.[53] Auf dieser Linie befand sich auch der 1759 neu entstandene Vulkan Jorullo, unter dessen Auswurfmassen Humboldt im Tagebuch noch ganz neutral Felsbrocken („roches") erwähnt hatte,[54] die er später bezeichnenderweise Granit nennt.[55] Bei Humboldt war der Gedanke an eine große Spalte in der Erdkruste entstanden, auf der die Vulkane sitzen und durch die Material aus größerer Tiefe geliefert wird. Hier deutet sich Humboldts erster Schritt vom Neptunismus weg an.

Öffentlich bekannte sich Humboldt allerdings erst am 21. 1. 1823 bei einem Besuch in Berlin zu seinen neuen, plutonischen Ansichten über die Vulkane in einem viel beachteten Vortrag vor der Berliner Akademie der Wissenschaften.[56] Nun gehören nicht nur Laven und Bimsstein, sondern auch Basalt und andere Gesteine, auch Obsidian, zu den vulkanischen Gesteinen. Humboldt geht sogar so weit, daß er unter Würdigung Buchs auch dessen Erhebungskrater-Vorstellung mit übernimmt (die sich in späterer Zeit als Übertreibung herausstellen sollte[57]). Trotz allem hatte Humboldts plutonisch-vulkanistische Ansicht aber eine gewisse Einschränkung, da er zwar die Materialherkunft aus größerer Tiefe anerkennt, aber noch in den empordringenden Stoffen eine wesentliche Wärmeerzeugung infolge von Oxydationsprozessen annimmt, durch die „die Erden und Metalle schmelzend sich mischen."[58]

Nachdem Humboldt den Schritt zum Vulkanismus-Plutonismus getan hatte, ergänzte er die „Ansichten der Natur"[59] in der 2. Auflage von 1826 durch den Abdruck seines Akademie-Vortrages. Auch in seinen berühmten „Kosmos-Vorlesungen" über physikalische Geographie 1827/28 an der Berliner Universität und in der Berliner Singakademie, über die wir durch überlieferte Nachschriften unterrichtet sind,[60] berichtete Humboldt ausführlich in gleichem Sinn über Vulkane und Vulkanismus.

Das Vulkanismusthema beschäftigte Humboldt aber auch weiterhin stark, besonders bei der Ausarbeitung seines großen Alterswerkes „Kosmos",[61] in dem die Vulkane umfassend in verschiedenen Hinsichten, einschließlich der Historie, behandelt werden. Humboldt versteht es dabei, dem Fortschritt der einschlägigen Naturwissenschaften zu folgen. Unter dem Einfluß von Chemikern[62] gelangt er dahin, seine Vorstellung von einer wesentlichen Wärmeproduktion während des vulkanischen Prozesses durch Oxydationsvorgänge an den geförderten Produkten fallen zu lassen. Er vertritt nunmehr eine ganz und gar plutonische Anschauung.

Humboldt erkennt auch, daß zum tieferen Verständnis der Vorgänge in der Erdkruste die genauere Kenntnis der Gesteine erforderlich ist. Sein Interesse an den Obsidianen und Bimssteinen, bei dem ihm Buch den Weg durch Beachtung der Einschlüsse gewiesen hatte, setzt sich noch fort und er sucht unter Mitarbeit des Berliner Mineralogen Gustav Rose die Ausgangsgesteine der Obsidiane zu ermitteln.[63] Letzterer wird für ihn bei der Unterscheidung der übrigen vulkanischen und der plutonischen Gesteine noch wichtiger, da Rose in der mineralogischen Erforschung der Hauptbestandteile von Gesteinen, besonders der Feldspäte, und bei der Einführung des Mikroskops in der Petrographie an vorderster Stelle stand. Humboldts Ausführungen im „Kosmos“[64] wurden in der Absicht, ein Gesamtbild zu liefern, immer detaillierter. Rose war ihm dabei ein unentbehrlicher Helfer,[65] der ihm bis zu den letzten Lebenstagen zur Seite stand, an denen Humboldt über den Granit arbeitete, womit der 5. Band des „Kosmos“ abbricht.

Zu Humboldts Ansichten über die Meteorite

Mit dem Meteoritenthema wurde Humboldt 1794 durch das im gleichen Jahr erschienene Buch von Ernst Florens Friedrich Chladni bekannt,[66] über das er am 10. 10. 1794 seinem Freiberger Studienfreund Carl Freiesleben schreibt: „Lesen Sie ja Chladnis so verschrienes Buch über Eisenmassen.“[67] Es war die genial zu nennende Meteoritentheorie, die den Fall von Steinen und Eisenmassen vom Himmel mit den Meteoren, also den Sternschnuppen und Feuerkugeln, in Verbindung bringt und erstmals als kosmische Erscheinungen gemeinsam erklärt. Bevor sich diese Theorie, die in den Hauptzügen noch heute gilt, durchsetzte, gab es in allen Teilpunkten zum Teil heftige Gegenstimmen. Die früheste davon ist am 11. 8. 1794 in den „Göttingischen Anzeigen von gelehrten Sachen“ erschienen. In ihr ist von physikalischer Willkür („licentia physica“) die Rede,[68] was aber Humboldt nicht davon abhielt, das Buch zum Lesen zu empfehlen.

Als sich Humboldt in den folgenden Jahren mit eudiometrischen Untersuchungen der Zusammensetzung der Luft beschäftigt,[69] glaubt er ebenfalls ein Argument gegen die kosmische Herkunft der Meteorite gefunden zu haben. In einem Grubengas, das aus Spalten eines Eisenganges stammte und reichlich „Wasserstoffgas“ enthielt, gab es Ausscheidungen, die er für „Eisenkalk“ hält. Ein solches Gas sieht er für geeignet an, Metallgehalte in die höhere Atmosphäre zu transportieren, wo es sich ansammeln und zu Feuerkugeln entzünden könnte, die dann Eisenmassen fallen lassen. Die atmosphärische Entstehung der Meteore und Meteorite war eine weitverbreitete Meinung, der z. B. auch Goethe anhing.[70]

Auf seiner Amerikareise hatte Humboldt mehrfach Gelegenheit, Meteorbeobachtungen anzustellen. Schon auf der Seereise fielen ihm mehrfach Sternschnuppen und ihre wechselnde Häufigkeit auf. Dies setzte sich in Amerika fort. Besonders eindrucksvoll war ein riesiges Sternschnuppen- und Feuerkugel-Ereignis in der Nacht zum 12. 11. 1799, das er in Cumaná, Venezuela, erlebte und im Tagebuch detailliert, aber ohne Kommentar festhält.[71] Auf seiner danach angetretenen Reise zum Orinoco und Rio Negro erfuhr er durch Nachfragen, daß dieses Meteorschauspiel an etlichen Orten auch gesehen worden war, sogar bis 1000 km von Cumaná entfernt, was ihn wegen der daraus ableitbaren großen Höhe der Erscheinung überrascht.

Noch einmal sieht er eine große Häufung von Meteoren, am 16. 3. 1803, als er sich auf der Schiffsreise von Lima nach Mexico befand. Hier notiert er eine Erklärung in sein Tagebuch. Er sucht sie in den aktiven Vulkanen auf dem Festland, deren entzündlichen Gase herübergetragen sein könnten.[72]

Auf der letzten Station seiner Amerikareise, in Mexico, erhielt Humboldt von Fausto de Elhuyar Proben einer großen Eisenmasse, die in der Provinz Durango in freiem Felde lag und aus gediegenem Eisen bestand. Ein Stück davon sendet er aus Mexico nach Paris an das französische National-Institut und erwähnt im Begleitbrief (siehe Anm. 37) weitere

Eisen in Peru und Mexico sowie Sibirien, hält aber deren Ursprung insgesamt für problematisch. Auf Chladnis Meinung geht er nicht ein, obwohl das sibirische Eisen den Kernpunkt von dessen Beweisführung bildete. Sowohl hierin wie auch hinsichtlich der Meteore ist Humboldt der Anerkennung der Theorie Chladnis noch nicht näher gekommen.

Während Humboldts Abwesenheit von Europa kam es zu mehreren wichtigen Ereignissen für das Meteoritenthema, wovon eines Humboldts Ansicht der atmosphärischen Bildung der Meteorite zu stützen schien. Die Astronomen Johann Friedrich Benzenberg und Heinrich Wilhelm Brandes hatten 1800 bei ersten Bahnbestimmungen von Meteoren auch aufsteigende Bahnen gefunden,[73] was die kosmische Herkunft stark in Frage stellte.[74] Auch Chladni zweifelte zeitweilig an seiner Meinung, bis er Lösungen in vermeintlichem Rückstoß und später in Bahnen fand, die die Erdatmosphäre streifen.

Dieses Dilemma spiegelt sich in Humboldts Reisebericht[75] wider, der 1814 herauskam, aber teilweise weit eher geschrieben sein muß. An einer Stelle zeigt Humboldt, daß er an örtliche oder Windeinflüsse denkt.[76] Bei der Darstellung und Diskussion des Meteorereignisses von Cumaná,[77] das, wie er jetzt weiß, auch auf Grönland und in Europa beobachtet worden war, befaßt er sich mit den Schwierigkeiten, ihre Entstehung zu verstehen, und erklärt, daß sie „großenteils beseitigt würden, wenn man die Sternschnuppen [...] als kosmische (dem Himmelsraum außerhalb unseres Luftkreises angehörige), nicht als tellurische (nur unserem Planeten angehörige) Erscheinung betrachten könnte".

Dieses Problem entschied sich unter dem Einfluß von Gay-Lussac, der kurz nach Humboldts Eintreffen in Paris mit einem Ballon bis über 7000 m Höhe zur Untersuchung der Luft aufgestiegen war und mit Humboldt weitere Luftanalysen ausführte.[78] Für die Meteorite ergab sich daraus, daß aus Konzentrationsgründen an eine atmosphärische Entstehung nicht mehr zu denken war.

Inzwischen hatte sich Chladnis Theorie auch auf allen anderen Teilgebieten durchgesetzt. So akzeptierte die Pariser Akademie die Vorstellung des Fallens der Meteorite vom Himmel (was Humboldt übrigens nicht bezweifelt hatte), nachdem der große Meteoritenschauer von L'Aigle in Frankreich am 26. 4. 1803 im Auftrag der Akademie durch Jean Baptiste Biot untersucht worden war.[79] In den Jahren 1802 und 1803 erkannten die Chemiker Edward Howard, Louis Nicolas Vauquelin und Martin Heinrich Klaproth unabhängig voneinander den Nickelgehalt im Eisen von Meteoriten und letzterer erklärte dies als Charakteristikum gegenüber irdischem Eisen.[80] Klaproth stellte dann auch in Humboldts mexikanischer Eisenmasse Nickel fest, was bei der Vorweisung des Eisens im Beisein von Humboldt in der Gesellschaft naturforschender Freunde in Berlin am 17. 12. 1805 mitgeteilt wurde.[81]

Humboldt zeigt auch späterhin großes Interesse an den Meteoriten und beweist es auch dadurch, daß er zahlreiche Meteoritenproben, die ihm in die Hände kamen, dem Berliner Mineralogischen Museum übergibt und in seinen „Kosmos-Vorlesungen" über physikalische Geographie 1827/28 erstaunlich ausführlich auf die Meteorite eingeht. Er behandelt dabei neben der Beschreibung der Objekte und den Fallerscheinungen auch die Nachrichten aus der Antike und die moderne Erforschungsgeschichte mit ausdrücklicher Würdigung des Verdienstes von Chladni und vergißt nicht, den Berliner Mineralogen Gustav Rose zu erwähnen, der kurz zuvor seine ersten genaueren mineralogischen Untersuchungen an Meteoriten durchführte (die er später erfolgreich fortsetzte). Noch eingehender ist die Behandlung der Meteorite in Humboldts Alterswerk „Kosmos".[82] Durch die darin sich ausdrückende breite Behandlung des Meteoritenthemas im Sinne Chladnis und die umfassende Literaturberücksichtigung entsteht der Eindruck, daß es sich um ein Gebiet seines bevorzugten Interesses gehandelt haben muß.

Schlußwort

Humboldt zeigt sich in dem erreichten Entwicklungsstand seiner Ansichten auf beiden hier behandelten Gebieten voll auf dem Boden der aktuellen, fortgeschrittenen Wissenschaft. Die neptunistische Auffassung des Vulkanismus ist überwunden und er charakterisiert nun seine früheren Ansichten über die Ursachen der Vulkane als ein „Vorurteil, Vulkane müßten notwendig, wie die Erdbrände der Steinkohlenflöze, an das Dasein gewisser feuerernährender Stoffe gebunden sein."[83] Auf dem Gebiet der Meteorite hat er sich zu dem sachkundigsten Bewunderer und Fortführer der Meteoritentheorie Chladnis entwikkelt.

In Humboldts umfassenden Weltbild sind Vulkanismus und Meteorite eng verknüpfte, wesentliche Glieder geworden, Vulkanismus als Ausdruck der aus sich heraus aktiven Erde und Meteorite als Ausdruck der mit dem Kosmos auch substantiell verbundenen Erde. Humboldt hat einen Weg gewiesen, den die moderne Wissenschaft weiter verfolgt hat und verfolgt.

Mein Dank gilt der Alexander-von-Humboldt-Forschungsstelle der Akademie der Wissenschaften in Berlin und deren Mitarbeitern, besonders Herrn Dr. H. Fiedler †, Frau Dr. M. Faak und Frau Dr. U. Moheit.

Anmerkungen

1 Humboldt 1790 a.
2 Humboldt 1790 b.
3 Humboldt an C. Freiesleben, Freiberg, 14. 6. 1791. In: Humboldt 1973, S. 141.
4 Humboldt an G. Forster, Göttingen, 11. 11. 1789; bzw. an W. G. Wegener, Göttingen, 10. 1. 1790. In: Humboldt 1973, S. 73 bzw. S. 80.
5 Vgl. Wagenbreth 1955.
6 Deluc 1779.
7 Collini 1776.
8 Humboldt an J. H. Campe, Göttingen, 26. 1. 1790. In: Humboldt 1973, S. 83f.
9 Humboldt an P. Usteri, Göttingen, 12. 3. 1790. In: Humboldt 1973, S. 87.
10 Siehe Anm. 2.
11 Humboldt 1790 c.
12 Humboldt an D. L. G. Karsten, Hamburg, 7. 9. 1790. In: Humboldt 1973, S. 102–105.
13 Siehe Anm. 1.
14 Humboldt an A. G. Werner, Mainz, 25. 7. 1790. In: Humboldt 1973, S. 99f.
15 Werner 1787, S. 24.
16 Werner 1967.
17 Humboldt an D. L. G. Karsten, Freiberg, 25. 8. 1791. In: Humboldt 1973, S. 147.
18 Humboldt 1792.
19 Humboldt an F. v. Schuckmann, Jena, 14. 5. 1797. In: Humboldt 1973, S. 578.
20 Humboldt 1923, S. 61 (Brief vom 20. 6. 1799).
21 Zit. nach Humboldt 1861 (Brief vom 23. 6. 1799).
22 Humboldt 1986, S. 62.
23 Humboldt 1800.

24 Humboldt 1986, S. 88.
25 Ebd., S. 142.
26 Ebd., S. 147.
27 Humboldt 1799, S. 117ff. Vgl. auch Humboldt 1973, S. 632.
28 Humboldt 1986, S. 148.
29 Ebd., S. 159.
30 Humboldt hatte sich während seines Studiums in Freiberg eingehend mit der antiphlogistischen Chemie des Franzosen A.-L. Lavoisier vertraut gemacht, wobei ihn A. M. Del Río, ein Schüler Lavoisiers, unterstützte, wie Humboldt im Brief an Karsten am 26. 11. 1791 aus Freiberg mitteilt (Vgl. Humboldt 1973, S. 162). Dort heißt es außerdem: „Auch Werner ist dem antiphlogistischen System nicht ganz abgeneigt."
31 Humboldt 1986, S. 201; 1990, S. 85.
32 Ebd., S. 176; 1990, S. 58.
33 SB Berlin, Tagebuch VII a und b, Bl. 102R.
34 Humboldt 1986, S. 210; 1990, S. 95.
35 Del Río 1800.
36 Humboldt 1986, S. 345; 1990, S. 243.
37 Humboldt 1803.
38 Siehe Anm. 34.
39 Esmark 1799.
40 Humboldt 1990, S. 342 (dort Anm. 137).
41 Humboldt 1805.
42 Museum Jijón y Caemaño, Quito.
43 Humboldt setzt hier voraus, daß der Empfänger des Briefes, Karsten, ebenso wie er selbst, bereits von den noch unpublizierten Ergebnissen in der Auvergne erfahren hatte.
44 Buch 1799.
45 Buch 1809 a.
46 Buch 1924, S. 26 (Brief vom 17. 5. 1804).
47 Zitiert nach Rieck 1977, S. 26.
48 Humboldt 1808.
49 GnF Berlin a.
50 Siehe Anm. 45.
51 Buch 1809 b.
52 Buch 1818.
53 Humboldt 1845–62, Bd. 4, S. 312.
54 Humboldt 1990, S. 281f.
55 Siehe Anm. 53.
56 Humboldt 1823.
57 Wagenbreth 1953.
58 Siehe Anm. 56, S. 153.
59 Siehe Anm. 48.
60 Ein Verzeichnis der bekannt gewordenen Nachschriften der Kosmos-Vorlesungen Humboldts siehe bei Engelmann 1983.
61 Humboldt 1845–62.
62 Ebd., 1. Bd., S. 247f., 450 (dort. Anm. 94).
63 Ebd., 4. Bd., S. 482.
64 Ebd., 4. und 5. Bd.

65 Ebd., 4. Bd., S. 466.
66 Chladni 1794.
67 Humboldt an Freiesleben, Frankfurt a. M., 10. 10. 1794. In: Humboldt 1973, S. 362.
68 Chladni 1979, S. 64.
69 Siehe Anm. 27, S. 64.
70 Hoppe 1978.
71 SB Berlin, Tagebuch I, Bl. 34V.
72 Humboldt 1986, S. 304.
73 Benzenberg/Brandes 1800.
74 Benzenberg 1803.
75 Humboldt 1861–62, Bd. 1.
76 Ebd., S. 52f.
77 Ebd., S. 248.
78 Humboldt/Gay-Lussac 1805/1853.
79 Siehe Anm. 68, S. 30.
80 Klaproth 1803.
81 GnF Berlin b.
82 Siehe Anm. 61, Bd. 1 und 3.
83 Ebd., Bd. 1, S. 247.

Quellen und Literatur

Berlin, GnF
Handschriftensammlung des Museums für Naturkunde der Humboldt-Universität Berlin, Bestand GnF (Gesellschaft naturforschender Freunde Berlin).
a Tagebuch VI, S. 255, 264, 268, 270, 307, 313.
b Tagebuch VI, S. 352.

Berlin, SB
Staatsbibliothek zu Berlin. Preußischer Kulturbesitz. Handschriftenabteilung. Tagebücher Alexander von Humboldts.

Quito, Museum Jijón y Caemaño
Brief Alexander von Humboldts an D. L. G. Karsten, Rom, 22. 6. 1805.

Benzenberg/Brandes 1800
Benzenberg, Johann Friedrich und Brandes, Heinrich Wilhelm: Versuche, die Entfernungen, die Geschwindigkeit und die Bahnen der Sternschnuppen zu bestimmen. Hamburg 1800.

Benzenberg 1803
Benzenberg, Johann Friedrich: Sind die Sternschnuppen tellurischen oder cosmischen Ursprungs. In: Annalen der Physik. [Hrsg. L.W. Gilbert.] 14. 1803. S. 46–54.

Buch 1799
Buch, Leopold von: Mémoire sur la formation de la leucite. In: Journal de Physique. Paris. 49. 1799, S. 262–270.

Buch 1809 a
Buch, Leopold von: Geognostische Beobachtungen auf Reisen durch Deutschland und Italien. Bd. 2. Anhang. Mineralogische Briefe aus Auvergne an Herrn Geh. Ober-Bergrath Karsten. Berlin 1809.

Buch 1809 b
Buch, Leopold von: Einige Bemerkungen über eine Sammlung aus den Liparischen Inseln. In: Magazin der Gesellschaft naturforschender Freunde zu Berlin. 3. 1809, S. 299–303.
Buch 1818
Buch, Leopold von: Über die Zusammensetzung der basaltischen Inseln und über Erhebungskratere. In: Abhandlungen der Akademie der Wissenschaften in Berlin 1818–19 (1820), S. 51–68. (Vorgelesen am 28. 5. 1818).
Buch 1924
Leopold von Buchs Briefe an D. L. G. Karsten. Hrsg. v. Julius Schuster und Robert Bloch. Berlin 1924.
Chladni 1794
Chladni, Ernst Florens Friedrich: Über den Ursprung der von Pallas gefundenen und anderer ihr ähnlicher Eisenmassen, und über einige damit in Verbindung stehende Naturerscheinungen. Leipzig bzw. Riga 1794.
Chladni 1979
Chladni, Ernst Florens Friedrich: Über den kosmischen Ursprung der Meteorite und Feuerkugeln (1794). Mit Erl. von Günter Hoppe. Leipzig 1979. (Ostwalds Klassiker. Bd. 258.)
Collini 1776
Collini, C.: Journal d'un voyage, qui contient différentes observations minéralogiques; particulièrement sur les agates, et le basalte. Mannheim 1776.
Del Río 1800
Del Río, Andrés Manuel: Discurso sobre los volcanes. In: Anales de historia natural. Madrid. 2. 1800. Nr. 6, S. 335–348. (Vortrag, gehalten 31. 10. 1799 im Real Seminario de Minería, Mexico).
Deluc 1779
Deluc, Jean-André: Lettres physiques et morales sur l'histoire de la terre et de l'homme, adressées à la Reine de la Grande-Bretagne. La Haye, Paris 1779–1780.
Engelmann 1983
Engelmann, G.: Die Hochschulgeographie in Preußen 1810–1914. In: Geographische Zeitschrift. Beiheft Erdkundliches Wissen. 64. 1983.
Esmark 1799
Esmark, Jens: Kurze Beschreibung einer mineralogischen Reise durch Ungarn, Siebenbürgen und das Banat. 2. Teil. In: Neues Bergmännisches Journal. Freiberg. 2. 1799, S. 1–105.
Hoppe 1978
Hoppe, Günter: Goethes Ansichten über Meteorite und sein Verhältnis zu dem Physiker E. F. F. Chladni. In: Goethe-Jahrbuch. 95. 1978, S. 227–240.
Humboldt 1790 a
Humboldt, Alexander von: Mineralogische Beobachtungen über einige Basalte am Rhein. Mit vorangeschickten, zerstreuten Bemerkungen über den Basalt der ältern und neuern Schriftsteller. Braunschweig 1790.
Humboldt 1790 b
Humboldt, Alexander von: Abhandlung vom Wasser im Basalt. In: Chemische Annalen für die Freunde der Naturlehre etc. [Hrsg. L. Crell.] 1790. T. 1, S. 414–418.
Humboldt 1790 c
Humboldt, Alexander von: Briefliche Mitteilung. In: Chemische Annalen für die Freunde der Naturlehre etc. [Hrsg. L. Crell.] 1790. T. 2, S. 525f.

Humboldt 1792
Humboldt, Alexander von: Briefliche Mitteilung. In: Chemische Annalen für die Freunde der Naturlehre etc. [Hrsg. L. Crell.] 1792. T. 1, S. 70–72.
Humboldt 1799
Humboldt, Alexander von: Versuche über die chemische Zerlegung des Luftkreises und über einige andere Gegenstände der Naturlehre. Braunschweig 1799.
Humboldt 1800
Humboldt, Alexander von: Briefliche Miteilung. In: Monatliche Correspondenz zur Beförderung der Erd- und Himmelskunde [Hrsg. F. v. Zach.] 1. 1800, S. 392–425.
Humboldt 1803
Humboldt, Alexander von: Briefliche Mitteilung. In: Annalen der Physik. [Hrsg. L.W. Gilbert.] 18. 1804, S. 118–126 (Brief an das National-Institut in Paris vom 21. Messidor XI = 21. 6. 1803).
Humboldt 1805
Humboldt, Alexander von: Briefliche Mitteilung. In: Neues allgemeines Journal der Chemie. [Hrsg. A. F. Gehlen.] 5. 1805, S. 229–233. [Teildruck, Brief an Karsten vom 22. 6. 1805.]
Humboldt/Gay-Lussac 1805/1853
Humboldt, Alexander von und Joseph-Louis Gay-Lussac: Untersuchung über die eudiomerischen Mittel und über das Verhältnis der wesentlichen Bestandteile der Atmosphäre. In: Humboldt, Alexander von: Kleinere Schriften. Band 1. Stuttgart und Tübingen 1853, S. 315–370. Aus: Journal de Physique. Paris. 60. 1805, S. 129–167.
Humboldt 1808
Humboldt, Alexander von: Ansichten der Natur, mit wissenschaftlichen Erläuterungen. Tübingen 1808. [2. Aufl. 1826. 3. Aufl. Stuttgart und Tübingen 1849.]
Humboldt 1823
Humboldt, Alexander von: Über den Bau und die Wirkungsart der Vulcane in verschiedenen Erdstrichen. In: Abhandlungen der Akademie der Wissenschaften in Berlin. Physikalische Klasse. 1822–23. Berlin 1825 (Vorgetragen am 21. 1. 1823).
Humboldt 1845–62
Humboldt, Alexander von: Kosmos. Entwurf einer physischen Weltbeschreibung. Bd. 1 bis 5. Stuttgart und Tübingen. Bd. 1. 1845; Bd. 2. 1847; Bd. 3. 1850; Bd. 4. 1858; Bd. 5. 1862.
Humboldt 1861
Memoiren Alexander von Humboldts. Leipzig 1861.
Humboldt 1861–62
Humboldt, Alexander von: Reise in die Äquinoctial-Gegenden des neuen Continents (1814). In deutscher Bearbeitung von H. Hauff. 2. Aufl. Stuttgart 1861–1862.
Humboldt 1923
Briefe Alexander von Humboldts an seinen Bruder Wilhelm. Hrsg. von der Familie von Humboldt in Ottmachau. Berlin 1923. [1. Ausg. Stuttgart 1880.]
Humboldt 1973
Die Jugendbriefe Alexander von Humboldts 1787–1799. Hrsg. und erl. von Ilse Jahn und Fritz G. Lange. Berlin 1973. (Beiträge zur Alexander-von-Humboldt-Forschung. 2.)
Humboldt 1986
Humboldt, Alexander von: Reise auf dem Río Magdalena, durch die Anden und Mexico. Teil I: Texte. Aus seinen Reisetagebüchern zusammengest. und erl. durch Margot Faak. Berlin 1986. (Beiträge zur Alexander-von-Humboldt-Forschung. 8.)

Humboldt 1990
Humboldt, Alexander von: [Vgl. 1986.] Teil II: Übersetzung, Anmerkungen und Register von Margot Faak. Berlin 1990. (Beiträge zur Alexander-von-Humboldt-Forschung. 9.)
Klaproth 1803
Klaproth, Martin Heinrich: Über meteorische Stein- und Metallmassen. In: Neues allgemeines Journal der Chemie. [Hrsg. A. F. Gehlen.] 1. 1803, S. 3–36.
Rieck 1977
Rieck, Hans: Alexander von Humboldts Reise durch Italien im Jahre 1805. In: Petermanns Geographische Mitteilungen. 121. 1977, S. 23–26.
Wagenbreth 1953
Wagenbreth, Otfried: Leopold von Buch. Zu seinem 100. Todestag am 4. März 1953. In: Bergakademie. 5. 1953, S. 92–101, 332–338, 369–374.
Wagenbreth 1955
Wagenbreth, Otfried: Abraham Gottlob Werner und der Höhepunkt des Neptunistenstreits um 1790. In: Freiberger Forschungshefte. D 11. Berlin 1955, S. 183–241.
Werner 1787
Werner, Abraham Gottlob: Kurze Klassifikation und Beschreibung der verschiedenen Gebirgsarten. Dresden 1787.
Werner 1967
Zwei Fragmente zum Neptunismus aus dem handschriftlichen Nachlaß von A. G. Werner. Von Martin Guntau. In: Bergakademie. 19. 1967, S. 112–115.

Anschrift d. Verf.: *Prof. em. Dr. Günter Hoppe, Wilhelm-Wolff-Straße 65, D 13156 Berlin*

Sachzeugen Alexander von Humboldts an der TU Bergakademie Freiberg

Von Frieder Jentsch

1. Vorbemerkung

Den Lebensinhalt bedeutender Persönlichkeiten darzustellen kann auf verschiedene Art und Weise erfolgen. Zum einen sind gedruckte oder anderweitig veröffentlichte biographische Darstellungen zu berücksichtigen. Andererseits gilt die Aufmerksamkeit dem musealen Bereich; hier erhält die Präsentation von Sachzeugen eine dominierende Rolle.

Die Grundlage für biographische Darstellungen bilden in erster Linie die Schriftgutlage, das eigene Erleben oder überlieferte mündliche Informationen. Sachzeugen zur betreffenden Person sind oft nur mittelbar einbezogen oder werden erforderlichenfalls erwähnt. Noch ist es nicht durchgängig Gewohnheit, von Persönlichkeiten Nachlaßgegenstände katalogartig zusammenzufassen, die unmittelbar oder indirekt mit dem Leben und den Leistungen des Betreffenden im Zusammenhang stehen.

Unbestrittene Aufgabe von Biographien ist es, hervorhebenswerte Leistungen und Lebenserfahrung von Persönlichkeiten eingeordnet in das gesellschaftliche Gesamtbild aufzuzeigen. Zwangsläufig ergibt sich die Frage nach dem Nachweis und dem Erhalt von Sachzeugen, und zwar über das Schriftgut hinaus. Neben ausgezeichnet erhaltenen Nachlässen gibt es auch Beispiele dafür, daß nach heutigen Maßstäben unersetzliche Gegenstände nicht erhalten wurden.

Die Bergakademie Freiberg kann auf einen Präzedenzfall verweisen. Abraham Gottlob Werner, einer der Lehrer Alexander von Humboldts, ist Sinnbild für einen hervorragenden Gelehrten und Bearbeiter wissenschaftlicher Sammlungen. Seine neptunistischen Theorien forderten bis in die Gegenwart Geologen und Historiker heraus. Eine besondere Bedeutung in seinem Theoriengebäude besitzen der Basalt und seine Entstehung. Unter Hunderten Objekten seines wissenschaftlichen und persönlichen Nachlasses ist der Basalt in Form eines Wernersches Originalstücks in den Sammlungen der Bergakademie nicht erhalten.

An diesem Beispiel wird klar, wie notwendig es ist, sich mit den Fragen der Erhaltungswürdigkeit von Sachzeugen zu befassen. Praktikable Schlußfolgerungen müssen ableitbar sein, damit eine anspruchsvolle und systematische Registratur lebensbegleitender Gegenstände erfolgen kann.

Nach dem Verhältnis Sachzeuge zu der jeweiligen Bezugsperson bzw. zu Personengruppen lassen sich generalisiert vier Objektgruppen ausgliedern:

1. Objekte, deren Existenz zu Leistungen anregte;
2. Objekte, die selbst, auf Anregung, Fürsprache u. a. m., geschaffen wurden;
3. Objekte, die zu Ehren der Bezugsperson(en) geschaffen oder benannt wurden;
4. persönliche Gegenstände.

Diese formelle Betrachtungsweise ist durchaus heranziehenswert, um gezielt Erhaltungswürdiges zusammenzutragen.

In bezug auf Alexander von Humboldt und den Besitz der Bergakademie ist dies relativ leicht überschaubar. Die gegenständlichen Humboldtiana sind bekannt und entsprechend dem Gruppengliederungsvorschlag zusammengestellt (Tabelle).

Tabelle: Humboldtiana an der Bergakademie Freiberg

1. Gruppe:
   - Modell einer Höllschen Wassersäulenmaschine. Sammlung für Bergbaukunde, Inv.-Nr. T VIII 27.

2. Gruppe:
   - 2 Humboldtsche Lichterhalter, Sammlung für Bergbaukunde, Inv.-Nr. T IX A. d. 1b. dazu 10 Lampen, Inv.-Nr. T IX A. d. 1c;
   - Urmaße (Kilogramm und Meter), gefertigt 1824 nach Pariser Vorlagen, Sammlung physikalischer Geräte, Inv.-Nrn. PHYS 3 und PHYS 15.

3. Gruppe:
   - Zwei Kopien nach dem 1802 in Quito gemalten und dort befindlichen Humboldt-Gemälde (Kniestück):
     1. von Rafael Sabas, Kopie um 1871, Öl auf Leinwand, 52 × 40 cm, Inv.-Nr. KSTB 68.
     2. von Paulus Schier, Zweitkopie 1913, Öl auf Leinwand, Inv.-Nr. KSTB 72;
   - 1 Büste Alexander von Humboldts von Hans Steger, Dresden 1959, Bronzeguß, Höhe 55 cm, Inv.-Nr. KSTB 72;
   - 1 Reliefplastik mit Alexander von Humboldt als Abgebildetem von Gottfried Kohl, Freiberg 1959. Bronze, 80 × 57 cm, Inv.-Nr. KSTB 76;
   - der 1958 benannte Humboldt-Bau der Bergakademie mit den Geologischen Instituten, Freiberg, Bernhard-von-Cotta-Straße.

4. Gruppe:
   - keine Objekte.

2. Einzeldarstellungen

2.1. Höllsche Wassersäulenmaschine

Der allseitig interessierte Alexander von Humboldt hatte während seiner Freiberger Studien Gelegenheit, sich mit dem Lehrinventar der Bergakademie vertraut zu machen. Neben der Bibliothek und dem Mineralienkabinett existierte an der Hochschule eine ansehnliche Modellsammlung mit technischen Innovationen aus der zweiten Hälfte des 18. Jahrhunderts. Diese Sammlungen wurden entsprechend den finanziellen Möglichkeiten auf dem neuesten Entwicklungsstand gehalten und vervollständigt.

Mit hoher Wahrscheinlichkeit hat sich Humboldt mit der Wirkungsweise der Maschinenmodelle vertraut gemacht. Indirekt ist dies beweisbar, da er sich auf seiner Südamerikareise beratend und erklärend mit den bergtechnischen Problemen über den Gebrauch von Kunstgezeugen, Wassersäulenmaschinen, Pferdegöpeln u. a. m. auseinandersetzte.[1] Obwohl durch ständige Veränderungen im Sammlungsbestand der größte Teil der um 1790 vorhandenen Modelle nicht erhalten ist, ist die Bergakademie im Besitz eines Wassersäulenmaschinenmodells Höllscher Bauart aus der 1770 aus Wien gekommenen Sendung von Bergwerksmodellen.[2]

Abb. 1 Modell der Höllschen Wassersäulenmaschine, um 1780, Detail
Bergakademie Freiberg, Sammlung für Bergbaukunde, Inv.-Nr. T VIII 27

2.2. Humboldtsche Lichterhalter

Als Staatsbeamter im Frankenwald versuchte Alexander von Humboldt unmittelbar auf die Verbesserung der Produktionsergebnisse durch technische Neuerungen einzuwirken. Beispiel dafür sind die an der Bergakademie erhaltenen Lichterhalter.

Im Jahre 1792 – nach seinem Freiberger Studium – schickte man ihn in die Fürstentümer Ansbach-Bayreuth. Diese Region hatte eine grundlegende Verbesserung des technischen Niveaus im Berg- und Hüttenwesen nötig. Ein spezielles Problem sah Humboldt darin, die Arbeitsfähigkeit der Bergleute untertage insbesondere in Grubenbereichen mit matten Wettern aufrechtzuerhalten. Dabei stellte er sich zwei grundsätzliche Fragen. Einerseits sollte ein funktionsfähiges Geleucht für Bedingungen zur Verfügung stehen, anderer-

Abb. 2 Humboldtsche Lichterhalter. Links stationäre, rechts transportable Ausführung
Bergakademie Freiberg, Sammlung für Bergbaukunde, Inv.-Nr. T IX A. d. 1. b

seits war beabsichtigt, die für den Bergmann zeitaufwendigen Tätigkeiten zur Erhaltung des Geleuchtes auf ein Minimum zu beschränken.

Er entwickelte Lichterhalter, die er für verschiedene Situationen in der Grube verwendbar konstruierte und anfertigen ließ. In einer ortsausleuchtenden Flamme unter Zuführung gespeicherter Frischluft sah er die Lösung. Die Funktionsweise der Geräte beruhte auf dem Vorhandensein von zwei übereinander liegenden und miteinander verbundenen Blechbehältern. Im betriebsbereiten Zustand befanden sich in dem oberen Wasser und in dem unteren Frischluft von übertage. Das Wasser wurde dann in den unteren Behälter abgelassen und die dort verdrängte Luft an einen Brenner geleitet.

Die Arbeit an den Lichterhaltern hatte für Alexander von Humboldt einen besonderen Rang. Vertrauensvoll schrieb er am 7. April 1796 an seinen Freund Johann Carl Freiesleben, der in Marienberg als Bergassessor tätig war. „Mit der Erfindung meiner Respirationsmaschine bin ich nun im Großen zu Stande [...] Auch die Lampe brennt in fixer Luft [...] Wenn ich noch Versuche in Goldcronach damit gemacht und nichts mehr daran ändere, so werde ich sie öffentlich beschreiben, auch dem O. Berg Amt zu Freyberg gern die Maschine anfertigen lassen."[3]

Die Versuche mit den Lichterhaltern nahm Humboldt selbst vor, zum Teil unter lebensgefährlichen Bedingungen. Sechs Menschen sollten mit Hilfe eines solchen Gerätes arbeiten können. „Glaube mir", schrieb er an Freiesleben, „es liegt hier sehr viel nuzbares darin. Denke nur, wie der Häuer gestöhrt ist, wenn er immer am Lichte zu puzen hat."[4]

Mitte Juli 1796 hält er die Lampe für vollendet, läßt aber noch Monate Versuche in den Gruben damit machen. An Freiesleben schrieb er: „Gewissenhaftigkeit und Elendigkeit hiesiger Arbeiter sind daran schuld, daß ich sie noch nicht ausgebe."[5] Endlich am 5. Oktober 1796 ist er davon überzeugt, daß die Lampe „völlig zum Praktischen Gebrauch vollendet ist und daß es Zeit sei, zum Verschikken und Verfertigen der großen Lampen zu schreiten". In bezug auf deren Nutzen schrieb er ausführlich, wie sie in matten Wettern in der Grube bei ein- bis zweistündigen Schichten, „um die Gesundheit zu schonen", eingesetzt werden können. Selbst solche Einsatzmöglichkeiten wie die Rettung von Kindern aus brennenden Häusern gibt er an.[6]

Mit gleicher Post erhielt J. C. Freiesleben Lichterhalter zur Erprobung. In Sorge um das Gelingen schrieb Humboldt, daß er die Versuche mit einem oder zwei verschwiegenen Bergleuten oder einem verschwiegenem Freunde machen solle. Für den Fall, daß der erste verunglückte Versuch in Marienberg bekannt würde, solle er möglichst sagen, es müsse auf der Reise etwas verdorben sein, es fehlten gewisse Teile.[7]

Die Versuche verliefen einigermaßen zur Zufriedenheit. Dennoch mußte Freiesleben die sozialen Vorzüge der Lampen, wie sie ihr Schöpfer sah, relativieren. „So wohltäthig die Erfindung ist, wenn sie recht benutzt wird, so könnte sie doch auch beym Misbrauch von geitzigen Bergwerksdirektoren zur grösten Mishandlung der Arbeiter angewendet werden, wenn man sie nun, um Durchschläge oder Luftlöcher zu ersparen, ohne dringendste Noth zwingen wollte, in so bösen Wettern zu arbeiten."[8]

Ein spezieller Einsatz der Humboldtschen Lichterhalter ist aus dem Marienberger Raum im Zusammenhang mit der Untersuchung eines Wassereinbruchs im Felber Stolln aus dem Jahre 1798 bekannt.[9] Zu diesem Zweck wurde die nunmehr an der Bergakademie Freiberg vorhandene Humboldtsche „Fahrlampe" angefordert. Bergassessor Freiesleben hielt „diese wohltätige Erfindung" für durchaus einsetzbar, führte auch mit dieser Experimente durch. Seine Erfahrungen mündeten in Vorschläge für eine bessere Handhabung und zweckmäßigere Konstruktion der Lampe. Er schränkte jedoch ein, daß noch auszumitteln sei, „welcher Abänderung derselben zu ihrer leichten Anwendbarkeit [es] künftig noch bedarf."[10]

Die Humboldtschen Lichterhalter setzten sich wegen der relativ umständlichen Handhabung und der zu kurz bemessenen Brenndauer nicht durch. Verbesserte Bewetterungspflichten für die Bergbautreibenden und der spätere Einsatz von komprimierter Luft zum Atmen beendeten die doch beachtenswerte Entwicklung der Lichterhalter.

2.3. Urmaße

Die in der ersten Hälfte des 19. Jahrhunderts in Sachsen sich vollziehende Industrialisierung stellte höhere Ansprüche an die wissenschaftliche und ingenieurtechnische Arbeit. Geeignete Maßsysteme, die über die Landesgrenzen, insbesondere mit dem Blick nach Frankreich, verwendbar und akzeptiert waren, machten sich erforderlich. Dieser Prozeß der wissenschaftlichen Öffnung nach außen fand insbesondere an der Bergakademie einen konkreten Ausdruck. Unbestritten war in dieser Zeit Paris der Mittelpunkt des wissenschaftlichen Lebens in Europa.

In Umsetzung eines Auftrages des 1919 verstorbenen Oberberghauptmanns Friedrich Wilhelm Heinrich von Trebra wandte sich im gleichen Jahre der bergakademische Lehrer Carl Friedrich Mohs mit folgender Bitte an das Freiberger Oberbergamt. Unter der Aufsicht von Herrn Baron von Wiedmannstett sollte in Wien in der Werkstatt von Professor Bürg ein „Métre" für den physikalischen Apparat der Bergakademie zum Preise von 50 bis 55 Gulden angefertigt werden. Nach gutachtlicher Stellungnahme des Mathematikers Friedrich Gottlieb von Busse kam das Oberbergamt zur Entscheidung, daß Maß nicht im Ausland, sondern kostengünstiger in Dresden herstellen zu lassen. Im übrigen waren das Leipziger Fußmaß und die Dresdener Elle als Normalmaß in Sachsen noch anerkannt.[11]

Diese Entscheidung konnte nicht lange Bestand haben. In einem Schreiben vom 18. März 1821 unterbreitete das Oberbergamt dem sächsischen König konkrete Vorschläge, in Freiberger Gruben „die Bestimmung der Achsumdrehung der Erde mittels richtig angestellter Fallversuche in bedeutenden Höhen“ vorzunehmen. Da die Versuche von wissenschaftlichem Wert sein sollten, bekräftigte der Absender seine Forderung nach geeigneten Maßsystemen: „[...] so ist es nöthig, daß die künftige Darlegung deren Resultaten der ganzen wissenschaftlichen Welt verständlich sey und daß daher mit Beiseitesetzung der ohnehin sehr unbestimmten sächsischen Maaße und Gewichte diejenigen gemacht und angewendet werden, welche bey physikalischen Untersuchungen und in den physikalischen Schriften vorzugsweise angenommen sind, nämlich die französischen.“[12]

Der Hüttengehilfe Ferdinand Reich und spätere Professor für Physik an der Bergakademie erhielt nach gutachtlicher Beurteilung des Vorganges durch den sächsischen Maschinendirektor Christian Friedrich Brendel den Auftrag, diese Maße und Gewichte in Paris zu besorgen. Am 1. August 1823 zeigte Reich dem Oberbergamt den Arbeitsstand an. Daraus

Abb. 3 Urkilogramm, 1824 bei Fortin nach dem Pariser Original aus Messing gefertigt
Bergakademie Freiberg, Sammlung Physikalischer Geräte, Inv.-Nr. PHYS 3

ging hervor, daß er Alexander von Humboldt als Berater in speziellen Fragen gewonnen hatte. Dieser riet ihm übrigens auch, ein Eudiometer für die Bergakademie zu beschaffen, „um damit leicht und geschwind Versuche über den Sauerstoffgehalt der Luft anzustellen und dieselben wo möglich in den Gruben vielfach zu wiederholen."[13] Die Maße und Gewichte ließ Reich entgegen der ursprünglichen oberbergamtlichen Vorschrift, weil sie sehr genau sein sollten, bei Fortin anfertigen. Da das Institut de France keine Zertifikate für das angefertigte Meter und das Kilogramm erteilte, wandte er sich an François Arago und an das Bureau de longitudes, wo seiner Bitte entsprochen wurde.

Die Fallversuche, mit denen die Rotation der Erde genauer bestimmt wurde, begann Ferdinand Reich im Jahre 1827. Dieser Entwicklung entsprach auch ein Reskript vom 28. April 1830, in dem das sächsische Berglachter auf das Neue Lachter von 2,00 Meter festgelegt wurde. Als Folge davon wurde auf Anordnung vom 6. Juli 1830 durch Oberberghauptmann Siegismund August Wolfgang von Herder bei François Arago noch je ein Meter aus Platin und aus Stahl für das Oberbergamt bestellt, deren Fertigung erst der Vermittlung Alexander von Humboldts bedurfte.[14] Über den Fortgang dieses Auftrages ist weiteres bisher nicht bekannt.

Ohne Zweifel sind die an der Bergakademie befindlichen Kopien eines Meters und eines Kilogramms, die nach den seinerzeit gültigen Pariser Originalen hergestellt wurden, beachtenswerte Sachzeugen zur Geschichte des Längenmessens und des Wägens.

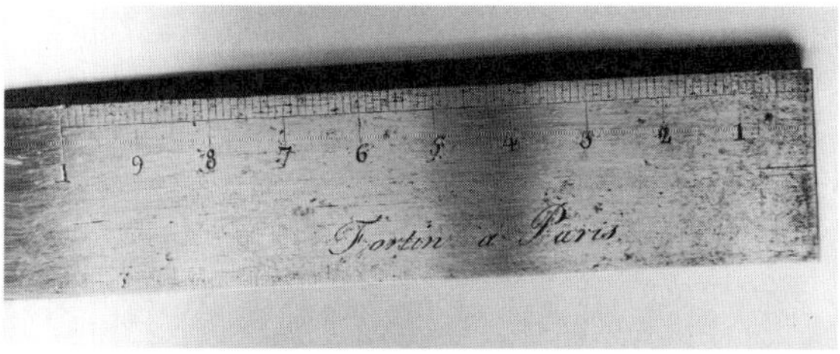

Abb. 4 Urmeter, 1824 bei Fortin nach dem Pariser Original aus Eisen angefertigt
Bergakademie Freiberg, Sammlung Physikalischer Geräte, Inv.-Nr. PHYS 15

2.4. Zwei Gemälde

Im Besitz der Bergakademie Freiberg befinden sich zwei Öl-Porträts Alexander von Humboldts. Bei den Bildnissen handelt es sich um eine Erst- und eine Zweitkopie. Bemerkenswert ist, daß die Zweitkopie die an der Bergakademie vorhandene Erstkopie nicht als Vorlage hatte.

Das Original zu den Kopien wurde 1802 von Jose Cortes in Quito (Ecuador) gemalt, wo es sich auch heute noch befindet. Von diesem Kniestück fertigte Rafael Sabas 1859 für Frederic Edwin Church eine Kopie als Brustbild ohne Buch an, die sich heute im Besitz von Peter H. Stern in den USA befindet. Von einer weiteren Brustbildkopie, die sich im Besitz der Gesellschaft für Erdkunde in Berlin befand, fertigte der Maler von Sallwürk (Halle) drei Kopien an, wiederum als Brustbild. Eine erhielt das Bergbaumuseum Bochum, eine befindet sich im Besitz von Professor Wolfgang-Hagen Hein in Bad Soden. Das Berliner Brustbild ist verschollen.[15]

Von dem Cortesschen Original ließ der Forschungsreisende Alfons Stübel auf seiner Südamerikaexpedition durch den ihn begleitenden Maler Rafael Troja zwischen 1870 und

1874 eine Kopie als Kniestück und mit Buch anfertigen. Sie gelangte ins Grassi-Museum Leipzig, ist aber verschollen. Von diesem Bild wurde 1913 im Auftrag von Frau Oberbürgermeister Stübel, der Schwester von Alfons Stübel, durch Paul Schier wiederum eine Kopie angefertigt, die der Bergakademie geschenkt wurde. Der Geograph Alfons Stübel unterhielt zu Freiberger Professoren, dem Mineralogen August Breithaupt und dem Chemiker Clemens Alexander Winkler, wissenschaftliche Beziehungen.

Es erhebt sich die Frage, wie das kleinere an der Bergakademie befindliche Humboldt-Bildnis in diese Stammbäume eingeordnet werden kann. Wir sind der Meinung, daß es sich um eine beachtenswerte Erstkopie handelt. Auf der Rückseite des Keilrahmens befindet sich folgende Aufschrift:

„A. v. Humboldt im Jahre 1803; Original fast in Lebensgröße von einem Landsmanne gemalt. Befindet sich im Besitz der Familie Aquirre auf der Hacienda Chillo bei Quito."

Links daneben: „32 Jahre alt".

Rechts daneben: „Copie gemalt von Maler Sabas zu Quito im Auftrage von W. Reiss".

Abb. 5 Rafael Sabas (1871): Bildnis Alexander von Humboldt, Kopie nach einem von José Cortes 1802 in Quito gemalten und dort im Besitz der Familie Aquirre befindlichen Bild, gemalt im Auftrag von Wilhelm Reiss
Öl auf Leinwand, 51×39 cm. Bergakademie Freiberg, Inv.-Nr. KSTB 73

Abb. 6 Paulus Schier (1913): Bildnis Alexander von Humboldt, Zweitkopie nach dem von José Cortes 1802 gemalten und von Rafael Troja erstkopierten Bild
Öl auf Leinwand, 108×84 cm. Bergakademie Freiberg, Inv.-Nr. KSTB 68

Naheliegend wäre, in dem Bildnis eine von den verschollenen Kopien zu vermuten. Das Gemälde der Gesellschaft für Erdkunde war jedoch ein Brustbild, und das ehemals im Grassi-Museum befindliche Bild hatte Rafael Troja als Kopisten.

Vermutlich hatten die zum Teil gemeinsam reisenden Forscher Alfons Stübel und Wilhelm Reiss Interesse an einer Kopie des Cortesschen Bildes. Ihre Aufträge ergingen wohl an verschiedene Maler, und zwar an Rafael Sabas und Rafael Troja. Über den Lebensweg von Sabas konnte weiter nichts ermittelt werden. Er dürfte als Urheber authentisch sein, zumal seine erste bekannte Kopie zeitlich nur ein reichliches Jahrzehnt zurückliegt.

Die konkreten Umstände, wie dieses Gemälde in den Besitz der Bergakademie kam, sind noch nicht völlig geklärt. Der Geologe Professor Friedrich Schumacher, seinerzeit Rektor der Bergakadmie, teilte am 17. Oktober 1933 auf Anfrage mit, daß sich lediglich eine Humboldt-Kopie an der Bergakademie befindet.[16] Gemeint war die Zweitkopie von Paul Schier. In den Unterlagen zur Namensgebung des Humboldt-Baus 1958 und zu den Ehrungen anläßlich des 100. Todestages von A. v. Humboldt 1959 ist ebenfalls nur von diesem Bild die Rede. Das Bild muß sich aber schon längere Zeit an der Hochschule befunden haben, denn es erscheint in einer Zusammenstellung „vorhandener Bildnisse bei der Bergakademie Freiberg“ vom Jahre 1936 mit dem Standort im Weisbachhaus.[17] Dieses Gebäude wurde 1938 von den „Freunden der Bergakademie“ für die Hochschule gekauft.[18] In seinen Räumen führte der Freiberger Humboldt-Klub einen Großteil seiner Veranstaltungen durch. Das Bild jedoch erscheint 1945 in der Inventarliste des Klubs nicht.[19]

Im Jahre 1963 stehen beide Gemälde in den Kulturguterfassungslisten der Bergakademie und damit als deren Eigentum. Manches wurde der Bergakademie geschenkt, nur die erforderliche Nachweisführung hat seit der Jahrhundertwende erhebliche Lücken. Deshalb müssen einige Fragen noch offen bleiben.

Anmerkungen

1 Siehe Humboldt 1986–90.
2 Bergbau und Kunst in Sachsen 1989, S. 449.
3 Humboldt 1973, S. 504.
4 Ebd., S. 552.
5 Ebd., S. 529.
6 Ebd., S. 533f.
7 Ebd.
8 Ebd., S. 549.
9 Jentsch/Riedel, S. 13–15.
10 BA Freiberg, Bl. 40 b.
11 UA Freiberg a, Bl. 1ff.
12 Ebd., Bl. 19.
13 Ebd., Bl. 123.
14 Schellhas 1960, S. 94.
15 Nelken 1980, S. 52.
16 UA Freiberg b, Bl. 231.
17 UA Freiberg c, Bl. 17.
18 Blätter der Bergakademie 1938, S. 6–8.
19 UA Freiberg d, Beleg 12.

Quellen und Literatur

Freiberg, UA

Universitätsarchiv der Bergakademie Freiberg

a Den physikalischen Apparat bey der hiesigen Bergakademie betr. – OBA 10689. Bd. 1 1819–1832.

b Akte Geol. Bd. 22, 1933.

c Akte Nr. 251, Bd. 1.

d Akte Nr. HU 100.

Freiberg, BA

Bergarchiv Freiberg

Gr. A. – Marienberg Fach 40 Nr. – Den bei Junge Drei Brüder Fdgbe: auf dem Baldglükker Flachengange von Seiten des Churfürstl: Neuglücker Stollns gemachten Durchschlag betr., Bl. 21–42.

Bergbau und Kunst in Sachsen 1989

Bergbau und Kunst in Sachsen. Führer durch die Ausstellung. Zusammengest. von H. Marx aus Texten des Ausstellungskatalogs. Staatliche Kunstsammlungen Dresden. Dresden 1989.

Blätter der Bergakademie 1938

Blätter der Bergakademie. Nr. 17. Freiberg (1938).

Humboldt 1973

Die Jugendbriefe Alexander von Humboldts 1787–1799. Hrsg. und erl. von Ilse Jahn und Fritz G. Lange. Berlin 1973. (Beiträge zur Alexander-von-Humboldt-Forschung. 2.)

Humboldt 1986–90

Humboldt, Alexander von: Reise auf dem Rio Magdalena, durch die Anden und Mexico. Zusammengest., übers., bearb. und erl. von Margot Faak. Teil I: Texte. Teil II: Übersetzung, Anmerkungen, Register. Berlin 1986–1990. (Beiträge zur Alexander-von-Humboldt-Forschung. 8.9.)

Jentsch/Riedel 1992

Jentsch, Frieder und Lothar Riedel: Die Humboldt'schen Lichterhalter und ein Anwendungsversuch im Marienberger Bergrevier. In: Erzgebirgische Heimatblätter. Jg. 1992. H. 1, S. 13–15.

Nelken 1980

Nelken, Halina: Alexander von Humboldt. Bildnisse und Künstler. Eine dokumentierte Ikonographie. Berlin 1980.

Schellhas 1960

Schellhas, Walter: Alexander von Humboldt und Freiberg in Sachsen. In: Alexander von Humboldt (1769–1859). Seine Bedeutung für den Bergbau und die Naturforschung. Berlin 1960. (Freiberger Forschungshefte. D 33.)

Anschrift d. Verf.: *Dr. Frieder Jentsch, Reitbahnstr. 33, D 09111 Chemnitz*

Alexander von Humboldts „Mineralogische Beobachtungen über einige Basalte am Rhein“ und die Neptunismus-Vulkanismus-Kontroverse um die Basalt-Genese

Von Fritz Krafft

1. Der Neptunismus bei Johann Wolfgang von Goethe

„Glückliches Land, wo die Wissenschaften Interesse genug haben, um bei der Frage über die Entstehungszeit eines Fossils zwei Parteien, die Neptunisten und die Vulkanisten, hervorzubringen“[1] – schrieb der schweizerische Alpenforscher und Geologe Horace Bénédict de Saussure in seinen „Beobachtungen über die vulkanischen Hügel des Breisgaus“, den er 1791 besucht hatte. In der damaligen Terminologie umfaßten die ‚fossilia‘ (wörtlich: ‚das Ausgegrabene‘) noch sowohl die mineralischen Gesteine als auch die mineralisierten Versteinerungen von Organismen, auf welch letztere sich der Begriff erst in der zweiten Hälfte des 19. Jahrhunderts verengte. Das ‚Fossil‘, von dem de Saussure hier spricht, ist denn auch der Basalt; und über eben diesen Basalt entfährt Johann Wolfgang von Goethe etwa ein Vierteljahrhundert später der Stoßseufzer: „Nord Amerikaner glücklich keine Basalte zu haben. Keine Ahnen und keinen klassischen Boden.“[2] – Er unterlag hierin natürlich einem Irrtum, den ihm das 1816 erschienene amerikanische Lehrbuch der Mineralogie und Geologie von Parker Cleaveland[3] vermittelte.

In dem Konzept eines Briefes an Zelter vom 21. Juli 1827 nahm Goethe diesen Gedanken wieder auf, verdichtet zu einem Xenion, das später (meist in leicht veränderter Form) zu einem geflügelten Wort wurde:[4]

> Amerika, du hast es besser
> Als unser Continent, das alte,
> Hast keine verfallene Schlösser
> und keine Basalte.
> Dich stört nicht im Innern,
> zu lebendiger Zeit
> Unnützes Erinnern
> Und vergeblicher Streit.
> Benutzt die Gegenwart mit Glück!
> Und wenn nun Eure Kinder dichten
> Bewahre sie ein gut Geschick
> Vor Ritter-, Räuber- und Gespenstergeschichten.

Eine dieser „Gespenstergeschichten“ der Alten Welt war der Streit um die Herkunft und Entstehung des Basaltes. Goethe stellt die Verknüpfung der Lasten von historischer und wissenschaftlicher Tradition in dem Briefe selbst her:

„Weil nun das Menschengeschlecht sich durchaus heerdenmäßig bewegt, so ziehen sie bald die Majorität hinter sich her und ein rein fortschreitender, das Problem ehrender Menschenverstand steht allein eh er sich's versieht. Da ich nicht mehr streiten mag, was ich nie gern that [in diesem Streitfalle allerdings doch], so vergönn ich mir zu spotten und ihre schwache Seite anzugreifen, die sie wohl selbst kennen. [...] Ein Xenion berührt auch diese Eigenheit unserer Tage; leider habe ich manches dieser Art zurückbehalten. Vor einigen Tagen erging ich mich in folgenden Zeilen [...]"

Nach dem Tod Abraham Gottlob Werners (1817), der mit vielen seiner Schüler die eine Partei der Kontroverse um die Basaltgenese bildete, war der Streit allerdings auch im Abklingen gewesen. Goethe hatte sich anfangs überzeugt auf seine, die Seite der sogenannten Neptunisten gestellt und neigte Zeit seines Lebens stets dieser Deutung zu, auch nachdem er über Alexander von Humboldts Akademievortrag von 1823[5] niederschrieb:[6]

„Die Verlegenheit kann vielleicht nicht größer gedacht werden als die, in der sich gegenwärtig ein fünfzigjähriger Schüler und treuer Anhänger der sowohl gegründet scheinenden, als über die ganze Welt verbreiteten Wernerischen Lehre finden muß, wenn er, aus seiner ruhigen Überzeugung aufgeschreckt, von allen Seiten das Gegenteil derselben zu vernehmen hat.

Der Granit war ihm bisher die feste unerschütterte Basis, auf welcher die ganze bekannte Erdoberfläche ihren Ruhestand nahm; er suchte sich die Einlagerungen und Ausweichungen dieses wichtigen Gesteins deutlich zu machen; er schritt über Schiefer und Urkalk, unterwegs auch wohl Porphyr antreffend, zum Roten Sandstein und musterte von da manches Flöz zeitgemäß, wie es die Erscheinungen andeuten wollten. Und so wandelte er auf dem ehemals wasserbedeckten, nach und nach entwässerten Erdboden in folgerechter Beruhigung. Traf er auf die Gewalt der Vulkane, so erschienen ihm solche nur als noch immer fortdauernde, aber oberflächliche Spätlingswirkung der Natur.

Nun aber scheint alles ganz anders herzugehen; er vernimmt: Schweden und Norwegen möchten sich wohl gelegentlich aus dem Meere eine gute Strecke emporgehoben haben;[7] die ungarischen Bergwerke sollten ihre Schätze von untenauf einströmenden Wirkungen verdanken, und der Porphyr Tirols sollte den Alpenkalk durchbrochen und den Dolomit mit sich in die Höhe genommen haben;[8] Wirkungen freilich der tiefsten Vorzeit, die kein Auge jemals in Bewegung gesehen, noch weniger ein Ohr den Tumult, den sie erregten, vernommen hat.

Was sieht denn hier also ein Mitglied der alten Schule? Übertragungen von einem Phänomen zum andern, sprungweis angewendete Induktionen und Analogien, Assertionen, die man auf Treu und Glauben annehmen soll.

Wenn nun unser Naturfreund, hierdurch beinahe in Verzweiflung gesetzt, sich gern in ein anderes Fach flüchten möchte, wenn er nur den vaterländischen Grund und Boden, dem er seine Betrachtungen hingegeben, überlassen und zu vermeiden wüßte, so muß ihm eine geniale Hülfe höchst erwünscht und erfreulich sein, wie uns ein Heft erscheint, das den Titel führt: ‚Über den Bau und die Wirkungsart der Vulkane in verschiedenen Erdstrichen von Alexander von Humboldt'.

[...] das, was uns bisher nur willkürlich angenommen erschien, zeigt sich hier schon begründet; das desultorisch Angedeutete gewinnt Zusammenhang, und die Fülle der Erfahrung läßt uns einen zirkelhaften Abschluß hoffen. Unverantwortlich wäre es daher, wenn wir nicht alle Kräfte anwendeten, diese so reichhaltigen wenigen Bogen zu studieren. [...] Haben wir dieses vollbracht, so wird es uns nicht beschämen, vielmehr zur Ehre gereichen, wenn wir unsere Sinnesänderung öffentlich bekennen und unser neues Credo einem so trefflichen und vieljährig geprüften Freunde zutraulich in die Hände legen."

In der zweiten Fassung, nach gründlicherem Studium des Humboldtschen Vortrages, schrieb Goethe: Das genannte Heft

„nehme ich dankbarlichst auf, indem es zu keiner gelegeneren Zeit bei mir anlagen konnte. Ein weit umsichtiger, tiefblickender Mann, der auch seine *Gegenständlichkeit,* und zwar eine grenzenlose, vor Augen hat, gibt hier aus hohem Standpunkt eine Ansicht, wie man sich von der neuern ausgedehnten vulkanistischen Lehre eigentlich zu überzeugen habe.

Das fleißige Studium dieser wenigen Blätter [...] soll mir eine wichtige Aufgabe lösen helfen, soll mich fördern, wenn ich versuche, zu denken wie ein solcher Mann, welches jedoch nur möglich ist, wenn sein Gegenständliches mir zum Gegenständlichen wird, worauf ich denn mit allen Kräften hinzuarbeiten habe [...]"

Die bei ihm ausgelöste Verwirrung schlägt sich noch im 2. Buch von „Wilhelm Meisters Wanderjahren“ nieder und bricht sich schaurig-schön in der „Walpurgisnacht“ im zweiten Akt vom zweiten Teil des „Faust“ in den Worten von Seismos (Verse 7519ff.) und im Streitgespräch zwischen dem Vulkanisten Anaxagoras und dem Neptunisten Thales (Verse 7811ff.) Bahn – wo die besonnenen Worte des letzteren andeuten, auf wessen Seite der Dichter immer noch steht:

> Nie war Natur und ihr lebendiges Fließen
> Auf Tag und Nacht und Stunden angewiesen.
> Sie bildet regelnd jegliche Gestalt,
> Und selbst im Großen ist es nicht Gewalt.

Aber der Streit zwischen Neptunisten und Vulkanisten war jetzt bereits ausgelaufen zu weitgehendem Entgegenkommen; man erkannte sowohl die Wirkung des Wassers (Sedimentgesteine) als auch die der vulkanischen Herde (Plutonismus und Vulkanismus) bei der Gestaltung der Erdoberfläche in der Vergangenheit und Gegenwart an und akzeptierte selbst auf mehr vulkanistisch ausgerichteter Seite die gestaltende (exogene) Kraft des Oberflächenwassers und der Niederschläge; und auch das in den zitierten Worten anklingende, von Carl Ernst Adolf von Hoff und Charles Lyell nach Ansätzen bei Georg Christian Füchsel, James Hutton und John G. Playfair auch auf die endogenen Kräfte ausgedehnte Aktualitätsprinzip, das eine Kontinuität des geologischen Geschehens annimmt, fand gegenüber der Katastrophentheorie Georges Cuviers, die im Pariser Becken mit dem ungewöhnlich raschen Wechsel von Meeres- und Landablagerungen gewonnen und voreilig verallgemeinert worden war, mehr und mehr Anhänger in beiden Lagern.

Damals waren auch bereits mehrere Jahrzehnte seit dem Höhepunkt des Streites um 1790 vergangen, als ohne Nennung des Autors auch eine kleine Schrift mit dem Titel „Mineralogische Beobachtungen über einige Basalte am Rhein“ erschien. Den Freunden wies sie sich durch die Buchstaben „H-t“ am Ende der Vorrede[9] als Werk Alexander von Humboldts aus. Hier, in seiner ersten selbständigen Veröffentlichung, erweist sich der junge von Humboldt aber durchaus noch als treuer Anhänger der neptunistischen Lehre Werners – insbesondere bezüglich der Basaltgenese.

2. Die Herkunft des Begriffs Basalt

Im 18. und teilweise auch im 19. Jahrhundert gehörte eine historische Herleitung des Forschungsstandes, also die Vorgeschichte, noch jeweils zur Beurteilung eines Problems, so daß auch die Darstellung neuer Ergebnisse meist mit einer historischen Einleitung versehen wurde. Daß Alexander von Humboldt dabei in seinen der Schrift über einige Basalte am Rhein „vorangeschickten, zerstreuten Bemerkungen über den Basalt der ältern und neuern Schriftsteller“ auch auf die Griechen und Römer eingeht, findet eine Erklärung nicht nur in seiner weitgefächerten, auch klassisch-humanistischen Bildung, sondern hauptsächlich in dem behandelten Problem selbst. Der Name Basalt wurde schließlich von Georg Agricola im Anschluß an eine bestimmte Stelle in Plinius' „Naturalis historia“ (Buch 36, § 58) für die neuzeitliche Wissenschaft geprägt; und da die Bestimmung dessen, was Basalt sei, noch höchst unsicher war, lag es für viele nahe, sich in den literarischen Quellen selbst umzusehen. Jean Etienne Guettard war darin Humboldt mit einer gründlichen Untersuchung vorangegangen,[10] und es hatte seitdem zum guten Stil gehört, auf die Frage des „Basalts der

Alten" mit einzugehen – war doch auch die Auseinandersetzung mit zeitgenössischen Theorien noch weitgehend auf literarische Studien beschränkt.

Humboldts „Critischer Versuch über den Basalt des Plinius und den Säulenstein des Strabo"[11] zeichnet sich dabei durch die Verknüpfung der gleichermaßen ausgeprägten Kenntnisse der Klassiker und der zeitgenössischen klassisch-philologischen Methodik wie auch der Reiseliteratur und vor allem der mineralogisch-petrographischen Erkenntnisse und Methoden aus.

Nachdem chemisch-mineralogisch geklärt war, was Basalt ist, stellte sich auch heraus, daß zahlreiche ägyptische und römische plastische Kunstwerke tatsächlich aus Basalt gehauen sind – was Humboldt noch hatte offen lassen müssen, weil die ihm vorliegenden Beschreibungen der Materialien der Plastiken natürlich nicht von Mineralogen erbracht worden waren und selbst, wenn sie von fachkundigen Naturwissenschaftlern erbracht worden wären, kaum eindeutig hätten ausfallen können. In der Folgezeit sind dann auch mehrere (genutzte) Basaltvorkommen in Ägypten aufgefunden worden, wo er schon im Alten Reich für Hausfundamente Verwendung fand.[12] Was man heute unter Basalt versteht, war also im Mittelmeerraum der Antike durchaus bekannt, und er wurde vielfältig genutzt. Fraglich war und bleibt nur, womit er und ob er überhaupt einheitlich benannt wurde.

Das Problem ist seit Humboldts Darlegungen insofern verwickelter geworden, als der Text des Plinius nach den damals bekannten Handschriften an der fraglichen Stelle, an der allein von dem durch die Akkusativ-Form auf *-en* als griechisches Fremdwort ausgewiesenen *basaltes* gesprochen wird, korrupt ist („Naturalis historia" 36, § 58):

„Invenit eadem Aegyptus in Aethiopia quem vocant basalten, ferrei coloris atque duritiae, unde et nomen ei dedit." (Eben dieses Ägypten fand in Äthiopien [einen Stein], den man ‚basaltes' nennt, von der Farbe und Härte des Eisens, weshalb man ihm auch den Namen gegeben hat.)

So steht der Text in allen zur Zeit der Basalt-Kontroverse bekannten Plinius-Handschriften; denn die einzige ältere Handschrift mit dem Text dieses 36. Buches, der Codex Bambergensis M.V. 10 aus dem 10. Jahrhundert, der hier die richtige Lesart *basaniten* statt der eindeutigen Verschreibung *basalte(n)* in den jüngeren Handschriften enthält, wurde erst 1831 von Ludwig Jan aufgefunden. Damit hatte eine scharfsinnige philologische Analyse Buttmanns, die er 1808[13] vorlegte, eine glänzende Bestätigung gefunden, und das Wort *basaltes* ist seitdem mit Recht aus allen Plinius-Editionen verschwunden. Der richtige Text steht erstmals bei Julius Sillig (1851).[14]

Bestätigt wird die Lesart des Bambergensis durch einen noch älteren (indirekten) Überlieferungszeugen, nämlich eine die Formulierungen von Plinius aufnehmende Stelle in den „Etymologiae" („Origines") des Isidorus von Sevilla, wo unter die Marmorarten gezählt wird (XVI 5, 6):

„*Basanites* ferrei coloris sive [in älteren Ausgaben: sine] duritiae, unde et nomen ei datum est: Inventus in Aegypto et Aethiopia."

A. von Humboldt hatte auf den Gleichklang mit dem ‚locus classicus' bei Plinius hingewiesen[15] und daraus auf eine Textverderbnis bei Isidorus geschlossen; in der „Etymologia linguae Latinae" (1762, S. 90) von Johannes Vossius fand er dann die Emendation *sive* statt *sine*, der er sich anschloß (denn auf die *Härte* des Steins kommt es in dem Zusammenhang an, nicht darauf, daß er *ohne Härte* sei), sowie die Schreibung von *basaltes* statt *basanites*. Da die Plinius-Stelle der einzige Beleg aus dem Klassischen Altertum für *basaltes* war – Humboldt betont dies ausdrücklich –, ging man davon aus, daß er ein besonderes Mineral sei, bestimmt durch die bei Plinius genannten Eigenschaften, also durch seine Eisen-Farbe und -Härte und sein Vorkommen in Äthiopien. Es war deshalb nur folgerichtig, an der sich an die Formulierungen von Plinius anlehnenden Stelle bei Isidorus dasselbe Mineral zugrundezulegen und, scheinbar gestützt auf die neuesten naturwissenschaftlichen Erkenntnisse, entsprechend zu konjizieren – und damit vermeintlich das *hápax legómenon* bei Plinius abzusichern. Vossius und Humboldt schlugen es vor, und der italienische Philologe Arevalo verfuhr auch entsprechend in seiner Isidorus-Ausgabe (Rom 1797–1803), deren Text auch in Jacques-Paul Mignes „Patrologiae Cursus completus" übernommen wurde.

Die neueren Ausgaben haben das natürlich wieder rückgängig gemacht, nachdem der 1831 aufgefundene Codex Bambergensis bestätigen konnte, daß die im Isidorus-Text konjizierte Lesung der jüngeren Plinius-Handschriften ihrerseits auf einem Abschreibe- bzw. Lesefehler in der gemeinsamen Vorlage beruht (basäiten > basalten) und falsch ist. – So wird aber auch die gesamte Diskussion um die Deutung und Genese des Basalts zwischen dem 16. Jahrhundert und 1830 bei der Benutzung moderner Textausgaben der Klassiker, auf die sich die Kontrahenten immer wieder berufen, unverständlich, weil das Wort *basaltes* darin gar nicht mehr vorkommt.

Dadurch wird eines sehr gut demonstriert, daß man nämlich auch im Rahmen der Wissenschaftsgeschichte die Texte tunlichst in der den behandelten Autoren zu ihrer Zeit zugänglichen Form benutzen sollte, und nicht in einer modernen, kritischen Ausgabe, die in dem Bemühen, den Originaltext wiederherzustellen, einen bis dahin in der Überlieferung (und Benutzung) unbekannten Text (re)konstruiert – es sei denn, daß die Geschichte des Textes im Kritischen Apparat mit dokumentiert wird.[16]

Das „unde" im Pliniustext, das, wonach der Stein benannt ist, bezieht sich syntaktisch auf „duritiae": auf die Farbe und *Härte* des Eisens, nicht auf „Aegyptus"; der Satz besagt also nicht, daß der basanites (basaltes) nach dem Fundort *lapis Aegypticus* genannt werde, sondern daß das blau-schwarze und eisenharte Gestein aus Ägypten (bzw. Äthiopien) wegen seiner Härte des Eisens *basanites* genannt wurde, griechisch βασανίτης (auch: βάσανος).[17] Hiermit ist also der spezielle „Probierstein" bezeichnet, den die Griechen durch die Vermittlung der für ihren Goldreichtum bekannten Lyder kennengelernt hatten und Λυδία λίθος (πέτρη) oder einfach ἡ Λυδία nannten (lateinisch: lapis Lydicus, lapis Aegyptiacus) – und der nach übereinstimmender Meinung der späteren Mineralogen und Philologen Basalt war.[18]

Damit ist nicht gesagt, daß jedes in der Antike als Probierstein genutzte harte Gestein Basalt gewesen sein muß – und es ist es auch nicht gewesen –, sondern nur, daß Plinius sagt (und darauf hat schon Georg Agricola hingewiesen)[19], daß der „äthiopische (Basalt)" wegen seiner (Farbe und) Härte *basanites*, Probierstein, genannt (und als solcher benutzt) wurde.

Der Jahrhunderte während Streit um die Identifizierung und Genese des Basalts war nun insbesondere dadurch bedingt, daß Georg Agricola in seinem humanistischen Bemühen, die mineralogischen Kenntnisse der alten Griechen durch die terminologische Erschließung ihrer Schriften wieder zu aktualisieren und in dem „ersten Handbuch der Mineralogie", den „De natura fossilium libri X" von 1546, für die Gegenwart anwendbar und fruchtbar zu machen,[20] den am „locus classicus" bei Plinius genannten *basanites* wegen der gleichen Eigenschaften mit dem (säulenförmigen) Gestein des Stolpener Burgberges in Meißen gleichsetzte.[21]

„Mancher Marmor ist eisenfarbig, so auch der basaltes, den die Ägypter in Äthiopien gefunden haben. Hinter ihm steht der Meißner nicht zurück, weder in der Farbe – er ist besonders stark eisenfarbig – noch in der Härte; diese ist so groß, daß die Schmiede ihn als Amboß verwenden" [in der Ausgabe von 1558 wird ergänzt: „und die Meißner ihn in engen Straßen an die Häuserecken setzen, damit die

Wände keinen Schaden durch die Unachtsamkeit vorüberfahrender Wagen erfahren. . ."] Auf diesem Basalt ist die Burg Stolpen des Bischofs von Meißen errichtet. Die Säulen sind eckig."

Und er fügte etwas später hinzu:[22]

„Die Natur erzeugt auch Säulen, bald ohne Ecken [. . .] bald eckig, wie die Basalte im Meißner Land, auf denen, wie gesagt, die Burg Stolpen des Bischofs von Meißen errichtet ist. Eckig sind sie aber nicht einheitlich, sondern sie haben mindestens vier und höchstens sieben Ecken. Beide [Extreme] sind enger unter einander verbunden. In der Thebais gibt es allerdings mitunter manche einzelne, an beiden Stellen scheinen die einen in die anderen eingesetzt zu sein, und zwar die kleineren in die größeren. Von den Meißner sind die größten $1^1/_2$ Fuß dick und 14 Fuß hoch, von den thebaischen die größten 12 Fuß dick und bisweilen 100 Fuß und mehr hoch [. . .]"

Georg Agricola beschrieb hier also eindeutig säulenförmigen Basalt; verhängnisvoll für die Folgezeit war dann, daß ihm für den zugrundeliegenden „locus classicus" bei Plinius die falsche Lesart *basaltes* vorlag, so daß er und die folgenden Mineralogen und Philologen – mit wenigen Ausnahmen, die eine Gleichsetzung vornahmen, worüber sich aber noch Alexander von Humboldt mokiert[23] – davon ausgehen mußten, daß der von ihm mit dem *säulenförmigen* Basalt des Stolpener Burgberges gleichgesetzte *basaltes* etwas anderes sei als der nicht als säulenförmig beschriebene βασανίτης (βάσανος) der Antike. Diese fälschlich auf antike Terminologie zurückgeführte Trennung von säulenförmigem und nicht-säulenförmigem, βασανίτης genanntem Basalt, der ohne die von Agricola übernommene falsche Schreibweise am „locus classicus" bei Plinius kaum aufgekommen wäre, war also eine weitere Ursache für die lange Kontroverse um die Basaltgenese. Humboldt verschärfte diese Differenzierung noch insofern, als er die (falsche) Plinius-Lesart mit Erfolg auch für den Paralleltext bei Isidorus vorschlug.

Wirkungsgeschichtlich gesehen, hatte Agricola also keine so glückliche Hand bei der Benennung des Stolpener Basalts, wenn dieser auch für die Folgezeit namengebend wurde – erst für den säulenförmigen, dann auch für die übrigen Basaltformen (Basanit heißt heute eine spezielle Basaltart).

3. Diluvianistische und vulkanistische Theorien im Vorfeld der Kontroverse

Überhaupt spielte der Basalt über Jahrzehnte eine zentrale Rolle in dieser Auseinandersetzung zwischen der ursprünglich vom biblischen Bericht über die Sintflut angeregten wissenschaftlichen Theorie, nach der alle Minerale und Gesteine und damit auch der Basalt – abgesehen von unmittelbar vulkanischen (sekundären) Produkten wie Laven und Aschen – sich aus den wäßrigen Lösungen in dem die gesamte Erdkugel hoch bedeckenden Urmeer „auskristallisiert" beziehungsweise als Sediment abgesetzt hätten – der Urgewalt des antiken Meeresgottes Neptun entstammend –, und der dieser entgegengesetzten Vorstellung, daß alle Gesteine und Minerale sowie die Bildung der Formationen der Erdoberfläche vulkanischen Ursprungs seien – also der Urgewalt des antiken Gottes des (unterirdischen) Feuers Vulcanus entstammen.

Zu den frühen Vertretern einer ausgearbeiteten, alle geologischen Erscheinungen umfassenden Sintflut-Theorie, den sog. Diluvianern, gehörten in der Zeit der frühen Aufklärung mit ihrem physico-theologischen Bemühen, biblischen Bericht und empirischen Befund rational miteinander in Einklang zu bringen, etwa der Engländer John Woodward, die

Schweizer Brüder Johann und Johann Jakob Scheuchzer und der Deutsche David Sigismund Buttner. – 1708 schreibt einer von ihnen, Johann Scheuchzer:[24]

„Nehmen wir also mit Woodward an, daß sich die Erdschichen bei der Katastrophe der Sintflut völlig auflösten und daß sich die aufgelöste Materie gemäß den Gravitationsgesetzen endlich wieder setzte, so ist zu vermuten, daß die Erdoberfläche in jenem Zeitpunkt eben gewesen sein muß, daß also lauter Horizontale, unter sich parallele Schichten, die nicht in eine ungleiche Lage verschoben waren, sie bestimmten. So sind auch heute die Ebenen gestaltet, wo wir Schichten beobachten können, die unter sich und zur Horizontalen parallel verlaufen, wie wir es feststellen können, wenn wir sie in senkrechter Richtung bis in jede beliebige Tiefe anbohren. [...]
Als das Wasser der Sintflut seine alten Behältnisse, die der allmächtige Gott geschaffen hat, wieder zu erreichen suchte, um mit Woodward zu sprechen, wurden die Gesteinsschichten gesprengt und versetzt, manche emporgetrieben und aufgerichtet, andere aber hinuntergedrückt. Auf diese Weise entstanden die Berge.
Diesen Vorgang machten alle Gegenden mit, in welchen steinerne Schichten reichlich vorkommen. Sie sind deshalb alle gebirgig. Wegen dieser Beschaffenheit bewundern alle Ausländer die Schweiz. [...]
Wenn die Berge entstanden sind, wie ich es darstelle, wenn ihre Gipfel die Endpunkte in die Höhe aufgeworfener Schichten sind, folgt daraus notwendigerweise, daß die wesentliche Gestalt der Berge von diesem Geschehen abhängig sein muß."

John Woodward hatte seine Vorstellung nach intensiven empirischen Studien vor allem – wie es schon bei den Begründern rationaler Naturerklärung, Thales und Anaximandros von Milet, der Fall gewesen war[25] – auf das Vorkommen maritimer Fossilien in allen Höhenlagen gegründet:[26]

„Es war meine Hauptabsicht, eine vollständige und befriedigende Information über das gesamte Mineralreich zu erhalten, so gut ich das vermochte. Dazu unternahm ich Untersuchungen, wohin ich immer kam, und bemühte mich um Kenntnis aller Orte, wo das Innere der Erde auf natürliche Weise oder durch menschliches Zutun am Tage liegt. Erhielt ich Kunde von einer bemerkenswerten Höhle oder Grotte, von der Abteufung eines Brunnens, von Erdarbeiten in Boden, Ton, Mergel, Sand, Kies, Kalk, Kohle, Stein, Marmor, in Metallerzen oder in ähnlichem, so lenkte ich dorthin sogleich meinen Weg [..., um den] Befund von der Oberfläche bis zur Sohle des Aufschlusses"

aufzunehmen. Er verschickte sogar Fragebögen an Freunde und deren Bekannte, um für ihn nicht erreichbare Stellen zu erschließen oder von neuen zu erfahren. Als Ergebnis hate sich für ihn ergeben:

„Der größte Teil der Erdkugel von ihrer Oberfläche bis in den Grund ihrer tiefsten Schächte besteht aus verschiedenartigen Lagen. Auf sie habe ich meine Schlüsse über die Natur der Erde und über ihr Verhältnis zu der Sintflut und anderen großen Fluten gegründet, die uns von dem beständigen Wechsel künden, dem die Erde unterworfen ist.
Tierschalen und andere marine Gegenstände, die man auf dem Lande findet, beweisen ihren Ursprung und ihre Bildung im Meere. Sie müssen wirkliche Reste einst lebender Tiere und nicht bloß Steine sein, wie einige Gelehrte noch vor kurzem meinten. [Struktur und symbiotische Merkmale stimmten mit denen rezenter Meeresbewohner überein. ...]
Finden wir an Land aber fossile Muscheln, die mit denen der heutigen Küsten nicht unmittelbar vergleichbar sind, so kommen sie wohl heute nur in tieferem Meere vor."

Aber auch die Gegenseite hatte empirische Kriterien anzuführen. Die vulkanische Entstehung der jetzigen Insel Nea Kameni im vom Meer überfluteten Krater der Kykladeninsel Thera (Santorin), 1570–1573 und 1707–1711, und der 1538 innerhalb von zwei Tagen entstandene Aschenkegel des Monte Nuovo bei Neapel bildeten für den Italiener Lazzaro Moro den Ausgangspunkt für die Vorstellung, daß ein vulkanisches Zentralfeuer im Erdinneren Ursache aller seit der Schöpfung erfolgten Bildungen auf der Erde sei, bis hin zur

Ackererde – wenn er auch die exogenen Kräfte des Wassers zur Umlagerung und Ausbreitung der vulkanischen Materialien nicht verkannte:[27]

„Ich habe gesagt, die Seekörper seien von den Bergen mit emporgehoben worden, als die Berge aus des Meeres Grunde zu der jetzigen Höhe aufstiegen. Davon gibt die Insel, welche zuletzt in dem griechischen Meer entstand, einen unanfechtbaren Beweis. Denn als sie emporstieg, sah man beschalte Seetiere und andere Seekörper darauf, die sich zugleich mit dem Lande erhoben. [... Da die Natur] mit der großen neuen Insel gezeigt hat, wie die Seekörper auf trockenen Boden kommen, sollten wir eine so gründliche und getreue Unterweisung nicht verachten und nicht leugnen, daß es in anderen Fällen dieser Art auf gleiche Weise zugegangen ist. [...] Da die Natur nun allemal einförmig handelt, so glaube ich, man könnte mit aller Sicherheit von dem Bekannten auf das Unbekannte fortgehen und schließen, daß alle Seekörper irgendwo auf den Bergen ebenso mit diesen aus dem Wasser emporgestiegen sind. [...]

Unter allem, was Gott im Anfange erschaffen hat, ist auch unsere Erdkugel gewesen. So wie dieser Weltkörper aus des Schöpfers Hand kam, war er allenthalben von Wasser umgeben und bedeckt [...]. Die Erde war damals durchaus rund; ich will damit sagen, daß keine Anhöhen noch etwas den Bergen ähnliches darauf war [...]. Sie bestand aus lauter Stein, wie noch heute auf dem Grunde des Meeres. [...] Als es aber dem höchsten Schöpfer gefiel, daß die Erde hervorkommen und sich entdecken sollte, so entzündeten sich unter der Erde starke Feuer und stießen mit ihrer Heftigkeit die steinerne Oberfläche der Erde in die Höhe. Dabei entstanden viele und große Berge, die noch heutzutage zu sehen und bloße Steinfelsen sind. Von diesen allerersten oder *Felsenbergen* zersprangen einige, indem sie hervorstiegen, andere, nachdem sie schon stunden, wieder andere, ehe sie sich noch entdeckten, durch die Gewalt des unterirdischen Feuers. Dadurch wurden sie teils zu kleinen Stücken und Staub oder kamen zermalmt aus dem Wasser hervor, so daß das Feuer eine Menge Erdmaterialien austrieb, wie Ackererde, Sand, Ton, Steine, teils hart, teils geschmolzen, teils verbrannt; desgleichen Metalle, Schwefel, Salze, Harze und alle Arten von Mineralien. Von solchen Materien lief ein Teil von den abschüssigen Berghängen wie ein Fluß in das nächste Wasser; einen Teil trieb das ungestüme Feuer in die Luft und zerstreute ihn, so daß er weit und breit umherflog und die Wasser davon einen ersten salzartigen und bitteren Geschmack bekamen. Diese und andere Erdmaterien, als sie sich im Wasser zu Boden legten und ausbreiteten, machten den zweiten Meeresgrund. [...] Da nun die ersten Berge nicht aufhörten, auszuwerfen: so mußten die Erdmaterien sich häufen, vervielfältigen und dem Meeresgrunde viele Erdschichten von mancherlei Art anlegen, bis diese niedersinkenden Schichten insonderheit in der Nähe der Berge so vielfach oder dick wurden, daß sie über die Wasserfläche stiegen; dagegen mußte das Meer um so viel höher werden, wie sein Raum von der vermehrten Erde, die entweder im Grunde des Meeres aufstieg oder von den feuerspeienden Bergen guten Teils in das Meer fiel, immer kleiner und enger ward. Sodann fing das Feuer an, sich unter den neu angelegten Erdschichten zu regen, und trieb neue Berge von anderer Art, nämlich *Erdberge* auf, die wir noch vor Augen sehen und finden, daß sie aus lauter Erdschichten bestehen. Diese nenne ich *Berge von der zweiten Art,* weil sie erst nach den *Felsenbergen* entstanden sind. Sowohl diese als jene Berge warfen noch immer neue Erdmaterien auf, die sich in Schichten über die vorhergehenden legten und noch mehr als jene im Meere ausbreiteten."

Jetzt erst sei es zu erstem pflanzlichen Leben gekommen („das Wasser ward immer salziger; die zuletzt ausgeschüttete Erde hingegen war fruchtbarer Art"), das als Nahrung für die nachfolgenden Tiere diente. –

„Die ersten waren Meertiere, die, wie die Heilige Schrift erkläret, am fünften Tage nach der Schöpfung erschienen. Von allen Meertieren entstund ein Teil in weicher Erde, ein anderer im Sand, ein anderer in Ton, ein anderer in Steinen, welches alles die Berge ausgeworfen hatten; daher die meisten Tiere gern bleiben, wo sie geboren sind, und sich selten weit davon entfernen. Nachdem aber auch das trokkene Land mit Büschen, Gras und Kräutern bedeckt war, brachte es endlich Erdtiere hervor, und den ersten Tieren folgten die Menschen. Jede Art vermehrte sich, und dieses waren die Einwohner des ersten und ältesten Erdbodens."

Die Annahme einer Ein- und Gleichförmigkeit des natürlichen Geschehens, die im 17. Jahrhundert im Anschluß an neuplatonische Vorstellungen innerhalb der „exakten" Naturwissenschaften für die Einheitlichkeit der (idealisierten) Natur*gesetze* wenn nicht entstanden, so doch zu einem Prinzip erhoben worden war, mußte also herhalten, um den Mangel an empirischen Daten auszugleichen. In Verknüpfung mit der wieder aufkommenden Idee der Stufenfolge des Seins (scala naturae) war die Annahme der Ein- und Gleichförmigkeit des Seins und Geschehens auch auf die „naturhistorischen" (beschreibenden) Wissenschaften ausgedehnt worden und hatte hier im 18. Jahrhundert der daraufhin nicht ausschließlich heuristisch verwendeten Methode des Analogieschlusses vom Bekannten auf das Unbekannte – und vom Gegenwärtigen (Bekannten) auf das Vergangene[28] – zu hohem Ansehen verholfen. Ein einzelner Vorgang, eine einzelne, durchaus richtig beobachtete geologische Erscheinung konnte daraufhin aber auch vorschnell verallgemeinert werden und als Erklärungsgrundlage für alle Erscheinungen und Vorgänge dienen.

Das sagt sich im nachhinein so leicht dahin. Aber, historisch gesehen, scheint es fast ein *Gesetz* der Geschichte der Wissenschaften zu sein, daß – insbesondere bei komplexen konkreten Prozessen als Theorieobjekt – zuerst die analogistische Spekulation überwiegen und am Anfang eine stark vereinfachende und verallgemeinernde Theorie stehen muß, aufgrund der erst die davon abweichenden Einzelheiten als solche und überhaupt erkannt werden können. Dabei hatte in unserem Falle die eine Seite sogar noch die Gewißheit der biblischen Offenbarung als erfahrungsunabhängige Stütze hinter sich; und so überwogen im 18. Jahrhundert die diluvialen Spekulationen über die Bildung der Erdoberfläche bei weitem – nicht, wie später meist abschätzig geurteilt wird, weil man sich nicht in einen Konflikt mit der Kirche begeben wollte, sondern weil der Glaube an das geoffenbarte „Wort Gottes" sich noch mit rationaler Naturerkenntnis vereinen ließ. Das 18. Jahrhundert ist ja auch die Zeit der Physico-Theologie, die gerade aus der detaillierteren Kenntnis der Natur und ihrer Gesetze heraus auf die Existenz und Allmacht des Schöpfergottes schließen konnte.

4. Reisetätigkeit und Neo-Vulkanismus

Das 18. Jahrhundert (insbesondere die zweite Hälfte) und den Beginn des 19. Jahrhunderts kann man aber auch als das eigentliche „naturhistorische" (Reise-)Zeitalter bezeichnen. Das ist kein Widerspruch; denn die Suche nach immer neuen Details aus den drei Naturreichen in der ganzen Welt (und im Kosmos) ließ sich ähnlich begründen. Alexander von Humboldts Reisen fügen sich hier ein und bilden insgesamt einen weitgehend abschließenden Höhepunkt.[29] Erst hierdurch wurden allmählich neben den klassischen Vulkanen – Vesuv und Phlegräische Felder mit dem Monte Nuovo, Ätna und Stromboli in Italien[30] und die griechische Insel Thera – auch andere vulkanisch aktive Gebiete bekannt: Kanarische Inseln, Island (Hekla), Asien, Amerika und Südsee. Das von Zentraleuropa und Deutschland aus als solches erscheinende sekundäre Randgeschehen auf der Erde erhielt immer größeres Gewicht für die allgemeine Geschichte der Erdbildung auch in der führenden deutsch-schweizerischen und englischen Geologie, insbesondere bei den selbst reisenden Geologen wie James Hutton, von Humboldt und Leopold von Buch, die allerdings als „Neo-Vulkanisten" wiederum dem vulkanischen Geschehen zu großes Gewicht beimaßen, das Pendel also auf die andere Seite ausschlagen ließen und dann ihrerseits heftig bekämpft wurden:

James Hutton hatte seine in den „Transactions" der Royal Society of Edinburgh 1788 mitgeteilte Theorie erst aufgrund der heftigen Kritik des irischen Chemikers und Geologen Richard Kirwan ausgebaut und 1795 als Monographie erscheinen lassen; sie erhielt ihre eigentliche Wirkungsmöglichkeit aber erst durch John Playfair's „Illustrations of the Huttonian Theory, or Comparative View of the Huttonian and Neptunian System", die 1802 in London erschienen (eine französische Übersetzung erschien 1815).

Alexander von Humboldt sah auf seiner Überfahrt nach Mittelamerika 1799 erstmals die Kanarischen Inseln und stieg am 21./22. Juni auf den Pico de Teyde und ein gutes Stück in den Krater. Der Gipfel (Pic) erschien ihm dabei als Basaltberg mit aufgesetztem „Porphyrschiefer" und „Obsidianporphyr". Am 20. Juni schrieb er an seinen Bruder Wilhelm vom „Fuße des Pik de Teneriffa":[31] „Fast alle Laven sind geschmolzener Basalt" und am 23. Juni an Johann Andreas Suchfort:[32] „Namentlich scheinen mir alle Ideen, welche man je über die Ursachen der Vulkane, über die Quellen ihrer Produkte aufgestellt hat, falsch und unhaltbar."

Hier auf Teneriffa begann also für Alexander von Humboldt der Übergang vom Neptunisten zum (Teil-)Vulkanisten, der den Vulkanen schon eine beträchtliche Wirkung zumindest bei der Umformung von ursprünglich neptunistisch entstandenen Gesteinen zuschrieb – die ausgearbeitete Reisebeschreibung begann allerdings erst 15 Jahre später zu erscheinen;[33] er vollzog sich dann nach 1804 durch die Zusammenarbeit mit Leopold von Buch, mit dem er seit dem gemeinsamen Studium bei Abraham Gottlob Werner in Freiberg (1791/92) befreundet war und mit dem er 1805 (und 1822) gemeinsam den Vesuv bestieg. 1815 bereiste L. von Buch auf Humboldts Anregung hin auch die Kanarischen Inseln und entwickelte hier seine Theorie der Erhebungskrater,[34] der auch Alexander von Humboldt bis an sein Lebensende zustimmte. 1858 schrieb letzterer rückblickend über den Obsidian:[35]

„Schon als ich mich im Frühjahr und Sommer 1799 in Spanien zu der Reise nach den canarischen Inseln rüstete, herrschte bei den Mineralogen in Madrid: Hergen, Don José Clavijo und andern, allgemein die Meinung von der alleinigen Bildung des Bimsteins aus Obsidian. Das Studium herrlicher geognostischer Sammlungen von dem Pic von Teneriffa wie die Vergleichung mit den Erscheinungen, welche Ungarn darbietet, hatten diese Meinung begründet: obgleich die letzteren damals meist nach den neptunistischen Ansichten aus der Freiberger Schule gedeutet vorgetragen worden war. Die Zweifel über die große Einseitigkeit dieser Bildungs-Theorie, welche sehr früh meine eigenen Beobachtungen auf den canarischen Inseln, in den Cordilleren von Quito und in der Reihe mexicanischer Vulkane in mir erregten, trieben mich an, meine ernsteste Aufmerksamkeit auf zwei Gruppen von Thatsachen zu lenken; auf die Verschiedenartigkeit der Einschlüsse der Obsidiane und Bimsteine im allgemeinen, und auf die Häufigkeit der Association oder gänzliche Trennung derselben in wohl untersuchten, thätigen Vulkan-Gerüsten. Meine Tagebücher sind mit Angaben über diesen Gegenstand angefüllt; und die specifische Bestimmung der eingewachsenen Mineralien ist durch die vielfachsten und neuesten Untersuchungen meines, immer bereitwilligen und wohlwollenden Freundes [Gustav Rose] gesichert worden.

Noch 1803 hatte A. von Humboldt allerdings an den neptunischen Ursprung der Anden-Obsidiane geglaubt, und noch 1823 war er nicht gewillt, sämtliche Porphyre als vulkanisches Gestein anzusehen; 1825/26 entschied er sich zwar für die plutonische Genese des Granits, doch bezweifelte er noch bis in die 30er Jahre die vulkanische Herkunft mancher Gesteine, obwohl sie bereits weitgehend vertreten wurde.[36]

Bereits auf Teneriffa war ihm aber klar geworden, daß die Wernersche Theorie der Vulkane falsch sein müsse.

5. Vulkantheorien

Nach der Wernerschen Vulkantheorie soll die Eruption geschmolzenen Gesteins durch darunterliegende, in Brand geratene Kohleflöze verursacht werden, also sekundär und oberflächlich sein. Es gäbe aber neben derartigen, genügend Hitze erzeugenden unterirdischen Kohlenbränden auch solche Erdbrände – wie im nordböhmischen (Braun-)Kohlengebiet zu seiner Zeit –, die keine für die Schmelze ausreichende Hitze erzeugten, so daß nur Ton gebrannt würde sowie jaspisartige Produkte und Schlacken an den Rändern der schwehlenden Kohlelager entständen, die er als *pseudovulkanisch* bezeichnete.[37]

Diese Theorie war insbesondere gegen die in der zweiten Hälfte des 18. Jahrhunderts allgemein vertretene gerichtet, wonach Vulkantätigkeit auf der Entzündung großer unterirdischer Schwefelkieslager beruhe[38] oder auf durch Feuchtigkeit verursachte „Gärungen von metallischen Mischungen" in großer Tiefe (so Johann Carl Wilhelm Voigt[39]). Die Theorie Werners war diesen gegenüber besser anschaulich begründet, und schon sein Schüler, der spätere Bergrat und Stuttgarter Professor Johann Friedrich Wilhelm Widenmann, brachte für sie ins Feld,[40] daß die chemische Zusammensetzung von Sulfiden und eindeutig vulkanischen Produkten unterschiedlich sei, was bei der Schweifelkies-Vulkantheorie nicht der Fall hätte sein dürfen. Werner selbst argumentierte, daß noch nie von einem brennenden Schwefelkieslager berichtet worden wäre und zudem geschmolzener Schwefelkies zu „Rohstein" werde, der niemals als vulkanisches Produkt aufgetaucht wäre.[41]

Die Theorie Werners gab auch eine Handhabe, die Ähnlichkeit des Basalts mit bestimmten Laven zu erklären, die von vulkanistischer Seite für die vulkanische Herkunft auch des Basalts angeführt worden war:[42]

> „Sollten nicht die verschiedenen Vulkane, wenigstens der Vesuv, ihre Entstehung und Fortdauer entzündeten mächtigen und tiefliegenden Steinkohlen-Flözen zu danken haben? – und sollten nicht die in den Laven befindlichen Hornblend- und granatförmigen Kristalle aus den über diesen Steinkohlen liegenden, von dem vulkanischen Feuer geschmolzenen und in Lava verwandelten Wacke und Basalt herrühren, wo sie, als weit strengflüssiger als Wacke und Basalt, ungeschmolzen zurückblieben und bloß kalziniert oder gebrannt, mit der Lava ausgeworfen werden?"

Neben Kohle müsse „noch eine hohe und feste Bedeckung und Kommunikation mit dem Meere, wenigstens mit anderem Wasser" vorhanden sein – die so entstehenden Dämpfe schienen als Treibmittel noch erforderlich. Die Küstennähe der meisten (bekannten) Vulkane bestätigte diese Deutung scheinbar, und das (meteorische oder meerische) Wasser wurde noch lange als Voraussetzung für vulkanische Tätigkeit angesehen. Man bedenke hierzu, daß die pneumatische Chemie mit der Berücksichtigung von gasförmigen Reaktionsprodukten erst im Entstehen begriffen war – und die in Deutschland dann auch nur nach und nach Fuß fassende antiphlogistische Oxidationstheorie Antoine Laurent Lavoisiers erst 1789 proklamiert worden war. Die von Athanasius Kircher 1678 und von Antonio Lazzaro Moro 1740 vorgeschlagenen Vulkantheorien[43] mit einem einfach postulierten Zentralfeuer, das sich Bahn zur Oberfläche suche und breche, oder jene von George Louis Leclerc de Buffon von 1749[44], nach der die von der Sonne losgerissene Glutmasse langsam erkaltet wäre, oder von J. A. G. von Justi[45], nach der die von der Sonne losgerissene Masse der Erde durch die Rotation im Innern erhitzt werde und das Zentralfeuer entstehen lasse, galten noch als zu mythisch-spekulativ – ebenso wie die kosmogonische Planetenentstehungslehre Immanuel Kants von 1755, die eigenartigerweise fast keine Resonanz fand[46] und erst durch die unabhängig, aber auf größerer empirischer astronomischer Basis entstandene ähnliche Nebularhypothese von Pierre Simon de Laplace 1796 neu erstand.[47] Erst daraufhin konnte sich die Idee von ausgedehnten unterirdischen (flüssigen) Vulkanherden, wie sie James Hutton vertrat, allmählich durchsetzen.

Zum Verständnis der älteren Vulkantheorien sei angeführt, was noch 1795 Horace Bénédict de Saussure neben Porigkeit des Gesteins einschließlich Blasen, Glasigkeit, Schwärzung, Rötung (die die „Vorstellung eines gebrannten Bodens“ erwecke) als „vulkanische Wirkungen“ ansah:[48]

„1. Die Feldspatkristalle alle erschreckt, einige auch in parallele Fasern zerteilt. – 2. Die Hornblende-Kristalle ebenfalls erschreckt, etwas Regenbogenfarbiges auf der Oberfläche. – 3. Einige weiße Zeolith-Körner in der Mitte leer, woraus sich abnehmen lassen möchte, daß diese Substanz die vom Feuer bewirkten Poren des Gesteins nur unvollkommen ausgefüllt habe.“

Das sind nur einige der zeitgenössischen theoretischen und empirischen Voraussetzungen für den Streit um die Herkunft des Basalts und anderer vulkanischer Produkte weit weg von tätigen Vulkanen.

6. Vulkanismus

1751 war insofern eine neue Situation für den Vulkanismus entstanden, als Jean Etienne Guettard bei seinen Arbeiten zur Fortsetzung der „Carte minéralogique“ Frankreichs in der Auvergne an der Lava die bis dahin als solche unbekannten erloschenen Vulkane entdeckte und damit dem Vulkanismus eine neue, weit in die Vergangenheit zurückreichende empirische Quelle erschloß.[49] Nach der Untersuchung von 16 Kegelbergen, die auch von der Form her bekannten tätigen Vulkanen ähnelten, lernte er am Mont d'Or auch säulenförmigen Basalt kennen, dessen Entstehung er allerdings wegen der bergkristallähnlichen Form einer Kristallisation aus wäßriger Lösung zuschrieb[50] – in Übereinstimmung mit den diluvianistischen Erdbildungstheorien. Zwanzig Jahre später stellte Nicolas Desmarest bei seinen Untersuchungen der erloschenen Vulkane der Auvergne dagegen fest, daß echter Basalt dort häufig von vulkanischen Aschen bedeckt war oder solche überlagerte und nicht selten in echte Lava überging, insgesamt den Charakter einer urspünglich flüssigen, später erstarrten vulkanischen Materie trüge.[51] Der Basalt zeige auch vielfache Übergänge in Porphyr und dieser in Granit, woraus Desmarest schloß, daß wahrscheinlich alle diese Gesteine auf feuerflüssigem Wege entstanden wären, der Basalt durch höhere Schmelzung aus Porphyr und dieser aus Granit.

Auch hier findet sich also wieder eine aus späterer Sicht unzulässige Verallgemeinerung. Die bald durch chemische Untersuchungen festgestellte *Un*ähnlichkeit von Porphyr und Granit mit dem Basalt ließ die gesamte Theorie ins Wanken kommen. Die vulkanische (plutonische) Herkunft des Granits (und Porphyrs) blieb höchst umstritten und die des Basalts wurde angefeindet, wenn auch gerade sein Auftreten zwischen Aschen und Laven am ehesten dafür sprach.

In Frankreich setzte sich insbesondere der Autodidakt Abbé Jean Louis Giraud Soulavie für die feurige Herkunft des Basalts ein,[52] nachdem er die Beobachtungen Guettards und Desmarests auch an den erloschenen Vulkanen im Vivarais, Velay und in der Provence hatte bestätigen können. Er versuchte auch, aus der Lagerung von Basalt- und Lavaströmen über oder unter Gesteinen von anderer Zusammensetzung eine chronologische Reihenfolge der vulkanischen Eruptionen zu erschließen, und glaubte, sechs Perioden feststellen zu können, in denen die vulkanischen Produkte die jeweils entstehenden Gesteinsschichten durchsetzt hätten – wobei er für die historische Schichtenfolge auch bereits unterschiedliche Petrefakten zur Deutung heranzog.[53] Doch blieb sein ganzes Gemälde der Erdgeschichte Südfrankreichs noch zu spekulativ; und es war schon wegen der übertriebenen Geo-Charakterkunde des Menschen, die das ganze Werk durchsetzt, vielen Zeitgenossen insgesamt suspekt – auch dem jungen Alexander von Humboldt[54]. Aber das Problem war für die französische Geologie bereits von Barthelemy Faujas de St. Fond entschieden gewesen, der 1778 eine gründliche Behandlung der erloschenen Vulkane im Vivarais und Velay mit einem Vergleich der dortigen vulkanischen Produkte, zu denen er wie selbstverständlich den Basalt zählte, mit denen tätiger Vulkane vorgelegt hatte.[55]

Was für Frankreich mit seinen erloschenen Vulkankegeln galt, mußte allerdings nicht für Deutschland gelten. Zwar hatte auch hier schon Anfang der 1770er Jahre Rudolf Erich Raspe in den „Schriften der Göttinger Gesellschaft der Wissenschaften" 1771 und 1774 eine „Nachricht von niederhessischen Basalten und den Spuren eines erloschenen Vulkans am Habichtswalde" mitgeteilt; aber es fehlten hier erhaltene Kegelberge oder Krater im Zusammenhang mit Basaltvorkommen, und es wurden deshalb von verschiedenen Seiten bergmännische Untersuchungsarbeiten, Schächte und Stollen, in Basaltbergen empfohlen, um die Eruptionsschlote nachzuweisen.

Die mit bescheidenen Mitteln durchführbare „Kratersuche" wurde daraufhin eine regelrechte Modeerscheinung; und im „Journal von und für Deutschland" wurden im August des Jahres 1784 von B. C. Faust gar „die deutschen Fürsten auf[gefordert], das Innere eines Basaltberges [des „Weissener" (sic!), das ist der Meißner bei Allendorf an der Werra], in welchen er feuerspeiende Schlünde ahndete, durchwühlen"[56] zu lassen. Der Fürst der Neptunisten, Abraham Gottlob Werner, war sich seiner Vulkantheorie aber so sicher, daß er die Kosten einer erfolgreichen Suche nach einem Eruptionskrater an einem deutschen Basaltberg zu ersetzen bereit war.[57] Der erste zu rein wissenschaftlichen Zwecken angelegte bergmännische Aufschluß überhaupt scheint aber der auf Anregung Goethes, jedoch erst nach seinem (und Werners) Tod 1837 von Kaspar Graf von Sternberg mit eben diesem Ziel in den Kammerbühl (Kammerberg, Komorní Hůrka bei Franzensbad/Frantiskovy Lázne in Nordwest-Böhmen) vorgetriebene Stollen zu sein.[58]

Jean-André de Luc war bei dieser Kratersuche 1779 auch zum Unkeler Basaltsteinbruch am Rhein gekommen,[59] aus dem die am ganzen Niederrhein bekannten Unkeler Steine kamen und den Alexander von Humboldt zum wichtigsten Untersuchungsobjekt seiner „Mineralogischen Beobachtungen über einige Basalte am Rhein" machen sollte. Letzterer meinte hierin zu dem Ergebnis de Lucs:[60]

„Er wollte den Anfang jenes mächtigen Lavastroms [zu dem der Unkeler Basalt gehören sollte] sehen und wurde durch die Entdeckung eines – handbreiten Craters für seine mühsamen Nachforschungen elend belohnt."

An anderer Stelle sprach Humboldt von de Lucs „ancien soupiral du Volcan" über dem Unkeler Steinbruch („cet entonnoir n'a que 4 à 5 pieds d'ouverture et 3 ou 4 de profondeur"[61]) als kleinem „Kothloch, dessen Grundfläche man mit einer Hand bedecken konnte";[62] und auch Carl Wilhelm Nose hatte sich in anderem Zusammenhang darüber mokiert:[63]

„Hoffentlich wird man mir jetzt auch die Untersuchung des Kraterchens schenken, von welchem Herr de Luc redet, und wozu Herr Werner [...] die Kosten hergeben wollte. Gewiß würde die Unternehmung ebenso fruchtlos ablaufen, als beym Leitberge[64] [...]"

Die deutschen Vulkanisten wie Johann Carl Wilhelm Voigt[65] meinten jedoch mit Recht, dann wenigstens in den Maare der Eifel offensichtliche Vulkankrater gefunden zu haben.

Das löste wiederum eine eifrige Suche nach entsprechenden Teichen und Seen in allen Landesteilen aus und veranlaßte A. von Humboldt zu dem Ausspruch:[66]

„Dass man jeden grossen oder kleinen Wasserbehälter einen ausgebrannten Crater nennt, ist jetzt freilich eine sehr gewöhnliche Philosophie."

Und dieses erfolge „oft bloss darum, weil er eine Vertiefung ist", ergänzte er in einer Fußnote. Als vulkanische Tätigkeit wurde damals eben nur das „Feuerspeien" der Vulkane angesehen, das Austreten von Laven und Aschen. An Magma- und Gasausbrüche aus Spalten dachte noch niemand. Zudem gab es, was für das Verständnis der Kontroverse wichtig ist, im Gegensatz zur diluvianisch-neptunistischen noch keine einheitliche vulkanistische Theorie; selbst die Erklärung der Säulenbildung des Basalts war uneinheitlich. Hatte beispielsweise der Vulkanist Johann Carl Wilhelm Voigt, ehemals selbst ein Schüler A. G. Werners und später sein erbittertster Gegner, ursprünglich (richtig) die Säulenbildung als Abkühlungserscheinung erklärt, so neigte er später, auf der Höhe der Kontroverse, wieder der ursprünglichen Ansicht von J. E. Guettard zu, der sich etwa auch Sir William Hamilton und August Ferdinand von Veltheim[67] angeschlossen hatten, daß Basalt nämlich als Kristallisationserscheinung aufzufassen sei:[68]

„Jetzo aber scheint mir die Hamiltonische von mehrerem Gewicht zu sein, da ich mich durch Beobachtungen immer mehr überzeugt habe, daß die meisten gegenwärtig freistehenden Basaltkuppen ehedem in weichen Lava- und andern Gebirgsmassen eingeschlossen gewesen."

7. Der Basalt im Neptunismus

Ausgelöst worden war die eigentliche, scharfe Kontroverse um die Basaltbildung durch eine Entdeckung Abraham Gottlob Werners, die er 1788 im „Intelligenzblatt der allgemeinen Litteratur-Zeitung" (Nr. 57, vom 20. X. 1788, S. 484f.) bekannt machte[69] und die seine neptunistische Theorie völlig zu bestätigen schien.

Seinen Weg zum Neptunismus beschrieb Werner 1787 selbst:[70]

„Als ich im Jahre 1775 wieder nach Freiberg kam,[71] fand ich das System der Vulkanisten, und in solchem unter anderem den vulkanischen Ursprung des Basalts, allgemein angenommen. Sowohl die Neuheit und das Interessante dieser Lehre, als vorzüglich auch die Überredungskunst ihrer Verteidiger, und in gewissem Maße das Überredende oder der Schein der Sache selbst, hatten selbiger bald allgemein viel Anhänger verschafft. Ob mir nun solche schon gleich anfänglich sehr paradox vorkam, so hatte ich doch zuviel Achtung für das Ansehen der meisten Mineralogen, die selbiger zugetan waren, als daß ich mich sogleich darwider hätte erklären sollen. Ich ließ also die Richtigkeit derselben einstweilen, und bis ich selbst Beobachtungen über diese Materie anstellen könnte, dahingestellt sein. Dies nun fügte sich im Sommer des darauffolgenden 1776sten Jahres, da ich den berühmten Sächsischen Basaltberg, den bei Stolpen,[72] besuchte und beobachtete. Hier fand ich nun auch nicht eine Spur von vulkanischer Wirkung,[73] auch nicht das geringste Merkmal einer vulkanischen Erzeugung. Vielmehr bewies die ganze innere Struktur des Berges ganz das Gegenteil. Nun wagte ich es zuerst, öffentlich zu behaupten und zu beweisen: daß wenigstens nicht aller Basalt vulkanischen Ursprungs sein könnte, und zu letzern unter anderen der Stolpener unbezweifelt gehöre. So vielen und großen Widerspruch ich auch anfangs hierinnen fand, so traten doch bald mehrere meiner Meinung bei. [...]

Ein vorzügliches Gewicht aber erhielt meine Meinung, durch die Bemerkungen der ehemaligen Erdbrände in dem um die Basalt- und Porphyrschiefergebirge des Böhmischen Mittelgebirges herumgelegenen Steinkohlengebirge [vielmehr: Braunkohle] und die daraus entstandenen Pseudovulkanischen Gebirge,[74] die ich in dem 1777sten Jahre machte."

Als Konsequenz ergab sich für ihn daraus,

„daß kein Basalt vulkanischen, sondern alles, so wie alle übrigen uranfänglichen und Flözgebirgsarten, nassen Ursprungs sei."

Die petrographische Stratigraphie, die A. G. Werner damals entwickelte und lehrte, aber erst 1787 in dem ersten Lehrbuch der Petrographie überhaupt publizierte,[75] hatte folgende Form:[76]

4. Aufgeschwemmte Gebirge (Kies, Sand, Lehm, Moor, Seifen, Raseneisenstein)
3. Vulkanische Gebirgsarten (Echt vulkanisch: Lava, Asche, Tuff, Traß; pseudovulkanisch: Erdschlacken, gebrannte Tone)
2. Flözgebirge (Flözkalk, Sandstein, Steinkohle, Kreide, Steinsalz, Gips, Eisenton)
1. Urgebirge (Granit, besonderer Granit [später: Syenit], Gneis, Glimmerschiefer, Tonschiefer, Porphyrschiefer [später: Phonolith], Porphyr, Basalt, Mandelstein, Serpentinstein, Urkalk, Quarz, Topasfels).

Später fügte er Grauwacken, Tonschiefer und Übergangskalk – entsprechend dem späteren Alt-Paläozoikum – zwischen Urgebirge und Flözgebirge ein – und hatte damit die Grundzüge der *Stratigraphie* (wenn auch nicht ihrer Entstehung) Deutschlands richtig getroffen. Eine zweite Änderung betraf den Basalt, den er aus petrographischen Gründen ursprünglich ins Urgebirge gesetzt hatte – bis er auf einer Reise mit seinem Schüler J. F.W. Widenmann und dem Obereinfahrer von Oppel am Scheibenberg und dann auch am Pöhlberg (bei Annaberg) im Erzgebirge Basalt *über* Kies, Sand, Ton und „Wacke" fand, was diese Einstufung als unmöglich erwies:[77]

„Ich hatte [...] an der Kuppe desselben [Scheibenberges] schon ehedem im Vorbeireisen von weitem eine große weiße Halde gesehen, von der man mir [...] sagte, es wäre die Halde der Sandgrube, aus welcher das Städtchen seit seiner Erbauung sein Bedürfnis an Sand holte. Eine Sandgrube oben an der Kuppe eines Basaltberges schien mir etwas sehr Sonderbares zu sein. [...] Inzwischen vermutete ich hier doch nur eine um den Fuß der Basaltkuppe herumgelagerte Sandschicht, so wie man sich solches von dem an dem Pöhlberg bei Annaberg liegendem Sande und Ton bisher allgemein vorgestellt hat, zu finden. Wie erstaunte ich aber, als ich hinkam und gleich mit einem Blicke erst unten eine mächtige Quarzsandschicht, dann darüber einige Tonschichten, endlich eine Wackenschicht und über dieser den Basalt aufliegen sahe, als ich sahe, daß die ersten drei Schichten sich fast horizontal unter dem Basalte hinzogen und also ein Unterlager ausmachten und daß der Sand nach oben zu feiner und endlich tonig wurde, also sich förmlich in Ton, sowie der Ton oben in Wacke und alle Wacke zuletzt in Basalt verlief; kurz: daß hier der vollkommenste Übergang aus dem reinen Sande in tonigen Sand, aus diesem in sandigen Ton und aus diesem durch mehrere Gradationen in fetten Ton, Wacke und endlich Basalt stattfand.

Hier drängten sich mir [...] die Ideen schnell und unwiderstehlich auf: Dieser Basalt, Wacke, Ton und Sand sind alle von einer Formation, sind alle durch nassen Niederschlag aus einer und derselben ehemaligen Wasserbedeckung dieser Gegend entstanden; das diese Gegenden damals bedeckende Gewässer schwemmte erst Sand hin, setzte dann auf diesen Ton ab, änderte nach und nach seinen Niederschlag in Wacke und endlich in wahren Basalt um."

(Aufgrund der Diskussion dieser Theorie, gegen die insbesondere Basaltgänge angeführt wurden, entwickelte A. G. Werner 1791 eine „Neue Theorie von der Entstehung der Gänge",[78] in die er vor allem seine große bergmännische Erfahrung einbringen konnte. Hier wurden die Basaltgänge als von oben ausgefüllte Spalten gedeutet, also ganz in neptunistischem Sinne – ergänzt durch seine ältere Theorie, die von einer ursprünglichen Gesamtbedeckung durch den aus dem Urmeer ausgefällten Basalt ausging und ihn so als Überbleibsel auf Bergkuppen zu erklären schien, die ihm kaum vulkanischer Herkunft zu sein schienen.[79] Unwahrscheinlich schien den Neptunisten auch die ungeheure Flächenausdehnung der ehemaligen Vulkane zu sein, wie sie die Vulkanisten – mit Recht – annehmen mußten.)

Damit hatte die neptunistische Deutung des Basalts als Sedimentgestein, die etwa von dem irischen Geologen Richard Kirwan, dem Schotten W. Richardson, dem schwedischen Chemiker Tobern Olof Bergman[80] und seinem Landsmann Carl von Linné sowie in Deutschland von Johann Friedrich Wilhelm Charpentier vertreten worden war, in dem damals bedeutendsten Mineralologen und Geologen auch öffentlich einen kundigen und überzeugenden Mitstreiter gefunden.

8. Die Kontroverse wächst sich zum Streit aus

Johann Carl Wilhelm Voigt ließ dieser „Bekanntmachung"[81] deshalb sogleich eine „Berichtigung über die neue Entdeckung von dem Herrn Akademie-Inspektor Werner" nachfolgen,[82] in der aus Beobachtungen und aus der Literatur Argumente vorgebracht werden, die auch eine vulkanische Erklärung des am Scheibenberg beobachteten Sachverhaltes ermöglichten[83] – außer dem Übergang der Gesteine ineinander, wofür Voigt eine spezielle vulkanistische Theorie entwickelte.[84] A. G. Werner nahm mit Recht insbesondere an dem Ausdruck „Berichtigung" Anstoß, und J. C.W. Voigt entschuldigte sich dann auch damit, daß die Herausgeber des „Intelligenzblattes" dieses Wort versehentlich in die Überschrift gesetzt hätten; denn an Werners Beobachtungen selbst sei nichts zu „berichtigen", nur gegen die daraus gezogenen Schlußfolgerungen seien seine Einwände gedacht. Der gegenseitig beleidigende Ton in den folgenden Artikeln[85] in denen der Gegenpartei jeweils Unverstand und mutwillige Verdrehungen vorgeworfen wurden, ließ dann die wissenschaftliche Kontroverse zu einem häßlichen, in der Öffentlichkeit ausgetragenen persönlichen Streit ausarten, der von Schülern Werners einerseits und Voigt, der die Schärfe hineingetragen hatte, nebst Anhängern andererseits in wenig gemilderter Form bis 1794 fortgesetzt wurde. So heißt es etwa in Voigts „Erklärung gegen Werners Antwort":[86]

> „Auch hier hat es wieder den Anschein, daß er einen Nebel unterhalten wolle, hinter welchem er als hinter einer Decke vornehmen könnte, was er wollte, und bei welchem auch die Hellsehensten nicht wissen sollten, wie sie dran wären. [...] Schon ehe er der neue Entdecker einer ihm so wichtig scheinenden Sache wurde, belegte er seine zukünftigen Gegner aus purer Unbefangenheit mit dem Partei-Namen: feuersüchtige Mineralogen. Mich wundert, daß er in seinem Eifer einen Brief von mir nicht auch hat mit abdrucken lassen, worin ich ihm versicherte, daß ich ein so feuersüchtiger Heide bliebe, daß ich glaubte, die Wassersucht könnte bei mir nicht fortkommen und wenn ich sie mir auch inoculieren ließe [...]"

Beide Seiten fanden ihre Anhänger, beiden Seiten wurden neue regional-geologische Beobachtungen an bestimmten Basaltbergen zugeführt, ergänzt durch eine vulkanistische beziehungsweise neptunistische Deutung. Voigt druckte die bemerkenswertesten der ihm zugegangenen Briefe in seinen „Mineralogischen und bergmännischen Abhandlungen"[87] ab, Werner solche mit eigenen Ergänzungen in „Köhlers Bermännischem Journal" (1788 und 1789).

Der ganze Streit war insbesondere auch dadurch angefacht worden, daß mitten in die Auseinandersetzung hinein die Beantwortung eines Preisausschreibens fiel, zu dem, als Versuch einer Vermittlung, der Herausgeber des neuen „Magazins für die Naturkunde Helvetiens", Johann Georg Albrecht Höpfner, 1787 aufgerufen hatte: „Was ist Basalt? Ist er vulkanisch oder ist er nicht vulkanisch?"[88] Der Preis von 25 Thalern stand dabei in keinem Verhältnis zu den Wogen, die er erzeugte. Im ganzen waren sechs Arbeiten eingereicht worden; den Sieg trug mit geringer Stimmenmehrheit die 80 Seiten umfassende Schrift des Werner-Schülers und überzeugten Neptunisten J. F.W. Widenmann[89] davon, während Voigts vulkanistische Preisschrift[90] von nur 20 Seiten Umfang ihr knapp unterlag, obwohl die Schweizer Preisrichter selbst eher vulkanistisch eingestellt waren.

Was ein anonymer „Unparteiischer Beobachter" bereits am 12. Januar 1789, noch vor der Beurteilung der eingegangenen Arbeiten, Voigt geschrieben hatte, hatte sich bewahrheitet:[91]

„Denn so wie hier, ein System dem andern schnurgerade gegenübergestellt und nun zum Wettkampf unter die Anhänger auf beiden Seiten geblasen wird, so gibt das, wenn alles gut geht, höchstens einen Streit wie unter Advokaten. [...] Jeder Verfasser nimmt die bereits vorhandenen Data, drehet sie und verdrehet sie so lange, als der bestimmte Termin der Einsendung verstattet, bis sie zu seiner Hypothese passen."

Er schlug demgegenüber einen langfristigen, von gründlichen empirischen und experimentellen Studien begleiteten „Prozeß" vor, wie er sich letztlich in den folgenden 50 bis 60 Jahren abspielte – und der vulkanistischen Theorie, nachdem die Waage schon ab 1800 sich mehr und mehr zu ihrer Seite geneigt hatte, endgültig zum Sieg verhalf. A. Höpfner urteilte selbst über das damalige Ergebnis:[92]

„Es ist mit leid, sehr leid, daß ich auf die unschuldigste Weise Ursache bin und Gelgenheit gegeben habe, daß durch meine Frage über den Basalt ein so unbeliebiger Streit zwischen verschiedenen berühmten Mineralogen entstanden ist, und daß solcher auf eine Art geführt wird, die nicht anders als jedem unparteiischen Naturforscher sehr viel Mühe machen muß. [... Seine Absicht sei] lauter, rein und gut gemeint [gewesen ...]. Diese Absicht und Zweck sind nun verloren, seitdem man Parteisache daraus gemacht, und ich ziehe mich desto lieber zurück,[93] da die Sache selbst [...] zur Quelle von vielfältigem Verdruß und unverschuldeter Feindschaft und heimlichem Groll wurde. [...]
Die beiden Antworten hatten beide nicht das geliefert, was man hoffte, nämlich neuere unter den Augen eines scharfsinnigen Mineralogen und der Wirkung der Natur selbst abgelauschte(n) Entdekkungen, welche im Stand gewesen wären, einen zuverlässigen Grund für die eine oder andere Art der Entstehung dieses Gesteins darzustellen; sondern beide Verfasser brachten bloß allein unter einem Gesichtspunkt, was sich aus den Mutmaßungen und Beobachtungen der Gelehrten für oder wider ihre Meinung sagen ließe."

Höpfner bemerkt ausdrücklich, daß deshalb der Arbeit Widenmanns nur wegen ihrer Form und Ausführlichkeit der Preis zuerkannt worden sei, nicht, um damit die Nichtvulkanität des Basalts anzuerkennen.

9. Größere Systemkonformität der neptunistischen Basalttheorie

Die neptunistische Partei hatte jedoch auf ihrer Seite die Erfahrungen und – was wohl ausschlaggebend war – das (scheinbar) empirisch gesicherte, in sich geschlossene geologische System A. G. Werners, während auf vulkanistischer Seite weder insgesamt eine einheitliche Vulkan- und Basalttheorie vertreten wurde, noch ihre prominentesten Vertreter bei ein und derselben blieben. Bezüglich des Basalts gab es neben der neptunistischen Theorie vor allem drei, von Werner in seiner Antwort an Voigt[94] charakterisierte:

(1) Alle Basaltberge wären „erloschene besondere Vulkankegel".

(2) Es seien alle „Basaltberge in einer Gegend das Werk eines einzigen Vulkans", welche „ehedem ein einziges weitverbreitetes Lager ausgemacht hätten und nachher, – als Ströme, Flüsse und Fluten

die Täler eingeschnitten, – mit einem Teile ihrer Grundlage in so viel besondere Berge verteilt worden wären" (D. de Dolomieu, J. C.W. Voigt und andere – diese Theorie trifft schon zum großen Teil das Richtige).

(3) Es seien alle „zu den Basalten, die wir finden, gehörigen vulkanischen Kegel zerstört und weggeführt"; die übrig gebliebenen Basalte seien „nichts anderes als die auf den Sohlen oder Herden jener vulkanischen Feuerkammern stehen gebliebenen, kristallisierten und erkalteten Laven" (W. Hamilton, A. F. von Veltheim und andere).

So nimmt es nicht Wunder, daß vorerst die neptunistische Deutung des Basalts die Oberhand behielt – und daß sich auch Alexander von Humboldt in seinem Erstlingswerk von 1790 noch auf ihre Seite schlägt. Er enthielt sich allerdings allzu heftiger Ausfälle gegen die andere Seite, was erst deutlich wird, wenn man sich der Ausmaße bewußt ist, die der Streit damals auf seinem Höhepunkt diesbezüglich angenommen hatte; und er verwarf Erklärungen von vulkanistischen Vertretern (wie Voigt) nicht schon deshalb, weil sie von der vermeintlichen Gegenseite stammten. Er konnte unbefangener sein, war er doch erst nach dieser Publikation Schüler A. G. Werners geworden.

Aber die von Carl Wilhelm Nose erhoffte empirische Bestätigung der eigenen Position[95] in dessen umfangreichen Beschreibung des Unkeler Steinbruchs, die Nose für den zweiten Band der „Orographischen Briefe über das Siebengebirge"[96] angekündigt hatte, stellte sich nicht ein. – Ein Vergleich dieser Beschreibung mit der im Erstlingswerk Humboldts trennt auch scharf den Anfänger (Humboldt) vom Meister (Nose).

10. Die Überwindung der Kontroverse durch Angleichung der Theorien aufgrund neuer Erkenntnisse

Nose kommt hier aufgrund sorgfältiger Untersuchungen zu dem Schluß, daß es vulkanischen *und* nicht-vulkanischen Basalt gebe – weil „bei gewissen Basalten [...] alle solche Spuren von erlittener Hitze ganz" fehlen. Viele Beschaffenheiten seien „der Annahme von Feuerwirkung sogar entgegen".

Er ging bei seinen Untersuchungen sogar mit der Lupe an die Basalte heran. Obwohl er daraufhin von beiden Parteien verspottet wurde, wies er damit den Weg der zukünftigen mineralogischen Forschung, der allerdings erst ab 1850 mit entsprechenden Polarisationsmikroskopen und einer neuartigen Dünnschlifftechnik beschritten werden konnte (Henry Clifton Sorby, Hermann Vogelsand, Harry Rosenbusch, Ferdinand Zirkel).[97]

Eine Entscheidung für den ausschließlich vulkanischen Ursprung des Basaltes bahnte sich auch erst an, nachdem 1798 James Hall in seinen „Experiments on Whinstone Lava"[98] das systematische Experiment in die Debatte geworfen hatte. Damit war die Deutung der Säulenform des Basalts als Abkühlungs- und Schrumpfungserscheinung bei der Erstarrung des Lava-Schmelzflusses endlich bestätigt worden. Sie war zwar schon früher aus zufälligen Beobachtungen bei unsachgemäßer Abkühlung in Glashütten erschlossen und mehrfach angeführt worden,[99] hatte bis dahin experimentell aber nie nachvollzogen werden können.

Die Erforschung tektonischer Fragen, welche die Probleme der Verwerfungen und Falten, die schon von Neptunisten und Vulkanisten spekulativ zur Erklärung der Gebirgsformationen angeführt worden waren, hätten lösen können, sind überhaupt erst im Laufe des 19. Jahrhunderts in das Blickfeld der Geologen getreten – und haben letztlich erst durch die neue Plattentektonik eine Erklärung gefunden, die auch die Herkunft des flüssigen

Magmas, aus dem sich unter anderem auch die (keineswegs notwendig säulenförmigen) Basalte bilden, umfaßt.

Damit war die Geologie Schritt für Schritt von einer empirisch orientierten „naturgeschichtlichen“ Disziplin zu einer Naturwissenschaft geworden. Alexander von Humboldt dokumentiert in seiner kleinen Schrift „Mineralogische Beobachtungen über einige Basalte am Rhein“ noch die ältere Phase, in der alle Arten von Erfahrungen gesammelt und ins Feld geführt wurden – einschließlich solcher aus der humanistischen Tradition, die hier auch um 1790 noch eine prägende Rolle spielte.[100] Später hat er insbesondere die phänomenologisch-empirische Basis des Vulkanismus auf seinen Reisen erweitert, ohne jedoch den physikalisch-chemisch-experimentellen Argumenten, die letztlich einen die menschliche Erfahrung überschreitenden Aktualismus voraussetzen,[101] unverständlich gegenüberzustehen.[102]

Daß sich die zuvor scheinbar widersprüchlichen empirischen Befunde auf der neuen naturwissenschaftlichen Basis vereinen lassen, zeigt eine moderne Beschreibung der Basalte. Danach ist Basalt nämlich[103]

„ein vulkanisches Gestein, bestehend aus einem mehr oder weniger kristallinen Gemenge von basischen Feldspäten und Augiten, mit oder ohne Feldspatvertreter, Hornblende und Olivin. Mikroskopisch erscheint er als meist feinkörniges bis dichtes kristallines schwarzes Gestein, dessen Bestandteile wegen der Feinkörnigkeit mit bloßem Auge nicht zu bestimmen sind – bis auf die manchmal vorhandenen porphyrischen Einsprenglinge von Hornblende, Augit oder Olivin. Die Absonderungsformen des Basalts sind sehr verschieden: unregelmäßig-klüftig, plattig, säulig oder kugelig. Die Lagerungsform zeigt alle Möglichkeiten vulkanischer Gesteine, nämlich Eruptivdecken und deren Reste (z. B. Scheibenberg), Füllungen von runden Eruptivschloten [...] und Eruptivgänge [...]. Wesentlich für die Einschätzung solcher vulkanischer Lagerungsformen beim Basalt ist die Dünnflüssigkeit der ursprünglichen Basaltlava, weswegen wir bei Basaltvorkommen keine Schichtvulkane rekonstruieren dürfen, d. h. uns die Basaltvulkane morphologisch nicht so vorstellen dürfen wie Vesuv oder Ätna, sondern als ganz flache, weit ausgestreckte Schildvulkane. Die ursprüngliche Form dieser Basaltergüsse ist bei uns überall durch die Abtragung zerstört. Die noch vorhandenen Basaltberge Deutschlands stellen nur mehr oder weniger kümmerliche Erosionsreste dar.“

Anmerkungen

1 Saussure 1795, S. 68.

2 Goethe 1827–30, II, 13, S. 314. Vgl. hierzu Brednow 1974, Hölder 1989, S. 50–54.

3 Vgl. Cleaveland 1816, S. 283 f.: „It is extremely doubtfull, whether any Basalt, striktly speaking [soll heißen: säulenförmiger Basalt], has yet been observed in the United States; although it is said to exist in the Stony Mountains“ – man denke etwa an die imponierenden, bis 25 m hohen Basaltsäulen des „Devil's Postpile National Monument“ westlich von Mammoth Lakes in der Sierra Nevada (California). Der amerikanische Geologe Joseph Cogswell hatte Goethe das Werk Mitte 1818 zugeschickt. – Über den Osten der U.S.A. urteilte auch noch Humboldt 1823, S. 187: „Der ganze östliche, an Metallen arme Theil des amerikanischen Festlandes ist in seinem gegenwärtigen Zustande ohne Feuerschlünde, ohne Trachytmassen, vielleicht selbst ohne Basalt mit Olivin. Alle amerikanischen Vulkane sind in dem Asien gegenüberliegenden Theile vereinigt [...]“

4 Goethe 1827–30, IV, 42, S. 377 (I, 5^1, S. 137). Siehe auch: Goethe 1947–49, 2, S. 359 (Nr. CC).

5 Humboldt 1823. – Zur Geologie A. von Humboldts siehe auch Watznauer 1971, Hoppe 1993, zu seinen geognostischen Schriften Leitner 1993.

6 Goethe 1947–49, 2, Nr. CLXXVI (1. Fassung vom 16. 3. 1823) und Nr. CLXXXI.

7 John Playfair (1802) hatte die alten Strandlinien und Flutmarken in Skandinavien (und Schottland), die bis dahin im Sinne des Neptunismus mit dem Sinken des Meeresspiegels erklärt worden waren, erstmals als aus einer Hebung des Landes resultierend gedeutet; und Leopold von Buch hatte sich 1807 dieser Deutung angeschlossen und die Erscheinung als durch vulkanischen Druck von unten (durch größeres Volumen einnehmende plutonische Gesteinsmetamorphose) verursacht erklärt. Auf diese Erklärungen der später so genannten (negativen) Strandverschiebung nahm Goethe oben wahrscheinlich Bezug. Vgl. auch Hölder 1989, S. 104–106.

8 Auch diese Theorien stammen von dem Vulkanisten Leopold von Buch. Vgl. hierzu im einzelen Zittel 1899, bes. S. 381 ff., Wagenbreth 1953 und 1979, Hölder 1989, S. 83 ff.

9 Humboldt 1790 a, S. VIII.

10 Guettard 1770, 2, S. 226–277: „Mémoire sur le Basalte des anciens et des modernes." – Zu Guettard siehe Ellenberger 1978.

11 Humboldt 1790 a, S. 41–68.

12 Siehe etwa Singer 1954–1958, 1, S. 477, 506 (Steinbeile im Neolithikum) und 675. Insgesamt siehe Blümner 1875–1887, 3, S. 23–25; Forbes 1955–1964, 7, S. 90, 170 f. und 175.

13 Buttmann 1808, S. 169.

14 Plinius, rec. Sillig, 3, 1851.

15 Humboldt 1790 a, S. 49.

16 Entsprechend wurde auf meine Empfehlung in der neuen kritischen Copernicus-Ausgabe nicht mehr das Autograph dem Lesetext zugrundegelegt, sondern die Editio princeps, welcher Text allein in der Geschichte der Wissenschaft gewirkt hat. Siehe Nobis/Sticker 1984, S. XV.

17 Sethe 1933 führt den griechischen Begriff auf ägyptisch bhn (bahan) zurück, den Namen des Grauwackeschiefers im Wadi Hammamat, der von den Ägyptern als Prüfstein des Goldes verwendet wurde. Vgl. auch Kretschmer 1936, S. 90; Niedermann 1946; Frisk 1960, 1, S. 222.

18 Vgl. Blümner 1875–1887, 3, S. 23–25, und Blümner 1897. – Daß der μέλανος λίϑος bei Strabon kein Basalt war, wie A. von Humboldt 1790 a konstatierte, ist noch heute opinio communis.

19 Agricola 1546 (^{2}1558), p. 309. – Agricola 1958 (dt.), S. 187.

20 Siehe Krafft 1977, bes. S. 22–24.

21 Agricola 1546, p. 310 (dt., S. 188); vgl. auch p. 276 (S. 147).

22 Agricola 1546, p. 315 (dt., S. 194); vgl. auch p. 172 (S. 24) zur Farbe, p. 178 (S. 31) zur Härte und p. 181 (S. 34/35) zur Säulenform des Stolper Basalts.

23 Humboldt 1790 a, S. 41 ff.

24 Johann Scheuchzer (1708), zitiert nach Hölder 1960, S. 132 f. – Ähnlich dann auch J. J. Scheuchzer 1716–1718, § 18 ff.

25 Vgl. dazu Krafft 1971.

26 Woodward 1695, S. 1702; deutsche Übersetzung Woodward 1746, zitiert nach Hölder 1960, S. 131 f. – Generell siehe Page 1969.

27 Moro 1740; deutsche Übersetzung Moro 1751, S. 256–260 und 459–462. Siehe auch Hölder 1960, S. 29–32 und 130.

28 So erstmals bezüglich der Erdgeschichte in Leibniz 1749 a (auszugsweise 1693 in den Acta Eruditorum erschienen), deutsche Übersetzung Leibniz 1749 b; bezüglich der Geschichte des Kosmos in Kant 1755. – War bei Leibniz der Begriff „historia“ dabei noch im alten Sinne auf die „[Aufzeichnung der] menschliche[n] Kunde“ beschränkt (vgl. den Schlußsatz: „Ita rerum natura praestat nobis Historiae vicem.“ „So tritt für uns die Natur der Dinge [nämlich die Folge der Schichten] an die Stelle der ‚Geschichte‘“, nämlich der menschlichen Kunde, so daß für die Zeit *vor* einer menschlichen Besiedlung natürliche Kunde vorliegt), so wird bei Kant daraufhin die *Naturgeschichte* zu einer *Geschichte* der Natur. Vgl. hierzu Sticker 1969, Krafft 1985.

29 Vgl. hierzu die Standard-Biographie Beck 1959–61 sowie Beck 1971. – Man beachte nur die einander ergänzenden zeitgenössischen Auswahlbibliographien „Merkwürdige Topographien und Reisebeschreibungen“ bei Erxleben 1773, S. 29–49, ergänzt durch speziell mineralogische (Reise-)Literatur auf S. 580–587, und in Erxleben-Gmelin 1797, S. 50–90 bzw. 643–666, obgleich Gmelin in dieser 4. Auflage die ältere Literatur teilweise nicht mehr aufnimmt und der Satz dieser Auflage platzsparender angelegt ist, so daß die Steigerung der naturhistorisch orientierten Reisetätigkeit schon durch diese Bibliographien gut dokumentiert ist.

30 Maßgeblich waren die Untersuchungen von William Hamilton 1772 (^{2}1773, ^{3}1774; deutsche Übersetzung Hamilton 1773), 1776, 1779 (dt. 1780), 1781, 1784, 1787 b.

31 Humboldt 1880, S. 7.

32 Löwenberg 1861, 1, S. 54 f. – In Unkenntnis solcher Vulkane hatte er noch Anfang 1790 (Humboldt 1790 a, S. 119) gemeint: „Das im Ganzen nur schwache Feuer der Vulcane greift die ausgeworfenen Mineralien nicht sonderlich an.“

33 Humboldt/Bonpland 1814–25; Humboldt 1805–39; deutsche Übersetzungen Humboldt 1815–32, 1859–60. – Siehe hierzu Beck 1959–61, bes. 1, S. 282 f.

34 Die „zirkusartigen“ Kratereinfassungen seien durch glockenförmige Aufblähungen und nachfolgende Einbrüche der von den Dämpfen am höchsten gehobenen Gesteinsschichten entstanden. Vgl. Zittel 1899, S. 381 ff., Hölder 1989, S. 46–50. Noch zu Lebzeiten L. von Buchs und A. von Humboldts widerlegten vor allem die Untersuchungen von Franz Junghuhn auf Java diese Theorie.

35 Humboldt 1845–62, 4, S. 481 f.

36 Siehe dazu Beck 1959–61, 2, S. 247 f., Hoppe 1993.

37 Werner 1789 a. Hierzu vgl. insbes. Wagenbreth 1955, Hölder 1989, S. 38 f.

38 Vgl. beispielsweise Hamilton 1787, Veltheim 1787, Veltheim 1789, Widenmann 1789.

39 Voigt 1789, S. 219, zitiert auch bei Wagenbreth 1955, S. 228.

40 Widenmann 1789.

41 Werner 1789 a, S. 245.

42 Werner 1789 a, S. 244, 247.

43 Kircher 1665 (^{2}1668, ^{3}1678). – A. L. Moro 1740 und 1751.

44 Buffon 1749; 1778; deutsch 1781.

45 Justi 1771.

46 Kant 1755 (in: Gesammelte Schriften, hrsg. von der Kgl.-Preußischen Akademie der Wissenschaften. 1. Abteilung: Werke. Bd. 1, Berlin 1910, S. 205–368); hiervon wurde auf vielfältigen Wunsch im Auftrag Kants von Johann Friedrich Gensichen eine Kurzfassung erstellt und abgedruckt in Herschel 1791, S. 161–204. Vgl. auch oben Anm. 28 sowie Krafft 1971; zur Nachwirkung siehe Hamel 1979.

47 Laplace 1796.

48 Saussure 1795, S. 24, 34; vgl. auch Dolomieu 1788 (dt. 1789). Siehe hierzu jetzt Fritscher 1991, bes. S. 20 ff.

49 Guettard 1752–61, 1, S. 27 ff. – Vgl. zu den erloschenen Vulkanen der Auvergne Schwarzbach 1976, S. 113–119; S. 120–126 zu den Eifel-Maare.

50 Guettard 1770, 2, 226–277 (vgl. Anm. 10).

51 Desmarest 1771–73; siehe hierzu unten Anm. 99.

52 Soulavie 1780–84; vgl. auch die in Hamilton 1784 abgedruckten Auszüge in deutscher Übersetzung.

53 Vgl. Zittel 1899, S. 58–60.

54 Humboldt 1790 a, S. 19–22.

55 Faujas de St. Fond 1778, 1784 (dt. 1786), 1789.

56 Humboldt 1790 a, S. 16; siehe auch Faust 1789.

57 Werner 1789 a; siehe auch unten (zu Anm. 63) das Zitat aus Nose 1789–90, 2, S. 254.

58 Siehe hierzu Schwarzbach 1976, S. 126–129; J.W. von Goethe: Der Kammerberg bei Eger [1808]. In: Goethe Schriften zur Naturwissenschaft, 1, Nr. LXXIII (Münchner Ausgabe Bd. 12, S. 431–442).

59 Luc 1779–80; deutsche Übersetzung von J. S.T. Gehler: Luc 1781. – Der Basalt-Steinbruch bei Unkel ist heute weitgehend abgebaut.

60 Humboldt 1790 a, S.V; vgl. S. 18 gegen die „Kratersuche" von Franz Frh. von Beroldingen 1788, sowie Humboldt 1792. Zur Kratersuche siehe auch de Saussure 1795, S. 13 f. und 40, Voigt 1787, S. 24 f.; weitere Kleinliteratur nennt Wagenbreth 1955, S. 187 f.

61 Luc 1779–80, 4, S. 161.

62 Humboldt 1790 a, S. 121 f.

63 Nose 1789–90, 2, S. 254.

64 Vgl. hierzu Nose 1789–90, 1, S. 173.

65 Vgl. Voigt 1789, S. 231.

66 Humboldt 1790 a, S. 24, mit Anmerkung.

67 Siehe Veltheim 1787 und 1789.

68 Voigt 1789–91, 2, S. 193 (vgl. auch S. 198).

69 Wiederholt in Werner 1789 b; vgl. auch Werner 1789c; sowie die in Anm. 81 genannte „Bestätigung" durch Eversmann 1789. – Zur Vulkanismus-Neptunismus-Kontroverse um den Basalt vgl. aus der älteren Literatur Lasaulx 1869, Wagenbreth 1955, Engelhardt 1982, Hölder 1989, S. 38–46, 50–54; weiteres ist genannt und diskutiert bei Fritscher 1991, S. 2–7.

70 Werner 1787, S. 25; vgl. Hölder 1989, S. 38–41.

71 Werner hatte an der 1765 gestifteten Freiberger Bergakademie 1769 bis 1771 Montanwissenschaften studiert und war 1775 als Inspektor der Sammlungen und Professor der Mineralogie zurückgekehrt, welche Stellung er bis zu seinem Tode (30. Juni 1817) innehatte. Zu Werner siehe jetzt Guntau 1984 und 1987 sowie Ospovat (1976) und den Sammelband: Abraham Gottlob Werner. (Freiberger Forschungshefte C 223) Leipzig 1967.

72 Siehe oben zu Anm. 21.

73 Siehe oben Abschnitt 5.

74 Siehe Werner 1789 a.

75 Werner 1787.

76 Nach Wagenbreth 1955, S. 190 f.; vgl. auch Hölder 1989, S. 38–41.

77 Werner 1789 b, S. 848 ff. – Vgl. auch Widenmann 1789, S. 196.
78 Werner 1791.
79 Werner 1789 a, so auch Humboldt 1790 a, S. 87 f.
80 Bergman 1777, wiederabgedruckt in Bergman 1779–90, Bd. 3.
81 Vgl. die „Bestätigung" durch Eversmann 1789; hierzu Humboldt 1790 a, S. 120.
82 Voigt 1788 („Berichtigung über die neue Entdeckung von dem Herrn Akademie-Inspektor Werner"); Werner 1789 d. Voigt 1789–91, 2, S. 145–190 und 191–238, druckte weitere Erklärungen ab; eine Besprechung der Abhandlungen Voigt 1789–91 findet sich in: Köhlers Bergmännischem Journal 3 (1790), Bd. 2, S. 297–342 – nach Wagenbreth 1955, S. 238, wahrscheinlich vom Werner-Schüler Dietrich Ludwig Gustav Karsten. Vgl. Karsten 1793, bezogen auf Estner 1790; hierzu Hoppe 1985.
83 Siehe hierzu Wagenbreth 1955, S. 199 ff.; jetzt auch Fritscher 1991, bes. S. 196 ff.
84 Voigt 1789–91, 2, S. 152–160.
85 Vgl. hierzu Keeferstein 1819, S. 166; Zittel 1899, S. 163 ff.
86 Voigt 1789–91, 2, S. 171/188.
87 Voigt 1789–91, 1, S. 99–140 und 204–227; 2, S. 327–342.
88 Siehe auch: Köhlers Bergmännisches Journal. 1. 1788. Bd. 1, S. 378.
89 Widenmann 1789.
90 Voigt 1789.
91 Voigt 1789–90, 1, S. 99–140: „Schreiben eines unparteiischen Beobachters an den Herausgeber über die jetzige Streitigkeit wegen der Entstehung des Basalts"; vgl. hierzu auch Humboldt 1790 a, S. 15.
92 Höpfner 1789 a; vgl. Höpfner 1789b. – Dazwischen sind die Preisarbeiten abgedruckt.
93 Dieses war denn auch zugleich der letzte Band, der von „Höpfners Magazin" erschien.
94 Siehe Werner 1789 d; vgl. die schematischen Darstellungen bei Wagenbreth 1955, S. 204, und H. Hölder 1960, S. 147 (nach Wagenbreth), sowie Fritscher 1991, bes. S. 38 ff.
95 Humboldt 1790 a, S.VII f.
96 Nose 1789–90, 2, S. 246–294 (Großformat!).
97 Man vgl. die entsprechenden Artikel in Freund/Berg 1966. – Hermann Vogelsand vertrat in seiner am 25. Februar 1863 in Bonn verteidigten Dissertation als 6. These: „Die mikroskopischen Untersuchungen der Gesteine sind für ihre Bestimmung wichtiger als die chemische Analyse." („In saxis definiendis inquisitio microscopica plus prodest quam analysis chemica.")
98 Hall 1805. – Siehe hierzu jetzt Fritscher 1988 und 1990 sowie Fritscher 1991, bes. S. 52 ff.
99 Die noch weitgehend am Habitus orientierte Vorstellung von der Basalt-Kristallisierung auf trocknem Wege wird daraufhin vertreten etwa von Hamilton 1787, Voigt 1787, S. 29, Voigt 1789, S. 229, Widenmann 1789, S. 181–183; vgl. jetzt Fritscher 1991, S. 38–52.
100 Hierzu vgl. Krafft 1980b.
101 Vgl. hierzu Fritscher 1990 sowie 1991, bes. S. 222 ff.
102 Siehe Humboldt 1845–62, 1, S. 178–184, 208–320; 4, S. 34–47, 211.
103 Wagenbreth 1955, S. 210.

Literatur

Adams 1938
Adams, Frank Dawson: The Birth and Development of the Geological Sciences. London 1938; Nachdruck New York 1954.
Agricola 1546
Agricola, Georgius: De ortu & causis subterraneorum libri V. – De natura eorum, quae effluunt ex terra libri X. – De natura fossilium libri X... Basel 1546 [^{2}1558].
Agricola 1958 (dt.)
Agricola, Georgius: De natura fossilium libri X – Die Mineralien. Übers. und bearb. von Georg Fraustadt in Verbindung mit Hans Prescher. Berlin 1958. (Georgius Agricola. Ausgewählte Werke. Bd. 4.)
Beck 1959–61
Beck, Hanno: Alexander von Humboldt. Bd. 1. 2. Wiesbaden 1959–61.
Beck 1971
Beck, Hanno: Große Reisende. Entdecker und Erforscher der Welt. München 1971.
Bergman 1777
Bergman, Tobern Olof: De productis vulcanicis. Diss. Uppsala 1777. (Nova acta regiae Societatis scientiarum Upsaliensis.)
Bergman 1779–90
Bergman, Tobern Olof: Opuscula physica, chemica et mineralia. 6 Bde. Upsala 1779–90.
Beroldingen 1788
Beroldingen, Franz Frh. von: Bemerkungen auf einer Reise durch die Pfälzischen und Zweibrückschen Quecksilber-Bergwerke. Berlin 1788.
Biermann/Jahn/Lange 1983
Biermann, Kurt-R., Ilse Jahn und Fritz G. Lange: Alexander von Humboldt. Chronologische Übersicht über wichtige Daten seines Lebens. 2., vermehrte und berichtigte Auflage bearb. von Kurt-R. Biermann unter Mitwirkung von Margot Faak und Peter Honigmann. Berlin 1983. (Beiträge zur Alexander-von-Humboldt-Forschung. 1.)
Blümner 1875–87
Blümner, Hugo: Technologie und Terminologie der Gewerbe und Künste der Griechen und Römer. 4 Bde. in 3. Leipzig 1875–87. [Nachdruck: Hildesheim 1969.]
Blümner 1897
Blümner, Hugo: Artikel „Basalt“ in: Paulys Realencyclopädie der Altertumswissenschaft. Neue Bearbeitung hrsg. von G. Wissowa. Bd. III. 1. Stuttgart 1897, Sp. 37 f.
Brednow 1974
Brednow, Walter: Die Basalte. Zu einem Gedicht Goethes. In: Leopoldina – Mitteilungen der Deutschen Akademie der Naturforscher Leopoldina. Reihe 3. 20. 1974, S. 227–244.
Buffon 1749
Buffon, Georges-Louis Leclerc de: Histoire naturelle. Tome 1: Théorie de la Terre. Paris 1749.
Buffon 1778
Buffon, Georges-Louis Leclerc de: Epoques de la Nature. Suppléments à l'histoire naturelle. Tome 9/10. Paris 1778.
Buffon 1781
Buffon, Georges-Louis Leclerc de: Epochen der Natur. Aus dem Französischen [von J. E. Hackmann]. St. Petersburg 1781.

Buttmann 1808
Buttmann: Bemerkungen über die Benennungen einiger Mineralien bei den Alten, vorzüglich des Magnetes und des Basaltes. In: Museum der Alterthumswissenschaft 2 (1808), S. 5–52 und 102–204.
Cleaveland 1816
Cleaveland, Parker: An Elementary Treatise on Mineralogy and Geology. Boston 1816.
Desmarest 1771–73
Desmarest, Nicolas: Mémoire sur l'origine et la nature du basalte à grandes colonnes polygones, determinées par l'histoire naturelle de cette pierre, observée en Auvergne. In: Mémoires de l'Académie Royale des Sciences à Paris pour 1771 [und 1773].
Dolomieu 1788
Dolomieu, Déodat de: Mémoire sur les Isles Ponces et catalogue raisonné des produits de l'Etna, pour servir a l'histoire des volcans, suivi de la description de l'éruption de l'Etna du mois du Juillet 1787. Paris 1788.
Dolomieu 1789
Dolomieu, Déodat de: Bemerkungen über die Ponza-Inseln. Leipzig 1789 [deutsche Übersetzung von Dolomieu 1788, hrsg. v. J. C.W. Voigt].
Ellenberger 1978
Ellenberger, François: Précisions nouvelles sur la découverte des volcans de France: Guettard, ses prédécesseurs, ses émules clermontes. In: Histoire et Nature – Cahier de l'Association pour l'Histoire des Sciences de la Nature. 12–13. 1978, S. 3–42.
Engelhardt 1982
Engelhardt, Wolf von: Neptunismus und Plutonismus. In: Fortschritte der Mineralogie. 60. 1982. Heft 1, 21–43.
Erxleben 1773
Erxleben, Johann Christian Polykarp: Anfangsgründe der Naturgeschichte. Göttingen/Gotha ^{2}1773. [^{1}1768.]
Erxleben–Gmelin 1797
Erxleben, Johann Christian Polykarp: Anfangsgründe der Naturgeschichte. 4. Auflage, besorgt von Johann Friedrich Gmelin. Wien 1797.
Estner 1790
Abbé Estner: Freimütige Betrachtungen über Werners Verbesserungen in der Mineralogie. Wien 1790.
Eversmann 1789
Schreiben des Kgl. preuß. Bergrats Eversmann an den Herrn Insp. Werner über eine von ihm an dem berühmten Basaltberge König-Arthur-Sitz bei Edinburg [...] gemachte ganz conforme Beobachtung mit der des letzteren am Scheibenberger Hügel. In: Köhlers Bergmännisches Journal. 2. 1789. Bd. 1, S. 485 ff.
Faujas de St. Fond 1778
Faujas de St. Fond, Barthelemy: Recherches sur les volcans éteints du Vivarais et du Velay, avec un discours sur les volcans brulans, sur les schorls, la zéolithe, le basalte, la bouzzolane, les laves et differentes substances, qui s'y trouvent engagées. Grenoble/Paris 1778.
Faujas de St. Fond 1784
Faujas de St. Fond, Barthelemy: Mineralogie des Volcans ou description de toutes les substances produites ou rejettées par les feux souterrains. Paris 1784.

Faujas de St. Fond 1786
Faujas de St. Fond, Barthelemy: Mineralogie der Vulkane. Leipzig 1786 [deutsche Übersetzung von Faujas de St. Fond 1784].
Faujas de St. Fond 1789
Faujas de St. Fond, Barthelemy: Physikalische Abhandlung über den Trapp. Straßburg 1789.
Faust 1789
Faust, B. C.: Nachricht von dem auf dem Meißner in Hessen über Steinkohlen und bituminösem Holze liegenden Basalt (mit Bemerkungen von Werner). In: Köhlers Bergmännisches Journal 2. 1789. Bd. 1, S. 261 ff.
Forbes 1955–64
Forbes, Robert James: Studies in Ancient Technology. Bd. 1–9. Leiden 1955–64. [^{2}1964–72.]
Freund/Berg 1966
Freund, Hugo und Alexander Berg (Hrsg.): Geschichte der Mikroskopie. Leben und Werk großer Forscher. Bd. 3: Angewandte Naturwissenschaften und Technik. Frankfurt am Main 1966.
Frisk 1960
Frisk, Hjalmar: Griechisches etymologisches Wörterbuch. Bd. 1. 2. Heidelberg 1960.
Fritscher 1988
Fritscher, Bernhard: Die „James Hall-Sammlung" in Keyworth. In: Berichte zur Wissenschaftsgeschichte. 11. 1988, S. 27–34.
Fritscher 1990
Fritscher, Bernhard: Die Verwissenschaftlichung der Geologie. Zur Bedeutung phänomenologischer und konstruktiver Erfahrungsbegriffe im Vulkanismusstreit. In: Sudhoffs Archiv. 73. 1990, S. 22–44.
Fritscher 1991
Fritscher, Bernhard: Vulkanismusstreit und Geochemie. Die Bedeutung der Chemie und des Experiments in der Vulkanismus-Kontroverse. Stuttgart 1991. (Boethius. Bd. 25.)
Geikie 1905
Geikie, Archibald: The Founders of Geology. London ^{2}1905. [^{1}1897; Nachdruck New York 1962.]
Goethe 1827–30
Goethes Werke. Vollständige Ausgabe letzter Hand. Bd. 1–40. Weimar 1827–30.
Goethe 1947–49
Goethe. Die Schriften zur Naturwissenschaft. Erste Abteilung: Texte. Bd. 1–2: Schriften zur Geologie und Mineralogie 1770–1810 / 1812–32. Hrsg. von G. Schmid. Weimar 1947–49.
Guettard 1752–61
Guettard, Jean Etienne: Mémoire sur quelques montagnes de la France qui ont été des Volcans. In: Mémoires de l'Académie Royale des Sciences à Paris pour 1752 (1756 und 1761).
Guettard 1770
Guettard, Jean Etienne: Mémoires sur differentes parties des sciences et des artes. Paris 1770.
Guntau 1984
Guntau, Martin: Abraham Gottlob Werner. Leipzig 1984. (Biographien hervorragender Naturwissenschaftler, Techniker und Mediziner. Bd. 75.)

Guntau 1987
Guntau, Martin: Gedanken zur Geschichte und Methodologie der Wissenschaften von A. G. Werner (1749–1817). In: NTM. Schriftenreihe zur Geschichte der Naturwissenschaften, Technik und Medizin. 24. 1987, S. 107–112.
Hall 1805
Hall, James: Experiments on Whinstone and Lava. In: Transactions of the Royal Society of Edinburgh. 5. 1805, S. 43–75.
Hamel 1979
Hamel, Jürgen: Zur Entstehungs- und Wirkungsgeschichte der Kantschen Kosmogonie. Berlin 1979. (Mitteilungen der Archenhold-Sternwarte Berlin-Treptow. Bd. 6. Nr. 130.)
Hamilton 1772
Hamilton, William: Observations on Mount Vesuvius, Mount Aetna and other Vulcanos; in a serious of letters to the Royal Society. London 1772. [²1773, ³1774.]
Hamilton 1773
Hamilton, William: Beobachtungen über den Vesuv, den Aetna und andere Vulkane in einer Reihe von Briefen an die Königl. Großbr. Gesellschaft der Wissenschaften, nebst neuen, erläuternden Anmerkungen des Herrn Verfassers. Berlin 1773 [deutsche Übersetzung von Hamilton 1772; hiervon ein Nachdruck mit Anhang und Nachwort von Otto Krätz, Weinheim 1985].
Hamilton 1776
Hamilton, William: Campi Phlegraei. Observations on the volcanos of the Two Sicilies [englisch/französisch]. Bd. 1.2. Neapel 1776.
Hamilton 1779
Hamilton, William: Supplement to the Campi Phlegraei, being an Account of the Great Eruption of Mount Vesuvius, in the Month of August 1779 [englisch/französisch]. Neapel 1779. [Deutsch Nürnberg 1780.]
Hamilton 1781
Hamilton, William: Œuvres complettes, Commentées par M. l'abbé Giraud-Soulavie. Paris 1781.
Hamilton 1784
Hamilton, William: Neuere Beobachtungen über die Vulkane Italiens und am Rhein in Briefen [...] nebst merkwürdigen Bemerkungen des Abts Giraud Soulavie. Frankfurt/Leipzig 1784.
Hamilton 1787a
Hamilton, William: Bericht vom gegenwärtigen Zustand des Vesuvs und Beschreibung einer Reise in die Provinz Abruzzo und nach der Insel Ponza. Dresden 1787.
Hamilton 1787b
Hamilton, William: Briefe über die nördliche Küste der Grafschaft Antrim, die natürliche Geschichte ihrer Basalte. Aus dem Englischen [London 1776] übersetzt, und nebst einer Abhandlung des Herrn Berghauptm. von Veltheim über die Bildung des Basalts hrsg. von Lorenz Crell. Leipzig 1787.
Herschel 1791
Herschel, Wilhelm: Über den Bau des Himmels. Drey Abhandlungen aus dem Englischen übersetzt [von G. M. Sommer]. Nebst einem authentischen Auszug aus Kants allgemeiner Naturgeschichte und Theorie des Himmels. Königsberg 1791.

Hölder 1960
Hölder, Helmut: Geologie und Paläontologie in Texten und ihrer Geschichte. Freiburg i. Br./München 1960. (Orbis academicus. Bd. II/11.)
Hölder 1989
Hölder, Helmut: Kurze Geschichte der Geologie und Paläontologie. Ein Lesebuch. Berlin usw. 1989.
Höpfner 1789a
Höpfner, Johann Georg Albrecht: Vorrede zum 4. Band [...]. In: Höpfners Magazin für die Naturkunde Helvetiens. 4. 1789, S. V–XIV.
Höpfner 1789b
Höpfner, Johann Georg Albrecht: Anhang zu den Preisfragen über den Basalt. In: Höpfners Magazin für die Naturkunde Helvetiens. 4. 1789, S. 233–238.
Hoppe 1985
Hoppe, Günter: Dietrich Ludwig Karsten (1768–1810), Mineraloge und Bergbeamter in Preußen. In: Prescher 1985, S. 71–92.
Hoppe 1993
Hoppe, Günter: Die Entwicklung der Ansichten A. von Humboldts über den Vulkanismus und über die Meteorite. In: Studia Fribergensia. Vorträge des Alexander-von-Humboldt-Kolloquiums in Freiberg vom 8. bis 10. November 1991 aus Anlaß des 200. Jahrestages von A. v. Humboldts Studienbeginn an der Bergakademie Freiberg. Berlin 1994 (Beiträge zur Alexander-von-Humboldt-Forschung. 18.), S. 93–106.
Humboldt 1790a
Humboldt, Alexander von: Mineralogische Beobachtungen über einige Basalte am Rhein. Mit vorangeschickten, zerstreuten Bemerkungen über den Basalt der ältern und neuern Schriftsteller. Braunschweig: Schulbuchhandlung 1790 [das Manuskript war in zwei Etappen dem Verleger aus Göttingen am 14./21. 2. 1790 geschickt worden]. – Nachdruck (a): Mit einem Nachwort von Fritz Krafft „Alexander von Humboldt und die Neptunismus-Vulkanismus-Kontroverse". Darmstadt: Privatdruck „Die 10 der Montagsrunde" [in der Wissenschaftlichen Buchgesellschaft] 1980; (b): Mit einem Nachwort „Marginalien zu Humboldts Schrift ‚Mineralogische Beobachtungen ueber einige Basalte am Rhein' (1790)" von Peter Kühn / Wolfhart Langer / Peter Schmidt. Freiberg 1991. [Hier wurde das von Humboldt A. G. Werner gewidmete Exemplar der Bibliothek der Bergakademie zugrunde gelegt.]
Humboldt 1790b
Humboldt, Alexander von: Abhandlung vom Wasser im Basalt. In: Chemische Annalen für die Freunde der Naturlehre, Arzneygelahrtheit, Haushaltungskunst und Manufacturen. 13. 1790. 1. Theil, S. 414–418.
Humboldt 1792
Humboldt, Alexander von: Anzeige [gegen von Beroldingen in der Basaltfrage und über eine Stelle in dessen Schrift über Vulkane]. In: Bergmännisches Journal [hrsg. von Köhler und Hoffmann]. 5/1. 1792, S. 184–188.
Humboldt 1805–39
Voyage aux régions équinoxiales du Nouveau Continent. 20 Folio- und 10 Quartbände, Paris 1805–39 [„grande édition"].
Humboldt/Bonpland 1814–25
Voyage de Humboldt et Bonpland. Première partie: Relation historique. Bd. 1–3. Paris 1814/1819/1825; Ungekürzter Neudruck, besorgt, eingeleitet und um ein Register ver-

mehrt von Hanno Beck. Stuttgart 1970. (Quellen und Forschungen zur Geschichte der Geograhie und der Reisen. 8.)

Humboldt 1815–32
Humboldt, Alexander von: Reise in die Aequinoctial-Gegenden des neuen Continents in den Jahren 1799, 1800, 1801, 1802, 1803 und 1804. 6 Theile. Stuttgart 1815–32. [Ungenügende deutsche Übersetzung von Th. Heyne–Forster–Huber u. a.]

Humboldt 1823
Humboldt, Alexander von: Ueber den Bau und die Wirkungsart der Vulkane in den verschiedensten Erdstrichen [Akademievortrag vom 24. 1. 1823]. Abgedruckt in: Humboldt 1826 [hier wird zitiert nach der Ausgabe von 1859/60, Bd. 2, S. 179–211].

Humboldt 1826
Humboldt, Alexander von: Ansichten der Natur mit wissenschaftlichen Erläuterungen. 2. verbess. und verm. Ausg., Stuttgart/Augsburg 1826.

Humboldt 1845–62
Humboldt, Alexander von: Kosmos. Entwurf einer physischen Weltbeschreibung. Bd. 1–5. Stuttgart/Tübingen 1845–62.

Humboldt 1859–60
Alexander von Humboldt's Reise in die Aequinoctial-Gegenden des neuen Continents. In deutscher Bearbeitung von Hermann Hauff. Bd. 1–4. Stuttgart 1859–60. [^{2}1861–62, sowie in: Gesammelte Werke. Bd. 5–8. Stuttgart (1889).]

Humboldt 1880
Briefe Alexander's von Humboldt an seinen Bruder Wilhelm. Hrsg. von der Familie von Humboldt in Ottmachau. Stuttgart 1880; Neudruck: Berlin 1923.

Humboldt-Gedenkfeier 1969
Alexander von Humboldt, 1769–1859. Gedenkfeier der [...] Leopoldina am 14. September 1969 in Halle (Saale). Leipzig 1971. (Acta Historica Leopoldina. Nr. 6.)

Justi 1771
Justi, J. A. G. von: Geschichte des Erd-Körpers aus seinen äusserlichen und unterirdischen Beschaffenheiten hergeleitet und erwiesen. Berlin 1771.

Kant 1755
Kant, Immanuel: Allgemeine Naturgeschichte und Theorie des Himmels, oder Versuch von der Verfassung und dem mechanischen Ursprunge des ganzen Weltgebäudes nach Newtonischen Grundsätzen abgehandelt. Königsberg 1755. [Siehe auch Krafft 1971 b.]

Karsten 1793
Karsten, Dietrich Ludwig Gustav: Über Herrn Werners Verbesserungen in der Mineralogie, auf Veranlassung der freimütigen Gedanken des Herrn Abbé Estner. Berlin 1793.

Keeferstein 1819
Keeferstein, Chr.: Beiträge zur Geschiche und Kenntnis des Basalts und der ihm verwandten Massen. Halle 1819.

Kircher 1665
Kircher, Athanasius: Mundus Subterraneus in XII Libros digestus; quo Divinum Subterrestris Mundi Opificium, mira Ergasteriorum Naturae in eo distributio [...] exponuntur. Amsterdam 1665. [^{2}1668, ^{3}1678.]

Krafft 1971 a
Krafft, Fritz: Anaximandros und Hesiodos. Die Ursprünge rationaler griechischer Naturbetrachtung. In: Sudhoffs Archiv. 55. 1971, S. 152–179.

Krafft 1971 b
Krafft, Fritz: Analogie – Theodizee – Aktualismus. Wissenschaftshistorische Einführung in Kants Kosmogonie. In: Immanuel Kant, Allgemeine Naturgeschichte und Theorie des Himmels. Mit einem wissenschaftshistorischen Nachwort hrsg. von Fritz Krafft. München 1971, S. 179–211. (Naturwissenschaftliche Texte bei Kindler.)

Krafft 1977
Krafft, Fritz: Der Naturwissenschaftler und das Buch in der Renaissance. In: F. Krafft / D. Wuttke (Hrsg.): Das Verhätnis der Humanisten zum Buch. Boppard/Bonn-Bad Godesberg 1977, S. 13–45. (DFG-Kommission für Humanismusforschung. Mitteilung 4.)

Krafft 1980 a
Krafft, Fritz: Alexander von Humboldt und die Neptunismus-Vulkanismus-Kontroverse. Nachwort zu: Humboldt 1790, Reprint Darmstadt 1980, S. 127–203.

Krafft 1980 b
Krafft, Fritz: Der Wandel der Auffassung von der antiken Naturwissenschaft und ihres Bezuges zur modernen Naturforschung. In: Olivier Reverdin (Hrsg.): Les études classiques aux XIXe et XXe siècles: Leur place dans l'histoire des idées. Vandœvres-Genève 1980, S. 241–304. (Entretiens sur l'antiquité classique. Tome 26.)

Krafft 1985
Krafft, Fritz: Das Werden des Kosmos. Von der Erfahrung der zeitlichen Dimension astronomischer Objekte im 18. Jahrhundert. In: Berichte zur Wissenschaftsgeschichte. 8. 1985, S. 71–85.

Krafft 1986
Krafft, Fritz (Hrsg.): Große Naturwissenschaftler. Biographisches Lexikon. Mit einer Bibliographie zur Geschichte der Naturwissenschaften. 2., neubearb. u. erw. Aufl. Düsseldorf 1986.

Kretschmer 1936
Kretschmer, P.: Literaturbericht für das Jahr 1933. In: Glotta – Zeitschrift für griechische und lateinische Sprache. 24. 1936.

Laplace 1796
Laplace, Pierre Simon de: Exposition du Système du Monde. Bd. 1.2. Paris An. IV [= 1796]. [^{2}1799, ^{3}1808, ^{4}1813, ^{6}1835.]

Lasaulx 1869
Lasaulx, A. von: Der Streit über die Entstehung des Basalts. In: Sammlung gemeinverständlicher wissenschaftlicher Vorträge. Serie 4. Heft 76. Berlin 1869, S. 117–156.

Lehmann 1789
Lehmann, Johann Christoph von: Der Basalt chemisch und physisch beurtheilt. Frankfurt am Main 1789.

Leibniz 1749 a
Leibniz, Gottfried Wilhelm: Protogaea sive de prima facie telluris et antiquissimae historiae vestigiis in ipsis naturae monumentis dissertatio. Göttingen 1749. [Editio princeps von Chr. L. Scheid].

Leibniz 1749 b
Leibniz, Gottfried Wilhelm: Protogäa oder Abhandlung von der ersten Gestalt der Erde und den Spuren der Historie in den Denkmaalen der Natur. Leipzig und Hof 1749. [deutsche Übersetzung von Leibniz 1749 a].

Leitner 1993
Leitner, Ulrike: Über den Anteil der Geologie an den Schriften Alexander von Humboldts. In: Studia Fribergensia. Vorträge des Alexander-von-Humboldt-Kolloquiums in

Freiberg vom 8. bis 10. November 1991 aus Anlaß des 200. Jahrestages von A. v. Humboldts Studienbeginn an der Bergakademie Freiberg. Berlin 1994 (Beiträge zur Alexander-von-Humboldt-Forschung. 18.), S. 169–176.

Linné 1747
Linné, Carl von: Dissertatio de crystallorum generatione, respondet Mart. Kaehler. Uppsala 1747; wiederabgedruckt in C. von Linné: Amoenitates accademicae. Vol. 1. Stockholm 1749. S. 454 ff.

Löwenberg 1861
[Julius Löwenberg:] Memoiren Alexander von Humboldt's. Bd. 1.2. Leipzig 1861 [^{2}1864.]

Luc 1779–80
Luc, Jean-André de: Lettres physiques et morales sur l'histoire de la terre et de l'homme. Adressees a la Reine de la Grande Bretagne. Bd. 1.2. Den Haag/Paris 1779–80.

Luc 1781
Luc, Jean-André de: Physikalische und moralische Briefe über die Geschichte der Erde und des Menschen. Bd. 1.2. Leipzig 1781 [deutsche Übersetzung von Luc 1779–80 durch J. S.T. Gehler].

Moro 1740
Moro, Antonio Lazzaro: Dei crostacei e degli altri marini corpi, che si trovano su monti, libri due. Venedig 1740.

Moro 1751
Neue Untersuchung der Veränderung des Erdbodens, nach Anleitung der Spuhren von Meer-Thieren und Meeresgewächsen, die auf Bergen in trockener Erde gefunden werden. Leipzig 1751. [^{2}1755.] [Deutsche Übersetzung (durch Ehrhardt) von Moro 1740.]

Niedermann 1946
Niedermann, Max: Ghost words. Lat. celtis „ciseau". In: Museum Helveticum. 2. 1946, S. 123–136.

Nobis/Sticker 1984
Copernicus, Nicolaus: De revolutionibus libri sex. Besorgt von Heribert Maria Nobis und Bernhard Sticker. Hildesheim 1984. (Nicolaus Copernicus Gesamtausgabe. Bd. 2.)

Nose, 1789–90
Nose, Carl Wilhelm: Orographische Briefe über das Siebengebirge und die benachbarten zum Theil vulkanischen Gegenden beyder Ufer des Nieder-Rheins, an Herrn Joseph Paul Edlen von Cobres. 2 Teile. Frankfurt am Main 1789–90.

Nose, 1792–94
Nose, Carl Wilhelm: Beiträge zu den Vorstellungen über vulkanische Gegenstände. Frankfurt am Main 1792; Beschluß der Beiträge..., 1794.

Nose, 1794
Nose, Carl Wilhelm: Tafeln über die Bildung und Umbildung des Basalts und der Laven. Frankfurt am Main 1794.

Nose, 1795
Nose, Carl Wilhelm (Hrsg.): Sammlung einiger Schriften über [...] Basalt. Frankfurt am Main 1795.

Ospovat 1976
Ospovat, A.: Werner, Abraham Gottlob. In: Dictonary of Scientific Biography. Vol. 14. New York 1976, S. 256 a–267 b.

Page 1969
Page, Leroy E.: Diluvialism and Its Critics. In: C. J. Schneer (Ed.): Towards a History of Geology. Cambridge, Mass./London 1969, S. 259–271. [Wiederabgedruckt in C. A. Russell (Ed.): Science and Religious Belief. London 1973, S. 210–223.]
Playfair 1802
Playfair, John: Illustrations of the Huttonian Theory, or Comparative View of the Huttonian and Neptunian System. London/Edinburgh 1802. [Nachdruck: With an Introduction by George W. White. University of Illinois Press 1956 / New York 1964.]
Plinius, rec. Sillig
C. Plini Secundi Naturalis Historia, libri XXXVII. Recensuit et commentariis criticis indicibus instruxit Iulius Sillig. Bd. 5, Hamburg/Gotha 1851.
Prescher 1979
Prescher, Hans (Hrsg.): Geologen der Goethezeit. Leipzig 1979. (Abhandlungen des Staatlichen Museums für Mineralogie und Geologie zu Dresden. Bd. 29.)
Prescher 1985
Prescher, Hans (Hrsg.): Leben und Wirken deutscher Geologen im 18. und 19. Jahrhundert. Leipzig 1985.
Reuß 1790
Reuß, Franz Ambros: Orographie des nordwestlichen Mittelgebirges in Böhmen. Ein Beitrag zur Beantwortung der Frage: Ist der Basalt vulkanisch oder nicht? Dresden 1790.
Saussure 1795
Saussure, Horace Bénédict de: Beobachtungen über die vulkanischen Hügel des Breisgaus. In: Nose 1795, S. 3–84.
J. J. Scheuchzer 1716–18
Scheuchzer, Johann Jakob: Helvetiae historia naturalis, oder Naturgeschichte des Schweitzerlandes. Bd. 1–3. Zürich 1716–18. [Aufs Neue hrsg. und mit Anmerkungen versehen von Joh. Georg Sulzern. 2 Teile. Zürich 1746.]
Schwarzbach 1976
Schwarzbach, Martin: Europäische Stätten geologischer Forschung. Anregungen zu Reisebeobachtungen und zu Reisen. Stuttgart 1976.
Sethe 1933
Sethe, Kurt: Die Bau- und Denkmalsteine der alten Ägypter und ihre Namen. In: Sitzungsberichte der Kgl. Preuß. Akademie der Wissenschaften. Phil.-hist. Klasse 1933, S. 894–909.
Singer 1954–58
Singer, Charles et al. (Eds.): A History of Technology. Bd. 1–5. Oxford 1954–58.
Soulavie 1780–84
Soulavie, Jean Louis Giraud: Histoire naturelle de la France méridionale. Bd. 1–7. Paris 1780–84.
Sticker 1969
Sticker, Bernhard: Naturam cognosci per analogiam. Das Prinzip der Analogie in der Naturforschung bei Leibniz. In: Akten des Internationalen Leibniz-Kongresses Hannover, 14.–19. November 1966. Bd. 2: Mathematik – Naturwissenschaften. Wiesbaden 1969, S. 176–196.
Stoutz 1788
Stoutz: Beyträge zur Naturgeschichte von Böhmen, und insbesondere zur Geschichte des Basalts. In: Abhandlungen der Böhmischen Gesellschaft der Wissenschaften. 1788. Teil 4, S. 171–229.

Veltheim 1787
Veltheim, August Ferdinand von: Über die Bildung des Basalts und der vormaligen Beschaffenheit der Gebirge in Deutschland. In: Hamilton 1787, S. 133–177.
Veltheim 1789
Veltheim, August Ferdinand von: Gedanken über die Bildung des Basalts und die vormalige Beschaffenheit der Gebirge in Deutschland. Neue verbesserte Auflage. Braunschweig 1789.
Vogelsand 1863
Vogelsand, Hermann: Quomodo venarum spatia primum formata atque inde mutata sint. Diss. Bonn 1863.
Voigt 1787
Voigt, Johann Carl Wilhelm: Mineralogische Reise von Weimar über den Thüringer Wald, Meiningen, die Rhönberge bis Bieber und Hanau (im Herbst 1786). Leipzig 1787.
Voigt 1788
Voigt, Johann Carl Wilhelm: Berichtigung über die neue Entdeckung von dem Herrn Akademie-Inspektor Werner. In: Intelligenzblatt der allgemeinen Litteratur-Zeitung. Nr. 60 (vom 23. XI. 1788), S. 510–512. [Wiederabgedruckt in: Köhlers Bergmännisches Journal. 2. 1789. Bd. 2, S. 856 ff.]
Voigt 1789
Voigt, Johann Carl Wilhelm: Beantwortung der Frage: Was ist Basalt? Ist er vulkanisch oder ist er nicht vulkanisch? (Preisschrift). In: Höpfners Magazin für die Naturkunde Helvetiens. 4. 1789, S. 213–232.
Voigt 1789–91
Voigt, Johann Carl Wilhelm: Mineralogische und bergmännische Abhandlungen. 3 Teile. Leipzig 1789–91.
Wagenbreth 1953
Wagenbreth, Otfried: Leopold v. Buch und die Entwicklung der Theorien über Gebirgsbildung und Vulkanismus. In: Bergakademie. 5. 1953, S. 332–338 und 369–374.
Wagenbreth 1955
Wagenbreth, Otfried: Abraham Gottlob Werner und der Höhepunkt des Neptunismusstreites um 1790. In: Bergbau und Bergleute. Neue Beiträge zur Geschichte des Bergbaus und der Geologie. Berlin 1955. S. 183–241. (Freiberger Forschungshefte. D 11.)
Wagenbreth 1979
Wagenbreth, Otfried: Leopold von Buch (1774–1853) und die Entwicklung der Geologie im 19. Jahrhundert. In: Prescher 1979, S. 41–57.
Wagenbreth 1980
Wagenbreth, Otfried: Die Geologie A. G. Werners in ihrer Wirkung von der Aufklärung bis heute. In: Zeitschrift für geologische Wissenschaften. 8. 1980, Heft 1, S. 79–86.
Watznauer 1971
Watznauer, Adolf: Der Einfluß Alexander von Humboldts auf das geologische Weltbild seiner Zeit. In: Humboldt Gedenkfeier. 1969, S. 31–42.
Werner 1787
Werner, Abraham Gottlob: Kurze Klassifikation und Beschreibung der verschiedenen Gebirgsarten. Dresden 1787.
Werner 1789 a
Werner, Abraham Gottlob: Versuch einer Erklärung der Entstehung der Vulkane durch die Entzündung mächtiger Steinkohlenschichten. In: Höpfners Magazin für die Naturkunde Helvetiens. 4. 1789, S. 239–254.

Werner 1789 b
Werner, Abraham Gottlob: Bekanntmachung einer am Scheibenberger Hügel über die Entstehung des Basalts gemachten Entdeckung. In: Köhlers Bergmännisches Journal.1. 1789. Bd. 2, S. 845 ff.
Werner 1789 c
Werner, Abraham Gottlob: Über das Vorkommen des Basalts auf Kuppen vorzüglich hoher Berge. In: Köhlers Bergmännisches Journal. 2. 1789. Bd. 1, S. 252–260.
Werner 1789 d
Werner, Abraham Gottlob: Antwort auf Herrn Bergsekratär Voigts im Intelligenzblatt [...] eingerückten sog. Berichtigung meiner [...] Entdeckung. In: Köhlers Bergmännisches Journal. 2. 1789. Bd. 2, S. 872 ff. [Zuvor im „Intelligenzblatt".]
Werner 1791
Werner, Abraham Gottlob: Neue Theorie von der Entstehung der Gänge, mit Anwendung derselben auf den Bergbau, besonders den Freibergischen. Freiberg 1791.
Widenmann 1789
Widenmann, Johann Friedrich Wilhelm: Beantwortung der Frage: Was ist Basalt? Ist er vulkanisch oder ist er nicht vulkanisch? (Preisschrift). In: Höpfners Magazin für die Naturkunde Helvetiens. 4. 1789, S. 135–212.
Woodward 1695
Woodward, John: An Essay towards a Natural History of the Earth: and Terrestrial Bodies, especially Minerals: as also of the Sea, Rivers, and Springs. With an Account of the Universal Deluge: and of the Effects that it had upon the Earth. London 1695. [^{2}1733.]
Woodward 1746
Physikalische Erdbeschreibung. Erfurt 1746 [deutsche Übersetzung von Woodward 1695].
Zittel 1899
Zittel, Karl Alfred von: Geschichte der Geologie und Paläontologie bis Ende des 19. Jahrhunderts. München/Leipzig 1899. (Geschichte der Wissenschaften in Deutschland, Neuere Zeit. Bd. 23.)

Anschrift d. Verf.: *Prof. Dr. Fritz Krafft, Philipps-Universität Marburg, Institut für Geschichte der Pharmazie, Roter Graben 10, D 35037 Marburg/Lahn*

Alexander von Humboldt und die Königliche Bibliothek zu Berlin

Von Friedhilde Krause

Im Alexander-von-Humboldt-Jubiläumsjahr 1959 haben die Bibliotheken der Bergakademie Freiberg und der Deutschen Staatsbibliothek zu Berlin größere Ausstellungen über Alexander von Humboldt veranstaltet, die ein breites Interesse in der Öffentlichkeit fanden. Beide Institute und ihre Direktoren, Walter Schellhas und Horst Kunze, wurden dafür mit der im gleichen Jahr gestifteten Humboldt-Gedächtnismedaille geehrt.[1] Walter Schellhas veröffentlichte 1959 seine gründliche Studie „Alexander von Humboldt und Freiberg in Sachsen".[2] Leider ist es damals und auch später nicht zu einer ähnlichen profunden Behandlung des Themas „Alexander von Humboldt und die Königliche Bibliothek zu Berlin" gekommen. Als ich mich mit diesem Gegenstand zu befassen begann, mußte ich mich zunächst mit einigen Irrtümern beschäftigen, die leider durch Mitarbeiter unserer Bibliothek, d. h. der Deutschen Staatsbibliothek, in die Literatur gelangt sind. Ich möchte kurz darauf eingehen.

Hans Lülfing, der damalige Direktor der Handschriftenabteilung der Deutschen Staatsbibliothek, erklärte 1961 in der Festschrift der Deutschen Staatsbibliothek anläßlich ihres 300jährigen Gründungsjubiläums, daß die Privatbibliothek Alexander von Humboldts 1860 in die Königliche Bibliothek gekommen sei.[3] Das stimmt leider nicht. Wie wir wissen, ist diese aus 17 000 Bänden bestehende Sammlung, die zu den bedeutendsten Gelehrtenbibliotheken im 19. Jahrhundert in Deuschland gehörte, leider verstreut und am 29. Juni 1865 in großen Teilen im Lagerhaus der Auktionsfirma Sotheby & Wilkinson in London bei dem Ausbruch eines Großfeuers verbrannt, noch bevor sie versteigert werden konnte.[4] Über dieses Schicksal der Bibliothek gab es bereits seit Ende des vorigen Jahrhunderts Informationen, die seit 1951 in einer Reihe weiterer Artikel präzisiert wurden.[5] Der amerikanische Buchhändler Henry Stevens in London, der Humboldts Bibliothek im November 1860 für 4000 Pfund von Albrecht Cohn, dem Besitzer des Bücherauktionshauses Asher & Co. in Berlin, Unter den Linden, gekauft hatte, verzeichnete diese wertvolle Sammlung am 5. November 1863 mit 11 164 Nummern auf 761 Seiten eines gedruckten Kataloges, der uns seit 1967 in einem unveränderten fotomechanischen Nachdruck vorliegt.[6] Der kümmerliche Rest von 574 Nummern, der nach dem Brand von Humboldts Bibliothek übriggeblieben war und am 14. März 1871 bei Sotheby für nur 134 Pfund zur Versteigerung gelangte, wurde durch einen Katalog bekannt, der zur Auktion 1871 in London erschienen ist.[7] Die Tragik um die kostbare Privatbibliothek Humboldts besteht darin, daß die Sammlung durchaus in die Königliche Bibliothek hätte gelangen können. Wir wissen von dem Kaufangebot des Dieners Johann Seifert († 1877) an den Prinzregenten Wilhelm von Preußen, den späteren Kaiser Wilhelm I. Peter Schoenwaldt hat 1970 zum ersten Mal die in der Staatsbibliothek Preußischer Kulturbesitz befindliche „Akte betreffend die Alexander von Humboldt hinterlassene Bibliothek" ausgewertet und festgestellt, daß dieses Kaufangebot 1860 deshalb nicht realisiert wurde, weil die vom preußischen Kultusminister

Moritz August von Bethmann-Hollweg über den Oberbibliothekar der Königlichen Bibliothek Georg Heinrich Pertz angeforderten Gutachten einen Schätzwert des schriftlichen Nachlasses und der Bibliothek von 25 200 Reichstalern – für die Bibliothek 17 000 Reichstaler – ergaben, eine Summe, die dem Kultusminister zu hoch erschien. Prinz Wilhelm von Preußen stimmte am 2. April 1860 dem Vorschlag von Bethmann-Hollweg zu, dieses Juwel einer Gelehrtenbibliothek nicht für die Königliche Bibliothek zu erwerben. Daraufhin verkaufte Johann Seifert die Bibliothek im Sommer 1860 für mehr als 10 000 Reichstaler an Albrecht Cohn bzw. an Asher & Co. Es ist zu bedauern, daß Alexander von Humboldt nicht dem Beispiel seines Bruders Wilhelm gefolgt war, der wenigstens seinen sprachwissenschaftlichen Nachlaß testamentarisch der Königlichen Bibliothek zu Berlin vermacht und ihn damit 1835 für spätere Forschungen erhalten hatte. Vielleicht hat Alexander von Humboldt zu dem Zeitpunkt, als er seinen Diener Johann Seifert als Universalerben für fast seine ganze bewegliche Habe eingesetzt hat (Vertrag vom 25. November 1858), den Wert seines Nachlasses, besonders an Büchern und Manuskripten, selbst unterschätzt.

Einen weiteren Irrtum gilt es aufzuklären. Horst Wolf, ein ehemaliger Mitarbeiter der Handschriftenabteilung der Deutschen Staatsbibliothek, berichtete 1969 im „Börsenblatt für den Deutschen Buchhandel" (Leipzig), daß der „Hauptnachlaß" nach Humboldts Verfügung 1854 in die Königliche Bibliothek zu Berlin gelangt sei.[8] Tatsächlich erhielt die Königliche Bibliothek 1868 Papiere über die Statistik und Geographie von Mexiko und Cuba in 3 Kästen, die, nach eigenhändigen Aufschriften Alexander von Humboldts vom 8. August 1854, für die Königliche Bibliothek bestimmt waren und heute noch in der Universitätsbibliothek Krakau sind. Es handelt sich hier aber nicht um den historischen Hauptnachlaß von Alexander von Humboldt. Dieser wurde leider, wie wir aus der Literatur seit langem wissen, völlig verstreut. Der heute in den beiden Gebäuden der Berliner Staatsbibliothek und in der Universitätsbibliothek in Krakau vorhandene Nachlaß Alexander von Humboldts ist ein künstlich gebildeter Nachlaß und nicht der ursprüngliche. Er gelangte auf verschiedenen Wegen in die Königliche Bibliothek bzw. Staatsbibliothek. So hatte Alexander von Humboldt seinem treuen Sekretär Karl Eduard Buschmann handschriftliche Materialien im Zusammenhang mit dessen Bearbeitung des mehrbändigen Werkes „Kosmos" hinterlassen. Sie gelangten nach Buschmanns Tod zunächst 1883 in die Universitätsbibliothek Berlin, im Jahre 1893 dann in die Handschriftenabteilung der Königlichen Bibliothek.[9] 1958 kamen bei der Rückführung von Handschriften und Büchern aus der UdSSR die Reisetagebücher A. v. Humboldts in die Staatsbibliothek, wo sie in der Handschriftenabteilung aufbewahrt werden. Sie gehörten vorher nicht zum Besitz der Bibliothek. Besonders umfangreich ist Humboldts erhalten gebliebene Korrespondenz, die ebenfalls auf verschiedenen Wegen in die Bibliothek gelangt ist, und zwar über mehrere Nachlässe und über die Autographensammlung Darmstaedter.[10] Nach Humboldts eigenen Angaben hatte seine Korrespondenz jährlich 2000 Aus- und 3000 Eingänge aus aller Welt und gehörte damit zu der umfangreichsten, die wir kennen. Die in der Staatsbibliothek zu Berlin/Preußischer Kulturbesitz erhaltenen, viele Hundert zählenden eigenhändigen Briefe stammen aus dem weiten Zeitraum von 1793 bis 1859, wobei die Altersbriefe überwiegen. Diese Briefsammlung erhielt 1972 eine wesentliche Ergänzung. Im April 1971 hatte ein russischer Offizier aus Leningrad dem Konsulat der DDR 24 Briefmappen übergeben, die aus der einzigartigen Humboldt-Sammlung von Arthur Runge, Berlin-Lichterfelde, stammten;[11] sie gelangten in die Deutsche Staatsbibliothek und befinden sich heute in ihrer Handschriftenabteilung. Und ein letzter Irrtum. Die Deutsche Staatsbibliothek hat in eine Postkartenserie ihrer Kostbarkeiten die Abbildung der Farblithographie von Eduard Hildebrandt (1818–1869) „Alexander von Humboldt in seinem Arbeitszimmer“ aufgenommen,[12] die nach einem 1845 entstanden, inzwischen verlorengegangenen Aquarell des Malers entstanden ist. Von dem gleichen seit etwa 1843 mit Humboldt befreundeten Landschaftsmaler Eduard Hildebrandt stammt 1856 auch das bekannte Aquarell „Alexander von Humboldt in seiner Bibliothek“, ebenfalls nur als Farblithographie noch erhalten. Beide Lithographien sind heute sehr selten. Halina Nelken weist die Farblithographie „Alexander von Humboldt in seinem Arbeitszimmer“ mit Standort in der Gray Herbarium Library der Havard University, USA, nach.[13] Die Staatsbibliothek besitzt kein Exemplar dieser Lithographie in ihrer Porträtsammlung und hat es auch nie besessen. Die Abbildung ist also zu Unrecht in diese Postkartenserie der Kostbarkeiten aus der Bibliothek aufgenommen worden.

Stolz sein kann die Staatsbibliothek jedoch auf zwei künstlerische Darstellungen Alexander von Humboldts, die sie im Original besitzt. Es handelt sich einmal um ein Dreiviertelprofil des jungen Humboldt, gestaltet von dem Berliner Bildhauer Friedrich Christian Tieck (1776–1851), Bruder des Dichters Ludwig Tieck, das Erich Biehahn auf den Sommer 1797 Wien,[14] Halina Nelken dagegen evtl. erst auf 1805 Rom datiert.[15] Es hängt in der Kartenabteilung der Staatsbibliothek, Unter den Linden. Zum anderen ist das große Ölgemälde (230 × 185 cm) von Julius Schrader (1815–1900) zu nennen, das der Berliner Maler im Januar 1859 signiert hat, wenige Monate also gemalt vor dem am 6. Mai 1859 erfolgten Tod des Gelehrten. Es wurde der Königlichen Bibliothek 1860 durch das preußische Kultusministerium geschenkt.[16] Das Gemälde zeigt Alexander von Humboldt in Lebensgröße in seinem Arbeitszimmer, am bücherbedeckten Schreibtisch stehend. Das Bild hängt heute im Naturwissenschaftlichen Lesesaal der Staatsbibliothek im Gebäude Unter den Linden. Halina Nelken nennt 1980 in ihrer Monographie leider nur die 1930 von Louise Focke hergestellte Kopie, die sich im Besitz des Ibero-Amerikanischen Instituts der Stiftung Preußischer Kulturbesitz befindet.[17]

Die persönlichen Beziehungen Alexander von Humboldts zur Königlichen Bibliothek sollen nun unter folgenden Aspekten behandelt werden:
- seine Beziehungen zu den Direktoren der Königlichen Bibliothek;
- Alexander von Humboldt als Leser und Geschenkgeber bzw. Vermittler von Geschenken;
- Alexander von Humboldt als Förderer von Wissenschaftlern an der Königlichen Bibliothek und für dieses Institut.

Alexander von Humboldt hat während seines langen Lebens mit drei Direktoren der Königlichen Bibliothek enge Kontakte gepflegt, und zwar mit dem Juristen und Berliner Aufklärer Johann Erich Biester, dem Geschichtsschreiber Friedrich Wilken und dem Historiker Georg Heinrich Pertz. Johann Erich Biester (1749–1816), seit 1784 an der Bibliothek tätig und seit 1794 ihr Leiter, kam zunächst als Herausgeber der Berlinischen Monatszeitschrift (1783–1811) mit Humboldt in Berührung, wo dieser seit 1801 über seine Amerikareise berichtete. Es gab auch eine Korrespondenz zwischen beiden. Am 29. Oktober 1807 wurde Biester zum Sekretär des Reorganisationskomitees für die Akademie bestimmt, dessen Vorsitz Alexander von Humboldt inne hatte. Das neue Statut, das im März 1809 vorgelegt wurde und in der Hauptsache auf Anregungen von Alexander von Humboldt zurückging, war von Biester redigiert worden.[18] Von 1798 bis 1810 war die Königliche Bibliothek der Oberaufsicht der Akademie der Wissenschaften unterstellt, und das nicht zu ihrem Schaden. Eugen Paunel stellt 1965 in seiner Geschichte „Die Deutsche Staatsbibliothek zu Berlin“ fest, daß Alexander von Humboldt während der französischen Okkupation von

Berlin, d. h. in der Zeit vom Oktober 1806 bis Dezember 1808, Biesters Widerstand gegen die Requisition von Akademie-Schriften durch die Franzosen tatkräftig unterstützt hat.[19] Paunel berichtet auch, daß in den letzten 5 Jahren der Amtszeit Biesters, also seit 1811, der König der Bibliothek zahlreiche Geschenke gemacht habe und man dabei den Eindruck gewänne, „als wäre die Auswahl dieser Gaben von Humboldt beeinflußt worden".[20]

1805 war Humboldt von Friedrich Wilhelm III. zum Kammerherrn ernannt worden, aber noch ohne Verpflichtung.[21]

Mit Friedrich Wilken (1777–1840), der seit 1816 die Königliche Bibliothek leitete, verband Alexander von Humboldt eine langjährige Freundschaft, die sich auch auf die Familie bezog. Adolf Stoll, der Biograph Friedrich Wilkens, weiß zu berichten, daß Alexander von Humboldt „nach seiner dauernden Ansiedlung in Berlin im Jahre 1827 mit Wilken in häufige Berührung (kam), wovon auch besonders die Menge von noch vorhandenen Briefen und Billeten Humboldts an Wilken, mehr als 70 an der Zahl, Zeugnis gibt."[22] Leider ist nur noch ein Restnachlaß von Friedrich Wilken in der Staatsbibliothek zu Berlin / Preußischer Kulturbesitz vorhanden. Stoll berichtet auch, daß Wilken 1828 aus Anlaß seiner Dekorierung mit dem Roten Adlerorden 3. Klasse das Kompliment von Alexander von Humboldt zu hören bekommen habe, „der Schöpfer einer öffentlichen Bibliothek" zu sein.[23] Diese Wertung Humboldts stimmt mit unserer heutigen Einschätzung der bibliothekarischen Leistungen Friedrich Wilkens überein. Nach der Gründung der Berliner Universität 1810 hat Wilken tatsächlich durch ein großes, erfolgreiches Reformwerk alle Anstrengungen unternommen, die Königliche Bibliothek zu einer modernen wissenschaftlichen Gebrauchsbibliothek zu machen. Beide Gelehrte, Humboldt und Wilken, standen sich in ihrer humanistischen, progressiven Gesinnung sehr nahe. Beide wirkten auch eng zusammen in der Akademie der Wissenschaften. Adolf Stoll berichtet, daß es Alexander von Humboldt nach dem Tode Wilkens im Dezember 1840 gelungen sei, beim König für die Witwe Karoline Wilken (1783–1842), Tochter des bedeutenden Porträtmalers und Akademiedirektors in Leipzig Johann Friedrich August Tischbein (1750–1812), eine Erhöhung der Pension von 240 auf 600 Taler zu erwirken, ferner im Falle des Ablebens der Mutter für eine unversorgte Tochter 100 Taler.[24]

Auch mit Georg Heinrich Pertz (1795–1876), seit 1842 Oberbibliothekar, also Direktor der Königlichen Bibliothek zu Berlin, stand Alexander von Humboldt im Verkehr. Auch hier gab es einen Briefwechsel. Humboldts Briefe an Pertz sind teilweise nach Zeitungsausschnitten unbekannter Herkunft in der Sammlung Darmstaedter in der Staatsbibliothek zu Berlin im Haus Potsdamer Straße und in der Runge-Sammlung im Gebäude Unter den Linden erhalten. Humboldt nennt Pertz in der Anrede „Freund und College", konsultiert den Herausgeber der „Monumenta historica Germaniae" in paläographischen und in Quellenfragen zur alten Geschichte, ist aber mit der Glorifizierung des Freiherrn vom Stein durch Pertz in dessen mehrbändiger Stein-Biographie[25] nicht einverstanden[26]. Trotz politischer Gegensätze verkehrte Alexander von Humboldt auch persönlich mit Pertz und freute sich, als dieser 1853 in zweiter Ehe die Engländerin Leonore Horner heiratete, da ihre Schwester Mary den Geologen und „vieljährigen Freund" in London Sir Charles Lyell (1797–1875) geehelicht hatte.[27] Daß Alexander von Humboldt auch die Etat-Nöte von Pertz an der Königlichen Bibliothek kannte, beweist seine Äußerung im Herbst 1845 bei dem Fehlen eines kostbaren und teuren geologischen Werkes im Bestand der Bibliothek. Der Geograph und Kartograph Heinrich Berghaus (1797–1884) berichtet uns: „Ich glaube es wohl, daß es nicht da ist, äußerte er (d. h. A. v. Humboldt, F. K.), die Bibliothek reicht für solche kostbaren Bücher mit dem Etat nicht aus; statt für uns Gelehrte zu sorgen, muß sie ihre Fonds für Mémoires de la duchesse d'Arbantes u. d. m. zersplittern; die Prinzessinnen schicken fast alle Tage zu Pertz, daß er ihnen derartige Bücher geben solle; Pertz ist ein geplagter Mann, er muß der Leihbibliothekar für die Damen sein."[28] Diese Klage hat Alexander von Humboldt bestimmt von Pertz gehört.

Es ist mit Sicherheit anzunehmen, daß Alexander von Humboldt das Gebäude der Königlichen Bibliothek am Opernplatz, die sogenannte Kommode, betreten hat und auch ihr Leser gewesen ist. Leider sind die Leserjournale, in die sich die Leser beim Besuch des Lesesaals und des Journalzimmers eingeschrieben haben, im Zweiten Weltkrieg verlorengegangen. Aus der erwähnten Äußerung gegenüber Wilken über die erreichte Öffentlichkeit der Bibliothek und der Bemerkung über Pertz zu den Zuständen in der Benutzung sowie den Mängeln im Bestandsaufbau wissen wir, daß Alexander von Humboldt durchaus bestimmte Erwartungen als gelehrter Leser und Nutzer an die Königliche Biblithek gestellt hat. Daß er sich als großzügiger Geschenkgeber betätigt hat, läßt sich leichter bezeugen; hier bleibt für die Forschung noch etwas zu tun übrig, denkt man an eine noch ausstehende Durchsicht der Akzessionsjournale der Bibliothek, besonders für den Zeitraum 1827 bis 1859, um die vielen einzelnen Buchtitel zu ermitteln, die er der Bibliothek übergeben hat. Bekannt ist folgendes: 1805 schenkte Alexander von Humboldt der Königlichen Bibliothek nach seiner Rückkehr von der südamerikanischen Reise 13 fragmentarische Aufzeichnungen in historischer Hieroglyphenschrift der Azteken, niedergeschrieben auf einem aus den Fasern der Agave americana gewonnenen Papier, die sogenannten Aztekischen Bilderhandschriften. Diese mexikanischen Handschriften sind in einem besonderen Katalog (Manuscripta Americana) der Staatsbibliothek verzeichnet. Einige aus der spanischen Kolonialzeit stammende Handschriften kamen 1897, 1900 und 1908 dazu. Über diese Bilderhandschriften hat Alexander von Humboldt selbst 1816 in seinem Werk „Vues des Cordillères et monuments des peuples indigènes de l'Amérique" publiziert. Ausführlich hat darüber 1893 Eduard Seler berichtet.[29]

1830 schenkte der Gelehrte der Königlichen Bibliothek eine größere Anzahl armenischer, chinesischer und tibetischer Drucke und Handschriften, die er von seiner Reise nach Rußland und Sibirien 1829 mitgebracht hatte. Sie wurden in einem Verzeichnis von Carl Friedrich Neumann 1830 sorgfältig beschrieben. Fast alle Handschriften und auch Neumanns handgeschriebenes Verzeichnis sind erhalten geblieben. 1830 schenkte Alexander von Humboldt der Königlichen Bibliothek ferner einen chinesischen Kompaß, den er ebenfalls von seiner Reise 1829 mitgebracht hatte. Dieser wurde in der Publikation „Kostbarkeiten der Deutschen Staatsbibliothek" 1986 abgebildet.[30] Daß Alexander von Humboldt 1854 Papiere über die Statistik und Geographie von Mexiko und Cuba in 3 Kisten für die Königliche Bibliothek bestimmt hat, wurde bereits berichtet.[31]

Sehr aktiv ist der Gelehrte gewesen beim Vermitteln von Käufen und Geschenken. Hier lassen sich sicher auch noch Entdeckungen in den Akzessionsjournalen der Königlichen Bibliothek machen. 1823 vermittelte er beispielsweise den Kauf von zwei tamulischen Handschriften in Paris, für die die Königliche Bibliothek 150 frcs bezahlt hat.[32]

1846 konnte die Bibliothek den Nachlaß des mit Humboldt befreundeten und 1824 verstorbenen Hallenser Altphilologen Friedrich August Wolf kaufen, nachdem der Kammerherr und Gelehrte bei Friedrich Wilhelm IV. die Mittel losgeeist hatte. Zum Nachlaß der 541 Nummern im Akzessionsjournal[33] gehörten 1100 Briefe Wolfs mit etwa 280 Briefschreibern.[34] Humboldts und Carl Ritters Bemühungen, 1843 den Ankauf der bedeutenden Sammlung von etwa 3000 Kartenblättern des Direktors des Trigonometrischen Büros

Carl Wilhelm von Oesfeld durch die Königliche Bibliothek zu tätigen, hatten keinen Erfolg. Die Sammlung wurde im Mai 1852 versteigert, die Karten zerstreut.[35]

Zahllos sind die Geschenke, die Alexander von Humboldt über Friedrich Wilhelm III. und Friedrich Wilhelm IV. an die Königliche Bibliothek gesteuert hat, meistens Prachtbände, die den Monarchen mit Widmungen der Autoren übergeben worden sind. Es wäre ein Versuch zu unternehmen, diese Titel einmal zusammenzutragen. Hier müssen wir uns mit zwei Beispielen begnügen. 1831 hatte der russische Zar Nikolaus I. Alexander von Humboldt zu einer zweiten Forschungsreise, dieses Mal nach Südrußland, eingeladen. Als Humboldt diese Reise ablehnte, unternahm sie der russische Naturforscher und Magnat Anatolij Nikolaevič Demidov (1812–1870) im Jahre 1837 mit eigenen Geldern. Er stammte aus der bekannten russischen Grubenbesitzerfamilie im Ural, die in der ersten Hälfte des 17. Jahrhunderts das Bergbauwesen in Rußland begründet hatte. Sein Vater, Fürst Nikolaj Nikitič Demidov (1773–1828), hatte nicht nur seine Bergwerke vorbildlich verwaltet, er hatte auch als russischer Patriot 1812 ein Regiment ausgestattet und an dessen Spitze gegen Napoleon gekämpft. Er stand später im diplomatischen Dienst und war ein großzügiger Mäzen von Künstlern und Wissenschaftlern.[36] Vielleicht hat Alexander von Humboldt den Fürsten Nikolaj Nikitič Demidov in Paris oder in Florenz persönlich kennengelernt bzw. mit ihm in brieflichem Kontakt gestanden. Der Mineraloge Gustav Rose (1798–1873), Humboldts Begleiter auf der Sibirienreise, berichtete, Alexander habe im Mai 1829 in Petersburg „bei den Vormündern der Söhne des kürzlich in Florenz verstorbenen Nicolas Nikitisch Demidov" erreicht, daß man ihm ihren in Paris „gut ausgebildeten Bergmann Schwetsoff" als Begleiter im Ural mitgab.[37] Mit diesem besuchten Humboldt und seine Reiseteilnehmer im Juni 1829 u. a. die Hüttenwerke der Demidovs in Nevjansk und Nižnyj-Tagil im Uralgebiet sowie im August in Barnaul im Altai-Gebiet.[38] Humboldt wußte auch von den Goldgruben am Osthang des Ural, wo „in Nadporojnaja die Herren von Demidoff neuerlich ein äußerst ergiebiges Lager haben ausbeuten lassen."[39] Mit Anatolij Nikolaevič Demidov (1812–1870), dem jüngsten Sohn des Fürsten Nikolaj Demidov, ist Humboldt sicher in Paris zusammengekommen. Dieser stand in seiner Jugend im diplomatischen Dienst in Paris, Rom und Wien, lebte dann fast ständig in seiner Villa in San Donato bei Florenz und hatte vom italienischen König den Titel eines Fürsten von San Donato erhalten. 1841 heiratete er eine Nichte von Napoleon I.[40] Anatolij Demidov war Mitglied mehrerer Akademien, darunter auch der Leopoldina. Er brach im Frühjahr 1837 mit 22 Mitarbeitern, darunter mehreren Bergleuten, Naturwissenschaftlern und auch zwei Zeichnern, ausgerüstet mit Bohrgeräten und Meßapparaten, aus Paris auf, um in dem damals noch unbekannten Südrußland und auf der Krim mineralogische und geologische Forschungen durchzuführen, d. h. um nach Eisenerz und Steinkohle für den Aufbau einer Eisenerzindustrie in diesem Gebiet zu forschen. Bei seinen längeren und sehr sorgfältigen Reisevorbereitungen hat der junge Demidov sicher 1837 Humboldt konsultiert. Schließlich hatte Humboldt 1829 gründlich die Eisenhütten von Nižnyj-Tagil im Ural studiert, dessen Besitzer Anatolij Demidov war. Demidovs Reisebericht über seine Beobachtungen, Forschungen und Messungen in Südrußland und auf der Krim ist stark von Humboldts Methode der Reiseberichterstattung beeinflußt. Es sind Briefe Humboldts an Anatolij Demidov aus den Jahren 1838 bis 1858 erhalten. Ferner fällt auf, daß Humboldt alle neun Bücher, die Demidov zwischen 1838 und 1858 veröffentlicht hat, in seiner Privatbibliothek besaß,[41] darunter nicht nur die verschiedenen französischen Fassungen seiner „Voyage dans la Russie méridionale et la Crimée", sondern auch deren englische Übertragung aus dem Jahre 1853[42] sowie die deutsche Übersetzung von Johann Ferdinand Neigebaur, Breslau 1854.[43] Die erste Fassung seines wissenschaftlichen Reiseberichtes, die Anatolij Demidov für Geschenkzwecke als „Prachtexemplar auf chinesischem Papier" in einer sehr kleinen Auflage 1838 in Paris mit dem Titel „Esquisses d'un voyage dans la Russie méridionale et la Crimée" herausbrachte, ließ er in einem Exemplar über Alexander von Humboldt dem preußischen König Friedrich Wilhelm III. überreichen. Dieses Exemplar trug vor dem Titelblatt die handschriftliche Widmung „A sa Majesté le Roi de Prusse homage de l'auteur Demidoff." Humboldt leitete diesen Prachtband an die Königliche Bibliothek weiter, wo er sich in der Rara-Sammlung befand, ehe er kriegsbedingt ausgelagert wurde und später in die Universitätsbibliothek Krakau gelangte. Interessant ist festzustellen, daß sich ein weiteres Exemplar dieser sehr seltenen Prachtausgabe mit handschriftlicher Widmung des Autors in der Privatbibliothek Alexander von Humboldts befand.[44]

Als Demidov sein Reisewerk 1840 bis 1842 in einer erweiterten 4-bändigen Quart-Ausgabe unter dem Titel „Voyage dans la Russie méridionale et la Crimée, par la Hongrie, la Valachie et la Moldavie, exécuté en 1837 par de Sainson, Le Play, Huot," herausgab, war es Alexander von Humboldt, der am 9. April 1839 aus Paris an Friedrich Wilken berichtete, er habe „den Gold- und Platin-Mann selbst beredet", Geschenke dieses Werkes den Universitätsbibliotheken von Berlin, Halle, Königsberg und Bonn zu machen. Humboldt erschien Demidovs Reisebeschreibung „in artistischer Hinsicht wie in naturhistorischer" wichtig zu sein; er betonte auch in dem genannten Schreiben an Wilken, daß Demidov „von Botanikern und Zoologen" begleitet gewesen sei. Ich habe die zwei Briefe Alexander von Humboldts an Wilken zur Erlangung der Exemplare von Demidovs „Voyage" vom 9. April und vom 21. Mai 1839 sowie das Dankschreiben Wilkens an Demidov vom 16. Juni 1839, die ich in den Akten fand, 1976 veröffentlicht.[45] Wilken erklärte sich bereit, die Weiterleitung der in einzelnen Heften erscheinenden Exemplare der Reisebeschreibung an die genannten Universitätsbibliotheken zu übernehmen, er starb jedoch Ende Dezember 1840.

Und ein weiteres Beispiel für Humboldts Vermittlertätigkeit. Ihm ist es zu verdanken, daß 1852 die 2. Auflage des „Lexicon Serbico-Germanico-Latinum", Wien 1852, des serbischen Sprachreformators Vuk Stefanovič Karadžić (1787–1864) in dem vom Verfasser Friedrich Wilhelm IV. gewidmeten Prachtexemplar in die Königliche Bibliothek gelangte. Humboldt hatte kurz vorher dieses Werk dem preußischen König überreicht, um die Auszeichnung des berühmten serbischen Gelehrten mit dem Roten Adlerorden zu bewirken.[46]

Es bedurfte nicht erst der Ernennung Humboldts 1827 durch Friedrich Wilhelm III. zum Präsidenten einer Kommission zur Prüfung der Unterstützungsgesuche von Gelehrten und Künstlern, er hat auch schon vorher junge Wissenschaftler, darunter auch solche an der Königlichen Bibliothek, gefördert. Hier sollen nur drei Namen genannt werden.

Eine langjährige Freundschaft verband Alexander von Humboldt mit dem Geographen und Journalisten Samuel Heinrich Spiker (1786–1858), der von 1806 bis 1850 Bibliothekar an der Königlichen Bibliothek war, nach dem Tode von Friedrich Wilken 1840 bis zum Amtsantritt von Pertz im April 1842 sogar ihr interimistischer Leiter. Es sind 201 Briefe in deutscher und französischer Sprache von Humboldt an Spiker in der Staatsbibliothek zu Berlin / Preußischer Kulturbesitz erhalten; der erste ist datiert Paris, Juli 1815. Beide Männer standen sich nahe durch ihre Weltoffenheit und ihre vielseitigen Interessen. Spiker begeisterte sich für England und veröffentlichte 1818 seine interessante „Reise durch England, Wales und Schottland im Jahre 1816", 2 Bände, Leipzig, die ganz im Stile Humboldts geschrieben war. Neben Museen, Bibliotheken und anderen Stätten der Kultur und Wissenschaft beschrieb Spiker hier auch Fabriken und Werkstätten und war vor allem erschüttert vom Elend der arbeitenden Kinder. 1827 kaufte er von den Spenerschen Erben die „Berlinischen Nachrichten von Staats- und Gelehrten Sachen" (Haude und Spenersche Zeitung) und gelangte dadurch in den Kreis der Berliner Journalisten. Hanno Beck hat in seinem Werk „Alexander von Humboldt" nachgewiesen, in welcher geschickten Form Alexander von Humboldt die Haude und Spenersche Zeitung seines Freundes Spiker genutzt hat, um „die Politik zur Kulturpolitik zu machen".[47] Seit 1842 war Humboldt in der Oranienburger Straße Nr. 67 Nachbar von Spiker. Als dieser am 24. Mai 1858 im Alter von 72 Jahren verstarb, nahm Alexander von Humboldt an seinem Begräbnis teil.[48]

Gut bekannt ist die Freundschaft Alexander von Humboldts mit dem vielseitigen Sprachforscher Karl Eduard Buschmann (1805—1880), der von 1832 bis 1880 an der Königlichen Bibliothek tätig war. Buschmann arbeitete rund 30 Jahre für die Brüder Humboldt. Er hatte Wilhelm von Humboldts Werk über die Kawi-Sprache und den malaischen Sprachstamm im Auftrage Alexanders vollendet und herausgegeben. Von 1839 bis zum Tode von Alexander von Humboldt arbeitete er für ihn. Er hat den gesamten „Kosmos", einschließlich Register, die Neuausgabe der „Ansichten der Natur" und die „Kleineren Schriften" nach Alexanders Manuskripten für den Druck fertiggemacht, Korrektur lasen beide gemeinsam. Es gab 270 Briefe Alexander von Humboldts an Buschmann aus den Jahren 1833 bis 1858 in der Staatsbibiliothek, die leider nicht alle erhalten geblieben sind. Renate Rohde entdeckte vor einigen Jahren im damaligen Zentralen Staatsarchiv Merseburg bisher unbekannte Briefe Alexander von Humboldts, die Bittschriften an Friedrich Wilhelm III. und Friedrich Wilhelm IV. darstellen, um Gehaltserhöhungen für Buschmann an der Bibliothek zu erreichen. Zum ersten Mal untersuchte Renate Rohde auch die bibliothekarische Tätigkeit des Professors Buschmann und schätzte seine Leistungen gerecht ein.[49] Welche tiefe Verehrung Buschmann Alexander von Humboldt entgegenbrachte, bezeugen seine Widmungen, mit denen er seine Buchgeschenke für Humboldt versah. Henry Stevens hat zehn Titel von Buschmann in der Privatbibliothek von Humboldt festgestellt und vier Widmungen in vollständigem deutschem Text in seinen Auktionskatalog aufgenommen.[50] Als Beispiel sei hier nur Buschmanns Widmung für Humboldt in seiner Schrift „Der Athapaskische Sprachstamm", Berlin 1856, genannt: „Seinem edlen Beschützer, dessen endlose Güte und Huld allein ihm diese amerikanischen Arbeiten möglich machen, Alexander von Humboldt in herzlicher Dankbarkeit zugeeignet vom Verfasser. Berlin, 27. Januar 1856."

Abschließend soll noch Siegfried Dehn (1799—1858) genannt werden, der auf Empfehlung von Alexander von Humboldt 1842 als Musikkustos mit 500 Talern Jahresgehalt an der Königlichen Bibliothek eingestellt wurde. Dehn, in Altona geboren, war ein Musikgelehrter und Kompositionslehrer von Rang. Zu seinen Schülern zählten Michail Glinka und Anton Rubinstein. 1840 erschien von ihm eine theoretisch-praktische Harmonienlehre. Mit großem Erfolg hat er die Musikabteilung der Königlichen Bibliothek geleitet, die Musikkatalogisierung in Angriff genommen und die Sammlung durch Käufe sehr bereichert; zum Beispiel hat er 1846 Beethoven-Handschriften gekauft, darunter auch die berühmten Konversationshefte des ertaubten Beethoven.[51]

Mit dem vorliegenden Beitrag „Alexander von Humboldt und die Königliche Bibliothek zu Berlin" soll angeregt werden, dieses Thema weiter zu behandeln. Die Autorin ist der Überzeugung, daß ihre hier gemachten Ausführungen noch Ergänzungen erfahren könnten und sollten.

Anmerkungen

1 [Notiz in:] Zentralblatt für Bibliothekswesen. 73. 1959, S. 394.
2 Schellhas 1959.
3 Lülfing 1961, S. 371 (Fußnote 36).
4 Schoenwaldt 1970.
5 Eichhorn 1959, S. 211–214.
6 Humboldt library 1863 bzw. 1967.
7 Catalogue of the remains of the Humboldt library. Which will be sold by auction, by Messrs. Sotheby, Wilkinson & Hodge [...] on Tuesday, the 14th of March, 1871. London 1871.
8 Wolf 1969.
9 Friese 1910, S. 149 f.
10 Lülfing 1961, S. 363, 368.
11 Nicolas 1940.
12 Leider bringt die Postkarte auf ihrer Rückseite keine präzisen Angaben: Es fehlt der Name des Malers Eduard Hildebrandt und das Entstehungsjahr des Aquarells.
13 Nelken 1980, S. 134.
14 Biehahn 1963.
15 Nelken 1980, S. 50 f.
16 Biehahn 1961, S. 17, Abb. 18. – Das Original-Farbfoto dieses Bildes, das von der Staatsbibiliothek zu Berlin verkauft wird, gibt auf seiner Rückseite als Entstehungsjahr des Gemäldes irrtümlicherweise „um 1855" an.
17 Nelken 1980, S. 165–169.
18 Harnack 1900, S. 571.
19 Paunel 1965, S. 118; Krause 1976, S. 52–54.
20 Paunel 1965, S. 144.
21 Schleucher 1984, S. 275.
22 Stoll 1896, S. 148.
23 Ebd., S. 175.
24 Ebd., S. 230.
25 Pertz 1849–55.
26 Gespräche A. v. Humboldts 1959, S. 409.
27 Ebd., S. 361.
28 Ebd., S. 213.
29 Humboldt 1810; Seler 1893.
30 Kostbarkeiten 1986, S. 115.
31 SB Berlin b.
32 Paunel 1965, S. 193.
33 Vgl. SB Berlin a.
34 Deutsche Staatsbibliothek 1961, S. 334.
35 Kostbarkeiten 1986, S. 179.
36 Č[erkas] 1905b.
37 Rose 1837–42, 1, S. 307 (Fußnote).
38 Ebd., S. 293, 306–309.
39 Humboldt 1844, 1, T. 1, S. 310.
40 Č[erkas] 1905a.

41 Vgl. Humboldt library 1863, S. 168 f., Nr. 2215–2223.
42 Demidoff 1853.
43 Demidoff 1854. – Demidovs Reisebericht erschien in weiteren Übersetzungen: ins Italienische (Torino 1841), Polnische (Warszawa 1845), Russische (Moskva 1853) und Spanische.
44 Vgl. Humboldt library 1863, S. 168, Nr. 2215.
45 Krause 1976, S. 290–292.
46 Ebd., S. 212.
47 Beck 1959–61, 2, S. 190.
48 Paunel 1965, S. 233.
49 Rohde 1989.
50 Humboldt library 1863, S. 118 f. Nr. 1583–1592.
51 Köhler 1961, S. 246–248.

Quellen und Literatur

Berlin, SB
a Staatsbibliothek zu Berlin. Preußischer Kulturbesitz. KB Berlin Acta III C 12.
b Staatsbibliothek zu Berlin. Preußischer Kulturbesitz; z. Zt. Kraków. Bibliotheka Jagiellońska. Handschriftenabteilung. Nachlaß A. v. Humboldt 1–3. acc.ms. 9476.

Alexander von Humboldt 1959
Alexander von Humboldt 14. 9. 1769 – 6. 5. 1859. Gedenkschrift zur 100. Wiederkehr seines Todestages. Hrsg. von der Alexander-von-Humboldt-Kommission der Deutschen Akademie der Wissenschaften zu Berlin. Berlin 1959.
Beck 1959–61
Beck, Hanno: Alexander von Humboldt. Bd. 1.2. Wiesbaden 1959–61.
Biehahn 1961
Biehahn, Erich: Kunstwerke der Deutschen Staatsbibliothek. Berlin 1961.
Biehahn 1963
Biehahn, Erich: Ein Jugendbildnis Alexander von Humboldts. In: Bildende Kunst. 1963. H. 7, S. 362–364.
Catalogue Humboldt library 1871
Catalogue of the remains of the Humboldt library. Which will be sold by auction, by Messrs. Sotheby, Wilkinson & Hodge [...] on Tuesday, the 14th of March, 1871. London 1871.
Č[erkas] 1905 a
Č[erkas], A.: Demidov, Anatolij Nikolaevič. In: Russkij biografičeskij slovar'. Bd. 6. S.-Peterburg 1905, S. 211–213.
Č[erkas] 1905 b
Č[erkas], A.: Demidov, Nikolaj Nikitič. In: Russkij biografičeskij slovar'. Bd. 6. S.-Peterburg 1905, S. 220–222.
Demidoff 1853
Demidoff, Anatole de: Travels in Southern Russia and the Crimea. 2 Vol. Illustrated by Raffet. London 1853.

Demidoff 1854
Demidoff, Anatol von: Reise nach dem südlichen Rußland und der Krim, durch Ungarn, die Walachei und die Moldau im Jahre 1837. Mit Illustrationen nach Originalzeichnungen von Raffet. Übers. von J. F. Neigebaur. 2 Teile. Breslau 1854.
Deutsche Staatsbibliothek 1961
Deutsche Staatsbibliothek 1661 bis 1961. T. 1. Leipzig 1961.
Eichhorn 1959
Eichhorn, Johannes: Die wirtschaftlichen Lebensverhältnisse Alexander von Humboldts. In: Alexander von Humboldt 14. 9. 1769 – 6. 5. 1859. Gedenkschrift [...]. Berlin 1959, S. 181–215.
Friese 1910
Friese, Karl: Geschichte der Königlichen Universitätsbibliothek zu Berlin. Berlin 1910.
Gespräche A. v. Humboldts 1959
Gespräche Alexander von Humboldts. Hrsg. von Hanno Beck. Berlin 1959.
Harnack 1900
Harnack, Adolf: Geschichte der Königlich Preußischen Akademie der Wissenschaften zu Berlin, Bd. I/2. Berlin 1900.
Humboldt 1810
Humboldt, Alexander von: Pittoreske Ansichten der Cordilleren und Monumente americanischer Völker. Tübingen 1810.
Humboldt 1844
Humboldt, Alexander von: Central-Asien. Untersuchungen über die Gebirgsketten und die vergleichende Klimatologie. Aus d. Franz.übers. von Wilhelm Mahlmann. Bd. 1.2. Berlin 1844.
Humboldt library 1863 (1967)
The Humboldt library. A catalogue of the library of Alexander von Humboldt. With a bibliographical and biographical memoir by Henry Stevens. London: Henry Stevens, American Agency 1863. – Unveränderter fotomechanischer Nachdruck: Leipzig 1967.
Köhler 1961
Köhler, Karl-Heinz: Die Musikabteilung. In: Deutsche Staatsbibliothek 1661 bis 1961. T. 1. Leipzig 1961, S. 241–274.
Kostbarkeiten 1986
Kostbarkeiten der Deutschen Staatsbibliothek. Hrsg. von Hans-Erich Teitge und Eva-Maria Stelzer. Leipzig 1986.
Krause 1976
Krause, Friedhilde: Die slawischen Verbindungen der Königlichen Bibliothek zu Berlin und der Aufbau ihres Slavica-Bestandes seit ihrer Gründung bis 1871. Leipzig 1976. (Zentralblatt für Bibliothekswesen. Beiheft 88.)
Lülfing 1961
Lülfing, Hans: Die Handschriftenabteilung. In: Deutsche Staatsbibliothek 1661 bis 1961. T. 1. Leipzig 1961, S. 319–380.
Nelken 1980
Nelken, Halina: Alexander von Humboldt. Bildnisse und Künstler. Eine dokumentierte Ikonographie. Berlin 1980.
Nicolas 1940
Nicolas, Ilse: Eine Humboldt-Sammlung in Lichterfelde. In: Lichterfelder Anzeiger. Jg. 47. Nr. 197 v. 22. 8. 1940, Beil. 1.

Paunel 1965
Paunel, Eugen: Die Staatsbibliothek zu Berlin. Ihre Geschichte und Organisation während der ersten zwei Jahrhunderte seit ihrer Eröffnung. 1661 bis 1871. Berlin 1965.
Pertz 1849–55
Pertz, Georg Heinrich: Das Leben des Freiherrn vom Stein. Bd. 1–6. Berlin 1849–55.
Rohde 1989
Rohde, Renate: Karl Eduard Buschmann, Mitarbeiter der Brüder Humboldt und Bibliothekar an der Königlichen Bibliothek zu Berlin. In: Studien zum Buch- und Bibliothekswesen. Bd. 7. Leipzig 1989, S. 54–72.
Rose 1837–42
Rose, Gustav: Reise nach dem Ural, dem Altai und dem Kaspischen Meere auf Befehl Sr. Majestät des Kaisers von Rußland im Jahre 1929 ausgeführt von A. v. Humboldt, G. Ehrenberg und G. Rose. – Mineralogisch-geognostischer Theil und historischer Bericht der Reise. Bd. 1.2. Berlin 1837–1842.
Schellhas 1959
Schellhas, Walter: Alexander von Humboldt und Freiberg in Sachsen. In: Alexander von Humboldt. 14. 9. 1769 – 6. 5. 1859. Gedenkschrift [...]. Berlin 1959, S. 337–422.
Schleucher 1984
Schleucher, Kurt: Alexander von Humboldt. Der Mensch. Der Forscher. Der Schriftsteller. Darmstadt 1984.
Schoenwaldt 1970
Schoenwaldt, Peter: Das Schicksal des Nachlasses Alexander von Humboldts. In: Jahrbuch Preußischer Kulturbesitz 1969. Bd. 7. Köln und Berlin 1970, S. 101–148.
Seler 1893
Seler, Eduard: Die mexikanischen Bilderhandschriften Alexander von Humboldts in der Königlichen Bibliothek zu Berlin. 136 S. und 1 Tafelband mit 16 Tafeln. Berlin 1893.
Stoll 1896
Stoll, Adolf: Der Geschichtsschreiber Friedrich Wilken. Cassel 1896.
Wolf 1969
Wolf, Horst: Vor 200 Jahren wurde Humboldt geboren. Das wissenschaftliche Erbe Alexander von Humboldts in der Deutschen Staatsbibliothek. In: Börsenblatt für den Deutschen Buchhandel. 136. 1969. Nr. 36, S. 724 f.

Anschrift d. Verf.: *Prof. Dr. Friedhilde Krause, Rummelsburger Straße 67, D 10315 Berlin*

Messungen der Grubenluft-Temperaturen durch den Studenten Alexander von Humboldt 1791/92 in Freiberger Bergwerken – erste wissenschaftliche Grundlagen für die Erforschung der Wärmeverhältnisse des Erdkörpers (Ein Beitrag zur Geschichte der Geothermie)

Von Peter Kühn

Bei meinen Recherchen zur Geschichte der Wärmelehre des Erdkörpers im Zusammenhang mit der Bearbeitung des Geothermie-Atlas der Deutschen Demokratischen Republik (Katzung; Diener; Kühn u. a., 1984) bin ich schon bald auf den Namen Alexander von Humboldt gestoßen und mußte beim Studium der umfangreichen Humboldt-Literatur erkennen, daß über dessen Beitrag zu dieser Geowissenschaft ein Mantel des Vergessens liegt. In verschiedenen Gespächen mit den Herren Professor Dr. Biermann und Dr. Fiedler in der Alexander-von-Humboldt-Forschungsstelle der Akademie der Wissenschaften zu Berlin in den Jahren nach 1981 erhielt ich vielerlei Unterstützung und zahlreiche Anregungen für die genauere Untersuchung dieser Thematik. In einem ersten Vortrag über die Ergebnisse dieser wissenschaftshistorischen Untersuchungen vom November 1984[1] anläßlich einer Vortragstagung des Arbeitskreises „Geschichte und Philosophie der Geologischen Wissenschaften" der Gesellschaft für Geologische Wissenschaften der DDR in Berlin verwies ich u. a. auf die von F. Arago (1857) erwähnten Messungen der Grubenluft-Temperaturen in Freiberger Bergwerken seitens der Studenten Alexander von Humboldt und Carl Freiesleben in der Zeit von Humboldts erstem Aufenthalt in Freiberg 1791/92.

In der Diskussion zu diesen Ausführungen verwies Herr Dr. Wagenbreth auf die Notwendigkeit, über diese Aktivitäten Humboldts Einzelheiten zu ermitteln, um gegebenenfalls die Örtlichkeiten in Freiberg, wo Humboldt und Freiesleben diese Temperaturbeobachtungen durchgeführt haben, mit entsprechenden Hinweistafeln versehen zu können.

Diesem Hinweis versuchte ich nachzugehen. Es ist mir zwar noch nicht gelungen, neue Angaben zu ermitteln, aber: in Zusammenarbeit mit den Herren Dr. Fiedler, Dr. Schmidt, Dr. Wagenbreth und Dr. Suckow ist daraus die Idee entstanden, in Freiberg ein Humboldt-Kolloquium aus Anlaß des 200. Jahrestages von Humboldts Studium an der Bergakademie durchzuführen. Daß diese Veranstaltung zu einem großartigem Gedankenaustausch der Humboldt-Forscher aus West- und Ostdeutschland führte, daß die Initiative zur Errichtung eines Alexander-von-Humboldt-Denkmals für Freiberg ausgelöst wurde u. v. a. m. hat bei den ersten Diskussionen keiner der Beteiligten ahnen können. Leider hat Herr Dr. Fiedler das Freiberger Humboldt-Kolloquium nicht mehr erleben können. Meinen Beitrag möchte ich dem Andenken von Horst Fiedler (1928–1990) widmen.

Die unterirdische Meteorologie

Die Brüder Alexander und Wilhelm von Humboldt wachsen in Berlin auf, erhalten hier eine gediegene Schulbildung durch tüchtige Hauslehrer; sie werden zielgerichtet auf eine akademische Laufbahn vorbereitet. 1777 übernimmt G. J. Ch. Kunth die Erziehung der Brüder Humboldt; außer ihm werden Berliner Gelehrte am Unterricht beteiligt. Unter der Aufsicht von Kunth nehmen die Brüder im Oktober 1787 das Studium an der Viadrina in Frankfurt/O. auf. Sie bleiben bis März 1788. Alexander kehrt nach Berlin zurück; Wilhelm bezieht die Universität in Göttingen. In Berlin wird Alexander von Humboldt durch verschiedene Gelehrte in Technologie, Physik, Mathematik, Zeichnen, Griechisch und Philosophie weiter unterrichtet; mit K. L. Willdenow betreibt er botanische Studien.

1789 nimmt Humboldt das Studium an der Universität Göttingen auf. Noch im gleichen Jahr unternimmt er mit dem holländischen Studienkollegen S. J. van Geuns eine naturhistorische Studienreise durch Westdeutschland. In Auswertung dieser Reise veröffentlicht er sein erstes Büchlein: „Mineralogische Beobachtungen über einige Basalte am Rhein". In dieser Veröffentlichung behandelt er ein damals aktuelles Thema der Geowissenschaften, die Entstehung der Basalte. Humboldt wertet die internationale Literatur zu dieser Thematik aus und teilt eigene Beobachtungen über die Basalte von Unkel mit. Bei der Bearbeitung der Basaltproblematik beschäftigt sich Humboldt erstmals mit den Fragen der Wärmeverhältnisse der Erde. Noch im Jahre 1790 begibt sich Humboldt mit seinem Freund G. Forster auf eine weitere Reise, die durch Westdeutschland, die Niederlande, England und Frankreich führt. Zurückgekehrt setzt Humboldt seine Studien an der Hamburger Handelsakademie fort. Von Hamburg aus übersendet Humboldt sein Basaltbüchlein auch an A. G. Werner nach Freiberg in Sachsen. Im Frühjahr 1791 beendet Humboldt seine Studien in Hamburg, bewirbt sich bei F. A. v. Heinitz, dem preußischer Bergbauminister, um eine Anstellung im Bergdienst. Mit einem Empfehlungsschreiben von Heinitz in der Tasche reist Humboldt im Juni 1791 nach Freiberg an die dortige Bergakademie, um hier sein Studium bei dem Geologen A. G. Werner aufzunehmen. Auf Anraten seines Freiberger Lehrers Werner unternimmt Humboldt mit seinem Kommilitonen J. C. Freiesleben, dem späteren sächsischen Ober-Berghauptmann, eine geologisch-bergmännische Studienreise durch das Erzgebirge und Böhmen. In Freiberg führt Humboldt praktische Arbeiten in den Freiberger Gruben aus. U. a. führt er im Winter 1791/92 mit Freiesleben Messungen der Grubenluft-Temperatur in verschiedenen Tiefen durch. Das sind die ersten geothermischen Messungen in einem deutschen Bergwerk. Über die Ergebnisse dieser Messungen können wir uns in den Werken von Humboldts späterem Freund F. Arago informieren.[2] Auch in Humboldts Monographien „Versuche über die chemische Zerlegung des Luftkreises" und „Über die unterirdischen Gasarten und die Mittel, ihren Nachtheil zu vermindern" (mit einer Vorrede Wilhelm von Humboldts) gibt es Hinweise auf die Freiberger Messungen der Grubenluft-Temperaturen. Humboldt und Freiesleben beobachteten im Januar 1791 eine „lange Reihe"; sie fanden „im Kuhschacht und im Segen Gottes Herzog Augustus bei 120 m und bei 150 m Tiefe die Luft in den Gruben auf 13 °C und 14,8 °C, während die äußere Luft im Januar +3 °C und 4 °C zeigte".[3]

Bis 1798 führt A. v. Humboldt weitere Untersuchungen zur „unterirdischen Meteorologie" durch. Zu nennen sind neben den Freiberger Messungen solche „in der Wunsiedler Revier bey Arzberg (98 gleichzeitige Beobachtungen in 13 Lachter Teufe und im Freyen; bisweylen täglich zweymal; vom 23sten September 1796 bis 13ten Januar 1797), im Alexanderstollen am Fichtelgebirge, im Chamony-Thal (alter Mont Blanc-Stollen), in der Gallerie de l'esperance zu Servoz, in den Steinsalzgruben zu Berchtolsgaden (1798, im Ferdinandberg, im Frauenberg und im Petersberge), im Eisenbergwerk Aarau, in der römischen Escavation Custoza bey Vizenza, zu Ischl und Halstadt in Oberöstreich, zu Aussee in Steyermark, auch im Jura zu Aarau, im Mordlauer Stollen auf der Nailaer Revier sowie Messungen der Temperatur im Bartholomäus-See bey Berchtolsgaden, Cajetan Anton Wöhr, in Steeben am Fichtelgebirge u. a. a. O."[4]

Humboldts Thermometer für diese Messungen stammen aus Leipzig. Das beweist ein Brief an seinen Freund Freiesleben in Freiberg aus Goldkronach und Bayreuth (20. 11. 1794/21. 11. 1794): „...Den guten Fischer bitten Sie doch, zu Hofmann zu gehen, um ihn in meinem Namen um Vollendung des Barometers zu bitten ... Ich möchte auch gern 2 Thermometer haben, ganz mittelmäßige zu neuen Versuchen in der Grube. Sie brauchen nur etwas besser als die der herumziehenden Italiener zu sein. Wenn der gute Fischer sich doch nach dem Preise solcher Thermometer nach *Réaum(ur)* erkundigte. Die 3 Thermometer (die ich besitze) mag ich der Gefahr der Grube nicht anvertrauen."[5] A. v. Humboldt sammelte bei diesen Messungen wichtige praktische Erfahrungen, sah die Temperatur in den Bergwerken nie über 28 °R steigen, glich in Gesellschaft seiner Freunde, der Herren J.-C. Delamétherie und J.-B. Fleuriau de Bellevue seine „unterirdischen Instrumente" gegen die der Pariser Sternwarte ab, lernte die lange Meßreihe der Temperatur im Keller der Sternwarte zu Paris kennen (die Messungen erfolgen in einer Tiefe von 84 Fuß und sind frei von den Temperaturänderungen an der Erdoberfläche!) und veröffentlichte diese Ergebnisse in dem bereits erwähnten Buch „Ueber die unterirdischen Gasarten ..." In diesem Buch geht es um ein Atemgerät für Bergleute, und die Temperatur der Grubenluft bzw. die unterirdische Meteorologie ist dafür eine wichtige Grundlage.

Weitere Temperaturmessungen in Bergwerken führt Humboldt auf seiner Amerikareise (1799–1804) durch und zwar in den Silberbergwerken von Mexiko und Peru. Sind die geothermischen Untersuchungen Humboldts vor 1799 allgemein weniger bekannt, so gehören seine amerikanischen Ergebnisse zu den klassischen der Geothermie.

Oberflächentemperatur des Erdkörpers

In Auswertung seiner Amerikareise beschäftigt sich Humboldt auch mit einer weiteren wichtigen Grundlage für die Geothermie, und zwar mit der Oberflächentemperatur des Erdkörpers. 1817 veröffentlicht er seine weltberühmte Abhandlung über die isothermen Linien mit einer Isothermenkarte der Nordhalbkugel der Erde.[6] In dieser Arbeit wird erstmals der Begriff *Isotherme* in die Wissenschaft eingeführt und, wie neuere Untersuchungen nachweisen konnten, eine neue Epoche in der klimatologischen Forschung eingeleitet. Bereits 1816 lernte Humboldt in Paris J. Fouriers Arbeit über die Theorie der Wärmeleitung kennen, die 1822 veröffentlicht wurde. Fourier stellte die Differentialgleichung der Wärmeleitung auf, die bis heute gültige Grundlage für alle Probleme der Wärmeleitung. Humboldt propagiert Fouriers Theorie in Vorlesungen an der Pariser und später auch an der Berliner Akademie sowie in öffentlichen Vorträgen 1827/28, seinen berühmten „Kosmos-Vorlesungen". Von den 61 Vorlesungen an der Berliner Universität behandeln 5 Vorträge Gestalt, Dichte, innere Wärme und Magnetismus der Erde sowie die Polarlichter.

Die innere Wärme der Erde

Die reifen Vorstellungen Humboldts über die innere Wärme der Erde sind im „Kosmos“ niedergelegt. Humboldt steht hier vollständig auf vulkanistischen Positionen:
– die Erde war ursprünglich flüssig und sehr heiß,
– ihre Oberfläche hat sich bis auf die heutige Temperatur abgekühlt,
– die Temperatur der Erde hat einen stabilen Zustand erreicht und
– die Temperatur nimmt mit der Tiefe ununterbrochen zu, was für beträchtliche Tiefen nachgewiesen wurde, z. B. durch die Wärme der Wässer artesischer Brunnen, durch Gesteinstemperaturmessungen in Bergwerken und durch die vulkanische Tätigkeit.

Humboldt berechnet die Tiefe der „Schmelzhitze des flüssigen Erdinnern“ auf etwa 40 km. Es standen zur damaligen Zeit zwar nur sehr wenige Messungen über die Temperaturzunahme mit der Tiefe zur Verfügung:

Grenelle/Paris	32 m geothermische Tiefenstufe
Neusalzwerk/Minden	29,6 m
Pregny/Genf	29,6 m
Sternwarte Paris	28 m
Jakutsk (Dauerfrostboden)	22...26 m,

doch zeichnet sich die Größenordnung dieser Temperaturzunahme bereits deutlich ab.

Humboldt hat sich ein tiefes Verständnis der Erscheinung Erdwärme erarbeitet. Er erkennt auch bereits den Wärmefluß durch die Erdoberfläche, ohne dafür eine Größenordnung angeben zu können.[7]

Humboldt regt geothermische Messungen an

Nach seiner Rückkehr aus Paris (1827) regte Humboldt den preußischen Oberberghauptmann J. C. L. Gerhard an, in den Bergwerken des preußischen Staates Temperaturmessungen durchführen zu lassen. Diese erfolgten 1828/29 in 12 Bergamtsbezirken. Gemessen wurde in zwei Niveaus, einmal in der Nähe der Erdoberfläche und andererseits in den tiefsten Teilen der Bergwerke. Die Beobachtung der fest installierten Thermometer erfolgte 14täglich über einen Zeitraum von mehr als einem Jahr, die Ergebnisse dieser wohl ersten geothermischen Landesvermessung wurden 1831 veröffentlicht. Angeregt durch Humboldt, gleichfalls veranlaßt durch Gerhard, erfolgten 1831/33 Temperaturmessungen im Bohrloch zu Rüdersdorf bei Berlin. Das für diese Messungen entwickelte „Geothermometer nach Magnus“ ist bei späteren geothermischen Untersuchungen mehrfach verwendet worden; die Temperaturtiefenkurve von Rüdersdorf ist die älteste bzw. eine der frühesten „Bohrlochmeßkurven“ (1833!), neu interpretiert durch Kühn 1985.

Das Magnus'sche Geothermometer wurde durch Vermittlung von Humboldt bei Vergleichsmessungen in Frankreich eingesetzt. Auch bei den berühmten Temperaturmessungen in der tiefen Bohrung Neusalzwerk (1843 durch K. von Oeynhausen; Schwiegersohn des o. g. Gerhard) kam ein solches Instrument zum Einsatz. Humboldt ließ sich regelmäßig über die erreichten Bohrtiefen und die gemessenen Temperaturen berichten; er führte hierüber einen brieflichen Disput mit seinem Freund Arago in Paris, der seinerseits seit 1821 in Frankreich verschiedenartige geothermische Untersuchungen durchführte. Erwähnt sei abschließend, daß die Durchführung der ersten Gebirgstemperaturmessungen in den Bergwerken Sachsens (1834 veröffentlicht von F. Reich) gleichfalls durch A. v. Humboldt angeregt wurden.

Schlußbemerkungen

Alexander von Humboldt hat sich seit seiner Studienzeit in Freiberg, bei allen sich nur bietenden Gelegenheiten auf seinen Reisen, mit Temperaturmessungen beschäftigt, die ihm zu einem tiefen Verständnis der Problematik der inneren Wärme des Erdkörpers geführt haben. Die Ergebnisse sind ausführlich in Humboldts Werken, insbesondere im „Kosmos"[8] behandelt. Die Geothermie als Wissenschaft verdankt Humboldt wesentliche eigene Beiträge und zahlreiche Impulse für eine ganze Reihe bedeutender geothermischer Arbeiten.

Anmerkungen

1 Kühn 1984.
2 Arago 1854–59, 6, S. 255 ff.
3 Ebda., S. 255.
4 Humboldt 1799, S. 81–115.
5 Humboldt 1973, S. 377.
6 Humboldt 1817.
7 Kühn 1984.
8 Humboldt 1845–62, 1, S. 179–184; 4, S. 34–42, 164 ff.

Literatur

Arago 1854–59
[Arago, François:] Franz Arago's sämmtliche Werke. Mit einer Einleitung von Alexander von Humboldt. Deutsche Original-Ausgabe. Hrsg. von W. G. Hankel. Bd. 1–10. Leipzig 1854–1859.

Bischof 1837
Bischof, Gustav: Wärmelehre des Innern unseres Erdkörpers. Leipzig 1837.

Humboldt 1799
Humboldt, Alexander von: Ueber die unterirdischen Gasarten und die Mittel ihren Nachtheil zu vermindern. Ein Beytrag zur Physik der praktischen Bergbaukunde. Braunschweig 1799.

Humboldt 1817
Humboldt, Alexandre de: Des lignes isothermes et de la distribution de la chaleur sur le globe. In: Mémoires de physique et de chimie, de la Société d'Arcueil. T. 3. Paris 1817, S. 462–602. [In dt. Übers.: Von den isothermen Linien und der Vertheilung der Wärme auf dem Erdkörper. In: Humboldt, Alexander von: Kleinere Schriften. Stuttgart und Tübingen 1853, S. 206–314.]

Humboldt 1845–62
Humboldt, Alexander von: Kosmos. Entwurf einer physischen Weltbeschreibung. Bd. 1–5. Stuttgart und Tübingen 1845–62.
Humboldt 1973
Die Jugendbriefe Alexander von Humboldts 1787–1799. Hrsg. und erl. von Ilse Jahn und Fritz G. Lange. Berlin 1973. (Beiträge zur Alexander-von-Humboldt-Forschung. 2.)
Katzung/Diener/Kühn 1984
Katzung, Gerhard, Ingeborg Diener und Peter Kühn: Geothermie-Atlas der Deutschen Demokratischen Republik. Hrsg.: Zentrales Geologisches Institut. Berlin 1984.
Kühn 1984
Kühn, Peter: Alexander von Humboldt als Förderer geothermischer Untersuchungen. In: Schriftenreihe für den Referenten. Hrsg.: Präsidium der Urania. Berlin 1984. H. 9, S. 20–36.
Kühn 1985
Kühn, Peter: Bedeutung der Temperaturbeobachtungen von 1831–1833 im Bohrloch zu Rüdersdorf. In: Zeitschrift für angewandte Geologie. 31. 1985. H. 9, S. 236–237.

Anschrift d. Verf.: *Dr. Peter Kühn, Landsberger Allee 130/0306, D 10369 Berlin*

Über den Anteil der Geologie an den Schriften Alexander von Humboldts

Von Ulrike Leitner

Es ist müßig, darüber zu streiten, ob Humboldt Geologe, Botaniker, Geophysiker, Geograph, Astronom, Biologe oder Forschungsreisender war. Denn das Besondere seines Wirkens bestand ja gerade in der Vielseitigkeit seiner Welt- und Naturbetrachtung, oder, modern ausgedrückt, in seinen disziplinübergreifenden Veröffentlichungen. Trotzdem möchte ich, angeregt durch den Faksimiledruck der nun gut 200 Jahre alten Schrift über die Basalte am Rhein anläßlich dieser Tagung, auf einige geologische Werke Humboldts näher eingehen. Humboldts Eingreifen in die Neptunismus-Vulkanismus-Debatte ist bekannt. Mein Anliegen ist es, aus der Sicht des Bibliographen einige Details dem schon Bekannten hinzuzufügen. Grundlage ist die von Dr. Fiedler begonnene, leider bisher unvollendete Bibliographie selbständig erschienener Schriften Humboldts. Ebenso wie diese beschränkt sich deshalb der folgende Vortrag auf in Buchform erschienene Werke.

Eine besondere Schwierigkeit ergab sich durch die Zuordnung Humboldtscher Schriften zur Geologie: erstens befand sich diese gerade zur Zeit Humboldts und nicht zuletzt auch durch sein Wirken in einer Umbruchphase und zweitens lassen sich durch Humboldts universale Geisteshaltung seine Werke zunehmend mehreren Wissenschaftsgebieten gleichzeitig zuordnen.

Geologie bezeichnet im folgenden entsprechend dem heutigen Sprachgebrauch die Wissenschaft von der Zusammensetzung, dem Bau und der Entwicklung der Erde, insbesondere der Erdkruste. Humboldt selbst verwendete die Begriffe Mineralogie, Geognosie und Geologie, allerdings nicht synonym, sondern in Abhängigkeit von der Entwicklung der Wissenschaft unterschiedlich große Gebiete umfassend. Es gab keine festen Grenzen zwischen den Disziplinen Geographie, Geologie, Meteorologie und Geophysik.

Humboldts erste als Buch erschienene Arbeit „Mineralogische Beobachtungen über einige Basalte am Rhein“[1] war das Ergebnis einer Reise zum Rhein, insbesondere zu den Basaltfelsen bei Unkel im Herbst 1789. Am 26. 1. 1790 bat er den Braunschweiger Verleger Johann Heinrich Campe, seinen früheren Lehrer, um die Herausgabe seiner Schrift, wobei er genaue Vorstellungen über Erscheinungstermin, Papier und Schriftart äußerte. Sie erschien „aus vielen Gründen noch“[2] anonym, die Vorrede war mit H-t gezeichnet. Den ersten Teil („Zerstreute Bemerkungen über den Basalt der ältern und neuern Schriftsteller“) bezeichnete Humboldt als „bloß philologisch“[3] und bemerkte, er sei von Heyne[4] angeregt worden. Der zweite Teil dagegen („Mineralogische Beobachtungen über einige Basalte am Rhein“) sei ganz mineralogisch.

Einer gedruckten Notiz zufolge war die Schrift zur Ostermesse 1790 (Ostern fiel auf den 4. April) erschienen, während sich Humboldt mit Forster in England befand. Auch Humboldt erwähnte diese Tatsache in einem Brief an Freiesleben.[5] Die ersten Exemplare hatte er wahrscheinlich erst 14 Tage nach seiner Rückkehr nach Mainz in Händen, denn das Widmungsexemplar an Werner schickte er am 25. Juli aus Mainz ab. Dieses Exemplar mit der handschriftlichen Widmung liegt heute in Freiberg und ist Druckvorlage der erwähnten Faksimileausgabe, die auch den Begleitbrief an Werner enthält. Andere Werke mit handschriftlichen Widmungen Humboldts finden sich in der Bibliothek der Gesellschaft für Erdkunde in Berlin und in der Universitätsbibliothek Jena. Schon im Juli 1790 erschien eine kurze Besprechung im „Braunschweiger Journal", weitere folgten (im August in den „Göttinger Anzeigen", im September in Hamburg in der „Staats- und Gelehrten Zeitung des Hamburger unparteischen Correspondenten" sowie in der „Kaiserlich-privilegirten Hamburgischen Neuen Zeitung").

Eine Korrektur zur Seite 41 seiner Schrift erschien am 20. Nov. 1790 im „Intelligenzblatt" der „Allgemeinen Literaturzeitung",[6] in dem das Werk auch angekündigt worden war. Diese Berichtigung ist ebenfalls mit H-t unterzeichnet und datiert vom 1. Nov. 1790. Interessant ist in diesem Zusammenhang, daß Humboldt schon in dem Exemplar, das er, wie erwähnt, im Juli an Werner sandte, diese Korrektur handschriftlich eingetragen hatte: der entsprechende Absatz ist durchgestrichen und es findet sich von Humboldts Hand ein „falsch!" an dieser Stelle.

Um nachzuweisen, daß es kein bloßer Zufall war, daß Humboldts erstes Buch einem geologischen Thema gewidmet ist, sondern daß dieser Wissenschaft tatsächlich Humboldts nie erlahmendes Interesse galt, sei auf weitere geologische Publikationen eingegangen.

Da ist zunächst das Reisewerk:[7] Rein geologisch (abgesehen von den Karten und vielen verstreuten geologischen Bemerkungen) ist hier nur ein Kapitel des dritten Bandes der Relation historique, d. h. der ersten Partie[8] (im 5. Band der Huberschen deutschen Übersetzung), beinhaltend die geologische Schilderung Südamerikas: „Esquisse d'un tableau géognostique de l'Amérique méridionale, au nord de la riviére des Amazones et a l'est du meridian de la Sierra Nevada de Merida."

Dieses Kapitel, 1825 gedruckt, beruht auf einem fast gleichnamigen Artikel[9], 1801 in Delamethries Journal erschienen, war jedoch stark überarbeitet. Sonst hat Humboldt, wie Julius Ewald schrieb, „leider [...] die thatsächlichen und theoretischen Ergebnisse für die Geologie, zu denen seine amerikanische Reise geführt hat, nirgends zu einer vollständigen Darstellung vereinigt".[10] Nun läßt sich aber nachweisen, daß Humboldt innerhalb des aus sechs Partien bestehenden Reisewerkes eine geologische Partie geplant hat, die jedoch nie zustande kam.

Schon im „Testament littéraire", während der Reise 1803 in seinem Tagebuch entworfen, erwähnt Humboldt unter dem Haupttitel „Voyage aux Tropiques, ou Observations faites dans l'Océan atlantique, dans l'Interieur du Nouveau Cotinent et dans la mer du Sud par Humboldt et Bonpland": „e) Mineralogie, Géologie".[11] Als Humboldt nach seiner Rückkehr die Publikation der Ergebnisse seiner Reise in Angriff nahm, erschienen noch vor Beginn des Druckes die ersten Buchhandelsanzeigen. Aus den Anzeigen der auf Grund wirtschaftlicher Schwierigkeiten häufig wechselnden französischen Verleger und Buchhändler läßt sich bis in die zwanziger Jahre hinein Humboldts Vorhaben, einen rein geologischen Band zu schreiben, ablesen.

Am 30. 3. 1805 wurde das erse Mal das geplante Werk der künftigen Leserschaft vorgestellt. In einer Anzeige der Verleger Schöll und Levrault wurde jede Partie mit ihrem Titel genannt, darunter mit folgendem die geplante geologische: „7. Versuch über die geognostische Pasigraphie, oder über die Mittel, durch ganz einfache Zeichen die Phänomene auszudrücken, welche die Stratifikation der Gebirge darbietet."[12]

1808 hieß es dann: „La cinquième Partie contient des recherches géologiques"[13] und an anderer Stelle: „Essai sur la pasigraphie géologique, 1 vol in 4, sous presse"[14]. 1811 soll die

5. Partie aus Mineralogie und Magnetismus, 1 Band in Quart bestehen, jedoch: „il n'en a rien paru“[15].

1817 zeigte der Verlag Libraire Grecque-Latine-Allemande unter dem Titel „Physique générale et Géographie des Plantes“ einen Band des Reisewerkes mit folgendem Inhalt an:

1. eine Abhandlung über das Klima oder die Theorie der isothermen Linien,
2. den Essai über die Pflanzengeographie, der schon 1807 erschienen war und aus dem letzten Endes die 5. Partie dann allein bestand, und
3. eine Abhandlung über die Neigung der Magnetnadel und die Intensität der magnetischen Kräfte.[16]

Noch in der Mitte der zwanziger Jahre wird bei den Verlegern Gide und Maze ein Geologieband angekündigt: „Cinquième Partie: Physique Generale et Géologie. Il n'en a encore rien paru“[17].

Sicher können sich in diese Anzeigen auch Fehler eingeschlichen haben und auf Grund der Kompliziertheit der Einteilung des Reisewerkes mag mancher Verleger einfach die Übersicht verloren haben. Die Tatsache, daß Humboldt lange eine geologische Partie plante, wird jedoch auch durch verschiedene Briefe untermauert. Besonders in den zwanziger Jahren ist aus dem Briefwechsel mit Cotta Humboldts verstärktes Bemühen ablesbar, nun endlich sein Geologievorhaben zu realisieren.

Am 12. 8. 1824 sandte Humboldt Cotta einen ausführlichen Brief, um die zeitweise abgebrochenen Geschäftsbeziehungen wieder zu beleben. Er schrieb: „[...] ich stehe auf dem Punkte, auch über die Herausgabe meiner Geognosie entscheiden zu müssen. Es ist das Werk meines ganzen Lebens [...]“[18] und ging dann in einem Anhang in Form eines Vertragsentwurfs genauer auf Titel, Umfang und Inhalt des geplanten Geognosiebandes ein:

„1. Titel: Geognosie fondée sur des observations faites dans les deux hemispheres par Alexandre de Humboldt.

Da ich unter allen schreibenden Geognosten der einzige bin, der die Formationen der nördl. u. südlichen Hemisphere selbst gesehen, so halte ich diesen Titel für characteristisch. Auch paßt er zu der Sammlung meiner Werke, in die kein eigentliches Handbuch einverleibt werden kann. Zwei Ausgaben, eine in quart wie die Relation historique ein starker Quartband, die andere in octav ganz wie die kleine französische Ausgabe meiner Reisebeschreibung [...] Die Octav-Ausgabe der Geognosie wird aus zwei Bänden bestehen, die zusammen mit dem Register siebenzig Bogen betragen.

2. Beide Ausgaben sind begleitet von einem kleinen geognostischen Atlasse von 12, 15 oder 18 Platten (profile, Lagerungsverhältnisse), au trait zum Teil farbig abgeruckt. Der Verfasser liefert die Zeichnungen unentgeltlich zum Stiche, der sehr wohlfeil sein wird, nicht lithographisch, ganz den Profilen des Atlas der Relat. historique ähnlich [...]

3. Das Werk erscheint wo möglich im Mai 1825.

4. Herr v. Humboldt liefert bloß die französische Ausgabe, die unter seinen Augen in Paris gedrukt wird, indem er (wie zu allen seinen Werken) bogenweise das Manuscript in die Druckerei giebt. Er überlässt Herrn von Cotta alle anderen Übersetzungen [...] Für die deutsche Übersetzung wäre Leonhard oder sonst ein allgemein bekannter Geognost zu wählen, nicht ein amateur.

5. Der Octav-Ausgabe wird ein kleiner Titel: Traité de Géognosie vorgedruckt. Der innere Titel bleibt: Géognosie fondée [...]“

Es folgen Vorschläge für Honorare.[19]

Da Cotta sich offenbar nicht zu einer Zusage bewegen ließ, wurde Humboldt zum Jahresende immer drängender. Am 21. Dezember bat er Cotta, er möge ihm doch recht bald eine Antwort, auch wenn es eine abschlägige sei, zusenden.[20] Dieser Brief kreuzte sich mit der erwarteten Antwort von Cotta, worin dieser den Vorschlag unterbreitete, Humboldts „große Geognosie" auf der Basis gemeinschaftlichen Gewinnes bzw. Verlustes zu veröffentlichen – ein Vorschlag, den Humboldt ablehnte, da er, wie er sofort am 24. Dezember antwortete, auch weiterhin nur auf Honorarbasis seine Manuskripte liefern wolle.[21] Cotta jedoch, ein vorsichtiger Verleger (auch zu einigen anderen Bänden des Reisewerkes hatte er sich im Gegensatz zu Humboldts französischen Verlegern nicht entschließen können, blieb dafür jedoch von den dort häufigen Bankrotten verschont) war das offenbar ein zu riskantes Unternehmen, so daß dieses Werk nicht zustande kam. Auch in Hinblick auf eine geologische Partie blieb das Reisewerk also unvollständig.

Gewissermaßen als Ersatz war schon 1823 in Paris bei Levrault die Schrift „Essai géognostique sur le gisement des roches dans les deux hémisphères"[22] erschienen. Sie umfaßt 379 Seiten in Oktav und ist, wie in einer Fußnote vermerkt, ein „Extrait d'un ouvrage inédit de M. de Humboldt, ayant pour titre De la superposition des Roches dans les deux hémisphéres", also der oben erwähnten geplanten Partie. Dieser Essai war ein separater Druck eines schon vorher im 23. Band des „Dictionnaire des sciences naturelles" erschienenen Artikel Humboldts zur Geognosie. Humboldt hatte ursprünglich für dieses von Levrault edierte Lexikon den Artikel über Pflanzengeographie versprochen, war jedoch davon zurückgetreten, worauf Candolle[23] diese Arbeit übernahm. Als eine Art Ausgleich bot Humboldt einen Artikel zur Geognosie an, jedoch nicht unter diesem Titel (er hätte dann in einem früheren Band erscheinen müssen), sondern unter „Indépendance des formations"[24]. Dieser Lexikonband erschien wahrscheinlich schon im September 1822. Der Separatdruck mit o. g. Titel wurde am 11. 1. 1823 angezeigt[25] und am 24. 2. der Pariser Akademie vorgelegt. Ebenfalls 1823 kam bei Levrault und durch Humboldt angeregt eine deutsche Übersetzung heraus.[26]

Im Zusammenhang mit diesem geologischen Essai und ausdrücklich darauf Bezug nehmend steht der Vortrag „Über den Bau und die Wirkungsart der Vulkane"[27], den Humboldt während seines ersten längeren Berliner Aufenthaltes seit 1807 hielt. Gedruckt wurde er wahrscheinlich im Februar 1823 separat und wenig später in den Akademieabhandlungen. Humboldts eigene Wertschätzung dieses Vortrags äußert sich darin, daß er ihn in die zweite und dritte Auflage (1826 und 1849) der Ansichten übernahm.

Chronologisch folgt nun in dieser Phase das oben erwähnte geologische Kapitel der „Relation historique".[28] Die Lieferung, in der dieses Kapitel enthalten ist, erschien etwa im Juni 1825. Nach dem Scheitern des Geologiebandes im Reisewerk wird Humboldt dann seine Energien im wesentlichen den Bänden des Kosmos widmen, ihn als Werk seines Lebens bezeichnen und versuchen, hier die Grundlagen seiner Welt- und Naturbetrachtung darzulegen. Eine Arbeit, die ihn, allerdings nicht ausschließlich, die letzten 30 Jahre seines Lebens beschäftigen wird.

Einen großen Stellenwert nimmt die Geologie auch in Humboldts Publikationen zu den Ergebnissen der Rußlandreise ein. Die „Fragmens [...]"[29] erschienen zweibändig im September 1831 in Paris, um, wie Humboldt an Ehrenberg schrieb, „der schon in Petersburg verbreiteten Sage" entgegenzuwirken, „wir hätten nur Sammlungen haben wollen, es werde nichts Ganzes über die Früchte" der Rußlandreise herauskommen. „Ich erwarte einen guten Effekt von den Fragmens asiatiques, die ich ihrer sonstigen Magerkeit wegen gern zurückgehalten hätte."[30] Den Hauptteil bilden mehrere Vorträge, die Humboldt während seiner Aufenthalte in Paris vom 3. Oktober 1830 bis zum 17. Januar 1831 und von Ende Februar 1831 bis April 1832 in der Akademie gelesen hatte, sowie die deutsch verfaßte, bereits in den Annalen der Physik und Chemie 1830 gedruckte Abhandlung über die Bergketten und

Vulkane von Innerasien, die Eyriès ins Französische übertragen hatte. Neben einigen weiteren französischen Ausarbeitungen, die Humboldt für diese Sammlung lieferte, enthält sie auch eine Reihe von Beiträgen aus fremder Feder (J. Klaproth verfaßte die Seiten 187–235 sowie Zusätze und Fußnoten, weiterhin sind Briefe von A. Kazim Beg, E. Lenz und F. D. Roulin verwertet und abgedruckt. Nicht ganz klar ist die Autorschaft der Kollektion von Reiserouten (S. 237–306), von denen es in der Überschrift heißt, Humboldt habe sie gesammelt, während das Inhaltsverzeichnis und die Namensunterschrift auf S. 306 A. von Klostermann als den Sammler ausweisen.) Die Fragmens bilden eine Vorstufe zu dem dreibändigen Werk „Asie centrale“[31], dessen Publikation seit 1832 geplant, 1838 begonnen, jedoch 1839 abgebrochen wurde und das erst 1843 erschien. 1845 in Paris und auch später noch beschäftigte sich Humboldt mit einer zweiten Auflage, die aber nicht zustande kam.

Zum Schluß sei noch auf Humboldts letztes, bei seinem Tode unvollendetes Werk eingegangen. Zweibändig geplant, erschien 1853 bei Cotta der erste Band unter dem Titel „Kleinere Schriften von Alexander von Humboldt. Erster Band. Geognostische und physikalische Erinnerungen“[32]. Auch dies ist ein Werk Humboldts, das er lange plante, ehe sein Erscheinen dann wirklich zustande kam. Mindestens seit 1840 korrespondierte Humboldt mit Cotta über eine Sammlung verstreut gedruckter Abhandlungen. 1850 wurde an dem Band gedruckt, dann trat eine längere Unterbrechung ein. Ausgeliefert wurde der Band wahrscheinlich erst Ende September oder im Oktober 1853. Fest stand von Anfang an der Titel „Geognostische Erinnerungen“, der erst später dem „für den Buchhandel bequemeren Kleine Schriften“[33] wich, im Untertitel aber erhalten blieb. Inhaltlich überwiegen gegenüber neuen Texten Wiederabdrucke, womit eine eindeutig wissenschaftshistorische Absicht erkennbar wird:

„Geognostische und physikalische Beobachtungen über die Vulkane des Hochlandes von Quito“ (gelesen 1837)

„Über die Hochebene von Bogota“ (Erstdruck 1839)

„Über einen Versuch, den Gipfel des Chimborazo zu besteigen“ (Erstdruck 1837)

„Von den isothermen Linien und der Vertheilung der Wärme auf dem Erdkörper“ (Erstdruck 1817)

„Untersuchungen über die eudiometrischen Mittel und über das Verhältnis der wesentlichen Bestandteile der Athmosphäre“ (Erstdruck 1805)

„Über die nächtliche Verstärkung des Schalles“ (gelesen 1820)

„Über die mittlere Höhe der Continente“ (Erstdruck 1842).

Ende 1857 arbeitete Humboldt „mit Buschmann an der endlichen Wiederaufnahme des 2. Bandes der Kleinen Schriften“[34]. Leider ist eine Fertigstellung bis zu Humboldts Tod nicht erfolgt. Dieser Band ist jedoch fragmentarisch überliefert, das Cotta-Archiv besitzt Korrekturbogen der Seiten 1–145, eine Rekonstruktion wäre also möglich. Diese Druckbogen enthalten zwei ursprünglich für den Band 1 vorgesehene Arbeiten: den Vortrag über die Haupt-Ursachen der Temperatur-Verschiedenheit auf dem Erdkörper und die große Abhandlung über die Meeresströmungen.

An dieser Aufzählung werden deutlich folgende Tendenzen in Humboldts Leben sichtbar: die fortwährende, von seinem ersten bis zum letzten Werk (eine Zeitspanne von fast 70 Jahren!) reichende Beschäftigung mit geologischen Fragestellungen sowie, mit zunehmendem Alter, die Hinwendung zur Popularisierung, zur Geologiegeschichte und zur Betrachtung eines Gegenstandes unter verschiedenen Aspekten, dem geologischen, dem geophysikalischen und dem geographischen, als gleichrangig innerhalb eines Werkes, um die Welt als ein wohlgeordnetes Naturganzes darzustellen.

Anmerkungen

1 Humboldt 1790.
2 Humboldt an Campe, Göttingen, 14. 2. 1790. In: Humboldt 1973, S. 86.
3 Vgl. Anm. 2.
4 Christian Gottlob Heyne (1729–1812), klassischer Philologe und Archäologe in Göttingen.
5 „[...] während meiner Abwesenheit in England (mit vielen Druckfehlern!) erschienen", Humboldt an Freiesleben, Hamburg, 14. 6. 1791. In: Humboldt 1973, S. 141.
6 Vgl. Anm. 5 in Humboldt 1973, S. 116.
7 Vgl. Ewald 1872.
8 Humboldt 1825, S. 188–268.
9 Humboldt 1801.
10 Ewald 1872, S. 117.
11 SB Berlin.
12 Anzeige 1805.
13 Anzeige 1808 a.
14 Anzeige 1808 b.
15 Anzeige 1811.
16 Vgl. Anzeige 1817.
17 Anzeige 1825.
18 A. v. Humboldt an Cotta, Paris, 12. Aug. 1824. Marbach.
19 Vgl. Anm. 17.
20 A. v. Humboldt an Cotta, Paris, 21. Dez. 1824. Marbach.
21 A. v. Humboldt an Cotta, Paris, 24. Dez. 1824. Marbach.
22 Humboldt 1823 a.
23 Augustin-Pyramus de Candolle (1778–1841), Botaniker.
24 Humboldt 1822.
25 Anzeige 1823.
26 Humboldt 1823 b.
27 Humboldt 1823 c.
28 Vgl. Anm. 8.
29 Humboldt 1831.
30 A. v. Humboldt an Ch. G. Ehrenberg, Paris, 19. Dez. 1831. AAW Berlin.
31 Humboldt 1843.
32 Humboldt 1853.
33 A. v. Humboldt an Georg v. Cotta, Berlin, 19. Juni 1850. Marbach.
34 A. v. Humboldt an Georg v. Cotta, Berlin, 12. Dez. 1857. Marbach.

Quellen und Literatur

Berlin, SB
Staatsbibliothek zu Berlin. Preußischer Kulturbesitz. Handschriftenabteilung. Tagebücher Alexander von Humboldts. Tagebuch VIII. Testament littéraire.
Berlin, ABBAW
Archiv der Berlin-Brandenburgischen Akademie der Wissenschaften, Berlin. Ehrenberg 32.

Marbach
Deutsches Literaturarchiv/Schiller-Nationalmuseum, Marbach am Neckar. Cotta'sche Handschriftensammlung. Leihgabe der Stuttgarter Zeitung im Schiller-Nationalmuseum.

Anzeige 1805
Vorläufige Anzeige der Buchhändler Levrault und Schoell, die Werke betr., welche Hr. A. v. Humboldt über seine Reise nach Amerika in ihrem Verlage herausgeben wird. Paris, 30. 3. 1805. In: Annalen der Physik. Bd. 20. 1805, S. 361–36.
Anzeige 1808 a
Prospektus. 1. 4. 1808. [Angebunden dem Exemplar „Conspectus longitudinum et latitudinum" der SUB Göttingen.]
Anzeige 1808 b
Voyage d'Alexandre de Humboldt et Aimé Bonpland. Division en six Parties. In: Journal de physique, de chimie. 66. 1808, Mai, S. 408–409.
Anzeige 1811
Division du voyage de MM. Alexandre de Humboldt et Aimé Bonpland. [Angebunden dem Exemplar „Essai politique sur le Royaume de la Nouvelle-Espagne, Oktav-Ausgabe, T. 5, Paris 1811, S. 351–352, der UB Berlin.
Anzeige 1817
Le Voyage dans l'Amerique espagnole par MM. A. de Humboldt et Aimé Bonpland [...]. [Anzeige des Verlages Librairie Grecque-Latine-Allemande, Paris 1817, Juin; angebunden dem Atlas géographique et physique der Relation historique.]
Anzeige 1823
[Anzeige in:] Bibliographie de la France. 11. Jan. 1823, S. 19–20.
Anzeige 1825
[Anzeige in:] Bibliographie de la France, 1825, N. 52 (3. Dez.), S. 820–822.
Biermann 1990
Biermann, Kurt-R.: Streiflichter auf geophysikalische Aktivitäten Alexander von Humboldts. In: Biermann, Kurt R.: Miscellanea Humboldtiana. Zusammenst. u. Red. Ulrike Moheit. Berlin 1990. (Beiträge zur Alexander-von-Humboldt-Forschung. 15.)
Ewald 1872
Ewald, Julius: Geologie. In: Bruhns, Karl (Hrsg.): Alexander von Humboldt. Eine wissenschaftliche Biographie in drei Bänden. Bd. 3. Leipzig 1872.
Ertel 1953
Ertel, Hans: Entwicklungsphasen der Geophysik. Berlin, 1953. (Deutsche Akademie der Wissenschaften zu Berlin. Vorträge und Schriften. H. 52.)
Humboldt 1790
[Humboldt, Alexander von:] Mineralogische Beobachtungen über einige Basalte am Rhein. Mit vorangeschickten, zerstreuten Bemerkungen über den Basalt der älteren und neuern Schriftsteller. Braunschweig 1790.
Humboldt 1801
Humboldt, F. A.: Esquisse d'un tableau géologique de l'Amerique méridionale. Journal de physique, de chimie, d'histoire naturelle et des arts. Par J.-Cl. Delamethrie. T. 53. An IX [1801]
Humboldt 1822
[Humboldt, Alexander von:] Indépendence des formations. In: Dictionnaire des sciences naturelles, dans lequel on traite méthodiquement des différens étres de la nature,

considérés soit en eux-mémes, d'après l'etat actuel de nos conoissances, soit reavtivement a l'utilité qu'en peuvent retirer la médicine, l'agriculture, le commerce et les arts. Suivi d'une biographie des plus célèbres naturalistes. Par Plusieurs Professeurs du Jardin du Roi, et des principales Escoles de Paris. (Ed. Levrault, F. G.) T. 23. Straßburg/Paris 1822. S. 56–385.

Humboldt 1823 a
Humboldt, Alexandre de: Essai géognostique sur le gisement des roches dans les deux hémispheres. Paris/Straßbourg 1823.

Humboldt 1823 b
Humboldt, Alexander von: Geognostischer Versuch über die Lagerung der Gebirgsarten in beiden Erdhälften. Deutsch bearb. v. Karl Cäsar Ritter von Leonhard. Straßburg 1823.

Humboldt 1823 c
Humboldt, Alexandre von: Ueber den Bau und die Wirkungsart der Vulkane in verschiedenen Erdstrichen. Gelesen in der öffentlichen Versammlung in der Königl. Akademie der Wissenschaften zu Berlin am 24. Januar 1823.

Humboldt 1825
Humboldt, Alexandre de et Aimé Bonpland: Voyage aux Region équinoxiales du Nouveau Continent, fait en 1799, 1800, 1801, 1802, 1803 et 1804. Avec deux Atlas, qui renferment, l'un les vues des Cordilleres et les monumens des peuples indigènes de l'Amérique, et l'autre des cartes géographiques et physiques. Tome troisème. Paris 1825.

Humboldt 1831
Humboldt, Alexandre de: Fragmens de géologie et de climatologie asisiatiques. Paris 1831.

Humboldt 1843
Humboldt, Alexandre de: Asie centrale. Recherches sur les chaines de montagnes et la climatologie comparée. T. 1–3. Paris. 1843.

Humboldt 1853
[Humboldt, Alexander von:] Kleinere Schriften von Alexander von Humboldt. Erster Band. Geognostische und physikalische Erinnerungen. Mit einem Atlas, enthaltend Umrisse von Vulkanen aus den Cordilleren von Quito und Mexiko. Stuttgart und Tübingen 1853.

Humboldt 1973
Die Jugendbriefe Alexander von Humboldts 1787–1799. Hrsg. von Ilse Jahn und Fritz G. Lange. Berlin 1973. (Beiträge zur Alexander-von-Humboldt-Forschung. 2.)

Stscherbakow 1959
Stscherbakow, D. J.: Alexander von Humboldts Rolle bei der Entwicklung der geologischen Wissenschaften. In: Alexander von Humboldt. Vorträge und Aufsätze anläßlich der 100. Wiederkehr seines Todestages am 6. Mai 1959. Hrsg. von Johannes F. Gellert. Berlin 1960, S. 11–16.

Watznauer 1971
Watznauer, Adolf: Der Einfluß Alexander von Humboldts auf das geologische Weltbild seiner Zeit. In: Acta Historica Leopoldina. Nr. 6. Leipzig 1971, S. 31–42.

Anschrift d. Verf.: *Dr. Ulrike Leitner, Alexander-von-Humboldt-Forschungsstelle, Berlin, Leipziger Str. 3–4, D 10117 Berlin*

Die Bedeutung Alexander von Humboldts für die wissenschaftliche Erforschung der Antarktis

Von Cornelia Lüdecke

Zusammenfassung

Als Alexander von Humboldt 1836 an den Präsidenten der Royal Society in London schrieb, um die Messung der magnetischen Parameter Inklination, Deklination und Horizontalintensität vom Äquator bis zu den Polen anzuregen, war vom Südpolargebiet noch äußerst wenig bekannt. Erste Forschungsreisen von Cook und Bellinghausen hatten einen Kontinent wahrscheinlich gemacht, der später von Walfängern und Robbenschlägern an einigen Stellen in der Nähe des südlichen Polarkreises gesichtet wurde. Humboldts Brief löste einen Wettlauf zum magnetischen Südpol aus, an dem sich der Franzose Dumont d'Urville, der Amerikaner Wilkes und der Engländer Ross mit ihren Expeditionen in den Jahren 1837–42 beteiligten. Ross konnte nicht nur das nach ihm genannte Rossmeer in seinen Ausmaßen besegeln, sondern auch den magnetischen Südpol bestimmen. Danach ruhte die durch Humboldt ausgelöste wissenschaftliche Erforschung des Südpolargebietes bis zur Jahrhundertwende.

1. Erste Kenntnis der Antarktis

Seit der Spätantike war das mythische Südland[1] Ziel von zahlreichen Expeditionen. Die Legenden versprachen von der „Terra australis incognita" Gold und anderen Gewinn. Erst der Engländer James Cook (1728–1779) konnte auf seiner zweiten Weltreise (1772–75) das „Geheimnis des Südlandes" aufklären. Er umsegelte die Antarktis erstmalig, überquerte den Südpolarkreis an drei Stellen und drang bis 71°10' S vor, mußte aber wegen der Eismassen immer wieder umkehren. Cook wurde damals von zwei deutschen Naturforschern begleitet, von Johann Reinhold Forster (1729–1798) und seinem Sohn Georg (1745–1794), welcher die gemeinsamen Reiseerlebnisse veröffentlichte.[2] Cook bewies mit seiner Reise den überwiegend ozeanischen Charakter der Südhalbkugel und zerstörte mit seinem Bannspruch[3] die Saga vom reichen Südland.

Dadurch erlahmte das Interesse an einer weiteren Erforschung des Südpolargebietes auf Jahrzehnte. Erst 40 Jahre später umfuhr der Livländer Fabian Gottlieb von Bellinghausen (1778–1852) auf der von Rußland ausgesandten wissenschaftlichen Antarktisexpedition (1819–21) das Südland zum zweiten Mal und entdeckte erstmalig südwestlich von Südamerika an zwei Stellen Land, die der Antarktis vorgelagerte Peter-I.-Insel und Alexander-I.-Insel.[4] Seiner Auffassung nach mußte es sich bei dem Südland um einen großen, eisbedeckten und vegetationslosen Kontinent handeln; Walfische, Seehunde und Pinguine wären dessen einzige Bewohner.[5]

Nachdem für Rußland damit die Nutzlosigkeit des Südlandes bewiesen war, endete das wissenschaftliche Interesse an einer weiteren Erforschung. Allerdings weckte Bellinghausens Beschreibung das wirtschaftliche Interesse an der Ausbeutung des Südpolarmeeres. In den 20er und 30er Jahren des vorigen Jahrhunderts gingen u. a. verschiedene Fangexpeditionen von England aus,[6] wie die unter James Weddell (1787–1834), der auf seiner zweiten Reise (1822–24) im östlichen Weddellmeer bis auf 74°15′ S vordrang, unter John Biscoe (1794–1843), der während der dritten Umsegelung der Antarktis (1830–33) das Enderby-Land entdeckte, und unter den Kapitänen Kemp (?–1834) und John Balleny (?–1857), die sowohl das Kempland als auch die Balleny-Inseln und das Sabrina-Land entdeckten. Neben Fischfang und Robbenschlag wurden auf diesen Fahrten außer geographischen Studien später auch biologische und hydrographische Untersuchungen angestellt. Diese Forschungen lieferten aber nur zufällige Einzelergebnisse, denn so lange die Walfänger und Robbenschläger ihre Schiffe auf 64° Breite mit Speck füllen konnten, hatten sie keine Veranlassung, für Forschungszwecke bis zum 65. Breitengrade vorzudringen.[7]

Hier greift nun das Wirken Alexander von Humboldts ein, das die wissenschaftliche Erforschung des Südpolargebiets entscheidend beeinflußt hat.

2. Humboldts Anregung zur Erforschung des magnetischen Südpols

Nachdem auf der kanadischen Halbinsel Boothia Felix am 31. 5. 1831 der magnetische Nordpol bei 70°5′ N 96°46′ W von den Engländern John Ross (1777–1856) und seinem Neffen James Clark Ross (1800–1862) bestimmt worden war,[8] regte Humboldt Ende 1831 durch einen Brief an den Physiker Wilhelm Weber (1804–1891)[9] für die nächsten Jahre eine enge Zusammenarbeit zwischen diesem und dem Mathematiker Carl Friedrich Gauß (1777–1855) an. Ende 1832 veröffentlichte Gauß erstmals eine Methode zur absoluten Bestimmung der magnetischen Intensität.[10] Ein Jahr später richteten Gauß und Weber in Göttingen ein magnetisches Observatorium ein und gründeten 1834 den „Göttinger Magnetischen Verein", eine Arbeitsgemeinschaft zum Zweck der gleichzeitigen erdmagnetischen Beobachtungen.[11] Bis zu 53 Observatorien, darunter 16 außereuropäische, schlossen sich dem Verein an und führten an vorher festgesetzten Tagen nach Göttinger Zeit einheitliche magnetische Messungen in 5-Minuten Intervallen durch.[12]

Über erdmagnetische Fragen und die praktische Messung der einzelnen Parameter stand Humboldt schon länger mit dem englischen Geophysiker Edward Sabine (1788–1883) in regem Briefkontakt.[13] Auf Sabines Veranlassung[14] schrieb Humboldt im April 1836 einen Brief an den Duke of Sussex (1773–1843), den Präsidenten der Royal Society in London. Humboldt schlug darin vor, mit gleichen Instrumenten simultane Messungen der Deklination, Inklination und Horizontalintensität auf beiden Hemisphären vom Äquator bis zu den Polen durchzuführen.[15]

Sabine erhoffte sich durch diesen Brief eine Unterstützung seiner eigenen Pläne zur Ausrüstung einer Expedition in die Südhemisphäre.[16] Damit dieser Brief möglichst weit verbreitet würde, veröffentlichte Humboldt ihn gleichzeitig auf französisch in den Astronomischen Nachrichten mit einer kurzen deutschen Einleitung.[17] Damit wurde ein Wettlauf zum magnetischen Südpol eingeleitet, dessen Position Gauß 1838 in seiner „Allgemeinen Theorie des Erdmagnetismus" bei 66° S und 146° O ableitete.[18]

Erst ein Jahr nach Humboldts Brief entschloß sich die Royal Society in der Versammlung vom 13. 4. 1837, die Regierung um die Unterstützung magnetischer Messungen nach dem Vorbild des Göttinger Magnetischen Vereines zu bitten.[19] Die daraufhin zum Kauf von Instrumenten bewilligten Gelder wurden aber nicht in Anspruch genommen, weil die von Gauß eingeführten Instrumente und Beobachtungsmethoden aus der Sicht der Royal Society noch nicht perfektioniert waren und ihr Vorteil gegenüber den alten Methoden noch ungewiß war.[20]

Im August 1838 wurden während der 8. Sitzung der British Association erneut Resolutionen zur Unterbreitung bei der Regierung entworfen, welche neben meteorologischen Beobachtungen die Messung magnetischer Parameter zwischen den Meridianen von Australien und Kap Horn vorschlugen.[21] Der Plan einer antarktischen Expedition zum Zweck magnetischer Messungen wurde vom Vorsitzenden des Joint Physical and Meteorological Committee of the Royal Society John Frederick Herschel (1792–1871) vornehmlich begründet mit:

„1st. That great and notorious deficiencies exist in our knowledge of the course of the variation lines generally in the antarctic seas, and that the true position of the magnetic pole or poles can scarcely even be conjectured with any probability from data already known."[22]

Anfang 1839 wurde die „Allgemeine Theorie des Erdmagnetismus" von Gauß veröffentlicht, deren notwendige Berechnungen erst durch die im Jahr 1837 von Sabine publizierte Karte der weltweit gemessenen Intensität ermöglicht worden waren.[23] Nun reagierte die Royal Society auf Humboldts Brief öffentlich mit einem Zirkular vom 1. 7. 1839, das die weltweite Einrichtung magnetischer Stationen in Gang setzte.[24] In diesem Zusammenhang lichtete am 25. 9. 1839 die Expedition unter J. C. Ross die Anker für eine vierjährige Reise nach Süden.[25] Als Humboldt vom 8.–14. 10. 1839 von Sabine besucht wurde,[26] forderte dieser ihn auf,[27] wegen ergänzender Expeditionen an den First Lord Commissioner of the Admirality Earl of Minto (1782–1859) zu schreiben. Das war ganz in Humboldts eigenem Sinn, denn:

„Es ist so wichtig, den ganzen magnetischen Zustand der Erde zu einer und derselben Epoche zu kennen, daß die Südpol-Expedition halb verfehlt sein würde, wenn man nicht gleichzeitig die jetzige *Sinuosität* [Sinusform] und Lage des ganzen magnetischen Äquators und der Linien ohne Abweichung[28] bestimme. Die vielen englischen Schiffe welche überall stationirt sind, geben die trefflichste Gelegenheit dazu, wenn man nur Officiere mit geeigneten Instrumenten absendet, ohne neue Expeditionen deshalb auszurüsten."[29]

Die Marine sollte mit den gleichen Instrumenten und Methoden simultan mit der Ross-Expedition Messungen ausführen.[30] Für Ross selber schlug Humboldt vor, daß er sich der Lösung des Rätsels im Indischen Ozean annähme und dort die Lage der Agone zwischen Van-Diemens-Land [heute Tasmanien], Australien und den Malediven genau bestimme.[31] Es war nämlich noch fraglich, ob die Agone durch den Indischen Ozean S-förmig von Nordwest nach Südost zieht und zusätzlich eine Ellipse über der Ostküste Chinas existierte, wie es sich durch die Theorie von Gauß ergab,[32] oder ob die Ellipse eine Ausbuchtung der Agone im Indischen Ozean war, wie es durch die spärlichen Messungen im Südchinesischen Meer angedeutet wurde.[33]

Zwei Wochen später konkretisierte Humboldt seine Instruktionen für die Ross-Expedition, indem er eine Wunschliste von Messungen aufstellte, die ihn persönlich sehr interessierten.[34] Dies waren:

– Genaue Höhenmarkierung der besuchten Küsten.
– Temperaturmessungen im Ozean.
– Bestimmung der Wellenhöhen während großer Stürme.
– Messung der Luftdruckänderung vom Äquator bis zum Pol.
– Bestimmung der Windrichtung und seines Drehsinns.
– Temperaturmessung der besuchten Strände im Vergleich zur dort herrschenden Lufttemperatur.
– Feststellung der Refraktion bei großer Kälte.
– Beobachtung von Südlichtern und Meteoriten.
– Feststellung der geographischen Verteilung des Zooplanktons.
– Sammlung von phosphoreszierenden Zooplanktons und von Mineralien mit Bestandteilen aus Zooplankton.
– Sammlung der im Wasser treibenden Tangart „Fucus natans" und Bestimmung der Wassertemperatur ihres Lebensraumes.
– Messungen magnetischer Parameter im Zusammenhang mit anderen physikalischen Phänomenen.

Es sollte geklärt werden, ob die Variation der magnetischen Parameter von astronomischen, meteorologischen, mineralogischen, hypsometrischen bzw. bathymetrischen oder seismischen Gegebenheiten, vom Südlicht oder von Meteoritenfällen abhing. Dazu sollten mit gleichen Methoden simultan weltweite Messungen durchgeführt werden. Erst dadurch konnte entschieden werden, ob die voneinander abhängigen Phänomene isochron auftraten oder ob sie von der wahren Ortszeit und damit vom Sonnenstand abhängig waren.

3. Wettlauf nach Süden

In Deutschland fehlte Ende der 30er Jahre des vorigen Jahrhunderts wegen der noch herrschenden Zersplitterung in Einzelstaaten der Boden für große nationale Unternehmungen und so blieb der Verdienst der nachfolgenden Entdeckungen in der Antarktis anderen Ländern überlassen.

Der französische Marineoffizier Jules Sébastien César Dumont d'Urville (1790–1842) sollte anläßlich seiner zweiten Südseereise (1837–1840) feststellen, ob auf den Spuren Weddells[35] ein tiefes Vordringen in die Antarktis möglich sei. Wegen der großen Eismassen wurden seine Schiffe 1838 aber schon früh daran gehindert, weiter nach Süden zu segeln.[36] So mußten sie nach Westen ausweichen, wo sie am Nordende der antarktischen Halbinsel das Joinville-Land und das Louis-Philippe-Land entdeckten. Als sie nach weiteren Südseeforschungen am 12. 12. 1839 in Hobart auf Van-Diemens-Land Halt machten, hoffte d'Urville, mehr über die amerikanische Expedition unter Charles Wilkes (1798–1877) zu erfahren, von der er noch vor seiner Ausreise gehört hatte.[37] D'Urville wurde zugetragen, daß Wilkes von Sydney aus einen neuen Vorstoß nach Süden vorbereite, aber daß über die ersten Ergebnisse Stillschweigen herrsche.[38] D'Urville hörte auch von Gerüchten über Landentdeckungen südlich der Macquarie-Inseln.[39] Diesen Hinweisen folgte er und segelte von Hobart direkt nach Süden. Am 19. 1. 1840 entdeckte er am südlichen Polarkreis das Adélie-Land.[40] Um den magnetischen Pol zu finden, wandte er sich am 29. 1. 1840 weiter nach Südwest, wo er die Claireküste fand.[41]

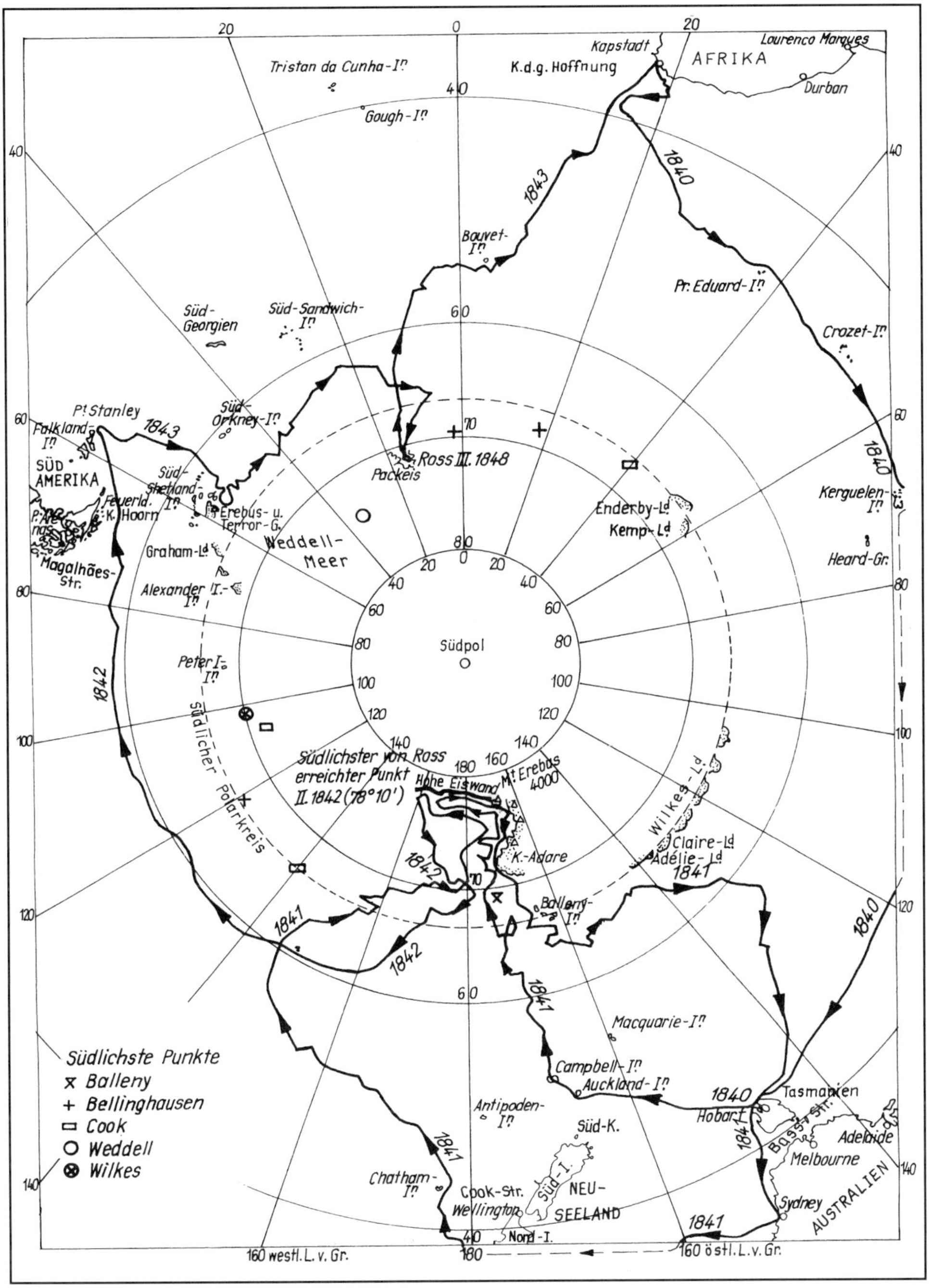

Abb. 1 Erste Entdeckung in der Antarktis von Cook (1773) bis Ross (1843), nach Förster 1956

Wilkes hingegen wies auf seiner Marineexpedition (1838–1842) als erster die Existenz des antarktischen Festlandes nach, indem er die Küste der Ostantarktis auf einer Länge von rund 2700 km verfolgte, das Wilkes-Land aber wegen des dichten vorgelagerten Eises an keiner Stelle betreten konnte.[42]

„[...] now that all were convinced of its exsistence, I gave the land the name of the Antarctic Continent."[43]

Als nun der Engländer J. C. Ross Ende August 1840 in Hobart eintraf, hörte er von den vorjährigen Reisen von d'Urville und Wilkes. Während über die Ergebnisse der französischen Expedition in den Lokalblättern berichtet wurde,[44] gab es keinerlei Veröffentlichungen über die amerikanische Expedition. Dafür erhielt Ross von Wilkes einen Brief über seine Erfahrungen, dem eine Karte seiner Küstenentdeckungen mit dem Hinweis auf leichte Erreichbarkeit beigefügt war. Nach Wilkes' extrapolierten Messungen müßte sich der magnetische Südpol bei 70° S 140° O befinden. Ross wunderte sich, daß sowohl die französische als auch die amerikanische Expedition genau das Arbeitsgebiet zum Ziel genommen hatten, das schon lange für seine Expedition vorgesehen war. Da die englische Expedition nicht in den Fußstapfen einer ausländischen Expedition forschen wollte, wählte Ross in bezug auf die unvorhergesehenen Umstände eigenmächtig einen östlicheren Meridian (170° O) zur Fahrt nach Süden und zur Suche des Magnetpoles. Dort hatte schon Balleny ein Jahr vorher offenes Meer angetroffen und war bis 69° S gesegelt. So gelangte Ross in das später nach ihm benannte Rossmeer, drang bis auf 78°10' S vor, entdeckte das Victoria-Land, die Vulkane Erebus und Terror und die ausgedehnte Rossbarriere, die das Meer mit einer hohen Eismauer im Süden abschloß. Dem magnetischen Südpol konnte sich Ross wegen der dem Land vorgelagerten Eismassen nur bis auf 240 km nähern; am 17. 2. 1841 bestimmte er ihn bei 75°05' S 154°08' O.[45]

Neben den Karten der Landentdeckungen, den meteorologischen Schiffstagebüchern[46], den Ergebnissen der Untersuchung von Kleinstlebenwesen im antarktischen Meer[47] brachte Ross genaue Messungen der Inklination und der Deklination mit nach England. Seine Bestimmung des magnetischen Südpols und der Agone im Indischen Ozean konnten den 1840 von Gauß und Weber herausgebrachten „Atlas des Erdmagnetismus nach den Elementen der Theorie entworfen [...]" entsprechend revidieren.

Nach dieser regen Phase der wissenschaftlichen Erforschung der Antarktis ruhte die Südpolarforschung bis zur Jahrhundertwende, als sie nach dem Humboldtschen Vorbild im Rahmen einer „Internationalen Kooperation" von vier gleichzeitig arbeitenden Expeditionen wieder aufgegriffen wurde.[48]

Anmerkungen

1 Das Südland wurde aus Symmetriegründen auf der Südhalbkugel als Gegengewicht für die Landmassen auf der Nordhalbkugel vermutet (Leithäuser 1959, S. 34 f.; Krämer 1974, S. 130 f.).

2 Forster 1777. In der deutschen Ausgabe von G. Steiner werden die Gegenden südlich des Polarkreises auf S. 124 f. und S. 457–470 beschrieben.

3 „Ich behaupte dreist, dass kein Mensch es wagen wird, jemals weiter vorzudringen, als ich es gethan, und dass deshalb auch das Land, das weiter südlich liegen kann, niemals entdeckt und erforscht werden wird. Das Suchen nach einem südlichen Kontinent, welches die Aufmerksamkeit der seefahrenden Nationen beinahe 2 Jahrhunderte lang

beschäftigt hat und welches ein Lieblingsthema der Geographen aller Zeiten war, ist nun ein- für allemal zu Ende gebracht. [...] Sollte je ein Seefahrer weiter vordringen, werde ich ihn nicht beneiden." (Zitiert nach Oberhummer 1898, S. 21.).

4 Förster 1956, S. 53 ff. Vgl. Abb. 1, in der die wichtigsten Entdeckungen bis hin zur Ross-Expedition zusammengefaßt sind.

5 Vgl. Oberhummer 1898, S. 21.

6 Vergleiche die chronologische Liste der Antarktisexpeditionen von Headland (1989, S. 129 ff.).

7 Vgl. Neumayer 1893, S. 19.

8 Ross 1847, vol. I., p. 446; Krämer 1974, S. 369 f.

9 Vgl. hierzu insbesondere Biermann 1971.

10 Gauß 1832.

11 Die Arbeitsgemeinschaft geht auf das von Humboldt 1828 vorgeschlagene weltweite System zur Beobachtung des Erdmagnetismus zurück, das 1830 schon Meßstationen bis Peking aufwies (Humboldt 1983, S. 49; Humboldt 1836, Sp. 284 ff.).

12 Kertz 1983, S. 95. Die simultanen magnetischen Messungen wurden zwischen 1836 und 1841 durchgeführt und in den „Resultaten aus den Beobachtungen des Magnetischen Vereins" in den Jahren 1837 bis 1843 veröffentlicht (Salié 1960, S. 33).

13 Sabine vertrat die Ansicht, daß es zwei Magnetpole auf jeder Hemisphäre gab und daß der Magnetismus eng mit den atmosphärischen Phänomenen verbunden sei (Reingold 1975, S. 49). Der Briefwechsel Humboldts mit Sabine ist verschollen (vgl. Humboldt 1979, S. 30, Fußnote 3).

14 Vgl. Reingold 1975, S. 50; Biermann 1978, S. 132.

15 Humboldt 1836, Sp. 288, Correspondance 1869, S. 352 (Hier ist der Brief an den Earl of Sussex in einer anderen Übersetzung wiedergegeben.). Hintergrund waren Humboldts eigene Messungen, die er 1804 in dem Gesetz über die Zunahme der magnetischen Intensität vom Äquator bis zu den Polen zusammengefaßt hatte (Humboldt/Biot 1804, vgl. Biermann 1978, S. 128 ff.; Biermann 1983, S. 53). Durch weltweite Messungen sollte dieses Gesetz bestätigt werden.

16 Reingold 1975, S. 50. 1835 hatte Sabine in der British Association for the Advancement of Science ohne Erfolg eine Resolution zum Aufruf der Regierung veranlaßt, eine Expedition nach Süden auszusenden, um in den Kolonien magnetische und meteorologische Stationen einzurichten.

17 Humboldt 1836. Über die Veröffentlichung durch H. Ch. Schumacher (1780–1850) in den von ihm herausgegebenen Astronomischen Nachrichten gibt es einen Briefwechsel aus dem Zeitraum 2. 3.–23. 4. 1836 (Humboldt 1979, S. 52–71).

18 Gauß 1838, vgl. Ross 1847, vol. I., p. 446.

19 A. a. O. p. xiiff.

20 Die von Gauß vorgeschlagene Ausrüstung wurde für die magnetische Kartierung der Ozeane oder zur Benutzung durch Forschungsreisende als unbrauchbar angesehen (Reingold 1975, S. 50). Sabine kritisierte außerdem, daß die Messung von Deklination und Inklination im Gauß-System nicht berücksichtigt war.

21 Ross 1847, vol. I, p. v., Reingold 1975, S. 50.

22 Report 1840, p. xv. Herschel sprach hier noch die Möglichkeit der Existenz von mehreren Polen an, da die Ergebnisse von Gauß' Berechnungen zur allgemeinen Magnettheorie noch nicht bekannt waren.

23 Vgl. Reingold 1975, S. 50. Siehe auch Karte 1 und 2 in Report 1840.

24 Humboldt 1979, S. 90, Fußnote 9.
25 Ross 1847, vol. I, p. 2. Ross hatte sich schon in den 30er Jahren an der magnetischen Landvermessung der britischen Inseln beteiligt (Reingold 1975, S. 50).
26 Humboldt 1983, S. 59.
27 Humboldt 1979, S. 91. Reingold 1975, S. 51.
28 Mit „Linie ohne Abweichung" ist die Agone gemeint, bei der die Deklination gleich null ist.
29 Humboldt am 26. 10. 1839 an Schumacher. In: Humboldt 1979, S. 91.
30 Humboldt am 12. 10. 1839 an Minto. In: Report 1840, p. 87–91.
31 A. a. O., p. 89–90.
32 Gauß/Weber 1840. Vgl. Tafel IV in Report 1840.
33 Vgl. Tafel III, a. a. O.
34 Humboldt am 26. 10. 1839 an Minto, a. a. O. p. 91–98. Humboldt ergänzte die Aufgabenstellung der Royal Society, die in Ross (1847, vol. I, p. xxx–xlvi) wiedergegeben ist.
35 Weddell konnte am 20. 2. 1832 in der Weddellsee bis auf 74°15′ S vordringen, vgl. Karte 3 in Förster 1956, S. 90.
36 Dumont d'Urville 1841–47; Förster 1956, S. 100 ff., vgl. auch Karte 5, a. a. O. S. 105.
37 Am 18. 5. 1836 hatte der amerikanische Kongreß die Aussendung einer Expedition unter Wilkes beschlossen, die neben Studien über die Lebensgewohnheiten der Wale auch die von Humboldt in den Astronomischen Nachrichten angeregten magnetischen Messungen durchführen sollte (a. a. O., S. 115 ff.). Auch Wilkes sollte der Route Weddells folgen.
38 Wilkes war in der Weddellsee noch erfolgloser als d'Urville. Schließlich erreichte er im März 1839 westlich der Peter-I.-Insel seinen südlichsten Punkt, ohne auf Land zu treffen (vgl. Karte 6, a. a. O., S. 117).
39 Es handelte sich hierbei um die Anfang 1839 durch Balleny entdeckten Balleny-Inseln und das Sabrina-Land, vgl. Karte 4, a. a. O., S. 94.
40 Dumont d'Urville 1841–47. D'Urvilles Journal über die antarktischen Entdeckungen wird zitiert in „The Antarctic Manual" (Murray 1901, p. 450–464).
41 A. a. O., p. 475 ff. Der Zufall wollte es, daß sich am 29. 1. 1840 Schiffe der französischen und amerikanischen Expedition vor der antarktischen Küste trafen. Durch eine mißverstandene Kursänderung der Franzosen segelten die Amerikaner allerdings weiter, sodaß es zu keinem Erfahrungsaustausch auf hoher See kommen konnte (a. a. O., p. 414 f., p. 458).
42 Wilkes 1845, Förster 1956, S. 115–220.
43 Wilkes zitiert in Murray 1901, p. 392.
44 Ross 1847, vol. I, p. 113 ff.
45 A. a. O., p. 446 ff.
46 Die meteorologischen Tagebücher geben Aufschluß über Luft- und Wassertemperatur, Luftfeuchte, Barometerstand, Niederschlag, Wind und Wasserströmung.
47 Das Expeditionsmaterial wurde von dem Biologen Christian Gottfried Ehrenberg (1795–1876) an der Akademie der Wissenschaften in Berlin untersucht, der das Ergebnis im Mai 1844 der Royal Society zur Verfügung stellte (a. a. O., p. 399–346).
48 Drygalski 1904, S. 20 ff.

Literatur

Biermann 1971
Biermann, Kurt-R.: Der Brief Alexander von Humboldts an Wilhelm Weber Ende 1831 – ein bedeutendes Dokument zur Geschichte der Erforschung des Geomagnetismus. In: Monatsberichte der Deutschen Akademie der Wissenschaften Berlin. 13. 1971. S. 234–242.

Biermann 1978
Biermann, Kurt-R.: Alexander von Humboldt als Initiator und Organisator internationaler Zusammenarbeit auf geophysikalischem Gebiet. In: Proceedings of the XVth International Congress of History of Science. Edinburgh 1978, S. 126–138.

Biermann 1983
Biermann, Kurt-R.: Alexander von Humboldt. 3. Aufl. Leipzig 1983. (Biographien hervorragender Naturwissenschaftler, Techniker und Mediziner. Bd. 47.)

Correspondance 1869
Correspondance inédite scientifique et littéraire recueillie et publiée par M. de la Roquette. Œuvres d'Alexandre de Humboldt. 1er Partie. Paris 1869. P. 338–357.

Drygalski 1904
Drygalski, E. v.: Zum Kontinent des eisigen Südens. Deutsche Südpolarexpedition. Fahrten und Forschungen des „Gauss" 1901–1903. Berlin 1904.

Dumont d'Urville 1841–45
Dumont d'Urville, Jules Sébastian César: Voyage au Pôle Sud et dans l'Océanie sur les corvettes «Astrolabe» et la «Zelée» exécuté par ordre du Roi pendant 1837–40 sous le commandement de M. J. Dumont d'Urville. Histoire du voyage. 23 vols. 6 vols atlas. Paris 1841–45. Zitiert in: George Murray (ed.): The Antarctic manual for the use of the expedition of 1901. London 1901, p. 436–464.

Förster 1956
Förster, Hans Albert: Der hohe Pol. Die Entdeckungsgeschichte der Terra Australis. Leipzig 1956.

Forster 1777
Forster, Georg: A voyage around the world. London 1777. [Deutsche Ausgabe von Gerhard Steiner: Georg Forster. Reise um die Welt. Frankfurt/Main 1983.]

Gauß 1832
Gauß, Carl Friedrich: Intensitas vis magneticae terrestris ad mensuram absolutam revocata, Göttingen 1832. In: Carl Friedrich Gauß. Werke. V. Hrsg. von der Gesellschaft der Wissenschaften zu Göttingen. Göttingen 1867, S. 79–118.

Gauß 1838
Gauß, Carl Friedrich: Allgemeine Theorie des Erdmagnetismus. Göttingen 1838. (Resulate aus den Beobachtungen des Magnetischen Vereins. Bd. 3. Göttingen, gedruckt 1839.) In: Carl Friedrich Gauß. Werke. V. Hrsg. von der Gesellschaft der Wissenschaften zu Göttingen. Göttingen 1867, S. 119–193.

Gauß/Weber 1840
Gauß, Carl Friedrich und Wilhelm Weber: Atlas des Erdmagnetismus nach den Elementen der Theorie entworfen von C. B. Goldschmidt. Leipzig 1840. In: Carl Friedrich Gauß. Werke. XII. Hrsg. von der Gesellschaft der Wissenschaften zu Göttingen. Berlin 1933, S. 335–408.

Headland 1989
Headland, Robert K.: Chronological list of Antarctic expeditions and related events. Cambridge 1989.

Humboldt 1836
Humboldt, Alexander von: Ueber die Mittel den Erdmagnetismus durch permanente Anstalten und correspondirende Beobachtungen zu erforschen. In: Astronomische Nachrichten. 13. 1836. Nr. 306, Sp. 281–292.
Humboldt 1979
Briefwechsel zwischen Alexander von Humboldt und Heinrich Christian Schumacher. Hrsg. von Kurt.-R. Biermann. Berlin 1979. (Beiträge zur Alexander-von-Humboldt-Forschung. 6.)
Humboldt 1983
Alexander von Humboldt. Chronologische Übersicht über wichtige Daten seines Lebens. Bearb. von Kurt-R. Biermann, Ilse Jahn und Fritz G. Lange. Berlin 1968. 2. verm. und bericht. Aufl. 1983. (Beiträge zur Alexander-von-Humboldt-Forschung. 1.)
Humboldt/Biot 1804
Humboldt, Alexandre de et Jean Baptiste Biot: Sur les variations du magnétisme terrestre à différentes latitudes; par MM. Humboldt et Biot. Lu par M. Biot à la classe de Sciences mathématiques et physiques de l'Institut national, le 26 frimaire an 13. In: Journal de physique de chimie, d'histoire naturelle et des arts. T. 59. 1804, p. 429–450.
Kertz 1983
Kertz, Walter: Georg von Neumayer und die Polarforschung. In: Polarforschung. 53. 1983. H. 1, S. 91–98.
Krämer 1974
Krämer, Walter (Hrsg.): Die Entdeckung und Erforschung der Erde. Mit einem ABC der Entdecker und Forscher. Leipzig 1974.
Leithäuser 1959
Leithäuser, Joachim G.: Mappae Mundi. Berlin 1958.
Murray 1901
Murray, George (ed.): The Antarctic manual for the use of the expedition of 1901. London 1901.
Neumayer 1893
Neumayer, Georg: Die neuesten Fortschritte der Bestrebungen zu Gunsten einer wissenschaftlichen Erforschung der antarktischen Region. In: Annalen der Hydrographie und Maritimen Meteorologie. 21. 1893, S. 449–468.
Oberhummer 1898
Oberhummer, Eugen: Die Deutsche Südpolarexpedition. Bericht über die vorbereitenden Schritte und die Versammlung in München am 13. Mai 1898. In: 17. Jahresbericht der Geographischen Gesellschaft in München. 1898, S. 1–48.
Reingold 1975
Reingold, Nathan: Edward Sabine. In: Dictionary of Scientific Biography. 12. New York 1975, p. 49–53.
Report 1840
Report of the Commitee of Physics and Meteorology of the Royal Society relative to the observations to be made in the Antarctic expedition and in the magnetic observatories. London 1840.
Ross 1847
Ross, James Clark: A voyage of discovery and research in the southern and Antarctic regions, during the years 1839–43. 2 vols. London 1847.

Salié 1960
Salié, Hans: Daten aus dem Leben und Wirken von Carl Friedrich Gauß. In: C. F. Gauß. Leben und Werk. Hrsg. von H. Reichardt. Berlin 1960, S. 15–36.
Wilkes 1845
Wilkes, Charles: Narrative of the United States exploring expedition around the world, 1838–42. 5 vols. and atlas. Philadelphia 1845. Zitiert in: George Murray (ed.): The Antarctic manual for the use of the expedition of 1901. London 1901, p. 360–435.

Anschrift d. Verf.: *Cornelia Lüdecke, Valleystr. 40, D 81371 München*

Zur Biographie Alexander von Humboldts nach einigen Motiven auf internationalen Briefmarken

Von Herbert Pätz †

1. Briefmarken als Portobeleg und Zeitdokument

Im täglichen Postverkehr hat sich die Briefmarke als Zahlungsbeleg für postalische Beförderungsleistungen seit über 150 Jahren hervorragend bewährt. Mit der Herausgabe von Sondermarken übertrug der Weltpostverein den Wertzeichen die zusätzliche Funktion, gesellschaftliche Anlässe oder Prozesse graphisch widerzuspiegeln und zu popularisieren. In diesem Sinne sind es unter anderem auch biographische Daten bedeutender Persönlichkeiten, die als Motivbildner immer wieder genutzt werden. Inzwischen gibt es auch zahlreiche Sonderpostwertzeichen mit Motiven aus dem Leben Alexander von Humboldts, die sowohl seine Person als auch sein Werk würdigen. In Publikationen von Hanle,[1] der Humboldt-Stiftung[2] und von anderen Autoren sind die bisher erschienenen Humboldt-Marken ausführlich beschrieben worden. Zum Humboldt-Kolloquium 1991 sollte versucht werden, die dem Autor zur Verfügung stehenden Humboldt-Marken nach ausgewählten Aspekten der Biographie Alexander von Humboldts zu interpretieren und damit eine Ehrungsmöglichkeit im Sinne Biermanns[3] zu nutzen.

2. Zur Verfügung stehende Briefmarken mit Motiven zu Alexander von Humboldt und ihre Interpretationsmöglichkeiten

Die dem Autor zur Verfügung stehenden Humboldt-Marken wurden von folgenden Ländern bzw. Postdirektionen herausgegeben:
DDR: 1950, 1959, 1960, 1969, 1976, 1978, 1983, 1984, 1985
BRD: 1959, 1964/65, 1969
Saargebiet: 1959
Berlin (West): 1959, 1964/65, 1969
Sowjetunion: 1959
Kuba: 1969.
Bei diesen Marken handelt es sich um Motive, die nach folgenden Gesichtspunkten geordnet werden können:

1. Porträtmarken anläßlich des Geburts- oder Sterbedatums ohne direkte Widerspiegelung eines wissenschaftlichen Sachverhalts, wie
   - zum 100. Todestag 1959 mit Ausgaben der BRD, West-Berlins, des Saargebiets und der Sowjetunion (Abb. 1);

– zum 200. Geburtstag 1969 mit einem 50 Pfennig-Wert West-Berlins und einem Wert zu 25 Pfennig der DDR (Abb. 1).

2. Porträtmarken mit Hinweisen auf Humboldts Reisen und/oder wissenschaftliche Betätigung bzw. anläßlich von Jubiläen wissenschaftlicher Einrichtungen, wie
   – DDR: 1950, 5 Pfg.-Wert der Serie „250 Jahre Akademie der Wissenschaften“ (Abb. 1); 1959, 10 und 20 Pfg.-Werte zum 100.Todestag mit Motiven zur Mittel- und Südamerika- sowie zur Rußlandreise (Abb. 2);
     1983, 200. Geburtstag Simón Bolívars, 35 Pfg.-Wert mit Bildnissen von Bolívar und Humboldt vor einem Kartenausschnitt Südamerikas (Abb. 2);
   – Kuba: 1969, Humboldt und seine zoologischen Studien in Mittelamerika, seinem 200. Geburtstag gewidmet.

Abb. 1 Porträtmarken A. v. Humboldts anläßlich seiner runden Geburts- und Sterbetage ohne Bezug auf sein Wirken (leicht vergrößert)

3. Gebäude auf Briefmarken, die mit Humboldt in Beziehung stehen, wie Abb. 3 zeigt:
   - DDR: 1960, 250 Jahre Charité und 150 Jahre Universität von Berlin mit Hinweis auf die „Humboldt-Universität" mit den Werten zu 20 und 25 Pfennig;

     1985, 175 Jahre Humboldt-Universität und 275 Jahre Charité zu Berlin, wobei der 20 Pfg.-Wert mit dem Mittelteil des Hauptgebäudes der Universität Unter den Linden Humboldt gewidmet ist;
   - BRD und Berlin (West): 1964/65 und 1969, Schloß Tegel als Familiensitz der Humboldts auf Dauermarken zu 15 Pfg. bzw. 1,30 DM.
4. Briefmarken mit Motiven, die die Humboldt-Zeit und Aufenthaltsorte Humboldts indirekt widerspiegeln.
   Charakteristisch für die Darstellung dieses Anliegens könnte die in Abb. 4 vorliegende Auswahl von Briefmarken zu Freiberg sein, nämlich
   - DDR: 1978, 3 Werte zu 20, 25 und 35 Pfg. „Paradetrachten aus dem Berg- und Hüttenwesen des 19. Jahrhunderts";

     1976, 35 Pfg.-Wert mit der Großen Silbermannorgel im Dom zu Freiberg;

     1984, 35 Pfg.-Wert mit der Abbildung einer Distanzsäule von Freiberg (Detail) von 1723 aus der Serie „Postmeilensäulen".

Obwohl die Herausgabe der Humboldt-Marken sehr stark auf die runden Jahrestages der Lebensdaten Humboldts orientiert ist, lassen die ausgewählten Motive einen deutlichen Bezug zum Leben und Wirken des Geehrten erkennen. Einige dieser Aspekte sollen etwas näher behandelt werden.

Abb. 2 Porträtmarken A. v. Humboldts anläßlich seiner runden Geburts- und Sterbetage mit Bezug auf seine naturwissenschaftlichen Leistungen (leicht vergrößert)

Abb. 3 Gebäude, die im Leben und Wirken A. v. Humboldts von besonderer Bedeutung waren (leicht vergrößert)

Abb. 4 Freiberg-Motive mit indirektem Bezug zur Freiberger Studienzeit A. v. Humboldts (leicht vergrößert)

3. Alexander von Humboldt und Berlin

Wenn die meisten Humboldt-Porträts auf Briefmarken nach Bildern bzw. einer Daguerreotypie, die in enger Beziehung zu Berlin stehen, entworfen worden sind, dann drückt sich darin wohl auch die Verehrung eines bedeutenden Wissenschaftlers durch seine Heimatstadt aus. Berlin als Geburts-, Schaffens-, Sterbe- und Begräbnisort Alexander von Humboldts bot hinreichend Gelegenheiten für die Wiedergabe entsprechender Gemälde und Aquarelle der vorfotografischen Zeit, wie die Marken der Abb. 1 zum Teil belegen. Es spricht für die Aufgeschlossenheit Humboldts gegenüber dem technologischen Fortschritt, wenn er sich im hohen Alter durch eine Daguerreotypie abbilden ließ, die dann der Humboldt-Marke der DDR zu 25 Pfg. als Vorlage diente.

In diesem Zusammenhang soll die Wahl des Schlosses Tegel, des Familienbesitzes der Humboldts,[4] für ein Dauermarkenmotiv der BRD (Abb. 3) nicht unerwähnt bleiben. Alexander von Humboldt war diesem Gebäude und Anwesen nicht so eng verbunden wie sein Bruder Wilhelm,[5] immerhin aber fand er hier in der Familiengrabstätte seine letzte Ruhe. Auch das Schloß Tegel und seine Parkanlagen gehören also zur Biographie Alexander von Humboldts und zu dessen Beziehungen zu Berlin. Die Wahl von Schloß Tegel als Markenmotiv kann als um so gelungener gelten, als dieses Bauwerk zugleich auch an das Wirken Schinkels erinnert.

Für die Namensgebung der Berliner Universität als „Humboldt-Universität" 1949 war zwar in erster Linie das Wirken Wilhelm von Humbolts für diese Bildungsstätte ausschlaggebend, aber gleichzeitig würdigte man damit auch Alexander von Humboldt als Naturwissenschaftler und Forschungsreisenden. Die Briefmarken der DDR zum 150jährigen Bestehen der Humboldt-Universität 1960 sowie anläßlich des 175. Jahrestages der Universität 1985 unterstreichen nochmals die Verdienste der Brüder Humboldt um die Berliner Universität (Abb. 3).

4. Alexander von Humboldt und seine Reisen im Markenbild

Alexander von Humboldts Forschungsreisen werden auf den beiden Marken der DDR von 1959 sowie auf drei Marken Kubas von 1969 (Abb. 2) unmittelbar widergespiegelt.

Für die Marken der DDR zum 100. Todestag von Alexander von Humboldt wählte man die Darstellung Humboldts nach einer Büste von Christian Daniel Rauch von 1823 als gemeinsames Teilmotiv für beide Marken. Auf dem 10 Pfg.-Wert weisen eine tropische Landschaft mit einem Vulkan im Hintergrund auf Humboldts Mittel- und Südamerikareise von 1799 bis 1804 hin.

Während dieser umfangreichen Forschungsreise weilte Humboldt auch zweimal auf Kuba. Mit drei Porträtmarken, die neben dem Bildnis Humboldts zoologische Motive zeigen, erinnerte Kuba 1969 anläßlich des 200. Geburtstags Alexander von Humboldts an den Kuba-Aufenthalt während der Mittel- und Südamerikareise.

Der 20 Pfg.-Wert der Marken der DDR zu Ehren Humboldts von 1959 zeigt als Teilmotiv eine für Humboldts russisch-sibirische Reise von 1829 symbolische Szene, und zwar eine Troika vor einem (Taiga-)Waldstück.

Die 1959 in der UdSSR herausgegebene Marke mit dem Bildnis Alexander von Humboldts stellt zwar keine direkte Beziehung zu dieser Reihe her, weist aber mit ihrer Inschrift „Deutscher Naturforscher und Geograph" indirekt auf die Verdienste Humboldts um die geographisch-naturwissenschaftliche Erforschung Rußlands hin (Abb. 1).

5. Alexander von Humboldt und Simón Bolívar

Als man 1983 Simón Bolívar anläßlich seines 200. Geburtstags mit einer Sondermarke in der DDR ehrte, wählte man dafür als Markenmotiv eine Darstellung, die Simón Bolívar gemeinsam mit Alexander von Humboldt vor den Umrissen des Nordens von Südamerika zeigt. Damit sollten die engen Beziehungen zwischen den beiden Geehrten besonders unterstrichen werden; denn von Simón Bolívar stammen die Worte: „Humboldt hat mehr Gutes für Amerika gewirkt als alle seine Eroberer."[6] In diesem Sinne möge diese kleine, relativ bescheidene Briefmarke (Abb. 2) für ein gesamtes humanistisches Programm stehen.

6. Alexander von Humboldt in Freiberg

Obwohl Alexander von Humboldt vom 14. 6. 1791 bis zum 26. 2. 1792 an der Bergakademie Freiberg studierte und als berühmtester Student der alma mater Fribergensis gilt, gibt es bisher noch keine Briefmarke, die den Aufenthalt Humboldts in Freiberg in direkter Weise symbolisierte. Um die Studienzeit Alexander von Humboldts in Feiberg nun wenigstens in indirekter Weise durch Briefmarken vermittelt zu sehen, lassen sich einige Motive zu Freiberg gewissermaßen als „Zeitzeugen des Humboldt-Aufenthaltes" den Briefmarkenausgaben mit unmittelbarem Bezug zu Humboldt anfügen. Es wurden hierfür die DDR-Ausgaben „Paradetrachten", „Silbermannorgeln" und „Postmeilensäulen" herangezogen (Abb. 4), d. h. Motive von Objekten ausgewählt, die die Aufmerksamkeit Humboldts während seines Freibergaufenthalts gefunden haben könnten. So dürften die drei in Freiberg vorhandenen Distanzsäulen Wegweiser für seine Reisen gewesen sein.

7. Briefmarken mit Humboldt-Motiven als künftiger Untersuchungsgegenstand

Mit den kurzen Darlegungen wurde versucht, die Aufmerksamkeit auf eine spezifische Form der Beschäftigung mit Alexander von Humboldt zu lenken. Dabei konnte und sollte nicht Wert auf eine lückenlose bzw. vollständige Erfassung und Behandlung aller existierenden postalischen Belege zu Alexander von Humboldt gelegt werden. Vielmehr kam es darauf an, eine der Erinnerungsmöglichkeiten im Sinne Biermanns,[7] nämlich die Briefmarken, unter neuen Gesichtspunkten zu nutzen und Vorschläge zu unterbreiten. Da die Zahl der Briefmarken, die Alexander von Humboldt in direkter Weise betreffen, gegenwärtig und auch künftig begrenzt bleiben wird, scheint es vertretbar, daß man in die Betrachtung auch Marken einbezieht, durch deren Motive indirekte Bezüge hergestellt werden. Analog zu Freiberg, wie Abb. 4 zeigt, dürften hierfür Berlin und andere Aufenthaltsorte Alexander von Humboldts reichlich Gelegenheit bieten.

Anmerkungen

1 Hanle 1982, 1984, 1986.
2 Humboldt-Kalender 1992.
3 Biermann 1990, S. 5.
4 Vgl. Brande u. a. 1987.
5 Vgl. Biermann 1991.
6 Zit. nach Biermann 1990, S. 65.
7 Vgl. Anm. 3.

Literatur

Biermann 1990
Biermann, Kurt-R.: Alexander von Humboldt. 4. durchges. Aufl. Leipzig 1990. (Biographien hervorragender Naturwissenschaftler, Techniker und Mediziner. Bd. 47.)
Biermann 1991
Biermann, Kurt-R.: War A. v. Humboldt ein Berliner? In: spectrum. 22. 1991. 4, S. 45.
Brande u. a. 1987
Brande, Arthur, Andreas Kalesse, Angela von Lührte, Martina Nath-Esser, Marlen Schumann, Wilfried Tigges und Sabine Weiler: Der Gutspark Tegel in historisch-ökologischer Sicht. In: Der Bär von Berlin. Jahrbuch des Vereins für die Geschichte Berlins. 36. 1987, S. 197–210.
Deutschland-Briefmarkenkataloge 1979 und 1987
Deutschland-Briefmarkenkataloge 1978/79 und 1986/87. Köln 1979. 1987.
Fischer/Skupin/Gudenschwager 1986
Fischer, P., F. Skupin und W. Gudenschwager: DDR Universalkatalog. Berlin 1986.
Hanle 1981
Hanle, Hellmut: Zur Alexander-von-Humboldt-Forschung. IX. Alexander von Humboldt auf Briefmarken. In: Alexander-von-Humboldt-Stiftung. Mitteilungen. 1981. H. 39, S. 29–40.
Hanle 1984
Hanle, Hellmut: Neue Humboldt-Briefmarken. In: Alexander-von-Humboldt-Stiftung. Mitteilungen. 1984. H. 43, S. 32 f.
Hanle 1989
Hanle, Hellmut: Aus der Welt der Philatelie – Neues zu Alexander von Humboldt. In: Alexander-von-Humboldt-Stiftung. Mitteilungen. 1989. H. 48, S. 35–44 mit 9 Briefmarkentafeln.
Humboldt-Kalender 1992
Alexander von Humboldt 1769 bis 1859. Wissenschaftliche Entdeckungen dargestellt auf Briefmarken. Kalender 1992. [Zusammenstellung und Geleittext: Renate Löschner; Abbildungen und Texte: Hellmut Hanle.] Bonn-Bad Godesberg: Alexander-von-Humboldt-Stiftung 1992.

Auf den Spuren Alexander von Humboldts im Freiberger Silberbergbau

Von Herbert Pforr

Alexander von Humboldt (Abb. 1) hat in seinem 90jährigen Leben als Forscher und Humanist Außergewöhnliches geleistet. Wichtige Voraussetzungen hierfür waren sein Freiberger Bergbaustudium, seine Tätigkeit im Bergbau des Freiberger Reviers und des fränkischen Fichtelgebirges sowie die damit verbundenen montan- und naturwissenschaftlichen Reisen in den Jahren vor seiner großen wissenschaftlichen Entdeckungsreise nach Amerika, die 1799 begann und die besondere Kenntnisse und Fertigkeiten, aber auch eine gute physische Verfassung erforderten. In diesem Beitrag soll gezeigt werden, wo Humboldt als Student und Forscher in den Silberbergwerken des Freiberger Bergbaureviers gewirkt hat und welche Sach- und Zeitzeugen, welche Humboldt-Stätten es bis heute in Freiberg gibt.

Abb. 1 Alexander von Humboldt im Alter von 27 Jahren (1796) nach einem Stich von Krausse

1. Motivation Humboldts, in Freiberg ein Bergbaustudium aufzunehmen

Humboldt hatte von Jugend an das Ziel, zur wissenschaftlichen Entdeckung der Erde beizutragen. Auf Grund familiärer Rücksichten schlug er zunächst einen Studiengang für eine preußische Staatsbeamtenstelle ein. Der Weg über ein Bergbaustudium und die anschließende Anstellung als Bergbeamter schienen Humboldt am besten geeignet, seinen familiären Verpflichtungen nachzukommen und sich zugleich das Rüstzeug für die insgeheim geplanten naturwissenschaftlichen Entdeckungsreisen zu holen.

In einer autobiographischen Skizze schrieb Humboldt:

„Schließlich erlangte ich, mich dem Bergfach widmen zu dürfen, da es die meisten Beziehungen zu meinen Neigungen hatte. Um den praktischen Teil zu erlernen und um mich unter dem großen Professor Werner zu vervollkommnen, ging ich 1791 für ein Jahr nach Freiberg. Die Arbeit in den dortigen Bergwerken stärkte meinen Körper sehr. In dem Wissen, wie sehr ich eines Tages physische Kräfte nötig haben werde, suchte ich mich mit allen Mitteln abzuhärten und mich an Entbehrungen zu gewöhnen."[1]

Als Zwanzigjähriger hatte Humboldt mit Georg Forster eine Reise durch Belgien und die Niederlande nach England unternommen. Diese Reise mit dem Teilnehmer an Cooks zweiter Weltumseglung verstärkte Humboldts Sehnsucht nach fernen Ländern. Forster, der mit Abraham Gottlob Werner freundschaftlich verbunden war, empfahl Humboldt auch, in Freiberg zu studieren. 1790 legte Humboldt eine geologische Arbeit vor und wurde durch Heinrich von Trebra, den späteren Oberberghauptmann in Freiberg, als Mitglied der Sozietät der Bergbaukunde berufen.[2]

Die 1765 in Freiberg gegründete sächsische Bergakademie hatte zu Humboldts Zeit einen sehr guten Ruf, der sich durch das Wirken namhafter Lehrer und durch das erfolgreiche Ausbildungsprinzip „theoria cum praxi" ergab. Dieses Prinzip konnte in Freiberg durch die Zuordnung der Schule zum sächsischen Oberbergamt günstig realisiert werden.

2. Humboldt im Freiberger Silberbergbau

Die Bergakademie Freiberg und ihr Lehrkörper waren strukturell an das sächsische Oberbergamt mit Sitz in Freiberg gekoppelt. Die angehörigen des Oberbergamtes waren für alle Belange der nach dem Direktionsprinzip geleiteten Berg- und Hüttenwerke zuständig: für Fragen der Lagerstätten, der Sicherheit, der montanistischen Technik und Technologie, der Betriebswirtschaft, des Bergrechts und der Verwaltung. Die Professoren waren zugleich Lehrer und Bergbeamte. Vorlesungen, Praktika und Tätigkeit der Freiberger Studenten waren dadurch besonders eng auf die Belange des sächsischen Bergbaus orientiert, wo zur Zeit Humboldts der Silbererzbergbau eine dominierende Rolle einnahm. Freiberg war als Hochschulort gewählt worden, weil es das geographische Zentrum des bedeutenden Freiberger Silberbergbaus und Verwaltungszentrum für den gesamten sächsischen Bergbau war.

Für die Freiberger Bergstudenten leitete sich daraus ab, daß sie nicht nur Vorlesungen und Übungen, sondern zwischenzeitlich auch Untertageschichten in Freiberger Gruben verfuhren. Auch Humboldt ordnete sich diesem Prinzip während seines Studiums in Freiberg unter, obwohl sein sozialer Rang im Vergleich zu anderen Studenten recht hoch war.

Humboldt kam als vornehmer Fremder, als ausländischer, nicht-sächsischer zahlender Student und junger Gelehrter, dem die besten Häuser des Freiberger Geisteslebens offenstanden. Es entsprach jedoch Humboldts Lebensanspruch, seiner Grundhaltung und seinem enthusiastischen Eifer für alles Neue, daß er nichts von dem ausließ, was zum Begreifen des Bergbaus mit all seinen zugehörigen Gebieten wie Bergbautechnologie, Bergbaumaschinen, Wasserhaltung, Geologie, Mineralogie, Markscheidewesen erforderlich war. Dabei lernte er auch die Arbeitsbedingungen, die Schwere der bergmännischen Arbeit kennen. Wunschgemäß wurde er von Professor Werner betreut, der ihm einen Studienplan vorgab. Dazu gehörten neben der theoretischen Ausbildung das Befahren von Bergwerken im Freiberger Revier, Reisen nach Sachsen, Böhmen und Thüringen, die der Geologie, dem Bergbau und Salinenwesen gewidmet waren, sowie insbesondere auch bergmännische Handarbeiten. Solche Handarbeiten bestanden, wie dies aus folgenden Briefzitaten hervorgeht, aus den damals üblichen bergmännischen Arbeiten bei der Herstellung von Grubenbauen wie Strecken und Radstuben oder bei der Gewinnung des Erzes im Abbau. Humboldt war vor Ort z. B. bei der Herstellung der Radstube am Abrahamschacht, wo ein Wassergöpel (Kehr-

Abb. 2 Herstellen eines Sprengbohrlochs von Hand, Sepia E. Heuchler

rad) den Pferdegöpel ablösen sollte. Für ein Kehrrad von etwa 12 m Durchmesser und 2 m Breite waren ein entsprechend großer Maschinenraum und die unterirdischen Wasserwege, die Aufschlag- und Abzugsröschen, herzustellen. Dazu wurden die Methoden des Bohren und Sprengens sowie der reinen Handgewinnung mittels Schlägel und Eisen angewandt. Abb. 2 demonstriert die von Humboldt ausgeführte Arbeit des Handbohrens. Gleichzeitig sind die bis zu ein Meter langen Bohreisen und die auf einen Schulterriemen geschnürten Ersatzbergeisen für das Schlägeln mit dargestellt. Rechts hinten brennt die Öllampe, die zur Freiberger Blende (vorn rechts) gehört.

Am 9. August 1791 arbeitete Humboldt in der Radstube und entdeckte im Abstand von 20 m vom Himmelfahrter Spat einen 3 cm mächtigen neuen Gang, wovon er am 25. August schreibt:

„Er hat bis jezt die Trivialbenennung des Humbolter Spat, ich möchte lieber, des H. Stehenden!!“[3]

Humboldt schreibt am 26. 11. 1791: „Eine leidige Wunde an der Hand hat mich 14 Tage gehindert anzufahren. Ich hatte mich beim Bohren verwundet [...]“[4] (Abb. 2).

Die Radstube des Abrahamschachtes gehört zu dem großartigen Freiberger Wassersystem, mit dem vom 16. bis 19. Jahrhundert die potentielle Energie erzgebirgischer Flußläufe zum Antrieb von Maschinen (Schachtförderung, Pumpen u. a.) genutzt wurde. Zu diesem System gehörten die Stollen, in Humboldts Fall der Fürstenstolln (Abb. 3), dessen steiler aufgefahrener Teil den Namen Alter Fürstenstolln oder Eselstolln führt. Auf dem Eselstolln, dem Moritzstolln, der Grube Churprinz und anderen Gruben hat Humboldt viele Beobachtungen und Versuche zum Thema Pflanzen ohne Tageslicht gemacht, die sich in seinem Werk „Florae Fribergensis specimen“ (1793) niedergeschlagen haben. Dafür erhielt Humboldt vom sächsischen Kurfürsten eine goldene Medaille

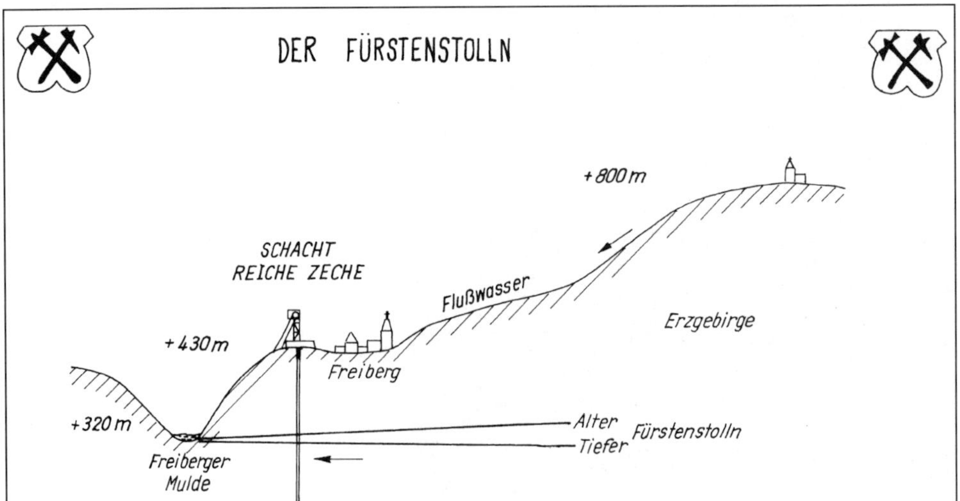

Abb. 3 Schema des Fürstenstollns, des ältesten und längsten Wasserstollens des Freiberger Reviers (14.–20. Jh., über 100 km lang). Der Fürstenstolln und die hier angeschlossenen Grubenbaue (Abbaue; Radstuben am Wiesenschacht und Abrahamschacht) waren für Humboldt Orte für bergmännische Studien, praktische Tätigkeit, geophysikalische und botanische Forschungen

Abb. 4 Arbeitsszene in einem Erzabbau in einer für Humboldts Freiberger Zeit typischen Weise, Fotoarchiv Stadt- und Bergbaumuseum Freiberg

mit einem Handschreiben.[5] Humboldts Gönner Charpentier hatte hierbei vermittelnd gewirkt.

Bei der bergmännischen Tätigkeit als Häuer im Erzgang Frischglück-Stehender (Frischglükkerortstoß) lernte Humboldt das damals beste Abbauverfahren Firstenbau (Seigerfirste) kennen. Damit verbunden waren z. B. Härte der Arbeit in engen Grubenbauen und schlechte Atembedingungen (Abb. 4).

Das Laden und Fördern des Haufwerks (Erz, Gestein) erfolgte mit Kratze und Erztrog, Körben und Ungarischen Hunten, die als 4rädrige Holzwagen auf Holzunterlage zum Schacht geschoben wurden.

Die Grube Beschert Glück (Abb. 5) gehörte damals zu den führenden Freiberger Bergwerken. Humboldt fuhr hier wiederholt ein, auch nach seinem Freiberger Studium.

Humboldt charakterisiert seine bergmännischen Erfahrungen folgendermaßen: „Zuerst von meiner Lage; diese ist allerdings eine sehr beschäftigte, aber allen meinen Neigungen angemessene Lage. Ich pflege um 4 Uhr aufzustehen (denn ich gehe gewöhnlich jezt schon um 11 zu Bette), arbeite im prakt[ischen] Bergbau, d. h. ich mache Fahrt-, Ort- p. Beschreibungen, einen söligen Riß, lese im Oppeln p. bis 6. Um 6 Uhr fahre ich an, regelmäßig alle Tage, den Sonnabend allein, nicht aber den Mittwoch ausgenommen. Diese Kenntniß des Technischen interessirt mich über alle Maaßen, und da ich 3mal kürzere Zeit in Freiberg bin, als meine Landsleute, so muß ich auch wenigstens 3mal mehr anfahren. Alles was ich thue, geschieht nach Werners Vorschrift, der mir auf eine edle Art einen großen Theil seiner

Zeit aufopfert. Werner hat mich in den ersten Wochen so in 6–9 verschiedenen Gruben einfahren lassen, um generelle Ideen zu erlangen, jezt bin ich fixirt. Ich arbeite gewöhnlich 3 Tage die Woche auf der Himmelfahrt sammt Abraham mit Schlegel und Eisen. Ich treibe diese Arbeit seit ohngefähr 3 Wochen (und blute wenigstens nicht mehr) bald in der neuen Radstube (denn statt des Pferdegöpels wird ein Wassergöpel vorgerichtet) theils um die Tagewerke (Steinbruch, Seigerfirste p.) zu lernen, vor dem Frischglükkerortstoß, 130 F. unter Tage. Ich arbeite, je nachdem ich es aushalten kann, denn vor Ort sind jezt böse, eigentlich nur matte Wetter, 3–4 Stunden und fahre um 10 oder 11 aus. Die lezten Tage der Woche, Donnerstag oder Freitag, befahre ich andere Gebäude, etwa Beschert Glük [...] Den Nachmittag widme ich ganz den scientif[ischen] Theilen, so wie den Sonnabend und Sonntag."[6]

Zusammenfassend schätzt Humboldt seine Freiberger Studentenzeit in einem Brief vom 18. 2. 1792 ein: „Denken Sie nur, daß ich in den 9 Monathen, die ich hier war, gut ein 150 Meilen zu Fuß und Wagen durch Böhmen, Thüringen, Mansfeldt p. gereiset, daß ich regelmäßig alle Tage von 6–12 Uhr anfahre (wobei das auf die Grube gehen oft 1–2 Stunden dauert und im Schnee sehr beschwerlich ist), daß ich ein 5–6 Kollegia auf den Nachmittag zusammengedrängt habe – und sprechen Sie mir dann selbst mein Urtheil. Es war noch keine Zeit meines Lebens, in der ich so beschäftigt war, als hier. Meine Gesundheit hat sehr gelitten, ob ich gleich nicht einmal krank war. Dennoch bin ich im Ganzen sehr froh. Ich treibe ein Metier, das man, um es zu lieben, nur leidenschaftlich treiben kann, ich habe an Kenntnissen unendlich gewonnen und ich arbeitete nie mit der Leichtigkeit als jezt."[7]

Abb. 5 Die Grube Beschert Glück, wie sie Humboldt kennenlernte

Abb. 6 Das Humboldt-Haus in der Weingasse 2

Und rückblickend betont Humboldt am 7. 9. 1792 gegenüber Freiesleben: „Ich bin den Sommer über überaus wohl gewesen. Meine Ueblichkeiten nehmen ab. Ich verdanke, wie ich Ihnen in Freiberg schon oft sagte, meine Genesung bloß meinem bergmännischen metier, und so gefährlich Ihnen auch mein tägliches Anfahren in Freiberg schien, so bin ich doch überzeugt, daß es mir sehr nüzlich für meinen Körper gewesen ist."[8]

Werner vermittelte dem am 14. 6. 1791 inskribierten Studenten Alexander von Humboldt eine Wohnung im Hause des kurfürstlichen Markscheiders Johann Friedrich Freiesleben in der Weingasse 2 (Abb. 6 und Abb. 7). Auch einen persönlichen Betreuer gab ihm Werner: Carl Freiesleben (1774–1846), Neffe seines Quartiergebers sowie begabter und zielstrebiger Freiberger Student im höheren Semester, der am Untermarkt 7 wohnte (Abb. 8). Humboldt und Freiesleben schlossen während der gemeinsamen Studienzeit Freundschaft, die ein langes Leben anhalten sollte. Humboldt schreibt von 1792 bis 1842 über 80 Briefe an Freiesleben! Am 6. 11. 1791 äußerte er sich über den Freund: „Ich habe ihm fast den größten Theil meiner bergmännischen Kenntnisse zu danken, aber dies ist es warlich nicht, was mich an ihn fesselt; sondern sein Scharfsinn, sein Wille zum Guten und die Ahndung, die ich habe, daß er viel leisten wird."[9] Tatsächlich wurde Freiesleben nach dem Tode des Oberberghauptmanns S. A. W. von Herder (1776–1838) dessen Nachfolger und somit Leiter des sächsischen Bergbaus (Abb. 9). Unter der Obhut von Carl Freiesleben erlernte Humboldt sehr schnell die Grundbegriffe der Lagerstätten- und Bergbaukunde am praktischen Beispiel. Die erste gemeinsame Grubenbefahrung führte zur Grube Churprinz Friedrich August Erbstolln in Großschirma (Abb. 10). Auf dem 10 km

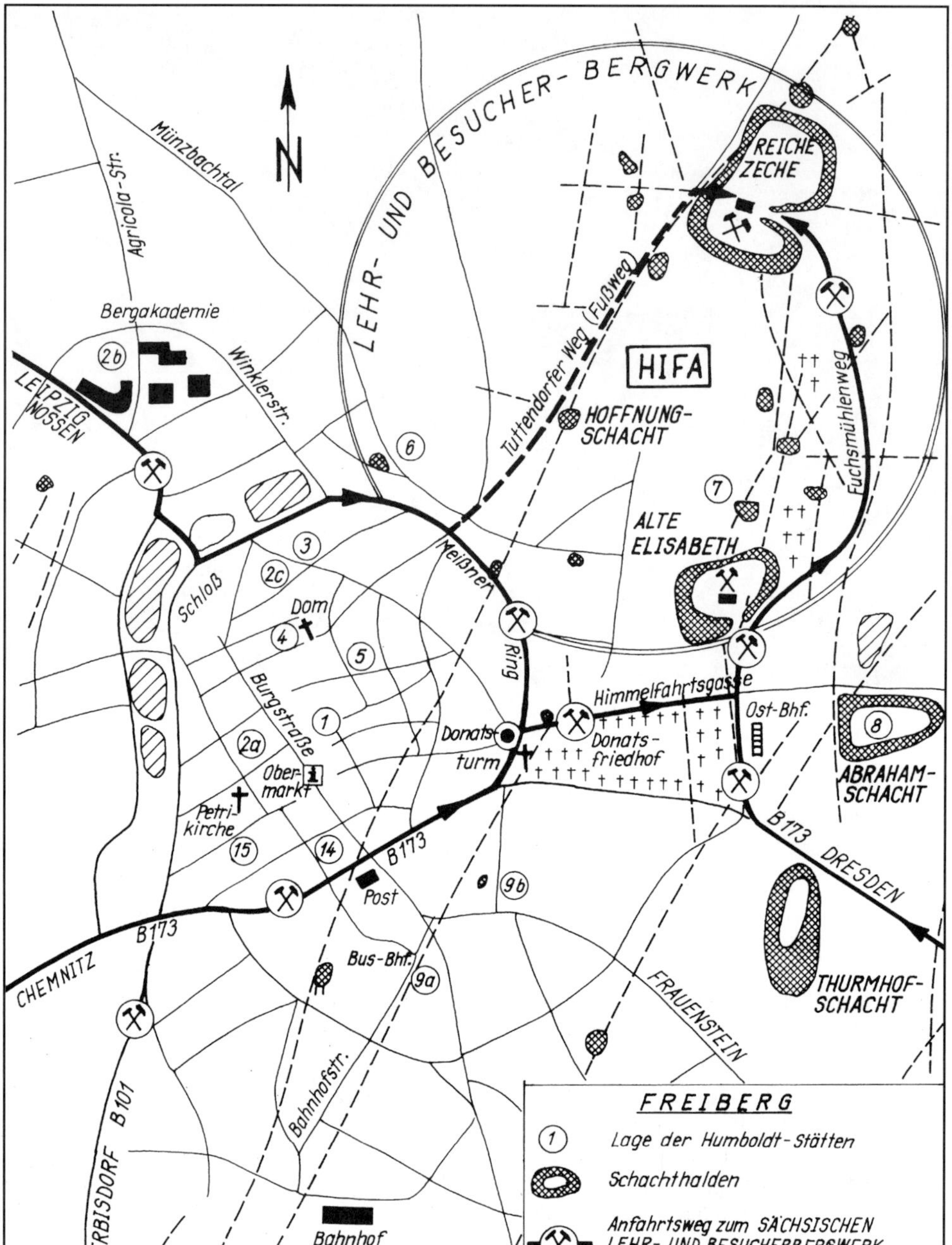
FREIBERG
Lage der Humboldt-Stätten
Schachthalden
Anfahrtsweg zum SÄCHSISCHEN LEHR- UND BESUCHERBERGWERK "Himmelfahrt-Fundgrube"
Erzgänge
0
500 m
LEHR- UND BESUCHER-BERGWERK
REICHE ZECHE
HIFA
HOFFNUNG-SCHACHT
ALTE ELISABETH
ABRAHAM-SCHACHT
THURMHOF-SCHACHT
Tuttendorfer Weg (Fußweg)
Fuchsmühlenweg
Himmelfahrtsgasse
Ost-Bhf.
Donats-friedhof
Donatsturm
Meißner Ring
Bergakademie
Münzbachtal
Agricola-Str.
Winklerstr.
LEIPZIG NOSSEN
Schloß
Dom
Burgstraße
Obermarkt
Petrikirche
Post
Bus-Bhf.
Bahnhofstr.
Bahnhof Freiberg
B173
CHEMNITZ
BRAND-ERBISDORF B101
B173 DRESDEN
FRAUENSTEIN
1
2a
2b
2c
3
4
5
6
7
8
9a
9b
14
15

Abb. 7

1 Humboldt-Haus, Freiberg, Weingasse 2, Eckzimmer 1. Stock (1791/92)

2 Gebäude der Bergakademie
2a) Akademiestraße 6: Vorlesungen, Werner, Sammlungen
2b) Bibliothek „Georgius Agricola“: Werner-Nachlaß
2c) A. G. Werner-Bau (erbaut 1916), Brennhausgasse 14: Mineraliensammlung mit „Werner-Sammlung“; zwischen Werner-Bau und Untermarkt 7 liegt der inzwischen verwahrte Familienschacht

3 Untermarkt 7: Wohnhaus von Carl Freiesleben

4 Sächsisches Oberbergamt, Kirchgasse 11 (B. v. Heinitz, Werner, v. Herder)

5 Herder-Haus, Herderstraße 2: Humboldt war hier 1828

6 Wiesenschacht (Halde): Grubenbefahrung 1791

7 Fundgrube „Alte Elisabeth“ („Sanct Elisabeth“): Grubenbefahrung 1791: Fundschacht von unter Tage aus befahrbar; Halde erhalten

8 Abrahamschacht, Himmelfahrtsgasse: Huthaus und Mannschaftshaus erhalten, übrige Tagesanlagen auf vergrößerter Halde erst Mitte 19. Jh. errichtet. H. arbeitete in dieser Grube als Bergmann bei der Kehrradstubenauffahrung und im Erzabbau „Frischglück-Stehender“; Grubenfeld noch befahrbar

9 Kuhschacht-Fundgrube: geophysikal. Messungen 1791–1828, erhalten sind das Huthaus (9a), Wernerplatz 15 sowie Huthaus und Bergschmiede der Methusalem-Fundgrube (9b), Schmiedestraße 18

10 Beschert-Glück-Fundgrube in Zug: Grubenbefahrungen 1791, 1797 und 1826. Erhalten sind: Huthaus von 1786 mit Glockenturm von 1815 sowie das Scheidebankgebäude
10a Dreibrüderschacht (Halde mit jüngerem Schachthaus erhalten): Messungen zur Erdrotations- und Erddichtebestimmung

11 Grube „Churprinz Friedrich August Erbstolln“, Großschirma: erste Grubenerfahrung Humboldts 1791, geophys. Messungen 1828; Tagesanlagen (Huthaus, Erzkanal) erhalten

12 Aquädukt „Altväterbrücke“ in Halsbrücke und Erzkahnhebewerk (1791); Reste erhalten

13 Amalgamierwerk in der Hütte Halsbrücke (1797 besichtigt)

14 Hotel „Roter Hirsch“, Korngasse (1826)

15 Hotel „Schwarzes Roß“, Petersstraße (1828)
HIFA „Himmelfahrt-Fundgrube“, heute Lehr- und Besucherbergwerk

Abb. 8 Der Freiberger Untermarkt heute: Carl Freiesleben wohnte im Haus Untermarkt 7 (früherer Aschmarkt). Zeichnung Wagner

Abb. 9 Carl Freiesleben, Lithographie um 1830

langen Weg dorthin lag die berühmte „Altväterbrücke" (Abb. 11), ein Aquädukt für Aufschlagwasser.

Das Erzkahnhebewerk (Abb. 12), das in Verbindung mit dem von der Grube Churprinz kommenden Erzkanal eine damals vielbeachtete technische Neuerung im Erztransport darstellte, gehörte auch zu den Erlebnissen der ersten Exkursion (Abb. 13 und 14).

Wie spätere Briefe Humboldts erkennen lassen, wirkte der geheimnisvoll-romantische Zauber der Tiefe in den Bergwerken sehr stark auf ihn und regte ihn zu neuen Untersuchungen an.

Soweit überliefert, hat Humboldt während seines Studiums noch folgende weitere Gruben befahren bzw. darin gemessen und als „Lehrhauer" gearbeitet (Lage siehe Abb. 7 und 10):

– Fundgrube Alte Elisabeth, Grubenfahrt über den St. Elisabeth-Schacht (Abb. 15);
– Neu Beschert Glück Fundgrube, insbesondere den Wiesenschacht und Fürstenstolln (Abb. 16, 17 und 18);
– Abrahamschacht (Abb. 19);
– Beschert Glück Fundgrube (Abb. 20).

In diesen Gruben hat Humboldt den damals typischen und fortschrittlichen Bergbau kennengelernt, v. a. die geologischen Erkundungsverfahren, die markscheiderischen Meß-

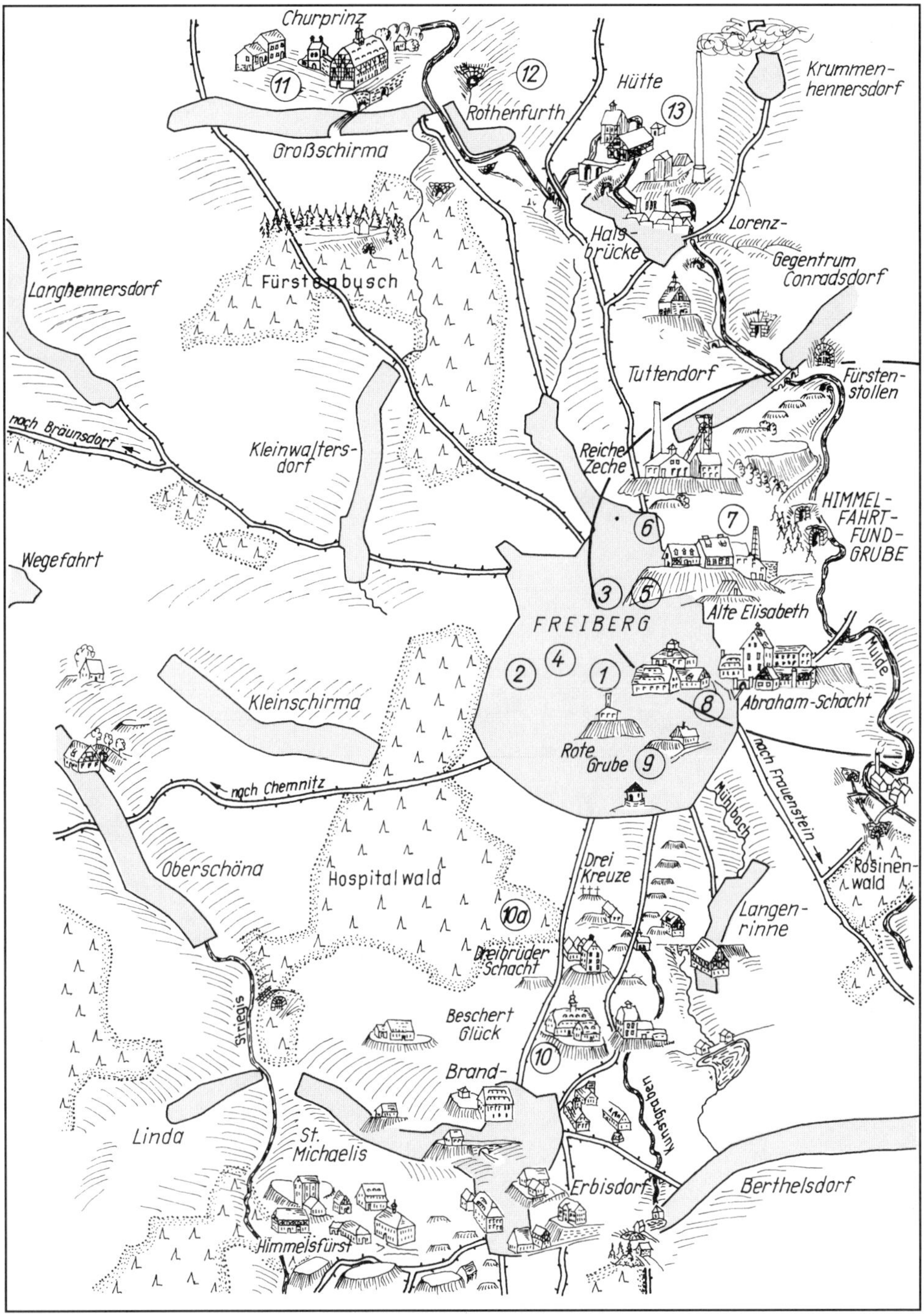

Abb. 10 Lage der Humboldt-Stätten in Freiberg und Umgebung, Zeichnung aus Wagenbreth/Wächtler 1986 (s. Legende zu Abb. 7)

Abb. 11 Das Aquädukt „Altväterbrücke“ bei Freiberg

Abb. 12 Ruine des Rothenfurter Kahnhebehauses, Foto Pforr 1980

Abb. 13 Erzkahnkanal und Huthaus mit Glockenturm der Grube Churprinz, Kupferstich nach 1790

Abb. 14 Das Huthaus der Grube Churprinz heute, Foto Pforr

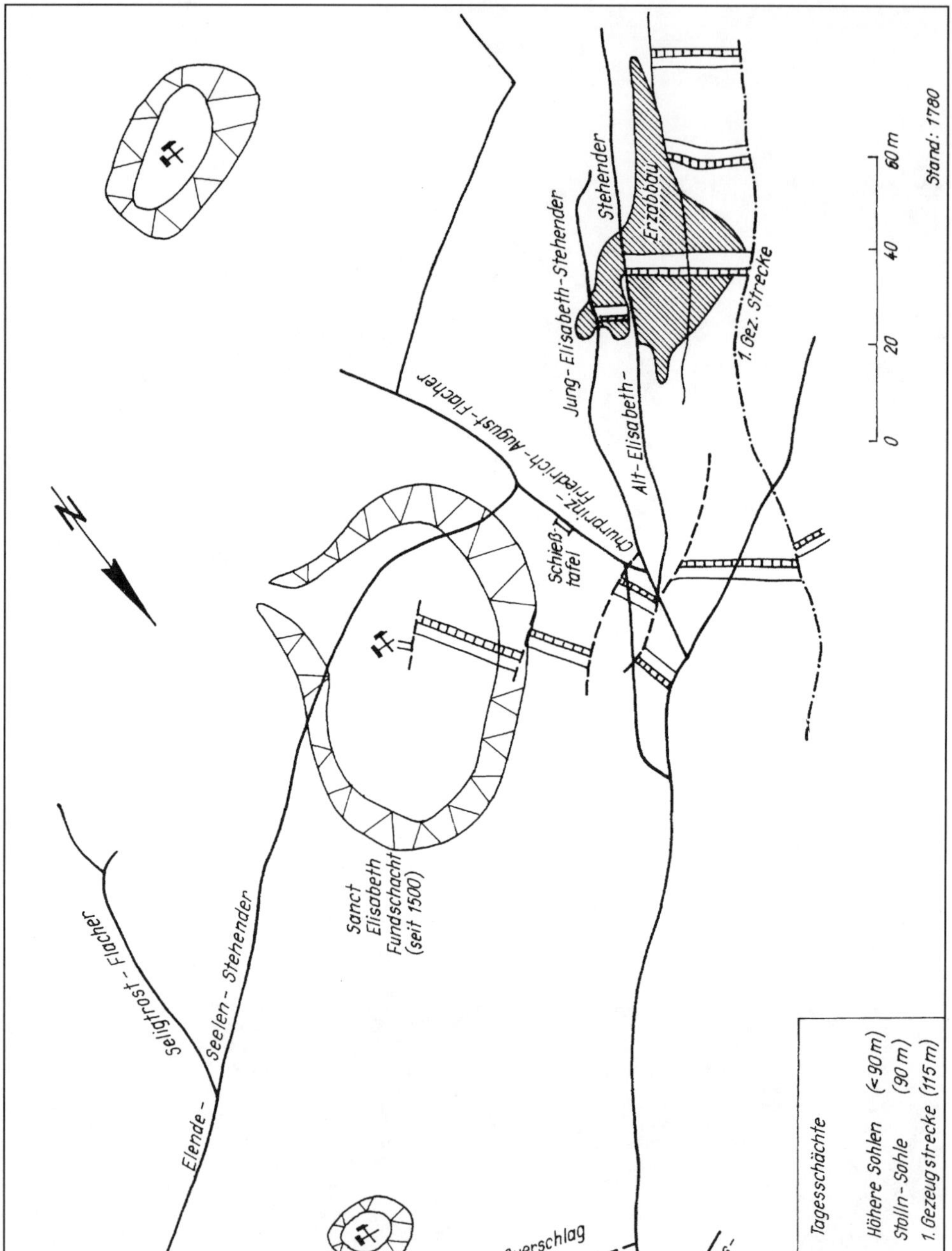

Abb. 15 Über den Fundschacht St. Elisabeth (Alte Elisabeth) befuhr Humboldt die Grube (Grundriß)

Abb. 16

Lage der Bergbauanlagen von „Neubeschert Glück samt Schlüssel Fundgrube" um 1800, nach einer Rekonstruktion von Wagenbreth, 1960

1 Löfflerschacht-Huthaus
2 Münzbach
3 Meißner Tor
4 Erzwäsche und Röschenmundloch
5 Hornmühlengraben
6 Wiesenschacht (Halde und Schlachthaus)
7 Schlüsselteich mit Damm und Kunstgraben

methoden sowie die Arten der Gewinnung, der Strecken- und Schachtförderung sowie der Wasserhaltung. Herausragend war die Anwendung der Wasserenergie zum Antrieb von Wasserkraftmaschinen wie Kunsträder und Kehrräder und die damit verbundene Herstellung von Radstuben und Stollen (Abb. 21). Die Befahrungen zeigten ihm deutlich die Unterschiede zwischen Muskelkraft (Handhaspel, Pferdegöpel) einerseits und Wasserkraft (Kehrräder, Kunsträder) andererseits. Im Freiberger Revier gab es zu Humboldts Zeit etwa 260 Gruben, bei denen in den Jahren 1778 bis 1792 relativ viele technische Anlagen erneuert und verbessert wurden. Z. B. wurden 23 Pferdegöpel und 9 Wassergöpel (Kehrräder) in Betrieb genommen. Das von ihm befahrene Kunstrad am Wiesenschacht war erst 1790 in einer gemauerten Radstube im Tiefen Fürstenstolln installiert worden. Erst durch dieses Kunstrad war es der Neu-Beschert-Glück-Fundgrube möglich geworden, den Erzabbau bis in größere Tiefen fortzusetzen. Auch eine moderne Schachtförderanlage lernte Humboldt am Wiesenschacht kennen.

Bei der Befahrung des Fürstenstollns im Bereich der Grube Alte Elisabeth sah Humboldt unweit vom Fundschacht St. Elisabeth die Schießtafel von 1767 (Abb. 22), die an einen sprunghaften Fortschritt in der Vortriebstechnologie im sächsischen Bergbau unter maßgeblicher Beteiligung von Friedrich Anton von Heinitz, dem nunmehrigen preußischen Staatsminister und künftigen Vorgesetzten Humboldts, erinnerte.

Abb. 17 Zugang zur Radstube am Wiesenschacht im Niveau Tiefer Fürstenstolln, Foto Knopfe, Medienzentrum Bergakademie

3. Humboldts Forschungen im Freiberger Erzbergbau

In den Jahren nach dem Freiberger Studium spielten vor allem Carl Freiesleben, Oberberghauptmann von Herder und Akademieprofessor Ferdinand Reich bei Humboldts geophysikalischen Forschungen in Freiberger Gruben eine besondere Rolle. Im Jahre 1833 holte Herder ein Gutachten zu seinem großen Projekt Der Tiefe Meißner Stolln bei Humboldt ein. Es war zu entscheiden, ob der Freiberger Bergbau künftig das in die Grubenbaue stets zufließende Grundwasser mittels Wasserenergie und dem dazu erforderlichen tieferen Stollen oder mittels dampfenergiebetriebenen Kolbenpumpen bewältigen sollte. Humboldt hat sich für die Variante Wasserenergie entschieden und so mit zum Bau des heutigen Rothschönberger Stollns beigetragen. Bis heute wird dieser tiefste Stollen des Reviers durch die TU Bergakademie Freiberg genutzt. Der Stollen führt das zufließende Grundwasser aus dem Lehr- und Besucherbergwerk Himmelfahrt-Fundgrube bis in die Elbe nach Meißen. Dieses einzige bis heute betriebene Bergwerk des Freiberger Reviers ermöglicht es noch, Grubenbefahrungen auf den Spuren Humboldts zu machen und das Charakteristische der damaligen Zeit nachzuerleben.

In den Jahren 1795/96 entwickelte Humboldt eine Art Wetterlampe (Licht-Erhalter) und eine Atemmaschine als Vorläufer der späteren Grubenrettungsgeräte. Diese schickte er u. a.

Abb. 18 Ein Flügel des Tiefen Fürstenstolln zwischen Löfflerschacht und Wiesenschacht, Foto Bartsch, Medienzentrum Bergakademie

Abb. 19 Tagesanlagen auf der Halde des Abrahamschachtes im Zustand zur Humboldt-Zeit (1791); das Schachthaus hat einen Glockenturm, Zeichnung G. E. Rost um 1830

Abb. 20 Huthaus der Grube Beschert Glück, Foto Pforr 1982

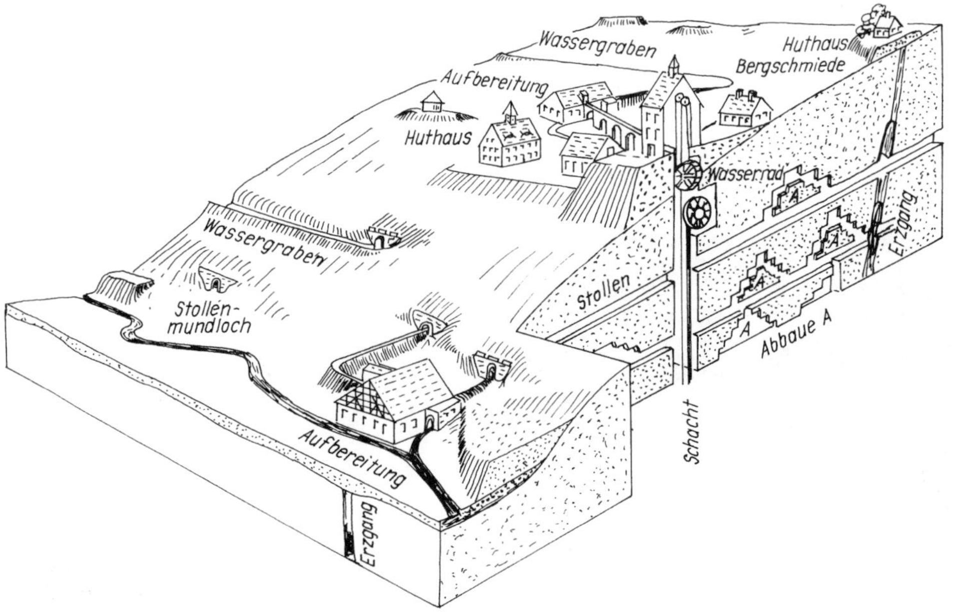

Abb. 21 Bergbauliche Anlagen über und unter Tage, wie sie in Freiberg in der Zeit der Wasserenergienutzung üblich waren, Zeichnung O. Wagenbreth

Abb. 22 Schießtafel von 1767 in der Nähe des Elisabether Fundschachtes. Genannt werden Generalbergkommissar von Heinitz und Berghauptmann Pabst von Ohain. Foto Knopfe, Medienzentrum Bergakademie

auch nach Freiberg zur Erprobung. Carl Freiesleben war dazu Gutachter. Ein Exemplar dieser Wetterlampe ist in den Sammlungen der Bergakademie erhalten geblieben. Das Grubenrettungsgerät existiert als Nachbau, der für den Humboldt-Film (DEFA/ZDF) „Die Besteigung des Cimbarazo" angefertigt wurde. Durch die Freundschaft zwischen Humboldt und Freiesleben sowie durch die wissenschaftsfördernde Haltung Siegmund August Wolfgang von Herders, der ab 1819 Berghauptmann und von 1826 bis 1838 in Freiberg Oberberghauptmann war (Abb. 23), wurden Bergwerke des Freiberger Silberbergbaureviers über mehrere Jahre für Humboldts geophysikalische Forschungsvorhaben verwendet. Als Humboldts Partner haben sich dabei Herder, Freiesleben und Reich Verdienste erworben.

Humboldt war 1826 und 1828 selbst mit bei den Messungen. Sie galten der Geothermie, dem Erdmagnetismus, der Rotation und der Dichte der Erde. 1826 besuchte Humboldt Freiesleben und Herder in Freiberg im heutigen Herderhaus (Abb. 24). Humboldt, Herder und Reich hatten sich 1823/24 in Paris kennengelernt. Die insbesondere von Reich erzielten Ergebnisse wurden in Humboldts Werk „Kosmos" im 4. Band veröffentlicht. Hier bezeichnet Humboldt seinen Partner Reich als „meinen guten Freund".

Abb. 23 Oberberghauptmann S. A. W. Freiherr von Herder, Zeichnung Heuchler 1831

Abb. 24 Bergmann mit Froschlampe als Erzträger, Portalschmuck am Herder-Haus

Als Forschungsobjekte dienten im Freiberger Revier:
- die Grube Churprinz Friedrich August Erbstolln in Großschirma: Inklination der Magnetnadel an der Erdoberfläche in einem 270 m tiefen im Gneis aufgefahrenen Grubenbau;
- der Dreibrüderschacht der Herzog-August-Fundgrube in Zug: Dichtebestimmung der Erde; Bestimmung der Achsendrehung der Erde;
- der Fürstenstolln in der Kuhschacht-Fundgrube (Bahnhofstraße, Wernerplatz), die sich vom heutigen Freiberger Bahnhof bis zur neuen Jakobikirche erstreckte; Die Methusalem-Fundgrube in der Schmiedestraße gehörte mit dazu. Im Alten Fürstenstolln (Eselstolln) hatte Humboldt bereits als Student botanische Beobachtungen über Pflanzen ohne Sonnenlicht gemacht.

4. Humboldt-Stätten in Freiberg

Im folgenden werden wichtige Sach- und Zeitzeugen des Freiberger Silberbergbaus aufgeführt, die eine Beziehung zu Humboldt haben. Die Lage der Humboldt-Stätten ist unter den hier verwendeten Ziffern in Abb. 7 zu finden.

Zunächst kann festgestellt werden, daß sich das Bild der Freiberger Altstadt in ihren Grundzügen in den letzten 200 Jahren kaum verändert hat. Fast alles ist innerhalb der

Abb. 25 Das Stammgebäude der Bergakademie (ganz rechts) um 1790, heute Akademiestraße 6, früher Futtergasse

Stadtmauern noch so wie es Humboldt kennengelernt hat. Erfreulich ist auch, daß Humboldts Wirkungsstätten aus seiner Studenten- und Forscherzeit fast alle noch vorhanden oder doch zumindest noch deutlich in der Stadt und im Revier erkennbar sind.

1 Humboldts Studentenquartier war im Eckzimmer des ersten Stockwerkes im Haus Weingasse 2. Das Haus ist durch eine Gedenktafel gekennzeichnet. In früheren Jahrzehnten hatte man außerdem „Humboldthaus“ in großen Lettern an die Fassade geschrieben (Abb. 6). Vor einigen Jahren war hier einmal ein Humboldt-Café vorgesehen.

2 In der Akademiestraße 6 findet man noch heute das Stammgebäude der Bergakademie in wenig veränderter Umgebung (Abb. 25). Es wurde 1857 aufgestockt. In diesem Gebäude hat Humboldt Vorlesungen gehört, Professor Werners Wohnung im ersten Stock besucht und das Stufencabinett (Mineraliensammlung), die bergbaukundliche und die Instrumenten-Sammlung sowie die Bibliothek besucht. Der umfangreiche Nachlaß Werners befindet sich heute im Wissenschaftlichen Altbestand der Bibliothek „Georgius Agricola“ und in der Mineraliensammlung im A.-G.-Werner-Bau. Von den zu Humboldts Zeit verwendeten Lehrmitteln ist an der Bergakademie noch vieles erhalten und über die Kustodie bzw. das Historische Kabinett des Instituts für Wissenschafts- und Technikgeschichte der Bergakademie zugängig. Das „Werner-Katheder“ hat einen Ehrenplatz erhalten!

3 Das Haus von Humboldts bestem Freiberger Freund Carl Freiesleben steht am Untermarkt 7 (Abb. 26). Das Freiesleben-Haus ist bisher nicht besonders gekennzeichnet.

Abb. 26 Freiesleben-Haus, Untermarkt 7, aus Schellhas 1979

Carl Freiesleben hätte sicherlich eine Gedenktafel verdient, und nicht nur, weil er der Freund des berühmten Humboldt war! Freieslebens Biographie enthält eine lange Liste höchst beachtenswerter Verdienste. Sie wurden bisher mit Namensgebungen geehrt, die sich v. a. auf den Mansfelder Kupferschieferbergbau beziehen, der damals zu Kursachsen gehörte und in dem Freiesleben als Bergbeamter bis 1807 erfolgreich tätig war:
– „Palaeoniscus freieslebeni", ein fossiler Schuppenfisch;
– „Freieslebenit", Schilfglaserz.
Humboldt war im Freiesleben-Haus zuletzt am 8. 12. 1826 zu Gast. Freiesleben hat als Wissenschaftler und Bergbeamter viel geleistet, das dem sächsischen Bergbau, der Bergakademie und der Stadt Freiberg voranhalf. Als Amtsnachfolger Herders hat er 1842 den Beschluß für die Realisierung von Herders großartigem Stollenprojekt herbeigeführt, den Rothschönberger Stolln, dessen Bau 33 Jahre dauerte. Bis 1827 hatte Freiesleben die Oberaufsicht über alle Sammlungen der Bergakademie. Er war den geistigen und gesellschaftlichen Zeitproblemen gegenüber aufgeschlossen, zeigte Initiative zu eigener Forschung, die ihn auch immer wieder mit Humboldt zusammenführte. Seine hohen menschlichen Qualitäten sind überliefert und finden u. a. Ausdruck darin, daß er eine Stiftung zugunsten des Freiberger Krankenhauses und der Bergstifte machte.

Abb. 27 Ein Bergschaden neben dem Familienschacht und das gegenüberliegende Freiesleben-Haus, Untermarkt 7

Abb. 28 Das Oberbergamt in der Kirchgasse 11

Abb. 29 Eingangshalle des Oberbergamtshauses

Während des Freiberger Humboldt-Kolloquiums brachten Erdbauarbeiten bzw. eine Einbruchstelle am Werner-Bau den Familienschacht in Erinnerung. Die Schadensstelle wurde von einem dicht neben dem Familienschacht befindlichen 10 m tiefen Brunnenschacht verursacht. Abb. 27 läßt erkennen, daß man aus dem Freiesleben-Haus (Untermarkt 7) direkt auf den Familienschacht blicken konnte. Unter Führung von Carl Freiesleben stieg Humboldt im Jahre 1791 über diesen Schacht zu einer Grubenfahrt Richtung Wiesenschacht ein.

4 Das sächsische Oberbergamt in der Kirchgasse 11 (Abb. 28 und 29) spielte für Humboldt bereits als Student eine Rolle: Werner war hier Bergbeamter; Berghauptmann Benno von Heynitz (1738–1801), Bruder von Friedrich Anton von Heinitz, in dessen Dienst sich Humboldt nach dem Studium begab, beeindruckte Humboldt vor allem in Fragen der bergmännischen Wasserwirtschaft und der Gründung von Bergschulen. Siegmund August Wolfgang von Herder war hier Berghauptmann und 1826–1838 Oberberghauptmann. Herder war Patensohn Goethes, mit dem Humboldt in Jena gemeinsame naturwissenschaftliche Studien betrieb. Nicht zuletzt gehört Carl Freiesleben in das Oberbergamt, von wo aus er gemeinsam mit v. Herder und Reich Humboldts geophysikalische Untersuchungen im Freiberger Erzbergbau unterstützte. Herder und Freiesleben waren 1810 bis 1826 Amtskollegen.

5 Im Herder-Haus in der Herderstraße 2, der früheren Ritterquergasse, war am 9. 12. 1826 anläßlich Humboldts Besuch in Freiberg ein großes Treffen seiner Freunde und Verehrer. Herder war bekannt als Förderer des Brauchtums sächsischer Bergleute wie überhaupt der Kultur in Freiberg. Es war sicherlich Herders Idee, zu Ehren von Humboldts

Abb. 30 Eine nächtliche Bergparade in der Freiberger Erbischen Straße um 1830 (Herder-Zeit)

Abb. 31 Rest-Halde des Wiesenschachtes, Münzbachtal/Ecke Möllerstraße

5 Im Herder-Haus in der Herderstraße 2, der früheren Ritterquergasse, war am 9. 12. 1826 anläßlich Humboldts Besuch in Freiberg ein großes Treffen seiner Freunde und Verehrer. Herder war bekannt als Förderer des Brauchtums sächsischer Bergleute wie überhaupt der Kultur in Freiberg. Es war sicherlich Herders Idee, zu Ehren von Humboldts Freiberg-Besuch eine Bergparade aufzuführen, die jedoch wegen Schlechtwetter ausfiel. Humboldt hatte bereits als Student am 11. 7. 1791 eine solche für den sächsischen Bergbau typische Bergparade (Abb. 30) miterlebt, die zu Ehren des Kurfürstenpaares in Freiberg aufgeführt wurde. Die bergmännische Tracht hat Humboldt anscheinend beeindruckt, denn er hatte sie in seinem Reisegepäck der großen Amerikareise.

6 Vom Wiesenschacht im Münzbachtal/Ecke Möllerstraße existiert über Tage lediglich noch die abgeflachte Halde (Abb. 31). Als Carl Freiesleben mit Humboldt den Wiesenschacht befuhr, war damals (1791) das neue Kunstrad die besondere Attraktion, von dem die Radstube noch heute über das Lehr- und Besucherbergwerk zugängig ist. Auch der Schlüsselteich als früherer Lieferant des Aufschlagwassers für das Kunstrad existiert noch; er liegt am Meißner Ring/Ecke Winklerstraße wenige Meter vor der Stadtmauer (Abb. 16).

7 Die Fundgrube Alte Elisabeth war zu Humboldts Zeit als Beilehen gekoppelt mit der Himmelfahrt samt Abraham Fundgrube. Humboldt befuhr diese Grube über den seit 1511 als Sankt-Elisabeth-Schacht bekannten Fundschacht. Es ist der Vorgängerschacht des heutigen Schachtes Alte Elisabeth, der seit 1808 geteuft wurde und bis zur Umstellung auf Dampffördermaschine (1848) eine Pferdegöpelförderung hatte. Erhalten ist

noch die Halde nördlich der heutigen Schachtanlage. Von unter Tage aus (Thurmhofer-Hilfsstolln-Sohle, ca. 90 m Teufe) ist der tonnlägige Schacht noch erreichbar, ebenso das Grubenfeld mit geschlägelten Strecken (Abb. 32), den Schießtafeln, weiteren Schächten und Erzabbauen aus der Zeit des 16. bis 18. Jahrhunderts.

8 Im Grubenfeld des Abrahamschachtes an der Himmelfahrtsgasse war Humboldt 1791/92 als Bergmann praktisch tätig bei der Auffahrung der Kehrradstube und im Erzabbau „Frischglück-Stehender". Huthaus und Mannschaftshaus sind noch erhalten.

9 Von der Kuhschacht-Fundgrube, in der Humboldt geophysikalische Messungen durchführte sind heute noch vorhanden

- Huthaus Wernerplatz 15 mit Resten der Halde des mit Pferdegöpel ausgestatteten Kuhschachtes. Tagesnahe Grubenbaue des Erzganges „Kuhschacht-Stehender" haben in den letzten Jahren durch Bergschäden (Tagesbrüche, Senkungen) wiederholt die Freiberger Bevölkerung an den Kuhschachter Bergbau erinnert.
- Huthaus und Bergschmiede mit Halde der angegliederten Methusalem-Fundgrube, Schmiedestraße 18 (Nähe Jacobi-Kirche).

10 In der Beschert-Glück-Fundgrube in Zug fand sich Humboldt in unterschiedlicher Begleitung zu Grubenbefahrungen in den Jahren 1791, 1797 und 1826 ein. Als markante Gebäude blieben das Huthaus von 1786 mit Glockenturm von 1815 sowie das Scheidebankgebäude erhalten (Abb. 5).

Dicht benachbart befindet sich der Dreibrüderschacht, dessen Halde heute Gebäude von 1914 trägt. Hier wurden von Reich geophysikalische Versuche durchgeführt. 1915

Abb. 32 Querschlag, der im harten festen Gneis mittels Schlägel und Eisen herausgeschlagen wurde, Nähe Schacht Alte Elisabeth, Foto Medienzentrum Bergakademie Freiberg

wurde im Dreibrüderschacht eines der ältesten Kavernenkraftwerke unter Nutzung des alten bergbaulichen Wassersystems mit dem Rothschönberger Stolln in Betrieb genommen, das bis 1972 umweltfreundlich Elektroenergie lieferte.

11 In der Grube Churprinz Friedrich August Erbstolln in Großschirma, kurz Churprinz genannt, hat Humboldt 1791 seine erste Grubenbefahrung mit Freiesleben gemacht. 1828 war Humboldt zu geophysikalischen Experimenten hier. Erhalten ist das Huthaus der Grube, die seit August dem Starken in kurfürstlichem Besitz war und deshalb in seinen Tagesanlagen repräsentativ gestaltet worden war (Abb. 13).

12 Das Rothenfurther Erzkahnhebewerk ist als gepflegte Ruine erhalten, ebenso größere Abschnitte des von der Grube Churprinz ausgehenden Kanals für den Transport der Erzkähne. Vom Aquädukt „Altväterbrücke“ existiert noch die untere Brücke mit den Pfeileransätzen für die oberen Bögen. Der Freiberger Schlüsselteich als Wasserlieferant für das über das Aquädukt geleitete Aufschlagwasser besteht noch.

13 Das Amalgamierwerk in der Hütte Halsbrücke revolutionierte die Silbergewinnung und führte im Vergleich zum traditionellen Erzschmelzen zu Kosteneinsparungen. Es war über viele Jahre ein Besuchermagnet für Fachleute und Repräsentanten verschiedener Länder. Humboldt war 1797 hier.

14 Im Hotel „Roter Hirsch“ in der Korngasse war Humboldt 1826 Gast. Das noch existierende Haus war auch der Ort für Werners wissenschaftlichen Stammtisch.

15 Im Hotel „Schwarzes Roß“ in der Petersstraße wohnte Humboldt bei seinem Besuch im Jahre 1828. Heute befindet sich hier die Studentengaststätte „Alte Mensa“.

Abb. 33 Am Hoffnungschacht: Fahrt vom Tiefen auf den Alten Fürstenstolln (Eselstolln); Gewölbemauerung 1790–1800, Zeichnung H.Wirth 1989

Abb. 34 Mit Holz gesicherter Abschnitt im Tiefen Fürstenstolln, aufgefahren um 1530, Nähe Hoffnungschacht

HIFA: Es ist die Abkürzung für Himmelfahrt-Fundgrube, dessen Grubenfeld mit den einzigen heute noch betriebenen Tagesschächten Alte Elisabeth und Reiche Zeche zum Sächsischen Lehr- und Besucherbergwerk der Bergakademie gehört. Die wichtigsten noch befahrbaren untertägigen Humboldt-Stätten sind: Wiesenschacht mit Radstube, Alter Fürstenstolln (Eselstolln), Tiefer Fürstenstolln, Fundschacht Sanct Elisabeth (Alte Elisabeth), Abrahamschacht, Erzabbaue, geologische Aufschlüsse in Erzgängen und im Gneis.

Es ist erfreulich, daß noch so viele untertägige Stätten aus der bergmännischen Zeit Humboldts zugängig geblieben sind bzw. im Verlaufe der letzten zehn Jahre als bergbaugeschichtlich wertvolle Objekte durch die Bergakademie wieder erschlossen wurden.

Es sind insbesondere folgende typische Grubenbaue:

1. gebrochene Schächte (z. B. Alte Elisabeth, Hoffnungschacht) mit Handhaspelbetrieb (Abb. 33);
2. weite Abschnitte des Alten Fürstenstollns (Eselstolln) im Bereich des Hoffnungschachtes und des Tiefen Fürstenstollns mit der bis Ende 18. Jahrhundert üblichen hölzernen Firstsicherung (Abb. 34) und der gerade um 1790 in Blüte stehenden Firstgewölbemauerung, z. B. im Abschnitt zwischen Reiche-Zeche-Schacht und Löfflerschacht (Abb. 33);
3. mehrere Radstuben von Kunst- und Kehrrädern (Abb. 35), darunter die Kunstradstube am Wiesenschacht. Auch Wasserräder aus dem 19. Jh. sind noch befahrbar; das Pochwerksrad am Thurmhofschacht wird sogar noch in Funktion vorgeführt;

Abb. 35 Wasserrad am Abrahamschacht, Zeichnung H.Wirth 1989

Abb. 36 Von der Himmelfahrt-Fundgrube über die Donatsgasse heimkehrende Bergleute; im Hintergrund der Donatsturm, Foto Reymann 1881

4. Abbauorte wie Humboldts „Frischglükker Stoß" sind befahrbar, z. B. im Königsee-Stehenden, Wilhelm-Stehenden und im Golden-Friede-Flacher.

Humboldts Andenken wird in Freiberg außerdem dadurch wachgehalten, daß eine Straße, ein Platz und ein Institutsgebäude der Bergakademie seinen Namen tragen. Zu Ehren von Humboldt wurden durch die Bergakademie und das Stadt- und Bergbaumuseum Jubiläumstagungen und Ausstellungen durchgeführt. Die Errichtung eines Humboldt-Denkmals ist vorgesehen.

Das Freiberger Humboldt-Kolloquium 1991 erinnerte daran, daß Humboldt vor 200 Jahren Bergstudent in Freiberg wurde. In Verbindung mit einer Grubenbefahrung in das Lehr- und Besucherbergwerk Himmelfahrt-Fundgrube (Lehrgrube) haben die Tagungsteilnehmer in der Nähe des Wiesenschachtes im Tiefen Fürstenstolln eine Humboldt-Gedenktafel angebracht. Wer nach der Grubenbefahrung zu Fuß zur Stadt zurückging, konnte über die Himmelfahrtsgasse und Donatsgasse dem Häuersteig folgen, ganz so wie es Humboldt und die Freiberger Bergleute seiner Zeit taten (Abb. 36).

Anmerkungen

1 Humboldt 1987, S. 53 f.
2 Vgl. Humboldt an Johann Reinhold Forster, Hamburg, 22. 12. 1790. In: Humboldt 1973, S. 116.
3 Humboldt an Karsten, Freiberg, 25. 8. 1791. In: Humboldt 1973, S. 149.
4 Humboldt an Karsten, Freiberg, 26. 11. 1791. In: Humboldt 1973, S. 161.
5 Vgl. Schellhas 1960, S. 73.
6 Humboldt an Karsten, Freiberg, 25. 8. 1791. In: Humboldt 1973, S. 144.
7 Humboldt an Wattenbach, Freiberg, 18. 2. 1792. In: Humboldt 1973, S. 169 f.
8 Humboldt an Freiesleben, Ansbach, 6. und 7. 9. 1792. In: Humboldt 1973, S. 213.
9 Humboldt an Maclean, Freiberg, 6. 11. 1791. In: Humboldt 1973, S. 157.

Literatur

Biermann 1990
Biermann, Kurt-R.: Alexander von Humboldt. Leipzig 1990. (Biographien hervorragender Naturwissenschaftler, Techniker und Mediziner. Bd. 47.)

Burisch 1959
Burisch, Erich: Alexander von Humboldt, ein bedeutender Bergmann. Zur hundersten Wiederkehr seines Todestages am 6. Mai 1959. In: Glückauf. Bergmännische Zeitschrift. Essen. 95. 1959, H. 10 vom 9. Mai, S. 609–629.

Humboldt 1973
Die Jugendbriefe Alexander von Humboldts 1789–1799. Hrsg. und erläutert von Ilse Jahn und Fritz G. Lange. Berlin 1973. (Beiträge zur Alexander-von-Humboldt-Forschung. 2.)

Humboldt 1987
Alexander von Humboldt. Aus meinem Leben. Autobiographische Bekenntnisse. Zusammengest. und erl. von Kurt-R. Biermann. Leipzig, Jena, Berlin 1987.

Pforr 1990
Pforr, Herbert: Alexander von Humboldt (1769–1859) und sein Wirken im Bergbau des Erzgebirges und des Fichtelgebirges. In: Erzmetall. 43. 1990, Nr. 1, S. 11–18.
Schellhas 1960
Schellhas, Walter: Alexander von Humboldt und Freiberg in Sachsen. In: Alexander von Humboldt (1769–1859). Seine Bedeutung für den Bergbau und die Naturforschung. Berlin 1960, S. 29–113. (Freiberger Forschungshefte. D 33.)
Schellhas 1979
Schellhas, Walter: Johann Carl Freiesleben (1774–1846). Leben und Werk. In: Geologen der Goethezeit. Leipzig 1979, S. 149–238. (Abhandlung des Staatlichen Museums für Mineralogie und Geologie zu Dresden. Bd. 29.)
Wagenbreth 1960
Wagenbreth, Otfried: Alexander von Humboldts Grubenfahrt auf „Neubeschert Glück in der Stadt" und die Geschichte dieser Freiberger Grube. In: Alexander von Humboldt (1769–1859). Seine Bedeutung für den Bergbau und die Naturforschung. Berlin 1960, S. 151–166. (Freiberger Forschungshefte. D 33.)
Wagenbreth/Wächtler 1986
Wagenbreth, Otfried und Eberhard Wächtler (Hrsg.): Der Freiberger Bergbau. Technische Denkmale und Geschichte. Leipzig 1986.

Anschrift d. Verf.: *Dr. Herbert Pforr, TU Bergakademie Freiberg, Sächsisches Lehr- und Besucherbergwerk „Himmelfahrt-Fundgrube", Reiche Zeche, Fuchsmühlenweg 9, D 09596 Freiberg*

Revision des philosophischen Humboldt-Bildes?

Von Frank Richter

Nach dem Scheitern des sogenannten realen Sozialismus auf deutschem Boden und wohl auch in der Welt generell und der damit zwangsläufig verbundenen kritischen Befragung seiner Weltanschauung und Philosophie könnte eine Konferenz über A. v. Humboldt Gelegenheit sein, die über 30 Jahre hinweg (also von 1959 an) aus marxistischer Sicht getroffenen Wertungen der weltanschaulichen Positionen Humboldts miteinander zu vergleichen, zu prüfen, gegebenenfalls zu verwerfen, zu korrigieren oder auch zu bestätigen.

Für jemanden, der 25 Jahre lang an der Bergakademie Freiberg die marxistische Philosophie in Lehre und Forschung vertreten hat, läuft eine derartige Prüfung nicht nur auf eine Diskussion grundsätzlicher Fragen wie nach dem Verhältnis von Philosophie und Politik, von Marxismus und Philosophie, von Marxismus und Wissenschaft, sondern auch auf kritische Selbstbestimmung, Analyse persönlicher Schuld und Verantwortung hinaus, auf die Verknüpfung von Persönlichem, Nationalem und Internationalem, eben auf ein Stück Leben.

Das wäre also ein Beitrag dazu, DDR-Geschichte in ihrer Komplexität und Widersprüchlichkeit aufzuarbeiten. Dabei sind bestimmte, erste (?) Aufschlüsse zu erwarten, was heute und künftig von marxistischer Philosophie zu halten ist bzw. was passiert, wenn wir uns generell von *-ismen* verabschieden.

Ich konzentriere mich dabei auf an der Bergakademie vorgenommene Wertungen, zunächst von Philosophen, die m.W. im großen und ganzen mit dem Jahr 1959, den Feierlichkeiten zu Humboldts 100. Todestag, beginnen. Ich stelle sie einmal Wertungen aus dem Agricola-Kolloquium zu Humboldt im Rahmen des Berg- und Hüttenmännischen Tages 1984 und zum anderen den Einschätzungen gegenüber, die Adolf Watznauer 1959 bzw. 1960 und 1984 getroffen hat. Eine vollständige, nationale oder gar internationale Übersicht aller Positionsbestimmungen kann und will ich nicht geben. Dabei ist die Zahl der „Bergakademiker", die sich zu Humboldt geäußert haben, relativ gering. Es ist dies wenigen Emeriti oder Professionellen wie Wächtler, Guntau, Herlitzius u. a. überlassen worden – was sicher für die meisten Hochschulen normal ist, für eine so traditionsbewußte Hochschule wie die Bergakademie jedoch wiederum eigenartig anmutet.

Es ist zunächst festzuhalten, daß sich die an der Bergakademie Freiberg 1959 tätigen Philosophen E. Herlitzius, K. Reiprich und P. Möller in ihrer Analyse – im Unterschied zu analogen Konferenzen in Berlin – vorrangig auf die naturphilosophischen Auffassungen Humboldts konzentrierten (Erkenntnisoptimismus, seine erkenntnistheoretische Methodik, seine Auffassungen zur Entwicklung des Lebens, seine Kosmos-Idee).[1] Das entsprach der zu dieser Zeit von G. Klaus und H. Ley entwickelten Grundposition, daß sich die marxistische Philosophie intensiv mit den Naturwissenschaften in Gegenwart und Vergangenheit zu beschäftigen, Vorbehalte zwischen Philosophen und Naturforschern (die historische wie aktuelle Wurzeln besaßen) abzubauen und somit weltanschauliche Voraussetzungen für das politische Bündnis zwischen Intelligenz und Arbeiterklasse zu schaffen habe. Insbesondere ging es um den Nachweis der Verträglichkeit bzw. Übereinstimmung von naturwissenschaftlicher Theorienbildung mit dialektisch-historischem Materialismus, wogegen in dieser Zeit sowohl die christlichen Kirchen (etwa Papst Pius XII. oder der Meißner Bischof O. Spülbeck, auch der Jesuitenpater Gustav Wetter), aber auch herausragende Wissenschaftler wie Werner Heisenberg solche Übereinstimmungen eher mit religiösem oder direkt idealistisch-philosophischem Gedankengut (z. B. Platon) zu erblicken meinten. Während sich evangelische Theologen zu dieser Zeit eher um den Nachweis der Verträglichkeit von Wissenschaft und religiösem Glauben sowie von Grenzen wissenschaftlicher Erkenntnis bemühten, war in der katholischen Kirche das Bemühen spürbar, wissenschaftliche Ergebnisse zur Stützung religiöser Glaubenssätze zu nutzen, etwa zum Nachweis der Existenz Gottes (Pius XII.). Der Meißner Bischof Otto Spülbeck glaubte im Übergang von der klassischen zur modernen, statistischen Physik eine Rehabilitation des Wunders zu erkennen: Das Naturgesetz zeuge nur vom wahrscheinlichsten Ablauf der Naturprozesse, lasse jedoch offen, ob nicht doch auch im höchsten Grade Unwahrscheinliches wirklich werden könne.[2] Das Mitglied der Bundestagsfraktion der CDU Pasqual Jordan interpretierte die Rolle des Zufalls als Willensfreiheit des Elektrons und leitete daraus dann auch die Nichtgesetzmäßigkeit gesellschaftlicher Prozesse ab. Der Jesuitenpater Gustav Wetter analysierte sorgfältig Gegensätze zwischen modernen naturwissenschaftlichen Theorien, insbesondere der Quantenmechanik und der Relativitätstheorie, und dialektischem Materialismus,[3] was insofern zunächst berechtigt war, als Naturwissenschaftler und Philosophen in der Sowjetunion solche Theorien tatsächlich (als idealistisch) abgelehnt hatten. Aber mittlerweile bemühten sich marxistische Pilosophen der UdSSR und sodann auch anderer Länder, diese Ablehnungen durch gründlichere Untersuchungen zu korrigieren und gleichzeitig das Verhältnis von Naturwissenschaft und philosophischem Materialismus auf eine neue Grundlage zu stellen: Da diese Philosophie weitgehend (wenngleich auch nicht ausschließlich) eine Verallgemeinerung grundlegender methodologischer Voraussetzungen und Prinzipien der (Natur-)Wissenschaften wie Anerkennung der Existenz einer Außenwelt, deren Erkennbarkeit, der Existenz objektiver Gesetze u. a. darstellt, muß die grundlegende Beziehung zwischen Wissenschaft und Materialismus die der Übereinstimmung und nicht die des Gegensatzes sein.

Subjektiv-idealistische (z. B. im Sinne von Kants Apriorismus) oder religiös-idealistische Interpretationen naturwissenschaftlicher Theorien waren demgegenüber nicht zwingend, ja künstlich und oftmals direkt reaktionär – wofür auch das Setzen von Erkenntnisgrenzen gehalten wurde.[4] Nimmt man die allgemeine weltgeschichtliche Situation jener Jahre hinzu, den sogenannten kalten Krieg, so ist vielleicht auch heute noch verständlich, daß Deformationen und Verbrechen des stalinistischen „Sozialismus“, soweit überhaupt bekannt, für überwindbar und sühnbar gehalten werden konnten und daß eine neue Generation daranging, auch philosophisch eine Alternative zu ökonomischen, politischen und geistigen Prozessen in der bürgerlich-kapitalistischen Welt zu entwickeln und dabei gleichzeitig auch die Geschichte, darunter wiederum auch die Geschichte der Naturwissenschaften, aufzuarbeiten und neu zu interpretieren. Freilich waren dabei angewandte Methoden und beschrittene Wege auch damals schon z.T. umstritten, und schematische Freund-Feind-Bilder führten u. a. zum Weggang namhafter Persönlichkeiten, darunter auch Philosophen, und so zu irreparablen Verlusten. Insofern begann die Ambivalenz „real-sozialistischer“ Entwicklung auch hier schon Gestalt anzunehmen: So richtig es war, dem Alleinvertretungsanspruch idealistisch-religiöser Positionen gegenüber den Naturwissenschaften zu begegnen, so problematisch und geradezu selbstzerstörerisch mußte sich der dafür eingetauschte neue Anspruch, die einzige richtige und wissenschaftliche Weltanschauung besitzen zu wollen, für eine künftige, an sich ja von vielen gewünschte offene und dynamische Entwicklung einer den Namen Sozialismus zu Recht tragenden Gesellschaft erweisen.

Demgegenüber wären einzelne Fehleinschätzungen von historischen Persönlichkeiten oder von philosophischen Aspekten moderner Theorien fast schon wieder bedeutungslos gewesen.

A. v. Humboldt schien für einen Nachweis der Übereinstimmung von Materialismus und Wissenschaft gut geeignet, zumal er sich ja auch zu weltgeschichtlichen, weltwirtschaftlichen, anthropologischen und sozialen Fragen, etwa zur Frage der „niederen", d. h. unterdrückten Klassen und Rassen, eindeutig progressiv und humanistisch-demokratisch geäußert hatte. Das bewegte übrigens Teilnehmer der Humboldt-Ehrung 1969 dazu, die Bonner Bundesrepublik scharf zu kritisieren: sie mißbrauchte die Wertschätzung Humboldts in Lateinamerika für ihre imperialistische, neokolonialistische Politik.[5]

A. v. Humboldts Bruder Wilhelm fand dagegen eine durchaus kritische Bewertung.

Zurück zu der naturphilosophischen Bewertung A. v. Humboldts von 1959! Man kann sie kurzgefaßt so bestimmen:

Humboldt ist spontaner *Materialist* (natürlich existiert für ihn eine Außenwelt, und über Gott spricht er in seinem Werk „Kosmos" nicht); Humboldt ist *naturwissenschaftlicher* Materialist, denn er dehnt sein materialistisches Erkenntniskonzept nicht auf die Gesellschaft aus; Humboldt ist *Dialektiker* (er lehnt zu Recht eine spekulative Naturphilosophie ab und orientiert auf eine die Ganzheit und das Werden des Kosmos in den Mittelpunkt rückende denkende Betrachtung des Beobachtbaren); er ist *Demokrat und Humanist* (er nimmt zwar die in ihren Grundzügen von Marx und Engels bereits vorgelegte wissenschaftliche Weltanschauung der Arbeiterklasse nicht zur Kenntnis, aber er tritt konsequent gegen Sklaverei sowie für nationale Befreiung ein). Humboldt konnte den Kosmos-Gedanken letztlich nicht verwirklichen, weil er die dialektisch-materialistische Methode nicht einsetzen konnte bzw. wollte.[6]

Diese Wertungen sind mit einer prinzipiellen Kritik idealistischer Philosophie bzw. Philosophien verbunden: Diese beinhalten alle irgendwie den Verzicht auf die Erkenntnis des Wesens der Dinge und hemmen demzufolge wissenschaftliche Erkenntnis.[7] Allein der dialektisch-historische Materialismus steht auf der Höhe der Zeit und kann weltanschauliche (ethische), methodologische, heuristische und politische Grundlage der Einzelwissenschaften sein.

Diese Wertung entspricht konsequent den bereits damals praktizierten und bis auf wenige Ansätze bis 1989 kaum veränderten wissenschaftstheoretischen und -historischen Standards:

- Eine philosophische Einschätzung geht davon aus, daß die Richtigkeit des dialektisch-historischen Materialismus und die historische Berechtigung des „Kampfes der Arbeiterklasse" und der sozialistischen Revolution zumindest grundsätzlich unbestritten sind, eine Wertung also die Nähe bzw. Differenz zu Materialismus, Dialektik und Sozialismus bestimmen muß.
- Materialismus/Idealismus bzw. Dialektik/Metaphysik sind die entscheidenden Kategorienpaare, die als Maßstab für zu bewertende weltanschauliche Positionen gelten müssen, wobei sich eine realistische Erkenntnisauffassung zumeist als spontaner bzw. naturwissenschaftlicher Materialismus deuten lasse.

- Es wird ein letztlich kumulativ-lineares Entwicklungskonzept hin zu dialektischem und historischem Materialismus angenommen, so daß ein Nachweis dialektischer, materialistischer und humanistisch-demokratischer Positionen auch bei sich nicht eindeutig bekennenden Naturforschern möglich ist und die konsequenten „Endformen" als legitime Erben der notwendigerweise unvollkommenen Vorgänger auftreten können.
- Es war zwar nicht unbedingt notwendig, aber doch günstig, wenn solche Zusammenhänge schon von den Klassikern des Marxismus-Leninismus untersucht worden waren. Das erleichterte vieles. So erwähnte F. Engels A. v. Humboldt im Rahmen einer Aufzählung von Naturforschern und Philosophen, die eine Bresche in die metaphysische, konservative Naturanschauung des 18. Jahrhunderts geschlagen hätten.[8]

Diese Vorgehensweise ist aus heutiger Sicht zwar außerordentlich problematisch, an sich jedoch noch nicht zu verurteilen. Sie entspricht zunächst noch ganz dem, was man in der Philosophie unter Hermeneutik versteht: Man kann bestimmte Auffassungen von Wissenschaftlern, Philosophen usw. in der Vergangenheit nur verstehen (begreifen), wenn man sie in übergreifende systematische und historische Zusammenhänge hineinstellt, aber dieses Hineinstellen ist nicht von der jeweiligen Position dessen zu trennen, der diese Wertung vornimmt.

Man kann dann aber erwarten, daß sich in der Art einer (hermeneutischen) Spirale ein Lernprozeß einstellt, in dem sich nicht nur die Bewertungen, sondern auch die Positionen bzw. Wertestandards beim Wertenden ändern.

Marxistische Philosophen der ehemaligen DDR müssen bzw. müßten sich heute dafür entschuldigen, daß sie die Flexibilität ihrer eigenen Standards zwar verbal zumeist behauptet, dies jedoch eigentlich niemals eingelöst haben. Das betraf nicht zuletzt die angelegte Meßlatte „Materialismus" selber. Für Engels war Materialismus nichts anderes, als die Welt so zu nehmen, „wie sie ist",[9] und auch für Lenin ist der philosophische Materialismus nicht mehr als die Verallgemeinerung der Erfahrung der Naturforscher, daß es eine Außenwelt gibt. Kants Metaphysikkritik ist für Engels Agnostizismus,[10] für Lenin ist jede Betonung von Erkenntnisgrenzen „Fideismus", d. h. eine Versöhnung von Wissenschaft und Religion.[11] Zwischen Realismus und Materialismus wurde mittels des Konstrukts „spontaner Materialismus" weitgehend Identität hergestellt, so daß dem Vorwurf begegnet werden konnte, daß nicht Materialisten unter den Physikern, sondern Idealisten die moderne Physik entwickelt hatten: Es waren dies (wie Einstein oder Heisenberg) gar keine Idealisten, sondern spontane naturwissenschaftliche Materialisten, die ihre Kritiken, ohne es besser zu wissen, an die Adresse des mechanistischen, vormarxschen Materialismus bzw. der klassischen mechanistischen Physik richteten und insofern ja gerade Partner des dialektischen Materialismus waren, sich aber oft wie Anhänger idealistischer Philosophien vorkamen. – Das alles schien „uns" und auch mir logisch, in sich geschlossen, grundsätzlich richtig, und schon deshalb allein konnte jemand Philosoph werden wollen. Gleichzeitig tauchten aber bald auch Probleme auf, die z. T. durch die kritischen Analysen der Gegenseite (G. A. Wetter; nicht sofort, aber dann auch R. Havemann), z. T. auch durch eigene Erfahrungen bedingt waren. Mir erschien es bald als unzulässig, die (realistische) Akzeptanz einer Außenwelt allein schon als Materialismus zu betrachten; auch gab es Probleme, den Materiebegriff sauber zu bestimmen[12] und ihn dann auf gesellschaftliche Strukturen anzuwenden. Solche Diskrepanzen wurden jedoch nicht abgearbeitet, sondern durch den Übergang auf neue Problemkreise (Determinismus, Evolution, Wissenschaftsbegriff u. a.) eher verdrängt.

Und wenn Philosophen schon auf erkenntnis- oder wissenschaftstheoretischem Gebiet um bestimmte Neuerungen bemüht waren, so wollten bzw. konnten sie die Erstarrung marxistischer Philosophie insgesamt und ihre Unterordnung unter eine voluntaristische Politik nicht generell zur Disposition stellen, bzw. sie hingen der Illusion nach, durch kleine Schritte und von oben die Gesellschaft doch noch rechtzeitig ändern zu können. Natürlich gab es objektive und subjektive Gründe dafür, die aber zu einer Entschuldigung nicht hinreichen: man mußte ja nicht unbedingt Philosoph u. ä. sein wollen, oder man hätte Philosophie – wie F. Nietzsche es bildlich forderte – in einem Haus am Rande des Vesuvs, also auf gefährdetere Weise, betreiben müssen.

Doch zurück von dieser Nicht-Abschweifung zur Bewertung Humboldts! Naturwissenschaftler, z.T. auch Wissenschaftshistoriker zeichnen sich gegenüber Philosophen zumeist durch weitaus zurückhaltendere Einschätzungen aus, was natürlich von deren weltanschaulicher Herkunft und Selbstbestimmung abhängt. So äußerte sich z. B. Adolf Watznauer 1959 zur Position Humboldts im Neptunismus/Plutonismus-Streit, zum Freiberger geistigen Klima unter der Professorenschaft zu der Zeit, als Humboldt hier studierte (lt. Franz von Baader „realistisch", „unromantisch", „abhold jeder wirklichkeitsfernen Naturphilosophie"), und zur Humboldtschen Art der Naturbetrachtung, die aber keine geschlossene Weltanschauung darstelle: Die Zusatzfrage „Für wen ist die Welt erkennbar?" hätte ihn in den Fragenkreis von Teleologie und Theologie verstrickt. Aber solche Themen lagen ihm fern.[13] Im Jahre 1984, anläßlich des Agricola-Kolloquiums zum 125. Todestag Humboldts, erörterte Watznauer u. a. die historische (also die hermeneutische – ohne den Terminus zu verwenden) Variabilität von Einschätzungen historischer Persönlichkeiten, Humboldts Humanismus, sein Verhältnis zu Goethe, seine fehlende erweiterte historische Sicht (gegenüber Lamarck, Wallace und Darwin), weshalb letztlich für Humboldt wohl „romantisch-emotionales, statisches Denken" überwog.[14] Diese Wertungen sind so weit von den explizit philosophischen Einschätzungen aus dem Jahr 1959 nicht entfernt. Auch Herlitzius übersah die Einschränkung in Humboldts Realitätsauffassung „Die Außenwelt existiert aber nur für uns, indem wir sie in uns aufnehmen, indem sie sich in uns zu einer Naturanschauung gestaltet"[15], nicht. Er wertet diesen Satz als Frontstellung gegen Kant, dem er in der damals und bis heute bei Marxisten zumeist üblichen Weise radikalen Erkenntnispessimismus vorwirft, und er schätzt die erkenntnistheoretische Position Humboldts als spontanen Materialismus, als Sensualismus, kompensiert durch gutwilliges Streben nach rationeller Verarbeitung alles Empirischen als Frontstellung gegen Kants Konzept vom Ding an sich, ein.[16] P. Möller hebt die selbstkritische Position Humboldts zu ursprünglichen eigenen „Lebenskraft"-Vorstellungen hervor und mahnt – welche (unbewußte?) Ironie – solche Flexibilität auch „bei uns"[17] an. Am ehesten ist noch bei K. Reiprich das Bestreben ausgeprägt, Humboldt noch ein Stück weiter zum dialektisch-historischen Materialismus hinüberzuziehen, u. a. dadurch, daß er eine Dialektik von objektiver Wirkung und subjektiver philosophischer Befindlichkeit, die es ja natürlich gibt, entwickelt und so schließlich Humboldt bescheinigt, er habe die Grundfrage der Philosophie in ihren beiden Seiten eindeutig materialistisch entschieden. Freilich fehle ihm die bewußte dialektisch-materialistische Weltanschauung, insbesondere eine entsprechende Gesellschaftstheorie.[18]

Man kann sich hier und zugleich generell die Frage stellen, welchen Sinn solche philosophischen Ortsbestimmungen wie „Humboldt bleibt natürlich weit von der Höhe Marxschen Denkens entfernt" u. a. eigentlich besitzen. Aber auch Watznauer verglich Humboldt mit Goethe und Darwin und bestimmte Übereinstimmung wie Unterschied. Hier liegt also offensichtlich gar nicht das Hauptproblem, sondern vielmehr dort, wo Entwicklungen zu stark auf ein Ziel hin beschrieben werden und dafür dann nur eine einzige Möglichkeit fixiert wird. Nichtmarxistische Philosophen und Wissenschaftstheoretiker wie -historiker haben freilich schon vor 30 Jahren die Schwerpunkte ihrer Wertungen anders gesetzt: Die Materialismus-Idealismus-Frage spielte explizit kaum eine Rolle, implizit im Zusammenhang mit dem Problem der Religiosität schon. Im Mittelpunkt stand dagegen oft die Frage nach dem Verständnis der Welt als Entwicklungszusammenhang und die Qualität des jeweiligen Entwicklungsdenkens. Das zeigt sich auch später, so u. a. bei Dietrich von Engelhardt, der das historische Bewußtsein in der Naturwissenschaft untersucht,[19] wobei nun allerdings Humboldt praktisch nicht vorkommt.

Auch die im schon genannten Agricola-Kolloquium 1984 an der Bergakademie Freiberg[20] vorgetragenen Wertungen Humboldts setzen andere Schwerpunkte, verglichen mit 1959. Der damalige Rektor, H.-H. Emons, unterstrich u. a. Humboldts mögliche Vorbildwirkung für den wissenschaftlichen Nachwuchs; der Emeritus A. Watznauer fragte nach den Möglichkeiten, als Theoretiker aktiv in das Leben der jeweiligen Zeit einzugreifen; M. Guntau (früher Freiberg, dann Rostock) sprach über den Bildungswert reiner Naturerkenntnis, quasi als Ergänzung zu Produktivkraftentwicklungen; sowjetische Autoren referierten zu integrativen Aspekten in Humboldts Wissenschaftskonzept. F. Richter (Freiberg) versuchte, A. v. Humboldt in die Entwicklung der Naturphilosophie bis zur Gegenwart einzuordnen, wobei u. a. auf die Schwierigkeiten hingewiesen wurde, Humboldt in die traditionelle marxistische Deutung der Entwicklung des dialektisch-materialistischen Denkens in den Naturwissenschaften einzuordnen.

Gleichzeitig war darauf hinzuweisen, daß sich die Gestaltung des Verhältnisses von Philosophie und Wissenschaft in der Neuzeit weitaus komplizierter gestaltete, als das nach den im Marxismus etablierten Maßstäben zu erwarten gewesen wäre. Nicht nur historische Persönlichkeiten wie A. v. Humboldt entzogen sich also einer präzisen Einordnung, sondern es war immer schwieriger geworden, jene Vorstellung eines sich zwar langsamen, aber stetigen Durchsetzens „dialektisch-materialistischen" Denkens in den Einzelwissenschaften aufrechtzuerhalten. Insbesondere die Klassiker des Marxismus-Leninismus selber, und hier vor allem Engels und Lenin, die sich besonders intensiv mit den Naturwissenschaften beschäftigt hatten, konnten mit ihren eigenen Werken dazu nicht im gewünschten Maße beitragen.[21] Natürlich gab es dafür wiederum ad hoc-Erklärungen, die sich in der Regel auf historisch und sozial bedingte Erkenntnisgrenzen bei den Naturwissenschaftlern kapitalistischer Gesellschaften bezogen – und die es als solche natürlich wirklich gab und gibt. Auf die Dauer war der Widerspruch jedoch kaum auszuhalten, der daraus resultierte, daß materialistisch und dialektisch denkende Forscher in den real-sozialistischen Staaten keine besseren Leistungen als ihre Kollegen erreichen konnten und im Schnitt diesen sogar unterlegen waren. Selbst wenn es wegen der menschheitsbedrohenden globalen Probleme bis heute umstritten ist und es deshalb vorerst offen bleiben muß, ob die „moderne bürgerliche Gesellschaft" mit ihren Mechanismen (die der Wissenschaft eingeschlossen) tatsächlich auf die Dauer ein begehbarer Weg ist, so war doch deutlich geworden, daß dialektisch-materialistisches Denken seine Gestaltungskraft in den verschiedenen gesellschaftlichen Sphären immer mehr einbüßte, insbesondere auch hinsichtlich der kognitiven und sozialen Triebkräfte der Wissenschaftsentwicklung. Die überaus enge Verflechtung von (überdies zunehmend verknöcherndem) politischem Apparat und marxistischer Gesellschaftswissenschaft führte letztendlich dazu, daß angestrebte Entwicklungen im philosophischen, soziologischen, politischen, ökonomischen Denken nicht mehr greifen konnten. Solche Entwicklungen zeichneten sich durchaus ab; was die Philosophie betrifft, ging es insbesondere um eine wirklich dialektische, d. h. das Widerspruchsprinzip auch auf sich selbst anwendende Sicht auf Evolutions- und Entwicklungsprozesse in Natur, Gesellschaft, Technik und Denken (Nichtlinearität, Komplexität, Selbstorganisation, Autopoiese), was aber durch zu starres Festhalten an philosophischen „ewigen Wahrheiten“ und politischen Kategorien immer wieder behindert wurde.[22] Sich marxistisch nennendes Denken mußte so immer mehr in Mißkredit geraten, obwohl einzelne theoretische Leistungen von Marx heute zum normalen Instrumentarium nicht-marxistischer Geistes- und Gesellschaftswissenschaft weltweit gehören.

Dem entspricht die „postmoderne“ Forderung, sich endlich von den großen Erzählungen der Moderne, der Aufklärung, zu verabschieden – wozu u. a. der Rationalismus und der Materialismus, also auch der Marxismus, gehören, freilich nur in dem Sinne, daß sie ihren zeitlichen und systematischen Gültigkeits- und Alleinvertretungsanspruch ein für allemal verloren haben.[23] Was künftig zu tun sein wird, ist nicht mehr die Einlösung der Zielstellung, auf der Grundlage eines im Prinzip feststehenden Regelwerkes vernünftigen Denkens bestimmte Fragen zu klären, sondern es geht nun erst einmal um die Debatte, ob und wie Regeln ausgehandelt werden können, sie sich auf ganz unterschiedliche Denkweisen beziehen. Gibt es eine solche Debatte z. B. um das Verhältnis von Vernunft und „Unvernunft“, wobei Unvernunft je nach dem gewählten Bezugspunkt von Vernunft Weltanschauung, Kunst, Alltagsdenken oder auch Wahnsinn sein kann, so verlieren darin also auch traditionelle Gegenüberstellungen wie die von Materialismus/Idealismus, Dialektik/Metaphysik, Rationalismus/Irrationalismus, Rationalismus/Empirismus oder etwa ganzheitliche/mechanistische Betrachtungsweise in den Wissenschaften ihre traditionelle, streng alternative Bedeutung: Es lassen sich weder eindeutige Unterscheidungen noch feststehende Prioritäten mehr denken, oder genauer: es darf nicht mehr erwartet werden, daß solche gedachten eindeutigen Unterscheidungen und Prioritäten allgemein akzeptiert werden können. Das Ergebnis ist durchaus nicht zwangsläufig ein bedingungsloser Relativismus und Skeptizismus, wofür die Postmoderne häufig gescholten wird. Mit den genannten Begriffen kann und muß schon noch gearbeitet werden, weil wir keine anderen besitzen; die Beziehung von klassischer und Quantenmechanik ist für diese Situation wohl nicht das schlechteste Analogon.

Unter diesen Aspekten, die hier für sich genommen nicht weiter verfolgt werden sollen, ergeben sich für die Beantwortung der Frage, ob eine Revision früherer marxistischer Bewertungen und Analysen (auf welchem Gebiet auch immer) erforderlich ist, durchaus einige Schlußfolgerungen, selbst wenn ihre Darstellung vorerst weitgehend hypothetisch bleiben und zusätzlich in postmodernem, pluralem Auflicht gehalten werden muß:

– Es wird gründlich und jeweils im Detail zu analysieren sein, inwieweit die politischen Deformationen des real-existierenden Sozialismus und damit verbundene philosophische, historische usw. Fehleinschätzungen einem „Poststalinismus“, einem „Stalinismus“, einem „Leninismus“ oder einem „Marxismus“ zugeordnet werden müssen, wobei zwischen „Marxismus“, „Marxscher Theorie“ und einzelnen Marxschen theoretischen Erkennntnissen wiederum sehr wohl und präzise unterschieden werden muß.
– Generell in Verdacht, Realität falsch oder stark verzerrt „abzubilden“, stehen solche theoretischen Konzepte, welche lineare, monokausale und/oder kumulative Prozesse favorisieren und damit zumeist auch reduktionistisch sind. Das trifft z. B. zu, wenn soziale gegen psychische Prozesse ausgespielt werden (und umgekehrt).
– Konzepte, die sich als *absolute* Alternativen zu einem bestimmten Konzept selber darstellen und nicht fähig sind, eine Art von innerer Selbstkritik aufzubauen und über Komplementaritäten nachzudenken, sind ebenfalls a priori angreifbar.

– Konzepte, die ihre Begriffe entweder nur historisch-variabel oder gar nicht historisch variabel verstehen, verschenken jene Möglichkeiten, die in einer sinnvollen, vorsichtigen Handhabung der Dialektik von Historischem und Logischem liegen und die bei der Darstellung und Erklärung geschichtlicher Vorgänge unbedingt genutzt werden müssen.

Insbesondere der letzte Aspekt könnte für unser Thema „Philosophische Bewertung Alexander von Humboldts" von Interesse sein und auch relativ leicht umgesetzt werden: Selbst wenn Begriffe wie „Materialismus", „Idealismus", „Dialektik" u. a. umstritten waren und sind, so spielten sie zu Humboldts Zeiten nachweislich eine große Rolle. Insofern ist eine Bewertung der Nähe Humboldts zu solchen philosophischen Konzepten des 18. und 19. Jahrhunderts sehr wohl sinn- und wertvoll. Freilich muß dann eine Bewertung, die den Bogen bis in die Gegenwart schlägt, berücksichtigen, ob und, wenn ja, welche begrifflichen (und damit im Zusammenhang sozialen, politischen, weltanschaulichen) Veränderungen oder auch Neubildungen Ausdruck von Entwicklungen sind, die sich der Beschreibung durch linear-kumulative Fortschrittsmodelle entziehen – insbesondere dann, wenn zunächst angenommene Ziele solcher Entwicklungen (etwa der weltweite Sieg der Vernunft auf Erden oder der Kommunismus) ins Land Utopie oder wenigstens sehr weit in die Zukunft „verschoben" werden. Das muß sich dann auch auf eine Bewertung Humboldts „in seiner Zeit" auswirken. Berücksichtigen wir z. B., daß die Probleme, welche Kant mit seiner Metaphysikkritik lösen wollte, heute immer noch heiß umstritten sind und nicht etwa durch Hegel, dann Marx, Engels und Lenin geklärt wurden, so ist also Kants sogenannter Agnostizismus nur in Gegenüberstellung zu einem naiven Realismus wirklich Erkenntnispessimismus. Aber schon A. v. Humboldt war kein Empirist oder naiver Realist, selbst wenn Schiller ihn als solchen mißverstand. Insofern sind Einschätzungen wie die von Herlitzius, Humboldts Konzeption sei gegen Kants Agnostizismus gerichtet,[24] nicht einfach und absolut falsch, aber eben doch abstrakt und undifferenziert – also auch nicht wahr. Hier hat der Marx*ismus* seine deutlichen Spuren hinterlassen. Es bleibt einer erneuten Behandlung des Themas überlassen, die Bindungen Humboldts zur Philosophie Kants, zu Mendelssohn, Nicolai, Lichtenberg, also zur sogenannter Popularphilosophie des 18. Jahrhunderts, und nicht zuletzt zur Philosophie seines Bruders[25] einer noch detaillierteren Analyse zu unterwerfen, als sie bisher von marxistischer, aber wohl auch von nichtmarxistischer Warte aus betrieben wurde. Ob und wie sich eine solche Betrachtungsweise dann noch als marxistisch verstehen kann bzw. vielleicht sogar erst ein „richtiges" marxistisches Konzept dabei entwickelt wird, oder ob es nicht vielleicht doch vernünftiger ist, auch hier auf den an einen Personennamen gebundenen *-ismus* zu verzichten, ist weder entschieden noch wird es dazu künftig verbindliche Beschlüsse geben.

Ich bin aber davon überzeugt, daß es denen, die sich heute noch als Marxisten verstehen, gut tun wird, diese Alternativen ohne politischen Entscheidungsdruck zu prüfen, indem sie gründlich wissenschaftlich arbeiten. Und soviel ist am philosophischen Konzept der Postmoderne auf alle Fälle richtig: Die Versuche, Personen wie Prozesse eindeutig zu etikettieren und bestimmten Traditionen oder auch politischen Strömungen zuzuordnen, dürften generell zum Scheitern verurteilt sein. Davon werden auch nachträglich noch historische Persönlichkeiten wie A. v. Humboldt „profitieren".

Anmerkungen

1 Alexander von Humboldt 1960, S. 191 f.
2 Spülbeck 1962, S. 75.
3 Wetter 1956, S. 344.
4 Diese Identifizierung gerät zunehmend auch von marxistischen Positionen aus unter Kritik. Die Ablehnung jeglicher Erkenntnisgrenzen erscheint als naiv-optimistisch bzw. naiv-realistisch und der Kompliziertheit des Erkenntnisprozesses nicht angemessen.
5 Alexander von Humboldt 1969.
6 Herlitzius 1960.
7 Ebd., S. 193.
8 Engels 1975a, S. 466. – Typisch für diese Denkweise ist u. a. der Sammelband: Philosophische Probleme der modernen Naturwissenschaft. Materialien der Allunionskonferenz zu den philosophischen Fragen der Naturwissenschaft in Moskau 1958. Berlin 1962. Vgl. auch: Klaus, Georg: Jesuiten–Gott–Materie. Berlin 1958.
9 Engels 1975a, S. 469.
10 Engels 1975b, S. 276.
11 Lenin 1966, S. 9.
12 Richter 1972, S. 1013.
13 Watznauer 1960, S. 27.
14 Ebd., S. 22.
15 Humboldt 1854, S. 69 f. Vgl. Herlitzius 1960, S. 209.
16 Herlitzius 1960, S. 210.
17 Möller 1960, S. 303.
18 Reiprich 1960, S. 255.
19 Engelhardt 1979, S. 182.
20 Alexander von Humboldt 1985, S. 8 f.
21 Richter 1986, S. 108.
22 Richter 1991, S. 106.
23 Lyotard 1989, S. 12.
24 Herlitzius 1960, S. 197.
25 Vgl. Humboldt 1973.

Literatur

Alexander von Humboldt 1960
Alexander von Humboldt (1769–1859). Seine Bedeutung für den Bergbau und die Naturforschung. Berlin 1960. (Freiberger Forschungshefte. D 33.)

Alexander von Humboldt 1969
Alexander von Humboldt. Wirkendes Vorbild für Fortschritt und Befreiung der Menschheit. Festschrift aus Anlaß seines 200. Geburtstages. Hrsg. i. A. d. Kommission für die A.-v.-Humboldt-Ehrungen 1969 der Deutschen Demokratischen Republik von der Deutschen Akademie der Wissenschaften zu Berlin. Berlin 1969.

Alexander von Humboldt 1985
Alexander von Humboldt (1769–1859). Vorträge des 4. Agricola-Kolloquiums der Bergakademie Freiberg anläßlich des 125. Todestages von Alexander von Humboldt im Jahre 1984. Leipzig 1985. (Freiberger Forschungshefte. D 171.)

Alexander-von-Humboldt-Ehrung 1986
Alexander-von-Humboldt-Ehrung in der DDR. Festakt und wissenschaftliche Konferenz aus Anlaß des 125. Todestages Alexander von Humboldts, 3. und 4. Mai 1984 in Berlin. Berlin 1986. (Abhandlungen der Akademie der Wissenschaften der DDR. Abteilung Mathematik-Naturwissenschaften-Technik. Jg. 1985. Nr. 2N.)

Engelhardt 1979
Engelhardt, Dietrich von: Historisches Bewußtsein in der Naturwissenschaft von der Aufklärung bis zum Positivismus. München 1979.

Engels 1975a
Engels, Friedrich: Dialektik der Natur. In: Marx/Engels. Werke. Bd. 20. Berlin 1975.

Engels 1975b
Engels, Friedrich: Ludwig Feuerbach und der Ausgang der klassischen deutschen Philosophie. In: Marx/Engels. Werke. Bd. 21. Berlin 1975.

Herlitzius 1960
Herlitzius, Erwin: Der philosophische Erkenntnisoptimismus in der Naturauffassung Alexander von Humboldts. In: Alexander von Humboldt (1769–1859). Seine Bedeutung für den Bergbau und die Naturforschung. Berlin 1960, S. 191–221.

Humboldt 1845
Humboldt, Alexander von: Kosmos. Entwurf einer physischen Weltbeschreibung. Bd. 1. Stuttgart und Tübingen 1845.

Humboldt 1973
Die Jugendbriefe Alexander von Humboldts 1787–1799. Hrsg. und erl. von Ilse Jahn und Fritz G. Lange. Berlin 1973.

Lenin 1966
Lenin, Wladimir Iljitsch: Materialismus und Empiriokritizismus. In: Werke. Bd. 14. Berlin 1966.

Lyotard 1989
Lyotard, Jean-François: Der Widerstreit. München 1989.

Möller 1960
Möller, Paul: Einige Bemerkungen zu Alexander von Humboldts Stellung zum Lebensproblem. In: Alexander von Humboldt (1769–1859). Seine Bedeutung für den Bergbau und die Naturforschung. Berlin 1960, S. 287–340.

Pius XII. 1951
Pius XII.: Die Gottesbeweise im Lichte der modernen Naturwissenschaften. Berlin 1951.

Reiprich 1960
Reiprich, Kurt: Bemerkungen zur Entwicklung der Kategorie Gesetz und zur Frage der Erkenntnis der Gesetze in der Naturwissenschaft und Philosophie der Renaissance und Aufklärung (unter besonderer Berücksichtigung der Leistung Alexander von Humboldts). In: Alexander von Humboldt. Seine Bedeutung für den Bergbau und die Naturforschung. Berlin 1960, S. 223–258.

Richter 1972
Richter, Frank: Zum Verhältnis von Grundfrage der Philosophie und Objekt-Subjekt-Dialektik. In: Deutsche Zeitschrift für Philosophie. 1972. Heft 8, S. 1012–1026.

Richter 1985
Richter, Frank: Naturphilosophie – von Alexander von Humboldt über Bernhard von Cotta bis zur Gegenwart. In: Alexander von Humboldt (1769–1859). Vorträge des 4. Agri-

cola-Kolloquiums der Bergakademie Freiberg anläßlich des 125. Todestages von Alexander von Humboldt im Jahre 1984. Leipzig 1985, S. 49–57.
Richter 1986
Richter, Frank: Philosophie auf dem Prüfstand zweier Jahrhunderte. In: Alexander-von-Humboldt-Ehrung in der DDR. Berlin 1986, S. 105–110.
Richter 1991
Richter, Frank: Philosophie in der Krise. Berlin 1991.
Spülbeck 1962
Spülbeck, Otto: Der Christ und das Weltbild der modernen Naturwissenschaft. Berlin 1962.
Watznauer 1960
Watznauer, Adolf: Alexander von Humboldt und der Freiberger Kreis. In: Alexander von Humboldt (1769–1859). Seine Bedeutung für den Bergbau und die Naturforschung. Berlin 1960, S. 11–28.
Watznauer 1985
Watznauer, Adolf: Alexander von Humboldt – ein Kind seiner Zeit und Mitgestalter der Zukunft. In: Alexander von Humboldt (1769–1859). Vorträge des 4. Agricola-Kolloquiums der Bergakademie Freiberg anläßlich des 125. Todestages von Alexander von Humboldt im Jahre 1984. Leipzig 1985, S. 15–23.
Wetter 1956
Wetter, Gustav Andreas: Der dialektische Materialismus. Seine Geschichte und sein System in der Sowjetunion. Freiberg 1956.

Anschrift d. Verf.: *Prof. Dr. phil. habil. Frank Richter, Friedmar-Brendel-Weg 13, D 09599 Freiberg*

Künste und Künstler um den jungen Alexander von Humboldt

Von Sabine Schetelich

Die Absicht, sich zu dieser Thematik zu äußern, läßt vielleicht bisher Unbekanntes zum bekannten Themenbereich Humboldt und Goethe erwarten. Es soll aber eher um das Verhältnis zwischen Wissenschaften und Künsten am Ende des 18. Jahrhunderts und die damit verbundene neue Kunstauffassung der Frühromantik in Deutschland gehen. In der deutschen Klassik erscheint, seit der Aufklärung zunehmend und bewußt reflektiert, Ästhetik als Erkenntnis- und Reflexionsmedium. Nutzen und Schönheit der Wissenschaft wurden betont, und dies gehört zur Grundhaltung, wird programmatisch gehandhabt und kunstpraktisch vielfältig gestaltet. Die Ausprägung diverser philosophischer Theorien um diese Zeit ist eine wichtige Brücke dabei. Das steigert sich und mündet dann in die ausformulierten Absichten der Symphilosophie und Synästhetik bei Novalis und anderen. Auf einen besonderen, wenig beachteten Zusammenhang ist deshalb aufmerksam zu machen. Eingedenk der Tatsache, daß Künftiges im Vorhergehenden angelegt ist, möchte ich auf geistig-gedankliche Bindungen im Umfeld Humboldts und seiner Studienzeit an der Freiberger Bergakademie eingehen.

Die Gedanken- und Geisteswelt der Frühromantiker um die Brüder Friedrich und Wilhelm Schlegel formiert sich bekanntlich im Nachfeld der Französischen Revolution. Nur wenige Jahre und die gleichzeitige Dominanz der Weimarer Klassik machen diesen Neuansatz für die Entwicklung der Künste aus. Die bis dahin konstatierte Harmonie zwischen Wissenschaft und Kunst erscheint den Vertretern einer neuen, jungen Wissenschaftler- und Künstlergeneration nicht mehr gegeben. Seismographisch erfassen sie angesichts der forcierten gesamtgesellschaftlichen Entwicklungstendenzen die Ansätze zu einer Teilung in hohe, philosophisch-literarisch akzeptable, mythenträchtige Wissenschaft einerseits und in alltäglich niedere, technikträchtige, verachtenswerte Wissenschaft andererseits. Man empfindet mit hoher geistiger Sensibilität diese Einbuße. Verkürztes Zeitverständnis und Unterlassung komplexer Sicht führte und führt zu immer neuen Mißverständnissen der Frühromantik (und der ihr nachfolgenden Phasen).

Wie nun stellt sich das dar im Verhältnis von Rational-Geognostischem und Emotional-Ästhetischem um 1800? Nimmt man Bergbau als Eindringen in unbekannte Bezirke, verbindet sich das mit Begriffen wie Verheißung, Entdecken, Ausbeute. Die historisch befristete Sonderrolle des Bergbaus ist besonders im sächsischen Erzbergbau durch Wandel und Kontinuität zugleich geprägt. Die geistige Ausstrahlungs- und Orientierungskraft der neugegründeten Bergakademie in Freiberg zog junge Menschen an, die über hohe wissenschaftliche wie künstlerische Talente und Fähigkeiten verfügten. In dieser Zeit und Atmosphäre entstanden Kunstwerke, die heute und in der Welt zum unverzichtbaren Kanon des Wahren, Guten und Schönen gehören. Das Dezennium nach Humboldts Bergbaustudien ist von daher interessant und ergiebig, ist in diesem Zusammenhang auch zu erkennen. Die ökonomische Bedeutung des Bergbaus *und* die Ausprägung der geognostischen Wissenschaften zum einen, die Mineral-Sammlungssucht der Gebildeten *und* das öffentliche Interesse an Theorien der erdgeschichtlichen Entwicklung zum anderen bilden dafür einen guten Boden. Das Gefüge von Ökonomischem, Psychologischem und Ästhetischem wird auffallend dichter und stellt sich in Verbindung mit der frühromantischen Geistesbewegung auf ganz besondere Weise dar.[1]

Das Urerlebnis Bergwerk und die Faszination von Gestein und Berg werden zu Stoff, Thema, Sujet und Motiv des Künstlers. Natürlich spielt die Naturphilosophie in dieser Partitur kräftig mit, aber das ist ein Thema für sich. Das Symbolrepertoire künstlerischen Anliegens erweitert sich schlagartig um Licht und Dunkelheit, Oberfläche und Tiefe, Organisches und Anorganisches. Durch Rück- und Vorgriffe zugleich erleben Bergbaumotive eine Art Konjunktur. Aus der Bergbauthematik erwächst zugleich auch die Thematisierung der sozialen und technischen Veränderungen, ja Schübe. Kritischer Einspruch gegen Entwicklungstendenzen, deren Ausgang man prophetisch befürchtet, die Hoffnung auf einen realisierbaren anderen Weg und schließlich die metaphorische Verwandtschaft des Hervorbringens aus dem Berg mit dem Kunstschaffen selbst prägen sich im Denken und Schreiben deutlich aus. Das Bergwerk erscheint so als ein Ort der Identitätsfindung. Erste Gedanken zum sich komplizierenden Verhältnis von Fortschritt und Verantwortung, Entdeckung und Verwüstung werden laut. Diese Erkenntnis- und Kritikfunktion geht einher mit der Autonomisierung der Künste. Die Individualität wird zum Maßstab, nicht nur für die Künstler-Persönlichkeit im bürgerlichen Zeitalter.[2]

Die Entäußerung dieses Urerlebnisses in der Tiefe der Erde, die Ästhetisierung des Bergbaus, zeigt sich zuerst und am deutlichsten bei Friedrich von Hardenberg, der sich von Freiberg aus erstmalig Novalis nannte. Der Weg nach innen – räumlich, zeitlich, psychologisch – wird beruflich wie dichterisch zum Dreh- und Angelpunkt seiner Absichten in seinem so kurzen Leben. „Wir träumen von Reisen durch das Weltall: ist denn das Weltall nicht in uns? Die Tiefen unsers Geistes kennen wir nicht. – Nach Innen geht der geheimnisvolle Weg. In uns oder nirgends ist die Ewigkeit mit ihren Welten, die Vergangenheit und Zukunft."[3]

In Novalis' Roman-Fragment „Heinrich von Ofterdingen" ist das fünfte Kapitel geprägt von all diesen Gedanken, Erfahrungen und Erkenntnissen in der Gestalt des alten Bergmannes. Der Rekurs auf mittelalterliche Praktiken erscheint zugleich auch als Antizipation fortschrittlicher ökonomischer Entwicklung. So liest sich speziell dieses Kapitel im Kontext des gesamten Werkes als Hoffnung auf einen „schönen" Bergbau. Das berühmte und meist eliminiert verwendete erste Bergmannslied ist weit mehr als ein romantisches Hohelied auf den Bergmann und den Bergbau. Es erhält, zumal durch Vortragsweise, eine eindringliche Wirkung, heutzutage mehr denn je.

Der ist der Herr der Erde
wer ihre Tiefen mißt,
und jeglicher Beschwerde
in ihrem Schoß vergißt.

Wer ihrer Felsenglieder
geheimen Bau versteht,
und unverdrossen nieder
zu ihrer Werkstatt geht.

Er ist mit ihr verbündet,
und inniglich vertraut,

und wird von ihr entzündet,
als wär sie seine Braut.

Er sieht ihr alle Tage
mit neuer Liebe zu,
und scheut nicht Fleiß und Plage,
sie läßt ihm keine Ruh.

Die mächtigen Geschichten
der längst verfloßnen Zeit,
ist sie ihm zu berichten
mit Freundlichkeit bereit.

Der Vorwelt heilge Lüfte
umwehn sein Angesicht,
und in die Nacht der Klüfte
strahlt ihm ein ewges Licht.

Er trifft auf allen Wegen
ein wohlbekanntes Land,
und gern kommt sie entgegen
den Werken seiner Hand.

Ihm folgen die Gewässer
Hülfreich den Berg hinauf;
und alle Felsenschlösser,
tun ihr Schätz' ihm auf.

Er führt des Goldes Ströme
in seines Königs Haus,
und schmückt die Diademe
mit edlen Steinen aus.

Zwar reicht er treu dem König
den glückbegabten Arm,
doch fragt er nach ihm wenig
und bleibt mit Freuden arm.

Sie mögen sich erwürgen
am Fuß um Gut und Geld.
Er bleibt auf den Gebürgen
der frohe Herr der Welt.[4]

Dem Bergmann als Geburtshelfer bei der Schätze gebärenden Mutter Erde kommt eine ungeheure Verantwortung zu. Vielleicht stellt sich dieser ökologische Zusammenhang erst nachträglich und in unserer so gefährdeten Welt so deutlich dar. Der Vorwurf der Verwüstung und des Raubbaus an der Erde hat sich inzwischen zu einer apokalyptischen Vision entwickelt und ruft Wissenschaftler und Künstler als Gewissenträger der Menschheit mehr denn je auf den Plan. Noch aber, um 1800, sind Ahnungen und Neugier, Gefahren und Tragik, Ehrfurcht, Andacht und Geheimnis in den Kreis romantischen Denkens und Handelns eingebunden. Das Hinübergleiten von Diesseits zu Jenseits, die Nachtseiten, das Unbewußte drängen Dichter wie Ludwig Tieck, E.T.A. Hoffmann und Achim von Arnim zum Beispiel im Gefolge von Novalis' bahnbrechenden Gedanken zu literarischer Gestaltung. Das setzt sich fort bis zur Motivgebung in Richard Wagners Opernschaffen.[5]

Mit geognostischem und naturphilosophischem Denken auch bekannt seinerzeit war der Maler Caspar David Friedrich. Zur öffentlichen Diskussion gehörten in bürgerlichen Gesprächskreisen Kursachsens durchaus auch diese Themenbereiche. Das Gebirgserlebnis war deshalb für den aus Norddeutschland stammenden und seit 1798 in Dresden wirkenden Künstler ebenso ein Urerlebnis. Die sächsisch-böhmische Landschaft, deren Gestalt- und Formenbildung in ihrer reizvollen und unendlichen Vielfalt, wurde zum bevorzugten malerischen Gegenstand, angeregt von dem frühromantischen Freundeskreis um Novalis. Die Beziehung von Innen und Außen, die Äußerlichkeit des Unterirdischen, Unsichtbaren, Geheimnisvollen, wird dann von weiteren Dresdner Malern gestaltet und teilt sich uns bis heute auf unverfälschte und anrührende Weise mit.[6]

Diese Malerbilder verknüpfen sich dem Interessenten geistig-emotional und optisch auch mit Alexander von Humboldts böhmischer Fußreise 1791 und seinen Eindrücken und Anblicken dieser Gegenden. Weit-, Rück- und Vorblicke im Anblick der reinen Natur, die ja durch die religiöse Bindung zugleich tief beseelt als Schöpfung empfunden wird, die innere Ruhe und Klarheit des Malerauges und der Malerhand korrespondieren mit Erhabenheit, Strenge, Düsternis und Unnahbarkeit.

Diese von Dichtung und Malerei angeschlagenen und in künstlerischer Meisterschaft ausgeformten Stoffe und Motive wirken bis weit hinein in das 20. Jahrhundert. Verständnis, Liebe, Faszination für den Berg und die Geheimnisse unter Tage steigern sich durch künstlerischen Gestaltungswillen zu einer bedeutsamen und immer neu akzentuierten Wirkung.[7]

Die Humanisierung und Ästhetisierung der Sinne erscheint angesichts der ökologisch so gefährdeten Welt wenig chancenreich. Aber „daß einer übrig geblieben ist, der das Bild malen kann und einer, der sehen kann, zeigt, daß nicht alles verloren ist", heißt es bei Ernst Bloch.

Vor diesem Zusammenhang und Hintergrund von Bergbau und Geognosie erscheint frühromantisches Kunstschaffen und Kunstanliegen von zusätzlichem Reiz. Dies gilt es zu bewahren.

Anmerkungen

1 „Bergbau und Romantik! Ein inniges Band umschließt beides." Mit diesen Sätzen beschloß Joseph Dürler 1936 seine Arbeit zum Thema „Die Bedeutung des Bergbaus bei Goethe und in der deutschen Romantik". Das war bis 1990 die einzige umfangreiche Studie und Quellensammlung zu dieser Thematik. Eine aktuelle und differenzierte Untersuchung zu Bergbaumotiven in der Literatur der Romantik bietet Gold 1990.

2 Erinnert sei an die frühromantischen Prosawerke Wackenroders „Herzensergießungen eines kunstliebenden Klosterbruders" (1797) und Tiecks „Franz Sternbalds Wanderungen" (1798).

3 Novalis 1989, S. 289.

4 Ebd., S. 168 f. Zum Vortrag verwendet wurde eine Tonbandaufnahme des Audiovisuellen Zentrums der Bergakademie Freiberg mit dem Schauspieler Andreas Pannach, Stadttheater Freiberg.

5 Das Falun-Motiv wurde u. a. als Erzählung von J. P. Hebel („Das unverhoffte Wiedersehen", 1810), als Ballade von A. v. Arnim („Des Bergmanns ewige Jugend", 1810), in E. T. A. Hoffmanns Rahmenerzählung „Die Serapionsbrüder" (1818/19), als Opernlibretto von Richard Wagner (1842), als Drama von H. v. Hofmannsthal (1903) gestaltet. Geistig-ästhetische Rückgriffe darauf finden sich in Franz Fühmanns „Bergwerk-Fragment" aus den Nachlaßtexten (1991).

6 Beim Vortrag wurden u. a. folgende Dia-Reproduktionen verwendet: Das Kreuz im Gebirge (1808), Gebirgslandschaft mit Regenbogen (1810), Böhmische Landschaft (um 1810), Der Wanderer über dem Nebelmeer (um 1818), Der Morgen im Gebirge (1822/23), Böhmische Landschaft mit dem Milleschauer (um 1810).

7 Das Motiv der Tiefe, die Beziehung zwischen Innen und Außen, Oben und Unten, gehört zum Symbolreservoir des Literaturschaffens, z. B. bei Rainer Maria Rilke, Franz Kafka, Georg Trakl bis zu Günter Grass.

Literatur

Dürler 1936
Dürler, Joseph: Die Bedeutung des Bergbaus bei Goethe und in der deutschen Romantik. Leipzig 1936.

Gold 1990
Gold, Helmut: Erkenntnisse unter Tage. Bergbaumotive in der Literatur der Romantik. Opladen 1990. (Kulturwissenschaftliche Studien zur deutschen Literatur.)

Novalis 1989
Novalis: Werke in einem Band. 4. Aufl. Berlin und Weimar 1989.

Anschrift d. Verf.: *Dr. Sabine Schetelich, TU Bergakademie Freiberg, Studium generale, D 09596 Freiberg*

Freundschaften in Freiberg des Alexander von Humboldt

Von Kurt Schleucher

Vor 200 Jahren, genau am 14. Juni 1791, immatrikulierte sich Alexander von Humboldt an der Bergakademie Freiberg. An diesem Tag trat er dem berühmtesten Mineralogen seiner Zeit gegenüber, dem führenden Wissenschaftler der Akademie. Er stand vor Professor Abraham Gottlob Werner.

Humboldt hatte diese Begegnung ebenso unbefangen wie ehrerbietig vorbereitet. Schon ein Jahr zuvor, am 25. Juli 1790, hatte er dem großen Mann zum ersten Mal geschrieben.[1] Nicht nur geschrieben! Er legte Gedrucktes bei, ein Erstlingswerkchen, erschienen 1790 in Braunschweig, als wissenschaftliche Visitenkarte. Auf dem Titelblatt paradierte die Ankündigung: „Mineralogische Beobachtungen über einige Basalte am Rhein. Mit vorangeschickten, zerstreuten Bemerkungen über den Basalt der ältern und neuern Schriftsteller".

Wie der zwanzigjährige Goethe sein erstes Buch, die „Neuen Lieder", anonym hatte erscheinen lassen, so ließ der zwanzigjährige Humboldt ebenfalls sein erstes Buch anonym erscheinen. Mit einem unbedeutenden Namen, so meinte er, könne er keine Käufer locken. Doch das Interesse Werners wollte er locken! Er legte dar, daß die rheinischen Basaltformationen durch Ablagerungen aus dem Wasser entstanden seien, demnach als Sedimentgesteine betrachtet werden müßten. Damit verteidigte er den sogenannten „Neptunismus" gegen die Lehre des „Vulkanismus". Nach ihr war Basalt vulkanischen Ursprungs. Das sollte sich Jahre später als allein richtig erweisen.

Mit Wohlgefallen mag Werner, der Papst des Neptunismus, die Abhandlung des jungen Mannes gelesen haben. Gegen Ende des Begleitbriefes spann Humboldt sein persönliches Fädchen zu dem hohen Herrn. Er erinnerte an Werners Besuch in der Universität Göttingen. Dort hatten die Brüder Humboldt studiert. Wir lesen: „[...] ob ich gleich einer der frühesten war, von denen, die sich [...] an Sie drängten, so ist Ihnen mein Name doch gewiß entfallen". Um so nachdrücklicher setzte er ihn jetzt unter den Brief als „Ew. Wohlgeborenen gehorsamster Alexander von Humboldt aus Berlin".

Er ließ eine Nachschrift folgen mit Adressenangabe: „Sollten mich Ew. Wohlgeb. mit einer Antwort beglükken wollen [...]" Doch diese Beglückung blieb aus. Werner war kein passionierter Briefschreiber.

Ein halbes Jahr später schrieb ihm Humboldt abermals. Hatte er mit seinem ersten Brief die Angel nach Freiberg ausgeworfen, so wollte er jetzt aus der Ungewißheit eine Tatsache schaffen. Von seinem vorletzten Studienort, der Hamburger Handelsakademie, ließ er den Professor seinen entschiedenen Wunsch wissen: „Die heiße Begierde, nach Freiberg zu gehen, und Ihr Schüler zu werden, lag schon lange in mir." Also meldete er sich für das Sommersemester 1791 an. Er fügte hinzu: „Ich sehe leider! nur zu gut ein, wie wenig 6 Monate hinreichend sind, um alle die Ideen einzusammeln, die einem Bergmann nothwendig sind. Aber ich will doch lieber mich mit wenigem begnügen, als das Glük ganz einzubüßen, des vortreflichen Unterrichts von Ew. Wohlgeboren zu genießen."[2]

Wiederum ein halbes Jahr später traf Humboldt in Freiberg ein. Der Professor und der Student standen einander zum ersten Mal gegenüber. Es ist uns nichts berichtet über beider Gespräch in dieser Stunde. Doch im ganzen mag die Begegnung mit dem um zwanzig Jahre älteren Werner erinnern an die erste Begegnung Alexanders mit dem um zwanzig Jahre älteren Goethe. Der Dichter sah strahlende Intelligenz und jugendliche Tatkraft. Er sah in diesem jungen Mann einen Wegegänger nach gemeinsamen Zielen. Er sah und erkannte den Geistesverwandten.

Wir kennen nicht die Szene, als der junge Aristoteles zum ersten Mal vor Plato trat. Doch wir wissen: dieses Begegnungsmuster zwischen Älterem und Jüngerem wiederholt sich immer wieder – verblüffend deutlich bei Humboldts erster Zusammenkunft mit Goethe in Jena und zuvor mit Werner in Freiberg.

*

Werner war einen Monat nach Goethe geboren, am 25. September 1749. In Humboldts Geburtsjahr bezog er für zwei Jahre die Bergakademie Freiberg, studierte sodann in Leipzig und kehrte 1775 als Lehrender an die Akademie zurück. Bald war er ihr prominentester Professor. Mit Autorität und Suggestion trug er seine Lehre vom Neptunismus vor, unbeirrbar überzeugt von der Schöpfungsgeschichte, vor allem vom Bericht über die Sintflut. Werner war Professor im edlen Sinn dieser Bezeichnung. Sie leitet sich ja ab von profiteor, ich bekenne. Werner bekannte sich zu seinem Bibelglauben. Er verschmolz ihn mit seiner Lehre, lebte sich ganz hinein in diese höhere Harmonie. Seine Eloquenz faszinierte weite Kreise der Gebildeten. Sein pädagogischer Eros begeisterte seine Studenten.

Wer an Werners Akademie studierte, mußte zwei Lerneigenschaften haben: genug Wurzelkraft, um sich am Nährboden dieser geistigen Pflanzstätte festzusaugen, und genug Strebekraft zur überwölbenden Sphäre der Wissenschaft. Mittelmaß war nicht gefragt. So fand sich von Jahr zu Jahr eine Elite in Werners Hörsaal zusammen.

Auf einer der Wandtafeln im Korridor zum Senatssaal der Bergakademie Freiberg ist ein Zitat aus Schillers akademischer Antrittsrede in der Universität Jena zu lesen. Sie fand am 26. Mai 1789 statt. Schiller sagte damals: „Unser menschliches Jahrhundert herbeizuführen, haben sich – ohne es zu wissen oder zu erzielen – alle vorhergehenden Zeitalter angestrengt."

Ergänzend sei aus jener historischen Rede angefügt: „Unser sind alle Schätze, welche Fleiß und Genie, Vernunft und Erfahrung im langen Alter der Welt endlich heimgebracht haben."

Zum Schluß seiner Rede appellierte Schiller an seine Hörer, zu den Gütern, die „wir von der Vorwelt überkamen und reich vermehrt an die Folgewelt wieder abgeben müssen, auch aus unseren Mitteln einen Beitrag zu legen [...]"[3] Die Bergakademie Freiberg hat sich seit Werner dieser Forderung verpflichtet gesehen. Sie erfüllte Schillers Postulat von Generation zu Generation ihrer Professoren und ihrer ausgewählten Studenten.

*

Humboldt war für Werner hochwillkommen als Bundesgenosse gegen die Vulkanisten. Der Professor sah in ihm keinen der üblichen Studenten, sondern einen schon interessanten jungen Kollegen, den er von vornherein kollegial behandelte. Schon bald entwickelte sich zwischen beiden eine geistige Freundschaft, gesichert durch den Respekt des Jüngeren und die freundliche Distanz des Älteren. Humboldt notierte: „Werner hat unendlich viel Gefälligkeit für mich."[4]

Sogleich am ersten Tag führte der Professor den Neuling mit einem Kommilitonen zusammen, der beim beruflichen und privaten Einleben helfen sollte. Der Student hieß Johann Carl Freiesleben. Seine spätere Laufbahn führte ihn bis in die Chefposition des Berg- und Hüttenwesens im Königreich Sachsen. Freiesleben wurde Alexanders lebenslanger Freund.

Das Fundament ihrer Freundschaft fügte sich in Freiberg wie von selbst zusammen. Sie fuhren miteinander in die Gruben ein, wanderten im böhmischen Mittelgebirge, besuchten gemeinsam die Vorlesungen, saßen abends in des einen oder anderen Wohnung bei langen Gesprächen und waren sich einig im fröhlichen Zutrauen der Jugend.

Wenn Humboldt später an Freiberg zurückdachte, stand Freiesleben im Mittelpunkt der wehmütigen Erinnerung: „Mir ist, wenn ich Ihre Briefe lese, als wäre ich bei Ihnen, als [...] ginge ich mit Ihnen auf die Grube, als arbeitete ich an Ihrem Tisch [...] – Ich glaubte nicht, als ich aus Ihrer Stube ging, daß ich Freiberg mit so schwerem Herzen verlassen würde, als ich nachher empfand. – Womit würde ich die frohen Augenblikke nicht erkaufen, die wir so lange täglich miteinander genossen. Sie müssen wiederkehren, diese Augenblikke!“[5]

Sie kehrten wieder! Schon nach drei Jahren! Humboldt und Freiesleben verabredeten sich kurzweg zu einer Wanderung durch die Schweiz. In Bern schlossen sie sich zum ersten Mal wieder in die Arme. Acht Wochen lang erkundeten sie die geomorphologischen Verhältnisse des Berglandes, die Ablagerungen, die Brüche, die Gipfelformen und das Gestein im Erdboden. Dennoch verloren sie sich nicht ans unaufhörliche Fachgespräch. Mit dem glücklichen Atem der Freiheit genossen sie die Herrlichkeit der Gebirgslandschaft. Es war eine Freundes- und Forscherfahrt, wie sie Humboldt nie wieder so unbeschwert erlebte.

Noch kurz vor der Ausfahrt des Seglers nach Amerika schrieb Humboldt dem Freund im Juni 1799: „Im Augenblik, da ich mich nach Mexico einschiffe, muß ich noch einmal, guter Herzens-Freiesleben, mein Andenken in Dir zurückrufen [...] Wie es mir auch gehe, so wird der Gedanke an Dich, an das, was wir uns waren, wie Du wohlthätig auf mich gewürkt, mich nie, nie verlassen.“ Er bittet Freiesleben, den verehrten Lehrer Werner zu grüßen. Zum Schluß: „In Mexico sehe ich sächsische Bergleute [...] Wir sprechen von Freiberg!“[6]

*

Blenden wir zurück in das Jahr 1791, zurück in die umfriedete Provinz der Wissenschaft, in der unter Werners patriarchalischer Führung neue Genies heranwuchsen. Einen seiner Studenten ließ er sogar bei sich im Hause wohnen und widmete dessen Studiengang geradezu väterliche Aufmerksamkeit. Dieser Leopold von Buch war fünf Jahre jünger als Humboldt. Doch die Strenge seiner Gesichtszüge ließ ihn eher älter erscheinen als den jugendlichen Alexander.

Schon ein Jahr früher als Humboldt war Buch nach Freiberg gekommen und studierte hier bis 1793. Einsiedlerisch lebte und strebte er seinem Ziel entgegen, alles Wissen über die Erdgeschichte ganz in sich aufzunehmen. Berge waren seine Leidenschaft. Darüber vergaß der Bergmann zu heiraten. Dieser Einzelgänger war die Gegenfigur zu dem geselligen Humboldt und dem heiteren Freiesleben. Dennoch fanden sich die drei Studenten in solider Freundschaft vereint. Einer erkannte im anderen den inneren Wert und die verläßliche Treue.

Buch nahm Werners Theorie des Neptunismus als Wissenschaft in sich auf. Er ehrte seinen Professor als den Vater der Geognosie. Werner wiederum sah in ihm seinen ergebenen Jünger, vielleicht sogar seinen künftigen Streiter für die eigene Ideenwelt. Ergeben war der junge Buch, soweit es ihm die Dankbarkeit gegenüber seinem noblen Förderer gebot. Doch mehr als seinem Lehrmeister war er der vorurteilsfreien Forschung ergeben.

Nach seinem Studium reiste er kreuz und quer durch Europa, untersuchte Vulkane, nützte die Stratigraphie, um die senkrechten Aufeinanderfolgen der Schichtgesteine mühsam zu prüfen, weil es ihm auf zeitliche Aufschlüsse ankam. Buch war Empiriker wie Humboldt, immer vor Ort, doch auch immer wieder in der Studierstube. Was haben andere Wissenschaftler herausgefunden? Er verglich die gewonnenen Einsichten mit den Ergebnissen fremder Untersuchungen. Schließlich konnte er das Unbestreitbare verkünden. Entgegen der Lehre Werners und der Ansicht Goethes bewies er aus der Erdgeschichte, aus der Morphologie der Berge: Die Veränderungen der Erdoberfläche waren Folgen vulkanischer Vorgänge.

Aus dem Schüler des Neptunismus war ein Meister des Vulkanismus geworden. Humboldt stimmte dem Freund vollends zu. Eigene Erkenntnisse aus Anschauung und logischen Schlüssen hatten ihn zu dem selben Faktum geführt. Vielleicht belächelte er nun seinen neptunischen Jugendirrtum bei den rheinischen Basalten.

*

Wie mit Freiesleben traf sich Humboldt nach der Freiberger Zeit auch mit Leopold von Buch zu einem bergmännischen Unternehmen. Von Herbst 1797 bis Frühjahr 1798 war Salzburg ihr Standquartier. In Schnee und Eis, bei Tag und Nacht kletterten sie in den Bergen umher, bestimmten mit ihren Sextanten die Höhen verschiedener Orte, untersuchten die Schichten der Gesteine, prüften die Eisbildungen, maßen Temperatur und Luftdruck, waren in Sturm und Regen unterwegs.

Der Umgang mit Buch war nicht so problemlos wie mit dem offenherzigen Freiesleben. Der Außenseiter Buch war ein ungeselliger Mensch. „Der größte Geognost in unserer Zeit", wie ihn Humboldt in seinem „Kosmos" nennen wird, zog den Umgang mit Steinen jedem Tischgespräch vor. War er eingeladen, dann hockte der robuste Mann wie ein schweigender Fels unter den Gästen, oder er entzog sich bald der Gesellschaft. Alexander schrieb dem gemeinsamen Freund Freiesleben: „Ich habe ihn zu einigen Menschen herumgeführt, aber meist ist es unglükklich abgelaufen. Gewöhnlich sezt er gleich [...] die Brille auf und untersucht im äußersten Stubenwinkel die Sprünge in den glasirten Oefen, auf die er ganz erpicht ist, oder er schleicht wie ein Igel an den Wänden umher und betrachtet die Simse."[7]

Buch war nur auf seinem Fachgebiet mitteilsam, dies mit der Verliebtheit in die Wissenschaft, wie sie ihre Jünger wieder menschenfreundlich werden läßt. Dieser Mann, eisern in seiner Konstitution, wachsam im Nützen jeder Stunde, verzahnte seinen unermüdlichen Fleiß mit Alexanders Tätigkeitsdrang. Einer war des anderen ständiger Generator.

Im Frühjahr endeten ihre Exkursionen. Die Freunde trennten sich am 24. April 1798. Humboldt brach nach Paris auf. Dort wollte er seine Reise nach Amerika vorbereiten. Nach sieben Jahren trafen sie einander wieder, diesmal in Neapel. Der nur zehn Kilometer südöstlich der Stadt sich erhebende Vesuv drohte bald wieder auszubrechen.

Der zähe Chimborazobesteiger Humboldt und der waghalsige Alpinist Buch kletterten eilends bis zum Kraterrand hinauf. Sie konnten den „Höllenbrudel" im Krater beobachten, später einen Ausbruch des Vulkans. Buch berichtete hierüber im zweiten Band seiner „Beobachtungen auf Reisen". Die plutonische Lehre veranschaulichend, wies er der Geologie einen weiterhin gangbaren Weg.

Für Humboldt war der Vesuv zur Endstation seiner vulkanischen Reise geworden. Amerikas Riesen Pichincha, Chimborazo, Cotapaxi schienen ihm herüberzugrüßen, und der Vesuv setzte sein Rauchzeichen wie ein Fahnenhissen zum Sieg der Wissenschaft.

Leopold von Buch starb am 4. März 1853 in Berlin. „Sein Begräbniß war mir ein Vorspiel", schrieb Humboldt, und: „[...] unsere Freundschaft hat 63 Jahre gedauert – ohne Trübung, ob wir gleich oft denselben Boden beackerten [...]"[8]

*

Manche Städte ehren die Beziehung zwischen zweien ihrer einstigen Größen durch eine sinnvolle Ordnung im Straßenplan. In Karlsruhe z. B. kreuzen sich die Karl-Friedrich-Straße, benannt nach dem Großherzog Karl Friedrich, und die Hebelstraße, benannt nach Johann Peter Hebel. Beide Straßen treffen sich am Markt der Stadt wie sich die Wege des Dichters und des fördernden Fürsten dereinst am Markt des Lebens trafen.

In Freibergs Schwesterstadt Darmstadt führt der Weberweg auf den Richard-Wagner-Weg. Auch hier läßt sich ein erinnerndes Symbol entdecken. In Dresden besuchte der halbwüchsige Wagner den Komponisten Carl Maria von Weber. Der Berühmte erkannte in dem Jungen das künftige Genie. Im Gespräch mit dem Meister und aus seinen Werken empfing Wagner fruchtbare Impulse für sein musikalisches Schaffen. Er dankte seinem Vorbild durch lebenslange Verehrung. 1844 ließ er Webers Gebeine von London nach Dresden überführen und hielt während der Beisetzungsfeier die Gedächtnisrede.

Wer in Darmstadt am Treffpunkt der nach beiden Musikern benannten Wege den Schritt verhält, mag in Betrachtung geraten über benachbarte Straßenschilder. Sie können hinter ihrem Zweck als Wegweiser auf den Sinn menschlicher Beziehungen deuten.

Auch Freiberg bietet ein Beispiel, wie eine Stadt ein Freundespaar ehren kann, über Tag und Jahr hinaus. Wer vom Bahnhof her durch die Buch-Straße stadteinwärts wandert, erreicht bald die querlaufende Humboldt-Straße. Dem auswärtigen Besucher wird der Schnittpunkt dieser Straßen zu einem Ruhepunkt des Gedenkens.

So beständig sich die 63jährige Freundschaft zwischen Alexander von Humboldt und Leopold von Buch durch die Zeitläufe zog, so geradlinig ziehen sich beide Straßen durch Freiberg – geadelt unter den Namen auf ihren Schildern. Die jungen Männer von einst gehören der Stadt. Erst mit dem Rüstzeug ihres Freiberger Studiums konnten sie aufbrechen zu den weltweit ausschwingenden Wegen ihres Schicksals. Die Häuserzeilen bewahren ihre Namen für die Daheimgebliebenen – lebendiger als die Zeilen manchen Buches.

Dem Sinierer will es scheinen, als ob die beiden Straßen zueinander liefen, wie wenn es ihre Hauptaufgabe sei, ein immerwährendes Rendez-vous der Geister Humboldt und Buch unter der Magie ihrer Namen zu arrangieren.

*

Um den Freundschaftskern, wie ihn das Trio Humboldt, Freiesleben, Buch in Freiberg bildete, kreisten die anderen Studiengenossen. Der Däne Esmark lehrte später als Professor der Mineralogie in Christiania, der Portugiese Andrada verbreitete die Ideen der jungen Geognosie in seinem Heimatland, und der Spanier Del Río ließ sich in Mexico nieder. Dort traf ihn Humboldt zwölf Jahre später als Lehrer am Collegio de Mineria.

Die deutschen Kommilitonen blieben fast alle im Lande und nahmen Führungspositionen im deutschen Bergbau ein. Johann Gotthelf Fischer hingegen avancierte zum russischen Staatsrat und Direktor des botanischen Gartens in Moskau. Als Fischer von Waldheim wurde er geadelt. Humboldt traf ihn auf seiner Rußlandreise 1829 in Moskau. Er berichtete seinem Bruder Wilhelm, „daß der gute Fischer mit seinen 5 Kindern Exzellenz ist, vierspännig fährt und nur 7000 Frcs. Pension hat!"[9]

Überraschender für Humboldt war der Besuch der Mineralogischen Instituts der Universität Moskau. Der Grundstock des Instituts bestand, wie ihm erläutet wurde, aus der Sammlung des Bergrats Freiesleben in Freiberg. Sie war von der Universität angekauft worden. Da stand nun Humboldt in Moskau vor den Steinen, die sein Jugendfreund zusammengetragen hatte. Vielleicht waren sogar Stücke darunter, die sie beide vor bald 35 Jahren auf ihrer Schweizer Wanderung gefunden hatten.

*

Abermals zurück nach Freiberg, zu Humboldts Semester. Der Schwarmgeist unter den Studenten war der ausgelassene Seckendorf. Er imitierte Professoren und ihre dressierten Lernlöwen. Sein karikierender Witz ergötzte die Corona und verwandelte das Feld der ernsten Wissenschaft in einen Lustgarten des Gelächters. Nach dem Studium segelte Seckendorf nach Amerika, nannte sich fortan Patrick Peale und trat als Pantomime auf.

Sein Gegenbild unter den Studenten war der biedere Christian Hoffmann. Er wurde geboren in Freiberg, studierte in Freiberg, starb in Freiberg. Er blieb seiner Stadt so treu wie die Bäume in den Gärten. Als Edelstein-Inspektor war er eine Autorität, als Herausgeber des „Bergmännischen Journals" diente er der Lehre und Praxis des Bergbaus weit über seine Stadt hinaus. Im ganzen gesehen verkörperten die damals jungen Männer gleich anderen vor und nach ihnen eine geistige Elite aus dem In- und Ausland.

War Humboldt an der Freiberger Quelle seiner speziellen Wissenschaft glücklich? Bisweilen stöhnte er auf: „Was andere Menschen bei einem Aufenthalte von 3 Jahren auf der Bergakademie vollenden, ist bei mir in eine Zeit von 7–8 Monathen zusammengedrängt."[10] Doch dann stürzte er sich wieder mit der unbändigen Lust des Genies in sein Arbeitsmeer. Er riß aus seinen Tagen und Nächten immer mehr Zeit heraus, um in die Höhlen verborgener Zusammenhänge einzudringen. Manche durchleuchtete er als erster.

Frühe Früchte aus der Freiberger Zeit sind seine Publikationen „Versuche und Beobachtungen über die grüne Farbe unterirdischer Vegetabilien (1792)" und „Florae Fribergensis specimen [...]" (1793).

Auch die fünfzehn Jahre später bei Cotta erscheinenden „Ideen zu einer Physiognomik der Gewächse" wurzeln in den Untersuchungen während der Zeit auf der Bergakademie. Basalt und Botanik waren für Humboldt bevorzugte Gebiete. In den Freiberger Stollen entdeckte er sie in einer seltsamen Symbiose.

*

Nach einem mit strenger Observanz ausgeschöpftem Studium endete für Humboldt die Freiberger Zeit. Sie schloß mit einem glanzvollen Kommers am 26. Februar 1792. Gelöst wie lange nicht saß Humboldt unter seinem Kommilitonen, beseligt in dem Glücksgefühl, wie er es einmal ausgedrückt hatte: „Was sind alle Empfindungen, die die tote Natur einflößt gegen die Empfindungen der Freundschaft, gegen das Gefühl, von guten Menschen geliebt zu werden". Er sah, er hörte sich gefeiert. Eine mehrstrophische Huldigung enthielt die Verse:

> Die Natur: [...] sie lenkte deine regen Schritte
> Auch her zu uns, und in der Mitte
> So vieler, die e i n Zweck vereint,
> Da schenktest du dich uns zum Freund.

Der Rezitator schloß prophetisch, die Zukunft schon als Gegenwart bedichtend:

> Dich nennt schon jetzt in fernen Zonen
> Der Forscher der Natur, o Humboldt, achtungsvoll;
> Doch auch in unsrer Brust
> Soll stets dein Name wohnen [...]

Freund Fischer gratulierte in lateinischer Sprache als Fischerus dem „Suavissimo suo [...] Alexandro de Humboldt abeunti ex academia Fribergensi" – „seinem liebenswertesten Alexander von Humbold, dem Scheidenden aus der Freiberger Akademie."[11]

Fast auf den Tag nach 55 Jahren, im Februar 1847, gratulierte Humboldt dem fernen Fischer in Moskau zum fünfzigjährigen Doktorjubiläum. Er schrieb: „Empfangen Sie von mir, der ich das Glück hatte, mit unserm schon dahingeschiedenen Freiesleben am frühesten Ihr schönes Talent und die Anmut Ihres Charakters erkannt zu haben, empfangen sie meinen herzlichsten, innigsten Glückwunsch. Gedenken Sie an den Garten hinter der Kirche in Freiberg, an den Aufenthalt in Dresden [...] Erinnerungen der Schattenwelt, aber mir rührend und theuer!"[12]

*

Das Imago der Erinnerung stand bald dunkel, bald hell vor Humboldts Seele. Dunkel – weil viele ihm nahe Menschen ringsum starben und ihn als Greis zurückließen, hell – weil er ihnen in blutwarmer Dankbarkeit als weiterwirkenden Geistern verbunden blieb. Sein Erzieher Campe auf Schloß Tegel, der liberale Philosoph Lichtenberg an der Universität Göttingen, der Erdumsegler Forster, Goethe und Werner – sie waren Lichtgestalten, auf die sich der später Geborene bis ins hohe Alter verehrend bezog.

Werner starb 1817. Humboldt überlebte ihn um 42 Jahre. Er gewann nicht nur mehr Lebens- und Schaffenszeit, auch seine Gestalt als Forschungsreisender, Kosmopolit, Wissenschaftler, Schriftsteller wuchs hoch über Werner hinaus. Als Humboldt weltweit bekannt geworden war, hatte der Neptunismus fast alle Anhänger verloren. Werner war eine historische Figur geworden. Die Nachwelt rechnete ihm mehr den wissenschaftlichen Irrtum an als sein hohes Verdienst um die Geologie. Hier griff Humboldt ein. Sechs Jahre nach Werners Tod schrieb er in einem geognostischen Essay:

„Werner, das geognostische Wissen schaffend, erkannte mit bewunderungswerthem Scharfsinn alle Beziehungen, die bei Betrachtung des Unabhängigen der Formationen aus dem Gebiete der Ur-, Uebergangs und Flötzzeit beachtet werden müssen. Er lehrte, was man zu beobachten habe, was man wissen müsse: er hat, in Gegenden, deren Untersuchung ihm nicht vergönnt gewesen, einen Theil der Entdeckungen vorbereitet; er hat, möchte man sagen, einen Theil der Entdeckungen vorgefühlt, womit die Geognosie nach ihm bereichert worden."[13]

*

Werner war ein Herausforderer – als Wissenschaftler wie als erzieherisches Vorbild, dazu ein Mäzen, der uneigennützig begabte junge Menschen förderte. Auch auf diesem Gebiet eiferte ihm Humboldt nach, sobald er Einfluß auf Reiche und Regierende besaß. Ein Beispiel sei genannt, weil es auch in der Person Humboldts die Stadt Freiberg mit ihrer Schwesterstadt Darmstadt verbindet.

In Paris erlebte Humboldt einen Experimentalvortrag des Darmstädter Chemikers Justus Liebig. Er erkannte in dem jungen Mann das kommende Genie. Mit einem eindringlichen

Brief an Großherzog Ludewig I. in Darmstadt empfahl er der landesherrlichen Protektion und der fürstlichen Güte des Souveräns, „ein so ausgezeichnetes Talent zu ehren". Humboldt prophezeite dem Großherzog: „Liebig wird [...] ein Professor sein, der unserem Vaterlande Ehre macht [...]"[15]

Der Fürst folgte dem gewichtigen Wort des Grandseigneurs der Wissenschaft. Er entsandte den Einundzwanzigjährigen als Professor nach Gießen, damit er an der dortigen Universität einen Lehrstuhl für Chemie einrichte. Liebig erfüllte Humboldts Voraussage. Die von ihm eingeführte Agrikulturchemie bewahrte Europa vor der Hungersnot.

Das Bild Liebigs ist zu sehen auf der Wandtafel „Bedeutende Naturwissenschaftler" im Korridor zum Senatssaal der Bergakademie Freiberg. Es zeigt den Protagonisten in seinem Laboratorium. Liebig wird zitiert mit einem Ausspruch aus dem Jahr 1843: „In der Hand des Physiologen muß die organische Chemie zu einem geistigen Hilfsmittel werden, mit dem er imstande sein wird, die Ursachen von Erscheinungen zu erfassen, die das leibliche Auge nicht mehr erkennt."

Der rasante Erkenntnisprozeß der Naturwissenschaft von der Zeit Humboldts bis in unsere Tage verlangte eine ethisch übergreifende Erkenntnis. Ihr Text ist im Korridor der Bergakademie zu lesen: „Die Vereinbarkeit von Menschlichkeit mit Wissenschaft und Technik ist eine der größten Herausforderungen an uns an der Schwelle zum neuen Jahrhundert."

Wenige Monate vor Beginn des 19. Jahrhunderts formulierte Alexander von Humboldt sein ethisches Prinzip: „Der arbeitsame Mensch muß das Gute und Grosse wollen. Ob er es erreiche, hängt von dem unbezwungenen Schiksale ab."[14] Diese eindeutigen Worte notierte Humboldt am 5. Juni 1799, als er das europäische Festland verließ zur Reise nach Amerika. Seine Maxime ist bis in unsere Gegenwart gesprochen.

Anmerkungen

1 Humboldt an Abraham Gottlob Werner, Mainz, 25. 7. 1790. In: Humboldt 1973, S. 99 f.
2 Humboldt an Abraham Gottlob Werner, Hamburg, 13. 12. 1790. In: Humbold 1973, S. 112.
3 Schiller 1970, S. 375 f.
4 Humboldt an Johann Leopold Neumann, Freiberg, 23. 6. 1791. In: Humboldt 1970. S. 143.
5 Humboldt an Carl Freiesleben, Berlin, 7. 3. 1792; Berlin, 19. 3. 1792; Potsdam, 10. 4. 1792. In: Humboldt 1973, S. 176; S. 176 f., S. 179.
6 Humboldt an Carl Freiesleben, La Coruña, 4. 6. 1799. In: Humboldt 1973, S. 680 f.
7 Humboldt an Carl Freiesleben, Wien, 16. 10. 1797. In: Humboldt 1973, S. 593.
8 Humboldt an Karl August Varnhagen von Ense, Berlin, 13. 3. 1853. In: Humboldt 1860, S. 266 f.
9 Humboldt an Wilhelm von Humboldt, Moskau, 26. 3. 1829. In: Humboldt 1923, S. 187 f.
10 Humboldt an Archibald Maclean, Freiberg, 14. 10. 1791. In: Humboldt 1973, S. 153.
11 Zit. nach Bruhns 1872, 1, S. 129 f.
12 Humboldt an Johann Gotthelf Fischer von Waldheim, Berlin, 8. 2. 1847. Zit. nach Bruhns 1872, 1, S. 131.
13 Humboldt 1823, S. 67.

14 Humboldt an Karl Maria Ehrenbert Frh. von Moll, La Coruña, 5. 6. 1799. In: Humboldt 1973, S. 682.
15 Humboldt an Großherzog Ludewig I. von Hessen-Darmstadt, Paris, 5. 2. 1824. In: Briefe von Justus Liebig 1928, S. 68.

Literatur

Briefe von Justus Liebig 1928
Briefe von Justus Liebig nach neuen Funden. Hrsg. von Ernst Berl. Gießen und Darmstadt 1928.

Bruhns 1872
Bruhns, Karl [Hrsg.]: Alexander von Humboldt. Eine wissenschaftliche Biographie. Bd. 1–3. Leipzig 1872.

Humboldt 1823
Humboldt, Alexander von: Geognostischer Versuch über die Lagerung der Gebirgsarten in beiden Erdhälften. Deutsch bearb. von Karl Cäsar Ritter von Leonhard. Straßburg 1823.

Humboldt 1860
Briefe von Alexander von Humboldt an Varnhagen von Ense aus den Jahren 1827 bis 1858. Leipzig 1860.

Humboldt 1923
Briefe Alexander von Humboldts an seinen Bruder Wilhelm. Hrsg. von der Familie von Humboldt in Ottmachau. Berlin 1923.

Humboldt 1973
Die Jugendbriefe Alexander von Humboldts 1787–1799. Hrsg. und erl. von Ilse Jahn und Fritz G. Lange. Berlin 1973. (Beiträge zur Alexander-von-Humboldt-Forschung. 2.)

Schiller 1970
Schillers Werke. Nationalausgabe. Bd. 17. Weimar 1970.

Anschrift des Verfassers: *Kurt Schleucher, Hobrecht-Str. 34, D 64285 Darmstadt*

Zum Briefwechsel Alexander von Humboldt – Ferdinand Reich unter besonderer Berücksichtigung der Begriffe „Gelehrtennachlaß" und „Geophysikgeschichte"*

Von Peter Schmidt

1. Ausgangspunkt

Briefe gehören zu den wesentlichen Bestandteilen eines Gelehrtennachlasses (Schmidt 1986, 1987). Nach Biermann (1990) und Suckow (1992) können wir davon ausgehen, daß Alexander von Humboldt im Zeitraum 1787 bis 1859 an die 50 000 Briefe schrieb. Davon sind von der Alexander-von-Humboldt-Forschungsstelle Berlin über 13 400 Briefe im vollen Wortlaut, in den Auszügen oder doch wenigstens in Form von Belegen erfaßt. Etwa 35 000 Briefe müssen als verschollen gelten. Empfangen hat Humboldt schätzungweise weit über 100 000 Briefe. Von diesen sind jedoch noch nicht einmal 4% erhalten geblieben. Während der letzten Jahrzehnte seines Lebens erreichten Humboldt bis zu 3000 Briefe im Jahr. Mehr als 3200 an Humbold gerichtete Schreiben und über 2600 Korrespondenten Humboldts sind bekannt. Fast 400 Eigentümer von Originalen in 27 Ländern Europas, Amerikas, Afrikas und Australiens stellten der Alexander-von-Humboldt-Forschungsstelle über 12 000 Humboldt-Dokumente zur Verfügung.

Der bisher veröffentlichte Briefwechsel Alexander von Humboldts ist uns in vielfältiger Form zugänglich. Allen voran stehen die im Druck erschienen Briefeditionen des 19. und 20. Jahrhunderts (Tab. 1). Hinzu kommen zahlreiche einschlägige Publikationen in Zeitschriften, Zeitungen und an anderen Orten. Humboldts Jugendbriefe sind in einem besonderen Band ediert (Humboldt 1973). Trotzdem: Mehr als 8000 Briefe Alexander von Humboldts sind bisher noch nicht veröffentlicht.

Ferdinand Reich, der nach seinem Aufenthalt in Frankreich wieder an die Bergakademie Freiberg zurückkehrte (Tab. 2) und dessen Namen wir in den Mitgliederlisten der Sächsischen Gesellschaft der Wissenschaften zu Leipzig, der Gesellschaft der Wissenschaften zu Göttingen und der Leopoldinisch-Carolinischen Deutschen Akademie der Naturforscher wiederfinden, ist einer von jenen 2600 Personen, die mit Alexander von Humboldt im Briefwechsel standen. Humboldt, der mit Reich 1823/24 in Paris, 1826 in Freiberg und 1828 auf der Versammlung deutscher Naturforscher und Ärzte in Berlin persönlich zusammentraf, nannte Ferdinand Reich „mein Freund" und „den Freund meiner Freunde". Die Landesregierung in Dresden sowie das Oberbergamt, das Oberhüttenamt und die Bergakademie in Freiberg wußten von dieser tiefen Freundschaft. Sowohl in Freiberg als auch in Dresden galt Reich als fachkompetenter Beamter und ausgezeichneter Gelehrter. So nimmt es nicht Wunder, daß Reich bei Humboldts Begräbnisfeierlichkeiten die Bergakademie Freiberg vertrat. Auch das sächsische Komitee zur Errichtung eines Nationaldenkmals für Alexander von Humboldt konnte sich der aktiven Unterstützung durch Ferdinand Reich erfreuen.

* Frau Gertrud Scholz und Frau Elisabeth Täschner in Dankbarkeit zugeeignet.

Tab. 1:
Widerspiegelung der Korrespondenz Alexander von Humboldts in Briefeditionen des 19. und 20. Jahrhunderts (Auswahl)

Briefpartner	Zeit des Briefwechsels	Literaturauswahl
Althaus, Friedrich	1848–1856	Humboldt 1869 a
Arago, François	1809–1853	Humboldt 1907
Berghaus, Heinrich	1825–1858	Humboldt 1869 b
Bessel, Friedrich Wilhelm	1816–1846	Humboldt [im Druck]
Bunsen, Christian Karl Josias von	1816–1856	Humboldt 1869 c
Cancrin, Georg von	1827–1832	Humboldt 1869 d
Dirichlet, Peter Gustav Lejeune	1825–1855	Humboldt 1982
Gauß, Carl Friedrich	1817–1854	Humboldt 1977
Goethe, Johann Wolfgang von	1795–1827	Goethe 1909
Humboldt, Wilhelm von	1799–1829	Humboldt 1880
Jacobi, Carl Gustav Jacob	1828–1851	Humboldt 1987
Olfers, Ignaz von	1832–1858	Humboldt 1913
Raumer, Friedrich von	1832–1858	Raumer 1869
Schumacher, Heinrich Christian	1827–1850	Humboldt 1979
Varnhagen von Ense, Karl August	1827–1858	Humboldt 1860
Wegener, Wilhelm Gabriel	1788–1790	Humboldt 1896
Preußisches Königshaus	1835–1857	Humboldt 1928
Preußisches Kultusministerium	1818–1859	Humboldt 1985

Tab. 2:
Einige wichtige Lebensdaten Ferdinand Reichs

19. 2. 1799	In Bernburg geboren
1815–1816	Student der Universität Leipzig
1816–1819	Student der Bergakademie Freiberg
1819–1822	Hütten- und Amalgamiergehilfe in Halsbrücke
1822–1823	Student der Universität Göttingen
1823–1824	Student der Ecole de mine, der Sorbonne und des College de France in Paris
1824–1866	Inspektor der bergakademischen Sammlungen und Gebäude in Freiberg
1827–1860	Professor der Physik an der Bergakademie Freiberg
1831–1842	Lehrer der Paläontologie an der Bergakademie Freiberg
1843–1856	Professor der Allgemeinen Chemie an der Bergakademie Freiberg
1846	Dr. phil. h. c. der Universität Leipzig
1853	Bergrath
1856–1866	Vorstand des Hüttenlaboratoriums in Freiberg
1860	Oberbergrath
1866	Emeritus in Freiberg
27. 4. 1882	In Freiberg gestorben

Rückschauend auf sein Leben, schrieb der fast 70jährige Reich in seiner Autobiographie: „Unter den vielen Koryphäen der Wissen[schaft], die ich kennen zu lernen, und mit denen ich zum Theil in nähere Beziehung zu kommen das Glück hatte, muß ich von Allen Alexander von Humboldt nennen, der mich auf eine Empfehlung seines alten Freundes Freiesleben nicht nur gütig aufnahm, sondern auch meine Ziele durch seine Empfehlungen und sonst auf alle mögliche Weise unterstützte [...]"

2. Briefe Alexander von Humboldts an Ferdinand Reich

Eine kritische Zusammenstellung der uns heute noch überlieferten Briefe Humboldts an Reich vermittelt Tabelle 3. Der „Schreibmensch" Humboldt, der den „Diktiermensch" Humboldt ablehnte (Schleucher 1986), schrieb die Briefe Nr. 1 bis 3 während seines (und Reichs) Pariser Aufenthaltes. Die Briefe Nr. 4 bis 6 sind Humboldts (durch die Rußlandreise unterbrochener) Berliner Zeit zuzuordnen. Im Hinblick auf die Geophysik reflektieren diese Briefe die Geschichte der
– Gravimetrie (Brief Nr. 6),
– Geomagnetik (Briefe Nr. 4 und 5) und
– Geothermie (Briefe Nr. 1 und 6).
Was den in der Literatur zitierten Brief Alexander von Humboldts vom 19. März 1829 betrifft (Dove 1872, S. 176), so weist ein Vergleich mit dem Original eindeutig darauf hin, daß es sich um einen nicht korrigierten Druckfehler handelt: Statt 19. März 1829 muß es richtig 9. März 1829 heißen.

Die Briefe Nr. 2 (Abb. 1) und Nr. 3 (Abb. 2) sind kleine Einladungsschreiben, deren Originale die in Freiberg (Sachsen) wohnenden Geschwister Gertrud Scholz und Elisabeth

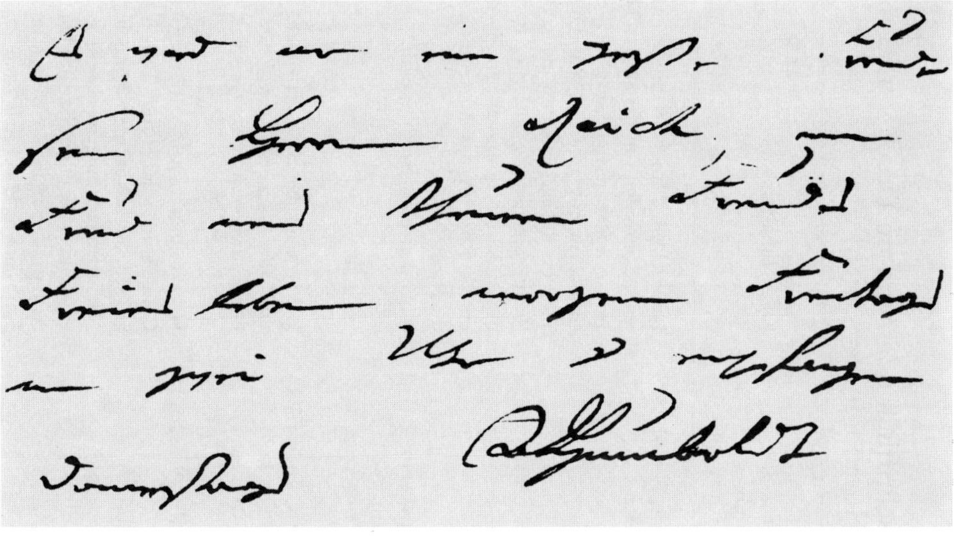

Abb. 1 Brief A. von Humboldts an F. Reich, Paris, Herbst 1823 (aus: Abteilung Wissenschaftlicher Altbestand der Bibliothek der Bergakademie Freiberg, Nachlaß Reich)

Tab. 3:
Handschriftlich oder/und im Druck vorliegende Briefe A. v. Humboldts an F. Reich
(H = Humboldt, R = Reich)

lfd. Nr.	Ort und Datum	Kurze Inhaltsangabe	Original ist vorhanden in der	Weitere Bemerkungen bzw. Literaturangaben (Auswahl)
1	Paris, Herbst 1823 Freitags	H schickt R „Muscheln und das Memoir über die Erdtemperaturen“. Bohrlöcher, in denen das Thermometer ganz verdeckt ist, „wären am sichersten“. Ein solches Thermometer brauche nicht einmal genau gradiert zu sein. Die Muscheln soll H nicht länger als 6 bis 8 Tage behalten, denn A. Valenciennes benötigt diese für die gegenwärtig im Druck befindliche Encyclopedie methodique. R soll „sonntags“ zu H kommen und mit diesem sowie mt G. Rose in das Museum gehen, „um die antiken Steine durchzusehen“.	Biblioteka JagiellońskaKraków	Gehört zu den kriegsbedingt verlagerten Beständen der Preußischen Staatsbibliothek (Staatsbibliothek zu Berlin – Preußischer Kulturbesitz)
2	Paris, etwa Herbst 1823 Donnerstags	H wird es eine „große Freude“ sein, R „morgen“ zu empfangen.	Abt. Wissenschaftlicher Altbestand der Bibliothek der Bergakademie Freiberg	Bier um 1957 Kabisch/Lübbert 1977 Schmidt 1977
3	Paris, Ende 1823/ Anfang 1824 Freitags	H hat R infolge „leidiger Beschäftigungen“ „so selten“ gesehen und lädt ihn „heute“ zum Essen ein. Es ist H „sehr angenehm“, mit R über Sachsen zu sprechen.	Abt. Wissenschaftlicher Altbestand der Bibliothek der Bergakademie Freiberg	Bier um 1957 Kabisch/Lübbert 1977 Schmidt 1977
4	Berlin, 9. März 1829	H erkundigt sich, ob Rs magnetische Beobachtungen „so im Gange sind“, daß H und R noch einmal gleichzeitig von Stunde zu Stunde beobachten können. Besonderen Wert legt H auf Nachtbeobachtungen. H schickt R magnetische Beobachtungsergebnisse, die er mit Bartholdy anstellte. Während Hs Rußlandreise werden in Berlin Weber, Encke, Bartholdy und Poggendorf beobachten. H schrieb nach Paris und Kazan, damit zwischen	Staatsbibliothek zu Berlin – Preußischer Kulturbesitz	Dove 1872 Wiedemann 1872 Honigmann 1984

		Berlin, Freiberg, Kazan und Paris korrespondierende Beobachtungen möglich sind. R soll seine Beobachtungsergebnisse gleich am nächsten Tag schicken. Grüße an J. C. Freiesleben. H legt einen Brief an Encke bei.		
5	Berlin, 2. April 1829	R soll J. C. Freiesleben über den Tod von Hs Schwägerin informieren. H schickt R die Berliner magnetischen Beobachtungsergebnisse und diskutiert diese mit den in Freiberg gemachten Beobachtungen. Die Freiberger Beobachtungsergebnisse soll R an Arago schicken. H bestellt bei Arago für R ein Inklinationsinstrument nach Gambey. Für die Dauer der H'schen Rußlandreise wird Encke in Berlin beobachten. R soll deshalb mit Encke im Sommer korrespondieren. Jetzt sollte in Freiberg (durch R, Lindner, Hering und Pilz), Berlin (durch Encke und Poggendorff) und Paris (durch Arago) gemeinsam beobachtet werden. R soll die in Freiberg vom 16. 4. bis 18. 4. 1829 gemachten Beobachtungsergebnisse noch vor dem 25. 4. an Arago sowie an Encke oder Poggendorff schicken. H gibt seine Adresse in Petersburg an und hofft, „morgen" J. C. Freiesleben schreiben zu können. R soll künftig in seinen Briefen an H „alle Titulatur" weglassen, das ziehme sich nicht unter Gelehrten.	Staatsbibliothek zu Berlin – Preußischer Kulturbesitz	Wiedemann 1872 Honigmann 1984
6	Berlin, 8. September 1834	H bedankt sich bei R für einen Brief sowie für dessen „interessantes Werk über die unterirdische Temperatur". Letzteres sei so „scharfsinnig geschrieben", wie Rs Fallversuche (Reich 1834). H diskutiert Rs geothermische Beobachtungen mit den anderen Orts gemessenen Temperaturen. Grüße an S. A. W. von Herder und an J. C. Freiesleben.	?	Reinhardt 1933

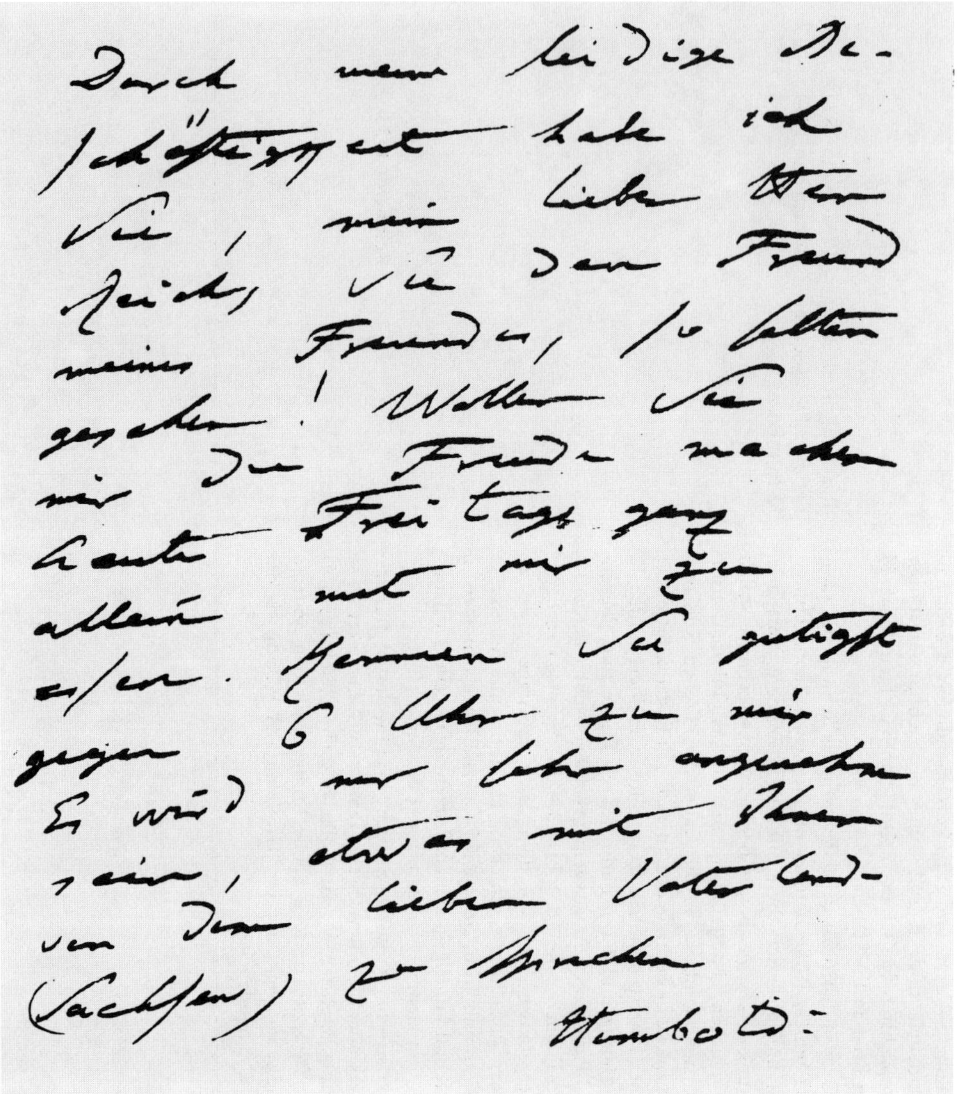
Durch meine leidige Be-
schäftigkeit habe ich
Sie, mein lieber Herr
Reich, Sie den Freund
meines Freundes, so selten
gesehen! Wollen Sie
mir die Freude machen
Heute Freitags ganz
allein mit mir zu
essen. Kommen Sie gütigst
gegen 6 Uhr zu mir.
Es wird mir lieb angenehm
sein, etwas mit Ihnen
von Ihrem lieben Vaterland-
(Sachsen) zu sprechen
Humboldt.

Abb. 2 Brief A. von Humboldts an F. Reich, Paris, Ende 1823 / Anfang 1824 (aus: Abteilung Wissenschaftlicher Altbestand der Bibliothek der Bergakademie Freiberg, Nachlaß Reich)

Täschner 1989 der Abteilung (Kustodie) Wissenschaftlicher Altbestand der Bibliothek der Bergakademie Freiberg schenkten. Schon wesentlich früher, nämlich im März 1978, machten die Geschwister Kopien beider Briefe der Alexander-von-Humboldt-Forschungsstelle in Berlin zugänglich. Sie griffen damit einen Vorschlag auf, den ich ihnen im Vorfeld der Vorbereitung des Ferdinand-Reich-Kolloquiums unterbreitete. Zur Bewahrung der beiden kleinen Schreiben in Familienbesitz trugen außer den erwähnten Geschwistern Scholz und Täschner bei: Prof. Dr. h.c. Ferdinand Reich und seine Frau Julie geb. Stichling, Rechtsanwalt Ferdinand Geißler und seine Frau Therese geb. Reich, Katharine Pistorius geb. Reich sowie Rechtsanwalt Constantin Täschner und seine Frau Sophie geb. Geißler. Hinsichtlich der verwandtschaftlichen Beziehungen dieser Damen und Herren verweise ich auf die Selbstbiographie Ferdinand Reichs (Bergakademie Freiberg) sowie auf Täschners Veröffentlichung (Täschner 1916).

3. Briefe von Ferdinand Reich an Alexander von Humboldt

Briefe, die Ferdinand Reich an Alexander von Humboldt schrieb, sind nach gegenwärtiger Kenntnis nur in zwei Fällen erhalten geblieben. Zum einen ist dies ein Briefkonzept vom 19. Mai 1831, und zum anderen ist es die Reinschrift eines Briefes, den Reich am 4. Januar 1837 schrieb.

Das Mundum vom 19. Mai 1831 entdeckte ich schon vor fast 15 Jahren beim Erschließen des Reich-Nachlasses (Schmidt 1979). Es handelt sich dabei um ein wertvolles Dokument zur Geschichte der sächsischen Metrologie (Abb. 3). Nachdem die Untersuchungen von Maschinendirektor Christian Friedrich Brendel nachgewiesen hatten, daß das Freiberger Berglachter „wenig von der Länge von zwei Meter“ abwich, genehmigte die sächsische Regierung auf Antrag des Oberberghauptmanns von Herder, das Freiberger Berglachter „genau zu zwei Meter festzusetzen“. Reich richtete in einem Brief vom 6. Juli 1830 an François Arago die Bitte, „die gedachten Maßstäbe“ zu bestellen, deren „Vergleichung“ zu übernehmen und darüber anschließend der Bergakademie Freiberg ein Zertifikat zukommen zu lassen. Der mit der Anfertigung beider Maßstäbe beauftragte Künstler sollte Reich „über die Übernahme des Geschäfts und den Preis der Maßstäbe“ informieren. Alexander von Humboldt wurde gebeten, dieses Gesuch bei Arago zu unterstützen. Insbesondere interessierte, ob auf diesem Wege das Oberbergamt (und damit auch die Bergakademie Freiberg) die gewünschten Maßstäbe erhalten kann, oder ob es Arago „lieber“ sieht, daß sich Ferdinand Reich unmittelbar an einen Mechaniker wendet und Arago „nur“ um die Vergleichung und die Ausstellung des Beglaubigungsschreibens bitten sollte. Im Februar 1832 kündigte Henri Prudence Gambey die Übersendung der Normale nach Freiberg an (Pasemann 1977).

Das Schreiben vom 4. Januar 1837 wird in dem im Haus 2 der Staatsbibliothek zu Berlin/Preußischer Kulturbesitz befindlichen Humboldt-Nachlaß aufbewahrt. In dem umfänglichen Brief berichtet Reich ausführlich über die in Freiberg gemachten geomagnetischen Messungen sowie über verschiedene geothermische Fragen.

4. Zur Erwähnung Ferdinand Reichs in der Korrespondenz Alexander von Humboldts mit Dritten

Als Beispiel der direkten und/oder indirekten Erwähnung Ferdinand Reichs in der Korrespondenz Alexander von Humboldts mit Dritten führe ich den Humboldtschen Briefwechsel mit A. M. Ampère, F. Arago, H. Berghaus, P. G. L. Dirichlet, J. F. Encke, J. G. Galle, C. F.

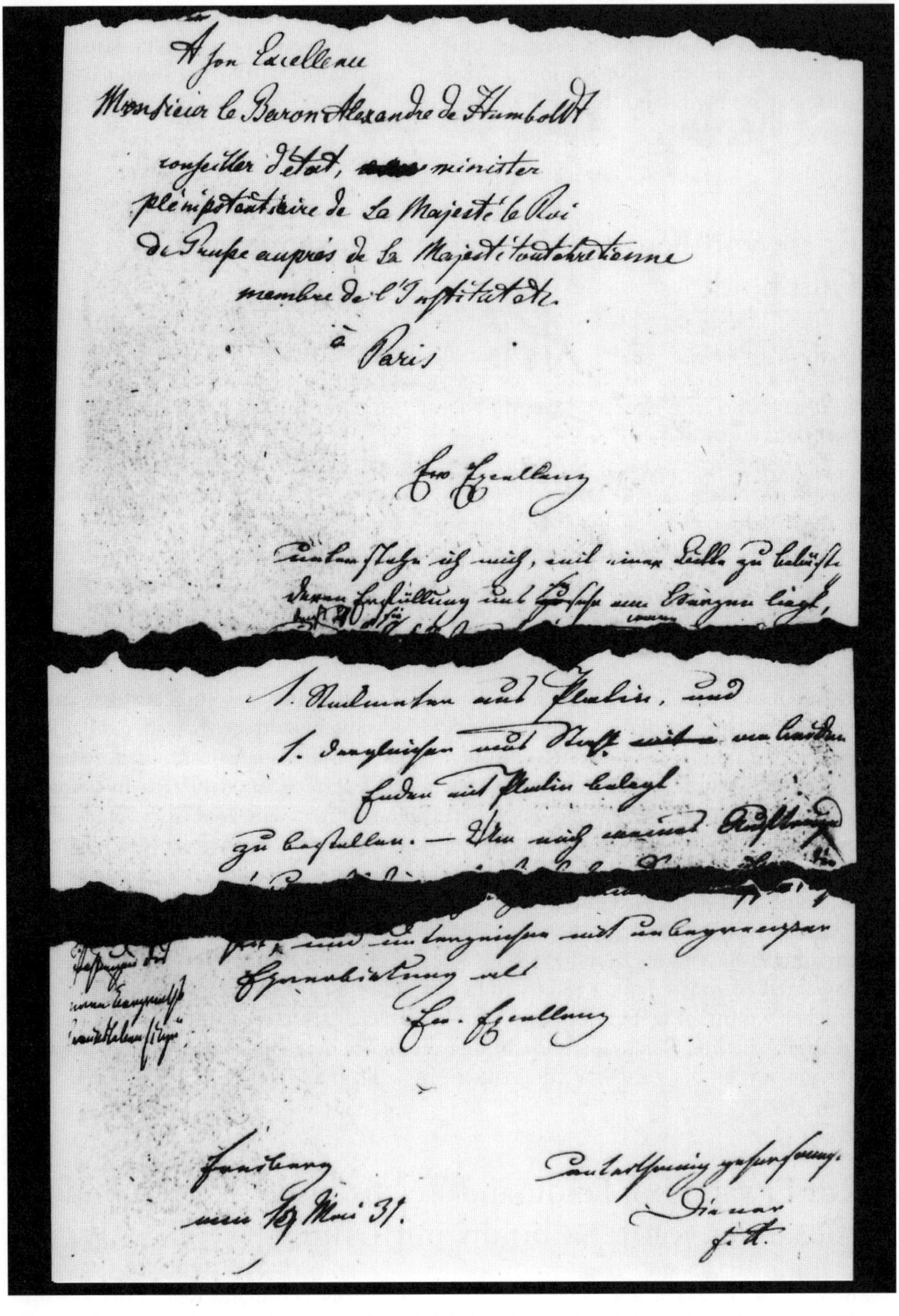
A son Excellence
Monsieur le Baron Alexandre de Humboldt
conseiller d'état, ministre
plénipotentiaire de sa Majesté le Roi
de Prusse auprès de sa Majesté toute chrétienne
membre de l'Institut etc.
à Paris

Ew. Excellenz

Ew. Excellenz

Freiberg
am 19 Mai 31.

Diener
F. R.

Abb. 3 Briefentwurf F. Reichs an A. von Humboldt, Freiberg, 19. Mai 1831 (aus: Abteilung Wissenschaftlicher Altbestand der Bibliothek der Bergakademie Freiberg, Nachlaß Reich)

Gauß, S. A.W. von Herder, H. C. Schumacher und einem namentlich nicht genannten französischen Chemiker an. Hinsichtlich Berghaus, Arago, Gauß, Schumacher und Dirichlet ist dieser Briefwechsel ediert (Humboldt 1869b; Humboldt 1907; Humboldt 1977, 1979, 1982). Bezüglich der anderen Personen liegen in der Alexander-von-Humboldt-Forschungsstelle Berlin entsprechende Briefkopien vor: In Briefen an Ampère und den namentlich (noch) unbekannten französischen Chemiker hilft Humboldt, Reichs Weg in Paris zu ebnen. Im ersteren Falle betrifft es die Physik, im letzteren Fall die Chemie. In einem Brief an Encke nimmt Humboldt Bezug auf Reichs Untersuchungen der Erddichte sowie dessen magnetische Beobachtungen. An Galle richtet Humboldt die Bitte, die Deklinationswerte, die Reich im Tiefen Fürstenstolln beobachtete, zu berechnen und in Listen zu bringen. Gegenüber Herder schreibt Alexander von Humboldt, keine Arbeit über die Erdwärme sei wichtiger, umfassender und scharfsinniger „aufgefaßt", als die Reichsche. Und weiter: Es sei ein besonderer Vorzug dieser Veröffentlichung (Reich 1834), daß sie die einzelnen Beobachtungen nennt, weshalb diese Publikation „bei einst wechselnden physikalischen Ansichten [...] immer eine ergiebige Hilfsquelle sein wird".

5. Zur Erwähnung Alexander von Humboldts in der Korrespondenz Ferdinand Reichs mit Dritten

Die Erwähnung Alexander von Humboldts in der Korrespondenz Reichs mit Dritten ist gegenwärtig nur durch ein Mundum belegt, das Reich in der zweiten Hälfte des Jahres 1829 an Arago schrieb und das im Reich-Nachlaß der Abteilung Wissenschaftlicher Altbestand der Bibliothek der Bergakademie Freiberg aufbewahrt wird. Sein Inhalt betrifft geomagnetische Fragen.

Zusammenfassung

Der Briefwechsel Humboldt-Reich belegt die Freunschaft dieser beiden Gelehrten, ist zweckbestimmt, von autobiographischer Bedeutung und unverzichtbare Quelle zur Geschichte der Geophysik und der alma mater Fribergensis. Beide gaben einander und gaben an andere weiter. Insoweit die zwischen ihnen gewechselten Briefe geophysikalische Fragen betrafen, wurden (nach bisheriger Kenntnis) solche der Gravimetrie, Geomagnetik und Geothermie angesprochen. Sowohl Humboldt als auch Reich hatten begriffen, wie wichtig die Kommunikation ist. Mit großem Erfolg bemühten sich beide, die 1823/24 sorgfältig geknüpften persönlichen Verbindungen zu erhalten und sie bei Bedarf immer wieder neu zu beleben. Die Kommunikation von und nachgeschalteter Briefe förderte die Effizienz der Arbeit, informierte und motivierte.

Für Reich (und damit auch für die Bergakademie Freiberg) war die Freundschaft zu Humboldt von großer Bedeutung. Auf der Grundlage dieser Verbindung konnte Ferdinand Reich seine Aufgaben als bergakademischer Inspektor, als Professor der Physik und Chemie sowie als Lehrer der Paläontologie wirkungsvoll(er) erfüllen. Der vielseitige Humboldt unterstützte ihn dabei – nicht nur während der Jahre 1823/24 in Frankreich, sondern weit darüber hinaus.

Alexander von Humboldt verstand es ausgezeichnet, die Details zusammenzufügen und im Ganzen die Einzelheit(en) zu erkennen. Er half seiner alma mater, wo und wie er auch immer dazu in der Lage war. Humboldt war stolz, Student dieser Bildungseinrichtung gewesen zu sein.

So, wie Alexander von Humboldt in seinen Briefen an Dritte anerkennende Worte für den „vortrefflichen Professor Reich" fand, wußte Reich in seinen Briefen an Dritte, die Beziehungen zu Alexander von Humboldt geschickt zu reflektieren – (auch) zum Nutzen der hier in Rede stehenden Geophysik.

Quellen und Literatur

Freiberg, Bergakademie

Abteilung Wissenschaftlicher Altbestand der Universitätsbibliothek „Georgius Agricola" der TU Bergakademie Freiberg.

Nachlaß Reich. Reich, Ferdinand: Selbstbiographie. Handschrift ohne Jahr.

Bier um 1957

Bier, Johannes: Professor Dr. phil. h.c. Ferdinand Reich. Maschinenschrift. Deutschneudorf um 1957.

Biermann 1990

Biermann, Kurt-R.: Wer waren die wichtigsten Briefpartner Alexander von Humboldts? In: Kurt-R. Biermann: Miscellanea Humboldtiana. Berlin 1990, S. 230–236. (Beiträge zur Alexander-von-Humboldt-Forschung. 15.)

Dove 1872

Dove, Alfred: Alexander von Humboldt auf der Höhe seiner Jahre. (Berlin 1827–59). In: Alexander von Humboldt. Eine wissenschaftliche Biographie. Bearb. und hrsg. von Karl Bruhns. Bd. 2. Leipzig 1872, S. 93–484.

Goethe 1909

Goethes Briefwechsel mit Wilhelm und Alexander von Humboldt. Hrsg. von Ludwig Geiger. Berlin 1909.

Honigmann 1984

Honigmann, Peter: Entstehung und Schicksal von Humboldts Magnetischem „Verein" (1829–1834) im Zusammenhang mit seiner Rußlandreise. In: Annals of Science. 41 (1984), S. 57–86.

Humboldt 1860

Briefe von Alexander von Humboldt an Varnhagen von Ense aus den Jahren 1827 bis 1858. Nebst Auszügen aus Varnhagen's Tagebüchern, und Briefen von Varnhagen und Anderen an Humboldt. 5. Aufl. Leipzig 1860.

Humboldt 1869 a

Briefwechsel und Gespräche Alexander von Humboldt's mit einem jungen Freunde. Aus den Jahren 1848 bis 1856. 2. Aufl. Berlin 1869.

Humboldt 1869 b

Briefwechsel Alexander von Humboldt's mit Heinrich Berghaus aus den Jahren 1825 bis 1858. 2., wohlfeile Jubelausgabe. Bde. 1–3. Jena 1869.

Humboldt 1869 c

Briefe von Alexander von Humboldt an Christian Carl Josias Freiherr von Bunsen. Leipzig 1869.

Humboldt 1869 d
Im Ural und Altai. Briefwechsel zwischen Alexander von Humboldt und Graf Georg von Cancrin aus den Jahren 1827–1832. Leipzig 1869.
Humboldt 1880
Briefe Alexanders von Humboldt an seinen Bruder Wilhelm. Hrsg. von der Familie von Humboldt in Ottmachau. [Red. F. Gregorovius]. Stuttgart 1880.
Humboldt 1896
Jugendbriefe Alexander von Humboldt's an Wilhelm Gabriel Wegener. Hrsg. von Albert Leitzmann. Leipzig 1896.
Humboldt 1907
Correspondance d'Alexandre de Humboldt avec François Arago (1809 à 1853). Publ. avec une preface et des notes par E.-T. Hamy. Paris 1907.
Humboldt 1913
Briefe Alexander v. Humboldt's an Ignaz v. Olfers, Generaldirektor der Kgl. Museen in Berlin. Hrsg. von E.W. M. v. Olfers. Nürnberg und Leipzig [1913].
Humboldt 1928
Alexander von Humboldt und das Preußische Königshaus. Briefe aus den Jahren 1835–1857. Hrsg. und erl. von Conrad Müller. Leipzig 1928.
Humboldt 1973
Die Jugendbriefe Alexander von Humboldts 1787–1799. Hrsg. u. erl. von Ilse Jahn und Fritz G. Lange. Berlin 1973. (Beiträge zur Alexander-von-Humboldt-Forschung. 2.)
Humboldt 1977
Briefwechsel zwischen Alexander von Humboldt und Carl Friedrich Gauß. Zum 200. Geburtstag von C. F. Gauß im Auftrage des Gauß-Komitees bei der Akademie der Wissenschaften der DDR neu hrsg. durch Kurt-R. Biermann. Berlin 1977. (Beiträge zur Alexander-von-Humboldt-Forschung. 4.)
Humboldt 1979
Briefwechsel zwischen Alexander von Humboldt und Heinrich Christian Schumacher. Zum 200. Geburtstag von H. C. Schumacher hrsg. von Kurt-R. Biermann. Berlin 1979. (Beiträge zur Alexander-von Humboldt-Forschung. 6.)
Humboldt 1982
Briefwechsel zwischen Alexander von Humboldt und Peter Gustav Lejeune Dirichlet. Hrsg. von Kurt-R. Biermann. Berlin 1982. (Beiträge zur Alexander-von-Humboldt-Forschung. 7.)
Humboldt 1985
Alexander von Humboldt. Vier Jahrzehnte Wissenschaftsförderung. Briefe an das preußische Kultusministerium 1818–1859. Hrsg. von Kurt-R. Biermann. Berlin 1985. (Beiträge zur Alexander-von-Humboldt-Forschung. 14.)
Humboldt 1987
Briefwechsel zwischen Alexander von Humboldt und C. G. Jacob Jacobi. Hrsg. von Herbert Pieper. Berlin 1987. (Beiträge zur Alexander-von-Humboldt-Forschung. 11.)
Humboldt [im Druck]
Briefwechsel zwischen Alexander von Humboldt und Friedrich Wilhelm Bessel. Hrsg. von Hans-Joachim Felber. Berlin [im Druck]. (Beiträge zur Alexander-von-Humboldt-Forschung. 10.)
Kabisch/Lübbert 1977
Kabisch, Günter und Joachim Lübbert: Die persönlichen Beziehungen Ferdinand Reichs

zu v. Herder und A. v. Humboldt und deren Auswirkung auf Reichs Wirken an der Bergakademie. In: Beiträge zur Traditionspflege Physik an der Bergakademie Freiberg. Freiberg 1977, Bl. 40–58.

Pasemann 1977
Pasemann, Lutz: Durchsetzung des metrischen Systems im sächsischen Bergbau. In: Beiträge zur Traditionspflege Physik an der Bergakademie Freiberg. Freiberg 1977, Bl. 59–66.

Raumer 1869
Raumer, Friedrich von: Litterarischer Nachlaß. Bd. 1.2. Berlin 1869.

Reich 1832
Reich Ferdinand: Fallversuche über die Umdrehung der Erde angestellt auf hohe Oberbergamtliche Anordnung in dem Drei Brüderschachte bei Freiberg. Freiberg 1832.

Reich 1834
Reich, Ferdinand: Beobachtungen über die Temperatur des Gesteins in verschiedenen Tiefen in den Gruben des Sächsischen Erzgebirges in den Jahren 1830 bis 1832 angestellt auf Anordnung E. K. S. Hochverordneten Oberbergamtes. Freiberg 1834.

Reinhardt 1933
Reinhardt, Curt: Alexander von Humboldt an Ferdinand Reich. Ein Brief. In: Mitteilungen des Freiberger Altertumsvereins. 63 (1933), S. 89–92.

Schleucher 1986
Schleucher, Kurt: Der Schreib- und Denkmensch Alexander von Humboldt. In: Die Dioskuren. Probleme im Leben und Werk der Brüder Humboldt. Mannheim 1986, S. 223–241. (Abhandlungen der Humboldt-Gesellschaft für Wissenschaft, Kunst und Bildung e.V. Bd. 9)

Schmidt 1977
Schmidt, Peter: Zur Biobibliographie Prof. Dr. h. c. Ferdinand Reich (1799–1882). In: Veröffentlichungen des Wissenschaftlichen Informationszentrums der Bergakademie Freiberg. 2 (1977), S. 97–124.

Schmidt 1979
Schmidt, Peter: Zum Nachlaß Ferdinand Reichs (1799–1882). In: Veröffentlichungen des Wissenschaftlichen Informationszentrums der Bergakademie Freiberg. 3 (1979), S. 62–87.

Schmidt 1986
Schmidt, Peter: Zur Kenntnis wissenschaftlicher Nachlässe von Berg- und Hüttenleuten. In: Neue Bergbautechnik. 16 (1986), S. 354-356.

Schmidt 1987
Schmidt, Peter: Aktuelle Fragen zum Problemkreis der wissenschaftlichen Nachlässe von Geologen, Mineralogen, Geophysikern und Paläontologen. In: Zeitschrift für geologische Wissenschaften. 15 (1987), S. 243–251.

Suckow 1992
Suckow, Christian: Die Alexander-von-Humboldt-Forschungsstelle, Berlin: Entwicklung, Leistung, Aufgaben. In: Arbeitskreis Geschichte der Geophysik in der Deutschen Geophysikalischen Gesellschaft. Mitteilungen. 11 (1992), H. 1, S. 2–9.

Täschner 1916
Täschner, Constantin: Ferdinand Reich, 1799–1884. Ein Beitrag zur Freiberger Gelehrten- und Akademiegeschichte. In: Mitteilungen des Freiberger Altertumsvereins. 51 (1916), S. 23–59.

Wiedemann 1872
Wiedemann, Gustav: Erdmagnetismus. Einzelne physikalische und chemische Forschungen. In: Alexander von Humboldt. Eine wissenschaftliche Biographie. Bearb. und hrsg. von Karl Bruhns. Bd. 3. Leipzig 1872, S. 55–89.

Anschrift des Verfassers: *Dr. Peter Schmidt, Johann-Sebastian-Bach-Straße 5, D 09599 Freiberg*

Alexander von Humboldt und Leopold von Buch, zwei befreundete Freiberger Naturforscher – frühe Wanderungen und Untersuchungen in den Alpen und angrenzenden Vulkangebieten im Zeitraum 1795–1805. Verlauf und Aspekte

Von Heinz Schulz

1. Einleitung: Die helvetisch-französischen Alpen, eines der europäischen Zentren früher erdwissenschaftlicher Forschungen

Als die beiden angehenden Naturforscher und Geognosten vor nunmehr zweihundert Jahren in Freiberg bei Abraham Gottlob Werner (1749–1817) studierten, war soeben das „heroische Zeitalter" der Geologie angebrochen.[1] In dieser frühen Periode spielten sowohl einzelne Alpenlandschaften als auch die peripheren Vulkanregionen in Frankreich und Italien eine wesentliche Rolle als Testobjekte bestehender erdwissenschaftlicher Konzepte und zunehmend auch als Ausgangspunkte erster prä-moderner geologisch-geognostischer Theorien. Diese waren fast ausschließlich noch katastrophistisch in mechanistischer Form angelegt: das Werden von Relief und geologischem Bau wurde entweder in diluvianistischer bzw. neptunistischer Fassung oder in plutonistischer Gegen-Sicht gedeutet.

Die „frühen Heroen" der westlichen Alpenwelt waren universell gebildete, zumeist auch praktisch oder politisch tätige Naturbeschreiber oder Verfasser von Naturgeschichten. Dazu zählen vor allem französisch- und deutschsprachige Autoren aus Hochschulen oder freisinnigen Gelehrtengesellschaften in Zürich, Bern und Genf. Es waren die Wegbereiter der nachfolgenden Schweizer Schule der Alpengeologie des 19. Jahrhunderts. Zu den herausragenden Gestalten dieses Kreises gehören insbesondere: Johann Jacob Scheuchzer (1672–1733) und Hans Conrad Escher von der Linth (1767–1823) aus Zürich, die Berner Albrecht von Haller (1708–1777) und Gottlieb Sigmund Gruner (1717–1778), Jean-André de Luc (1727–1817) und Horace-Bénédict de Saussure (1740–1799) aus Genf sowie Deodat de Dolomieu (1750–1801) aus der Dauphine. Mit einigen von ihnen traten Humboldt und Buch in persönlichen und/oder literarischen Kontakt. Es ist anzunehmen, daß deren Werke und Ansichten den beiden in der Zeit ihrer frühen Wanderungen und ersten Untersuchungen im Alpenraum bekannt waren.

Für das sehr frühe Erscheinen wissenschaftlicher Beschreibungen der westalpinen und Schweizer Gebirgslandschaften waren sowohl vielfältige praktische Erfordernisse von Straßen- und Brückenbau sowie Überschwemmungs- und Lawinenschutz als auch die antischolastische Natureuphorie der französischen Aufklärung von vorantreibender ideeller Bedeutung. Die Schriften und Ideen der frühen Schweizer Naturbeschreiber strahlten weit in andere Länder Europas aus. Besonders Saussures Alpenschilderungen kann man als einen Bestseller der damaligen gebildeten Welt bezeichnen. Den Lesern erläuterte er u. a. die Vorzüge dieser Gebirge, die hier an den kaum von Pflanzen verhüllten Hängen dem Betrachter die unterschiedlichsten geognostischen Erscheinungen darbieten. „Der Naturkundige, wie der Geologe findet in den höheren Gebirgen eine große Nahrung für seinen forschenden und bewundernden Geist."[2] Alpenreisen wurden jetzt sehr beliebt; die Alpen wurden zu einem Mekka von Naturkundigen und Naturliebhabern. So lesen wir in der Vorrede des Übersetzers zum 1781 erschienenen ersten Teil des mehrbändigen Reisewerkes von Saussure: „Ganze Scharen von Reisenden besuchen alle Sommer die helvetischen und savoyischen Alpen; man macht Beschreibungen davon, man erdenkt Theorien über den Bau und die Entstehungsart dieser großen Kolosse."[3]

Zu den Scharen wissensdurstiger Alpenreisender gesellten sich bald die bereits kenntnisreichen Freunde Humboldt und Buch. Beide betraten oder durchquerten – jeder für sich – dieses Gebirge erstmals im Alter von dreiundzwanzig Jahren: Humboldt bereiste im Herbst 1792 als junger Oberbergmeister die österreichischen, bayerischen und galizischen Salinengebiete; der um fünf Jahre jüngere Buch trat im Sommer 1797 seine Italienreise in Richtung Vesuv an. Einer seiner Antriebe war der Streit um eine neptunische oder plutonische Deutung des Basalts sowie der Vulkanismus-Phänomene überhaupt. Auch die im Aufkeimen begriffene Granitdiskussion kann dazu gerechnet werden.

Für Buch waren sowohl die Alpen- als auch die Vulkanerkundungen für seine schrittweise sich vollziehende Abkehr von den neptunistischen Leitideen seines verehrten Lehrers von maßgeblicher Bedeutung. Als Beispiel für sein an realen Befunden sich orientierendes Problemverhalten mögen einige Zitate aus einem Brief vom Jahre 1798 dienen; unter dem Eindruck seiner Beobachtungen im Etsch-Tal schrieb er: „Hier verstehe ich die Menschen nicht mehr – und kaum die Natur. Chaotisch scheinen hier die Gebirgsarten durcheinandergeworfen, und die schönste Ordnung vom Brenner herab scheint gänzlich dahin. Wer hätte es gedacht, nach so ungeheuren Massen von Kalkstein [...] auf das Neue Urgebirgsarten zu finden. Sind nicht hier offenbar die schönsten Systeme über den Haufen geworfen, welche die Formationszeit der Gebirgsarten bestimmen? Ist hier nicht Porphyr auf Flözkalk, Glimmerschiefer auf Porphyr gelagert? [...] Mit ängstlicher Wehmut sah ich ein Gebäude zusammenstürzen, das uns mit dem System zugleich die Geschichte gab, und uns an der Reihe der Gebirgsarten hinauf aus unserer jetzigen Welt in eine vormalige führte, die wir vorher geahndet hatten, nicht begriffen, aber dann glaubten ihr näher zu seyn."[4]

2. Die frühen Reisen

Vor ihren ersten Exkursionen als vom Staatsdienst unabhängige Reisende hatten beide Freunde, gemäß ihren amtlichen Aufgaben, bereits mehrere bergbaulich-geognostische Erkundungs- und Besichtigungsfahrten absolviert und darüber auch berichtet bzw. publiziert. Hinter Humboldt lag – nach der zutreffenden Bezeichnung von Hanno Beck – die Zeit der Bildungsreisen.[5]

2.1. Humboldts Alpenreisen im Jahre 1795

Humboldt leitete seine ersten Alpenbegehungen im Sommen 1795 mit einer Übersichtsexkursion in Begleitung des jungen Bayreuther Offiziers Reinhard von Haelften ein; der Weg führte durch das Inn-Tal nach Süden zum Lago Maggiore und von dort durch die Po-Tiefebene bis Venedig. Die Rückreise ging über den St. Gotthard durch das Schweizer Mittelland nach Schaffhausen. Dort traf er sich mit dem bereits aus der Freiberger Studienzeit ihm freundschaftlich verbundenen Johann Carl Freiesleben (1774–1846), dem nachmaligen K. S. Berghauptmann in Freiberg. Gemeinsam begaben sie sich auf ausgedehnte Exkursionen, die in der Literatur ausdrücklich als mehrwöchige Fußwanderungen vermerkt sind. Sie besuchten zuerst den Schweizer Jura und danach die Savoyer Alpen. Als eines der Ergebnisse ihrer Untersuchungen schlugen sie die Aussonderung der jurassischen Bildungen aus dem Muschelkalk und deren Bestimmung als eigenständige Formation vor. Im Herbst rekognoszierten sie die Schweizer Alpen im oberen Rhone-Gebiet sowie die Walliser Alpen und das Mt. Blanc-Massiv.

Bei einem Aufenthalt in Genf besuchte Humboldt die bekannten Alpen- und Naturforscher H. B. de Saussure und J. A. de Luc. Humboldt machte sich besonders mit der von de Luc entwickelten und allgemein anwendbaren Barometerformel für vergleichbare Höhenbestimmungen vertraut.

2.2. Der Alpenaufenthalt von Humboldt und Buch im Winterhalbjahr 1797–98

Von Wien kommend hielten sich beide Freunde nach einer Durchquerung der Steiermark mehrere Monate im Salzkammergut auf. Im frühen Winter wagten sie von dort aus einen kurzen Abstecher zum westlichen Teil der Ostalpen-Hauptkette zwischen den Kämmen der Hohen und Niederen Tauern. Den späten Winter verbrachten sie in Salzburg und Berchtesgaden. Humboldt nutzte diese Zeit für meteorologische, barometrische und eudiometrische Messungen. Buch bereitete zwei Aufsätze vor: „Geognostische Übersicht des österreichischen Salzkammerguts“ und „Reise durch Berchtoldsgaden und Salzburg.“[6]

Im Frühjahr trennten sich beide. Humboldt reiste nach Paris. Dort bereitete er sich auf die langersehnte Übersee-Reise vor, die ihn bekanntlich über Spanien nach Süd- und Mittelamerika führte. Buch dagegen zog es nach Italien über die Alpen zur Vulkanlandschaft am Vesuv.

2.3. Buchs Alpen- und Italienreise 1798–99

Auf seiner Route nach Süden nutzte Buch die Gelegenheit für geognostische Beobachtungen in Südtirol und in der Umgebung von Rom; außerdem stellte er ein barometrisches Höhenprofil der Linie Salzburg-Trento zusammen. Man glaubte ja damals, aus den unterschiedlichen Höhenwerten von Gipfeln, Pässen und Talstrecken Rückschlüsse auf deren Entstehung ziehen zu können.

Nach einem erzwungenen längeren Aufenthalt in Rom konnte Buch von Februar bis Mai 1799 seine Vesuv-Erkundungen beginnen. Über seine Eindrücke und Beobachtungsergebnisse berichtete er in mehreren Abhandlungen und Briefen. Im Ergebnis seiner ausgedehnten Vulkan-Exkursionen glaubte er, eine gesetzmäßige Folge vulkanischer Aktivitäten gefunden zu haben: Erdbeben – Lavenausbrüche aus Seitenöffnungen des Kegels – Rauch- und Aschenausbruch – Mofetten-Tätigkeit.[7] Weiterhin gelangte er zur Erkenntnis, daß sich der Kegel des Vesuv „durch eigene Kraft“ aus einer ursprünglichen Fläche „heraufgearbeitet“ habe.[8] Mit der Feststellung, „daß in der Lava Nichts brennt, wie man oft irrig behauptet“,[9] hatte er sich auch von der in Freiberg gelehrten Theorie brennender Kohlelager in der Tiefe als Ursache des Vulkanismus gelöst. Die Rückreise erfolgte über Paris, wo er noch einen mehrmonatigen Studienaufenthalt anschloß.

2.4. Zu einigen Unternehmungen in den Jahren 1802 bis 1805

Als Humboldt und Buch in Begleitung des Chemikers Louis-Josephe Gay-Lussac (1778–1850) im August 1805 am wieder unruhigen und mit frischen Lavaströmen bedeckten Vesuv ihre barometrischen und magnetischen Messungen sowie mineralogisch-geognostischen Beobachtungen anstellten, konnten sie auf bereits unmittelbar zuvor erzielte Untersuchungsergebnisse in Vulkangebieten Amerikas und Europas aufbauen. Hinter Humboldt lagen die mehrjährigen Amerikareisen, und Buch brachte seine Exkursionsergebnisse aus der vulkanischen Region der Auvergne in die Diskussion ein. Die Besichtigungsreisen zu den vulkanischen Bildungen auf dem französischen Zentral-Plateau konnte er während seines Aufenthalts in Neuchâtel realisieren. Dort ist er zu dem Schluß gelangt, daß Lava veränderter Granit und „der Sitz dieser Vulkane [...] daher im Granit selbst" zu suchen sei.[10] Als jetzt vollständig überzeugte Plutonisten konnten Buch und Humboldt darangehen, ihre vulkanistisch begründete Theorie der Erhebungskrater aufzustellen.

3. Humboldt und Buch, eine Freundschaft unterschiedlicher Persönlichkeiten

Kurz vor dem Ableben seines Freundes stellte Humboldt seiner Aufsatzreihe „Kleinere Schriften" folgende Zeilen voran: „Dem geistreichen Forscher der Natur, dem größten Geognosten unseres Zeitalters, Leopold von Buch, widmet dieses kleine Denkmal sechzigjähriger, nie getrübter Freundschaft Alexander von Humboldt."[11]

In einer Rückschau auf Leben und Werk beider Geisteshelden und Forschernaturen kann man einerseits Buch als das mit reichhaltigem Einzelwissen ausgestattete „geognostische Gewissen" Humboldts und diesen andererseits als den naturwissenschaftlichen und auch naturphilosophischen Anreger Buchs betrachten. Neben dem Analytiker und scharfen Befundbeobachter, der alles geognostisch Gesehene im Detail festzuhalten trachtete, stand der mehr synthetisch denkende und nach kosmischen und global-geographischen Zusammenhängen strebende Denker. Die Geognosie war bekanntlich für Humboldt nur *ein* Aspekt seiner Weltsicht, die auch Probleme der Physik, Chemie, Meteorologie sowie der Pflanzen- und Tiergeographie und nicht zuletzt auch des Wissens vom Menschen und seiner Stellung in Natur, Geschichte, Gesellschaft und Politik einschloß.

Humboldt bewunderte den Mut und die Akribie in der Beobachtungs- und Erkundungsweise seines Freundes, darüber gibt es nicht wenige Belege. So schreibt er z. B. in einem Brief aus dem Jahre 1822 anläßlich der Untersuchungen Buchs in Südtirol: „Wie sollte ich dazu kommen, Ihnen meine Beobachtungen vorzulegen, da es mir vergönnt ist, Sie mit den Resultaten der Forschungen jenes so bewährten Geognosten bekannt zu machen, der jedes Thal, jeden Berg untersucht, der die Grenze aller Formazionen auf seine Karte trägt und auch die scheinbar vereinzelten Thatsachen in Verband zu bringen weiß. Mit seltener Geduld und einem bewundernswürdigen Muthe ist er, über 1400 Fuß, längs den steilen, fast senkrechten Felswänden hinangestiegen, stets die Grenze des Kalksteines und des Granites verfolgend."[12] Buch selbst bezeichnete Tirol wegen des Mit- und Übereinandervorkommens sedimentärer, metamorpher und kristalliner Gesteinsfolgen als den „Schlüssel zur geognostischen Kenntnis der Alpen."[13] Den passenden Schlüssel zur Aufhellung der verwickelten Lagerungsverhältnisse fanden jedoch nur wenige Jahre danach heimische Geologen mit ihren kühnen Theorien zum Falten- und Deckenbau.

Im Gegensatz zu Humboldt, der sich sowohl auf akademischem als auch auf diplomatischem oder höfischem Parkett gewandt und weltoffen bewegen konnte, wirkte Buch als ein in sich gekehrter und in Gesellschaft kontaktarmer Sonderling. So schreibt Humboldt nach seiner ersten Alpenreise an Freiesleben: „[Buch ist] ein trefflicher, genialer Mensch, der viel und richtig beobachtet; aber das ganze Wesen – wie aus dem Monde". Und: „Gewöhnlich setzt er sich nach dem ersten Besuch die Brille auf und untersucht im äußersten Stubenwinkel die Sprünge im glacierten Ofen, auf die er ganz erpicht ist, [...] Übrigens ist er unendlich interessant und liebenswürdig – ein Schatz von Kenntnissen, mit denen er mir sehr nützlich wird."[14]

Humboldt trieb es schon von Jugend an in die Ferne, in überseeischen Ländern wollte er noch unbekannte Naturerscheinungen entdecken und beschreiben. Buch genügte für sein Ziel, das Überlieferte geognostische System neu zu fundieren, die Erfassung der verschiedensten geognostischen Verhältnisse innerhalb Europas. Dieser Erdteil war für ihn ein Spiegelbild der geognostischen Merkmale des gesamten Erdkörpers: „Ebenso wie eine Reihe physikalischer Versuche uns Gesetze entwickelt, welche wir nicht für den Augenblick des Versuchs eingeschränkt, sondern unveränderlich glauben, [...] ebenso werden wir stets in der geognostischen Beschreibung der Länder von einigem Umfange den Umriss der Constitution unseres ganzen bewohnten Planeten wieder auffinden. Und Systeme der Gebirgsarten, [...] so wie wir sie jetzt aufstellen, können nur dann durch Beobachtung und Erfahrung in fremden Ländern umgeworfen werden, wenn man bei ihrer Aufstellung mehr eigenen Ideen als Beobachtungen in der Natur gefolgt ist."[15]

4. Zu einigen Aspekten und Ergebnissen der frühen Forschungsreisen Buchs

Über die Bedeutung bzw. die Nachwirkungen der frühen Alpenreisen Humboldts, speziell hinsichtlich morphographischer und pflanzengeographischer Forschungs- und Darstellungsmethoden, die er auf seinen Amerikareisen anwenden konnte, ist schon Zutreffendes geschrieben worden.[16] Es seien deshalb nachfolgend lediglich einige Bemerkungen über Buch gestattet. Die Alpen waren Buch zur „zweiten Heimat" geworden. Sie lieferten ihm zahlreiche Befunde, um seine weitere Mitwirkung an den noch lange anhaltenden Diskussionen in der Arena des Theorienkampfes zu speziellen Problemen der Granit- und Dolomitentstehung sowie zur allgemeinen Orogenese zu ermöglichen. Aus den geognostischen Verhältnissen der Alpen und denen der Vulkanregionen glaubte er, zwingende Argumente für seine mechanistisch-katastrophistischen Theorien zu besitzen. Von diesen seien hier genannt: 1. Die Erhebungskrater-Theorie; dieser erklärte die Entstehung aller Gebirge durch vulkanisch verursachte und plötzlich erfolgte Aufwölbungen der Erdkruste; 2. Die Theorie der Rollsteinflut; danach sollen durch einen explosiv verursachten „gewaltsamen Stoß" große Massen von Gesteinstrümmern aus allen Gebirgen Europas in die umliegenden Niederungen und selbst bis in die Tiefländer Zentraleuropas weit streuend herausgeschleudert worden sein. Ausgangspunkt im Alpengebiet waren für ihn – und auch viele andere – die rätselhaften Granitblöcke aus dem Mt. Blanc-Gebiet, deren Vorkommen auf den Höhen des aus Kalkstein aufgebauten Schweizer Jura eine Erklärung herausforderten. Buchs Theorie war zu seiner Zeit eine von vielen Spekulationen zur Deutung der Geschiebebestreuung im zentralen und nördlichen Europa. Alle mußten aber bekanntlich bald der Glazial- und Eiszeittheorie weichen.

5. Ausblick

Mit dem Tode der beiden Freunde fielen fast alle geognostischen Theorien Buchs, die Humboldt noch lange in freundschaftlicher Solidarität mit Engagement bei vielen Gelegenheiten mitvertreten und propagiert hatte, wie welke Blätter in das Sammelbecken aller bisherigen Irrtümer des menschlichen Denkens. Wegen seiner katastrophistischen Theorien kann man Buch und in dieser Hinsicht letztlich auch Humboldt als zwei der letzten und bedeutenden Vertreter des ausklingenden „Heroen-Zeitalters" der deutschsprachigen Geognosie im bereits angelaufenen Zeitraum der klassischen Geologie-Periode bezeichnen.

In einigen Passagen des Kosmos formulierte Humboldt jedoch Ansichten, die mit der katastrophistischen Erhebungskrater-Theorie nicht in Einklang zu bringen sind. So unterschied er bei der Gebirgsbildung zwischen dem Alter der Faltung (Aufrichtung) der Schichten und dem der Hebung: „[...] das Phänomen der Aufrichtung der Schichten [... muß] älter sein als die Hebung der Kette [..., da das Streichen] der aufgerichteten Schichten nicht immer der Axe der Ketten parallel [ist ...]"[17] Ebenso gelangte er als jetzt „gemäßigter Plutonist" zur Einsicht, daß Strukturbildungs- und Hebungsvorgänge als noch gegenwärtig andauernd zu vermuten seien: „Warum sollte die Erdrinde schon die Eigenschaft sich zu falten verloren haben?" Und weiter: „Die Ruhe, die wir genießen ist nur eine scheinbare."[18] Trotzdem versäumte es Humboldt nicht, die Verdienste Buchs bei der Aufhellung der Vulkanentstehung in Gestalt der Erhebungstheorie, d. h. einer sich aufbeulenden Kruste, herauszustellen. So sei Buch derjenige gewesen, „[...] welcher zuerst den inneren Zusammenhang der vulkanischen Erscheinungen und ihre gegenseitige Abhängigkeit voneinander nach ihren Wirkungen und räumlichen Verhältnissen erkannt hat."[19] Noch im vierten Kosmos-Band verteidigte Humboldt an vielen Stellen die Erhebungskrater-Theorie seines geognostischen Freundes.[20]

Die Quellenliste des vierten Kosmos-Bandes weist eine reichhaltige Palette von Autoren zur Vulkanismus- und Gebirgsproblematik mit Erscheinungsjahren bis kurz vor Vollendung dieses Bandes auf. Bemerkenswerterweise fehlt darin der Name des Engländers G. Poulett Scrope (1797–1875). Dieser gehörte zur Gruppe der heftigsten und in ihrer Polemik vor allem gegen Buch und Humboldt agierenden Kritiker der Erhebungskrater-Theorie, die als letztes Rudiment der Katastrophenlehre bekämpft wurde. Scrope hatte bereits im Jahre 1828 seine auch „auf dem Kontinent" vielbeachtete und in Deutschland heftige Kontroversen auslösende Streitschrift über die Entstehung und Bildung von Vulkanen veröffentlicht.[21] Erst im Jahre 1873 erschien eine deutschsprachige Übersetzung eines 1859 in gleicher Diktion publizierten Aufsatzes dieses Autors.[22]

Auch für die Alpengeologie gilt, daß bereits in den letzten Lebensjahren der beiden Freunde die klassische Periode der Geologie sowie auch einer neuzeitlichen Geomorphologie und Eiszeitforschung eingeleitet worden war. Schon im Jahre 1835 hatte der jüngere Escher von der Linth (Arnold Escher von der Linth, 1807–1872) in den Schweizer Alpen die Theorie der Deckenüberschiebungen verkündet.[23] Jedoch boten die detaillierten Aufzeichnungen Buchs aus den Alpen, insbesondere seine geognostischen Karten, nützliche Vorleistungen für die nachfolgenden Untersuchungen. Die klassische Periode ist für alle weiterführenden Lösungsversuche zur Aufhellung der noch problematischen Erscheinungen von Bau, Relief und Orogenese des Alpenkörpers mit bekannten Namen verbunden. Dazu seien an dieser Stelle lediglich genannt: Louis Agassiz (1807–1873), Ferdinand von Richthofen (1833–1905), Eduard Sueß (1831–1914), Albert Heim (1849–1937) und Albrecht Penck (1858–1945).

A. Penck mußte etwa hundert Jahre nach der Zeit der frühen Alpen-Wanderungen unserer beiden Freunde noch konstatieren: „Die Alpen stehen inmitten Europas als ein Forschungsfeld von zwar beschränkter Grösse, aber von unergründlicher Tiefe; je mehr in ihnen wissenschaftlich gearbeitet wird, desto mehr Probleme bieten sie dar. Alle Naturwissenschaften finden in ihnen reichliche Aufgaben. Aber nach keiner Richtung haben sie unsere Vorstellungen mehr beeinflußt, als auf dem Gebiet der Erdkunde, der Geographie und Geologie. Die meisten Theorien über Gebirgsbildung sind entweder in ihnen entstanden oder sind an ihnen erprobt worden, und unsere Kenntnis von den Hochgebirgen der Erde, ihrem Formenschatz und ihrer Entstehung beruht auf dem Boden der Alpenforschung."[24]

Anmerkungen

1 Dafür wird in der Literatur der Zeitraum von 1790 bis 1820 bzw. bis 1830 angegeben.
2 Saussure 1781, S. XIII.
3 Ebd., S. III.
4 Buch 1802, S. 301 f.
5 Beck 1959, S. XV.
6 Buch 1802, S. 133–180 und 181–250.
7 Buch 1809a, S. 129.
8 Buch 1809b, S. 191.
9 Buch 1805, S. 552.
10 Buch 1809a, S. 259.
11 Humboldt 1853.
12 Humboldt 1824, S. 101 f.
13 Ebd., S. 107 f.
14 Borch 1948, S. 100.
15 Buch 1809c, S. 87.
16 Vgl. Beck 1959, S. 76 f.
17 Humboldt 1845, S. 318.
18 Ebd., S. 320.
19 Ebd., S. 257.
20 Humboldt 1858, S. 271 und 515.
21 Poulett Scrope 1828.
22 Poulett Scrope 1873, Übers. d. Schrift v. 1859.
23 Vgl. Wagenbreth 1982.
24 Penck 1908, S. 5.

Literatur

Beck 1959
Beck, Hanno: Alexander von Humboldt. Bd. 1: Von der Bildungsreise zur Forschungsreise 1769–1804. Wiesbaden 1959.
Borch 1948
Borch, Rudolf: Alexander von Humboldt. Sein Leben in Selbstzeugnissen, Briefen und Berichten. Berlin [1948].
Buch 1802
Buch, Leopold von: Geognostische Beobachtungen auf Reisen durch Deutschland und Italien. Bd. 2. Berlin 1802.
Buch 1805
Buch, Leopold von: Einige physikalische Neuigkeiten aus Italien, In: Leopold von Buchs Gesammelte Schriften. Hrsg. von J. Ewald, J. Roth und H. Eck. Bd. 1. Berlin 1867, S. 549–552.
Buch 1809a
Buch, Leopold von: Geognostische Beobachtungen auf Reisen durch Deutschland und Italien. Bd. 2. Berlin 1809.
Buch 1809b
Buch, Leopold von: H. C. Escher's Bemerkungen über den Aufsatz L. v. Buchs vom Splügen, in einem Briefe an den Verfasser, mit einigen Anmerkungen des Letzteren. In: Leopold von Buchs Gesammelten Schriften. Hrsg. von J. Ewald, J. Roth und H. Eck. Bd. 2. Berlin 1870, S. 41–55.
Buch 1809c
Buch, Leopold von: Ueber den Gabbro, mit einigen Bemerkungen über den Begriff einer Gebirgsart. In: Ebd., S. 85–108.
Humboldt 1824
Humboldt, Alexander von: Über die Lagerungsverhältnisse des Granites im Fassanthale. Schrb. an Brochant v. Villiers v. 8. Okt. 1822. In: Geognostische Briefe an Herrn Alexander von Humboldt über das südliche Tyrol, nebst einigen anderen Briefen verwandten Inhalts an verschiedene Naturforscher von Herrn Leopold von Buch. Hrsg. vom Geheimrathe von Leonhard. Hanau 1824, S. 98–105.
Humboldt 1845
Humboldt, Alexander von: Kosmos. Entwurf einer physischen Weltbeschreibung. Bd. 1. Stuttgart und Tübingen 1845.
Humboldt 1853
Humboldt, Alexander von: Kleinere Schriften. Bd. 1: Geognostische und physikalische Erinnerungen. Stuttgart und Tübingen 1853.
Humboldt 1858
Humboldt, Alexander von: Kosmos. Entwurf einer physischen Weltbeschreibung. Bd. 4. Stuttgart und Tübingen 1858.
Penck 1908
Penck, Albrecht: Die Entstehung der Alpen. In: Zeitschrift der Gesellschaft für Erdkunde. Berlin 1908, S. 5–17.
Poulett Scrope 1828
Poulett Scrope, G.: Considerations on Volcanos. London 1828.

Poulett Scrope 1873
Poulett Scrope, G.: Die Bildung der vulkanischen Kegel und Krater. Aus dem Quarterly Journal of the Geological Society vom Januar 1859. Unter Überwachung des Verfassers übersetzt von C. L. Griesbach (Wien). Berlin 1873.
Saussure 1781
Saussure, Horace-Bénédict de: Reisen durch die Alpen, nebst einem Versuch über Naturgeschichte der Gegenden von Genf. A. d. Französ. übers. und mit Anmerkungen bereichert von J. S. Wyttenbach. 1. Teil. Leipzig 1781.
Wagenbreth 1982
Wagenbreth, Otfried: Die Wurzeln mobilistischer Vorstellungen in der älteren Geschichte der tektonischen Forschung. In: Zeitschrift für geologische Wissenschaften. 10. 1982. 3, S. 313–332.

Anschrift d. Verf.: *Prof. i. R. Dr. Heinz Schulz, Rhinstr. 3/0204, D 10315 Berlin*

Alexander von Humboldts Interesse an Goldvorkommen und Goldgewinnung in den Vereinigten Staaten im Vergleich zu Rußland

Von Ingo Schwarz

„Nach Golde drängt, Am Golde hängt Doch alles,"[1] läßt Goethe Gretchen im „Faust" sagen. Seinen jüngeren Freund Alexander von Humboldt hatte der Dichter dabei wohl kaum im Auge, denn sein beträchtliches ererbtes Vermögen verwandte Humboldt zum größten Teil für seine wissenschaftlichen Reisen und deren Auswertung sowie für die Förderung mittelloser Kollegen, so daß er sich „beinahe bewußt in den vollkommensten finanziellen Zusammenbruch hineinlavierte."[2] Dennoch spielten edle Metalle in Humboldts Leben eine wichtige Rolle. Sein Interesse an der Goldproduktion in den verschiedenen Teilen der Erde, an den sich verändernden Strömen von edlen Metallen zwischen Asien, Europa und Amerika bestand von seiner Studienzeit bis ins hohe Alter. Typisch für seine Betrachtungsweise war das Bemühen, Beziehungen zwischen Geologie, Ökonomie und Politik möglichst exakt zu erfassen.

Bereits in Hamburg hatte Humboldt auf der Handelsakademie von Büsch und Ebeling Fragen des Geldumlaufes studiert. Während seiner Tätigkeit im preußischen Bergdienst verfaßte er ein Gutachten zu einer Münzreform in Franken,[3] und die Wiederbelebung des stillgelegten Goldbergbaus in Goldkronach war eines seiner Lieblingsprojekte, das sogar von wirtschaftlichem Erfolg gekrönt war.[4]

Seinen Ruf als Experte in Fragen der Edelmetallstatistik begründete Humboldt durch detaillierte Untersuchungen während seiner Reisen in Süd- und Mittelamerika. Darüber schrieb der Nationalökonom Adolf Soetbeer: „Kapitel XI des 'Essai politique sur le Royaume de la Nouvelle Espagne par Alexandre de Humboldt' (von welchem Werke die erste Ausgabe im J. 1811, die zweite im J. 1827 zu Paris erschien) enthält die Ergebnisse dieser Untersuchungen über die Gold- und Silber-Produktion in Amerika bis zum Jahre 1803 und hat hiermit eine wissenschaftliche Statistik der Edelmetalle eröffnet. Nach dem Erscheinen dieser wahrhaft grundlegenden Abhandlung sind alle früheren Aufstellungen, ohne auch nur noch den Versuch einer Vertheidigung zu finden, aufgegeben worden. Die Humboldt'schen Schätzungen erlangten eine so zu sagen klassische Autorität."[5] Am 15. August 1827 wandte sich der russische Finanzminister Georg Graf von Cancrin mit der Frage an Humboldt, ob die Einführung von Platinmünzen in Rußland zweckmäßig sei. Die sich anschließende Korrespondenz führte zu Humboldts Rußlandreise im Jahre 1829, während der er sich auch mit der seit Anfang der 20er Jahre gestiegenen Goldgewinnung in Ural und Altai beschäftigte.

Der Vergleich statistischen Materials aus Amerika und Rußland führte Humboldt zu einer Beobachtung, die er 1838 in seinem Aufsatz „Ueber die Schwankungen der Goldproduktion mit Rücksicht auf staatswirthschaftliche Probleme" formulierte: „Es ist eine merkwürdige Erscheinung in der Geschichte des von Europäern getriebenen Bergbaues, daß seitdem die Goldgewinnung in Brasilien so tief gesunken ist, dieselbe im nördlichen Asien und (freilich fast nur vorübergehend) in dem südlichen Theile der Vereinigten Staaten von Nord-Amerika zu einer unerwarteten Höhe empor stieg."[6]

Über die Entwicklung der russischen Goldgewinnung zwischen 1828 und 1837 hatte Humboldt von Cancrin statistisches Material erhalten, das er in seinem Aufsatz veröffentlichte und auf das auch Soetbeer noch nach fast 40 Jahren zurückgriff.[7]

In bezug auf die Vereinigten Staaten verfügte Humboldt jedoch über keine gesicherten Erkenntnisse. Deshalb wandte er sich im März 1836 an seinen Freund und Kollegen Albert Gallatin, den früheren Finanzminister der USA, der seit 1831 das Amt des Präsidenten der Nationalbank in New York bekleidete: „Es ist mir trotz all meiner Nachforschungen unmöglich gewesen, irgendwelche präzisen und numerischen Angaben über die Wichtigkeit der Ausbeutung der Goldminen zwischen Virginia und Alabama seit den Jahren 1828 und 1829 zu erlangen. [. . .] Einige Reisende haben mir versichert, daß der Goldertrag aller Südstaaten in guten Jahren mehr als $2\frac{1}{2}$ Millionen Dollar betrug, daß man einen Goldklumpen von 27 Pfund Gewicht gefunden hat [. . .]“[8]

Humboldt formulierte in seinem Brief vier Fragen, die hier zusammengefaßt wiedergegeben werden:

1. Wie hoch ist der gegenwärtige Gesamtwert der Goldproduktion in den USA in Dollar? Wie hoch war er in einem besonders reichen Jahr? Der Wert von $2\frac{1}{2}$ Mill. Dollar erschien ihm sehr hoch.
2. Wie schwer war das größte Goldgeschiebe, das nach 1805 in den USA gefunden wurde? Im Ural hatte man Geschiebe von 16–25 russischen Pfund (6,5–10 kg) gefunden.
3. Wurde in den USA Platin in Verbindung mit Waschgold gefunden?
4. Trifft es zu, daß in den Vereinigten Staaten 10 000 Menschen in Goldminen bzw. Goldwäschen beschäftigt sind?

Etwa drei Monate später, im Mai 1836, schrieb Gallatin aus New York an den Direktor der Münze in Philadelphia, Robert M. Patterson, und wiederholte Humboldts Fragen.[9] Zwei Tage später antwortete der Münzdirektor: „Ich werde so schnell als möglich Antworten auf die Fragen vorbereiten, die Sie für Baron Humboldt unterbreitet haben, obwohl ich bezüglich einiger Fragen mit großer Ungenauigkeit werde sprechen müssen.“[10]

Einen Monat später ließ Patterson den New Yorker Bankdirektor wissen, daß er Kollegen um genauere Auskünfte gebeten, jedoch noch keine Antwort erhalten habe.[11] So schrieb Gallatin im September 1836 einen Entschuldigungsbrief an Humboldt, da er die Informationen auch nicht liefern konnte.[12] Humboldt seinerseits ließ nicht locker. Im Juni 1837 wandte er sich an den Gesandten der USA in Berlin Henry Wheaton: „Seit ich im Jahre 1829 die Expedition zum Ural und nach Sibirien auf Befehl des Russischen Zaren durchgeführt habe, hege ich das lebhafteste Interesse daran, annähernde Zahlenangaben über die Goldmenge zu sammeln, die die Südstaaten (Virginia, N. u. S. Carolina, Georgia, Tennessee, Alabama) in den ergiebigsten Jahren geliefert haben. Ich sehe mit Bedauern, daß all meine Nachforschungen bis heute ohne Ergebnis geblieben sind [. . .]“

Im folgenden wiederholte Humboldt seine Fragen, die er teilweise noch spezifizierte: „Trifft es zu, daß 1821 ein Klumpen gediegenen Goldes mit einem Gewicht von 48 englischen Pfund [21,8 kg] im Anson County gefunden wurden? Dieser Klumpen wog fast doppelt so viel wie der größte Klumpen, der in Choco oder im Ural gefunden wurde. Existiert er noch irgendwo in einem Naturalienkabinett oder wurde er unglücklicherweise eingeschmolzen? Andere Zeitschriften haben von Goldklumpen in den Vereinigten Staaten mit einem Gewicht von 14 bis 27 Pfund [6,3–12,2 kg] gesprochen. Wie groß ist das Gewicht des größten nachweisbaren Stückes? Hat man Platin gefunden?“[13]

Humboldts französisch geschriebener Brief wurde noch in Berlin ins Englische übersetzt und gelangte wiederum zu Gallatin. Dieser leitete die Fragen an Finanzminister Levi Woodbury weiter. Wir kennen einen Brief von Robert M. Patterson an den Finanzminister vom 26. 9. 1837, in dem erneut zum Ausdruck gebracht wurde, daß genauere Antworten auf Humboldts Fragen nicht verfügbar seien.[14]

Jetzt ergriff Albert Gallatin selbst die Initiative und stellte für den Freund in Berlin einige Informationen zusammen, die dieser im Juni 1838 für seinen Aufsatz „Ueber die Schwankungen der Goldproduktion" verwenden konnte. Immerhin entnahm Humboldt dem ihm zugesandten Material, daß der Wert des gemünzten Goldes in den Vereinigten Staaten von 1824 bis 1834 von 5000 auf fast 900 000 Dollar pro Jahr gestiegen war und 1836 noch annähernd 500 000 Dollar betrug. Bezüglich der größten Goldgeschiebe war er jedoch weiter auf nicht bestätigte Informationen angewiesen: „In der Grafschaft Cavarras (Nord-Carolina) wurde ein Goldgeschiebe von 28 Pfund (englischem avoir du poids-Gewicht) [12,7 kg] gefunden und daneben mehrere von vier bis zehn Pfund." Dazu machte Humboldt die folgende Anmerkung: „Nach handschriftlichen, mir von meinem ältesten Jugendfreunde, Herrn Berghauptmann Freiesleben, mitgetheilten Nachrichten soll gar 1821 in Anson County ein 48 Pfd. schweres Goldgeschiebe zwischen Geröllen von Quarz und Grauwackenschiefer gefunden worden seyn. Diese handschriftlichen Nachrichten begleiteten eine Sammlung von Mineralien, welche der Bruder des verstorbenen Akademie-Inspectors Köhler nach Freiberg sandte."[15]

Zwei wesentliche Fragen blieben nach wie vor offen. Diese formulierte Humboldt in einem Brief vom 16. 12. 1839 an den Arzt Nikolaus Heinrich Julius: „1) ob Platin mit dem Goldstaub gefunden worden ist? 2) wie groß das schwerste Goldgeschiebe war. Im Ural hat man keinen grösseren Goldklumpen als 25 Pfund gefunden. In Amerika behauptet man, daß 1821 in Anson County ein Goldstück von 48 Pf. vorkam. Ist dieses Gewicht sicher, sollte es aufbewahrt worden sein? Es ist unbegreiflich, daß seit 15 Jahren, in denen ich diese Fragen nach Amerika gehen lasse, (besonders über die Existenz nordamerikanischer Platina) keine Antwort zu erlangen ist."[16]

Auch in seinem 1843 erschienenen Werk „Asie Centrale" konnte Humboldt noch keine genaueren Angaben über die größten in den USA gefundenen Goldgeschiebe liefern.[17]

Dennoch gab er nicht auf. Im August 1849 ergab sich für Humboldt eine neue Gelegenheit, seine Fragen nach Nordamerika zu schicken. Inzwischen war die Kunde von den sensationellen Goldfunden in Kalifornien nach Europa gedrungen, wodurch das Interesse des Gelehrten neuerlich erregt wurde.[18]

Er nutzte einen Empfehlungsbrief für den Geologen Carl Zerrenner an den Geschäftsträger der Vereinigten Staaten in Berlin, Theodore Sedgwick Fay, in dem er seine Frage nach dem größten Goldklumpen wiederholte und dann fortfuhr: „Ich bin durch Analogien mit dem Ural davon überzeugt, daß es in den Goldwäschen der südlichen Alleghanies Platin und Diamenten gibt, aber seit zwanzig Jahren schreibe ich nach Amerika und frage vergeblich, ob es Platin gibt, ob ein kenntnisreicher Mann es produzieren konnte. Die vagen Gerüchte von Platin und Diamanten in Kalifornien haben mich bisher nicht beeindruckt."[19]

Der durch dieses Schreiben ausgelöste Briefwechsel ist ein Beweis für die außerordentliche Wertschätzung, welcher sich Humboldt in den Vereinigten Staaten erfreute.

Fay leitete den Brief an Außenminister John M. Clayton weiter, nicht ohne sich für sein offenbar unkonventionelles Vorgehen zu entschuldigen: „Ich sollte mich nicht ermutigt fühlen, Ihnen bei Ihren vielfältigen und wichtigen Verpflichtungen eine solche Bitte anzutragen, würde ich nicht annehmen, daß sie mit der unsterblichen Arbeit des größten lebenden Gelehrten verbunden ist."[20]

Am 26. 9. 1849 schickte Clayton die Fragen an den Direktor der Münze in Philadelphia, den uns bereits bekannten Robert M. Patterson. Wenige Tage darauf verfaßte dieser einen ausführlichen Bericht, der Humboldt Anfang November 1849 durch den Gesandten der Vereinigten Staaten in Berlin, Edward A. Hannegan, zugestellt wurde.[21]

Humboldt fand diesen Bericht so wichtig, daß er ihn zusammen mit anderen Dokumenten 1850 im „Geographischen Jahrbuch zur Mittheilung aller wichtigern neuen Erforschungen" von Heinrich Berghaus abdrucken ließ. So erfuhr die interessierte Öffentlichkeit u. a.: „Das grösste Gold-Geschiebe, welches in den Vereinigten Staaten entdeckt worden ist, ward in Cabarrus-County[22], Nord-Carolina, gefunden. Es lag dicht an der Oberfläche des Erdbodens und wurde zufällig von einem Neger umgewandt. Es wog im rohen Zustand 28 Pfund Avoir du Poids (Silliman's Journal, Vol. IX.). Das Geschiebe wurde zu Barren verschmolzen, und es ist anzunehmen, dass es dasselbe Geschiebe gewesen sei, welches im Mai 1824 zur Münze abgeführt wurde, und die erste Lieferung des Vereinigten-Staaten-Goldes bildete. Sein Werth belief sich auf 4830 Dollars.[23] Dieses Geschiebe ist ohne Zweifel dasselbe, auf das sich Freiherrr von Humboldt bezieht, von dem er aber sagt, dass es in der angränzenden County Anson gefunden worden sei, und für das er ein weit grösseres Gewicht in Anspruch nimmt."[24]

Damit war nun endlich die Frage nach dem größten Goldgeschiebe beantwortet; Patterson äußerte sich aber auch über das Vorkommen von Platin: „Ich habe kein Zeugniss für die Vermuthung, dass Platina in Gemeinschaft mit Gold in den Atlantischen Staaten vorkomme; allein gewiss ist es, dass sie in dem aus Californien eingegangenen Golde vorhanden ist. Man kann sie zwischen den Goldblättchen und in ähnlicher Gestalt mit blossem Auge erkennen."[25] Besonders wichtig war für Humboldt der folgende Satz: „Die Meinung, welche Freiherr von Humboldt vor langer Zeit ausgesprochen hat, dass in den ‚Südlichen Goldwäschen der Alleghanies' dereinst Diamanten würden gefunden werden, hat sich durch die Entdeckung verschiedener Diamanten in dieser Region vollkommen bestätigt."[26]

Nicht ohne Stolz zitierte er Pattersons Bericht sinngemäß in einem Brief vom 9. 11. 1849 an seinen Freund, den französischen Physiker François Arago.[27]

Nur wenige Monate vor seinem Tode, am 23. 1. 1859, sollte Humboldt noch ein letztes Mal auf die Frage der Goldproduktion in den Vereinigten Staaten zurückkommen. „Eine neue Ausgabe meiner 3 Bde. der Asie centrale, die man in Paris macht, führt mich wieder sehr ängstlich auf die ‚wahre Menge der jährlichen Goldproduction' (Californien)."[28] Noch im April 1859 erhielt Humboldt durch Adolf Soetbeer die gewünschten Informationen,[29] eine neue Ausgabe seines Werkes über Zentralasien sollte er jedoch nicht mehr erleben.

Zusammenfassung

In Alexander von Humbolds Interesse an der Goldproduktion in Amerika und in Rußland kamen geologische, mineralogische, ökonomische und historische Fragen zum Tragen. Diese Zusammenhänge wurden sowohl im amerikanischen als auch im russischen Reisewerk berührt, insbesondere aber in dem Aufsatz „Ueber die Schwankungen der Goldproduktion" (1838) dargelegt. Humboldts wesentliche Arbeitsmethode war der wissenschaftliche Vergleich auf der Grundlage nachprüfbarer Fakten. Wie unser Beispiel zeigt, nutzte er beharrlich seine weitreichenden persönlichen Kontakte, um die nötigen Informationen zu erhalten. Vor allem Humboldts Akribie und die Vorsicht, mit der er ungesicherte Tatsachen behandelte, sind bis heute Maßstäbe für wissenschaftliches Arbeiten.

Anmerkungen

1 Goethe 1808, V. 2802–2804.
2 Eichhorn 1959, S. 184.
3 Vgl. Biermann 1990, S. 149.
4 Vgl. Endres 1990, S. 51.
5 Soetbeer 1879, S. 3.
6 Humboldt 1838, S. 21.
7 Vgl. Humboldt 1838, S. 22 f. und Soetbeer 1879, S. 39 f.
8 Humboldt an Albert Gallatin, Berlin, 4. 3. 1836. New York a, Gallatin 1836, Nr. 5 (aus dem Frz.).
9 Vgl. A. Gallatin an Robert Maskell Patterson, New York, 19. 5. 1836. New York b, PAG 41: 714–715 (Mikrofilmkopie).
10 R. M. Patterson an A. Gallatin, Philadelphia, 21. 5. 1836. New York a, Gallatin 1836 (aus dem Engl.).
11 Vgl. R. M. Patterson an A. Gallatin, Philadelphia, 11. 6. 1836. New York a, Gallatin 1836.
12 Vgl. A. Gallatin an Humboldt, New York, 12. 9. 1836. New York a, Gallatin 1836, Nr. 36.
13 Humboldt an Henry Wheaton, Berlin, 10. 6. 1837. New York a, Gallatin 1837, Nr. 33 (aus dem Frz.).
14 Vgl. R. M. Patterson an Levi Woodbury, Philadelphia, 26. 9. 1837. Philadelphia, Misc. Ms. Coll. (Abschrift).
15 Humboldt 1838, S. 32.
16 Humboldt an Nikolaus Heinrich Julius, Potsdam, 16. 12. 1839. SB Berlin, Nachlaß Heinrich Christian Schumacher, 32.
17 Vgl. Humboldt 1843, S. 597.
18 Über die Goldfunde in Kalifornien und deren Konsequenzen äußerte sich Humboldt skeptisch: „Die Entdeckung der reichen Goldlager wird, ich fürchte es, für die Colonisirung Californien's sehr nachtheilige Folgen haben. Tagediebe, Taugenichtse und Gesindel allerlei Art, woran es in den Vereinigten Staaten warlich nicht fehlt, wird dahin strömen, auch Europa sein Contingent stellen, und die ackerbautreibende Ansiedlung auf lange Zeit hinausschieben." Berghaus 1869, S. 27.
19 Humboldt an Theodore Sedgwick Fay, Potsdam, 21. 8. 1849. Washington, D. C. a (aus dem Frz.).
20 T. S. Fay an John Middleton Clayton, Berlin, 31. 8. 1849. Washington, D. C. a (aus dem Engl.).
21 Vgl. Edward A. Hannegan an Humboldt, Berlin, 3. 11. 1849. Berghaus 1850, S. 52.
22 Vgl. Anm. 15, dort Grafschaft Cavarras.
23 In der Abschrift des Originalbriefes sind 4850 Dollar angegeben. Washington, D. C. b.
24 R. M. Patterson an J. M. Clayton, Philadelphia, 4. 10. 1849. Berghaus 1850, S. 52.
25 Ebd., S. 53.
26 Ebd., S. 53. (Humboldt hatte 1829 auch das Vorkommen von Diamanten im Ural vorausgesagt.)

27 Vgl. Humboldt an François Arago, Potsdam, 9.11.1849. In: Correspondance 1907, S. 305 f.
28 Humboldt an Alexander Mendelssohn, Berlin, 23. 1. 1859. SB Berlin, Briefe A. v. Humboldts an Alexander Mendelssohn, Nr. 147.
29 Vgl. Soetbeer 1859, S. 135.

Quellen und Literatur

Berlin, SB
Staatsbibliothek zu Berlin. Stiftung Preußischer Kulturbesitz. Handschriftenabteilung.
New York
a The New York Historical Society, New York. NY 10024.
b The Papers of Albert Gallatin, New York, NY 10010.
Philadelphia
American Philosophical Society, Philadelphia, PA 19106.
Washington, D. C.
a The National Archives. Despatches from U. S. Ministers to the German States and Germany 1799–1902. Microfilm: Roll 6, Vol. 6. Washington, D. C. 1953.
b The National Archives. Miscellaneous Letters of the Department of State. Microfilm: Roll 118. Washington, D. C. 1963.

Berghaus 1850
Gold, Platina, Diamanten in den Vereinigten Staaten und in Californien. In: Geographisches Jahrbuch zur Mittheilung aller wichtigern neuen Erforschungen von Dr. Heinrich Berghaus. II. Gotha 1850, S. 52–55.
Berghaus 1869
Briefwechsel Alexander von Humboldt's mit Heinrich Berghaus aus den Jahren 1825–1858. Bd. 3. Jena 1869.
Biermann 1990
Biermann, Kurt-R.: Alexander von Humboldt als Münzreformer. In: Ders.: Miscellanea Humboldtiana. Zusammenst. und Red.: Ulrike Moheit. Berlin 1990, S. 149–168. (Beiträge zur Alexander-von-Humboldt-Forschung. 15.)
Correspondance 1907
Correspondance d'Alexandre de Humboldt avec François Arago (1809 à 1853). Publiée avec une préface et des notes par le Dr E.-T. Hamy. Paris 1907.
Eichhorn 1959
Eichhorn, Johannes: Die wirtschaftlichen Lebensverhältnisse Alexander von Humboldts. In: Alexander von Humboldt. Gedenkschrift zur 100. Wiederkehr seines Todestages. Hrsg. von der Alexander-von-Humboldt-Kommission der Deutschen Akademie der Wissenschaften zu Berlin. Berlin 1959, S. 181–215.
Endres 1990
Endres, Rudolf: Alexander von Humboldt und Franken. In: Alexander von Humboldt. Weltbild und Wirkung auf die Wissenschaften. Hrsg. von Uta Lindgren. Köln und Wien 1990, S. 39–59.

Goethe 1808
Goethe, Johann Wolfgang: Faust. Eine Tragödie, erster Teil. Berliner Ausgabe. Bd. 8: Poetische Werke. Berlin und Weimar 1965.
Humboldt 1838
Humboldt, Alexander von: Ueber die Schwankungen der Goldproduktion mit Rücksicht auf staatswirthschaftliche Probleme. In: Deutsche Vierteljahrs-Schrift. 1 (1838) H. IV, S. 1–40.
Humboldt 1843
Humboldt, A. de: Asie Centrale. Tome troisième. Paris 1843.
Soetbeer 1859
[Soetbeer, Adolf:] Die Werthrelation der Edelmetalle. In: Bremer Handelsblatt, 2. 4. 1859, S. 135.
Soetbeer 1879
Soetbeer, Adolf: Edelmetall-Produktion und Werthverhältniss zwischen Gold und Silber seit der Entdeckung Amerika's bis zur Gegenwart. Gotha 1879. (Ergänzungsheft Nr. 57 zu „Petermann's Mittheilungen").

Eine Reihe von für diese Arbeit benutzten Briefen fand ich während eines Studienaufenthalts im Mai 1990 in Washington, D. C., New York und Philadelphia. Diese Reise wurde durch ein Stipendium des German Marshall Fund of the United States möglich, dem ich an dieser Stelle für seine großzügige Unterstützung danke.

Anschrift d. Verf.: *Dr. Ingo Schwarz, Alexander-von-Humboldt-Forschungsstelle, Berlin, Leipziger Str. 3–4, D 10117 Berlin*

Das Lehrsystem in Freiberg, die Bildungsvorstellungen von Fr. A. von Heinitz in Preußen und Alexander von Humboldt

Von Rainer Sennewald

A. von Humboldt begegnete in Freiberg einem damals sehr modernen Lehrsystem montantechnischer und rational-geowissenschaftlicher Prägung, das ihn ohne Zweifel beeindruckte und anregte. In seinem 1823 erschienenen „Geognostischen Versuch über die Lagerung der Gebirgsarten in beiden Erdhälften" konnte sich A. v. Humboldt ein fundiertes Urteil über die Wernersche geowissenschaftliche Schule erlauben: „Er hatte den ersten Unterricht geboten über die Kunst, Formationen aufzufinden, zu erkennen, zu beobachten. Durch Anwendung dieser Kunst ist die Geognosie zum wahrhaften Wissen geworden. Im Bewußtseyn, daß sein eigentlicher Ruhm mehr begründet sey auf Entdeckung der Grundsätze der Wissenschaft [...] als auf den, zu dieser oder jener Zeitfrist erlangten, Ergebnissen – schätzte Werner diejenigen seiner Schüler nicht minder, welche anderer Ansicht waren, als er, über das relative Alter, oder über Entstehungsweise gewisser Gebilde."[1] Das Lehrsystem in Freiberg, die Bildungsvorstellungen von Fr. A. v. Heinitz sowie die Berufslaufbahnen in dessen Departement mußten A. v. Humboldt als von außen gesetzte gesellschaftliche Bedingungen erscheinen. Er nutzte sie für seinen Berufseinstieg und für sein erstrebtes Leben als wirtschaftlich unabhängiger Naturforscher.

Elemente des Lehrsystems, die Bildungswege in Freiberg im ausgehenden 18. Jahrhundert und A. v. Humboldt

Fr. A. v. Heinitz, der als Chef des preußischen Berg- und Hüttendepartements 1791/92 A. v. Humboldts Studium in Freiberg förderte, schrieb bereits 1765 als sächsischer Generalbergkommissar mit seinem Onkel, dem Oberberghauptmann Friedrich Wilhelm von Oppel, zukunftsweisende Elemente des Lehrsystems der Bergakademie fest. Nach dem frühen Tode von Fr. W. v. Oppel 1769 und dem Weggang von Fr. A. v. Heinitz aus Sachsen 1774 sorgte 1775 Berghauptmann Karl Eugen Pabst von Ohain – einst Schüler im Laboratorium des Bergrates Johann Friedrich Henckel – für die Berufung von A. G. Werner als Inspektor und Lehrer für Bergbaukunde und Oryktognosie an die Bergakademie Freiberg.

Erster Zweck der Bergakademie war es, die inneren Potenzen des Landes zu entwickeln, indem qualifizierte Beamte für das Montanwesen herangezogen wurden, Bodenschätze erkundet, technologische Innovationen gefördert, der Kapitalzufluß und dessen Verwendung langfristig stabilisiert wurden. Die sächsische Staatsreform nach dem Siebenjährigen Krieg schuf hierfür wichtige Voraussetzungen.

An der Spitze des von A. G. Werner zur Blüte gebrachten Lehrsystems stand die Förderung der Wissenschaft wegen ihrer Nützlichkeit für die Staatswirtschaft. Daraus begründet sich der von den Bergzehntenkassen und der Generalschmelzadministration gespeiste

Stipendienfond, aus dem 1792 1079 Taler für die Besoldung der Lehrer, 595 Taler an Stipendien bzw. Prämien und 250 Taler für Miete und Lehrmaterial flossen.[2] Bei den fähigsten Lehrern und Bergbeamten spürte man auch das Bemühen, wissenschaftliche Prinzipien anzuwenden und die Erfahrungen der Berg- und Hüttenleute zu hinterfragen.[3] „Es ist wahr," kritisierte A. G. Werner den noch anzutreffenden sterilen Praktizismus in seinem Revisionsbericht, „es ist bequemer, jedes Metier ohne wissenschaftliche Kenntnis zu treiben. Es ist ferner gewis: bey möglichst verbreiteter Empirie kan man Unkunde und Fehler leicht in ein misteriöses Dunkel verhüllen und ihnen wohl gar noch das Ansehen von Kunst und Zweckmäßigkeit geben."[4] A. v. Humboldt beschäftigte sich in Freiberg mit diesem Problem in seinen halurgischen Arbeiten. Denkschrift und Aufsatz beeindruckten den Kameralisten und späteren Dienstherren Fr. A. v. Heinitz. Wie A. G. Werner setzte auch A. v. Humboldt wissenschaftliche Untersuchungen bei technologischen Verbesserungen als nützlich voraus.

Viele Selbstzahler aus dem Ausland zogen Art und Inhalt der Vorlesungen von A. G. Werner, aber auch von Johann Friedrich Lempe nach Freiberg. Beide Lehrer brachten die Tradition der akademischen Vorlesung[5] in die Bergakademie ein und setzten damit die von J. Fr. Henckel 1720–1744 und Christlieb Ehregott Gellert ab 1747 in ihren privatim gegebenen Vorlesungen zur Mineralogie und metallurgischen Chemie erfolgreich angewandten Methode fort. Anstelle der Interpretation fremder Lehrbuchtexte wurde ein auf eigener wissenschaftlicher Arbeit gegründeter systematischer Leitfaden angeboten, der damals vor allem den in den Gruben, Schmelzhütten und beim Experimentieren gemachten Beobachtungen und Erfahrungstatsachen sowie bekannten mathematisch-naturwissenschaftlichen Grundlagen entsprang. A. v. Humboldt wurde u. a. durch D. L. G. Karsten auf Freiberg aufmerksam und schrieb ihm ausführlich über die angetroffene Lehrmethodik. Solchermaßen an Praxis und Theorie orientierte naturwissenschaftliche und technische Lehrinhalte waren anderswo kaum zu erfahren.

Die Einbindung der Bergakademie in den sächsischen Bergstaat führte zu fest vorgeschriebenen Studiengängen für die Beneficiaten und zur personellen Verflechtung der Lehrer der Bergakademie mit den Bergbehörden. Die publice gegebenen Fächer waren für die Beneficiaten unentgeltlich, weil die Lehrer dafür vom Staat ihre feste Besoldung erhielten. Für die internationale Ausstrahlung der Bergakademie waren aber die zwischen Selbstzahlern und den Lehrern frei vereinbarten privatim zu haltenden Vorlesungen wie auch die für Selbstzahler gegen feste Gebühr mögliche Teilnahme am publice gegebenen Unterricht wichtig (Vgl. Tabellen 1 und 2).[6] Dieser Unterricht war für Selbstzahler recht kostspielig, sicherte aber volle Studienfreiheit zu. A. v. Humboldt war bei seinem nur acht Monate dauernden Aufenthalt in Freiberg auf die privatim gegebenen Vorlesungen angewiesen. Er hörte fast ausschließlich bei A. G. Werner wie die meisten Ausländer Bergbaukunde, Oryktognosie und Geognosie. Dazu kam Unterricht in Probierkunde bei A. H. Klotzsch und Markscheiden bei J. Fr. Freiesleben. Dadurch wurden besonders jene Lehrer bekannt, die in Lehre und Forschung den Blick über die Grenzen des Direktionssystems im sächsischen Montanwesen hinaus richteten. Spätere Arbeitskontakte zwischen A. v. Humboldt und Freiberger Wissenschaftlern und Bergbeamten (Wilhelm August Lampadius, Ferdinand Reich, Siegmund August Wolfgang Freiherr von Herder) beruhten auf der gleichen Grundlage.

In der Verbindung von theoretischer und praktischer Ausbildung erreichte A. G. Werner ein neues Niveau, indem er stufenweise die Schwierigkeit der Arbeiten in der Praxis mit dem Fortschritt in der theoretischen Ausbildung steigerte.[7] Der einfachen Befahrung mit

Tabelle 1 (zu Anmerkung 6): Verwaltungsmäßige Einteilung der Studierenden an der Bergakademie Freiberg 1790/1795

Mit staatlicher Unterstützung Studierende (Beneficiaten)

Stipendiaten (im ersten Jahr: Expectanten)	beneficierte Akademisten	Bergschüler
freie Vorlesungen nach individuell vorgegebenem Plan	freie Vorlesungen nach individuell vorgegebenem Plan	einzelne freie Vorlesungen als Ausnahme
voller Kurs über 3 Jahre	voller Kurs über 3 Jahre	–
Jährliche Examen und	Jährliche Examen und	–
Beurteilungen	Beurteilungen	–
ohne Genehmigung kein Dienst im Ausland (Revers)	ohne Genehmigung kein Dienst im Ausland (Revers)	–
nach erstem Jahr gegebenenfalls	nach erstem Jahr gegebenenfalls	gegebenenfalls
Stipendium	–	–
Freigedinge	–	–
Prämie	Prämie	Prämie

Auf eigene Kosten Studierende (Selbstzahler)

Ausländer	Exteraner* (aus Sachsen)

Inskriptionsgebühr
Studienfreiheit
feste Honorare an Lehrer für „publice" Unterricht
freie Honorare an Lehrer für „privatim" Unterricht
ohne Stipendium, Freigedinge und Prämien
ohne Examen und Beurteilungen

* Als Exteraner zählten in der Regel solche Selbstzahler aus Sachsen, die sich nicht für den Staatsdienst, sondern für bestimmte Gewerbe vorbereiteten.

Tabelle 2 (zu Anmerkung 6): Vorlesungen an der Bergakademie Freiberg 1791/1792

Akademieinspektor und (ab 1792) Mitglied des Oberbergamtes Abraham Gottlob Werner (1749–1817)
publice
– Bergbaukunst, laut Reskript vom 15.4.1767,
– Oryktognosie, laut Regulationsreskript vom 26.11.1766
privatim
– Geognosie
– Eisenhüttenwerkskunde
– Elaboratorium (Ausarbeitung geognostischer, grubenwirtschaftlicher und technologischer Aufsätze)

Fortsetzung Tabelle 2

Professor Johann Friedrich Lempe (1757–1801)
publice
J. Fr. Lempe strukturierte den in den Reskripten mit reiner und angewandter Mathematik bezeichneten Unterricht nach seinem Ermessen neu.
– Gemeine und Allgemeine Arithmetik, Ebene Geometrie, laut Regulationsreskript vom 26. 11. 1766
– Ebene und Sphärische Trigonometrie, laut Regulationsreskript vom 26. 11. 1766
– Physik, laut Reskript vom 28. 10. 1769
– Stereometrie, laut Regulationsreskript vom 26. 11. 1766
privatim
über diese Vorlesungen sind in den Jahresberichten leider kaum Notizen vorhanden.
– Mechanische Wissenschaften nach ihrer Theorie und Ausübung
– über Technische und Mathematische Maschinenlehre
– über Höhere Mathematik mit Anwendung auf die Höheren Mechanischen Wissenschaften
– über Feldmeßkunst
– über Theoretische Markscheidekunst

Sekretär des Oberbergamtes und Lehrer an der Bergakademie Alexander Wilhelm Köhler (1756–1832)
publice
– Bergrecht, laut Befehl vom 8. 5. 1786
– Deutscher Stil, laut Oberbergamtsreskript vom 28. 7. 1788

Zeichenmeister an der Bergakademie Johann Simeon Benjamin Sieghardt (?–1830)
publice
– Zeichenkunst, laut Regulationsreskript vom 26. 11. 1766
privatim
– über gemeine Baukunst

Markscheider des Bergamtes Freiberg und Lehrer an der Bergakademie Johann Friedrich Freiesleben (1747–1807)
publice
– Theoretische und Praktische Markscheidekunst, laut Befehl vom 26. 8. 1702

Bergguardein und Lehrer an der Bergakademie Andreas Heinrich Klotzsch (?–1828)
publice
– Probierkunst, laut Befehl vom 26. 8. 1702

Bergrat, Oberhüttenverwalter und Lehrer an der Bergakademie Christlieb Ehregott Gellert (1713–1795)
1789–1793 wurde er vom Hüttenchemiker und Oberhüttenamtsassessor Carl Friedrich Wenzel (1740–1793) vertreten.
publice
– Metallurgische Chemie, laut Regulationsreskript vom 26. 11. 1766

Bergmechanikus Gottlieb Friedrich Schubert (?–1809)
privatim
– Anfertigung von Instrumenten

Vizeoberhüttenmeister Georg Gottlob Wittig (?–1811)
privatim
– Hüttenwesen und Amalgamierarbeiten

schriftlichem Bericht über das Gesehene, folgte die praktische Ausführung von Arbeiten in den Gruben, Aufbereitungen und Schmelzhütten. Schließlich wurden nach Anleitung im sogenannten Elaboratorium Untersuchungen im Gelände und in den Produktionsanlagen durchgeführt und in oft umfangreichen Aufsätzen niedergelegt. Damit wurde die schöpferische Anwendung der Vorlesungsstoffe und der Fachliteratur anhand systematischer Befragungen der Praxis trainiert und bewertet. Von Vorteil waren dabei die Nähe des Freiberger Reviers sowie der äußerst vielfältige geologische Aufbau Sachsens und der angrenzenden Territorien. A. v. Humboldt wurde von A. G. Werner sofort zur Befahrung der Gruben angehalten, wie der Brief vom 23. 6. 91 an J. L. Neumann acht Tage nach Beginn des Studiums zeigt: „Ich lebe hier in Freiberg sehr, sehr zufrieden, wenngleich einsam. Ich kann alle die wissenschaftlichen Zwekke erfüllen, die mich hergezogen. Meine freilich sehr gehäuften Arbeiten haben zwei Tage nach meiner Ankunft angefangen. Ich bringe fast alle Morgen von 7–12 Uhr in der Grube zu, den Nachmittag habe ich Unterricht, und den Abend jage ich Moose, wie es Forster nannte.[8]

A. G. Werner regte seine Schüler weiterhin an, neben dem Studium bei jeder Gelegenheit geologisch-bergmännische Beobachtungen nach seiner Anleitung selbständig zu machen und ihm die Ergebnisse zur Diskussion vorzulegen. Der Wunsch nach intensiver Ausbildung und das Ideal rastloser Tätigkeit zur Sammlung von Erfahrungstatsachen erzeugten bei A. v. Humboldt eine große Resonanz. Er unternahm mit J. C. Freiesleben bereits Anfang August 1791 eine von A. G. Werner angeleitete Reise in das Böhmische Mittelgebirge, deren Ergebnisse im Bergmännischen Journal erschienen. Wichtiger für seinen Berufseinstieg wurde der auf einer analogen Reise beruhende salinenkundliche Aufsatz im Bergmännischen Journal.

Diese Elemente des Lehrsystems in Freiberg begünstigten die Ausbildung von jungen Leuten, die dem Ideal der nützlichen Tätigkeit durch Wissen, Können, Selbständigkeit und Disziplin nahekamen, das Fr. A. v. Heinitz aus pietistischer Überzeugung zur Lebensmaxime gemacht hat, das J. Fr. Lempe sowie A. G. Werner mit der deutschen Aufklärung verbindet und fast alle unter dem Mantel der Freimaurerei über Grenzen hinweg vereint. Ihnen gemeinsam ist darüber hinaus, daß sie leitende Funktionen in einem staatlich dirigierten Produktionszweig haben, der eng mit Naturbedingungen verbunden, bereits vor der industriellen Revolution mit technologischen und produktionsorganisatorischen Neuerungen aufwarten muß, die höhere Bildung und wissenschaftliche Arbeit auch in den Augen der Fürstenhäuser nützlich erscheinen lassen. Diese bürgerlichen Lebensmaximen in den spätabsolutistischen Staaten förderten Vorstellungen vom aufgeklärten Absolutismus.

Glanzpunkt der naturwissenschaftlichen Lehre in Freiberg war die Wernersche Schule der sich herausbildenden Geologie und Mineralogie. Mathematik, Physik und Chemie waren fester Bestandteil der Ausbildung, orientierten sich stark an der Praxis und nahmen erst nach A. v. Humboldts Studienzeit an den neuen Theorien regelmäßigen Anteil. Zu Lavoisiers Sauerstofftheorie erfuhr A. v. Humboldt deshalb das Neueste von dem spanischen Studenten Andrés Manuel del Río. Mit J. Fr. Lempe wurde 1786 ein Lehrer berufen, der unermüdlich die Anwendung der Physik und Mathematik auf die montanistische Praxis betrieb und den A. v. Humboldt wegen seiner mechanischen Kenntnisse schätzte. Die spekulative Naturphilosophie fand unter diesen Bedingungen in Freiberg keine Grundlage, was Franz von Baader spürte, der A. v. Humboldt in Fragen der Wärmelehre beriet.

Zum Lehrsystem zählten auch die unter Leitung der jeweiligen Lehrer stehenden technischen und naturkundlichen Sammlungen sowie die montanistische Fachbibliothek. Darüber hinaus gab es eine Reihe von Privatsammlungen, die einem Mann mit dem gesellschaftlichen Rang eines A. v. Humboldt zugänglich waren.

Die Ausbildung sächsischer Bergbeamter und Officianten wurde durch die Aufnahme einer begrenzten Zahl von Inländern aus bestimmten sozialen Schichten erreicht. Diese Beneficiaten, die im ersten von drei Studienjahren als Expectanten galten, studierten mit staatlicher Unterstützung und verpflichteten sich in einem Revers, nicht ohne Genehmigung in ausländische Dienste zu treten. A. G. Werner entwickelte bis 1795 praktikable Richtlinien zur Auswahl und Laufbahnbestimmung für die Beneficiaten mit dem Ziel, genügend „brauchbare Subjekte zum Kurfürstlichen Bergwerks-Dienste“ heranzuziehen

Tabelle 3:
Beziehungen zwischen sozialer Herkunft der Beneficiaten an der Bergakademie Freiberg und der Auswahl zu künftigen Beamten im Direktionssystem des sächsischen Montanwesens

Soziale Herkunft der Beneficiaten Kriterien der Laufbahnbestimmung	Sächsische Kavaliere	Söhne von Bürgern sächsischer Städte [1]	Söhne von Steigern, Berg- und Hüttenarbeitern
Stipendienfonds	begrenzt besonders die Zahl der Stipendiaten, also der aus unvermögenden Elternhäusern kommenden Studierenden unter den Beneficiaten		
Bedarf an Subjekten	niedrigster Bedarf	größter Bedarf	mittlerer Bedarf
praktische Vorbildung	überwiegend Reisebeobachtungen		überwiegend Berg- und Hüttenarbeit
theoretische Vorbildung	Universität Gymnasium	Schule, Bergschule Gymnasium	Schule Bergschule
Gesundheit			
Geistesfähigkeiten, Grundlagen für ein Universitätsstudium	bevorzugt infolge einer besseren theoretischen Vorbildung		benachteiligt infolge der niedrigeren Schulbildung unterhalb des Gymnasiums
Lebensart, sittliches Betragen	bevorzugt infolge der sozialen Herkunft		benachteiligt infolge der sozialen Herkunft
Auswahl in der Regel für	Chef und Mitglieder des Oberbergamtes, Oberhüttenamtes, Bergmeister	bergakademische Lehrer Obereinfahrer, Bergschreiber, Markscheider Oberhüttenvorsteher Hütten- und Amalgamiermeister	höheres Maschinenpersonal, Chemiker (Probierer) Geschworene, Rezeßschreiber, Schichtmeister großer Gruben Schichtmeister, Hüttenofficianten

[1] A. G. Werner unterschied in dieser sozialen Gruppe die Söhne von Bürgern sächsischer Städte noch sehr genau von den Söhnen von Honoratioren der Bergstädte und den Söhnen von Bergbeamten und Officianten wegen der unterschiedlichen montanistischen Vorkenntnisse dieser Stipendiaten.

(Vgl. Tabelle 3).[9] Selbst unter den Beneficiaten gab es demzufolge deutliche Unterschiede hinsichtlich der sozialen Herkunft, der Schulbildung, der praktischen Vorbildung und der Lebensart. Darunter stand für wenige Auserwählte der Weg in die höhere Laufbahn offen. In dem Jahrzehnt vor dem Studium von A. v. Humboldt in Freiberg gelang das nur 6 Söhnen sächsischer Adelsfamilien. Von ihnen lernte A. v. Humboldt Ferdinand Graf von Einsiedel beim Studium kennen. Sein Studienfreund J. C. Freiesleben konnte 1790 nur für die mittlere Laufbahn bestimmt werden. 1838 wurde er trotz seiner bürgerlichen Herkunft dennoch Direktor des Oberbergamtes. Die Verhältnisse hatten sich geändert. A. v. Humboldt erhielt als Ausländer den üblichen Status als Selbstzahler und damit volle Studienfreiheit, war aber wie die Beneficiaten Laufbahnbestimmungen unterworfen, die in seinem Falle allerdings aus Berlin kamen, sich von den sächsischen im Prinzip jedoch nicht unterschieden. Nach sozialem Stand, Vorbildung und Fähigkeiten besaß er alle Voraussetzungen für die höhere Laufbahn. Überhaupt kamen die meisten Selbstzahler in jener Zeit nach Freiberg, weil sie begründete Aussichten auf höhere oder mittlere Laufbahnen hatten und ihnen deswegen die Bezahlung des publico und privatim gegebenen Unterrichtes durch die Eltern, über Mäzene oder Gelder der Landesherren erst möglich wurde.

Eine für A. v. Humboldts spätere Tätigkeit als Oberbergmeister wichtige Seite des Freiberger Lehrsystems war die Bergschule neben der Bergakademie in Freiberg, die zur Herausbildung notwendigen Spezialistentums unter den Lohnarbeitern durch Benno von Heinitz, dem im Freiberger Oberbergamt tätigen Bruder Fr. A. v. Heinitz, eingerichtet worden war. A. v. Humboldt, der sozialen Aspekten der Lohnarbeiter gegenüber aufgeschlossen war, wußte um die notwendige Sicherung der Arbeitskraft schon aus betriebswirtschaftlichen Gründen, wenn man den hohen Anteil erfahrener Handarbeiter im Montanwesen betrachtet. Er lernte Teile dieser Arbeitswelt kennen und verwirklichte zeitweilig selbst solch eine Einrichtung nach dem Freiberger Modell in Steben.

Die Realitäten dieses Lehrsystems zeigen sich auch in der Zusammensetzung der Studentenschaft und des Freundeskreises von A. v. Humboldt in Freiberg 1791/92. Da bisherige Angaben wegen der schwierigen Quellenlage nicht exakt sind,[10] sollen sie ergänzt werden.[11]

1. Beneficiaten: 14 in Freiberg, 11 in den Bergrevieren,
2 in Wittenberg.

Bei 127 Bergbeamten in Sachsen rechnete A. G. Werner mit 16 Beneficiaten, die sich an der Bergakademie auf den Dienst vorbereiten. 1791/92 studierten im 1. Studienjahr 3 Beneficiaten, im 2. Studienjahr 7 und im 3. Studienjahr 2. Darüber hinaus hörten 2 ältere Beneficiaten einzelne Vorlesungen neben ihrem Freigedinge und zwei Beneficiaten studierten an der Universität Wittenberg. 11 Absolventen der Bergakademie warteten noch auf feste Anstellung. Sie wurden mit Hilfsarbeiten beschäftigt, für die die Stipendienkasse zahlen mußte. Zu A. v. Humboldts Freundeskreis zählten 5 der 14 Beneficiaten in Freiberg. Von diesen 5 hörten 1790/91 nachweisbar C. G. Börner, J. C. Freiesleben, A.W. Monsky und J. M. Böhme über die ihnen zugewiesenen Vorlesungen hinaus auch privatim die Vorlesung über Geognosie bei A. G. Werner. Diese 4 Beneficiaten wurden für mittlere Laufbahnen bestimmt. Sie waren die Leistungsstärksten und gehörten zur sozialen Gruppe der Söhne mittlerer Bergbeamter. Die Freundschaften mit A. v. Humboldt erscheinen aus dieser Sicht als leistungsfördernde Studienfreundschaften. Darin lag auch der Zweck, den A. G. Werner mit der Unterbringung von A. v. Humboldt im Hause Freiesleben verfolgte.

2. Exteraner:

1790/91 umfaßte diese Gruppe nicht mehr als 10 Studierende. Für das Jahr 1791/92 liegen keine verläßlichen Angaben mehr vor. Da sich niemand für diese Gruppe neu einschrieb, ist zu vermuten, daß nur zwei bis drei in den Vorjahren neu eingeschriebene Exteraner noch Vorlesungen hörten. Mit F. Graf von Einsiedel und Christian Heinrich Vollmar war A. v. Humboldt freundschaftlich verbunden. Sie hatten bereits 1790/91 Vorlesungen bei A. G. Werner gehört und besuchten gemeinsam einige Tage vor A. v. Humboldt am 2. 8. 1791 das Amalgamierwerk Halsbrücke. Auch dies weist auf den leistungsfördernden Aspekt bei der Wahl der Freunde hin. Bei F. Graf v. Einsiedel gab es darüber hinaus ähnliche Laufbahnabsichten. Er starb 1833 als Berghauptmann in Schlesien.

3. Ausländer:

1791/92 umfaßte diese Gruppe nicht mehr als 27 Studierende, bildete damit aber die größte Gruppe an der Bergakademie. Davon kamen 5 aus Spanien, 4 aus Preußen, 4 aus Sachsen-Gotha, 3 aus Rußland, je 2 aus England, Bayern und Schwarzburg sowie je einer aus Sachsen-Weimar, Hessen, Baden, Bayreuth und Norwegen. Aus dem Abschiedsgedicht und den Briefen ergibt sich, daß A. v. Humboldt mit 8 von ihnen engeren freundschaftlichen Umgang hatte. Es finden sich unter ihnen Adlige mit guten Berufsaussichten: Leopold von Buch, Carl Heinrich Ferdinand von Zehmen, Moritz August Ferdinand von Zehmen, Gustav Anton Freiherr von Seckendorf und Ernst Friedrich von Schlotheim. Andererseits fallen die wegen ihren Leistungen und Verbindungen zu den Fürstenhäusern ausgewählten und geförderten Landeskinder ins Auge: E. Fr. v. Schlotheim, Franz Xaver von Baader, Wladimir Sojmonov und A. M. del Río.

Die Bildungsvorstellung von Fr. A. v. Heinitz und A. v. Humboldt

A. v. Humboldt kam durch seine eigene Entscheidung mit den Bildungsvorstellungen des Ministers im preußischen Berg- und Hüttendepartement in Berührung. Fr. A. v. Heinitz brauchte keinen ausgebildeten Naturforscher, zu dem sich A. v. Humboldt letztlich bilden wollte, sondern der Minister förderte die Heranbildung von sachkompetenten Berg- und Hüttenbeamten für sein Departement. Daß es für naturwissenschaftliche Arbeit bei einem bestimmten Berufseinstieg in diesem Departement Freiräume gab, hatte A. v. Humboldt wohl bedacht, als er seinen Wunsch nach einem abschließenden Studium in Freiberg durchsetzte. „Meine Mutter, die mich für das Finanzfach bestimmt hatte, wollte, daß ich noch aus den Vorlesungen des berühmten Büsch in Hamburg Vorteil zöge. Ich war ein Jahr in seiner Handelsakademie genannten Anstalt [...] Schließlich erlangte ich, mich dem Bergfach widmen zu dürfen, da es die meisten Beziehungen zu meinen Neigungen hatte“[12], schrieb er 1805 in seinen Bekenntnissen.

Das Montanwesen als wichtiger Sektor der kameralistischen Prinzipien folgenden preußischen Staatswirtschaft hatte nicht nur die Lagerstätten nutzbarer Mineralien zum Gegenstand, was A. v. Humboldt sehr interessierte, sondern hier war auch eine – im übrigen Gewerbe untypische – zentrale staatliche Leitung zur Sicherung der Produktion notwendigerweise entstanden. Damit waren Arbeitsplätze für eine Hierarchie von Fachbeamten verbunden. Darunter finden sich mittlere Beamte für die Leitung der Bergbaureviere und höhere für Landesteile bzw. das ganze Land, von denen Fr. A. v. Heinitz nicht nur juristische sondern vor allem technische, betriebswirtschaftliche und geowissenschaftliche Kenntnisse verlangen mußte. Karl vom Stein, der ebenso wie A. von Humboldt zeitweilig nach Heinitz'schen Bildungsvorstellungen zum höheren Bergbeamten aufstieg, charakterisierte 1829 die Heinitz'schen Lebensmaximen wie folgt: „durch Liebe zum Guten, ernstes Forschen nach Wahrheit, Freiheit und Selbstzucht, wahre Frömmigkeit, stete Aufmerksamkeit auf sein Inneres, durch Führung eines täglichen Journals und stete Selbstprüfung."[13] W.Weber schreibt dies in seiner Arbeit über Heinitz Innovationstätigkeit im Montanwesen vor allem dessen realistisch-weltaktiver pietistischer Grundhaltung und der Tradition des deutschen Adels zur „Oeconomia Rustica" zu. Sie resultierte aus den deutschen Zuständen, besonders aus den Handel und die gewerbliche Produktion hemmenden Erscheinungen. Daraus erwuchs u. a. bei Fr. A. v. Heinitz eine Strategie zur existentiellen Sicherung und Nutzung aller Potenzen der menschlichen Arbeitskraft. Kinderarbeit einerseits gehörte ebenso dazu wie gründliche wissenschaftliche Bildung bestimmter Beamter andererseits.

So verfolgte er in Preußen, wie schon zuvor in Sachsen die technisch-naturwissenschaftliche Bildung geeigneter junger Adliger für den höheren Beamtendienst in seinem Departement. Diese Auswahl nach sozialer Herkunft war ihm wichtig, weil der damit automatisch verbundene gesellschaftliche Rang die Wirksamkeit seiner Elite bei der Leitung des Montanwesens sichern half. Vor allem junge, leistungsfähige, arbeitswillige und begeisterungsfähige Adlige beobachtete er genau, bevor er sie ansprach. Es ist deshalb kein Wunder, daß verwandtschaftliche Beziehungen und Bekanntschaften offen zutage treten, so bei Friedrich Wilhelm von Reden, der 1779 die Provinz Schlesien übertragen bekam, bei Karl vom Stein, Friedrich von Hardenberg, Karl Christian S. von Veltheim und dessen Sohn Franz Wilhelm Werner von Veltheim.[14] Auch bei A. v. Humboldt, der spätestens 1789 auf diese Interessen von Fr. A. v. Heinitz traf, ist die Wirksamkeit von Familienbekanntschaften in Berlin anzunehmen. Die festen Beziehungen zum Umkreis des Ministers gab er Ende 1790 A. G. Werner zur Bekräftigung seines Studiengesuches geschickt zu verstehen: „Ich würde den Oberbergrath Rosenstiel od. H. Assessor Karsten ersucht haben, für mich Ew. Wohlgeboren zu schreiben, wenn ich nicht geglaubt hätte, daß ich den kürzeren Weg wagen dürfte."[15]

Daß A. v. Humboldt den Heinitz'schen Vorstellungen von einer höheren Beamtenlaufbahn entsprach, zeigen eindeutige Äußerungen beider Seiten. „Der kaum verdiente Erfolg meines ersten Werkes über die Basalt-Berge vom Rhein ließ den Chef unserer Bergwerke, den Baron von Heinitz wünschen, daß ich mich seinem Departement widmete,"[16] bemerkte A. v. Humboldt im Jahre 1799 autobiographisch. An J. C. Freiesleben schrieb er anläßlich der Ernennung zum Oberbergmeister in Franken: „Ja, ich würde, so viel Liebe und Enthusiasmus ich auch für den praktischen Theil unseres Metiers habe, den Auftrag nie angenommen haben, wenn der Minister v. Heinitz nicht wiederholt in mich gedrungen wäre."[17]

Die Notwendigkeit einer Elitebildung für das Montanwesen wurde auch durch die preußischen Zustände selbst genährt. Hatte Fr. A. v. Heinitz in Sachsen große Mühe, Friedrich Wilhelm Heinrich von Trebra als seinen Mann wegen breit und tief ausgeprägter traditioneller Bergstaatsstrukturen überhaupt ins Oberbergamt zu bringen, so fand er in Preußen 1777 erst Ansätze einer Behördenstruktur vor, die zugleich die noch schwache Nutzung mineralischer Rohstoffe in Preußen widerspiegelte. Hier mußte Fr. A. v. Heinitz extensiv ausbauen und konnte dabei seine Bildungsvorstellungen umsetzen.[18] A. v. Humboldt war ihm dann auch der richtige Fachmann für die erst am 5. Januar 1792 an Preußen gefallenen fränkischen Herzogtümer.

Fr. A. v. Heinitz sandte nach seinem Dienstantritt 1777 in Preußen mehrfach Vertreter dieser adligen Elite nach Freiberg, um die Vorteile des von ihm einst fundierten Lehrsystems jetzt in der von A. G. Werner modernisierten Art und Weise zu nutzen. Für die Besetzung der mittleren Beamtenstellen griff Fr. A. v. Heinitz auch auf bürgerliche Kräfte zurück. D. L. G. Karsten wurde nach Absolvierung der Bergakademie Freiberg und der Universität Halle 1789 Assessor der Berg- und Hüttenadministration und Professor an der Bergakademie Berlin. 1810 berief ihn der König nach der Einleitung von Reformen in Preußen zum ersten bürgerlichen Leiter des preußischen Montanwesens. A. v. Humboldt nahm zur Vorbereitung seiner Berufslaufbahn 1789 Kontakte zu D. L. G. Karsten auf, als dieser bereits Assessor war und sich auch wissenschaftlich profiliert hatte.

Fr. A. v. Heinitz hatte sich seine fachliche Qualifikation für das Montanwesen vor allem durch Bildungs- und Revisionsreisen angeeignet. Unter Anleitung seines Verwandten, des Oberberghauptmanns Hans Karl von Kirchbach erhielt er auf eigene Kosten 1743/44 Unterricht bei J. Fr. Henckel und Fr.W. von Oppel in Freiberg. Reisen führten ihn im Staatsauftrag 1747 nach Schweden, 1749 und 1751 nach Schemnitz. Diese Reisen und die kameralistische und naturwissenschaftliche Ausbildung auf Universitäten blieben für Fr. A. v. Heinitz wesentliche bildungsmäßige Voraussetzungen für die höhere Laufbahn, während für mittlere und untere Positionen in der Regel der volle Kurs an der Bergakademie, sei es in Freiberg oder Berlin, ausreichte.

Auch A. v. Humboldt durchlief den klassischen Bildungsweg über Universitäten, die Bergakademie und wissenschaftliche Reisen. Die 1791 von Freiberg aus durchgeführte geognostische Reise ins Böhmische Mittelgebirge und die halurgische Reise nach Kösen und Sulza fanden zwar den Beifall von Fr. A. v. Heinitz, entbanden A. v. Humboldt aber nicht von Prüfungen entsprechend den im Departement anstehenden Aufgaben. Der neu eingestellte Assessor A. v. Humboldt hatte 1792 seine Fähigkeiten zur selbständigen Arbeit mit Revisionsreisen unter Beweis zu stellen: Die Torfstecherei Linum, der Hochofen in Zehdenick, der Fayenceofen in Rheinsberg, die Montananlagen und mineralischen Rohstoffe in den fränkischen Fürstenthümern waren erste Prüfsteine für A. v. Humboldt. Auch die nach der Ernennung zum Oberbergmeister erfolgten Reisen zu den bayrischen, österreichischen und galizischen Salinen zeigten A. v. Humboldt als befähigten Fachmann und waren im Sinne von Fr. A. v. Heinitz Abschluß der Ausbildung zum höheren Bergbeamten. Den Dienst als Oberbergmeister trat A. v. Humboldt folgerichtig erst am 1. Juni 1793 an.

Fr. A. v. Heinitz forderte bei diesen Reisen und auch sonst, seiner eigenen Arbeitsweise folgend, weit mehr als nur beschreibende Darstellungen. Die klare statistisch untersetzte Analyse der Situation bildete mit der Erarbeitung eines langfristig greifenden Planes eine Einheit. Dies sicherte nach Überzeugung Fr. A. v. Heinitz' die strikte Einordnung des Einzelnen in der Realisierungsphase und die mögliche Kontrolle der Einzelleistungen, was ihm als Departementchef wiederum Grundlage für Beförderung, Entlohnung und Prämierung war. W. Weber ist zuzustimmen, wenn er bewertet: „An Humboldt demonstrierte Heinitz noch einmal, welche Möglichkeiten sich unter seiner Patronage einem hochbegabten Wissenschaftler boten. Er schickte ihn mit zahlreichen Kommissionen zu Porzellanmanufakturen und Salinen und hatte ihn schon 1791 fest für die Nachfolge Steins (1791) oder Redens (1793) vorgesehen. Nach Humboldts Absage übernahm in Wetter auch kein Bergmann, sondern ein Verwaltungsmann die Leitung, während Reden sich in Schlesien nicht von seinem Amt lösen wollte."[19] A. v. Humboldt fand demnach in Fr. A. v. Heinitz einen in Bildungsfragen sehr erfahrenen Vorgesetzten, der ihm Freiräume für die wissenschaftlichen Interessen während des Studiums in Freiberg, bei den Inspektionsreisen und der Tätigkeit als Oberbergmeister in den Fränkischen Fürstentümern einräumte.

Bildung und Wissenschaft maß Fr. A. v. Heinitz an ihrem Nutzen, den sie im Gewerbe und den Staatskassen bewirkten. Dazu lenkte er fiskalische Einkünfte um. Dieses Prinzip fand Fr. A. v. Heinitz schon 1743 mit der Stipendienkasse vor und folgte ihm selbst 1765 bei Gründung der Bergakademie Freiberg. Mit seinem Dienstantritt in Berlin reorganisierte er mit K. A. Gerhard das seit 1770 bestehende Bergwerksinstitut (Zahl der Studierenden, praktische und theoretische Ausbildungsphasen, Prüfungsordnung, Sammlungen). 1801 erreichte Fr. A. v. Heinitz die Unterbringung in der neuen Münze. Bis 1804 absolvierten über 200 Studierende meist für mittlere und untere Laufbahnen die Berliner Bergakademie. Als Kurator der Akademie der Künste und mechanischen Wissenschaften, wie er sie seit 1786 nannte, versuchte er die direkte Verbindung von Kunst, mechanischen Wissenschaften und Bautechnik herzustellen, um das Ästhetische direkt mit dem Nützlichen zu verbinden. Das gelang wegen vielfältigen Widerstandes nicht, so daß er 1799 die Gründung einer Bauakademie durchsetzte.[20] Fr. A. v. Heinitz wußte sich hierin mit vielen Zeitgenossen einig, die die inneren wirtschaftlichen Kräfte ihrer Staaten stärken wollten und objektiv auch Voraussetzungen für die industrielle Entwicklung schufen. Das Montanwesen nahm bei der praktischen Nutzung der Wissenschaft eine Vorreiterrolle ein. 1786 bis 1790 machte bereits eine Internationale „Societät der Bergbaukunde“ die Verbreitung und Anwendung nützlicher Kenntnisse zu ihrem Hauptzweck und errang mit einem neuen Verhüttungsverfahren einen spektakulären Erfolg. Das größte dieser Amalgamierwerke ging 1790 in Halsbrücke bei Freiberg in Betrieb und zog natürlich auch A. v. Humboldt an.[21] Er nahm vor allem bei eigenen Erfindungen Stellung zum Nutzen von Wissenschaft: „Wenn es ein Genuß ist, durch neue Entdeckungen das Gebiet unseres Wissens zu erweitern, so ist es eine weit menschlichere und größere Freude, etwas zu erfinden, das mit der Erhaltung einer arbeitsamen Menschenklasse, mit der Vervollkommnung eines wichtigen Gewerbes in Verbindung steht. Eine solche Erfindung gewährt den Nebenvortheil, daß sie den Einfluß der Wissenschaften auf die technischen Künste darlegt, und jenen mehr Eingang bei den Praktikern zusichert.“[22] Auch im Bewerbungsschreiben an Fr. A. v. Heinitz wußte A. v. Humboldt diesen Punkt in bezug auf die preußischen Verhältnisse anzusprechen: „die schmeichelhafte Hofnung, dereinst vielleicht zur Ausführung der großen und wohlthätigen Pläne mitzuwirken, durch welche Ew. Excellenz seit einer langen Reihe von Jahren, unserem Staate bald neue Quellen des Nationalreichthums eröfnen, bald die schon gefundenen nach den philosophischen, sich immer gleichen Pricipien der Staatswirthschaft benuzen lehren.“[23] In diesem Punkt ging A. v. Humboldt völlig konform mit den vorgelebten Prämissen seiner Gönner in Freiberg und Berlin. Es waren ihrem Inhalt nach bürgerliche Vorstellungen, denen sich spätabsolutistische Fürsten nicht mehr verschließen konnten und die bei vielen Zeitgenossen Hoffnungen auf wirkliche Reformen wachsen ließen. A. v. Humboldt begründete 1799 gegenüber dem deutschstämmigen amerikanischen Kaufmann und Freund aus der Hamburger Zeit Ludwig Bollmann die unwiderrufliche Ausweitung seines Lebenskreises über Preußen hinaus schließlich auch mit der Enttäuschung über anhaltende gesellschaftliche Probleme.[24]

Das in Freiberg aus einer langen Tradition hervorgegangene Lehrsystem war im Kern für den Bedarf an Bergbeamten in Sachsen eingerichtet und finanziert worden. Darin gab es klar erkennbare und praktisch wirksame Bildungsvoraussetzungen und Laufbahntypen für junge Leute vom Berg- und Hüttenarbeiter über die große Gruppe der Söhne von Bergbeamten bis zu adligen Kavalieren. Der traditionell mögliche Zugang zur Hochschule für Selbstzahler brachte wissenschaftlich gebildete höhere Fachbeamte auch für ausländische Staatsbehörden hervor, die in Preußen und anderen spätabsolutistischen Staaten auf ähnliche Laufbahntypen wie in Sachsen trafen. Aus den Selbstzahlern gingen jedoch nicht nur Bergbeamte hervor, sondern u. a. auch wirtschaftlich unabhängige Naturforscher. Der bekannteste unter ihnen ist A. v. Humboldt. Sein vorerst eingeschlagener Bildungsweg zum Bergbeamten entsprach der Laufbahn adliger Kavaliere im Bergstaat Preußens und Sachsens. Seine Besonderheit war, daß A. v. Humboldt von vornherein ein wirtschaftlich unabhängiges Leben als Naturforscher einschlagen wollte, dazu mit ungeheurer Energie während des Studiums und der kurzen Tätigkeit als Bergbeamter das eine mit dem anderen produktiv verbunden hat und schließlich 1796 die Beamtenlaufbahn verließ. Er blieb jedoch zeitlebens geprägt von seiner Studienzeit und den Jahren bei Fr. A. v. Heinitz.

Anmerkungen

1 Humboldt 1823, S. 69.
2 UA Freiberg a, Vol. 17, Bl. 185–188.
3 Trebra 1818; Sennewald 1989.
4 UA Freiberg b.
5 Mühlfriedel 1967, S. 165.
6 UA Freiberg a, Vol. 15, Bl. 108, 133 f., Vol. 16, Bl. 88, 112, 123; HSA Freiberg b, Bl. 81 ff., 115; Köhler 1791, S. 86–90; Schellhas 1960, S. 57.
7 Mühlfriedel 1967, S. 166.
8 Humboldt an Neumann, Freiberg 23. 6. 1791. Humboldt 1973, S. 142 f.
9 UA Freiberg b, Bl. 73–115.
10 Schellhas 1960; Watznauer 1960, S. 18.
11 UA Freiberg a, Vol. 15, Vol. 16, Festschrift 1866, S. 232–234.
12 Humboldt 1987, S. 51.
13 Stein 1955, S. 484 f.
14 Weber 1976, S. 82, 192 f.
15 Humboldt an Werner, Hamburg, 13. 12. 1790. Humboldt 1973, S. 113.
16 Humboldt 1987, S. 25.
17 Humboldt an Freiesleben, am Salzberg bei Berchtesgaden, 12. 10. 1792. Humboldt 1973, S. 218.
18 Weber 1976, S. 189 ff.
19 Ebd., S. 197.
20 Ebd., S. 213 ff.
21 Bergbaukunde 1789–90; Sennewald 1987; Museum Freiberg.
22 Zit. nach Weber 1976, S. 217 f.
23 Humboldt an Heinitz, Berlin, 14. 5. 1791. Humboldt 1973, S. 137.
24 Vgl. Humboldt 1987, S. 159 f.

Quellen und Literatur

Freiberg, UA
Universitätsarchiv der Bergakademie Freiberg.
a Oberbergamtsakten, Nr. 9118.
b Oberbergamtsakten, Nr. 9331, Vol. 1 a.
Freiberg, Museum
Stadt- und Bergbaumuseum Freiberg.
Fremdenbuch des Amalgamierwerkes Halsbrücke 1791 ff.

Bergbaukunde 1789–90
Bergbaukunde. Hrsg. von Ignatz von Born und Friedrich Wilhelm Heinrich von Trebra. Bd. 1 Leipzig 1789. Bd. 2. Leipzig 1790.
Festschrift 1866
Festschrift zum hundertjährigen Jubiläum der Königl. Sächs. Bergakademie zu Freiberg am 30. Juli 1866. Dresden 1867.
Humboldt 1823
Humboldt, Alexander von: Geognostischer Versuch über die Lagerung der Gebirgsarten in beiden Erdhälften. Deutsch bearbeitet von Karl Cäsar Ritter von Leonhard. Straßburg 1823.
Humboldt 1973
Die Jugendbriefe Alexander von Humboldts 1789–1799. Hrsg. und erl. von Ilse Jahn und Fritz G. Lange. Berlin 1973. (Beiträge zur Alexander-von-Humboldt-Forschung. 2.)
Humboldt 1987
Alexander von Humboldt. Aus meinem Leben. Autobiographische Bekenntnisse, zusammengest. und erl. von Kurt-R. Biermann. Leipzig, Jena, Berlin 1987.
Köhler 1791
Bergmännischer Kalender für das Jahr 1791. Freyberg und Annaberg.
Mühlfriedel 1967
Mühlfriedel, Wolfgang: Abraham Gottlob Werners Lehrsystem und seine Stellung im deutschen Hochschulwesen. In: Bergakademie. 19. 1967. H. 3, S. 164–169.
Schellhas 1960
Schellhas, Walter: Alexander von Humboldt und Freiberg. In: Freiberger Forschungshefte. D 33. Berlin 1960, S. 29–113.
Sennewald 1987
Sennewald, Rainer: Die Societät der Bergbaukunde – erste internationale montanwissenschaftliche Gesellschaft. In: Freiberger Forschungshefte. D 178. Leipzig 1987, S. 75–102.
Sennewald 1989
Sennewald, Rainer: Die Verbesserung der Zinnverhüttung in Sachsen (1770 bis 1840). In: Freiberger Forschungshefte. D 194. Leipzig 1989, S. 39–60.
Stein 1955
Stein, Heinrich Friedrich Karl Frh. von und zum: Ausgewählte Briefe und Denkschriften. Hrsg. von E. Botzenhart. Stuttgart 1955.
Trebra 1818
Trebra, Friedrich Wilhelm Heinrich von: Bergmeister-Leben und Wirken in Marienberg 1767–1779. Freyberg 1818.
Watznauer 1960
Watznauer, Adolf: Alexander von Humboldt und der Freiberger Kreis. In: Freiberger Forschungshefte. D 33. Berlin 1960, S. 11–28.
Weber 1976
Weber, Wolfhardt: Innovationen im frühindustriellen deutschen Bergbau und Hüttenwesen. Friedrich Anton von Heinitz. Göttingen 1976.

Anschrift d. Verf.: *Dr. Rainer Sennewald, Ziolkowskistr. 37, 09599 Freiberg*

Die russisch-sibirische Reise Alexander von Humboldts – eine „mineralogisch-geognostische Reise"?

Von Christian Suckow

Von der russisch-sibirischen Reise Alexander von Humboldts existiert, wie man weiß, nur eine größere zusammenhängende Reiseschilderung aus der Feder von Gustav Rose, einem Begleiter Humboldts auf dieser Reise; sie ist überschrieben „Mineralogisch-geognostische Reise nach dem Ural, dem Altai und dem Kaspischen Meere".[1] Ist diese Humboldtsche Reise von 1829 also, Rose beim Wort zu nehmen, eine „mineralogisch-geognostische Reise" gewesen, d. h. eine Reise, auf der das „Mineralogisch-Geognostische" im Vordergrund bzw. Mittelpunkt des Interesses stand?

Wollen wir Humboldt selbst befragen, so haben wir nur das Titelblatt des Roseschen Werkes zu wenden, denn Rose läßt zu Beginn seiner „Vorrede" Humboldt das Wort, und dieser spricht von der ihn auf die Reise hinführenden Hoffnung, „den Ural zu besuchen, dessen geognostische Constitution gewiß viele Vergleichsmomente mit der Andes-Kette [...] darbieten müsse."[2] Etwas weiter im Text kommt er auf das „Pro Memoria" des kaiserlich-russischen Finanzministers, Graf Georg von Cancrin, Mentor des ganzen Reiseunternehmens, zu sprechen, eine erste schriftliche Instruktion gewissermaßen an Humboldt, gekleidet in die Form eines höflichen Briefes, jedenfalls aber die Erwartungen umreißend, die die russische Seite an die Humboldtsche Reise stellte, nämlich „einzig [...] den Wissenschaften förderlich zu sein." Was näher gemeint war, folgt sogleich im nächsten Satz: „Soviel Sie können, werden Sie dabei dem Bergbau und dem Gewerbefleiße Rußlands Nutzen schaffen."[3] Das „Pro Memoria" ging an Humboldt im Januar 1829, ein Vierteljahr vor Antritt der Reise, und Humboldt bestätigte Cancrin jenen Hauptprogrammsatz ausdrücklich.[4] Ob er sich daran gehalten hat oder hat halten wollen, wäre die Frage.

Befragen wir ihn wiederum, nun aber seine Sicht auf die Dinge 15 Jahre nach der Reise heranziehend, formuliert in „Central-Asien", jener großen Summe aus russisch-sibirischer Reiseerfahrung und Literaturstudium, dem 1843 zuerst in Paris, ein Jahr später in deutscher Übersetzung vorgelegten Werk, so finden wir zunächst und wiederum explizit in der „Einleitung" die gleiche Aussage über jene auf die Reise hinführende Hoffnung: „Ich empfand ein stets wachsendes Bedürfnis, selbst das Innere des asiatischen Continents zu besuchen, um die geologische Constitution seines Bodens mit der von Süd-Amerika [...] zu vergleichen."[5] Noch dezidierter also diese Programmatik, noch genereller formuliert als in der Vorrede zu Roses Reisebericht!

An mindestens einem halben Dutzend weiterer Stellen der „Einleitung" zu „Central-Asien" finden wir den signifikanten Bezug zur Geologie, mitunter in überraschendem Kontext. So, wenn Humboldt, gleichsam sich beim geologischen Leser für weiterführende, über die Geologie hinausweisende Pläne entschuldigend, schreibt: „Da ich keineswegs die Hoffnung aufgegeben, ein sehr allgemeines Werk unter dem nicht vorsichtig gewählten Titel Kosmos herauszugeben, so habe ich vorzugsweise und mit Vorliebe zu diesem Werk [gemeint ist „Central-Asien" – d. Verf.] bei allgemeinen Ansichten über die Physik des

Erdballs verweilt. Diese Vorliebe hat mich jedoch, wie ich hoffe, specielle Untersuchungen über die Geologie der Formationen und die Orometrie nicht vernachlässigen lassen."[6] Oder, ebenfalls werkgeschichtlich die Rolle der Geologie für ihn, Humboldt, hervorhebend und den Werkplan für „Central-Asien" begründend: „Meine Ansichten über die Geologie Asiens hatten sich erweitert, [...] und es schien mir dadurch zweckmäßiger, ein ganz neues Werk herauszugeben."[7] Ein weiteres Mal entschuldigt er sich gleichsam für Forschungsziele, die ihn intensiv beschäftigten, seine Aufmerksamkeit nämlich für die schlichte Höhenmessung, die natürlich „in den Augen des Geologen ein weit minder wichtiges Phänomen ist, als [...] das Alter der Felsformation [...]" usw., aber er habe ja doch „stets daran erinnert."[8]

Andererseits gibt er seiner Genugtuung darüber Ausdruck, daß seine „geologischen Übersichten" bereits in das Werk Carl Ritters zur groß angelegten vergleichenden Erdkunde Eingang gefunden hätten[9], und noch in den programmatischen Schlußsätzen seiner „Einleitung" weist er der Geologie in schönen, souverän resümierenden Sätzen einen zentralen Platz zu, wenn er von dem „Charakter der Epoche" und ihrer „Wissenschaft" spricht, die „die charakteristischen Spuren von zahlreichen Umwälzungen enthüllt, die der Erdball erlitten hat"; die „Geologie" habe „durch die stete Vermehrung der Beobachtungsgegenstände und durch das vollkommene Studium der organischen Überreste, die in den Felsschichten begraben liegen, neue Wege gebahnt, um in die Tiefen der Zeit und des Raums einzudringen", und dies sei „einer der größten Triumphe des menschlichen Geistes."[10]

Alles scheint klar zu sein: Humboldts russisch-sibirische Reise – eine „geognostische Reise"!

Da erscheint es fast müßig, sich die übrigen und eigentlichen Texte des Werkes „Central-Asien" oder auch des Roseschen Reiseberichtes genauer anzusehen. Ich möchte es dennoch mit einem Seitenblick tun, gleichsam die Probe aufs Exempel zu liefern.

Sieht man sich in „Central-Asien" die Abschnitte über den Ural an – das alleinige ursprüngliche Ziel der russisch-sibirischen Reise und von Humboldt mit nicht weniger Aufmerksamkeit behandelt als die zentralasiatischen Gebirgsketten etwa, die er ja durch Autopsie nur am Zipfel des Altai zu fassen bekam –, sieht man sich also die Textpartien über den Ural an, so läßt sich feststellen, daß von 77 Textseiten insgesamt zum „System des Ural-Gebirges" 42 Seiten der Geologie, Mineralogie und Lagerstättenkunde gewidmet sind, also mehr als die Hälfte (die mancherlei Nachträge im Anhang des Werkes gar nicht gerechnet); und dies nicht als zufällige Quantität, sondern weil Humboldt hier den Schlüssel für die Oberflächengestalt, den Mineralreichtum und die volkswirtschaftlichen Chancen des uralischen Montanwesens zu finden hoffte.

Flankierend ein ganz anderer Befund: Humboldt hat, sieht man den Roseschen Reisebericht durch, im Ural 37 Seifenlagerstätten, 18 Gruben, 18 Steinbrüche und 19 Eisen- und Kupferhütten besucht und mehr oder weniger eingehend besichtigt. Eine Anzahl, die es Treue nahelegte, zu vermuten, daß die „dauernden Besichtigungen von Berg-, Hütten- und Industriewerken [...] ihn kaum mehr interessieren konnten."[11] Von Fall zu Fall möglich, etwa wenn der 60jährige Humboldt nach anstrengender Tagesfahrt über uralische Bergstraßen noch die halbe Nacht auf eine Grubenbefahrung zu verwenden hatte, um am nächsten Morgen die Weiterreise pünktlich antreten zu können. Andererseits hat er in einem Brief an Arago, seinen berühmten Pariser Freund, noch während der Reise und noch mitten im bergmännischen Programm, von Ust-Kamenogorsk aus im Rückblick auf den Ural nachdrücklich bestätigt: „Wir haben einen Monat darauf verwandt, die Goldminen von Beresowski, die Malachitminen von Gumeschewski und Tagilsk, die Eisen- und Kupferindustrie, die Beryll- und Topasgewinnung, die Gold- und Platinwäschereien zu besichtigen [...] Einer der Hauptzwecke dieser Reise war die Erforschung der Lage und des wahrscheinlichen Ursprungs dieser Anschwemmungen [...]"[12]

Hier also nun der Hinweis auf das Mineralogische und Lagerstättenkundliche als einen Hauptzweck der Reise. Rose, der Mineraloge, hat es gewiß als *den* Hauptzweck gesehen, und sein Reisewerk wurde in der Tat das Standardwerk jener Jahre, was die umfassende Darstellung der Mineralogie und Lagerstättenkunde Rußlands betrifft. Und Humboldt war die Materie jedenfalls so wichtig, daß er sich die verallgemeinernde Darstellung der geologischen, mineralogischen und lagerstättenkundlichen Erkenntnisse der Reise gegenüber Rose ausdrücklich vorbehalten hatte. Er hat sie in „Central-Asien" geliefert, während sich Rose auf den spezifischen Materialbefund „beschränkte", dies allerdings, wie gesagt, mit in der Fachwissenschaft seiner Zeit durchschlagendem Erfolg.

Humboldts und Roses Berichte zusammengenommen – alles klar also, was den Charakter der Reise als „mineralogisch-geognostische" angeht?

Dies darf in Zweifel gezogen werden, trotz allem. Und zwar aus folgenden Gründen.

Humboldt war sich vom ersten Kontakt mit Cancrin an im klaren darüber, daß eine Rußlandreise über wenige Monate, gemessen an seinen jahrzehntelang gehegten Plänen zu einer großen, auf mehrere Jahre veranschlagten Asienreise, gleichsam ein Provisorium war. Dennoch hat er versucht, durch die Auswahl seiner wissenschaftlichen Reisebegleiter Gustav Rose und Christian Gottfried Ehrenberg ihr einen umfassenden Forschungsrahmen zu geben. Ja er hat gerungen um die Begleitung eben dieser Gelehrten, von denen der eine während der Reise für Mineralogie, Geologie, Lagerstättenkunde, auch daran anknüpfende geographische Fragestellungen zuständig war, der andere für Botanik, Zoologie, Paläontologie und Verwandtes. Seine, Humboldts, vielerlei eigenen Forschungsinteressen und die Begleitung durch einen sachkundigen russischen Bergbaufachmann hinzugerechnet, war so die russisch-sibirische Reise in bezug auf die in der Person einzelner Forscher kompetent vertretenen Wissenschaftsdisziplinen durchaus breiter angelegt als selbst die große amerikanische Reise von 1799–1804. Daß die Auswertung im „Reisewerk" dann dem nicht ganz angemessen war – beispielsweise hat Ehrenberg die botanische und zoologische Ausbeute nie geschlossen vorgelegt – steht auf einem anderen Blatt.[13]

Ein anderer Gegengrund, die russisch-sibirische Reise von 1829 schlechtweg als „mineralogisch-geognostische" zu bezeichnen, liegt in der Sache selbst. Ich meine das durchaus Unscharfe des zeitgenössischen Begriffs „Geognosie" und die entsprechend unscharfe Grenzziehung zu Nachbardisziplinen. Der junge Humboldt verwendete 1793 den Begriff Geognosie ganz allgemein für „Erdkunde" als Wissenschaft von der belebten und unbelebten Natur, den organischen und anorganischen Körpern,[14] verwarf diesen Begriffsumfang bald, engte ihn mehr und mehr ein und vermied den Terminus schließlich 1844 in „Central-Asien" so gut wie ganz zugunsten exakter Begriffe wie „Geologie" und „Mineralogie". Was die Grenzziehungen zu anderen Disziplinen betrifft, so genügt ein Blick auf den methodischen Aufbau des Werkes „Central-Asien". Immer wieder gleitet die Darstellung von geologischen und mineralogischen Befunden gleichsam fließend hinüber zu physikalisch-geographischen Sachverhalten, zu Orographie (weitgehend im Sinne von Morphographie), Hypsometrie, ja Hydrographie und Meteorologie, und wieder zurück. Dem ersten Hauptabschnitt des Werkes, überschrieben „Allgemeine geologische Ansichten über Asien", folgt ein zweiter „Specielle Orographie von Asien", ohne daß in beiden Geologie und Mineralogie einerseits sowie Morphographie andererseits methodisch je auseinandergegliedert wären, ja man kann den zweiten Teil als die nur lokal differenzierenden Ausführungen zum ersten nehmen, und zwar unter besonderer Berücksichtigung der Mineralogie und Geologie!

Von solchen aus dem zeitgenössischen Entwicklungsstand der Erdwissenschaften ohne weiteres zu erklärenden methodischen und terminologischen Grenzverwischungen und Überschneidungen abgesehen, hat natürlich Humboldt in der Tat mit seinem „asiatischen Forschungsprogramm", wie man die Summe seines lebenslangen Hindenkens auf die asiatischen Räume der Alten Welt durchaus fassen könnte, mehr als nur eine Mineralogie und Geologie im engeren (und heutigen!) Sinn im Auge gehabt. Es genügt wiederum, ihn selbst in der Einleitung zu „Central-Asien" zu befragen. Es heißt dort: „Das vorliegende Werk enthält in den ersten zwei Theilen Betrachtungen über die Richtung der Bergketten und über die großen geologischen Eigenthümlichkeiten, wodurch sie sich von einander unterscheiden; im dritten Theile Untersuchungen über die Klimatologie Asiens und den Erdmagnetismus."[15] Und nach einigen näheren Erläuterungen hierzu resümiert Humboldt: „Diese Bemerkungen dürften hinreichen, um zu beweisen, wie viele verschiedene Gegenstände aus dem Gebiete der Physik des Erdballs und der historischen Geographie, welche ich in diesem Werke behandle, sich mit den speziellen Studien über die Geologie und Klimatologie Asiens, welche dazu die Grundlage bilden, verknüpfen mußten."[16]

Damit dürfte nun wirklich klar sein, welchen Charakter die russisch-sibirische Reise von 1829 ihrer wissenschaftlichen Orientierung nach hatte: Die Reise war eine „mineralogisch-geognostische Reise" in dem Maße, in dem Mineralogie und Geologie im Gesamtkonzept ihrer Forschungsorientierung eine Funktion hatten; und diese Funktion war, wie am Ende der Nachfragen bei Humboldt selbst deutlich sein dürfte, eine sehr wichtige, nicht aber ausschließlich bestimmende. Sie war, von Humboldt selbst bezeugt, eine grundlegende, hatte aber dem übergeordneten Ziel einer „Physik des Erdballs" zu dienen, einer physikalischen Geographie oder, wenn man so will, einer Synthese der „Geowissenschaften", auf dem Entwicklungsstand, den diese Wissenschaften zur Zeit Humboldts erreicht hatten. Und in diesem waren die „geognostischen" Wissenschaften auf eigentümliche Weise integriert, auf eine Weise, der immer nur wissenschaftshistorisch Rechnung getragen werden kann, will man die Sachverhalte, die hinter Terminologie und Begriffen stehen, erfassen.

Anmerkungen

1 Rose 1837–42. Die zitierte Titelfassung findet sich im Bandtitel, während der Serientitel „Mineralogisch-geognostische" nicht enthält.
2 Ebd., 1, S. VIII.
3 Ebd., S. IX. Von Humboldt zitiert aus der Beilage zum Schreiben Cancrins an ihn, St. Petersburg, 30. 1. 1829 (Humboldt 1869, S. 53).
4 Humboldt an Cancrin, Jekaterinburg, 17. 7. 1829. (Humboldt 1869, S. 53.)
5 Humboldt 1844, 1, S. 5.
6 Ebd., S. 12.
7 Ebd., S. 9 f.
8 Ebd., S. 13.
9 Ebd., S. 21 f.
10 Ebd., S. 26.
11 Treue 1990, S. 161.

12 Humboldt an Arago, Ust-Kamenogorsk, 4. 11. 1829; nach dem französischen Text in Humboldt 1907. S. 71, unter Angleichung der Ortsnamen an die zeitgenössische Schreibweise.
13 „Reisewerk“ hier im umfassenden Verständnis aller Schriften Humboldts und seiner wissenschaftlichen Begleiter, die signifikant Material von der russisch-sibirischen Reise 1829 verarbeiten.
14 So in Humboldt 1793, S. IX. Vgl. hierzu Beck 1986, S. 139.
15 Humboldt 1844, 1, S. 2.
16 Ebd., S. 4.

Literatur

Beck 1986
Beck, Hanno: Alexander von Humboldt als größter Geograph der Neuzeit. In: Die Dioskuren. Probleme in Leben und Werk der Brüder Humboldt. Mannheim 1986, S. 126–182. (Abhandlungen der Humboldt-Gesellschaft für Wissenschaft, Kunst und Bildung e.V. Bd. 9.)

Humboldt 1793
Humboldt, Alexander von: Florae Fribergensis specimen plantas cryptogamicas praesertim subterraneas exhibens. Berlin 1793.

Humboldt 1844
Humboldt, Alexander von: Central-Asien. Untersuchungen über die Gebirgsketten und die vergleichende Klimatologie. Aus d. Französ. [...] hrsg. von Wilhelm Mahlmann. Bd. 1. 2. Berlin 1844.

Humboldt 1869
Im Ural und Altai. Briefwechsel zwischen Alexander von Humboldt und Graf Georg von Cancrin aus den Jahren 1827–1832. Leipzig 1869.

Humboldt 1907
Correspondance d'Alexandre de Humboldt avec François Arago (1809–1853). Publ. [...] par E.-T. Hamy. Paris [1907].

Rose 1837–42
Rose, Gustav: Mineralogisch-geognostische Reise nach dem Ural, dem Altai und dem Kaspischen Meere [auf Befehl Sr. Majestät des Kaisers von Rußland im Jahre 1929 ausgeführt von A. von Humboldt, G. Ehrenberg und G. Rose. Mineralogisch-geognostischer Theil und historischer Bericht der Reise]. Bd. 1. 2. Berlin 1837–1842.
[In eckigen Klammern Ergänzungen des Serientitels „Reise nach dem Ural ...“]

Treue 1990
Treue, Wilhelm: Alexander von Humboldts Sibirienreise. In: Alexander von Humboldt. Weltbild und Wirkung auf die Wissenschaften. Hrsg. von Uta Lindgren. Köln und Wien 1990, S. 151–167. (Bayreuther Historische Kolloquien. Bd. 4.)

Anschrift d. Verf.: *Dr. Christian Suckow, Alexander-von-Humboldt-Forschungsstelle, Berlin, Leipziger Str. 3–4, D 10117 Berlin*

Die Bergstadt Freiberg zur Zeit Alexander von Humboldts

Von Ulrich Thiel

Am 3. Juni 1791 trat Alexander von Humboldt seine erste Reise nach Freiberg und damit in eine ihm bis dahin unbekannte Gegend an. In einem Brief schrieb er damals: „Ich gehe wieder in ein Land, wo ich kein menschliches Wesen kenne".[1] Trotz aller Fremdheit ging er mit großer Erwartung und Begeisterung in die sächsische Berghauptstadt, denn er wollte sich dort mit aller Kraft dem Studium der Montanwissenschaften widmen. Ob sich der bereits recht weitgereiste Humboldt Freiberg wohl so vorgestellt hatte, als er am 14. Juni dort eintraf? Betrachten wir das gesellschaftliche Umfeld, in dem er von nun an einige Monate lebte, näher. Gehen wir aber gleichzeitig der Frage nach, ob und wie diese Stadt bis zum letzten Besuch Humboldts im Jahr 1828 ihr Gesicht veränderte.

Neben der umfassenden, faktenreichen Darstellung des hochgeschätzten Walter Schellhas über Humboldts Aufenthalt in Freiberg stehen uns dafür die Beschreibungen zweier Zeitzeugen zur Verfügung. Im Jahr 1786 verfaßte der schwäbische Kandidat der Theologie Heinrich Keller seinen als „Tableau von Freiberg" bezeichneten recht objektiven Reisebericht über die Bergstadt. Professor August Breithaupt publizierte 1825 eine 272 Seiten umfassende, breit angelegte Darstellung „Die Bergstadt Freiberg im Königreich Sachsen [...]", die bisher leider zu wenig Beachtung fand. Eine wichtige Quelle ist uns außerdem mit der seit dem Jahr 1800 herausgegebenen Wochenzeitung „Freiberger gemeinnützige Nachrichten" in die Hand gegeben. Erst unlängst wies Ch. Goldhahn auf die Bedeutung dieser für die historische Forschung kaum erschlossenen Zeitung hin. Sicher, auch Zeitungen als Geschichtsquelle bedürfen einer kritischen Sichtung und Wertung, aber sie bieten einen Stoff, der durch Umfang und Vielfalt besticht und schlaglichtartig die damaligen Zeitverhältnisse beleuchtet.[2]

H. Keller beschrieb seinen 1786 von Freiberg gewonnenen Eindruck wie folgt: „Die Stadtmauern waren an verschiedenen Orten eingestürzt, von den Bastionen sah man nur mehr Ruinen, die als Steinhäufchen im Zwinger umher lagen, die Thore drohten den Einsturz, die geträumten Paläste verwandelten sich größthentheils in armselige Hütten, denen man es ansieht, daß ihre Besitzer nicht die Reparaturkosten aufbringen können, obgleich ihre Erbauung von Grunde aus [...] kaum einige hundert Thaler kosten würde. Unter 47 Gassen fand ich nur 2 Straßen, nemlich die Burg- und Peterstraße und in dieser höchstens 15 bis 20 Häuser, die sich auszeichneten und Wohlstand verriethen [...]"[3] Von dem einstigen Glanz und Reichtum Freibergs war tatsächlich nicht sehr viel geblieben. Zu große Wunden hatten die Kriege, zuletzt der Siebenjährige Krieg, gerissen, zu tiefe Not hatten die Hunger- und Teuerungsjahre 1771/72 hervorgerufen, zu sehr trugen die Berg- und Hüttenleute an der nicht unbeträchtlichen Lohn-Preis-Schere. Über die beträchtliche Armut und ihre Folgen berichten übereinstimmend Keller und Breithaupt. Vielerlei Notizen in den „Freiberger gemeinnützige Nachrichten" legen davon ebenfalls Zeugnis ab. So gehörten Subhastationen von Häusern und Grundstücken ebenso zum Alltag wie Diebstähle, Wilderei und Bettelei. Die Verschlechterung der Lebenslage der Bevölkerung in der zweiten Hälfte des 18. Jh. führte schließlich ein Jahr nach der Französischen Revolution, im Jahr des Sächsischen Bauernaufstandes und ein Jahr vor Humboldts Ankunft zu den Freiberger Bergarbeiterunruhen des Jahres 1790.[4]

Keinesfalls soll jedoch der Eindruck erweckt werden, als sei die Bergstadt ein besonderer sozialer Problemfall gewesen. Trotz der geschilderten Schattenseiten war Freiberg ein lebendiges Gemeinwesen, das typische Züge einer Kommune der damaligen Zeit offenbarte, gleichwohl ihr das Montanwesen einen ganz besonderen Stempel aufdrückte. Zur Einwohnerschaft zählten etwa 8700 Menschen, die in rund 1000 Häusern der Innen- und Vorstadt lebten. Bis 1825 erhöhte sich die Bevölkerungszahl nur geringfügig auf zirka 9100. Dennoch gehörte Freiberg noch zu den fünf größten Städten Sachsens. Während sich aber beispielsweise die Einwohnerzahl von Chemnitz zwischen 1750 und 1843 verdoppelte, stagnierte sie in Freiberg. Dabei muß sicher auch bedacht werden, daß während der napoleonischen Herrschaft und der Befreiungskriege insgesamt 690 665 Soldaten in Freiberg Quartier nahmen und allein um 1812/I3 mehr als 440 Einwohner an Typhus starben.[5]

In Freiberg hatte eine ganze Reihe von Behörden ihren Sitz: das als sächsische Bergbehörde fungierende Oberbergamt mit Oberhüttenamt, Oberzehntenamt, Bergmagazinverwaltung, das Bergamt, die Amtshauptmannschaft für die Ämter Freiberg, Nossen, Frauenstein und Altenberg, die Kreissteuereinnahme, Stab und Kriegsgericht des Regimentes Prinz Maximilian und eine Militärmagazinverwaltung. Die Kircheninspektion umfaßte 83 Kirchorte in 8 Städten, 58 Landparochien und 17 Filialen. In der Haupt- und Ephoralstadt bestanden 6 Kirchen (4 städtische und 2 Hospitalkirchen) mit 10 Predigern und dem Superintendenten. Für die städtischen Belange zeichnete der Stadtrat, der zugleich als Bergschöppenstuhl für Sachsen und das Ausland fungierte, mit Stadtgericht und Kämmerei verantwortlich. Die kommunale Dorf-Inspektion verwaltete die stadteigenen Dörfer Lichtenberg, Müdisdorf, Berthelsdorf, Hilbersdorf, Conradsdorf, Falkenberg und zwei Vorwerke sowie die Dörfer Oberbobritzsch, Tuttendorf und Sohra und zwei Güter des Hospitals St. Johannis. Freiberg hatte eine Garnison, die 1791 aus einem, später aus zwei Bataillonen des o. g. Regimentes bestand und etwa 400 Personen umfaßte. Die Stadt selbst unterhielt seit 1779 ein Bürgerbataillon mit drei Kompanien. Das Postamt beförderte Briefe, Pakete und Zeitungen, unterhielt reitende Posten für die Verbindung mit Dresden und Nürnberg sowie fahrende Posten, die mit bedeckten Wagen Reisende nach Dresden, Leipzig, Nürnberg und Sayda brachten. Zustellungen an umliegende Ortschaften erfolgten mittels Botenlauf. Das Medizinalwesen umfaßte zwei Apotheken, als Stadtkrankenhäuser ein kleines Hospital und das Siechhaus, seit 1782 ein kleines Berghospital für verunglückte Bergleute und ein Militärhospital. Insgesamt praktizierten etwa 8 bis 10 Ärzte und ungefähr ebenso viele Wundärzte. Alte Menschen fanden je nach Vermögenslage Aufnahme in den Hospitälern St. Johannis und St. Bartholomäus (Fernesiechen) oder den Armenhäusern. Die materielle Grundlage für die Armen- und Krankenversorgung bildeten die reiche Ausstattung des Johannishospitals, der städtische Almosenkasten, aus dem auch völlig mittel- und arbeitslose Personen eine Unterstützung erhielten, und verschiedene Stiftungen, als bedeutendste die des Bürgermeisters Horn aus dem Jahr 1736. Bedürftige Berg- und Hüttenleute oder deren Angehörige erhielten Unterstützung durch die Berg- bzw. die Hüttenknappschaftskasse.[6]

Welch enge finanzielle Grenzen der Kommune nach den Befreiungskriegen gezogen waren, bezeugt das Kriegsschuldenwesen. Im Jahr 1826 beliefen sich die Kriegsschulden

Freibergs auf die geradezu astronomische Summe von 131 450 Taler. Bis 1872 hatte die Stadt mit diesem Schuldenberg zu kämpfen.[7]

Die ehedem blühenden und zum Teil weithin berühmten Handwerkerinnungen, wie die der Goldschmiede und Bronzegießer, befanden sich am Ende des 18. Jh. längst im Stadium des Niedergangs oder hatten zu bestehen aufgehört. Keller fand an gutgehenden Handwerkszweigen lediglich noch die Seifensiederei und die Seilerei, weil der Bergbau den Absatz der Produkte garantierte. Übrigens sollte sich die weitgehende Dominanz des Montanwesens im Wirtschaftsleben Freibergs im Zeitalter der industriellen Revolution noch nachteilig auswirken, denn sie hatte Zeitverzögerungen und Deformierungen zur Folge.

Die beiden auf die Produktion leonischer Waren spezialisierten und durch die sächsischen Staatsreformen geförderten Manufakturen erlebten demgegenüber eine Blüte. Das Unternehmen von Thiele & Steinert beschäftigte 1804 etwa 1500 Personen in Freiberg und Umgebung. Diese waren sowohl an den Maschinen im zentralisierten Fertigungsbereich als auch in Heimarbeit als Spitzenklöpplerinnen tätig. Das als Rohstoff erforderliche Kupfer führte man aus Rußland ein. Die Exporte gingen bis in das Zarenreich und die Türkei. Um 1825 betrug wegen hoher Zölle die Zahl der Arbeitskräfte nur noch knapp 700. Die zu Humboldts Zeit bestehende kleine Manufaktur von Warnatz existierte da bereits nicht mehr. 1798 entstand die Tuch- und Kasimir-Manufaktur von Roch bzw. Bucher & Lohrmann. Die 1825 angestellten 110 Arbeitskräfte verarbeiteten auf modernen Textilmaschinen Schafwolle. Die Antriebsenergie lieferte seit 1821 eine Dampfmaschine. Anfang der dreißiger Jahre scheint die Fabrik eingegangen zu sein. Kurzzeitig, von 1814 bis 1816, produzierte außerdem die Baumwollspinnerei von Meyer und Sohn. Des weiteren existierten zwei Papiermühlen, eine Pulvermühle, eine Schrotgießerei und eine Buchdruckerei.[8]

Die Landwirtschaft spielte im Freiberger Raum eine nicht zu unterschätzende Rolle, denn sie bildete dort, wo der Bergbau nicht dominierte, im gesamten Untersuchungszeitraum den Haupterwerbszweig für einen großen Teil der Bevölkerung. Den Dörfern kam eine wichtige Funktion bei der Versorgung Freibergs und der nichtbäuerlichen Bevölkerung zu.

H. Keller schätzte den Feldbau als sehr mittelmäßig ein. Der Mangel an Vieh, Gips und Mergel ließ eine systematische Düngung nicht zu. Deshalb mußten die Bauern die Hälfte des Bodens über Jahre brach liegen lassen. Obst und Gemüse baute man kaum an. Nach Kellers Ansicht trug hauptsächlich das geringe Interesse der Menschen Schuld an dieser Situation. Der größte Teil der Nahrungsmittel wurde darum, vor allem aus Böhmen, eingeführt.[9]

Zu Breithaupts Zeit baute man in erster Linie Hafer, Roggen, Gerste, Rüben, Erbsen und Wicken an. Bei Roggen betrug der Ernteertrag das Fünffache der Aussaat. Daneben betrieb man einen bedeutenden Flachs- und Kartoffelanbau. Kartoffeln verwendete man als Nahrungsmittel, als Viehfutter und für die Herstellung von Branntwein. Seit etwa der Jahrhundertwende hatte die Rinderzucht, vor allem durch die Nutzung der Wiesen, den stärkeren Kleeanbau und die Einkreuzung fremder Rinderarten beträchtlich zugenommen. Fortschritte waren auch in der Schafzucht zu verzeichnen. Auch hier setzte man auf neue Arten und ging sorgsamer mit den Tieren um. Die Fischzucht, für die man beispielsweise Bergwerksteiche nutzte, war vor allem auf Forellen, Karpfen und Hechte spezialisiert. Breithaupt berichtete, daß die Bauern Rinder in das ehemalige Exportland Böhmen und Butter bis Berlin lieferten sowie in- und ausländische Abnehmer, selbst in England, mit Wolle versorgten. Dagegen mußte man Gartenfrüchte weiter aus dem Dresdener Raum und aus Böhmen einführen.

Das recht rauhe Klima und die schlechte Bodenqualität beeinträchtigten jedoch die Agrarproduktion. Negative Auswirkungen hatten ebenfalls Bergbau und Hüttenwesen, da größere Flächen von Halden bedeckt waren, Bergleute Häuersteige anlegten, Hüttenrauch Ackerfrüchte und Vieh vergiftete sowie Wind und Regen Haldenmaterial auf die Nutzflächen trugen.[10]

Die Charakteristika der sächsischen Agrarverfassung trafen auch auf die Landwirtschaft des Freiberger Raumes zu. Abgesehen von einigen grundherrschaftlichen Gütern mit mehr oder minder ausgeprägter Eigenwirtschaft herrschten bäuerliche Betriebe vor. Rechtlich gesehen waren die meisten sogenannte Erbzinsgüter, bei denen sich im Laufe der Zeit das Recht der freien Vererblichkeit durchgesetzt hatte. Dem Grundherrn standen für die Überlassung von Grund und Boden Geldleistungen, die Zinse, zu. Noch bis in das 19. Jh. hinein belasteten Frondienste die Leistungsfähigkeit der bäuerlichen Güter.[11]

Gegen Ende des 18. und zu Beginn des 19. Jh. regten sich auch in der Amtshauptmannschaft Freiberg Kräfte, die die Notwendigkeit der Steigerung und qualitativen Verbesserung der agrarischen Produktion erkannten. Angeregt von den Bestrebungen der sächsischen Landes-, Ökonomie-, Manufaktur- und Kommerziendeputation sowie der Leipziger Ökonomischen Sozietät zur Reform der Landwirtschaft, beschäftigten sie sich mit Verbesserungen im Agrarbereich. Verdienste erwarb sich beispielsweise der Bauer J. G. Bachmann aus Falkenberg, der 1796 eine Wurf- und Getreidemaschine konstruierte, die Stallfütterung und den Futterkräuteranbau einführte. Zwischen 1800 und 1803 erhielt er dafür Preise der Ökonomie- und Kommerziendeputationskasse.

Als besonders segensreich erwies sich das Wirken des Akademieprofessors W. A. Lampadius, der Jahrzehnte vor Justus von Liebig Bahnbrechendes auf dem Gebiet der sich etablierenden Agrarchemie leistete. Er beschäftigte sich mit dem Einsatz verschiedener Düngemittel (Hüttenprodukte, Kalkerde und Kochsalz). Mit Hüttenprodukten führte er große Freilandexperimente von 1800 bis 1806, mit Kochsalz 1826 durch. Als erster in Sachsen gelang ihm 1799 die Gewinnung von Zucker aus Runkelrüben. Dazu führte er Großversuche in Kleinwaltersdorf durch. Die vielversprechenden Ergebnisse mündeten in die Befürwortung des umfassenden Runkelrübenanbaus. Die Pflanzenzuchtversuche unterstützte selbst Alexander von Humboldt, der Lampadius von seiner Südamerikareise (1812–13) eine neue Kartoffelsorte zum Experimentieren mitbrachte. Lampadius berichtete über seine Forschungsergebnisse, verbunden mit Hinweisen für die praktische Anwendung, sowohl in der Freiberger Zeitung als auch in wissenschaftlichen Publikationen. Außerdem hielt er 1804 mindestens 16 Vorlesungen speziell für Land- und Forstwirte. Eine lebhafte Korrespondenz unterhielt Lampadius mit führenden Vertretern der Landwirtschaftslehre, so mit Albrecht Thaer. Auch Professor A. Breithaupt trat als Förderer der Landwirtschaft in Erscheinung.[12]

Trotz der bisher beschriebenen Normalität Freibergs erwies sich die Stadt als ein Besuchermagnet ersten Ranges und zog viele Fremde in ihren Bann. H. Keller gab dafür diese Erklärung: „Die Churfürstliche Sächsische schriftsäßige Hauptbergstadt Freyberg ist [...] als die erste in Rücksicht der hier blühenden Bergwissenschaften in ganz Deutschland zu betrachten [...]„[13] und an anderer Stelle: „Die Akademie verdient in Rücksicht der Wissenschaften, die sie lehrt, einen Vorzug vor allen Universitäten, da man alle Theorien durch Anwendung zugleich prüfen kann, und muß."[14] W. Schellhas charakterisierte die Bergakademie so: „Als Humboldt 1791 sein Studium in Freiberg begann, bestand die unter der Direktion des Oberbergamtes stehende Bergakademie zwar erst seit einem Vierteljahrhundert, aber die starke Freiberger bergmännische Lehrtradition schon seit mehreren Jahrhunderten. Dank hervorragenden Lehrern und Forschern, an ihrer Spitze A. G. Werner, hatte die kleine Hochschule sich aus äußerst bescheidenen Anfängen zu einer weitbekannten Metropole der Montanwissenschaft entwickelt. Dazu boten die große Menge der hier im Umtriebe befindlichen Bergwerke, der weitausgebreitete Grubenbau und die reichen praktischen Kenntnisse erfahrener Fachleute aus über sechshundertjähriger Bergmannsarbeit ein mannigfaltiges Unterrichtsfeld der Bergbaukunst."[15]

An dieser Stelle soll dieses montanistische Umfeld wenigstens kursorisch vorgestellt werden. Der Freiberger Bergbau erlebte nach dem Siebenjährigen Krieg einen neuerlichen, beträchtlichen Aufschwung. 1791 bestanden im Revier 260 Gruben mit 5 187 Bergleuten. Allerdings gab es nur 5 Ausbeutgruben. Das gesamte Ausbringen im Revier betrug rund 11 405 kg Silber. Außerdem gewann man beträchtliche Mengen an Kupfer und Blei. Der Gesamtwert der Metalle belief sich auf 438 476 Taler. Die Freiberger Silberproduktion übertraf die aller anderen erzgebirgischen Reviere zusammengenommen um das Siebenfache. Als Ursachen für diese Entwicklung lassen sich u. a. der Aufschluß weitgehend unverritzter Gangfelder, der Einsatz innovativer Techniken, so der verstärkte Gebrauch von Kunstgezeugen, und organisatorische Verbesserungen namhaft machen. Die wichtigsten Gruben waren die Himmelsfürst-Fundgrube und die Beschert-Glück-Fundgrube südlich von Freiberg sowie die Alte-Hoffnung-Gottes-Fundgrube in Kleinvoigtsberg. Breithaupt berichtete für die zwanziger Jahre des 19. Jh. von etwa 100 gangbaren Gruben, rund 200 Schächten, einer Stollnlänge von mehr als 71 000 Lachtern und einer Gesamtlänge der Strecken und Örter von mindestens 200 000 Lachtern. Im Jahr 1820 förderte man 11 382 kg und 1830 sogar 14 124 kg Silber. Zu den technischen Meisterleistungen des Bergbaus gehörten beispielsweise der Bergwerkskanal im Muldental mit dem Kahnhebehaus, 1787 bis 1789 von J. F. Mende errichtet, und die Brendel'sche Wassersäulenmaschine auf der Alten Mordgrube, die 1824 in Betrieb ging. Demgegenüber änderte sich am bergmännischen Gewinnungsverfahren qualitativ nichts.

Die wohl wichtigste, als ein achtes Weltwunder betrachtete Anlage des Hüttenwesens befand sich in Halsbrücke: das seit 1790 bestehende Amalgamierwerk, in dem aus Dürrerzen mit Hilfe von Quecksilber auf kaltem Wege das Silber gewonnen wurde. Man automatisierte bestimmte Betriebsprozesse, stattete das Werk mit einer Druckwasserlöschanlage aus, sparte erhebliche Mengen Holz, belastete die Umwelt weniger und gewann außerdem Quicksalz und Kupfervitriol. Während Humboldt nachweislich das Amalgamierwerk besichtigte, konnte er die Einführung des Steinkohlenkokses, sie erfolgte 1821, als Student nicht miterleben.[16]

Die Bergleute leisteten innerhalb des technologischen Gesamtprozesses unmittelbar vor Ort die für die Gewinnung des Erzes erforderliche manuelle Arbeit. Mit ihren Werkzeugen, vor allem Schlägel und Eisen, einem reichen Erfahrungsschatz, im Vertrauen auf Gott, in der Hoffnung auf reiche Anbrüche, mit großem Mut, Ausdauer und Kraft drangen sie Schritt für Schritt in das Erdinnere vor, allen Unbilden und Gefahren trotzend. Sehr lobend über die einheimischen Bergleute äußerte sich Oberberghauptmann von Trebra. „Man findet diesen regen Fleiß und das feine, für sein Gebirge ausgebildete Genie allenthalben, wo man nur immer den von ihm geführten Bergbau in Untersuchung nehmen mag [...]"[17] In seinem Gedicht „Bergmannsleben" beschrieb Theodor Körner den Alltag der Bergleute in poetischer Weise so:

> Durch der Stollen weite Länge,
> Durch das Labyrinth der Gänge
> Wandern wir den sichern Weg.

Ueber nie erforschte Gründe,
Ueber dunkle Höllenschlünde
Leitet schwankend uns der Steg;
Ohne Grauen, ohne Zaudern
Dringen wir ins düstre Reich,
Führen auf metallne Wände
Jauchzend den gewalt'gen Streich [...][18]

Alexander von Humboldt, der sein Studium in Freiberg mit großer Gewissenhaftigkeit betrieb und die geforderte praktische Bergmannsarbeit verrichtete, besaß gewiß große Achtung vor der Leistung der Bergleute. Am eigenen Leib erfuhr er, wie hart die Tätigkeit unter Tage war. So schrieb er in einem Brief am 25. August 1791: „Ich arbeite gewöhnlich 3 Tage die Woche auf der Himmelfahrt sammt Abraham mit Schlegel und Eisen. Ich treibe diese Arbeit seit ohngefähr 3 Wochen (und blute wenigstens nicht mehr) [...] Ich arbeite, je nachdem ich es aushalten kann, denn vor Ort sind jetzt böse, eigentlich nur matte Wetter, 3–4 Stunden [...]“[19] Am 26. November berichtete Humboldt, daß er trotz der üblen Jahreszeit weiter anfuhr und sich bei Bohrarbeiten die Hand verletzt hatte. Auch im Februar 1792 fuhr er regelmäßig alle Tage von 6 bis 12 Uhr an, „wobei das auf die Grube gehen oft 1–2 Stunden dauert und im Schnee sehr beschwerlich ist“, wie er vermerkte.[20] Das relativ rauhe Klima erschwerte also zusätzlich das Los der Bergleute. Um die klimatischen Verhältnisse zu kennzeichnen, seien wenigstens zwei Beispiele angeführt, die auf den umfangreichen Wetterbeobachtungen von Lampadius beruhen. Am Morgen des 8. November 1801 fiel bei 10 °C und einer hohen Luftfeuchte leichter Regen und am 20. November bei 0 °C eine große Menge Schnee.[21] Breithaupt faßte seine Meinung über die Arbeit der Bergleute folgendermaßen zusammen: „Mit diesem geringen Lohne steht die schwere, oft ungesunde Arbeit, der weite zuweilen 2 bis 3 Stunden betragende Weg zu den Gruben, und die Gefahr, welche in denselben täglich drohet, in keinem Verhältnis.“[22] Jährlich sollen damals zwei bis vier Bergleute tödlich verunglückt und 300 bis 400 verletzt worden sein.

Man möchte bei einer Beurteilung des Schicksals der Bergleute jedoch ebenfalls bedenken, daß sie, eingedenk ihrer für die Volkswirtschaft und die Machtposition der Landesherren überaus großen Bedeutung, einige staatlich sanktionierte Privilegien genossen, wie etwa die Befreiung vom Militärdienst, bestimmten Steuerzahlungen und Jagddiensten sowie eine gesonderte Gerichtsbarkeit, die den Bergämtern zustand.

Der Auftrag der im Zuge des sächsischen Retablissements gegründeten Bergakademie bestand hauptsächlich darin, dem nach dem Direktionsprinzip organisierten sächsischen Montanwesen hochgebildete Beamte zur Verfügung zu stellen, die die Gewähr für die Bewältigung der gerade zu diesem Zeitpunkt umfangreichen technischen, ökonomischen, wissenschaftlichen und organisatorischen Probleme boten. Dieses Ziel verwirklichte die Bergakademie in den ersten Jahrzehnten ihres Bestehens mit zunehmendem Erfolg. Sie hatte damit und mit hervorragenden wissenschaftlichen Leistungen des Lehrkörpers wesentlichen Anteil am weiteren Aufblühen von Bergbau und Hüttenwesen in Sachsen. Neben dem berühmten Mitbegründer der geologischen Wissenschaften Abraham Gottlob Werner wirkten an der Bergakademie während Humboldts Studienzeit als Hochschullehrer u. a. J. F. Lempe (Mathematik, Physik, technische Mechanik, theoretische Markscheidekunde), J. F. Freiesleben (praktische Markscheidekunde) und Ch. E. Gellert (metallurgische Chemie). Zu den Professoren, die später den Ruf der Hochschule weiter festigten, gehörten beispielsweise der Chemiker W. A. Lampadius, der Mineraloge A. Breithaupt und der Physiker F. Reich.

Die Ausbildung umfaßte neben den bereits genannten Fächern u. a. die Lehrgebiete Probierkunst, Zeichenkunst, Bergrecht, Eisenhüttenwerkskunde und Anfertigung von Bergwerksinstrumenten. Großen Wert legte man auf die enge Verbindung von Theorie und Praxis. Für Studienzwecke standen Lehrmittelsammlungen (das „Stuffencabinet", die Sammlung chemischer und physikalischer Apparate, die Modellsammlung) und eine Bibliothek zur Verfügung. Die Studenten nutzten außerdem die reichen Privatsammlungen Werners und Charpentiers.

Das geschilderte Ausbildungsprogramm galt im wesentlichen noch Mitte der zwanziger Jahre des 19. Jh. Erheblich erweitert hatte man jedoch die Ausbildung im Fach Chemie. Die von Werner der Bergakademie vermachten umfangreichen Sammlungen sowie neugeschaffene oder erweiterte Sammlungen bereicherten die Lehre erheblich.

Humboldt und seine Mitstudenten hörten die meisten Vorlesungen im Erdgeschoß des Eckgebäudes Futtergasse/Nonnengasse. Zum Teil fand der Unterricht auch in den Wohnungen und Laboratorien der Lehrer statt.

Legt man das sicher sehr gedrängte Pensum Humboldts zugrunde, sah der Tagesablauf an den meisten der 6 wöchentlichen Studientage etwa wie folgt aus. Fast jeden Vormittag standen Grubenbefahrungen auf dem Programm, die z. T. in Fahrberichten ihren Niederschlag fanden. Die Lehrveranstaltungen dauerten am Nachmittag bis gegen 17 Uhr. Viele Stunden der Freizeit mußte man dem Selbststudium widmen. Integrale Bestandteile der Ausbildung waren zudem zielgerichtete Exkursionen und Reisen.

Die Bergakademie hatte nur eine geringe Zahl von Studenten. Humboldt trug sich als 357. Student in die Immatrikulationsliste ein. Mit ihm nahmen lediglich 16 weitere Studenten, davon 5 aus Sachsen, 8 aus anderen deutschen Staaten und drei aus Spanien, das Studium auf. Breithaupt konnte demgegenüber konstatieren, daß die jährliche Immatrikulationsrate auf mehr als 60 gestiegen war. Die Sachsen erhielten kostenfreien Unterricht, staatliche Stipendien und mußten in bestimmtem Umfang als Bergleute in den Gruben arbeiten. Zu Theodor Körners Zeit (1808/09) beliefen sich die Honorarkosten für einen nicht staatlich unterstützten Studenten auf die beachtliche Summe von insgesamt 160 Taler.

Zahlreiche Studenten der Bergakademie erlangten später hohes Ansehen und nahmen verantwortungsvolle Positionen ein, so J. C. Freiesleben, L. von Buch, F. Baader, A. M. del Río und J. G. Fischer von Waldheim, zu Beginn des 19. Jh. zum Beispiel Ch. F. Brendel, Th. Körner, F. von Hardenberg, S. A. W. von Herder, H. Steffens, K. von Raumer und G. H. Schubert.[23]

Erwähnt werden muß noch, daß im Jahr 1776 mit fiskalischen Mitteln eine Bergschule in Freiberg (andere entstanden in weiteren erzgebirgischen Bergstädten) probeweise eingerichtet worden war. 1779 begann dann der offizielle Lehrbetrieb. An der Bergschule vermittelte man jungen, begabten Bergleuten das Rüstzeug für eine spätere Tätigkeit als Steiger oder Werkmeister. Wegen ihres hohen Leistungsniveaus erhielt die Freiberger Bergschule 1807 die Bezeichnung „Hauptbergschule".

Freiberg war dank Montanwesen und Bergakademie zweifelsohne eine Drehscheibe modernen naturwissenschaftlichen und technischen Wissens, künstlerischer und philosophischer Anschauungen. Hier lag der Ausgangspunkt bedeutender wissenschaftlicher Entdeckungen und technischer Erfindungen. Zugleich eignete man sich kreativ die neuesten Forschungsergebnisse und Theorien aus dem In- und Ausland an. Geprägt vom Montanwesen verschmolzen Technik- und Naturwissenschaften, Kunst und Philosophie in einer geistig-schöpferischen Atmosphäre miteinander, befruchteten sich gegenseitig und brachten

Neues hervor. Ob durch Wissenschaftler oder Künstler, durch Studenten oder Staatsbeamte, ob persönlich, brieflich oder vermittelt über die Literatur gelangte modernstes Gedankengut in die Bergstadt, wo es sich mit dem Freiberger Geistespotential verband und der Beschäftigung mit Technik, Natur und Mensch wiederum mächtige Impluse verlieh.

Die geistige Führungsschicht der Kommune charakterisierte Schellhas so: „Durch ihren dauernden Kontakt mit vielen Gelehrten im In- und Ausland und mit den zahlreichen gebildeten Fremden, die Freiberg wegen der Merkwürdigkeiten seines Bergbaues in immer zunehmendem Maße besuchten, kannten sie alle geistigen Strömungen der Zeit. Ihre Häuser waren Pflegestätten einer geistig hochstehenden Geselligkeit, an der sie auch oft durch Eifer und Bildung sich auszeichnende Studierende teilhaben ließen."[24] H. von Trebra beispielsweise verband über viele Jahre eine herzliche und fruchtbare Freundschaft mit J.W. von Goethe, die mit einer lebhaften Korrespondenz zu geowissenschaftlichen und literarischen Fragen einherging, der von J.W. Döbereiner geschätzte W. A. Lampadius trug wesentlich zur Durchsetzung der auf den Erkenntnissen A. L. Lavoisiers basierenden modernen Chemie bei, F. Reich stand in Verbindung mit A. von Humboldt. Auch Studenten hatten einen beträchtlichen Anteil am Transfer von Geistesgut. Neben Humboldt seien exemplarisch A. M. del Río, ein Schüler Lavoisiers, F. Baader, der bereits mit seiner Abhandlung „Vom Wärmestoff" Anerkennung gefunden hatte, und F. von Hardenberg, der sich in Freiberg erstmals Novalis nannte und schon als Dichter und Anhänger philosophischer Anschauungen von Kant, Fichte, Schelling und Schlegel und Verehrer Schillers in die Bergstadt kam, genannt. Zu den gebildeten Besuchern zählten u. a. der preußische Geheime Oberbergrat K. vom Stein, der Direktor des schlesischen Oberbergamtes F.W. von Reden, die Dichter J. G. Seume, E.T. A. Hoffmann, H. von Kleist, A. von Arnim und J.W. von Goethe, die Philosophen A. Schopenhauer und F. Schelling, der spätere Jurist F. K. von Savigny und der nachmalige Calderon-Übersetzer J. D. Gries.[25]

Manchen jungen Mann „mit phantasieerfülltem Geist und empfänglichem Gemüt" bewog „der geheimnisvoll-romantische Zauber der Tiefe" zu einem Studium an der Bergakademie. Für Th. Körner besaß der Bergbau durch seine poetische Seite und die vielfältige geistige Nahrung, die die bergmännischen Hilfswissenschaften boten, viel Anziehendes. Für ihn wie für Novalis dürfte die Beschäftigung mit dem Bergbau weniger auf die praktischen, technischen Aspekte orientiert gewesen sein, sondern auf das Sichtbarmachen und Verwirklichen eines poetischen Traumes, „der Erhebung des Menschen über sich selbst", wie Novalis schrieb. Dazu aber bedurfte es der eingehenden Naturerkenntnis. Montanwesen und -wissenschaften boten dafür umfangreichen Stoff.[26]

Das damalige Freiberg kann man durchaus als eine Stadt der Kultur bezeichnen. Vermessen wäre es natürlich, diese Kommune etwa mit solchen Kulturzentren wie Dresden und Weimar vergleichen zu wollen. Dennoch ergibt eine Überschau eine beachtliche kulturelle Vielfalt.

Einen Dreh- und Angelpunkt bildete das 1790 gegründete Theater, eines der ersten städtischen Theater Deutschlands. Der Pulvermühlenbesitzer H. J. G. Engler hatte das Haus erbauen lassen. Zur Eröffnung am 7. April trat die Schauspielertruppe des Dresdner Mimen Seconda auf. Ein Jahr später ging das Haus am Buttermarkt in den Besitz der Stadt über. Im Parterre des Zuschauerraumes standen 26 Bänke, darüber gab es 24 Logen und eine große Mittelloge und im zweiten Rang einen Raum mit guten Plätzen sowie eine Galerie mit 8 Bänken. In der Spielzeit 1792/93 führte man u. a. die Mozartopern „Entführung aus dem Serail", „Die Zauberflöte" und „Don Giovanni", Schillers „Don Carlos" und Goethes „Clavigo" auf. Von drei fahrenden Schauspielertruppen getragen, fanden allein im Jahr

1800 119 Vorstellungen statt. Das dargebotene, abwechslungsreiche Programm umfaßte natürlich auch Stücke, die längst in Vergessenheit geraten sind. Das Theater erfreute sich eines regen Besuches.[27]

Konzerte gehörten ebenfalls zum Kulturangebot für die Freiberger. Die meisten fanden im Winter, wöchentlich meist eines, im Saal des städtischen Kaufhauses statt.

Die Freiberger Buchhandlung von Craz befriedigte nicht nur einfache Lesebedürfnisse, sondern trug selbst zur Verbreitung bedeutender Werke aus den unterschiedlichsten Genres bei, womit ihr eine wichtige geistig-erzieherische Funktion zukam, deren Wirkung Keller lobte. „Erst seit Etablierung dieser Handlung ist hier eine nützliche Lektüre befördert worden, und man sieht schon augenscheinliche Folgen von ihrem stiftenden Nutzen emporsprießen".[28] Die Buchdruckerei von J. Ch. Gerlach gab seit 1775 den „Verbesserten Alten und Neuen Freybergischen Stadt- und Land-Kalender" heraus. Gerlach begründete im Jahr 1800 auch die „Freiberger gemeinnützigen Nachrichten". Der seit 1802 bestehenden „Craz & Gerlach'schen Buchhandlung" waren eine Leihbibliothek, ein Journalistikum und ein Lesemuseum angeschlossen. Goethes Werke gehörten in dieser Buchhandlung ebenso zum Angebot wie Trivialliteratur, die Abhandlungen von Lampadius oder aber Reiseliteratur und die verschiedensten Zeitungen.

Mitbesitzer der Crazschen Buchhandlung war bis zu seinem Tod 1801 A. B. Bernhardi, der nach dem Studium der Theologie und Jurisprudenz Hofmeisterstellen u. a. in Lyon und Riga innehatte. Während seiner Rigaer Zeit befaßte er sich mit der Philosophie von Kant und lernte Rußland kennen. Über beide Gegenstände verfaßte er dann in Freiberg Monographien.

Seit 1823 bestand unter der Leitung des Kantors A. F. Anacker eine Singakademie. Anacker übte desweiteren das Amt des Direktors des Bergmusikchores aus. Er vertonte die Kantate „Der Bergmannsgruß" von M. Döring, die 1831 erstmals aufgeführt wurde. Döring legte auf Anordnung des Oberberghauptmanns von Herder auch eine Sammlung von sächsischen Bergreihen an.

Verdienste um die lokale Geschichtsschreibung erwarb sich der Oberstadtschreiber J. F. Klotzsch. Der bis dahin „berufenste aller Freiberger Spezialhistoriker" beschäftigte sich vor allem mit der Geschichte des Montanwesens und der Klöster und verfaßte mehrere Publikationen. Nicht unerwähnt bleiben darf außerdem der Artilleriehauptmann Tielke, der als Militärschriftsteller in Erscheinung trat und vorzügliche Karten des Freiberger Raumes mit gutem graphischem Beiwerk anfertigte. Diese Bürger zählten ebenso wie der Konrektor des Gymnasiums G. J. Hübler und E. G. von Odeleben zu den gebildeten Freibergern, die außerhalb der Bergakademie wissenschaftlich tätig waren und Beachtliches leisteten.[29]

Die allgemeinen Volksbelustigungen für jung und alt, arm und reich erfreuten sich großer Beliebtheit. Zu einem großen Fest mit Parade der Bürgerwehr und Schmaus auf dem Kaufhaus gestaltete sich das seit dem 15. Jh. belegbare jährliche Schützenfest, ein Vogel-, Scheiben- und Reiterscheibenschießen mit der Armbrust auf dem Gelände zwischen der jetzigen Heine- und der Lessingstraße. A. von Humboldt nahm im August 1791 am Schützenfest teil und gewann die Krone eines der drei Schützenkönige. Gut besucht waren ebenfalls die beiden Jahrmärkte, die zu allerlei Kurzweil einluden. Schließlich dürfen die Feste der Innungen ebensowenig vergessen werden wie die Knappschaftsfeste, die „Bergbiere" anläßlich neuer, reicher Erzanbrüche, die Vergnügungen der Begräbniskassen und unterschiedliche Tanzveranstaltungen.

Geselligkeit pflegten die Freiberger auf verschiedene Weise, wobei Geldbeutel und Stand eine nicht unerhebliche Rolle spielten. Entspannung und Erholung fanden die Honoratioren der Stadt im 120 Personen umfassenden Beyerschen Garten an der Ecke der jetzigen Heine- und Gellertstraße. Wer Mitglied werden wollte, mußte eine Jahresgebühr von 16 Groschen entrichten. Auch Damen gehörten zu dieser Gesellschaft. Ebenso beliebt und bekannt wegen seines guten Kaffees war das Stollnhaus in Zug, das man nach einem angenehmen Spaziergang erreichte. Im Philippschen Gut, dem heutigen Schössergut im Münzbachtal, trafen sich demgegenüber Menschen aus verschiedensten Bevölkerungsschichten. Im heute unbekannten Schöpfischen Vorwerk „belustigten sich nur Handwerkspurschen mit ihren Dirnen nach dem Takte der Fidel", wie Keller schrieb.[30]

Landpartien, so nach dem Rosinenhäuschen, der Grube Churprinz und dem Halsbrükker Bad, wo die Gäste teilweise von Militärmusik unterhalten wurden, unternahm man sowohl im Sommer als auch im Winter. An der Einrichtung des Schlackenbades Halsbrücke hatten Professor Lampadius und Kunstmeister Brendel beratend mitgewirkt. Hier kurierten in erster Linie Berg- und Hüttenleute ihre Leiden, wie etwa die Gicht. Dem Bad war das als Ausflugsziel beliebte Kurhaus angeschlossen.

Die bedeutendsten Persönlichkeiten Freibergs, zu denen die Hochschullehrer und die leitenden Beamten des Berg- und Hüttenwesens sowie eine ganze Reihe von Bürgern der Stadt zählten, pflegten auf vielfältige Art Geselligkeit, Kunst und geistigen Gedankenaustausch. So ist bekannt, daß A. G. Werner im Gasthof „Roter Hirsch" regelmäßig gebildete Bürger an einer Tafel versammelte. Über H. von Trebra liegt uns folgende Schilderung vor: „Gastfrei wie er war, hatte er während seiner oberberghauptmannschaftlichen Stellung namentlich jeden Sonntag zu Mittag in der Regel Eingeladene bei sich, und auch sonst fehlte es in seinem Hause umso weniger an Unterhaltung, als er Dichtung, Schauspiel und vorzüglich Musik liebte und pflegte [...] als Oberberghauptmann setzte er in Freiberg die Aufführungen durch ein starkes Bergmusikkorps mit bedeutenden Mitteln fort."[31]

Das Bürgertum traf sich nach Breithaupt vornehmlich in geschlossenen Gesellschaften. Dort spielte man Karten, las Zeitungen oder beschäftigte sich mit Fragen der Wissenschaft und Kunst.

Für die Unterbringung der vielen Fremden standen 5 Gasthöfe, der Rote Hirsch, der Goldene Stern, der Goldene Löwe, der Goldene Adler und die Garküche, zu Verfügung. Aber lediglich die beiden ersten genügten höheren Ansprüchen. Vierzig Jahre später hatte sich die Zahl der Gasthöfe auf 9 erhöht, boten einige Speisewirte ihre Dienste an, existierten mehr als drei Kaffeehäuser und etliche Weinstube.

Das städtische Bildungswesen war um 1790 noch ziemlich rückständig. Das einstmals berühmte Gymnasium zeigte starke Anzeichen des inhaltlichen Verfalls. In den 5 Volksschulen (Eusebien-, Waisen-, Jakobi-, Hospital- und Mädchenschule) erhielt der größte Teil der Kinder Elementarkenntnisse in Lesen, Schreiben, Rechnen und Religion vermittelt. Erst einige Jahre nach Humboldts Weggang begann sich aufgrund objektiver Bildungserfordernisse die Situation des städtischen Bildungswesens zu verbessern. Seit 1805 bestand am Gymnasium ein Schullehrer-Seminar, das Volkslehrer für das Erzgebirge ausbildete. In den zwanziger Jahren des 19. Jh. vollzog sich am Gymnasium der Übergang zu einer modernen Bildungsstätte.

Im Jahr 1814 stiftete man an der Eusebienschule eine Arbeits- oder Industrieschule. Mädchen vermittelte man hier Kenntnisse im Nähen und Sticken, den Knaben Fähigkeiten zur Holzbearbeitung.

Seit 1802 bestand die private Knabenerziehungsanstalt von J. C. G. Rochlitzer. Er bemühte sich um die Verwirklichung philanthropischer Ideen, erwarb sich große Verdienste um die Entwicklung des Freiberger Volksschulwesens, verfaßte mehrere Lehrbücher und entwickelte neue Unterrichtsmethoden. Der Unterricht an seiner Schule entsprach besser neuen Anforderungen an das Bildungswesen und umfaßte die Fächer Latein, Französisch, Englisch, Italienisch, Musik, Zeichnen, Turnen und Theaterspielen. Hervorzuheben ist außerdem der Direktor des Schullehrer-Seminars G. F. Döhner, der seit 1825 die Zeitschrift „Der sächsische Volksschullehrer" herausgab. Nicht unerwähnt bleiben soll schließlich die von der Freiberger Freimaurerloge 1818 gegründete Sonntagsschule für Handwerkslehrlinge und -gesellen, an der 1825 80 junge Leute kostenfreien Unterricht in Schön- und Rechtschreiben, Rechnen und Zeichnen erhielten.[32]

Ziehen wir Fazit. Das Montanwesen prägte auch an der Wende vom 18. zum 19. Jh. in entscheidender Weise das Antlitz Freibergs. Die Bergakademie hatte sich innerhalb kurzer Zeit zum geistigen Mittelpunkt der Bergstadt entwickelt und dank der herausragenden Leistungen ihrer Wissenschaftler einen solchen Ruf erlangt, daß zahlreiche In- und Ausländer hier studierten. Nicht wenige von ihnen gingen später selbst in die Annalen der Wissenschaften ein. Von der Hochschule gingen kräftige Impulse für das deutsche und internationale Geistesleben aus.

Ansonsten war Freiberg eine Stadt ihrer Zeit, die kaum vom allgemeinen Typus abwich und der man ihre Provinzialität nicht absprechen kann. Im Zeitraum zwischen Humboldts Eintreffen in Freiberg 1791 und seinem letzten Besuch 1828 vollzogen sich in der Kommune hier und da kleine Veränderungen. Aber qualitativ neue Entwicklungen hin zu einer modernen Stadt lassen sich noch nicht registrieren. Der Grundstein dafür wurde im zersplitterten Deutschland erst mit dem eigentlichen Beginn der industriellen Revolution in den dreißiger Jahren des 19. Jh. gelegt.

Anmerkungen

1 Zit. nach Schellhas 1959, S. 345.
2 Keller 1786. Breithaupt 1825. Freyberger Nachrichten 1801. 1826. 1828. Goldhahn 1991, S. 21.
3 Keller 1786, S. 23 f.
4 Ebd., S. 39. Breithaupt 1825, S. 259. Schellhas 1959, S. 353 f.
5 Keller 1786, S. 108. Breithaupt 1825, S. 84. Blaschke 1967, S. 139. Geschichte 1986, S. 182 f.
6 Keller 1786, S. 31 ff. Breithaupt 1825, S. 84 ff.
7 Freyberger Nachrichten 1828, S. 367. Geschichte 1986, S. 183.
8 Schellhas 1959, S. 351 f. Breithaupt 1825, S. 248 ff. Keller 1786, S. 58.
9 Ebd., S. 17 ff.
10 Breithaupt 1825, S. 43 ff.
11 Groß 1968, S. 25 ff. Täschner 1925, S. 176.
12 Ebd., S. 179 f. Groß 1968, S. 51 f. Freyberger Nachrichten 1801, S. 143 f. 1826, S. 111 ff.
13 Keller 1786, S. 3.
14 Ebd., S. 45.
15 Schellhas 1959, S. 355.
16 Ebd., S. 349 ff. Bergbau 1986, S. 29 ff. Bergbau 1990, S. 26. Breithaupt 1825, S. 163 ff. Richter/Schierle 1990, S. 16 ff. Benseler 1853, S. 1163 f.
17 Herrmann 1955, S. 84.
18 Körner, S. 10.

19 Zit. nach Schellhas 1959, S. 375.
20 Zit. nach ebd., S. 379.
21 Freyberger Nachrichten 1801, S. 127 ff. Breithaupt 1825, S. 43 ff.
22 Ebd., S. 193 f.
23 Ebd., S. 129 ff. Schellhas 1959, S. 355 ff. Herrmann 1953, S. 57 f.
24 Schellhas 1959, S. 352.
25 Ebd., S. 384 ff. Novalis 1985, S.VIII ff. Herrmann 1953, S. 57 ff.
26 Novalis 1985, S. XVI f. Schellhas 1959, S. 361. Körner, S. 43.
27 Geschichte 1986, S. 194.
28 Keller 1786, S. 56.
29 Heydenreich 1884, S. 61. Herrmann 1955, S. 166. Freyberger Nachrichten 1801, S. 451 ff. Keller 1786, S. 51.
30 Ebd., S. 67.
31 Herrmann 1955, S. 94.
32 Geschichte 1986, S. 192 f. Breithaupt 1825, S. 152 ff.

Literatur

Benseler 1853
Benseler, Gustav Eduard: Geschichte Freibergs und seines Bergbaus. Bd. 2. Freiberg 1853.

Bergbau 1986
Der Freiberger Bergbau. Technische Denkmale und Geschichte. Leipzig 1986.

Bergbau 1990
Bergbau im Erzgebirge. Technische Denkmale und Geschichte. Leipzig 1990.

Blaschke 1967
Blaschke, Karlheinz: Bevölkerungsgeschichte von Sachsen bis zur Industriellen Revolution. Weimar 1967.

Breithaupt 1825
Breithaupt, August: Die Bergstadt Freiberg im Königreiche Sachsen, in Hinsicht auf Geschichte, Statistik, Kultur und Gewerbe, besonders auf Bergbau und Hüttenwesen. Freiberg 1825.

Dornbusch 1986
Dornbusch, Peter: Probleme der Entwicklung der Freiberger Industrie in der zweiten Hälfte des 19. Jahrhunderts. Diss. Bergakademie in Freiberg 1986.

Freyberger Nachrichten 1801/1826/1828
Freyberger gemeinnützige Nachrichten. Zweyter Jahrgang. Freyberg 1801. Siebenundzwanzigster Jahrgang. Freyberg 1826. Neunundzwanzigster Jahrgang. Freyberg 1828.

Geschichte 1986
Geschichte der Bergstadt Freiberg. Weimar 1986.

Goldhahn 1991
Goldhahn, Christel: Bergakademische Merkwürdigkeiten. In: Freiberger Land. 1991. H. 3, S. 20 f.

Groß 1968
Groß, Reiner: Die bürgerliche Agrarreform in Sachsen in der ersten Hälfte des 19. Jahrhunderts. Weimar 1968. (Schriftenreihe des Staatsarchivs Dresden. Bd. 8.)

Herrmann 1953
Herrmann, Walther: Die Zeit Abraham Werners in Freiberg. In: Bergbau und Kultur. Beiträge zur Geschichte des Freiberger Bergbaus und der Bergakademie. Hrsg. von W. Herrmann. Berlin 1953, S. 43–60. (Freiberger Forschungshefte. D 2.)
Herrmann 1955
Herrmann, Walther: Goethe und Trebra. Freundschaft und Austausch zwischen Weimar und Freiberg. Berlin 1955. (Freiberger Forschungshefte. D 9.)
Heydenreich 1884
Heydenreich, Eduard: Das Freiberger Urkundenbuch und seine Bedeutung für die vaterländische Geschichtsschreibung. In: Mitteilungen des Freiberger Altertumsvereins. 1884. H. 20, S. 59–66.
Keller 1786
Keller, Heinrich: Tableau von Freyberg. Frankfurt und Leipzig 1786. Reprint der Originalausgabe. Mit einem Nachwort von Walter Schellhas. Leipzig 1986.
Körner
Theodor Körners Werke. Erster Theil. Berlin o. J.
Novalis 1985
Novalis: Werke in einem Band. 3. Aufl. Berlin und Weimar 1985. (Bibliothek Deutscher Klassik.)
Richter/Schierle 1990
Richter, Thomas und Thomas Schierle: 200 Jahre Kaltamalgamation. Ms. Freiberg 1990.
Schellhas 1959
Schellhas, Walter: Alexander von Humboldt und Freiberg in Sachsen. In: Alexander von Humboldt. Gedenkschrift zur 100. Wiederkehr seines Todestages. Berlin 1959, S. 339–422.
Täschner 1925
Täschner, Constantin: Zur Geschichte der Freiberger Umgegend. In: Mitteilungen des Freiberger Altertumsvereins. 1925. H. 55, S. 147–214.

Anschrift d. Verf.: *Dr. Ulrich Thiel, Stadt- und Bergbaumuseum, Am Dom 1, D 09599 Freiberg*

Alexander von Humboldt und das Phänomen der Inka-Straßen

Von Ursula Thiemer-Sachse

Während seiner berühmten Forschungsreise durch Spanisch-Amerika gelangte Humboldt zu entscheidenden Erkenntnissen über das altindianische Erbe, weil er in manchen Gegenden wie dem zentralen Andengebiet und Mexico ständig auf die Zeugnisse der vorspanischen Vergangenheit stieß und sich in wachsendem Maße für sie zu interessieren begann. Deutlicher als seine Publikationen weisen die erhaltenen Tagebücher aus, wie er seine Kenntnisse vertiefte und später dann durch Zusatzinformationen ergänzte. Denn erst nach und nach verdichteten sich seine persönlichen Erlebnisse und Erfahrungen zu verallgemeinernden Äußerungen. Jedoch ist aus den Aufzeichnungen, die er vor Ort bzw. wenige Stunden oder Tage nach seinen Eindrücken vornahm, zu ersehen, daß er schon recht bald die Bedingungen einzuschätzen wußte, unter denen sich die Indianer vor und nach der spanischen Eroberung entwickeln sowie ihre Kultur und Gesellschaft gestalten konnten.

Das berühmte Tafelwerk „Vues des cordillères et monumens des peuples indigènes de l'Amérique", 1810 in Paris erschienen, war vor allem der Darstellung und Interpretation von besonderen Naturphänomenen Spanisch-Amerikas und Zeugnissen handwerklichen Könnens seiner indianischen Ureinwohner aus vorspanischer Zeit gewidmet. Darin nahm Humboldt dementsprechend auch zu den Anregungen Stellung, die er aus der intensiven Beschäftigung mit diesen Werken erfuhr. Er betrachtete sie jedoch weniger als Kunstwerke, als vielmehr als historische Monumente, weil er insgesamt dem an der griechischen Antike orientierten europäischen Kunstverständnis seiner Zeit verhaftet blieb.[1] Jedoch betonte er ihren Wert für die Geschichtsbetrachtung und darüber hinaus für eine verallgemeinernde Geschichtsphilosophie.[2]

Von der Richtigkeit der Feststellung überzeugt, daß materielle Hinterlassenschaften von Völkern schriftloser Kulturen als Geschichtszeugnisse Bedeutung haben, sammelte Humboldt daher alle ihm nur irgend zugänglichen Hinweise. Er beachtete und kritisierte die Veränderungen und Zerstörungen, die entsprechende Zeugnisse altindianischer Kultur während der Jahrhunderte der spanischen Kolonialherrschaft erfahren hatten. Humboldt nannte die vielerorts sichtbare Gedankenlosigkeit oder auch bis zu Zerstörungen führende zielgerichtete Aktionen gegen das indianische Erbe aus vorspanischer Zeit Barbarei und Intoleranz. Es war nicht nur das allgemeine Geschichtsinteresse, das ihn verärgert bemerken ließ, daß man altindianische Gebäude niederriß, um die Steine neuerlich zu benutzen, wie er allenthalben feststellen mußte.[3] Er konstatierte dort einen allgemeinen Rückgang der Produktion in der Landwirtschaft, wo die Spanier gezielt alte Anlagen zerstört hatten, um die indianischen Bauern ihrer angestammten Rechte und Möglichkeiten zu berauben und sie desto besser in Abhängigkeit zu zwingen. Er erkundete das beispielsweise bei den groß angelegten Bewässerungssystemen an der nordperuanischen Küste. Dort sind weitverzweigte Kanäle der vorspanischen Ortschaften nur noch an Resten erkennbar gewesen, und ein Vordringen der Wüste in einst unter Kultur genommene Landstriche ist den gezielten

Vernichtungsfeldzügen der spanischen Grundherren geschuldet. Wie sollte Humboldt Verbesserungen vorschlagen, wie es unter anderem dem Anliegen seiner Forschungsreise entsprach und auch von den Verantwortlichen der spanischen Kolonialadministration von ihm erwartet und erbeten wurde. Mußte er doch beobachten, daß eben solche Vorschläge den wirtschaftlichen und politischen Interessen Einzelner zuwiderliefen, die im Vizekönigreich über großen Einfluß verfügten. Humboldt stellte dies des öfteren fest, wenn es um Fragen der Infrastruktur, des Bergbaus ober eben auch der Landwirtschaft ging. Er veröffentlichte in seinem Buch „Versuch über den politischen Zustand des Königreichs Neu-Spanien", das schon in den Jahren 1809–1814 erschien – also noch während der spanischen Kolonialherrschaft –, das Beobachtete mit sehr kritischen Bemerkungen: „In dem Uferteile von Peru habe ich Überbleibsel von Mauern gesehen, aus welchen das Wasser in der Länge von 5000 bis 6000 m von dem Fuße der Kordillere bis nach den Küsten geführt wurde. Die Eroberer des 16. Jahrhunderts zerstörten diese Werke, und dieser Teil von Peru ist, wie Persien, zu einer Wüste ohne Vegetation geworden. Dies ist die Civilisation, welche die Europäer den Völkern gebracht haben, welche sie Barbaren zu nennen stolz genug waren!"[4]

Humboldt war von der Einheit des Menschengeschlechts überzeugt.

Als Fazit seiner jahrzehntelangen Beobachtungen stellte er schließlich in seinem Werk „Kosmos. Entwurf einer physischen Weltbeschreibung" fest: „Gesetze anderer, geheimnisvollerer Art walten in den höchsten Lebenskreisen der organischen Welt: in denen des vielfach gestalteten, mit schaffender Geisteskraft begabten, spracherzeugenden Menschengeschlechts."[5] Diesen Gesetzen hat er sein Leben lang nachgespürt. Dabei gehörte seine besondere Aufmerksamkeit den indianischen Ureinwohnern des amerikanischen Doppelkontinents, weil er bei ihnen manches beobachten konnte, was unabhängig von der Kulturentwicklung in der Alten Welt entstanden war und sich wahrlich als ebenbürtig erwies, bzw. – wie Humboldt herauszustellen vermochte – Vergleichbares in Europa noch übertraf. So entdeckte er „gerade in den dem Nicht-Spanier bisher unzugänglichsten Erdstrichen, zerstreut"[6] die Reste altindianischer Kulturdenkmäler, die dem von ihm kritisierten „christlichen Fanatismus" der Eroberer, den Methoden der Missionierung sowie der systematischen Zerstörung durch die gesamte spanische Kolonialpolitik entgangen oder aus Desinterresse mehr zufällig erhalten geblieben waren.

Dazu gehörten die Reste des weit verzweigten Straßennetzes des Inka-Reiches ebenso wie die Zeugnisse altindianischen Bergbaus in diesen Gegenden, die durchaus miteinander in Beziehung zu setzen sind, wenn sie auch einander nicht generell bestimmten. Denn der fortschreitenden Erschließung und Aneignung der Ressourcen des von den Inka seit der Mitte des 15. Jahrhunderts in knapp einhundert Jahren eroberten riesigen Reiches diente das Straßennetz, das bis in die entferntesten Landwirtschafts- und Bergbaugebiete führte.

In Europa hatte Alexander von Humboldt bereits während seiner Studienjahre und in Vorbereitung der Amerikareise vielerlei Erfahrungen mit den nicht gerade hervorragenden Reisebedingungen und Straßenverhältnissen machen müssen. Durch die staatliche Zersplitterung hatte es in Mittel- wie Süd- und Westeuropa, wo einst Humboldts Reisewege verliefen, oft genug den Vorrang lokaler und regionaler Interessen vor solchen zur Entwicklung eines funktionstüchtigen überregionalen Straßennetzes gegeben. Humboldt hatte auch während seiner Reise durch das nördliche Südamerika bereits sehr unterschiedliche und zumeist schwierige Bedingungen für die zu bewältigenden Landstrecken kennengelernt. So hatte er während seiner Reise im nördlichen Andenraum den katastrophalen Zustand der Wege am eigenen Leibe ertragen müssen. Er schrieb in sein Tagebuch: „Wie ist überhaupt an Wege zu denken in einem Lande, in dem die Audienz verboten hat, die Wege

[...] zu bessern und für Mulas gangbar zu machen, weil die Träger (Cargeros) dabei verlieren würden."[7]

So vermochte Humboldt sehr wohl einzuschätzen, daß er im südlichen Ekuador einem im Vergleich dazu außergewöhnlichen Phänomen begegnete: den Resten der Inka-Straße.[8] Die alten Römerstraßen, die er zuvor in Italien gesehen hatte, waren nicht solider gebaut und keineswegs großartiger angelegt. Dies stellte Humboldt fest, als er südlich von Quito, d. h. im nördlichen Teil des ehemaligen Inka-Reiches, erstmals auf Überreste einer der Inka-Straßen stieß.[9] Sie gehörte zu der Längsverbindung in dem verhältnismäßig schmalen, aber viele hundert Kilometer Nord-Süd-Ausdehnung umfassenden Inka-Reich. Es war die Straße zwischen eben dieser Nordprovinz und der Inka-Hauptstadt Cusco, der „Hatun ñan", die ‚große Straße' oder auch „Capac ñan", die ‚wahre Straße', wie sie im Ketschua heißt. Über hohe Pässe, sumpfige wie trockene Hochebenen und die Höhenrücken der Anden ist sie einst geführt worden. Jedoch ist sie gegenwärtig nur noch an wenigen Stellen im Gelände über weite Strecken hin erkennbar.[10]

Humboldt mochte es zunächst nicht ganz glauben, was man ihm allgemein erzählte, daß nämlich diese Straße, deren nördlichen Anfang er kennengelernt hatte, bis nach Cusco führte.[11] Es ist interessant, wie er selbst seine Tagebuchnotizen ergänzte und seine anfänglichen Zweifel einschränkte, nachdem er wieder und wieder von Ekuador aus bis ins nördliche Peru hinein den Spuren der Inka-Straße begegnet war.[12] Er meinte, daß es mit dem Charakter der Inka als Herren eines Hochlandvolkes zusammenhinge, daß sie ihre Straßen sowie die dazugehörigen Städte, Paläste und Herbergen bzw. Kurierstationen auf den kalten Höhen bis weit über 4000 m angelegt hätten.[13] Allerdings konnte er auch beobachten, daß die Inka-Baumeister durch diese Art der Straßenführung steile Ab- und Aufstiege, die wegen der tiefen Einschnitte der Flußtäler sonst nötig gewesen wären und auf den Maultierpfaden aus spanischer Zeit bewältigt werden mußten, weitgehend hatten vermeiden können.[14]

Humboldt fragte sich, warum bei einem Volk, das keine von Tieren gezogenen Wagen und auch keine Reittiere kannte, sondern das seine Boten im Stafettendienst kürzere Strekken laufen, seine Heere über gewaltige Distanz marschieren und seine Würdenträger in Sänften reisen ließ, die Straßen so breit und prächtig angelegt worden wären.[15] Ihm wurde klar, daß altperuanische Straßen durchaus auch zeremoniellen Charakter hatten und der Machtdemonstration dienen sollten.[16]

Nun ist es allerdings so, daß Humboldt gerade diese Lebensader des Inka-Reiches an einem ihrer höchsten topographischen Punkte – wenn nicht sogar an ihrem höchsten überhaupt – kennenlernte und untersuchte. Damit sind einige seiner Feststellungen etwas zu relativieren. Humboldt erkannte die strategische Bedeutung der Straße, auf der die Inka-Heere zur Eroberung immer neuer Gebiete gen Norden gezogen waren.[17] Sie wurde einst entsprechend der Vergrößerung des altindianischen Reiches immer weiter nach Norden verlängert; und folgerichtig war der nördlichste Teil erst kurz vor der spanischen Eroberung angelegt worden.[18] Auf dieser Straße vollzog sich einst der Kurierdienst zwischen den eroberten Gebieten und der Inka-Hauptstadt.[19]

Humboldt wußte, daß diese Verkehrsader in der frühen Kolonialzeit noch gut erhalten gewesen war. In dem Tafelwerk der „Vues des Cordillères" ist ausgewiesen, daß Humboldt den Bericht des spanischen Chronisten Pedro Cieza de León kannte, der Mitte des 16. Jahrhunderts auf dieser Straße gereist war und ebenso wie später Humboldt aus seinen europäischen Erfahrungen heraus die ingenieur-technische Leitung der Inka-Straßenbaumeister anerkennend gewürdigt hatte. Die Informationen über den baulichen Zustand der Inka-

Straße während der frühen Kolonialzeit muß Humboldt jedoch sozusagen vor Ort erhalten haben, da er darauf des öfteren in seinen Tagebüchern Bezug nahm. An der Wende vom 18. zum 19. Jahrhundert war sie nun total vernachlässigt; und die Maultierpfade, auf denen Humboldt und seine Begleiter teilweise im Anblick der alten, wohl durchdachten Straßenführung reisen mußten, spotteten jeder Beschreibung.[20]

Später sollte Humboldt auch noch Teile der altindianischen Verbindungsstraßen in die goldreichen Gebiete am oberen Marañon kennenlernen, die ihre Anlage dem gewünschten Zugang zu den Goldwäschen verdankten.[21] Dort waren die längst vorhandenen und von den Inka nur nachträglich befestigten alten Handelswege vom Bergbau bestimmt gewesen. In diesem Gebiet wie auch an der peruanischen Küste kam Humboldt zu der Erkenntnis, daß solche Straßen durchaus älteren, d. h. vorinkaischen Ursprungs waren, allgemein als Zeremonialstraßen anzusprechen waren und somit mehr als nur ökonomische und strategische Bedeutung besessen hatten. Die Baumeister, die es einst auch verstanden hatten, mit gut funktionierenden Kanalsystemen die Wüste zu bewässern, besaßen größere Kenntnisse vom Straßenbau als zeitgleiche europäische Straßen vergleichsweise widerspiegelten. Deshalb beschrieb Humboldt ausführlich die beobachtbaren Konstruktionsprinzipien, die Fundamentierung, Drainage und Randbefestigung, die verwendeten Materialien, die Steinbrüche sowie die Werkzeuge.[22]

Schließlich zeichnete und erklärte Humboldt auch eine der Hängebrücken, die neben solchen aus Stein bei den Inka-Straßen eine große Rolle spielten. Sie überspannten die von den Flüssen ausgewaschenen, oft schmalen, aber meist recht tiefen Schluchten im Hochgebirge und boten so günstige Bedingungen für eine zügige Straßenführung. In Europa waren Hängebrücken zur damaligen Zeit noch unbekannt.[23]

Humboldt verherrlichte dabei jedoch keineswegs die Inka-Herrschaft wie mancher Berichterstatter, der bis in die Gegenwart hinein eine Verklärung der indianischen vorspanischen Vergangenheit mit der utopischen Forderung nach Wiedererrichtung des Inka-Reiches als Form einer gerechten und dem Leben der peruanischen Indiander gerecht werdenden Gesellschaft verbindet.

Humboldt würdigte die bedeutenden Bauleistungen der Inka und setzte sich für eine Erhaltung bzw. Rekonstruierung der Inka-Straßen ein, weil er sie für besser erachtete als die kolonialzeitlichen Maultierpfade.[24]

Er kritisierte aber die Inka als rücksichtslose Eroberer, die zerstörten, was ihnen bei der Unterdrückung der unterworfenen Bevölkerung hinderlich erschien oder die gar die fremdethnischen Gruppen dezimierten bzw. ganz ausrotteten, die ihnen Widerstand leisteten.[25] Auch stellte Humboldt fest, daß die Gesellschaft im Inka-Reich einen noch sehr statischen Eindruck machte: er sah in der Inka-Architektur den Beweis für den Hang zu einem besonderen Verharren in gleichen Sitten und Gedanken sowie Formen der Regierung. Und dies verglich er mit Erscheinungen in Asien und im alten Ägypten, also in Gebieten früher Entwicklung erster Staatsformen. Humboldt charakterisierte die Inka-Gesellschaft auch als eine solche, die weit von seinen eigenen Vorstellungen und denen seiner Zeit über die Verwirklichung des Menschen in einer humanitären Gesellschaft mit der Anerkennung des Rechtes auf individuelle Freiheit entfernt war.[26]

Anmerkungen

1 Er interpretierte die Kunstwerke als etwas, „ce qui indique l'enfance de l'art" (Humboldt 1810, S. 6; ebenso S. 68). – Auch betonte er: „toutes ces circonstances devoient contribuer à perpétuer le mauvais goût" (Humboldt 1810, S. 69).

2 „Les ouvrages les plus grossiers, les formes les plus bizarres, ces masses de rochers sculotés, qui n'imposent que par leur grandeur et par le haute antiquité qu'on leur attribue, les pyramides énormes qui annoncent le concours d'une multitude d'ouvriers; tout se lie à l'étude philosophique de l'histoire." (Humboldt 1810, S. 2.)

3 „C'est par ce même lien que les foibles restes de l'art, ou plutôt de l'industrie des peuples du Nouveau Continent, sont dignes de notre attention. Persuadé de cette vérité, j'ai réuni, pendant mes voyages, tout ce qu'une active curiosité a pu me faire découvrir dans des pays où, pendant des siècles de barbarie, l'intolérance a détruit presque tout ce qui tenoit aux moeurs et au culte des anciens habitans; où l'on a démoli des édifices pour en arracher des pierres ou pour y chercher des trésors cachés" (Humboldt 1810, S. 2.) – „Dans le grand village de Huancabamba même on voit les restes d'un palais de l'Incas qui doit avoir été des plus spacieux, car il n'y a pas de maisons indiennes ou espagnoles dans le village et à l'entour dans laquelle on ne découvre nombre de pierres taillées qu'on a tirées de ce palais. L'église, située sur une colline terrassée et entourée de muraille, en contient surtout." (Humboldt 1986, S. 248; dt. Übersetzung: Humboldt 1990, S. 137.)

4 Humboldt 1809–14, II, S. 50, Anmerkung. – Diese kritische Stellungnahme basierte auf seinen Tagebuchnotizen über Südamerika, die er in Lima in der Zeit vom 23. Oktober bis 24. Dezember 1802 entwarf. Dort vermerkte er in seiner „Idée générale sur le Sol de l'Amérique méridionale": „[...] c'est l'aridité de la Côte, dans laquelle les Conquérans ont détruit les beaux Canaux par lesquels les Péruviens arrosaient cette Lybie. [...] L'aridité de la Côte ou disant plutôt l'état de non-Culture dans laquelle les Espagnols la tiennent, la différence de productions de la Sierra et Costa occasionne au Pérou un commerce très actif, mais ce commerce employe une infinité de monde parceque tout le transport se fait par mules. Cette dernière considération est très intéressante. Toutes les villes fourmillent d'Indiens de la Sierra qui entrent pour y porter leurs denrées en personne. Voilà d'autant de personnes qui ne produisent pas. [...] On dit que les Indiens sont oisifs et paresseux. Tout homme l'est qui ne jouit pas du fruit de son travail. [...] Changez la situation de l'Indien, faites le jouir du fruit de son travail et il cessera d'être oisif. Voyez le Pérou, ses ruines d'édifices, des chemins somptueux de 3–400 lieuex de long, des canaux pour arroser les terres – les hommes qui ont laissé ces monumens n'étaient certainement ni oisifs ni abbrutis" (Humboldt 1982, S. 230 f.; dt. Übersetzung: ebd., S. 231 f.) – „Dans la plaine aride de la côte nous vîmes partout les tristes débris des canaux (acequias) que les Péruviens conduisaient à 1–2 lieues de distance depuis la montagne pour fertiliser les champs. [...] Les conquérants espagnols ne firent pas seulement pas entretenir ces canaux, mais les détruisirent de même que les chemins. Tel serait le sort de la Chine si les Européens s'en rendaient maître. Les Européens hors de leur pays sont aussi barbares que les Turcs et plus encore, car ils sont plus fanatiques." (Humboldt 1986, S. 272; dt. Übersetzung: Humboldt 1990, S. 163 f.)

5 Humboldt 1845–62, I, S. 386.

6 Humboldt 1806, S. 184 f.

7 Tagebuchaufzeichnungen in Bogotá im August 1801: Die Betrachtung über die Unzulänglichkeit der Handelswege im Vizekönigreich Neu-Granada ist auf die freigebliebenen unteren Ränder der Seiten geschrieben, auf denen Humboldt seinen Aufenthalt am Wasserfall von Tequendama am 26. und 27. August 1801 schildert (vgl. Humboldt 1982, S. 71).

8 „Le grand chemin de l'Inca, un des ouvrages les plus utiles, et en même temps des plus gigantesques que les hommes aient exécuté, est encore assez bien conservé [...]" (Humboldt 1810, S. 294.)

9 „Nous avon été surpris d'y trouver, et à des hauteurs qui surpassent de beaucoup celle de la cime du pic de Ténérife, les restes magnifiques d'un chemin construit par les Incas du Pérou. Cette chaussée, bordée de grandes pierres de taille, peut être comparée aux plus belles routes des Romains que j'aie vues en Italie, en France et en Espagne [...]" (Humboldt 1810, S. 108.) – „Les anciens chemins romains que j'ai vu en Italie ne sont pas plus solides, plus magnifiques que le chemin de l'Azuay, qui a le haut du Pic de Teide." (Humboldt 1986, S. 230; dt. Übersetzung: Humboldt 1990, S. 116.)

10 „Il est très bien alligné, va sans s'interrompre dans une seule ligne à 3–4000 t[oises] [...] On ne voit aujourd'hui des vestiges de ce chemin de l'Incas que depuis Cañar à Los Paredones. C'est assez loin pour inspirer une grande idée de la police du Gouvernement péruvien." (Humboldt 1986, S. 230; dt. Übersetzung: Humboldt 1990, S. 116 f.) – „[...] elle (la chaussée, U.T.-S.) et parfaitement allignée, et conserve la même direction à six ou huit mille mètres de longueur [...]" (Humboldt 1810, S. 108.) – Vgl. Hyslop 1984.

11 „Il y a des personnes qui croient que ce chemin se prolongeait sur la Cordillère par Chota à l'est de Lima jusqu'à Cuzco. Il n'y a pas à douter qu'il existait ce chemin, que l'Incas et son armée allait et venait par là. [...] mais il n'est pas probable que ce chemin est été patout maçonné et de la même magnificence* que celui de l'Azuay qui ne me paraît destiné qu'à la communication des deux palais, de celui du Cañar et de los Paredones, par les marais du Pullal." (Humboldt 1986, S. 230; dt. Übersetzung: Humboldt 1990, S. 117.) – „[...] Ce palais à l'est de Aypate est certainement situé dans le chemin qui va de l'Azuay à Cajamarca et peut-être au Cuzco et dont on trouve de nombreux vestiges depuis Chulucanas." (Humboldt 1986, S. 244; dt. Übersetzung: Humboldt 1990, S. 133.)

12 „*Il l'est effectivement. Nous l'avons suivi jusqu'à Cajamarca et dessiné les différentes parties." (Humboldt 1986, S. 230, Anmerkung; dt. Übersetzung: Humboldt 1990, S. 117.) – „Nous en avons observé la contuniation près de Caxamarca, à cent vingt lieues au sud de l'Assuay, et l'on croit, dans le pays, qu'elle conduisoit jusqu'à la ville du Cuzco." (Humboldt 1810, S. 108.)

13 „Près de ce chemin de l'Assuay, à la hauteur absolute de quatre mille quarante-deux mètres (deux mille soixante-quatorze toises), se trouvent les ruines du palais de l'Inca Tupayupangi [...]" (Humboldt 1810, S. 108.) – „Observez que l'Ingapirca de l'Azuay a 2146 t[oises], celle du Cañar 1520 t[oises], celle de Cochapata 1360 t[oises], toutes dans des endroits très froids, très désagréables, desabrigados. On peut dire que des souverains accoutumés au climat affreux du Cuzco cherchaient partout des endroits pareils á ceux de leur patrie. Car ces palais ne peuvent pas être des refuges dans des pays où à cause du froid on les nécesitait le plus, car en ce cas ce serait un palais seul et non un assemblage de maisons, qui indiquent que l'Incas y tenait sa résidence pour longtemps." (Humboldt 1986, S. 237; dt. Übersetzung: Humboldt 1990, S. 125.) – „Aussi les Incas

comme gens du Cuzco cherchèrent toujours les endroits froids pour leurs habitations. Les palais de la vallée de Chulucanas ont 1360 t [oises], ceux du Pár[amo] de Guamani 1710 t[oises] de haut." (Humboldt 1986, S. 245; dt. Übersetzung: Humboldt 1990, S. 134.)

14 „Pour éviter les descentes pénibles dans les nombreuses vallées du [Río] Catamayo, Calvas, Parcochaca, Aranza ... les souverains suivirent la haute crête de la Cordillére depuis l'Azuay à Cajamarca (et de là au Cuzco?)." (Humboldt 1986, S. 245; dt. Übersetzung: Humboldt 1990, S. 134.)

15 „[...] et étant fait dans un terrain très marécageux il doit avoir des fondements très profonds. Il est construit sans dos d'âne, mais tout en pierre de taille bien ajustée, celles des bords surtout, qui sont parfaitement carrés. [...] Il faut même s'étonner que dans un pays où l'on ne montait pas même sur des Llamas, où les Grands Seigneurs allaient en Andas, on aye fait un chemin si large." (Humboldt 1986, S. 230; dt. Übersetzung: Humboldt 1990, S. 117.)

16 „L'Incas y avait un chemin magnifique sans passer la rivière, adossé au rocher. Nous en avons vu des restes magnifiques, tant ici qu'au sudest de S[an] Felipe vers Chamaya. L'Ingas avait avec cela ses tambos ou palais pour passer les nuits." (Humboldt 1986, S. 249; dt. Übersetzung: Humboldt 1990, S. 138.) – „Le chemin de l'Incas, tel qu'on peut le suivre encore presque sans interruption depuis Chulucanas par Guamani à l'Angostura, Xicate vers Sallique, donc plus de 12 lieues à près de 2½ toises de large [est] bien alligné sans connaître aucun obstacle s'èlevant de 800 à 1710 t[oises], perçant les rocs pour ne pas les détourner, et donnant d'autre cours aux rivières dès qu'elles commençaient à gêner la construction. [...] Le chemin est élevé au-dessus du niveau du llano et ses bords sont de belles pierres de taille carrée." (Humboldt 1986, S. 245; dt. Übersetzung: Humboldt 1990, S. 134.) – Humboldt geht auch auf einen Mythos ein, der sich auf eine topographische Besonderheit an einem Tambo, einem ehemaligen Inka-Rasthaus, bezog und in dem es hieß, daß einst die Sänftenträger in der Nacht den Weg verfehlt hätten und der Inka sich dafür an ihnen mit einem fürchterlichen Strafgericht gerächt hatte: „[...] preuve que les princes péruviens n'étaient pas toujours se doux comme on s'est plu à les peindre." (Humboldt 1986, S. 248; dt. Übersetzung: Humboldt 1990, S. 137.) Auch beschrieb er eine breit angelegte Straße, die bis zu einem Stollen eines vorspanischen Bergwerkes führte. Humboldt erkannte, daß diese Straße ihrem Charakter nach sich von den anderen Inka-Straßen unterschied und nahm daher an, daß sie zeremoniellen Zwecken gedient hatte und wohl auch vorinkaischen Bauherren zuzuordnen wäre: „Il est difficile d'en concevoir le but chez une nation qui n'allait pas en voiture pour nécessiter un chemin si large. Le métaux aussi seraient sortis sans ce chemin. Servait-il pour quelque cérémonie religieuse où tout le peuple allait en procession et cette cérémonie se faisait-elle dans la mine sous terre? Ou la boca-mina ne se trouve-t-elle que casuellement dans le voisinage de la fin du chemin? Certes c'était une cérémonie religieuse [...] Donc l'ouvrage serait-il des Puruguays avant la conquête de l'Incas?" (Humboldt 1986, S. 252 f.; dt. Übersetzung: Humboldt 1990, S. 142.)

17 „L'Inga ne vint qu'en descendant du Cuzco pour la conquête de Quito [...] Cette route est tracée encore par les ruines du chemin et des palais de l'Incas." (Humboldt 1986, S. 258; dt. Übersetzung: Humboldt 1990, S. 148.) – „[...] ils firent non-seulement tracer de superbes routes sur le dos des Cordillères, mais ils ordonnèrent aussi, pour faciliter les communications entre la capitale et les provinces les plus spetentrionales de leur empire, que, sur le chemin de Couzco à Quito, on construisît, de distance en distance,

des hôtelleries (tambos), des magasins, et des maisons propres à servir d'habitation pour le prince et pour sa suite. Ces tambos et ces maisons de l'Inca, que d'autres voyageurs qualifient de palais, existoient depuis des siècles dans cette portion de la grande route qui conduit de Couzco à Caxamarca [...]" (Humboldt 1810, S. 195.) – „[...] le nom pompeux de maison ou de palais de l'Inca, mais il est probable que la plupart étoint des caravanserais construits pour faciliter les communications militaires entre le Pérou et le royaume de Quito." (Humboldt 1810, S. 295.) – Humboldt forderte zu weiterführenden Forschungen auf; denn er war davon überzeugt, daß die Lage der Raststationen, deren Reste man allenthalben entdecken konnte, Licht in die Eroberungspolitik der Inka bringen könnte: „(Donnez une liste des ruines des palais de l'Incas avec leur élévation es toises et formez une carte géographique de leur position, ce que répandra bien des lumières sur la marche de la conquête de l'Incas.)" (Humboldt 1986, S. 245; dt. Übersetzung: Humboldt 1990, S. 134.) – Damit stellte Humboldt die für Südamerika noch in den Anfängen steckende, von ihm selbst mit seinen Beschreibungen und Zeichnungen erst aktivierte, wissenschaftlich orientierte Kartographie in den Dienst einer kulturhistorischen Fragestellung. Eine entsprechende Liste der Tambos, wie sie Humboldt gefordert hat, existiert in der Bilderchronik des Felipe Guamán Poma de Ayala: „Nueva Corónica y buen gobierno", entwickelt und illustriert zu Beginn des 17. Jahrhunderts. Das Manuskript dieser auch über Landvermessung, Straßen- und Brückenbau sowie Bergbau im Inka-Reich so aufschlußreichen Chronik wurde jedoch erst zu Beginn unseres Jahrhunderts in der Königlichen Bibliothek in Kopenhagen wiederentdeckt. – „Cette uniformité de construction est si grande, que toutes les hôtelleries (tambos) placées le long des grandes routes, et appelées dans le pays des maisons ou palais de l'Inca, paroisssent avoir été copiées les unes des autres." (Humboldt 1810. S. 115.) – Humboldt erkannte auch die strategische Bedeutung der einzelnen befestigten Siedlungen der Inka mit ihren Speicheranlagen, z. B von „Los Baños del Incas" im Chulucanes-Tal: „[...] et par la position et l'ensemble on doit croire que le tout forma une ville considérable, qui peut-être servait de forteresse pour bourcher ce passage de la Cordillère. Pourquoi sans ce but avait-on étendu les édifices des deux côtés sur les collines?" (Humboldt 1986, S. 246; dt. Übersetzung: Humboldt 1990, S. 135.)

18 „Dans les roches qui terminent la lagune de las Culebrillas au sud on découvre encore la carrière de l'Incas, carrière dont le prince a fait tirer les beaux porphyres dont les palais de los Paredones et peut-être même celui du Cañar (Ingapirca) ont été construits. On y voit des pierres à demi taillées, á demi travaillées [...] On voit que l'Incas avait encore des projets d'architecture lorsque les Espagnols entrèrent et avec eux la barbarie et l'insouciance des arts." (Humboldt 1986, S. 230; dt. Übersetzung: Humboldt 1990, S. 117.) – „[...] si facile à entretenir dès la Conquête, où il était encore tout neuf; car il est l'ouvrage de Tupayopangi!" (Humboldt 1986, S. 230; dt. Übersetzung: Humboldt 1990, S. 117.)

19 „La tradition dit que l'on s'y transportait en très peu de temps, qu'il y avait des maisons de l'Incas de distance à distance et même des auberges [...]" (Humboldt 1986, S. 230; dt. Übersetzung: Humboldt 1990, S. 117.)

20 „Quelle insouciance d'avoir laissé suspendre, se combler, s'affdaisser la plus grande partie de ce chemin [...] On tombe à présent à la vue de ce chemin magnifique jusqu'au ventre de la mule dans la boue!" (Humboldt 1986, S. 230; dt. Übersetzung: Humboldt 1990, S. 117.) – „Que n'a-t-on conservé ce chemin, tandis qu'aujourd'hui (à moins qu'on n'aille par le Páramo del Pareton) on passe 27 fois le Río Huancabamba

et avec assez de danger." (Humboldt 1986, S. 249; dt. Übersetzung: Humboldt 1990, S. 138.)

21 „Les terres à l'entour offrent aussi des lavages auxquels se dédient quelques Indiens de Chochapata." (Humboldt 1986, S. 236; dt. Übersetzung: Humboldt 1990, S.124.) – „Mais près de Huancabamba et S(an) Felipe comme faisant l'entrée pour (Río) Chinchipe et ne pouvant suivre la haute Cordillère, les ruines sont dans un pays chaud comme celles de Xicate à 900 t(oises). [...] Dans le Río Chulucanas ou Cachiyacu on voit clairement des fondements de maisons et des restes du chemin [...]" (Humboldt 1986, S. 245; dt. Übersetzung: Humboldt 1990, S. 134.) – „[...] la roche quarteuse dans laquelle se trouvent les nombreux filons d'or du Curimayo que travaillaint les anciens et dans lesquels nous avons encore vu de vieilles bocaminas." (Humboldt 1986, S. 266; dt. Übersetzung: Humboldt 1990, S. 156.) – „L'or qu'Athahualpa fit amonceler por son rescate monta à 4 millions de piastres et il ne faut pas s'en étonner si on voit les grandes mines que l'Incas fit travailler dans différentes parties de la Cordillère [...]" (Humboldt 1986, S. 269; dt. Übersetzung: Humboldt 1990, S. 160.)

22 „Lorsque je traversai la Cordillère par le Paramo de l'Assuay, et que je vis ces énormes masses de pierres de taille tirées des carrières de porphyre du Pullal, et employées á construire les grandes routes de l'Inca, je commençai déjà à douter que les Péruviens n'eussent connu d'autres outils que des haches de caillou [...] je supposai que la Péruviens avoient eu des outils de cuivre, qui, mêlé dans une certaine proportion à l'étain, acquiert une grande dureté [...]" (Humboldt 1810, S. 117.) – „On demande ici avec quels instruments ou outils une nation qui manquait de fer a travaillé ces pierres (celles des portes ont jusqu'à 8 pi[eds] de long sur 14 po[uces] d'épaisseur). On croit avec d'autres pierres dont on se servait comme de coins, de frottoirs ... Je crois avec des outils de cuivre et surtout de cuivre durci, de ce cuivre semblable à l'acier [...]" (Humboldt 1986, S. 230; dt. Übersetzung: Humboldt 1990, S. 117.) Vgl. S. 274–279: Beschreibung der Paläste, Bewässerungskanäle und Deiche sowie Befestigungsmauern im Chimú-Reich, die den Inka als den ersten Eroberern dieses Gebietes und dann den Spaniern als den endgültigen Zerstörern der alten Anlagen zum Opfer fielen. Humboldt hat die Reste dieser Anlagen sehr aufmerksam betrachtet und in seinem Tagebuch kommentiert.

23 Vgl. Humboldt 1810, Planche XXXIII.

24 „Pendant notre long séjour dans la Cordillère des Andes, nous n'avons jamais trouvé aucune construction qui ressemblât à celle que l'on appelle cyclopéenne: dans tous les édifices qui datent du temps des Incas, les pierres sont taillées avec un soin admirable sur la face extérieure, tandis que la face postérieure est inégale et souvent anguleuse." (Humboldt 1810, S. 198.) – „[...] mais ce qui me paroît digne du plus grand intérêt, c'est l'uniformité de construction que l'on remarque dans tous les monumens péruviens. Il est impossible d'examiner attentivement un seul édifice du temps des Incas, sans reconnoître le même type dans tous les autres qui couvrent le dos des Andes [...]" (Humboldt 1810, S. 197.) – „*Le chemin de l'Incas va [...] le long du Río Chota(no) jusqu'à Cajamarca où partout on voit des restes, quelquefois bien conservés qu'à peu de frais on pourrait le refaire." (Humboldt 1986, S. 245; dt. Übersetzung: Humboldt 1990, S. 134.)

25 „L'Incas fit ce que fond tous les conquérants: Ils ruinent pour gouverner sur des provinces dépeuplées." (Humboldt 1986, S. 279; dt. Übersetzung: Humboldt 1990, S. 170 f.)

26 „[...] on peut reconnaître dans cette égalité d'architecture le penchant asiatique et égyptien des Péruviens de ne rien changer dans leur coutume, de conserver toujours le même type des moeurs, des idées, du gouvernement, des bâtisses [...]" (Humboldt 1986, S. 229; dt. Übersetzung: Humboldt 1990, S. 116.) – „Les institutions politiques les plus compliquiées que présente l'histoire de la société humanine avoient étouffé le germe de la liberté individuelle; et le fondateur de l'empire du Couzco, en se flattant de pouvoir forcer les hommes à être heureux, les avoit réduits à l'état de simples machines." (Humboldt 1810, S. XVI.)

Literatur

Humboldt 1806
Humboldt, Al[exander] von: Ueber die Urvölker von Amerika, und die Denkmäler, welche von ihnen übrig geblieben sind. In: Neue Berlinische Monatschrift. Hrsg. von Biester. Bd. 15. 1806. März, S. 177–208. Berlin u. Stettin.

Humboldt 1809–14
Humboldt, Friedr[ich] Alexander von: Versuch über den politischen Zustand des Königreichs Neu-Spanien. Bd. 1–5. Tübingen 1809–1814.

Humboldt 1810
Humboldt, Al[exandre] de: Vues des Cordillères et monumens des peuples indigènes de l'Amérique. [Textband] Paris 1810.

Humboldt 1845–62
Humboldt, Alexander von: Kosmos. Entwurf einer physischen Weltbeschreibung. Bd. 1–5. Stuttgart, Tübingen und Augsburg 1845–1862.

Humboldt 1982
Alexander von Humboldt. Lateinamerika am Vorabend der Unabhängigkeitsrevolution. Eine Anthologie von Impressionen und Urteilen, aus seinen Reisetagebüchern zusammengest. und erl. durch Margot Faak. Berlin 1982. (Beiträge zur Alexander-von-Humboldt-Forschung. 5.).

Humboldt 1986
Alexander von Humboldt. Reise auf dem Río Magdalena, durch die Anden und Mexico. Aus seinen Reisetagebüchern zusammengest. und erl. durch Margot Faak. Teil I: Texte. Berlin 1986. (Beiträge zur Alexander-von-Humboldt-Forschung. 8.)

Humboldt 1990
Alexander von Humboldt. Reise auf dem Río Magdalena, durch die Anden und Mexico. Übers. und bearb. von Margot Faak. Teil II: Übersetzungen, Anmerkungen, Register. Berlin 1990. (Beiträge zur Alexander-von-Humboldt-Forschung. 9.)

Hyslop 1984
Hyslop, John: The Inka road system. Studies in archaeology. Orlando 1984.

Anschrift d. Verf.: *Prof. Dr. Ursula Thiemer-Sachse, Giesensdorfer Str. 32, D 12207 Berlin*

Alexander von Humboldt und die Industrielle Revolution

Von Eberhard Wächtler

Die Position Alexander von Humboldts zur Industriellen Revolution interessiert mich schon längere Zeit, ohne daß ich heute in der Lage wäre zu behaupten, meine jetzige Meinung, mein jetziger Erkenntnisstand seien das non plus ultra.

Eigentlich interessierte mich anfangs noch stärker als die Position Humboldts diejenige der Bergakademie Freiberg in der Industriellen Revolution. Wie kann man aber diese beurteilen, ohne das Wirken ihrer Lehrer und Schüler zu werten? So kommt fast von selbst Alexander von Humboldt ins Blickfeld. Schließlich ist er einer der bedeutendsten, wenn nicht der bedeutendste Student der alma mater Fribergensis. Und wie anders soll man die Leistung einer Hochschule beurteilen als vor allem auch an ihren Absolventen?

Sagen wie zunächst etwas salopp: Alexander von Humboldt und die Industrielle Revolution waren Zeitgenossen. Humboldt wurde am 14. September 1769 im noch feudalen Preußen, in Berlin, geboren, die Industrielle Revolution nahm ihren Anfang ebenfalls im siebten Jahrzehnt des 18. Jahrhunderts im bürgerlichen England, im heutigen Telford, in der Region am Severn, im gleichen Jahrzehnt übrigens, in dem auch die Bergakademie gegründet wurde. Dieses Jahrzehnt läutete die Entstehung der Großproduktion in der Welt ein. Seitdem entstanden – zeitlich etwas phasenverschoben – die großen Industriezentren in England, den USA, Frankreich, den Niederlanden, Belgien, Luxemburg, schließlich Deutschland (1800) usw. usf.

Als Alexander von Humboldt sich 1787 in Frankfurt (Oder) als studiosus cameralium inscribierte, hatte dieser Prozeß in Deutschland noch nicht begonnen. Auch die während dieses Studiums von Humboldt auf Exkursionen besuchten Eisen- und Kupferhämmer, Drahtziehereien, Nagelfabriken und Papiermühlen waren in ihrer Technologie traditionell und – soweit montanistisch – schon bei Georgius Agricola und von Albrecht Dürer gezeichnet.

Nach einem Jahr kehrte Humboldt nach Berlin zurück, widmete sich dort technologischen Studien im Berliner Manufakturwesen und publizierte darüber. Am 25. April 1789 wurde er an der Universität Göttingen immatrikuliert. Auf der Reise dorthin lernte er die private Sammlung – oder sollte man schon sagen: das Technische Museum – von Professor Beireis in Helmstedt kennen.

Fasziniert war er dort vor allem von den „Maschinen für Mechanik, Optik, Architektur und Hydraulik, Automaten (die großen Vaucansonschen, die in der Mechanik ihres Gleichen nicht in der Welt haben), Uhren, die auf den Wink schlagen, Wagen, die von selbst gehen – alles, alles, was man sich denken kann."[1]

In Göttingen hörte Humboldt auch Vorlesungen bei Johann Beckmann, dem Begründer der Technologie, jenem Gelehrten, der „die Technologie [...] mit der Mathematik, besonders der Rechenkunst, der Geographie, der Warenkunde usw. als Hilfswissenschaft für die Handlungswissenschaft betrachtet [...] er wollte sie in die schon vorhandene Wissenschaftssystematik hineinbringen."[2]

Für mich ist es aus dieser Sicht ganz bezeichnend, daß Alexander von Humboldt bald nach seiner Ankunft in Göttingen in einem Brief schrieb:

„Da ich bestimmt bin, meinem Vaterland im Fabrikfache zu dienen, so kann ich die Mathematik nur als Hülfswissenschaft treiben. Leider erfordert jenes, sonst überaus angenehme, Fach so viele andere botanische, mineralogische, chemische und statistische Kenntnisse, daß man alle seine Kräfte zusammennehmen muß, um auch nur etwas Mittelmäßiges zu leisten. Doch bleibt mathematisches Studium, besonders mechanisches, die Hauptbasis davon. Was ist aber Mechanik ohne höhere Analysis? Wer mit dem Maschinenwesen in den Manufakturen und beim Bergbau nur ein wenig bekannt ist, wird bald aus deren Anwendung, bald aus dem Mangel gewisser Einrichtungen die Vortheile der höheren Mechanik, den Schaden, den Unkunde darin bringt, einsehen lernen."[3]

Es war also nicht die Industrielle Revolution, d. h., genauer gesagt, der sich vollziehende Übergang von der Hand-Werkzeug-Technik zur neuen maschinellen Produktionstechnik[4] auf der Basis der die alten Produktionsverfahren im Ergebnis potenzierenden Arbeits- und Werkzeugmaschinentechnologien, der in Alexander von Humboldt die Überzeugung von der Notwendigkeit der theoretischen, also mathematischen, physikalischen und auch chemischen Durchdringung der Technologien schlechthin weiter reifen ließ, sondern die evolutionäre Entwicklung des Herkömmlichen!

Man sollte dennoch die Betonung nicht zu stark auf das „Herkömmliche" legen. Aus übergreifender Sicht war es vor allem das evolutionäre, quantitative Element, wie z. B. auch die Dampfmaschinen der Firma Boulton und Watt, das Humboldt ein fruchtbarer Boden für die wissenschaftliche Durchdringung von Produktionsprozessen zu sein schien. Auf keinen Fall, wie wir noch sehen werden, negierte er deshalb das qualitative, das völlig neue Produktionssysteme schaffende Element. Nur, es existierte in Deutschland damals nicht.

Ich stimme Kurt-R. Biermann zu, der in seinem Aufsatz „Der geistige Ahnherr – Alexander von Humboldt: Förderer des industriellen Fortschritts" ausdrücklich darauf verweist, daß der junge Alexander von Humboldt diese Erkenntnisse in den achtziger Jahren gewann. Ich halte es für eine schreckliche mechanische Geschichtsbetrachtung, würde man die Qualifizierung des produktiven Bereiches der Gesellschaft und die ihr zugrundeliegenden wissenschaftlichen Erkenntnisse ausschließlich bzw. vorwiegend an revolutionären Entwicklungsphasen messen!

Biermann weist weiter darauf hin, daß Humboldt bei seinem Englandaufenthalt 1790 vor allem Herschels Riesenfernrohr mit einem Metallspiegel von 1,22 m Durchmesser und einem Rohr von 11,9 m Länge bestaunte. „Nicht minder wurde Herschels Erfindungsreichtum bewundert, durch einen sinnreichen Mechanismus die Zahl der zum Schleifen des Spiegels benötigten Arbeitskräfte von 20 auf 2 herabzusetzen."[5]

Humboldt war vor allem fasziniert vom wissenschaftlichen Gerätebau, der sich schon länger durch einen hohen Nutzungsgrad wissenschaftlicher Erkenntnisse auszeichnete. Er war ebenso beeindruckt von einer neuen, die Produktivität verzehnfachenden (mechanisierten?) Methode zur Spiegelbearbeitung, der man sicher zumindest für den spezifischen Fertigungsprozeß eine neue Qualität zuerkennen sollte. Daß er in ähnlicher Weise die Fortschritte der Werkzeugmaschinerie, die das hauptsächliche Element der technischen Revolution ausmachten und zur Fabrikindustrie zuerst vor allem in Gestalt der spinning mills und mechanischen Webereien führten, zur Kenntnis genommen hätte, ist mir aber zur Zeit nicht bekannt.

Es würde mich auch nicht wundern, wenn man vergleichbare Äußerungen Humboldts hierzu nicht fände. Es ist ganz einfach eine Tatsache, daß diese die Welt verändernden Textilmaschinen damals (und in Deutschland noch rund 50 Jahre länger) dominierend empirisch, handwerklich gebaut wurden! Man benötigte technisches Wissen. Theoretische Verallgemeinerungen waren noch weniger gefragt. Im Bereich des Montanwesens – exponiert in dieser Hinsicht war vor allem der sächsische Edel- und Buntmetallbergbau samt zugehörigem Hüttenwesen – hatte dagegen der Zwang zur exakten Messung, zur hüttenmännischen Analyse und zur systematischen Beachtung von gesammelten mechanischen Erkenntnissen eine seit dem 16. Jahrhundert zu beobachtende literarische wie institutionelle Formierung der Montan- einschließlich typischer Technikwissenschaften verursacht. Ein Ergebnis dieser Entwicklung war 1765 die Gründung der Bergakademie Freiberg, und nicht zufällig wurde für Alexander von Humboldt – wenn man seinen überlieferten Selbstzeugnissen glaubt – Freiberg der wohl wichtigste Studienort. „Meine Bergmännische Carriere ist nun entschieden, ich lebe ganz in diesem Studium, für das ich so lange hinreissende Neigung hatte. Ich zog den Aufenthalt auf der hiesigen Academie dem Schemnitzer vor, weil ich wünschte, unter Werners eigenem Unterricht mich zu einem gründlichen Mineralogen auszubilden."[6]

Es war vor allem die Systematik der Methode, der wissenschaftlichen Arbeitsmethodik Werners, die Humboldt faszinierte. Dieses Charakteristikum der Hypothesen- und damit auch der Theorienaufgeschlossenheit der Freiberger Schule blieb für Humboldt Zeit seines Lebens das entscheidende Moment auch seiner eigenen Auffassung von wissenschaftlicher Arbeit.

Er studierte, handhabte und beeinflußte Technikentwicklung im Detail – und hatte während seiner preußischen Bergbeamtentätigkeit im Fichtelgebirge Erfolg. Als Friedrich Anton von Heinitz ihn als Chef des schlesischen Bergbaus vorsah, lehnte er dies jedoch brüsk ab und bat um seine Entlassung aus dem Staatsdienst. Verzweifelt beschwor von Heinitz ihn daraufhin am 7. 4. 1795: „warum lieber dem Reiche der Wissenschaften als der Provinz Schlesien oder Westphalen nützlich werden?" Man könne doch auch im praktischen Dienst Wissenschaftler sein.[7]

Humboldt aber bekannte sich in einem Brief an Ludwig Bollmann am 15. 10. 1799 zu seiner Entscheidung mit den Worten: „Im Besitz eines ansehnlichen Vermögens nach dem Tode meiner Mutter, habe ich meine Stelle in preußischen Diensten aufgegeben, um als Privatmann und als Bürger eines Staates, von dessen Freiheit wir damals träumten, [...] ein menschliches, freies, hilfreich-nützliches Leben zu führen."[8]

Als diese Zeilen geschrieben wurden, hatte die Industrielle Revolution in Deutschland noch immer nicht begonnen. Und als sie – nach Meinung einiger deutscher Technik- und Wirtschaftshistoriker – um 1800 begann bzw. – nach Meinung anderer – zu diesem Zeitpunkt erst in eine sich bis 1834 erstreckende Vorbereitungsphase eintrat, stellte sie noch immer nur zögernd Anforderungen an die Wissenschaft.

Humboldt aber dachte weiter, nahm vorweg, was die Gesellschaft dereinst von der Wissenschaft fordern würde, fordern mußte.

Dies findet seinen Ausdruck noch, wenn er, rückblickend auf seinen eigenen Entwicklungsgang, 1845 im ersten Band seines „Kosmos" schreibt: „Der Mensch kann auf die Natur nicht einwirken, sich keine ihrer Kräfte aneignen, wenn er nicht die Naturgesetze, nach Maaß- und Zahl-Verhältnissen, kennt. Auch hier liegt die Macht in der volksthümlichen Intelligenz. Sie steigt und sinkt mit dieser. Wissen und Erkennen sind die Freunde und die Berechtigung der Menschheit; sie sind Theile des National-Reichthums, oft ein Ersatz für die Güter, welche die Natur in allzu kärglichem Maaße ausgetheilt hat. Diejenigen Völker, welche an der allgemeinen industriellen Thätigkeit, in Anwendung der

Mechanik und technischen Chemie, in sorgfältiger Auswahl und Bearbeitung natürlicher Stoffe zurückstehen, bei denen Achtung einer solchen Thätigkeit nicht alle Classen durchdringt, werden unausweichlich von ihrem Wohlstande herabsinken. Sie werden es um so mehr, wenn benachbarte Staaten, in denen Wissenschaft und industrielle Künste in regem Wechselverkehr mit einander stehen, wie in erneuerter Jugendkraft vorwärts schreiten [...] in allen Theilen des Naturwissens [ist] der erste und erhabenste Zweck geistiger Thätigkeit ein i n n i g e r, nämlich das Auffinden von Naturgesetzen, die Ergründung ordnungsmäßiger Gliederung in den Gebilden, die Einsicht in den nothwendigen Zusammenhang aller Veränderungen im Weltall. Was von diesem Wissen in das industrielle Leben der Völker überströmt und den Gewerbfleiß erhöht, entspringt aus der glücklichen Verkettung menschlicher Dinge, nach der das Wahre, Erhabene und Schöne mit dem Nützlichen, wie absichtslos, in ewige Wechselwirkung treten."[9]

Diese Auffassung von der humanistischen Mission der Wissenschaft machte ihn 1799 zum zweiten – eigentlich wirklichen, wissenschaftlichen – Entdecker Lateinamerikas und prägte sein sich selbst gestelltes Reiseprogramm. Nicht anders in Vorbereitung seiner Sibirienexpedition, wenn er am 7. 1. 1812 in einem Brief an Alexander von Rennenkampf sein Programm darlegt: „Ich kenne kein Wort der russischen Sprache, aber ich werde mich zum Russen machen, wie ich mich zum Spanier gemacht habe; alles, was ich unternehme, führe ich mit Begeisterung aus. Mehrere große Ziele können auf einmal erreicht werden: 1. Beförderung der Fortschritte in den exakten Wissenschaften [...] 2. Berichtigung der Karten durch astronomische Ortsbestimmungen, ohne sich auf langwierige Triangulation einzulassen, barometrische Höhenmessungen, Anfertigung von Schnitten oder Profilen wie in meinem Mexiko-Atlas; 3. Versorgung der Regierung mit Detailinformationen aus der politischen Ökonomie und dem Handel der Landesteile, die noch nicht ausreichend untersucht wurden; 4. Erforschung der Geschichte der Völker und der Sprachen [...]; 5. Bereicherung der naturhistorischen Sammlungen Seiner Majestät, besonders Zusammenstellung von geologischen Serien, Gesteinsserien, eingeteilt nach Provinzen, eine einheitliche Sammlung, deren Ausmaß mehr als 1500 Fundorte umfaßt."[10]

Solches und noch mehr zu realisieren war die Sache weniger, es im Zuge der Industriellen Revolution, der Industrialisierung überhaupt, gesellschaftlich wirksam werden zu lassen, bedurfte es Massen engagierter Menschen, gebildeter Menschen, freier Menschen.

Humboldt hatte – wie wir sahen – seine Lage im Dienst des preußischen Staates als unfrei empfunden. Stets äußerte er sich später kritisch, wo immer und unter welchen Umständen ihm Unfreiheit begegnete. So schrieb er im Tagebuch von der Amerikareise: „Weil der Indianer aus den Wäldern in den meisten Missionen als Leibeigener behandelt wird, weil er der Früchte seiner Arbeit nicht froh wird, deshalb veröden die christlichen Niederlassungen am Orinoco. Ein Regiment, das sich auf die Vernichtung der Freiheit der Eingeborenen gründet, tötet die Geisteskräfte oder hemmt doch ihre Entwicklung."[11]

Alexander von Humboldt bekannte sich zu den Idealen der Französischen Revolution: Liberté, egalité, fraternité waren für ihn notwendige Voraussetzungen wissenschaftlichen Lebens, des sinnvollen Lebens überhaupt. Und ihm wurde bewußt, daß das Bekenntnis von Goethe „Nur der verdient sich Freiheit wie das Leben, der täglich sie erobern muß!" eine Grunderkenntnis war. Die Freiheit, einmal gewonnen, erhält sich nicht von selbst. Resigniert schrieb er zu Beginn seiner Reise nach Amerika: „Der Zustand, ich meine: der sittliche Zustand, von Europa war, als ich es verließ (ich verließ Frankreich im Dezember 1798, Coruña den 4. Juni), fürchterlich. Ein fühlender Mensch wußte nicht, ob er die mehr verachten sollte, die dem unmenschlichen Geiste Fesseln anlegen, oder den Haufen derer, welche im Besitz der Freiheit, sie mit Gleichgültigkeit von sich stoßen. Ich unterscheide Individuen von den Massen, aber als Masse betrachtet, ist republikanische Denkart jetzt in Frankreich eben so viel als in China oder Hindustan. Wer dies Land 1798 sah und der Geschichte der Revolution gefolgt ist, hat davon kaum einen Begriff, und bei einem Volksfeste, wo das Volk die Sinnbilder der Freiheit zu verhöhnen zusammengekommen scheint, sagte Sieyès mit Recht die fürchterlichen Worte: ‚Freiheit diesem Volk? Nein, ein goldenes Kalb!' So ist es jetzt, aber es wird nicht immer so sein, und die Abschaffung des Feudalsystems, das geheiligte Recht der Gleichheit, wird die Menschen glücklicher und besser machen!"[12]

Wir fragten eingangs nach Alexander von Humboldt und seinem Verhältnis zur Industriellen Revolution. Fanden die mit ihr verbundenen Probleme seine Aufmerksamkeit? Natürlich! Aber er sah die Industrielle Revolution nicht als einen gesonderten Prozeß. Er registrierte sie nicht umfassend analytisch, sondern bestenfalls als Ouvertüre der gewerblichen Entwicklung überhaupt, die er begrüßte und auf seine Art förderte. – Seine Art war es, die wissenschaftliche Erkenntnisgrundlage für diesen Prozeß zu erweitern, der Wissenschaft eine Vorlaufposition zu schaffen und sich zu bemühen, bei alledem das Zusammenwirken von freien, gleichen, brüderlich verbundenen Menschen zu gewährleisten.

Anmerkungen

1 Zit. nach Biermann 1991, S. 47.
2 Kimoto 1991, S. 56 f.
3 Humboldt 1973, S. 58.
4 Vgl. Paulinyi 1989, S. 29–109.
5 Biermann 1991, S. 48.
6 Humboldt 1973, S. 151.
7 Ebd., S. 416.
8 Humboldt 1989, S. 159 f.
9 Humboldt 1845, S. 36 f.
10 Humboldt 1989, S. 193.
11 Humboldt 1859–60. Bd. 3, S. 105.
12 Humboldt 1989, S. 169 f.

Literatur

Biermann 1991
Biermann, Kurt-R.: Der geistige Ahnherr. Alexander von Humboldt: Förderer des industriellen Fortschritts. In: Kultur und Technik. Zeitschrift des Deutschen Museums. München. 1991. H. 2, S. 46–49.
Humboldt 1845
Humboldt, Alexander von: Kosmos. Entwurf einer physischen Weltbeschreibung. Bd. 1 Stuttgart und Tübingen 1845.
Humboldt 1859–60
Alexander von Humboldt's Reise in die Aequinoctial-Gegenden des neuen Continents. In deutscher Bearb. von Hermann Hauff. Bd. 1–4. Stuttgart 1859–1860.

Humboldt 1973
Die Jugendbriefe Alexander von Humboldts 1787–1799. Hrsg. und erl. von Ilse Jahn und Fritz G. Lange, Berlin 1973 (Beiträge zur Alexander-von-Humboldt-Forschung. Bd. 2.)
Humboldt 1989
Humboldt, Alexander von: Aus meinem Leben. Autobiographische Bekenntnisse. Zusammengest. und erl. von Kurt-R. Biermann. 2. Auflage. Leipzig/Jena/Berlin 1989.
Kimoto 1991
Kimoto, Tadaaki: Die Entwicklung der Technologie und ihre Stellung in der Wissenschaft. Tokio 1991.
Paulinyi 1989
Paulinyi, Akos: Industrielle Revolution. Vom Ursprung der modernen Technik. Reinbek b. Hamburg 1989. (Kulturgeschichte der Naturwissenschaften und Technik.)

Anschrift d. Verf.: *Prof. Dr. Eberhard Wächtler, Grunaer Str. 18–1302, D 01069 Dresden*

Die Technik des sächsischen Erzbergbaus um 1800 aus dem Blickwinkel Alexander von Humboldts

Von Otfried Wagenbreth

Vorbemerkungen

Alexander von Humboldt ist 1791 als preußischer Edelmann in das sächsische Freiberg gekommen, um hier an der Bergakademie den damals weltberühmten Geologen Abraham Gottlob Werner zu hören. Dennoch hat auch die Technik des sächsischen Erzbergbaus direkt und indirekt Einfluß auf Humboldt in seiner Freiberger Zeit gehabt. Bedeutung und Ruhm der Bergakademie beruhten um 1790 nicht nur auf der Mineralogie und Geologie Werners, sondern auch auf der engen Verknüpfung der Lehre mit der Bergbaupraxis, auch des Bergmaschinenwesens, damals repräsentiert durch Johann Friedrich Lempe (1757–1801). Humboldt hat, wie bekannt, nicht nur mineralogisch-geologische Vorlesungen gehört, sondern wie damals andere Studenten auch nach vorgeschriebenem Plan Freiberger Gruben befahren und über diese und ihre technischen Anlagen Berichte eingereicht.[1] So können die heute noch bekannten Freiberger Gruben Wiesenschacht, Churprinz, Alte Elisabeth, Beschert Glück und Kuhschacht durch Humboldts Grubenbefahrungen als Freiberger Humboldtstätten gelten (Abb. 1). Nach seinem Studium in Freiberg wurde Humboldt preußischer Oberbergmeister in Naila, Wunsiedel, Goldkronach und Steben. Hier benötigte er für seine Dienstaufgaben weniger die geologische Lehre Werners als vielmehr die an der Bergakademie und im sächsischen Bergbau erworbenen praktischen Kenntnisse.

Wenn wir beurteilen wollen, wie die sächsischen Bergbautechnik um 1800 auf Humboldt wirkte, sind folgende Probleme besonders zu beachten:

1. Die Bergbautechnik ist schon von den verschiedenen Arbeitsprozessen her sehr komplex. Die Gewinnung des Gesteins und des Erzes vor Ort, die Abbauführung, die Förderung, Wasserhebung, Bewetterung, die Aufbereitung und das Schmelzwesen waren zur gleichen Zeit technisch sehr unterschiedlich weit entwickelt.
2. Innerhalb der Reviere gab es Gruben sehr verschiedenen technischen Niveaus. Zahlreiche Gruben bestanden nur aus einem kurzen Stolln oder aus einem Handhaspelschacht geringer Tiefe, wo wenige Bergleute Erz und Gestein lösten. Wenige Gruben hatten um 1800 mehrere hundert Mann Belegschaft und eine damals moderne Maschinentechnik. Humbold hat in Freiberg vermutlich Gruben beider Kategorien kennengelernt.
3. Um 1790/1800 gab es viele Reviere, wo überhaupt oder fast nur Gruben der genannten geringen Größe und primitiven Art vorhanden waren. Große, maschinentechnisch gut ausgestattete Gruben fand man damals nur in wenigen Revieren, so z. B. bei Freiberg und im sächsischen Erzgebirge, im Oberharz und bei Goslar, in Mansfeld (mit der 1785 installierten ersten deutschen Dampfmaschine Watt'scher Bauart), bei Schemnitz/Ungarn (heute Banská Štiavnica/Slowak. Rep.) und bei Kongsberg/Norwegen. Der Bergbau in England hatte dem des Festlandes nur den Einsatz einer größeren Zahl von Dampfmaschinen voraus.

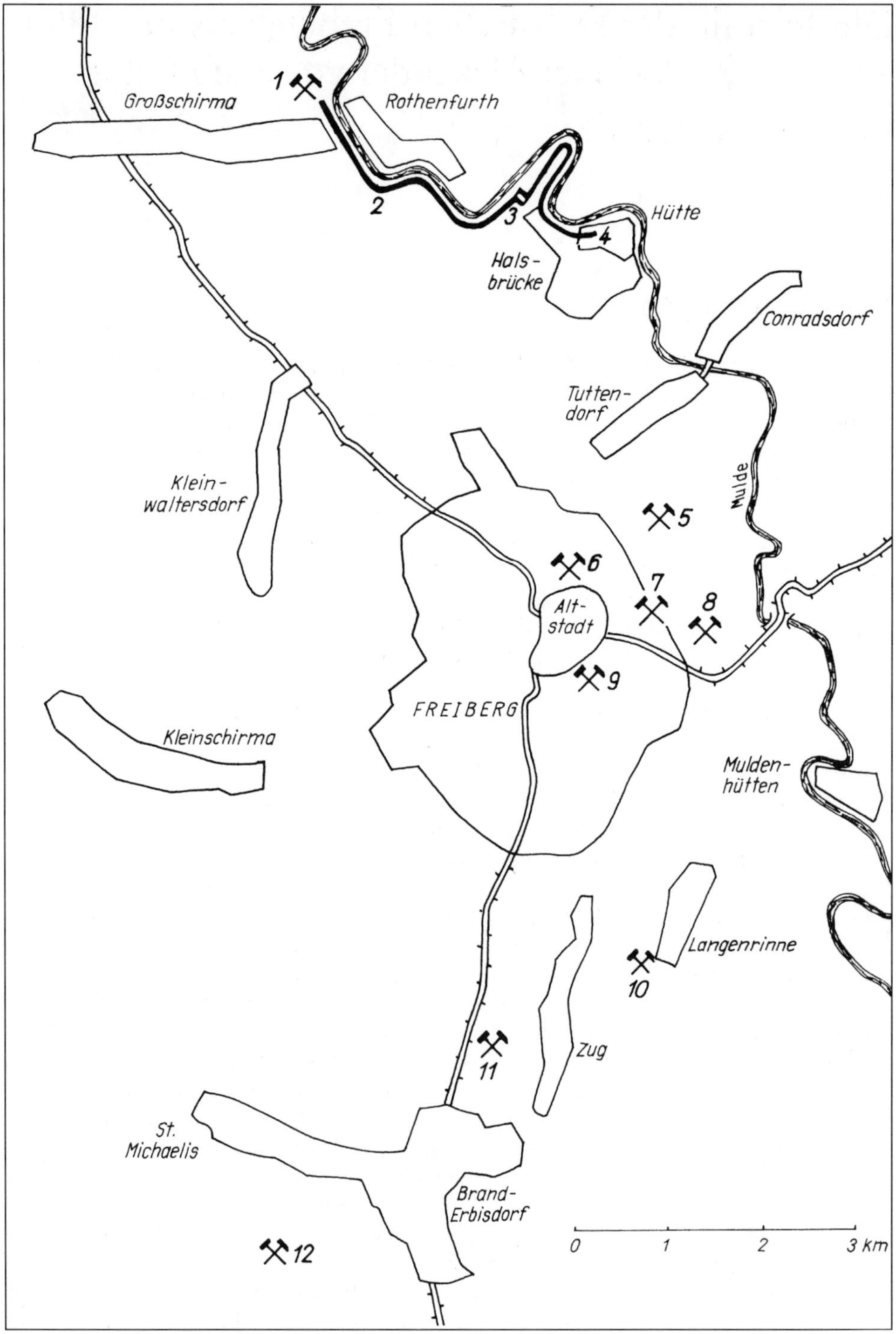
1
Großschirma
Rothenfurth
2
3
Hütte
4
Hals-
brücke
Conradsdorf
Tutten-
dorf
Mulde
Klein-
waltersdorf
5
6
7
8
Alt-
stadt
9
FREIBERG
Kleinschirma
Mulden-
hütten
Langenrinne
10
Zug
11
St.
Michaelis
Brand-
Erbisdorf
12
0
1
2
3 km

Abb. 1

4. Bei der Analyse des technischen Standes in einem Bergrevier dürfen wir nicht zu vordergründig Schlüsse aus der allgemeinen Technikgeschichte ziehen. Wir dürfen z. B. nicht die von G. Agricola 1556[2] abgebildete, allgemein bekannte Maschinerie als damals überall vorhanden vermuten. Umgekehrt kann man aus dem späten, erst 1844 erfolgten Einzug der Dampfmaschine in das Freiberger Revier nicht den Schluß ziehen, daß dieses technisch rückständig gewesen sei.[3]

Die Technik des sächsischen Erzbergbaus um 1800, dargestellt nach Arbeitsprozessen[4]

Die Gewinnung, das Lösen von Erz und taubem Gestein aus dem Gesteinsverband, erfolgte um 1800 noch traditionell in Handarbeit mit Schlägel und Eisen oder mittels Sprengen mit Schwarzpulver, wozu aber die Sprenglöcher im Gestein auch von Hand gebohrt werden mußten. Auf großen Gruben, wie z. B. der staatlichen Grube Churprinz nördlich von Freiberg, nahm gerade gegen Ende des 18. Jahrhunderts der Sprengbetrieb zu, wie aus dem Pulververbrauch abzuleiten ist.[5] Humboldt war selbst mit Schlägel und Eisen beim Aushauen einer Radstube im Abrahamschacht tätig (Abb. 1).

Von den beiden Abbauverfahren (Abb. 2), dem von oben nach unten vorrückenden „Strossenbau" und dem zwischen zwei Sohlen von unten nach oben geführten Firstenbau, war dieser um 1800 dominierend. Sein Hauptvorteil war die Nutzung der Schwerkraft zum Transport von Erz und Gestein auf die (tiefer gelegene!) Förderstrecke und damit ein wesentlich billigerer und mechanisierbarer Betrieb.

Die Förderung von Erz und Gestein in den Strecken erfolgte um 1800 im sächsischen Bergbau meist noch mit Schubkarren; nur in wenigen Gruben schon mit „ungarischen Hunden", d. h. Holzwagen mit zwei Paar ungleich großer Räder ohne Spurkranz auf Holzpfosten. Erst die um 1830/1840 gesteigerten Fördermengen gaben Anlaß „englische Förderwagen" mit eisernen Spurkranzrädern auf Eisenschienen einzuführen. An eine solche Neuerung war zu Humboldts Zeit in Sachsen auch schon deshalb nicht zu denken, weil damals hier alles Eisen noch mit Holzkohlehochöfen erzeugt wurde. Die Eisenmengen waren demzufolge relativ gering, das Eisen selbst für einen Masseneinsatz zu teuer.

Bei der Schachtförderung gab es um 1800 im Freiberger und im erzgebirgischen Bergbau altertümliche Technik, wie den seit der Antike üblichen Handhaspel und den seit dem 15. Jahrhundert eingesetzten Pferdegöpel, und modernere Anlagen. Zwar waren dies noch keine Dampffördermaschinen, sondern Kehrräder, also Wasserräder, die zwecks Umsteuerbarkeit mit zwei gegenläufigen Beschaufelungen versehen waren, — zwar waren solche Kehrräder auch schon seit dem 16. Jahrhundert bekannt, die sächsischen Kehrräder aber waren um 1790 bis zu leistungsfähiger Vollendung entwickelt. Das zeigen insbesondere zwei Förderanlagen, die zu Humboldts Zeit noch recht neu waren und ihm sicher direkt

Zu Abb. 1 Übersichtskarte
1 Grube Churprinz, 2 Churprinzer Bergwerkskanal, 3 Kahnhebehaus Rothenfurth, 4 Amalgamierwerk in der Halsbrücker Hütte, 5 Reiche Zeche (jetziges Schaubergwerk), 6 Wiesenschacht, 7 Alte Elisabeth, 8 Abrahamschacht, 9 Kuhschacht, 10 Grube Junge Hohe Birke (in 9 und 10: Humboldts Temperaturmessungen), 11 Grube Beschert Glück, 12 Grube Himmelsfürst

oder durch die Lehre an der Bergakademie bekannt geworden sind (Abb. 3): Auf der Grube Jung Fabian Sebastian bei Marienberg war 1773 im Beisein des sächsischen Kurfürsten ein Kehrrad eingeweiht worden, das die Energie mittels Feldgestänge zu dem 600 m vom Ort der Wasserkraft entfernt gelegenen Schacht übertrug.[6] Auf der Grube Himmelsfürst südlich von Freiberg wurde 1781 bis 1790 untertage ein Kehrrad eingebaut, mit dem man – wieder

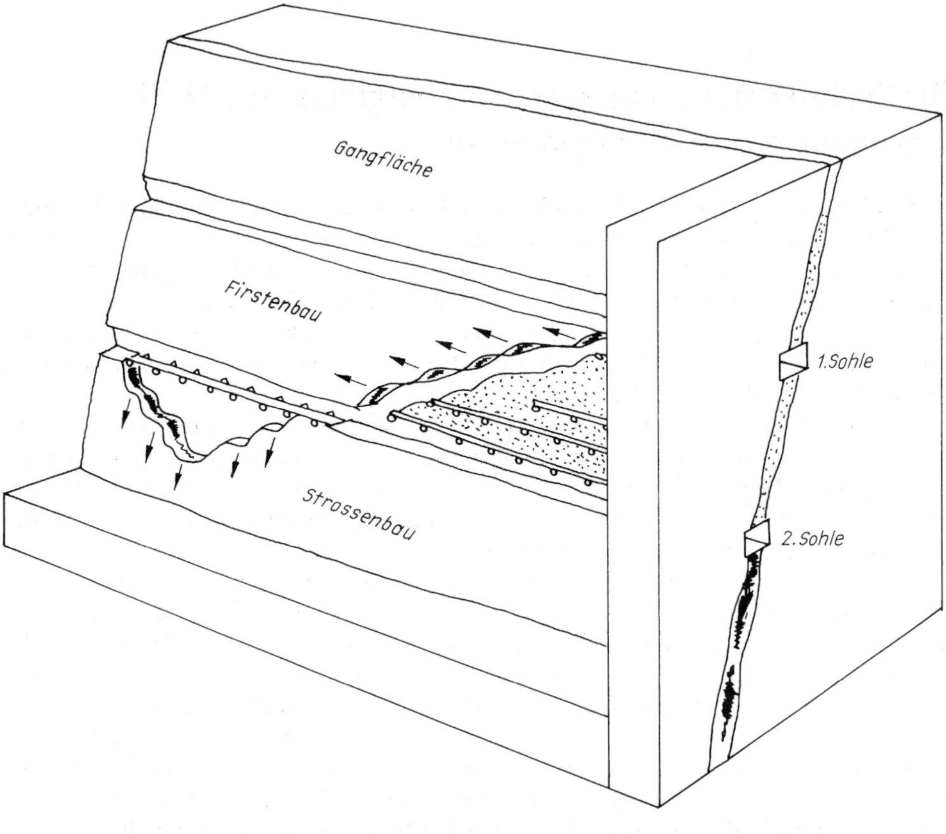

Abb. 2 Schematische Darstellung des Abbaues eines Erzganges mit Firstenbau und Strossenbau. Dick schwarz: Erz im Erzgang, punktiert: Mit taubem Material wieder ausgefüllter Abbauhohlraum (Versatz)

Zu Abb. 3 Zwei besondere Förderanlagen im sächsischen Bergbau des späten 18. Jahrhunderts
Oben: Der 1772/1773 erbaute Wassergöpel der Grube „Jung Fabian Sebastian" bei Marienberg, 1 Wasserrad (Kehrrad) 2 Doppelfeldgestänge zur Kraftübertragung über 600 m, 3 Schachtgebäude mit der vom Feldgestänge in Drehung versetzten Seiltrommel, 4 Schacht
Unten: Der 1781/1890 erbaute Wassergöpel der Grube „Himmelsfürst" bei Freiberg. 1 Kehrrad mit nach oben führendem Schachtgestänge, 2 u. 3 Kunsträder, 4 Gestängekaue, in der mittels „Kunstkreuzen" die auf und ab gehende Bewegung des Schachtgestänges in horizentale Bewegung von Feldgestängen umgesetzt wird. 5 Frankenschacht mit dem Feldgestänge 6, 7 Dorothea-Schacht mit dem Feldgestänge 8, 9 Abflußstolln für das von den Wasserrädern verbrauchte Aufschlagwasser
Mit dem Kehrrad 1 konnte wahlweise aus dem Frankenschacht 5 oder dem Dorothea-Schacht 7 gefördert werden

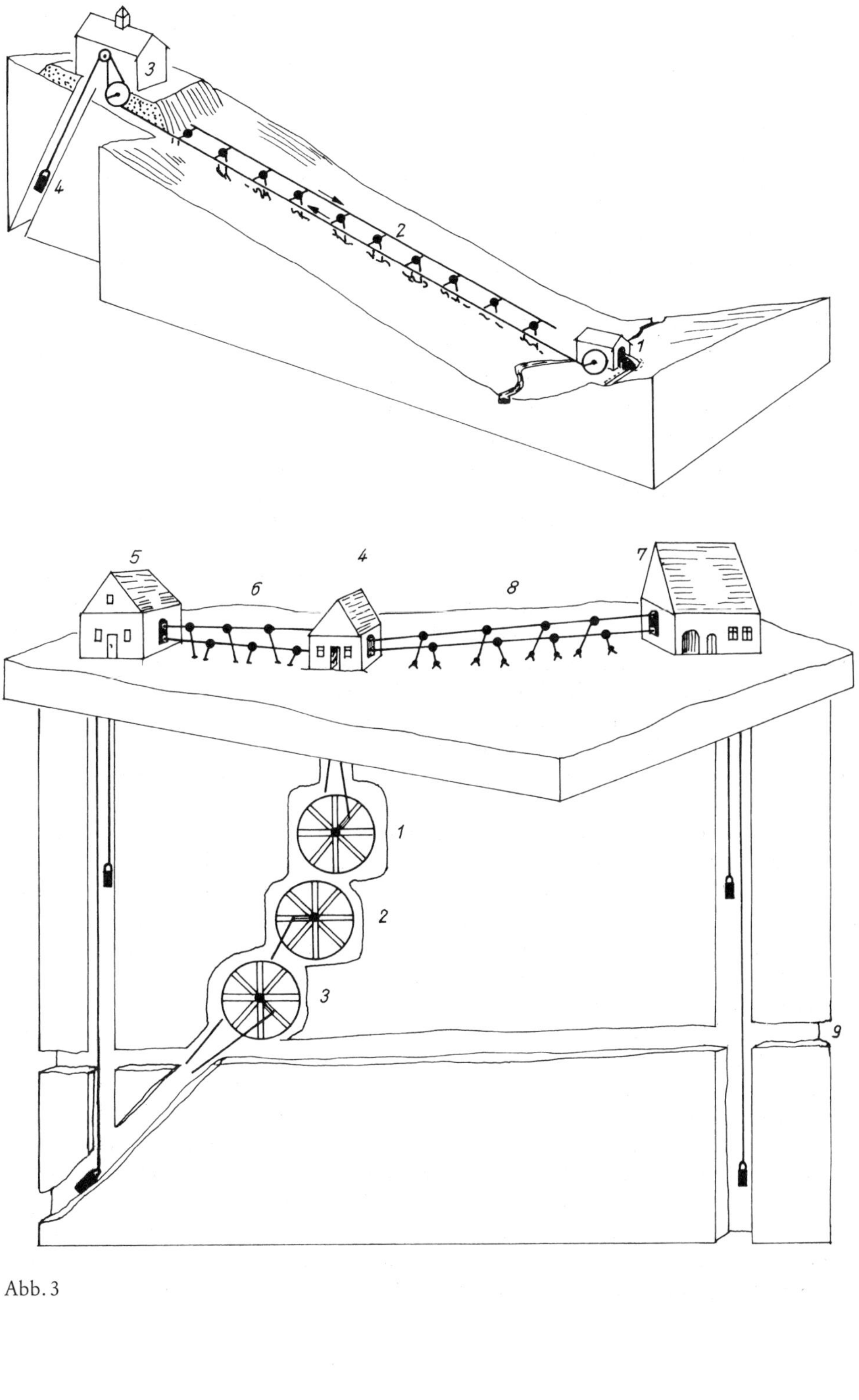

Abb. 3

mittels Energieübertragung durch Feldgestänge – wahlweise aus dem Frankenschacht oder aus dem etwa 80 m entfernten Schacht Dorothea fördern konnte. Beide Anlagen hatte der A. v. Humboldt bestimmt persönlich bekannt gewordene Freiberger Kunstmeister und Maschinendirektor Johann Friedrich Mende (1743–1798) gebaut.[7]

Für die Wasserhebung war um 1790/1800 das um 1535 im Erzgebirge erfundene „Ehrenfriedersdorfer Kunstgezeug" allgemein üblich, ein System untereinander stehender Saugpumpen, die einander das Wasser zu hoben und von einem Wasserrad über ein gemeinsames Gestänge betätigt wurden.[8] Zum Antrieb einer größeren Anzahl von Pumpen, zur Wasserhebung aus Tiefen bis zu 300 m, ordnete man zwischen dem Wasserzufluß übertage und dem Wasserabfluß auf dem Stolln in etwa 80 m Tiefe schon um 1600 drei Wasserräder untereinander an.[9] Mit der Nutzung größerer Fallhöhen durch mehrere Wasserräder untereinander waren zu Humboldts Zeit in Sachsen alle Erzgruben zu entwässern, wenn auch zum Teil mit komplizierten und damit teuren Kunstgezeuganlagen. Man hat deshalb versucht, als Kunstgezeugantrieb die 1749/1750 im Oberharz und in der Slowakei erfundene Wassersäulenmaschine zu übernehmen. Das ist eine Kolbenmaschine, die den Druck einer in einer Rohrleitung im Schacht befindlichen Wassersäule in Bewegungsenergie umsetzt (Abb. 4): Eine Wassersäulenmaschine konnte so z. B. 80 m Wassersäule = 8 bar Druck einstufig ausnutzen und erforderte dementsprechend gegenüber dem Einsatz von Wasserrädern einen viel kleineren Maschinenraum und viel weniger Gestänge, aber dafür eine viel größere Präzision des Maschinenbaus. J. Fr. Mende hat 1767 seine erste Wassersäulenmaschine in der Grube Siegfried westlich von Freiberg und 1771–1777 drei weitere bei Marienberg gebaut, von denen 1791 aber nur die in den Marienberger Gruben Vater Abraham und Drei Weiber noch in Betrieb waren.[10] Die Hauptperiode der Wassersäulenmaschinen in Sachsen und überhaupt lag nach Humboldts Freiberger Zeit im 19. Jahrhundert, als Praxis und Theorie des Maschinenbaus ein höheres Niveau erreicht hatten.

In der Erzaufbereitung hat Humboldt die um 1780/90 eingeführten, mechanisch bewegten „Freiberger Langstoßherde"[11] als damals moderne Technik kennengelernt, wogegen die für die Zerkleinerung der Erze üblichen Pochwerke noch dieselben waren wie zu Agricolas Zeit. Auch die meisten wesentlichen Verbesserungen der Hüttentechnik stammen erst aus dem 19. Jahrhundert.

Daß die Dampfmaschine in den Freiberger Bergbau erst 1844, in den erzgebirgischen Bergbau erst 1856 eingeführt wurde,[12] hatte einen Grund, der mit Sicherheit auch Humboldt imponiert hat: Für die zahlreichen Wasserräder der Hüttengebläse, der Pochwerke und Erzwäschen, der Wassergöpel und Kunstgezeuge und ab 1767 für die Wassersäulenmaschinen war im Freiberger Revier ab 1550 ein Wasserversorgungssystem geschaffen worden, das zwar erst 1865 vollendet, aber 1791 so weitgehend fertig war, daß es die Energieversorgung des Bergbaus und Hüttenwesens besser und billiger gewährleistete als der Einsatz von Dampfmaschinen. Dieses Wasserversorgungssystem umfaßte schließlich über 135 km Gräben, über 30 km Röschen (Wasserleitungstunnel) und 20 Teiche mit 5,7 Mio m^3 Inhalt, die eine Energiereserve für 3 Monate Trockenheit darstellten.[13]

Das System wurde bis 1913 für den Bergbau benutzt und dient noch heute der Wasserversorgung des Raumes Chemnitz-Freiberg. Die Dampfkraft hat es seit 1844 nicht abgelöst, sondern nur ergänzt (an Stellen, wo Wasserkraft nicht oder nicht ausreichend hinzuleiten war). Vier Jahre vor Humboldts Freiberger Zeit, 1787, war der 15 km südlich des Bergreviers gelegene Dörnthaler Teich vollendet worden, der 1842/44 erweitert wurde und seitdem mit 1,2 Mio m^3 Fassungsvermögen der zweitgrößte Teich des Systems ist. Mittels dieser Wasserversorgungsanlagen besaß zu Humboldts Zeit der Freiberger Bergbau ein Ener-

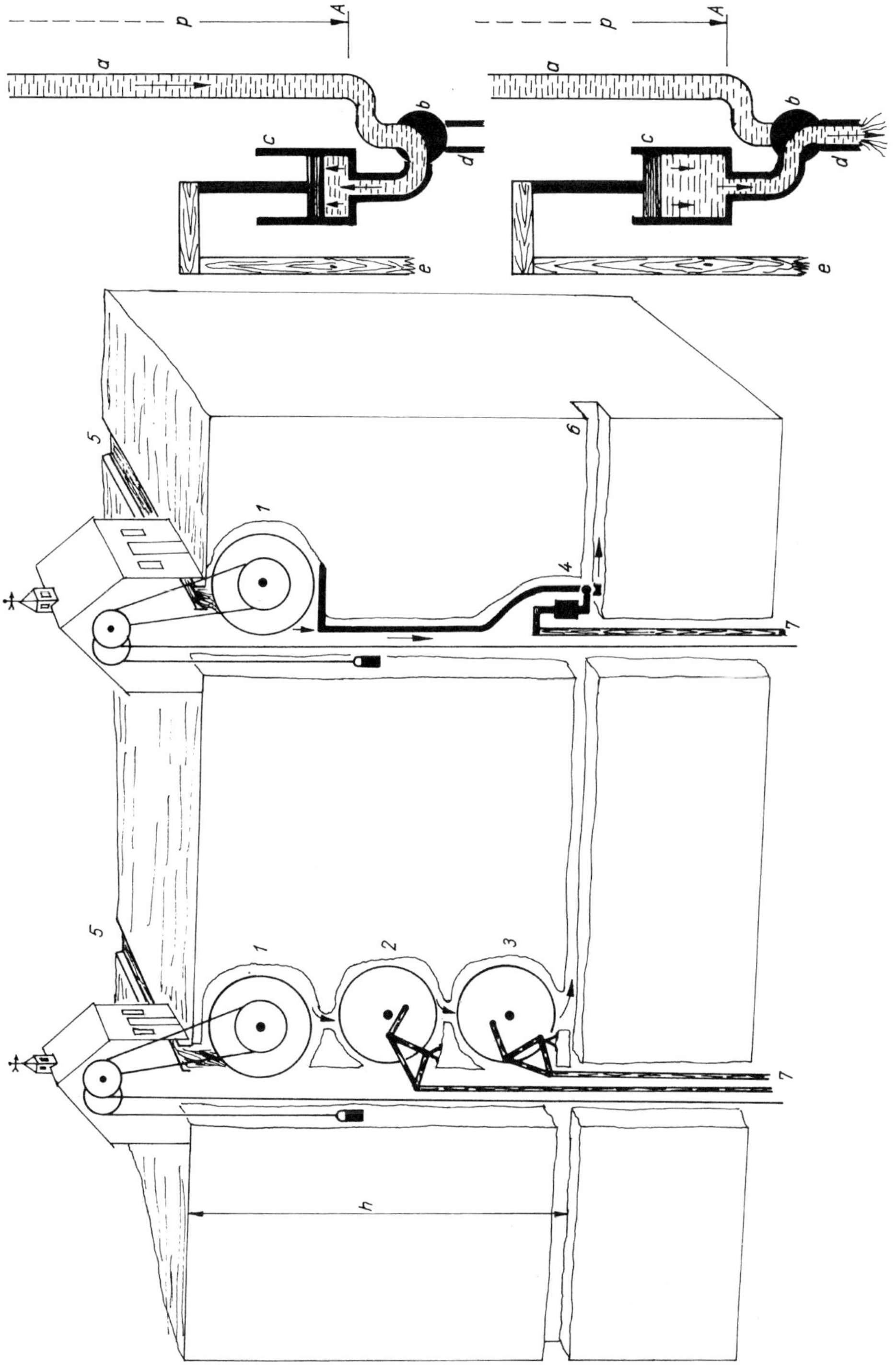

Abb. 4

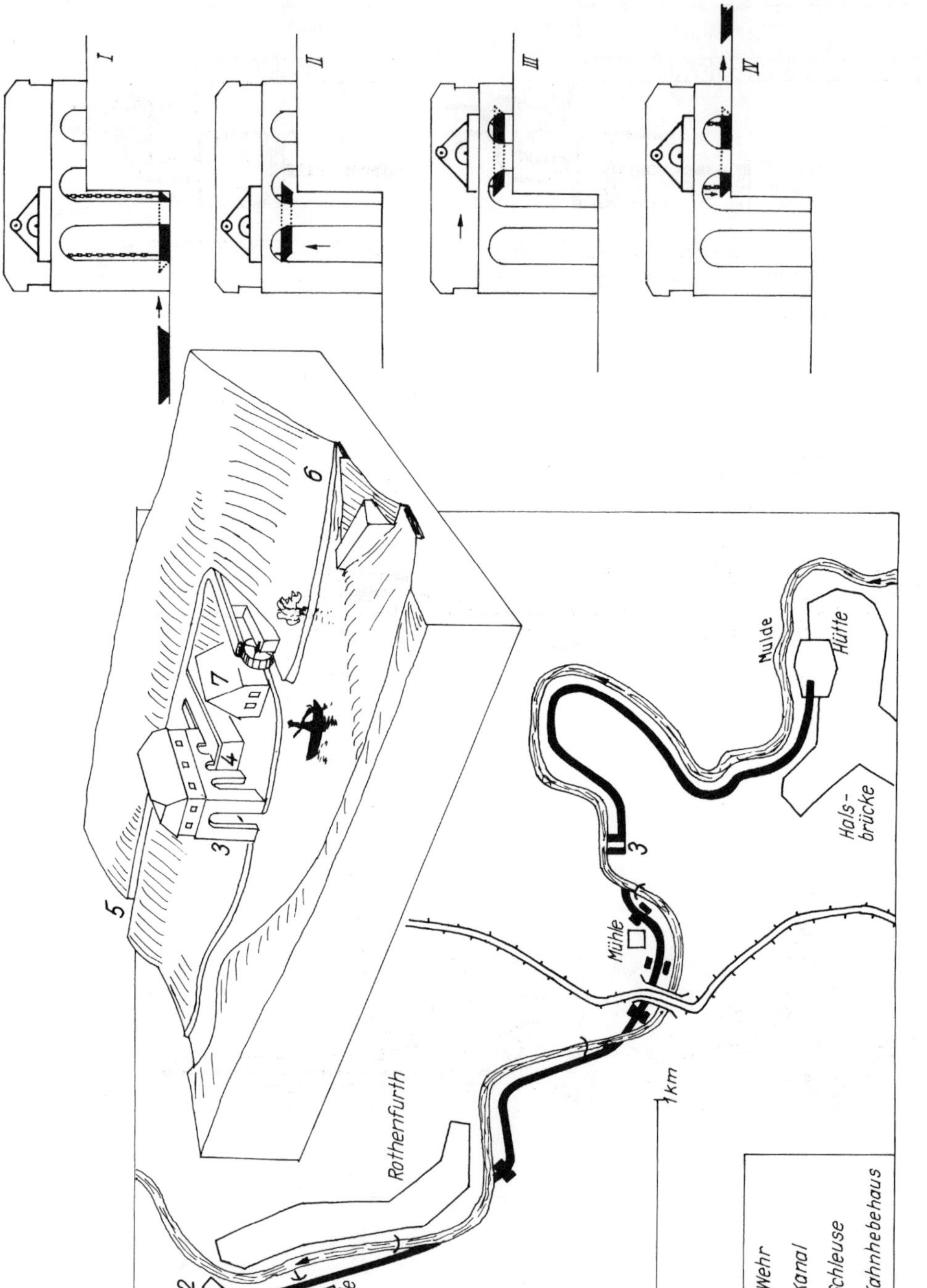
I
II
III
IV
5
6
7
4
3
Mulde
Hütte
Hals-
brücke
Mühle
Rothenfurth
Groß-
schirma
Mühle
1
2
0
1 km
Wehr
Kanal
Schleuse
Kahnhebehaus

Abb. 5

gieverbundsystem, wie es damals vergleichbar höchstens im Oberharz, bei Schemnitz und bei Kongsberg zu finden war.

Je eine technische Besonderheit aus dem Bergbau und aus dem Hüttenwesen Freibergs waren kurz vor Humboldts Freiberger Zeit vollendet worden. Der Maschinendirektor Johann Friedrich Mende hatte 1788/1789 für den Erztransport einen 5 km langen Schiffahrtskanal von der Grube Churprinz bei Großschirma zur Halsbrücker Hütte angelegt und diesem Kanal mehrere Schleusen sowie bei Rothenfurth ein Schiffshebewerk zwischengeschaltet[14] (Abb. 5). In diesem wurden die etwa 8,5 m langen und mit 2–2,5 t Erz beladenen Kähne mittels fünffachem Flaschenzug etwa 7,5 m hoch gehoben und mittels Laufkatze über das Oberbecken gefahren und in dieses hinabgelassen, so daß die tatsächliche Hubhöhe 6,8 m betrug. Dieses Schiffshebewerk, wohl das erste der Welt, galt damals als technisches Wunderwerk, ist vom sächsischen Kurfürsten und zahlreichen Touristen besucht und sicher auch von A. v. Humboldt besichtigt worden, als er auf der Grube Churprinz war.

Nachdem 1786 in Glashütte (Sklené Teplice bei Banská Štiavnica/Slowak. Rep.) zur Edelmetallgewinnung das erste europäische Amalgamierwerk erbaut[15] und bald darauf von sächsischen Bergbeamten, insbesondere dem Bergrat J. F. W. v. Charpentier und dem Oberhüttenmeister Wittig, besichtigt worden war, errichtete man unter Leitung von Charpentier in der Halsbrücker Hütte 1787/90 ebenfalls ein Amalgamierwerk[16] (Abb. 1 u. 6). Dieses galt sogleich als technisches Wunderwerk, brannte jedoch 1791 ab, wurde aber in den Jahren 1791/92 wiedererrichtet. Wie Eintragungen im Gästebuch des Halsbrücker Amalgamierwerkes zeigen, hat Humboldt 1791 das erste Werk und bei seinem Besuch in Freiberg 1797 auch den Neubau besichtigt.[17]

Überschaut man die Technik des sächsischen Erzbergbaus um 1790/1800 zusammenfassend, so ergibt sich: Alexander von Humboldt hat hier zwar nicht eine Dampfmaschine sehen können, aber er hat in Sachsen die seit dem 16. Jahrhundert entwickelte auf Wasserkraft basierende Bergmaschinentechnik in ihrer höchstentwickelten, vollendeten Form kennengelernt. Darüber hinaus erlebte er in Freiberg die für jene Zeit vorbildliche sächsische Bergverwaltung und bergbauliche Betriebsorganisation. All das war eine gute Voraussetzung für sein Wirken als Oberbergmeister im Frankenwald.

Zu Abb. 4 Schematische Darstellungen zur Wassersäulenmaschine. Links: Schacht, der die verfügbare Fallhöhe h für ein Kehrrad 1 und zwei Kunsträder 2 und 3 nutzt, rechts daneben derselbe Schacht, wobei die beiden Kunsträder durch die Wassersäulenmaschine 4 ersetzt sind. 5 Kunstgraben-Zulauf zum Schacht, 6 Abflußstolln für das verbrauchte Aufschlagwasser und das mittels der vom Gestänge 7 angetriebenen Pumpen gehobene Grundwasser. Ganz rechts Prinzipskizze einer Wassersäulenmaschine, oben Aufwärtsgang, unten Abwärtsgang
a Einfallsrohr, dessen Wasser bei A einen der Höhe der Wassersäule entsprechenden Druck p ausübt, b Steuerhahn, c Zylinder mit Kolben, d Ausfluß in den Stolln, e das von der Maschine anzutreibende Pumpengestänge. Beim Aufwärtsgang (oben) wirkt p auf den Kolben. Beim Aufwärtsgang ist die Wassersäule abgeriegelt und der Ausfluß zum Stolln offen

Zu Abb. 5 Lageplan, schematisches Blockbild und Funktionsskizze des Churprinzer Bergwerkskanals und des Schiffshebewerkes Rothenfurth
1 Schächte der Grube Churprinz, 2 Erzladehaus und Abzweig des Kanalwassers zu den untertägigen Wasserrädern der Grube, 3 Schiffshebewerk Rothenfurth, 4 Hafen für zwei Kähne im oberen Kanal, 5 oberer Kanal, 6 unterer Kanal, 7 Eisenhammer, dessen Wasserrad mit Kanalwasser betrieben wird
I Einfahrt des Kahns in das Hebehaus, Anhängen an den Flaschenzug, II Heben des Kahnes mittels Flaschenzug, III Fahrt des Kahnes mittels Laufkatze über das Oberbecken, IV Herablassen und Ausfahrt des Kahnes in den oberen Kanal

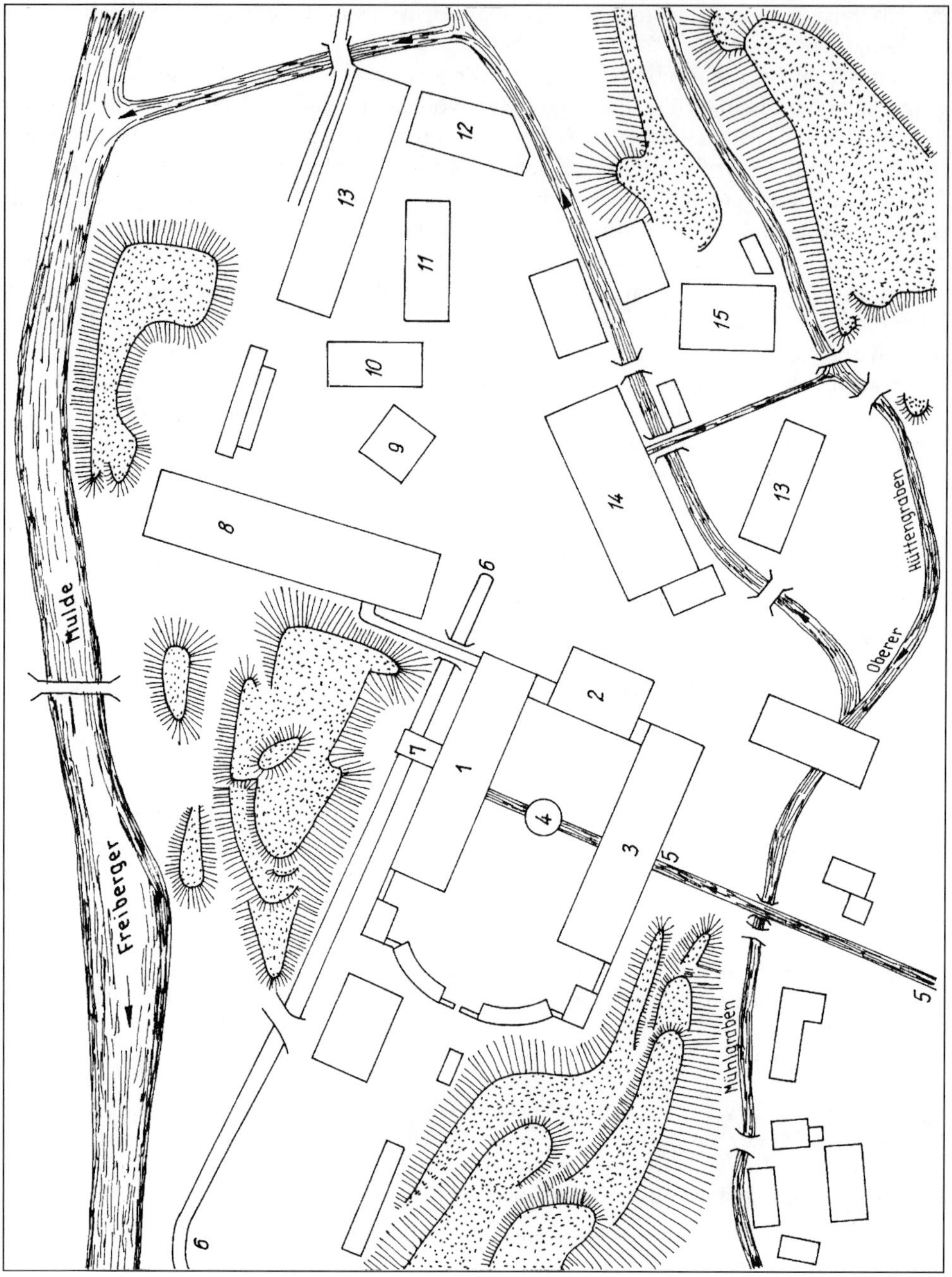
Freiberger
Mulde
Oberer
Hüttengraben
Mühlgraben
1
2
3
4
5
5
6
6
6
7
8
9
10
11
12
13
13
14
15

Abb. 6

Freiberger Humboldt-Stätten (Abb. 1 und 7)

In Freiberg und Umgebung sind eine Anzahl Gebäude und Bauwerke im wesentlichen so erhalten, wie Humboldt sie kennengelernt hat und die deshalb als Freiberger Humboldt-

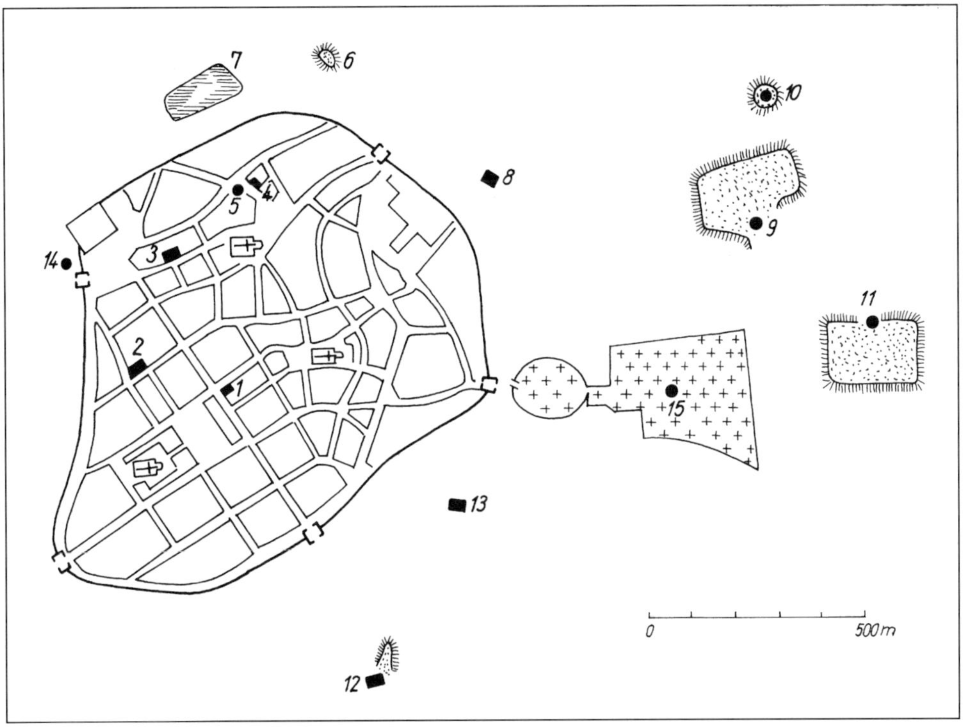

Abb. 7

Zu Abb. 6 Das Amalgamierwerk und die Hütte Halsbrücke Anfang des 19. Jahrhunderts
1–5: Amalgamierwerk, und zwar 1–3 Hauptgebäude: 1 ganz erhalten, 3 in Resten erhalten, 4 Wasserdruckwerk (Feuerlöscheinrichtung), nicht erhalten, 5–5 Wasserleitungsbrücke, teilweise erhalten, 6–6 oberes Ende des Churprinzer Bergwerkskanals, 7 Entladehaus, 8 Erzhaus, 9 Waagehaus, (7–9 nicht erhalten), 10 Huthaus, 11 Rösthaus, 12 Silbertreibehütte (10–12 im wesentlichen erhalten) 13 Kohlhäuser, 14 Schmelzhütte, 15 Rösthaus (13–15 nicht erhalten).
Die Pfeile in den Wasserläufen geben die Fließrichtung an

Zu Abb. 7 Freiberger Humboldt-Stätten (Straßen jetziger Stand, Stadtmauer zu Humboldts Zeit)
1 Freiesleben-Haus Weingasse 2, 2 Bergakademie, 3 Oberbergamt (wo über Humboldts Gesuch positiv entschieden wurde), 4 Freiesleben-Haus Untermark 7 (wo sein Freund Johann Carl Freiesleben wohnte), 5 Familienschacht, 6 Halde des Wiesenschachtes, 7 Schlüsselteich, 8 Löfflerschacht-Huthaus (5 bis 8 Anlagen der Grube „Neubeschert Glück vor der Stadt"), 9 Alte Elisabeth (Jetzige Schachtgebäude), 10 alte Alte Elisabeth (zu Humboldts Zeit in Betrieb), 11 Abrahamschacht, 12 Kuhschacht, Huthaus und Halde, 13 Methusalem – Huthaus (zu Humboldts Zeit zum Kuhschacht gehörend), 14 Werner-Denkmal, gestiftet zur Werner-Feier 1850, zu der Humboldt seinen letzten Brief nach Freiberg schrieb, 15 Grab von Humboldts Studienfreund Johann Carl Freiesleben

Stätten gelten können. In der Freiberger Altstadt sind dies das alte Hauptgebäude der Bergakademie (Akademiestraße 6), wo Humboldt Vorlesungen gehört hat, das Wohnhaus des Obereinfahrers und Oberstollnfaktors Carl Friedrich Freiesleben (Weingasse 2), wo Humboldt im Eckzimmer des ersten Obergeschosses gewohnt hat,[18] und das Wohnhaus des Markscheiders und Professors Johann Friedrich Freiesleben (Untermarkt 7), dessen Sohn Johann Carl Freiesleben in Freiberg Humboldts Freund wurde und lebenslang blieb.[19]

Vom Wiesenschacht, wo Humboldt am 5. Juli 1791 eine seiner ersten Grubenbefahrungen durchführte, ist die Halde erhalten.[20] Zu der betreffenden Grube – „Neubeschert Glück vor der Stadt" – gehörten damals auch der Schlüsselteich, das Löfflerschacht-Huthaus und der Familienschacht (heute unter dem Pflaster vor dem Haus Untermarkt 5), wo Humboldt am 5. 7. 1791 ausfuhr. Der Abrahamschacht, wo Humboldt beim Bau einer untertägigen Radstube mitarbeitete, ist untertage nicht zugänglich. Seine Übertageanlagen entstammen dem 19. Jahrhundert, ebenso wie die jetzigen Gebäude der Grube Alte Elisabeth. Von dieser sind jedoch die Halde des zu Humboldts Zeit benutzten Schachtes[21] und die untertägigen Grubenbaue der Humboldt-Zeit erhalten. Von den Übertageanlagen der Gruben Churprinz, Beschert Glück und Himmelsfürst stammen einzelne Gebäude noch aus der Zeit Humboldts (bzw. vorher), so das Schachtgebäude der Dorothea bei Himmelsfürst und das Huthaus von Beschert Glück, das Humboldt nachweislich besucht hat. Bei der Grube Churprinz finden wir die Gebäude und den Kanal in der heutigen Form aus dem 19. Jahrhundert. Doch ist vom Rothenfurther Schiffshebewerk das massive Mauerwerk von 1788/89 original erhalten und 1988 restauriert worden.

Von der einst repräsentativen Dreiflügelanlage des Halsbrücker Amalgamierwerkes steht noch ein Flügel in originaler Substanz in allerdings ziemlich umgebauter Umgebung (Abb. 6).

Abb. 8 Ideenskizze zu einem Freiberger Humboldt-Denkmal neben dem Kuhschacht-Huthaus auf der Kuhschacht-Halde. Mit einem Relief-Medaillon, das den Kuhschacht-Pferdegöpel und Humboldts Temperaturmessungen symbolisiert, und drei Seiten mit Inschriften

Die wichtigste Freiberger Humboldtstätte ist das am Wernerplatz erhaltene Kuhschacht-Huthaus, vor dem sich bis 1838 der Schacht mit einem Pferdegöpel befand.[22] In diesem Schacht und in der mit Halde und Huthaus ebenfalls erhaltenen Grube Junge Hohe Birke in Langenrinne (Abb. 1) führten Alexander von Humboldt und sein Freund Johann Carl Freiesleben Temperaturmessungen aus, die zur Herausbildung der Wissenschaft von der Erdwärme beigetragen haben.[23] Dies und die Originalität des Ortes rechtfertigen die Empfehlung, hier ein Denkmal für Alexander von Humboldt und seine Freiberger Studienzeit aufzustellen (Abb. 8).

Anmerkungen

1 Schellhas 1960, S. 52 f., 55.
2 Agricola 1556.
3 Wagenbreth/Wächtler 1986, S. 39, 229.
4 Wagenbreth/Wächtler 1986, S.– ; 1990.
5 Wagenbreth 1991, S. 117.
6 Wagenbreth/Wächtler 1990, S. 281 f.
7 Wagenbreth/Wächtler 1986, S. 236–238.
8 Agricola 1974, S. 252–258.
9 Wagenbreth/Wächtler 1986, S. 127.
10 Calvör 1763. Wagenbreth/Wächtler 1986, S. 57, – ; 1990, S. 65–67, 280 f.
11 Wagenbreth/Wächtler 1990, S. 129.
12 Wagenbreth/Wächtler 1986, S. 229; 1990, S. 52.
13 Wagenbreth/Wächtler 1986, S. 62–72.
14 Wagenbreth 1992.
15 Sympózium 1986. Vozár 1988.
16 Wagenbreth 1986, S. 137.
17 Schellhas 1960, S. 55.
18 Schellhas 1960, S. 50; 1979, S. 158.
19 Schellhas 1979, S. 158.
20 Wagenbreth 1960.
21 Wagenbreth/Wächtler 1986, S. 203.
22 Wagenbreth/Wächtler 1986, S. 129–131.
23 Kühn 1984.

Literatur

Agricola 1556
Agricola, Georgius: De re metallica libri XII. Basel 1556. [Vgl. Agricola 1974.]
Agricola 1974
Georgius Agricola. Ausgewählte Werke. Hrsg. von Hans Prescher. Bd. 8: De re metallica libri XII. Berlin 1974.
Calvör 1763
Calvör, Henning: Historisch-chronologische Nachricht und theoretische und praktische Beschreibung des Maschinenwesens und der Hülfsmittel bey dem Bergbau auf dem Oberharze [...]. Braunschweig 1763.

Kühn 1984
Kühn, Peter: Alexander von Humboldt als Förderer geothermischer Untersuchungen. In: Urania. Schriftenreihe für den Referenten. Berlin 1984. H. 9, S. 20–36.
Schellhas 1960
Schellhas, Walter: Alexander von Humboldt und Freiberg in Sachsen. In: Alexander von Humboldt (1769–1859). Seine Bedeutung für den Bergbau und die Naturforschung. Berlin 1960, S. 29–113. (Freiberger Forschungshefte. D 33.)
Schellhas 1979
Schellhas, Walter: Johann Carl Freiesleben (1774–1846). Leben und Werk. In: Geologen der Goethezeit. Hrsg. von Hans Prescher. Dresden 1979, S. 149–237. (Abhandlungen des Staatlichen Museums für Minneralogie und Geologie zu Dresden. 29.)
Sympózium 1986
Sympózium „200 výročie zavedenia nepriamej amalgamácie [...]" [Symposium zum 200. Jahrestag der Einführung der Amalgamation]. Donovaly-Sklené Teplice/Banská Štiavnica 1986.
Vozár 1988
Vozár, J.: Europska nepriama amalgamácia a slovenské banictvo [Die europäische indirekte Amalgamation und der slowakische Bergbau]. In: Z dejin vied a techniky na slovensku. 13. Bratislava 1988.
Wagenbreth 1960
Wagenbreth, Otfried: Alexander von Humboldts Grubenfahrt auf „Neubeschert Glück in der Stadt" und die Geschichte dieser Freiberger Grube. In: Alexander von Humboldt (1769–1859). Seine Bedeutung für den Bergbau und die Naturforschung. Berlin 1960. S. 151–166. (Freiberger Forschungshefte. D 33.)
Wagenbreth 1986
Wagenbreth, Otfried: Das Amalgamierwerk Halsbrücke bei Freiberg. In: Sympózium 1986, S. 136–143.
Wagenbreth 1991
Wagenbreth, Otfried: Die Freiberger Zechenregister und ihre Auskünfte über den Hilfsstoff- und Materialverbrauch Freiberger Gruben des 18. Jahrhunderts. In: Neue Bergbautechnik 20. 1991. H. 3, S. 112–117.
Wagenbreth 1992
Wagenbreth, Otfried: Schiffahrtseinrichtungen des Bergbaus im Freiberger Revier. In: Der Anschnitt. Bochum. 44 (1992) H. 1–2, S. 29–40.
Wagenbreth/Wächtler 1986
Wagenbreth, Otfried, Eberhard Wächtler u. a.: Der Freiberger Bergbau. Leipzig 1986. [2. Aufl. 1988.]
Wagenbreth/Wächtler 1990
Wagenbreth, Otfried, Eberhard Wächtler u. a.: Bergbau im Erzgebirge. Leipzig 1990.

Anschrift d. Verf.: *Prof. Dr. Otfried Wagenbreth, Pfarrgasse 11, D 09599 Freiberg*

Bergmännisch-halurgische Reisen Alexander von Humboldts in den polnischen Gebieten in den Jahren 1792/93 und 1794

Von Krzysztof Zielnica

Betrachtet man die Chronologie der wichtigsten Lebensdaten Alexander von Humboldts, so ist kaum zu übersehen, daß wir schon wieder im Zeichen runder Jahrestage stehen. An zwei wichtige Ereignisse in dem langen Leben dieses so oft geehrten Mannes soll an dieser Stelle erinnert werden. Es sind die beiden bergmännisch-halurgischen Reisen, die Humboldt vor zweihundert Jahren, also in den Jahren 1792/93 und 1794 unternahm, nachdem er im Februar 1792 von der Freiberger Bergakademie Abschied genommen hatte und kurz danach (September 1792) zum Oberbergmeister in den fränkischen Fürstentümern ernannt worden war.

Im vorliegenden Beitrag soll versucht werden, diejenigen Strecken, Orte und Etappen auf seiner vermutlichen Reiseroute zu bestimmen, die auf den polnischen Gebieten lagen und die gerade in jenen Wochen, infolge der zweiten Teilung Polens (1793), von Preußen gewaltsam in Besitz genommen wurden.

In Betracht kommen also die Forschungsfahrten von Wien nach Tarnowitz (Tarnowskie Góry) und Wieliczka (von 9. November bis 12. Dezember 1792) und darauf von Wieliczka nach und in Schlesien (bis Mitte Januar 1793), sowie eine neue Reise (vom 8. Mai bis Anfang Juni 1794), die von Kolberg (Kołobrzeg) über Ciechocinek, Inowrazlaw (Hohensalza, Inowrocław), Posen (Poznań), Glogau (Głogów), Prag nach Bayreuth führte.

In einer Darstellung der „Jugend und ersten Mannesjahre" Humboldts deutete Julius Löwenberg an, daß die Abrechnungen der Tagegelder zuverlässige Wegweiser für die Rekonstruktion der zurückgelegten Wege seien.[1] Leider führte Löwenberg nicht näher aus, welche Berichte oder Papiere er zur Hand hatte, als er an seiner Biographie Humboldts arbeitete.

Es ist höchst bedauerlich, daß die Quellenbasis für die Rekonstruktion und akkurate Erforschung der Reisen in den ethnisch und sprachlich polnischen Gebieten sehr lückenhaft, fragmentarisch und ungenügend ist. Der blutjunge Naturforscher führte während dieser Fahrten kein Tagebuch. Seine späteren Berichte über die durchgeführten Beobachtungen und Forschungen betrafen allein die wenigen größeren Berg- und Salinenwerke, die, was noch schlimmer ist, zum allergrößten Teil für verschollen gelten.

Die wichtigste Quelle, aus der wir die wenigen Auskünfte und einzelne Daten über den Verlauf und über die Resultate jener beiden Forschungsreisen schöpfen können, bleibt uns deshalb der Briefwechsel Alexander von Humboldts mit seinem engsten Freunde und Kommilitonen, dem späteren Bergrat und Chef des gesamten sächsischen Montanwesens, Johann Carl Freiesleben (1774–1846).[2]

Abb. 1 Reiserouten A. von Humboldts (siehe auch den Kartenkommentar, S. 370 f.)

Zeichenerklärung

1 Wichtigste Aufenthaltsorte und Forschungsgebiete auf den Reiserouten A. v. Humboldts 1792/93 und 1794; 2 Orte (Städte und Dörfer), besucht und erforscht von A. v. Humboldt; 3 Örtlichkeiten auf der Durchfahrtsroute A. v. Humboldts; 4 Reise A. v. Humboldts 1794; 5 Reise A. v. Humboldts 1792/93 auf der Eilpostwagenroute; 6 Reisen außerhalb der Eilpostwagenrouten; 7 Staatsgrenze bis zur I. Teilung Polens (1772); 8 Die 1772 und 1793 an Preußen angegliederten Gebiete Polens

In Tarnowitz und Wieliczka

Es ist kaum festzustellen, an welcher Stelle Humboldt auf der ersten bergmännisch-halurgischen Reise 1792/93 polnischen Boden betrat. Mit Sicherheit war das jedoch erst auf seiner Rückreise, als er von Wien aus, durch Mähren, am 16. November 1792 in ein dicht an der damaligen polnischen Grenze gelegenes Städtchen mit dem Namen Tarnowitz

(Tarnowskie Góry) eintraf und sich dort einen ganzen Monat, d. h. bis zum 16. Dezember aufhielt.

Schon am 12. November 1792 kündigte er von Troppau (Opava) in Schlesien seine Ankunft dorthin in einem Brief an Carl Freiesleben an: „Ich bin auf der Rükreise nach Berlin, komme aber vor dem Januar nicht dahin. Mein Porzellan-Geschäft in Wien ist vollendet, ich habe ganz Mähren Tag und Nacht in 50 Meilen durchreiset und halte hier Rasttag, um Ihnen zu schreiben. Ich gehe von hier nach Tarnowitz, wo ich meinen langen Bericht über Bair[ische] Salinen ausarbeite, mache einen Abstecher nach Wieliczka, dann auf Breslau. Mein Zwek ist in Schlesien bloß, mich mit der Preuß[ischen] Dienstverfassung und den Pflichten eines Oberbergmeisters bekannt zu machen."[3]

Auf welche Tatsachen stieß der Reisende in dieser schlesischen Siedlung, deren Name von dem nahe gelegenen Dorf Tarnowice entlehnt wurde?

Nach einer Chronik von 1783 gab es dort 249 Bürgerhäuser, ein Rathaus, drei Einfahrtstore und einen gepflasterten Marktplatz, schließlich eine katholische und eine evangelische Kirche. Die Zahl der Einwohner belief sich (1784) auf 1450.[4] Diese nicht zahlreiche Gemeinschaft war jedoch sprachlich, ethnisch und konfessionell grundsäzlich differenziert. Die einheimische Bevölkerung war „durchweg polnisch"[5] und katholisch, und die polnische Sprache war im täglichen Gebrauch. Allein die Beamten, rund 120 an der Zahl,

Abb. 2 Diese aus dem 18. Jahrhundert stammenden Laubenhäuser in Tarnowitz (Tarnowskie Góry) hat Humboldt sicherlich zu wiederholten Malen während seines ganzmonatigen Aufenthalts in dieser oberschlesischen Bergsiedlung im Jahre 1792 betrachtet. (Nach Gosieniecki, W.: Zabytki sztuki rodzimej Polski Zachodniej [Bodenständige Kunstdenkmäler Westpolens]. H. 3 (Schlesien). Poznań 1925, Tafel 12 (32))

waren Deutsche und evangelisch. Diese Ankömmlinge aus Deutschland bekleideten jedoch die wichtigsten Stellen in der Berg- und Stadtverwaltung. Die Tarnowitzer betrieben Ackerbau, Brauerei und Handel, befaßten sich auch mit verschiedensten Handwerken und Gewerben. Es ist hervorzuheben, daß im ganzen Bergwesen dort lediglich 50 Personen beschäftigt waren.[6]

Was führte nun Humboldt gerade in diese verarmte, bergmännisch völlig heruntergekommene Siedlung, die erst seit 1742 (nach dem ersten Schlesischen Kriege und dem Breslauer Frieden) mit fast ganz Schlesien unter Preußens Herrschaft gekommen war?

Seit dieser Zeit kam es zu einer Neubelebung des um die Mitte des 17. Jahrhunderts fast völlig eingestellten Bergbaus. Besondere Verdienste um die Wiederentwicklung der Bergindustrie in ganz Schlesien fielen dem hochbegabten und gründlich ausgebildeten Berg- und Verwaltungsbeamten Graf Wilhelm von Reden (1752—1815) zu. Seine soliden geologischen und mineralogischen Kenntnisse erwarb er sich an der Freiberger Bergakademie bei dem berühmten Abraham Gottlob Werner (1749—1817), und schon 1778 wurde der vielversprechende 26jährige Enthusiast des Bergwesens zum Oberbergrat im Ministerium und ein Jahr später zum Direktor des schlesischen Oberbergamtes in Breslau ernannt. Beim Antritt seines Amtes war der schlesische Steinkohlenbergbau ganz unbedeutend, und Redens Streben lief in erster Linie auf die Neueinrichtung der Bezirksbehörden und die Entwicklung des dortigen Berg- und Hüttenwesens hinaus.[7]

Ein wichtiger Schritt in dieser Richtung war die Errichtung (1779) einer besonderen Bergdeputation zu Tarnowitz, welche einige Jahre später den Charakter eines Bergamtes erhielt. Da in Preußen zur damaligen Zeit nirgends Blei gefördert wurde, zeigte der König selbst für die oberschlesischen Pläne Redens ein lebhaftes Interesse. Das Ende davon war zunächst (1782) die Wiederbelebung des alten, aber im Laufe der Zeit fast gänzlich eingeschlafenen Tarnowitzer Blei- und Silberbergbaues unter unsagbaren Schwierigkeiten in jahrzehnterlanger Arbeit. Im Juni 1784 konnte die Eröffnung der Friedrichsgrube erfolgen, nachdem auf den Schächten Rudolfine und Łyszczok reiche Flöze eines reichen und edlen Bleierzes gefunden worden waren. 1786 wurde von Reden die Friedrichshütte zum Schmelzen der Erze erbaut, fortlaufend verbessert und vergrößert. Im selben Jahre wurde schließlich der Gotthelf-Stollen für die Abführung des zufließenden Wassers angelegt.

Die Aufmerksamkeit und das Interesse Humboldts während seines Aufenthalts in Tarnowitz fesselte bestimmt die Dampfmaschine, die für die Friedrichsgrube in England auf Veranlassung Redens und seines Onkels, des preussischen Bergwerksministers, Friedrich Anton von Heinitz (1725—1802), angekauft wurde. Die fertige Maschine wurde im Mai 1787 in Cardiff auf ein Schiff verladen, von Stettin aus oderaufwärts bis Oppeln transportiert und von dort auf dem Landweg nach Tarnowitz gebracht, wo sie Ende August ankam. Die Anlage wurde in einem getrennten Maschinengebäude aufgestellt und Anfang 1788 in Betrieb gesetzt. Sie erregte allgemeine Bewunderung. Diese „Feuermaschine" dürfte die erste von derartigen Anlagen gewesen sein, welche in Preußen in regelmässigen Betrieb kamen, und sie gilt für eine bedeutsame Tat in der Kulturgeschichte dieses Staates. Der Ruf der Tarnowitzer Anlagen und Betriebe, besonders aber das neue Schauspiel der erfolgreich arbeitenden Dampfmaschine erregten großes Interesse und zogen zahlreiche Besucher in diese entlegene Gegend. König Friedrich Wilhelm II. besuchte Tarnowitz schon 1788. Von den anderen bedeutenden Gästen ist vor allem Johann Wolfgang von Goethe zu nennen, der in Gemeinschaft mit dem regierenden Herzog Carl August von Sachsen-Weimar eine beschwerliche Reise dorthin unternahm, nachdem er und sein Begleiter zuerst in Breslau die Bekanntschaft des Grafen Reden gemacht hatten. Dieser entsprach auch gern dem

Wunsche des deutschen Fürsten der Dichtung, die Friedrichsgrube und das neue Wunder der Technik – die Feuermaschine – zu sehen, und begleitete die beiden hohen Gäste zu seiner Bergdeputation nach Tarnowitz, wo sie am 3. September 1790 eintrafen.[8]

Um diese zu jener Zeit im schlesischen Bergwesen bestehenden modernen Anlagen und Fördermethoden näher kennenzulernen, ist auch Alexander von Humboldt zu Graf Reden nach Tarnowitz geeilt, um dort an Ort und Stelle die Schöpfungen und Errungenschaften des bekannten Bergmanns in Augenschein zu nehmen. Über den gegenseitigen Nutzen dieses Besuches schrieb die Gräfin Reden in ihren Memoiren: „Alexander von Humboldt stößt zu ihm [Reden] in Tarnowitz, von Wien kommend und in der Absicht, sich bei ihm zu unterrichten und der Schüler war der Art, daß er nur Unterhaltung und Genuß gewährte und für das, was er lernte, gar manche schöne, lehrreiche und interessante Beobachtungen wieder schenkte, so wie es mein Mann früher bei Werner in Freiberg gethan."[9]

Von Tarnowitz aus machte Humboldt einen Abstecher nach Wieliczka, was er schon früher in einem Briefe an Freiesleben angekündigt hatte. Der Besuch in einem der schönsten und interessantesten Salzbergwerke der Welt, welches Wieliczka ohne Zweifel ist, fand am 7. Dezember 1792 statt, laut Eintragung in dem dort noch vorhandenen Besucherbuch. Der wichtige Gast trug in das Gästebuch ein: „Fr[eiherr] von Humboldt königl[ich] preussischer Oberbergmeister."

Einige Tage später, am 16. Dezember 1792, teilte er von Tarnowitz aus seinem Freund Dietrich Ludwig Gustav Karsten (1768–1810), dem späteren Oberbergrat, mit: „Ich habe eine überaus interessante Reise nach Wieliczca [!] gemacht, habe die Hölen bei Oizuf [Ojców] befahren und glaube, die Schichtung des hiesigen Flözgebirges nun besser zu kennen. Sie werden darüber einen Aufsaz von mir nächstens sehen."[10] Während seiner geologischen Forschungen in Galizien entnahm Humboldt Proben von dortigen Gesteinen, darunter auch Salzproben, was er am 14. Juni 1793 in einem anderen Brief an Karsten erwähnt: „Das Steinsalz ist aus Berchtesgaden. Der berggrüne Mergel mit eingesprengtem Steinsalz aus Wieliczka, wie Sie leicht sehen."[11]

Außer dieser Salzgrube besuchte Humboldt noch zwei naheliegende Orte, Krzeszowice und Ojców, und auch Krakau, wo er „das unglükliche Schauspiel eines unterjochten [polnischen] Volks"[12] sah. Die Naturerscheinungen in dieser Gegend müssen auf den Reisenden einen großen Eindruck gemacht haben, wenn er sie als „Wundergaben der Natur"[13] bezeichnet. Das Kalksteingebirge in der Nähe von Ojców ist durch faszinierende geologische Gebilde gekennzeichnet, die durch Erosion des Kalkgesteins durch Wasser und Luft gestaltet wurden. Dazu gehören vor allem Tore und Keulen, um hier nur die berühmte „Keule des Herkules" (Maczuga Herkulesa) im Ojcower Tal (Dolina Ojcowska), sowie die von Humboldt besuchten Höhlen in und bei Ojców, unter denen die König-Łokietek-Grotte weltbekannt ist, zu erwähnen. Jene Grotten in Ojców und Strzemieszyce (bei Dąbrowa Górnicza) zählte Humboldt zu den wunderlichsten und eigentümlichsten Naturerscheinungen, die auf ihn einen unvergeßlichen und so tiefen Eindruck gemacht haben, daß ihn dann keine andere Naturerscheinung mehr auf seinen Reisen in Verwunderung setzen konnte. Eine solche Meinung äußerte er jedenfalls im Jahre 1799 auf seiner südamerikanischen Reise, indem er in seinem Tagebuch notierte: „Wer mehrere große Hölen gesehen hat, verliert der Einförmigkeit wegen die Lust, mehrere zu besuchen. Mein häufiger Aufenthalt in den Hölen von Muggendorf, in denen vom Harz, Bekanntschaft [...] mit den Grotten von Oiçow [Ojców] u. Threshemienshiz [Strzemieszyce] in Gallizien, mit denen von Vicenza ..., hatte in mir die Neugierde nach Hölen längst erstikt. Nach der Pracht der Stalactiten der Rosenmüllers Höle, nach der Majestät des Eingangs der

Abb. 3 Das Innere des Salzbergwerks in Wieliczka (Durchschnitt; Tygodnik Illustrowany, Warschau, 1863)

Abb. 4 Eingang zur König-Łokietek-Grotte, von Humboldt 1792 besichtigt und in seinen Schriften mehrmals erwähnt. (Tygodnik Illustrowany, Warschau, 1863)

Oiçower Höle u. der von Castleton (the Devel's arsh) hatte mich in allen meinen Reisen nichts frappirt."[14]

Auch an anderen Stellen enthält die Beschreibung der amerikanischen Reise (1799–1804) Reminiszenzen und Vergleiche bezüglich der ersten Reise Humboldts in Polen. Diese Reise nach Galizien und die dort gemachten Beobachtungen und Eindrücke ermunterten den Reisenden zu weiteren vergleichenden Studien. In seinem Brief an Abraham Gottlob Werner vom 21. Dezember 1796 äußert er seine Absicht, ein umfassendes Werk über die geologische Struktur Mitteleuropas zu schreiben, in dem auch die Lagerungsverhältnisse in Südpolen berücksichtigt werden sollten. Hier heißt es: „Ich arbeite ununterbrochen an einem großen geognostischen Werke, das unter dem Titel: Ueber Construction des Erdkörpers im mittleren Europa, bes[onders] über Schichtung und Lagerung der Gebirgsmassen erscheinen soll. Ich denke darin im Großen die Lagerungsverhältnisse vom Leuchtthurm bei Genua bis Warschau und Segeberg von dem Ardenner Walde und Chalons bei Oiçow [Ojców] zu schildern [...] Ich sammle seit 3 Jahren Beobachtungen zu diesem Werke, und es ist nicht Trägheit, sondern Wunsch, etwas nicht schlechtes zu liefern, wenn das Publikum von dem allen noch nichts sah."[15]

Humboldt arbeitete also an einem Werk, das in gleicher Weise für die Geologie Deutschlands und Polens wichtig gewesen wäre. Leider ist dies Werk nicht entstanden.

Als ein im staatlichen Dienst, d. h. im preußischen Bergdepartement, angestellter Oberbergmeister sollte unser Forschungsreisender strikt nach den Anweisungen seines Vorgesetzten handeln und seine ganze Aufmerksamkeit auf die Beobachtung und Untersuchung der ausgewählten Steinsalzgruben und Siedevorrichtungen richten.

Humboldt war jedoch nicht nur ein scharfsinniger und vielseitiger Beobachter und Erforscher der toten Natur, und nicht nur Kohle und Salz haben ihn interessiert. Kein Wunder also, daß ihn nicht nur die prächtigen unterirdischen Räume und die berückenden Höhlen in Ojców, sondern auch die politische und soziale Lage der polnischen Bevölkerung berührte, als er von Tarnowitz aus einen kurzen Ausflug über die Grenze nach dem noch freien Gebiet von Polen (Krakau, Krzeszowice) und nach dem im Jahre 1772 von den Österreichern nach der ersten Teilung Polens annektierten Galizien machte. Humboldt kritisierte scharf die von den österreichischen Besatzungsbehörden angewandte Politik der Stärke „in dieser Polnischen Republik wo H[err] Fichtel gern das Faustrecht einführen möchte."[16]

Der Reisende blieb wahrscheinlich noch einige Tage in Tarnowitz, nachdem er dorthin von seinem kurzen Ausflug nach Galizien zurückgekehrt war. Über seine Beschäftigung in jenen Tagen sind wir leider recht wenig unterrichtet. Man kann aber annehmen, daß er sich dort hauptsächlich dem oben erwähnten Bericht über die Salinen von Traunstein und Reichenhall widmete. Diese mühselige Arbeit nahm ihn noch während seines dreiwöchigen Aufenthalts in Breslau, wo er, von Tarnowitz kommend, wieder beim Grafen Reden zu Gast war, ganz in Anspruch. Darüber schrieb er an Freiesleben am 14. Januar 1793: „Ich war 3 Wochen in Breslau und die übrige Zeit im Riesengebirge, in Waldenburg, Kupferberg p., nirgends mehr als 1–2 Tage, bis in die späte Nacht fahrend, um wenigstens die wichtigsten Grubengebäude zu sehen, bei grimmiger Kälte, ja meist ohne Papier und Feder, also selbst ohne Möglichkeit, Ihnen zu schreiben. In Breslau habe ich drei Wochen beim Grafen Reden gewohnt. Wenn ich je arbeitsam war, so war ich es dort. Ich habe meinen 20 Bogen langen Bericht über die Salinen von Traunstein und Reichenhall gemacht und 21 große Blatt Royal-Papier Zeichnungen dazu angefertigt."[17]

Während seines kurzen Abstechers nach Waldenburg (Wałbrzych) konnte Humboldt nicht nur die Montanobjekte, sondern auch die dortige Pflanzenwelt beobachten und

Abb. 5 Auf seiner Rückreise von Tarnowitz nach Breslau unternahm Humboldt am 17. 12. 1792 einen Abstecher nach Malapane (Mała Panew, Ozimek), um die dortige Eisenhütte mit ihren kurz zuvor umgebauten Hochöfen zu besichtigen. Die Abb. zeigt die von der Königlichen Hütte 1827 erbaute Kettenbrücke in Malapane. (Aus: Schlesien. 5. 1911/12)

bewundern. Seine Aufmerksamkeit fesselten möglicherweise die sehr alten Eibenbäume, namentlich die bekannteste schlesische Eibe, die bei der ehemaligen „Alten Schweitzerei“ im Fürstensteiner Grunde steht. Alexander von Humboldt soll sie besichtigt und ihr Alter bestimmt haben. Walter Vierling bestätigt eine solche Vermutung mit einem recht interessanten Detail, indem er über die botanischen Streifzüge im Kreise Waldenburg schrieb: „Unsere botanischen Streifzüge im Norden des Kreises beginnend, stoßen wir am Eingang des Fürstensteiner Grundes unweit der „Schweitzerei“ auf die ehrwürdige Eibe, deren Alter Alexander von Humboldt 800 Jahre schätzte, während sie [Theodor] Schube nur als halb so alt gelten läßt.“[18]

Schade, daß diese Information ohne Quellenangabe angeführt wurde.

Was Humboldt in Kupferberg (Miedzianka) in geologischer Hinsicht sehen konnte, hat einige Jahre später J. K. E. Hoser, der bedeutendste Riesengebirgekenner, am Beginn des 19. Jahrhunderts (1804) kurz gefaßt: „Kupferberg; eine offene freye Bergstadt am Bober, von etwa 140 Häusern, deren Einwohner zum Theil römisch-katholisch, zum Theil evangelisch-lutherisch sind. Die Stadt hat einen seit 1156 im Betriebe stehenden Bergbau, dessen Ausbeute an Kupfer sich in neueren Zeiten wieder ergiebiger gezeigt hat.“[19]

Abb. 6 Am 23. Dezember 1792 traf Humboldt in Breslau ein und verbrachte hier drei arbeitsreiche Wochen („Wenn ich je arbeitsam war, so war ich es dort."). Die Abb. zeigt das gotische Rathaus aus dem 13. Jahrhundert. (Kupferstich; Tygodnik Illustrowany, Warschau, 1860)

Humboldt schätzte die vermutlichen Bodenschätze dieses Gebietes hoch ein, und noch am 8. Dezember 1793, also fast ein Jahr nach dem Abschluß seiner schlesischen Reise, fragte er Graf Reden: „Wie steht es denn aber in Kupferberg? Ich bin bange dafür, weil Sie nichts davon sagen. Es wäre doch schade, wenn dieser berühmte Refir so ganz erliegen sollte."[20]

In Buchwald und auf der Schneekoppe

Gegen Ende seiner ersten bergmännisch-halurgischen Reise begab sich Humboldt, zusammen mit Graf Reden, auf dessen Herrenbesitz in Buchwald (Bukowiec) am Riesengebirge. Im oben genannten Brief (vom 14. Januar 1793) an Carl Freiesleben teilte Humboldt seinem Freunde mit: „Jezt bin ich mit Gr[af] Reden auf der Gebirgs-recherche begriffen, bin gestern hier in Buchwald auf seinem Gute (Am Fuß der Schneekoppe) zu Schlitten angekommen und reise morgen recta via mit ihm nach Berlin."[21]

Abb. 7 Graf F.W. von Reden (1752–1815), Direktor des Oberbergamts in Breslau und Chef eines Bergamts in Tarnowitz (Tarnowskie Góry), ein langjähriger Briefpartner Alexander von Humboldts (nach Piernikarczyk, J.: Podziemia Tarnogórskie. Tarnowskie Góry 1937)

Abb. 8 F. A. Freiherr von Heinitz (1725–1802), Staatsminister, Chef des preußischen Berg-, Hütten- und Salinenwesens, Vorkämpfer für den Wiederaufbau des Erzbergbaus in Tarnowitz (nach Piernikarczyk 1926)

Abb. 9 Aussicht auf die Schneekoppe (Kupferstich; nach Hoser 1804)

Abb. 10 Schloß in Buchwald im Riesengebirge, wo Humboldt seine erste bergmännisch-halurgische Reise im Besitztum des Grafen Reden beschloß. Zum zweiten Male war Humboldt in Buchwald im Juni 1830, nachdem er mit dem Kronprinzen von Preußen aus Warschau zurückgekehrt war. (Nach Baer, O.: Prinzeß Elisa Radziwill. Berlin 1908)

Friederike Gräfin von Reden versichert uns in ihren Memoiren, daß die beiden letzten Tage (13. bis 15. Januar), die Humboldt in Buchwald im Hause des Grafen verbracht hatte, ihm äußerst leger und gemütlich vergingen, an reich gedeckten Tafeln.[22]

Zum Schluß ist noch hinzuzufügen, daß außer den schon erwähnten Berichten und Briefen auch zahlreiche Mineralien, gesammelt teilweise in Polen, eine wertvolle Nachernte der hier besprochenen Forschungsfahrt Alexander von Humboldts darstellen. Diese Gesteine wurden dann als Ausstellungsstücke im Königlichen Mineralogischen Kabinett in Berlin aufbewahrt. Darüber wurde bedauerlicherweise nichts veröffentlicht, was der Reisende auch bedauert: „J'ai beaucoup ramassé en Salzbourg, en Pologne c., mais je vous dis d'avance, que les fossiles se trouvent tous dans le Cabinet du Roi. On m'accuse de n'en rien publier."[23]

Eine neue halurgische Untersuchungsreise

Kaum ein Jahr war verstrichen, als Alexander von Humboldt Anfang Mai 1794 zu einer neuen Dienstreise aufbrach, die vor allem halurgische Zwecke hatte und größtenteils durch polnische Gebiete führte. Sie wird deswegen gemeinhin als Polenreise bezeichnet. Diese zweite halurgische Reise, gegen die sich der künftige Oberbergmeister angeblich lange wehrte, begann am 8. Mai 1794 und dauerte rund drei Wochen, war also wesentlich kürzer als die erste.

Schon am 20. Januar 1794 schrieb Humboldt von Bayreuth aus an Carl Freiesleben: „Ich sehe Sie wahrscheinlich im Mai, wenn auch nur auf 1–2 Tage, weil ich nach Pohlen muß, eine Commission, gegen die ich mich längst sträubte, sed irreparabile fatum. Ich sage nur auf 1–2 Tage, bei der Rükreise wohl länger, denn ich bin unendlich in der Zeit eingeschränkt und soll in 8 Wochen – 3 Monath nach Berlin, Colberg an der Ostsee [Kołobrzeg], Thoren [Toruń], Slonsko [Słońsk] und Treschemienschiz [Strzemieszyce], alles wegen Salzbohrversuchen."[24]

Am 7. Mai (1794), also am Tage vor dem Aufbruch zu diesem neuen Kommissorium, teilte Humboldt seinem Freunde mit: „Ich gehe über Colberg, Thoren, Słonsk, Lenczictz, Gnesen, Posen, Glogau, Prag, Eger nach Bayreuth. Schreiben Sie mir, guter Junge, aber mit nächster Post nach Glogau in Schlesien, poste restante. Aber mit nächster Post, sonst treffen Sie mich nicht. Bald mehr, die zunehmenden Polnischen Unruhen machen mir viel arbeit."[25]

Letzteres bezieht sich darauf, daß diese neue halurgische Besichtigungsreise (8. Mai bis 13. Juni) und die Insurrektion von Tadeusz Kościuszko (23. März bis 6. November 1794) zeitlich zusammenfielen und gerade in jenen Wochen preußische Truppen in das „unabhängige" Polen eindrangen, um den russischen Regimentern bei der Niederschlagung der Erhebung Schützenhilfe zu leisten und bei der endgültigen Aufteilung Polens (1795) Preußens Anteil zu sichern. Am 10. Mai 1794, also zwei Tage nach dem Antritt der Humboldtschen Polenreise, überschritten 17 000 preußische Soldaten die polnische Grenze und besetzten Gebiete, die Preußen im Vorjahr bei der zweiten Teilung Polens (1793) an sich gerissen hatte (nunmehr „Südpreußen" genannt), und wo Salzquellen und Salpetersiedereien von Humboldt begutachtet werden sollten.

Diese zweite halurgische Reise bedarf immer noch einer ausführlichen und minutiösen Rekonstruktion. Leider sind die wenigen diese Reise betreffenden Berichte, Dokumente und Schreiben, die Humboldt selbst oder seine Biographen erwähnen, verlorengegangen oder unauffindbar.

Nur in dem Brief aus Ansbach vom 10. Juli 1794 an Carl Freiesleben gibt es eine Erwähnung der Reise: „Ich bin in größter Verlegenheit über Sie, guter Karl. Ich habe Ihnen von Leipzig aus geschrieben, dann von Berlin mit seltenen Stuffen aus Ungarn und Sibirien, dann aus Ciechocynek[!] in Pohlen und immer keine Antwort. [...] Ich habe, seit dem ich aus Pohlen bin, viel gearbeitet, besonders gezeichnet, Situationspläne über Pohlen, Gebirgskarten."[26]

Wie schade, daß diese unschätzbaren Quellen nicht mehr vorhanden sind.

Infolge dieser unwiederbringlichen Verluste ist nun die von Cramer zusammengefaßte Geschichte der Saline zu Kolberg – mit einem Gutachten Alexander von Humboldts – die einzige glaubwürdige Auskunftsquelle über die hier behandelte Expedition.[27]

Da der Aufenthalt und die Untersuchungen Alexander von Humboldts in der alten pommerschen Saline und der bedeutenden preußischen Festung zu Kolberg in der oben erwähnten Abhandlung Cramers eingehend besprochen und kommentiert wurden, möchten wir, des Themas und des begrenzten Umfangs dieses Beitrags wegen, unsere Aufmerksamkeit vor allem auf die von dem Reisenden besuchten polnischen Orte und auf die polnischen Angelegenheiten richten.

Ganz am Anfang ist hier ein recht wichtiger Hinweis bei Cramer anzuführen: „Wie schon erwähnt, so hatte Humboldt auch den Auftrag, ausser über die Saline zu Colberg, auch über die Benutzung der Soolquellen auf dem linken Weichselufer bei Słońsk sich gutachtlich auszusprechen. Er reiste daher von Colberg dorthin und reichte seinen interessanten Bericht aus Goldkronach unter dem 20. Juni 1794 nach Berlin ein."[28]

Der Empfänger dieses Berichts in Berlin war Friedrich Anton Freiherr von Heinitz (1725–1802), Chef des Preußischen Bergwerk- und Salzdepartements. Aus der Cramerschen Schrift kann man noch erfahren, derselbe Bericht befände sich auch (in Abschrift) in den Akten des königlichen Oberbergamts zu Halle (Saale).

Dieses bisher nicht ausgewertete Gutachten könnte möglicherweise eine grundlegende und verläßliche Informationsquelle über die von Humboldt gemachten Beobachtungen und Forschungen darstellen. Zuerst müßte es aber in irgendeinem Archiv wiederentdeckt werden. Zur Zeit ist diese verschollene Handschrift bloß in einer Fußnote bei Cramer erwähnt (S. 92), und deshalb müssen wir uns bemühen, die mutmaßliche Route der hier verfolgten Reise nur aufgrund der von Löwenberg aufgezählten Ortsnamen zu bestimmen.

Nun kam Humboldt von Kolberg aus in die neuen südpreußischen Landesteile auf dem linken Weichselufer, und zwar in die Gegend von Słońsk [Slonsk], Ciechocinek, Nieszawa [Nessau], Raciążek [Racionzek] und Wołuszewo (bei Löwenberg irrtümlich als „Woliszewo" erwähnt). Alle diese Örtlichkeiten liegen nahe beieinander.

Eine gewisse Verdichtung dieser Namen in der Nähe von Ciechocinek, dem heute bekanntesten polnischen Badeort mit eisenhaltigen warmen Salzquellen erweckt den Anschein, als wenn der junge Oberbergmeister sich das Ziel setzte, in allen diesen Orten Beobachtungen und anzustellende Versuche (Bohrungen) in Betracht zu ziehen. In der Tat erhielt er, auf Empfehlung des Ministers von Heinitz hin, einen klaren Auftrag: „Euer Hochw. aber richten sich gefällig so ein, dass Sie alsdann die Reise nach Colberg vornehmen und wo möglich von dort aus die Salzbohrversuche zu Slonsko [!] bei Thorn, wo bereits eine $1^1/_2$ löthige Soole von starken Zuflüssen gefunden ist, besehen können."[29]

Słońsk war also das zweitwichtigste Reiseziel Alexander von Humboldts, nachdem er das Salzwerk in Kolberg erforscht hatte. Die Salzquellen in Słońsk müssen schon in den frühesten Zeiten bekannt gewesen sein, wenn sogar der Name dieses Ortes mit Salz in Verbindung steht. Hier noch einige Daten aus seiner Vergangenheit.

Nachdem Konrad I., Herzog von Masovien (1188–1247), den Deutschen Orden nach Polen gerufen hatte (1226), schenkte er ihm auch (im Kruschwitzer Vertrag) das Kulmer Land (Ziemia Chelmińska) zwischen den Flüssen Weichsel, Drewenz und Ossa, einschließlich Nieszawa (Nessau) und Słońsk, mit den beiden dortigen Pfännerschaften (duas patellas) für das ausschließliche Gebrauchsrecht. Wie lange sich diese Siedereien dort erhielten und warum sie dann eingestellt wurden, ist nicht näher bekannt.

Nach dem Dreizehnjährigen Krieg des Königs Kasimir IV. gegen den Ordensstaat (1454–1466) und nach dem in Thorn geschlossenen Frieden (1466) ist ein großer Teil des Ordensgebietes, darunter das Kulmer Land, mit der Krone Polen wieder verbunden worden. Unter der Regierung von Sigismund III. (1587–1632) war Słońsk größtenteils von polnischen Siedlern bewohnt. Im 17. Jahrhundert wurden Holandis germanis, d. h. Kolonisten aus verschiedenen Gegenden Deutschlands, hierher gerufen. Diese waren meistens evangelisch und sprachen plattdeutsch. Die wenigen hier noch wohnenden Katholiken sowie die protestantischen Neuansiedler besuchten die Kirche im nahe liegenden Raciążek. Im Jahre 1728 wurde in Słońsk eine neue katholische Kirche gebaut und mit Dachziegeln bedeckt. Der neue Pfarrer hieß Christian Bytner [Büttner]. Er war ein gebildeter Mann, sprach aber sehr schlecht polnisch und bekämpfte die hiesigen Volksbräuche. Er verbot z. B. das Begießen (der Frauen) am zweiten Osterfeiertag und das Springen über den Holzstoß in der Johannisnacht, duldete nur noch das Haferstreuen am zweiten Weihnachtstag. Im Jahre 1799 lebten in der Pfarrei Słońsk 250 Katholiken und 300 Protestanten, die zwei getrennten Pfarrgemeinden angehörten.[30] Zur Zeit des Besuches Humboldts in dieser Gegend muß Słońsk immer noch ein kleines Dörflein gewesen sein, wenn man dort über 30 Jahre später (1827) einzig und allein 32 Häuser und 283 Einwohner zählte.[31]

Abb. 11 Raciążek, ein Dorf in der Nähe von Thorn, in dem Humboldt 1794 seine Beobachtungen durchführte. (Kupferstich; Tygodnik Illustrowany, Warschau, 1869)

Die Bohrversuche in Słońsk wurden um 1791, also zur Zeit des Königs Stanisław Poniatowski (1764–1795) unternommen. Den Anfang hat der aus Preußen herbeigerufene Berginspektor Reichert gemacht. Tiefbohrungen nach der Salzsole wurden auch bei Raciążek und in Ciechocinek durchgeführt, wo es gelang, mit einer Bohrung bis in 33 Lachter Tiefe vorzudringen. Über diese früheren Bohrarbeiten wurde Humboldt bestimmt in Kenntnis gesetzt, als er dort ankam. Wie schade, daß gerade sein Brief an Carl Freiesleben, aus Ciechocinek abgeschickt, nicht auffindbar ist. Aus dem lückenhaften Quellenmaterial ist schwer festzustellen, ob und wann entsprechende Untersuchungen der Salinen in Słońsk und Umgebung noch vor der Ankunft des Oberbergmeisters Humboldt vorgenommen worden waren.

Nach der Einverleibung dieses ganzen Landstrichs durch Preußen (1793) sind dort weitere, intensivere Bohrversuche unternommen worden.

In einem Materialband zur Geschichte Ciechocineks von Marjan Raczyński können wir erfahren, daß nach dem Besuch Alexander von Humboldts in der Umgebung von Ciechocinek solche Bohrungen in Słońsk, Raciążek und Ciechocinek von den Bergassessoren Küster und Mielęcki, auf Empfehlung des damaligen preußischen Minister für Bergwesen, des Grafen Reden, durchgeführt wurden.[32] Man könnte daraus entnehmen, daß bei diesen späteren, in den Jahren 1798 bis 1806 durchgeführten Bohrarbeiten das von Humboldt

Abb. 12 Gradierwerke in Ciechocinek, dem bekanntesten polnischen Badeort mit eisenhaltigen warmen Salzquellen, von Humboldt 1794 besichtigt und erforscht (Kupferstich; Tygodnik Illustrowany, Warschau, 1872)

1794 in Goldkronach verfaßte Gutachten über die Benutzung der Solquellen auf dem linken Weichselufer bei Słońsk eifrig studiert und dann ausgewertet wurde.

Auch Leon Mieczkowski erwähnt in seiner Monographie über das Solbad Ciechocinek, daß die erste Salzquelle bei Słońsk erst im Jahre 1806 von dem Bergassessor Mielęcki aus Berlin entdeckt wurde. Mieczkowski beruft sich auf eine dort verkündete Überlieferung, „der hervorragende Naturforscher Humboldt soll diese Orte besucht haben, und es war seine Idee, die Erdbohrung am Hügel von Raciążek durchzuführen.“[33] Das würde bedeuten, daß Humboldt selbst diese Versuche beobachtete oder sogar initiierte.

Auf der Reiseroute Humboldts während seiner zweiten halurgischen Reise lag auch die mit zahlreichen Legenden behaftete Stadt Łęczyca [Lenczictz], die sich nach der zweiten Teilung Polens auch im preußischen Teilgebiet fand. Bekannt ist diese Stadt durch ihre berühmte Stiftskirche (aus dem 12. Jh.) und dem mächtigen, in dem Sumpfboden wohnenden Teufel Boruta.

Humboldt ging aber dorthin nicht als Kulturhistoriker oder Volkskundler. Sein neues Kommissorium hatte ja rein halurgische Zwecke, und es ist demzufolge anzunehmen, der Zweck dieser Forschungsfahrt sei nicht die Stadt Łęczyca, sondern das rund 7 Kilometer entfernte Dorf Solca gewesen, in dem sich eine Saline befand. Schon im Jahre 1780 erwarb Jacek Jezierski, der Burgherr von Łuków, einen Teil dieses Landguts. Da dort eine Salzquelle sprudelte, baute er solide Siedehäuser, rief Sälzer herbei und begann mit dem Siedebetrieb. Diese Salzsiederei war in den Jahren 1780 bis 1795 in Betrieb[34] und wurde wahrscheinlich von dem die Gegend bereisenden Oberbergmeister Alexander von Humboldt besucht.

Abb. 13 Der Stollen „Ponikowska“ in dem Zink- und Bleierzbergwerk bei Olkusz (Kupferstich; Tygodnik Illustrowany, Warschau, 1884)

Nach Erfüllung der Aufträge, insbesondere in Kolberg und Słońsk, kehrte Humboldt wahrscheinlich in die Umgebung von Thorn zurück, um auf der Route der Diligence in Richtung Posen zu reisen und über Inowrocław (Inowrazlaw), Strzelno, Trzemeszno (Tremessen), Gniezno (Gnesen), Poznań (Posen), Głogów (Glogau) und weiter über Prag, Eger nach Bayreuth zu eilen, wo die Reise ihren Abschluß fand.

Es ist für einen Humboldtforscher in Polen ein quälender Gedanke, daß die wichtigen, diese Reisen betreffenden Quellen mit Polonica für verschollen gelten müssen. So kann unser Beitrag hier lediglich als eine Aufmunterung zur weiteren eingehenden Untersuchung dieser interessanten Episoden in der Biographie des letzten Polyhistors erachtet werden.

Nachtrag

Nach Redaktionsschluß des vorliegenden Bandes wurde dem Verfasser ein interessantes Quellenmaterial zugänglich, und zwar die sog. „Diätenliquidation" zu den von Alexander von Humboldt vom 26. Juni bis 26. Dezember 1792 unternommenen Reisen.* Diese von Humboldt verfaßte Reisekostenabrechnung enthält die ausführliche und genaue Zusammenstellung der Post- und Trinkgelder, der Wagenmietkosten und Tagegelder.

In der Reisekostenabrechnung ist auch die Reise von Wien nach Tarnowitz und Wieliczka vom 9. November bis 15. Dezember 1792 berücksichtigt. Belegt sind hier kurze Abstecher nach Ojców [Oicow!] und Olkusz [Olkutz!].

Diese glaubwürdige Quelle gibt uns zum erstenmal die Berechtigung, einen weiteren, 40 km nordwestlich von Krakau gelegenen Ort Olkusz zu den von dem gerade zum Oberbergmeister ernannten A. v. Humboldt bereisten Stätten in Polen zu zählen.

Zur Zeit von Humboldts erster Polenreise war Olkusz eine winzige Bergsiedlung, ganz im Gegensatz zum Mittelalter, als sie ein bedeutsames, weithin bekanntes Zentrum des Blei- und Silbererzbergbaus in Kleinpolen war. In voller Blüte standen dieses Städtchen und seine Bergwerke vom 14. bis 16. Jahrhundert, letztere wurden jedoch zunehmend vom Grundwasser bedrängt.

Um die Überschwemmung der Schächte und Strecken zu verhindern, sind einige Stollen gebaut worden. Nachdem aber im 17. Jahrhundert dieses Unterfangen gescheitert war, ist Olkusz mit seinem Bergwesen gänzlich heruntergekommen. Im 18. und 19. Jahrhundert versuchte man den im Laufe der Zeit fast ganz eingeschlafenen Blei- und Silberbergbau abermals zu beleben. Während seiner Besichtigungsreise nach Olkusz war Humboldt sicher Zeuge und scharfsinniger Beobachter dieser in den dortigen Bergwerken durchgeführten Experimente und Sanierungen.

Eindrücke von dieser Reise sind uns leider (immer noch) unbekannt.

* Alexander von Humboldt: Diäten-Liquidation. – Geheimes Staatsarchiv Preußischer Kulturbesitz. Abteilung Merseburg, Rep. 121c, Fol. 1–11, 12–33. Zusammengefaßt wiedergegeben in: Alexander von Humboldt: Über den Zustand des Bergbaus und Hütten-Wesens in den Fürstentümern Bayreuth und Ansbach im Jahre 1792. Eingeleitet und bearbeitet von Dr. Herbert Kühnert. (Freiberger Forschungshefte. Kultur und Technik. D 23.) Berlin 1959, [Einleitung von H. Kühnert:] S. 46 f.

Herrn Dr. Christian Suckow, dem Leiter der Alexander-von-Humboldt-Forschungsstelle, Berlin, möchte ich ein herzliches Dankwort sagen für seinen freundlichen Hinweis bezüglich des Nachweises dieser interessanten Handschrift.

Kartenkommentar (zu Abb. 1)

Es ist anzunehmen, daß Alexander von Humboldt während der beiden hier beschriebenen bergmännisch-halurgischen Reisen 1792/93 und 1794 meistens mit dem Postwagen reiste. Die Örtlichkeiten und Industrieanlagen, die er bereiste und untersuchte und die außerhalb der Postrouten lagen, konnte er ohne größere Schwierigkeiten mit einer gemieteten Postkutsche erreichen. Privatfuhranstalten waren nämlich zu jener Zeit weit verbreitet, auch in „Südpreußen", Schlesien und Galizien.

1796, also zwei Jahre nach dem Abschluß der zweiten halurgischen Reise, ist in Wien, bei Artaria Compagnie, eine „Neue und vollkommene Postkarte durch ganz Teuschland nach Italien, Frankreich, Niederland, Preussen, Polen und Ungarn" erschienen, auf der die Postwege und Kurier-Routen bezeichnet wurden. Zwei Jahre danach (1798) wurde die „Neueste allgemeine Postkarte durch alle Europaeische Staaten", entworfen von Johann Pongratz, herausgegeben.

Die in den Humboldtschen Briefen und Werken, sowie in der Bruhnsschen Humboldt-Biographie vorhandenen Ortsnamen als Grundlage nehmend, können wir hier versuchen, den vermutlichen Verlauf und die beiden Reiserouten, vornehmlich in den ethnisch und sprachlich polnischen Gebieten, nachzubilden und kartographisch darzustellen.

Reise 1792/93

Auf der Rückfahrt seiner ersten bergmännisch-halurgischen Reise kam Humboldt, von Wien aus, nach Schlesien. Von Troppau (Opava) aus begab er sich über Ratibor (Racibórz) und Gleiwitz (Gliwice) nach Tarnowitz (Tarnowskie Góry), von wo er kurze Abstecher nach Krakau, Krzeszowice, Wieliczka, Bochnia (?) und Ojców machte. Von Krakau nach Tarnowitz zurückkehrend, hielt er sich kurz in Strzemieszyce (Threshemienschitz!) auf, um die dortigen Natursehenswürdigkeiten zu besichtigen. Nach einmonatigem Aufenthalt in Tarnowitz begab sich der Oberbergmeister Humboldt über Groß Strehlitz (Strzelce Opolskie), Brieg (Brzeg), Ohlau (Oława) nach Breslau (Wrocław). In Oppeln (Opole) mußte er kurz halten, um sich nach Malapane (heute Ozimek) zu begeben und die dort schon 1754 eingerichtete Eisenhütte zu besichtigen. In Breslau mußte er eine Postkutsche oder ein ähnliches Fahrzeug mieten, um die beiden Bergbaureviere um Waldenburg (Wałbrzych) und Kupferberg (Miedzianka, ca. 15 km von Hirschberg/Jelenia Góra) zu bereisen. Eine regelmäßige Postverbindung in dieser Richtung gab es damals noch nicht. Seine schlesische Besichtigungsfahrt beschloß Humboldt, wie erwähnt, in Buchwald (Bukowiec, ca. 10 km von Schmiedeberg/Kowary) auf dem Besitz des Grafen von Reden. Am 15. Januar (1793) machte sich der junge Montanist auf den Heimweg. Die preußische Hauptstadt konnte er am besten mit der Diligence erreichen, und zwar von Schmiedeberg aus, über Hirschberg, Lauban (Lubań), Görlitz, Spremberg, Cottbus, Beeskow (Peskow), Storkow, Wusterhausen. Er hätte aber auch eine andere Strecke wählen können, etwa über Liegnitz (Legnica), Bunzlau (Bolesławiec), Görlitz, Bautzen in Richtung Berlin.

Reise 1794

Die zweite halurgische Reise Alexander von Humboldts begann eigentlich in Kolberg (Kołobrzeg), am 12. Mai 1794, und führte über Cörlin (Karlino), Belgrad (Białogard), Grössin (Krosino), Neustettin (Szczecinek), Jastrowie (Jastrow), Złotów (Flatow), Krajenka (Krojanke), Nakło (Nackel) und Bydgoszcz (Bromberg) zur Weichsel, wo der Forschungsreisende in Fordon auf das rechte Ufer der Weichsel übersetzte und dann über Ostromęcko nach Toruń (Thorn), wo er abermals zum anderen (linken) Weichselufer übersetzen mußte, um dann in die Gegend von Ciechocinek und Nieszawa zu kommen und die dortigen Bohrarbeiten und Salinen, vor allem in Słońsk, zu besichtigen und zu untersuchen. Von Thorn (oder von Ciechocinek) aus begab sich Humboldt mit einem gemieteten Fahrzeug nach Łęczyca (Lenczic, Lentschitz) und Umgebung, und von dort begann er (vermutlich schon im Postwagen) seine Rückreise über Kłodawa, Brześć, Łowiczek, Gniewkowo (oder auf einer Hauptpoststrecke von Thorn aus) über Inowrocław (Inowrazlaw, Hohensalza), Strzelno, Trzemeszno (Tremessen), Gniezno (Gnesen), Pobiedziska (Pudewitz), Poznań (Posen), Krosnowo, Czempiń, Kościan (Kosten), Śmigiel, Leszno (Lissa) und dann (unkonventionell) über Wschowa (Fraustadt) nach Glogau (Głogów). In Glogau konnte er wieder in den Postwagen steigen und über Hirschberg (bzw. über Schweidnitz/Świdnica) in Richtung Trauttenau (Trutnov) eilen und über Prag, Eger seine Reise in Bayreuth beschließen.

Anmerkungen

1 Bruhns 1872, 1, S. 147.
2 Humboldt 1973.
3 Ebd., S. 223.
4 Nowak 1927, S. 104, 111; Piernikarczyk 1926, S. 15.
5 ADB 1888, S. 512.
6 Nowak 1927, S. 108, 111.
7 Matschoss 1925, S. 218; ADB 1888, S. 510 f.
8 Koch 1884, S. 28, 31–35, 40.
9 Wutke 1915, S. 258.
10 Humboldt 1973, S. 226.
11 Ebd., S. 252.
12 Ebd., S. 233.
13 Ebd.
14 SB Berlin, Tagebuch A. v. Humboldts II + VI, Bl. 126 V–R.
15 Humboldt 1973, S. 561.
16 Ebd., S. 226.
17 Ebd., S. 227.
18 Vierling 1925, S. 330; Schube 1929, S. 19.
19 Hoser 1804, 2, S. 157.
20 Humboldt 1973, S. 298.
21 Ebd., S. 228.
22 Reden 1897, S. 275.
23 Humboldt 1973, S. 256.
24 Ebd., S. 313.

25 Ebd., S. 338 f.
26 Ebd., S. 343 f.
27 Cramer 1892
28 Ebd., S. 92.
29 Ebd., S. 55.
30 Raczyński 1935, S. 9 f., 12 ff.; Gawarecki 1857, 3, S. 524–527.
31 SGKP 1889, 10, S. 828.
32 Raczyński 1935, S. 4.
33 Mieczkowski 1873, S. 9.
34 Raczyński 1935, S. 2.

Quellen und Literatur

Berlin, SB
Staatsbibliothek zu Berlin. Stiftung Preußischer Kulturbesitz. Handschriftenabteilung. Tagebücher Alexander von Humboldts.

ADB 1888
Allgemeine Deutsche Biographie. 27. Leipzig 1888.
Bruhns 1872
Alexander von Humboldt. Eine wissenschaftliche Biographie. Bearb. und hrsg. von Karl Bruhns. Bd. 1–3. Leipzig 1872.
Cramer 1892
Cramer, H.: Zur Geschichte der Saline zu Colberg und ein Gutachten Alexanders von Humboldt gegen Ende des 18. Jahrhunderts nebst Mitteilungen über Soolquellen in Pommern. In: Berichte über die Sitzungen der Naturforschenden Gesellschaft zu Halle a. S. 1892, S. 12–104.
Gawarecki 1857
Słończykowie i Słońsk, wiadomość topograficzno-historyczna, z rękopisów pośmiertnych W. H. Gawareckiego. In: Biblioteka Warszawska. Bd. 3. Warschau 1857.
Hoser 1804
Hoser, J. K. E.: Das Riesengebirge in einer statistisch-topographischen und pittoresken Uebersicht mit erläuternden Anmerkungen und einer Anleitung dieses Gebirge auf die zweckmäßigste Art zu bereisen. Bd. 2. Wien, Baden, Triest 1804.
Humboldt 1973
Die Jugendbriefe Alexander von Humboldts 1787–1799. Hrsg. und erl. von Ilse Jahn und Fritz G. Lange. Berlin 1973. (Beiträge zur Alexander-von-Humboldt-Forschung. 2.)
Koch 1884
Koch, Hugo: Denkschrift zur Feier des hundertjährigen Bestehens des Königl. Blei- und Silbererzbergwerks Friedrichsgrube bei Tarnowitz O.-S. Am 16. Juli 1884. Berlin 1884.
Matschoss 1925
Matschoss, Conrad (Hrsg.): Männer der Technik. Ein biographisches Handbuch. Berlin 1925. [Artikel Reden, Friedrich Wilhelm.]
Mieczkowski 1873
Mieczkowski, Leon: Ciechocinek pod względem historycznym i leczniczym przez Dr. Mieczkowskiego. Warszawa 1873.

Nowak 1927
Nowak, Jan: Kronika miasta i powiatu Tarnowskie Góry. Tarnowskie Góry 1927.
Piernikarczyk 1926
Piernikarczyk, Józef: Tarnowskie Góry kolebka przemysłu śląskiego. Tarnowskie Góry 1926.
Raczyński 1935
Raczyński, Marjan: Materjały do historji Ciechocinka. Od zapoczątkowania budowy warzelniów do wybuchu wielkiej wojny. Warszawa 1935.
Reden 1897
Reden, Friederike Gräfin von, geb. Freiin Riedesel zu Eisenbach. Ein Lebensbild nach Briefen und Tagebüchern von Eleonore Fürstin Reuß. 2. Aufl. Berlin 1897.
Schube 1929
Schube, Theodor: Die wichtigsten Natur-Denkmäler im Regierungsbezirk Breslau. Breslau 1929.
SGKP 1889
Słownik Geograficzny Królestwa Polskiego i innych krajów słowiańskich. Bd. 10. Warszawa 1889.
Vierling 1925
Vierling, Walther: Botanische Streifzüge im Kreise Waldenburg. In: O du Heimat lieb und traut! Bilder aus dem Waldenburger Berglande. Hrsg. von Max Kleinwächter. Waldenburg in Schlesien 1925.
Wutke 1915
Wutke, Konrad: Reden und Alexander von Humboldt in ihren Beziehungen zu einander. In: Aus der Vergangenheit des Schlesischen Berg- und Hüttenlebens. Breslau 1915.

Anschrift d. Verf.: *Dr. Krzysztof Zielnica, ul. Komandorska 23/5, 53–342 Wrocław, Polen*

Bildquellenverzeichnis

Hoppe, Brigitte: Abb. 1-4: Aus Humboldt 1793.

Jentsch, Frieder: Abb. 1-6: TU Bergakademie Freiberg, Medienzentrum, Michael Knopfe.

Lüdecke, Cornelia: Abb. 1: Nach Förster 1956 m. einigen Ergänzungen durch d. Verf. (vgl. Lit.-verz.).

Pätz, Herbert: Abb. 1-4: Archiv d. Verf.

Pforr, Herbert: Abb. 1: Archiv d. A.-v.-Humboldt-Forschungsstelle, Berlin; Abb. 2, 13, 23, 36: Stadt- u. Bergbaumuseum Freiberg; Abb. 3, 7: Zeichnungen v. Verf.; Abb. 4, 5, 6, 9, 28, 29, 30, 32, 34: TU Bergakademie Freiberg, Medienzentrum; Abb. 8: Zeichnung v. Wagner, Freiberg; Abb. 10: Aus Wagenbreth/Wächtler 1986 (vgl. Lit.-verz.); Abb. 11, 19, 24, 25: Archiv d. Verf.; Abb. 12, 14, 20, 27, 31: Fotos v. Verf.; Abb. 15: Zeichnung v. Verf. nach Grubenriß; Abb. 16: Aus Wagenbreth 1960 (vgl. Lit.-verz.); Abb. 17, 22: TU Bergakademie Freiberg, Medienzentrum, Michael Knopfe; Abb. 18: TU Bergakademie Freiberg, Medienzentrum, Bartsch; Abb. 21: Zeichnung v. Otfried Wagenbreth: Abb. 26: Aus Schellhas 1979 (vgl. Lit.-verz.); Abb. 33, 35: Zeichnung Hermann Wirth, Freiberg.

Schmidt, Peter: Abb. 1-3: TU Bergakademie Freiberg, Bibliothek, Abt. Wiss. Altbestand, Nachlaß Reich.

Zielnica, Krzysztof: Abb. 1-13: Archiv d. Verf.

Namenverzeichnis